关于作者

佩内洛普·里奇（Penelope Leach）是一位致力于儿童发展的研究心理学家，一位不遗余力地给予儿童和父母以支持的人。她是全国居家保姆协会会长、家庭育儿支援机构（Home-Start）理事、全国防止虐待儿童协会前理事与现任研究顾问、婴儿心理卫生学会英国分部创建人，也是一位母亲和祖母。

佩内洛普·里奇拥有心理学博士学位、教育学荣誉博士学位。她是英国心理学会会员，是利奥波德·穆勒大学儿童与家庭心理卫生系在皇家自由医院和伦敦大学附属医学院的荣誉中级研究员。目前，她正在伦敦大学附属医学院合作指导英国有史以来规模最大的研究项目——儿童最初五年的抚育模式与其发展的关系。

佩内洛普·里奇著有《婴儿期：从出生到两岁左右的婴儿发展》（*Babyhood: Infant Development from Birth to Two Years*）、《父母经》（*The Parents' A-Z*）、《最初的六个月：逐渐接受婴儿》（*The First Six Months: Coming to Terms with Your Baby*）、《宝宝至上：社会该为今天的宝宝做但还没做的》（*Children First: what society must do - and is not doing - for children today*）。经典著作《实用育儿全书》（*Your Baby and Child*）位居世界畅销榜二十余载，并已随着社会环境变化作数次修改。由于每一代父母亲依旧必须对工作与家庭、女人与男人、父母与保姆以及孩子们不同需求之间的平衡重新进行思考，所以，从实用角度看，一本育儿书应该反映出新的现实情况对育儿生活的实际影响。英国医师协会图书奖授予《实用育儿全书》流行医学类一等奖。

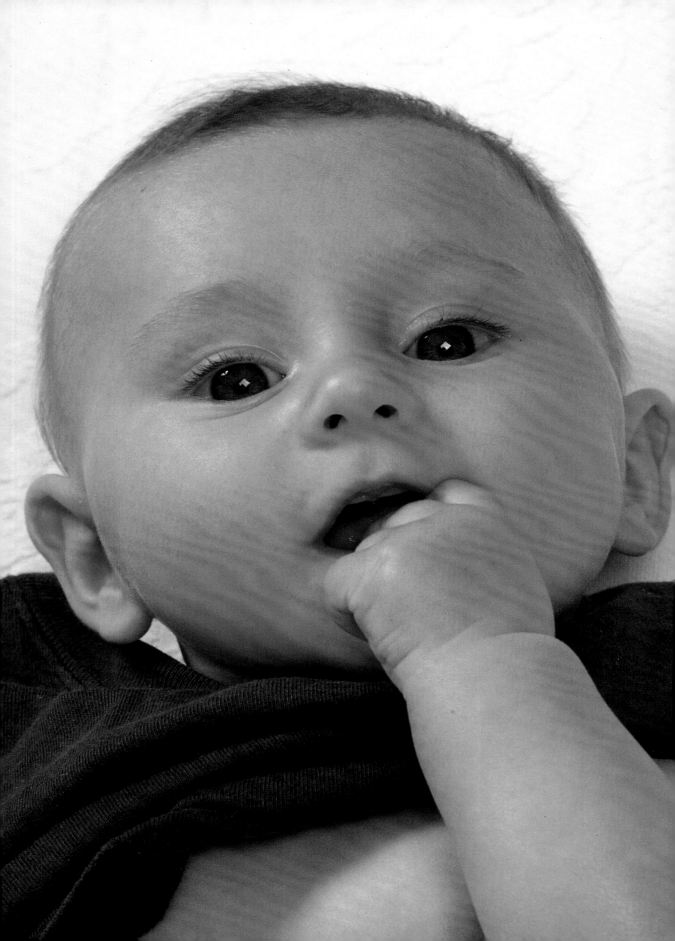

YOUR BABY&CHILD
实用育儿全书

［英］佩内洛普·里奇 著 张理力 译

江西科学技术出版社

图书在版编目（CIP）数据

实用育儿全书 ／（英）里奇（Leach, P.）著；张理力译.—南昌：江西科学技术出版社，2012.6

ISBN 978-7-5390-4558-0

Ⅰ.①实… Ⅱ.①里… ②张… Ⅲ.①婴幼儿—哺育 Ⅳ.①TS976.31

中国版本图书馆CIP数据核字（2012）第126649号

国际互联网（Internet）地址://www.jxkjcbs.com
选题序号：ZK2011113
图书代码：D12019-101
版权合同登记号：14-2012-254

责任编辑：曹　雯
排版制作：刘碧微

A Dorling Kindersley Book
www.dk.com

实用育儿全书

（英）佩内洛普·里奇著

出版发行	江西科学技术出版社	
社　址	南昌市蓼洲街2号附1号　　邮编：330009　　电话：0791-86623491	
	传真：0791-86639342　　邮购：0791-86622945　86623491	
经　销	各地新华书店	
印　刷	北京盛通印刷股份有限公司	
开　本	787mm×1092mm　　1/16	
印　张	35	
印　次	2012年7月第1版　　2012年7月第1次印刷	
字　数	573千字	
书　号	ISBN 978-7-5390-4558-0	
定　价	248.00元	

赣科版图书凡属印装错误，可向承印厂调换

赣版登字-03-2012-44

版权所有　侵权必究

致　谢

致所有从昨日走来，成为今日栋梁的孩子们：

对《实用育儿全书》二代孩子们的观察与思考，促成了新版的顺利付梓。我要感谢在本书里出现的所有孩子，特别是凯西（Cassie）、罗里（Rory）和他们的朋友，同时也要感谢他们的父母、祖父母、照顾者以及允许我们拍摄却最终未能使用其照片的所有孩子和成人。照片中的人物都是真实生动的，不是摆拍的模特。摄影师珍妮·马休（Jenny Matthews），我要特别感谢你敏锐地捕捉了每一幅画面。

我还要感谢设计团队，尤其是莎丽·斯莫伍德（Sally Smallwood）和希拉里·克雷格（Hilary Krag），你们的设计才华让这本书焕然一新，妥帖地处理了所有的文字与配图，使其相得益彰。

然而，浩瀚、复杂的育儿知识要全部刊登出来，恐怕大家都会吓一跳，幸好有编辑卡罗琳·格林（Caroline Greene）筛选并整理成如今这一本"小"书。感谢她对育儿话题的博闻广见、好奇心以及专业的传媒工作技能。她是一个让人感到愉悦的工作搭档，我非常感谢她。

佩内洛普·里奇

Contents | 目录

第三章　大婴儿

第四章　学步童

第五章　儿童早期

导　读

　　《实用育儿全书》从婴儿和儿童的角度出发，尽我们理解编写而成。不论他们的成长环境如何变化，不论他们对父母的要求如何变化，相对而言，他们对待世界的态度才一如往昔地至关重要，却往往遭到忽视。

　　本书综观儿童及其生活经历，从即将出生的一刻起直到义务教育之初，纵览儿童此起彼伏的生长发育任务、呈现出的思考能力以及备受牵制的极端情绪。婴儿和幼儿的时间概念具体而微——分钟、小时、昼夜，照顾者需要时时刻刻关注他们。在这些细致入微的日子中，孩子们的所有行为表现都（将）反射出他现时、过往以及未来的某些特征。你和日常照顾孩子（假设是一个女儿）的任何成人越深刻理解她和她的成长受普遍规律驱使，辨明她在生长发育图上的当前位置，就越容易认为她有趣可爱。人们越认为她有趣可爱，就越容易使她得到与自己朝夕相处的人的关注，她所得的关注越是来自成人的主动奉献，她所予的回应就越使彼此感到情投意合。

　　从婴儿的角度思考，不意味着忽视父母或其他照顾者的原则。因为，婴儿与照顾者本质上息息相关、互惠互利。你越能让宝宝感到幸福，就会越发喜欢照顾她。反过来，你越喜欢照顾她，她就越会感觉到幸福。她不开心的时候——客观来看，她肯定会遇到情绪低落的时候——你会发现你自己也不开心。婴儿对你的影响不亚于你对她的影响。事实上，如果你习惯了以一种理性的自我保护式的距离感对待职业与私人生活，那么现在你会惊讶地发现，要想在照顾婴儿之余保留私人空间，是非常困难的。因为你和婴儿互相影响（不论好坏），所以，虽然这是一本育儿指南，但并不建议你"按书"育儿，而应"按婴儿"行事。

　　如果你所遵循的规则适合这位因缘际会之下诞生的婴儿，"按书"育儿——参考规则、预先判断或外来指导——会比较有效率。可是，一旦两者之间存在微小的偏差，就会带来痛苦和麻烦。你会发现，为新生儿擦洗干净、保持卫生很简单，但必须用法"得当"。有些孩子喜欢你每天按规定程序给她洗澡，并且乐在其中。这也满足了父母的清洁欲望和成就感。但是有些孩子看起来特别害怕赤裸身体和接触水。无论你多么"正确"地给这个婴儿洗澡，无论她洗澡后多么干净，她都会惊吓得凄厉地哭喊，让你双手颤抖、揪心般地痛苦。这就是因为你按书育儿却忽略了婴儿本身需求的缘故。如果你倾听婴儿，你暗自努力想要成为育儿高手——毕竟这是你读这本书的重要原因——会推迟洗澡时机，换一条面巾为婴儿清洁，你们俩就会愉快和睦。

将这种善解人意的关注施以一个尚未开化的初生婴儿是爱的本质。以这种方式爱婴儿，犹如立竿见影的最佳投资，从初期开始获益，持续受惠多年。这个婴儿是一个崭新的人，无论你们之间有没有遗传学关系，只是因为你爱护她，你就是她的缔造者、奠基者。你守护她、倾听她、考虑她，在调整自己以适应她的过程中，已逐渐为这个婴儿和你之间永久地播种了深厚的情感联系。你对这个人的了解胜过你曾对其他任何人的了解。这世界上没有人（甚至包括你山盟海誓的伴侣）会爱你如同婴儿在生命之初那么热烈、忠诚，如果你允许她这样爱你，你们将形成一种独特而殊胜的关系。

爱婴儿或儿童是一件循环往复的事情，犹如回路反应，给予越多，收获越多；收获越多，给予的渴望越强烈……这一切都从最初的几小时开始。你边对婴儿说话——这次我们假设是一个儿子——边照顾他，终于有一天，你注意到他在倾听。由于你看得出他在倾听，于是你对他说更多的话。你说话多，他听的也多。他在倾听，于是啼哭较少。有一天，他奇迹似的把长期以来听到的声音联系上你的脸，竟不可思议地冲你笑。他哭得少笑得多，这当然会激发你说话的热情，专注于他，让他开心。到此为止，你们之间已经形成一种互相惠益的循环交流，彼此娱乐。

此类情形还将表现在其他方面。每当你离开房间，刚刚会爬的婴儿都会想方设法跟随你。如果他决心跟定你，而你非要把他留下，他会痛哭流涕。你气恼又歉疚地放弃离开，于是连挪步去一趟大门或者洗衣机旁也难以成行。但是，如果你接纳他的感受，愉快地迎合他的节奏，放慢脚步带他一起去，那么他将露出幸福的可爱模样，让你的家务事变成你们俩都喜欢的一种游戏。长成学步童或幼儿时，他将喋喋不休地对你说话。如果你三心二意地半听半应，整个谈话就会让你们俩都感觉枯燥乏味、毫无意义；如果你一心一意地倾听回应，就会听到其中比较有意思的话语，因为他说得更多，你将更希望倾听并回应他，这样你们之间将充满欢声笑语。

因此，这整本书的写作对象就是你——父母亲、类似父母亲的人以及所有照顾孩子的成人——和孩子，把你们视为一个互相给予愉悦感的整体。让孩子欢喜愉悦，也会让你欢乐幸福，你的欢乐幸福又将使他备感温暖。享受天伦之乐的机会越多，受到痛苦与问题的滋扰便越少。

结合我的实践经验——与许多家庭相处的经历（他们支持我的研究，愿意让我了解他们家庭成员彼此间的关系）、我的子女以及孙辈们的成长，产生了这本书的写作思路。这些经历时刻提示我：享受天伦之乐是生儿育女的意义，却很容易遭受来自生活其他方面压力的破坏。我们终于开始反思并转变传统观念，认为关系稳定的夫妻都想生一个孩子。然而，在我们承认为人父母是而且应该是真正的选择时，并未承认履行父母一职所面临的逐年上升的育儿实际开销与情绪影响。保护孩子安全、健康与幸福，向来是一件让人操劳而担忧的工作。由此形成的压力，加上深深的愧疚，将使许多人减少甚至感觉不到育儿的乐趣。现实生活中也许还要小心翼翼地在陪伴孩子与挣奶粉钱之间寻求时间平衡，工作繁多、极少在家的父母会对未能在照顾孩子、伴侣或个人的事业成就上尽全力而感到愧疚。而且，育儿肯定充满辛苦，无论你是在家亲自抚养，还是在办公室遥控指挥，或是介于两者之间，照顾孩子都是辛苦的事情。

对于千百万父母来说，钱与工作的紧巴程度已经是无须思考和选择的问题。但是，即使是在不受经济影响且比较有经济优势的夫妻中，仍有女性不愿承认她们喜欢居家育儿的生活。因为她们"应该"挣钱和工作，如果现在没有这样做，今后有可能面临婚姻破裂、单亲育儿的困境。同时也有女性不愿承认她们喜欢外出工作，因为"我的孩子需要我"。甚至还有一些女性，虽然已经摆平了有酬劳的职业工作和无私奉献的育儿工作之间的矛盾，却感到有些无所适从，似乎两方面都不够完美。父亲们也没有非常轻松，孩子气的大男子主义男性认为，孩子——甚至他自己——该由女人管。而另一种男性则相反，希望平等地参与抚养孩子。因此，必须长期与传统和偏见势力对抗，才能心态平和地学习如何照顾孩子，更别提一边养孩子一边还贷款的父母了。

无论你是谁，无论你身处何方，有了孩子后你的生活将完全不同。几乎所有人都要作出让步，要建立新的家庭模式，探索新的育儿方式。当某种方法奏效、生活阶段性地流畅运行时，请不要因为你没有做到"完美父母"内疚和担心，平白浪费了一段美好时光。世上没有完美的父母，你甚至没法描绘出这种父母的轮廓，而我肯定连想都不会去想，因为他们只存在于神话传说里。无论如何，孩子不需要超人、完美父母，孩子只需要你。他们碰巧拥有的足够好的父母，这就是他们眼里的完美父母，你们就是他们所知所爱的人。

在所有的人类情感中，愧疚最具破坏力。遗憾已经发生的事情，对现在或将来发生的事没有丝毫的意义。本书的主要目的就是帮助你寻找勇气，消除不必要的愧疚感，从而发现积极的真正有益于你和孩子的育儿方法，而不是一味自责。无论你在做什么，如何育儿，如果你用心倾听孩子，遵从自己的思考和感觉，实际上你可以部分地做到正确行事，甚至从错误中汲取经验。如果新生儿一躺进婴儿床就哭个不停，你愧疚地反省你"操作不当"或将其归咎于他的坏脾气，这对你们俩都没有改善作用。停！要用心去倾听他，想一想，他的啼哭声似乎让人非常讨厌，那么他在哪儿开心？趴在你胸前？那就把他放在那里。抱着他可能不太适合你此刻的心情，但和没完没了、撕心裂肺的啼哭声相比，这要好很多。等恢复平静后，也只有在此时，你才有机会冷静地思考一种更有效的解决办法。如果你的3岁幼儿非常害怕卧室灯熄灭，停！用心倾听他，遵从你自己的思考和感觉。当他害怕时，他就不可能安逸地休息，你也就不可能得到成人本可享用的安宁时光。那么，再次打开灯，让你们俩都心满意足。这无关乎他是否"应该"害怕黑暗，对于现场的每个人来说，他怕黑是现实问题。

以这种灵活而体贴的方式养育孩子需要时间和精力，但尽心尽力地勤恳工作肯定会给你带来长期的奖励。不过，哪种有意义、有创造力的事业不是如此呢？养育孩子将是你从事过的最有创造力、最有意义、最被低估的工作。即使你曾拥有的生活经验与专业技能可用于育儿生活，但其实，哪怕非常"相关的"经验与技能也不能证明你已经作好了一切育儿准备。不要认为你能让一个大公司运作流畅，就能让一个家庭运转如常，或者认为每天能轻松照顾一个20名幼儿的班级，在家亲自照顾一个婴儿肯定轻松自如。事实上，这个50厘米、3公斤重的婴儿可能会（偶尔完全会）让两个或更多个聪明、合格、有条理的成人遭受打击，使他们变得焦虑、疲惫、无奈、四肢乏力。

每个有创造力的人同时也是一个手艺人，你必须了解他艺术创作的工具，犹如一名工匠熟悉劳动工具。育儿工作也是一种手艺。如果你认可并坚持让每个照顾你孩子的人通过观察了解到，你采用的育儿方法都是为了让

大家彼此赢得幸福，你将逐渐意识到，育儿的基础工作几乎没有策略对错之分，选择的考量通常在家庭幸福最大化或最小化之间徘徊；选择的过程有时轻松有时困难，结果时而有效时而无效。本书绝大部分内容致力于促使你找到切实有效的方法——不论是为一个讨厌裸体的两周大的孩子换尿布，还是为一个讨厌身体一动不动的两岁孩子换尿布；不论是为你自己克服3个月大的婴儿离开你所面临的压力，还是为你解决一个3岁孩子离开你所面临的压力——为孩子在各年龄阶段找到有意思的游戏、满意的看护以及合适的教育。切勿认为在这些琐碎的考虑中，最重要的内容其重要性似乎也微乎其微，可以忽略，也不要让成人陪护表现出他们不在意这些细节工作。哺育婴儿或幼儿的日常生活由成百上千个细枝末节的分分秒秒构成。这些分分秒秒越流畅，为他清洗头发、喂食、哄他睡觉、让他独自待着或有人陪伴、荡秋千或走路回家就越轻松。你将有更多的时间和情绪陪他玩耍，他在或不在你身边，你都能享受生活。所以说，细节很重要，家庭细节也很重要。你可以用各种方法换尿布，但是，作为每天要重复5～10次的工作，换尿布一定要有安排，并且方法符合你家庭环境与家人（包括婴儿和你自己）的需要，当然首先是你的需要。你可以用各种方法储存玩物，但有必要考虑最有效率的一种方法，能够便于你收拾或轻松地委托他人来处理——房间依你的品味保持整洁，玩具依你孩子的需求摆放有序。

这本书里没有提供任何标准、规范，因为实际上并没有标准可循。这本书没有告诉你该做什么，因为我无从教授你应该做什么。但是，这本书为你提供了一个复杂的、于我看来是迷人的育儿传统。很久以前，你早已从家族中承袭下来，并融合了某些更复杂的、开启了我的儿童发展研究之路的客观因素。我希望你喜欢这本书，我希望这本书能让你从探索发现儿童成长的过程中得到乐趣，喜欢照顾那个还是婴儿模样的人，使他逐步变成你的孩子。如果这本书发挥了一些作用，使你能够让你孩子幸福，从而让你自己幸福，使你陶醉于天伦之乐，也让孩子陶醉于母爱的呵护之中，它就完成了自己的使命。

这个婴儿是你为之读这本书的人，也许不是你的第一个孩子。通常认为第二个孩子"容易带"，但你会发现，带第二个孩子的头几个月非常艰难，尤其是当你的第一个孩子在过去几年里已经让你耗费大量的时间与精力。如果第一个孩子曾经那么需要你，那么现在这个婴儿怎么可能让你轻松应对

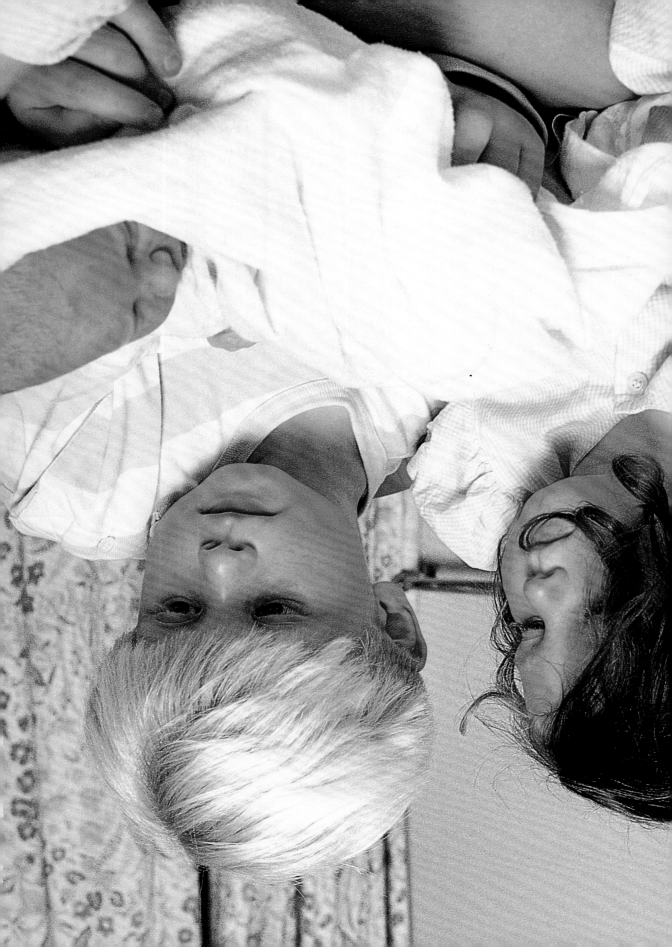

呢？如果你给他的每样东西都会被他姐姐拿走，你怎么能够忍受？你知道你必须帮助学步童接受这个新宝宝，但是早在怀孕时你就已经发现，你自己也会因为她而对腹中的新宝宝有所不满。她是一个你熟悉的人，你了解她，爱她，而他是一个陌生人。尽管如此，新宝宝出生之后，如果你的感觉完全相反，走向另一个极端，那也是正常的。你早已知道，那个学步童很可能起了嫉妒心，你呵护新生儿的样子就犹如一只护犊的母老虎。你处处保护新宝宝，从而伤害了她的感情，尔后伤害到你自己。

照顾婴儿和幼儿的工作反向证明了帕金森定律：时间和精力随需求量的增长而被迫延长。一切都要等量齐观，既要悉心对待新生儿，也要耐心呵护长女，不能厚此薄彼。这不是因为第二个孩子比较容易抚育，而是因为他们的情况完全不同。

第一个孩子担负着一个看起来常常非常尴尬的角色：促使大人成为父母。那是你头一回必须学习切实可行的、亲自动手的育儿工作。你必须学会干净利落且彻底地更换带有粪便的尿布；你必须学会用一只手控制乳房或奶瓶，另一只手接电话；你还必须清楚门框的宽度，以免撞到她的脑袋。这个新生儿看起来弱不禁风，相较之下，年幼的学步童顽强坚韧。你对此了如指掌，和练习骑自行车一样，（育儿）技巧尽在你掌控之中。

现实生活中，你的日程表将更加拥挤，拥有更少的打盹时间，但那并不意味着你将感到更忙更累。第一个婴儿会占用父母所有的空余时间，即便他们在睡觉，什么也不需要，父母仍不能心无旁骛地做其他事情，而必须守候在旁边以防万一，但第二次育儿你就清楚多了。你知道宝宝需要你时就会啼哭，在此之前没有犹豫不决的过渡状态，你还会把握每个机会陪伴学步童。

你的第一个孩子当初确实需要你全神贯注，因为这不仅是她的切实需求，而且能使你投入到育儿生活中，比如，让你不要试图在她醒着的时候写小说，只邀请那些看起来是特意探望她的客人白天到访。你的第二个孩子会认为，只要有你在，你的注意力全在大孩子身上（虽然他会呼喊，吸引你的注意力离开他姐姐，一心关注他）。而且，无论你在不在，因为有她在旁边，他将发现更多乐事。你可能从来没有让她吃完午餐后在儿童椅上多坐一会儿，但现在，他吃完午餐坐在旁边，看着她用沾着酸奶的手指涂鸦，看见你将此清理干净。一直以来，她午睡醒来后会和你出去散步，但现在，他将和她一起出去，还将从非常年幼起开始试玩沙盘游戏和大孩子的秋千。对他来说，一整个下午待在家里（因为她感冒了）像是一次调休，而不是一次不公平的剥夺外出权利。再看看她，你至爱的长女。成为姐姐，不再是一个独生女，这也许会让她在一段时期内较难接受，但她曾经拥有你一心一意的关注，足以补偿她作为你育儿"模板"的牺牲，甚至早在能够和他玩耍之前，她也许已经喜欢陪伴你和新宝宝。幸运的话，有一天她也会这样做。

然而，如果你同时生育两个（或更多）婴儿怎么办？双胞胎共用一个子宫、一对父母，是彼此最重要的伙伴，从出生到入学几乎一同经历儿童期的所有重要转变。他们和其他人都不会忘记自己的双胞胎身份，或错失他们彼此的独立个性，所以你不必特意强调这点。相反，他们的个性很有可能遭到忽视，千万不要一刀切。你会发现，你需要意志坚定而清醒地努力照顾你的双胞胎或三胞胎，犹如抚育两三个独生子，而不是双人组或三人组。如果你记住这点——公平对待不是指用一模一样的方法照顾孩子，而是用一模一样的耐心满足孩子的需求——抚育工作将比较容易进行。不过，你也许会和其他人出现社交问题。在这个亲密家庭之外的所有人看来，天下的婴儿都是一个模样。如果你只生了一个孩子，亲朋好友不必细细端详就知道这是你的安德鲁。他们完全可以相信，你所照顾或抚育的宝宝就是安德鲁。但现在你生了两个孩子，大家有必要分清谁是安德鲁，谁是安格斯，不能偷懒地统称他们为"双胞胎"。否则，如果你单拿一套婴儿襁褓进入房间，他们不知道谁该上前迎接你。

你越能够让别人意识到双胞胎长相和性情的差异，他们越会愿意把孩子看成一个独立的人，你也将更容易把他们当作独一无二的个人来养育，这不一定特别费心。异卵双胞胎也许长得像，也许不像，他们只是兄弟、姐妹，或兄妹、姐弟。即便是同卵双胞胎，在新生儿期也极少有非常相似的，他们的体重和出生经历均有差异。

同时满足双胞胎（不用说更多孩子了）的需求和满足不同年龄的两个孩子的需求相比，开始时更加困难，但接下来的几个月也许比较轻松。本质问题在于，人类的新生婴儿全然无能——特别是他们不能抬头或转身够到乳头。把一个新生儿抱起来随身携带让他感到安全，托着他的身体让他能吃奶与呼吸，这些动作都需要你双手亲力亲为。如果你生了两个婴儿，确实需要另外一双手臂的帮助。最好的帮助来自孩子的父亲，但如果情况不允许，务必想方设法寻找其他帮手。这个帮手不必有深厚的情感关系或担负育儿的重任——你只是缺少另一双手臂——但一定要与你协调配合。不论有没有外人在场，至少最初几周必须这样。

满足婴儿个体的特定需求本身不会必然导致困难升级。许多遗传与神经学方面的问题，在度过最初几个月之后才初现端倪。甚至，出生即可确诊的健康问题——例如唐氏综合征——不会必然导致新生儿需要更多悉心的哺育。额外的困难较倾向于来自成人，而不是婴儿。也许这样的自我提醒略有帮助：无论诊断结果或预后如何，最重要的是，他是一个新生儿。在这个生命阶段，他既非普通孩子，也非异常孩子。当然，有其他人这样提醒你更好，那可以帮助你开始考虑未来，面对你必将面临的一切状况。一定要坚持向专业人士咨询，寻找父母自助团队。

关于本书

本书内容基本按年龄段进行划分，从众所周知的婴儿在子宫内的生活伊始直到5岁左右，即第五章结束。这种年龄构架是方便读者（所有父母都一定知道孩子的实际年龄）的分类方法，但如果你以此评判婴儿或儿童发展，那你就完全误解了。儿童发展是一个漫长的过程，不是一场赛事，世界上所有的婴儿都来自母体，沿着相似的发展轨迹，依循特定且重要的发展阶段成长。然而，每个婴儿都以他自己的速度向前发展，带有个人特征并阶段性地猛然生长、间隔或停顿，速度再快也没有奖励。所以，无论你孩子的年龄是否到达大婴儿或儿童早期，当他提前完成了某阶段内的绝大多数发展时，即可启读新的一章。

新版《实用育儿全书》没有把医学参考内容单列成章——现在市面上已有专门讲解儿童疾病、意外与急救的书。本书的一个新特点在于，每一章里插入了彩色信息栏，内容涉及大多数父母坚持的某些育儿观念（并非一定与我的相同）、常见的育儿问题以及一些特定危害与安全提示。

当然，你为之阅读、使用这本书的婴儿或儿童，从传统定义和生物学来看，也许不是你亲生的。他也许是你领养回家的，也许你是他的继母，也许你是保姆或日托看护，抛开你的社会关系不论，他都是你的职业服务对象。本书直接指向的"你"，就是阅读本书的你。我的意思是，当父母照顾婴儿时，这个词指的就是父亲和母亲；当他暂时或一直独自照顾婴儿时，这个词

指的就是照顾婴儿的一方；这个词也可代指所有照顾小孩的人。婴儿不在乎遗传学，他们在乎关怀体贴。

"你"是一个无性词，照顾者是一个人，没有性别限制。与指代婴儿的词"它"不同。英国人将男婴女婴消除性别地统称为"它"，但我坚持儿童个体应有男女之分。本书内容将在两个性别之间来回切换，章章如此。如果性别存在某种特定意义，将会特别写明男孩或女孩。否则，本书内容所指向的性别，均同等适用于男女两者——你的孩子或此刻你正惦记的孩子。

第一章 新生儿

团聚

婴儿呱呱坠地，为人父母的真切意义由此开启。回忆初次分娩的经历，妈妈们大多异口同声地感叹，那是一段刻骨铭心、永生难忘的记忆，爸爸们对此也日趋感同身受。第一个孩子的诞生是父母人生经历中的一件大事，但是，这天最关键的人物，既不是爸爸也不是妈妈，而是那位第三者——婴儿。

宝宝在胎期时，完全依赖妈妈提供的营养生长发育。即便是此时，妈妈也应该像照顾一个真实而独立的人那样看待他，这是育儿的基本原则。现代医疗科技高度发展，令分娩过程越来越安全而轻松，超声波技术的持续提高和临床应用，让我们能够观测到胎儿生长发育的全过程。这是我们祖先从未想象过的场景。他们必须等到婴儿出生才能看见他的模样，胎儿的发育过程显得神秘莫测。现代医学观测表明，胎儿具有与新生儿相等的活动能力。孕早期结束时，胎儿的双手已发育成熟，出现吞咽和呼吸动作；怀孕15周的胎儿会吮吸手指；再过一段时间，妈妈的腹部就能感觉到胎动了；孕晚期内，胎儿昼夜不停地吞咽、排尿、咳嗽、打嗝，看似是随意的自娱自乐动作，其实已经形成活动规律和固定时间。

怀孕期间，你在超声波上见过婴儿，甚至第一次还拍了超声波写真照。接着，你开始翘首企盼预产期，去医院产检确保妊娠顺利，津津乐道地观看超声波图像，惊叹于胎儿日新月异的变化，还可能碰巧看见胎儿"健身"的画面。这些画面确实让人感慨万千，却很有可能无法触发你的母性，油然而生母子情。原因有两点：一是遗传学的作用，二是你的思想作用。随着胎儿一天天长大，腹部一天天隆起，妈妈的身心状态随之起伏波动。这些变化属于孕期常识，你应有所了解。你知道得越多，越有利于胎儿的健康生长与顺利分娩，也越有益于自身的健康妊娠与顺利哺乳。胎儿的睡眠状态与清醒状态循环交替，其模式与妈妈的作息规律有关，比如妈妈睡觉时，胎儿大约活动80分钟、休息40分钟。一般而言，妈妈身心疲劳、压力大的时候，胎儿比较安静；妈妈休息放松时，胎儿比较活跃些。到孕晚期时，胎儿的活动频率非常清晰、易捕捉，你不仅能分辨出胎儿"深睡"（毫无动静）、"浅睡"（规律的蹬腿动作，偶尔打嗝）、"清醒"（有冲击力和活力的动作）的不同状态，还可以在胎儿"警醒"时，用轻柔的动作和声音安抚胎儿，让他的动作变得更舒展、温和、安全。

在孕晚期内，胎儿会对各种声音、触摸、光线作出反应，"认识"它们。熟悉的声音、触摸、光线会刺激胎儿的条件反射动作，陌生刺激源则刺激胎儿的应激反射动作。当强光照射妈妈腹部，与胎儿正面相遇时，胎儿会表现出受惊反应，而柔和的暖光则吸引胎儿面向光源。必须使用浴霸的妈妈也不必对此有所顾虑，因为每天接触同样强度的光源，胎儿会渐渐习惯。突然的狗叫声会吓到胎儿，但自家驯养的狗除外。它的声音犹如家人的声音，令胎儿闻之亲切，新生儿也不会受此干扰。胎儿一般最常听见妈妈的声音，习惯了柔声轻语，因此，新生儿多"偏爱"女性的声音。如果父亲对胎儿说话较多或胎儿更常听见父亲的声音，出生后将"偏爱"男性的声音。

这是胎儿听觉发育的特点，但不意味着鼓励父母提前对胎儿进行早教，或培养欣赏经典音乐和名著配音的品味。依据目前对胎儿生长发育的研究成果可推论出，胎儿活动多属于本能的应激反应，不见得与智力相关。随着音乐节奏与曲调变化，胎儿动作时疾时徐、时强时弱，人们对着胎儿饱含深情的言语和抚触也会"感动"胎儿。由此可见，与胎儿的交流活动，是让亲子双方身心愉悦的单纯娱乐活动，可促进胎儿健康发育。切勿认为可以借机"教育"或"促进"胎儿心智成熟。

我们无从得知在分娩过程中胎儿的确切感受，只能从旁观者的角度猜测，那必定是剧烈而痛苦的，必须在压迫中顺势而行，好像一位在岩缝中的挣扎求生者，必须巧借地动山摇之势，见缝插针穿越出去。医学研究成果显示，在自然顺产过程中（引产或手术助产除外），胎儿是引发、驱动母亲分娩活动的最关键因素。不过，胎儿在分娩过程中的确切感受——在产道内是否惊慌、疼痛、呼吸窘迫，这些是否会影响情绪，仍是医学未解之谜。

但我们不能因为无所知而认为胎儿无所感，更不能忽略其存在的真实性。事实上，为了减轻母婴分娩的痛苦，分娩医学早已开始研究安全的人性化分娩方式。现代高科技分娩医疗技术和助产士娴熟的操作技能，可提供个性化生产辅助与最优化接生方式，让产妇安心生产，让婴儿安全出生。刹那间，婴儿不再依赖母体供给营养，开始独立生存。从依赖补给到独立生存的过程是否顺利，取决于父母的育儿方式是否理性，即把胎儿视为独立的个体，照顾他、孕育他。所以，从旁观者角度不难猜测，产钳助产哪怕只留下极微小的面部创伤，婴儿也会觉得疼；而产钳"激惹大脑"造成新生儿焦躁悸动时，还会伴随头痛症状；打针或注射产生的疼痛更是不言而喻。

妈妈的子宫温暖、安静又舒适，胎儿自这里出发，穿越狭窄的骨盆和产道，到达耀眼的聒噪世界，被裹上干燥的毛巾。这一连串活动让婴儿的神经系统经受一次全面的震撼性考验，激发本能的自主呼吸运动，随即胎盘停止输氧，一切浑然天成。此时，脐带余脉阵阵，不要着急剪断，应借助脐带余脉的缓冲时间，让婴儿逐渐适应环境，自然过渡到独立呼吸状态。这种做法可避免传统的拍打屁股刺激呼吸的冷酷蛮劲儿，让新生儿体验到人生第一次平稳呼吸的愉悦和安逸。

接着，新生儿会经常处于睡眠状态中，通过睡眠补充能量、调适状态、融入新世界。此刻，妈妈松软的肚皮是新生儿最舒服、最体贴的摇篮。妈妈稍事休息后，可以让新生儿趴在肚皮上。剖宫产手术室的无影灯有助于医生安全接生婴儿。婴儿出生后，应即刻调暗光线，避免灼伤新生儿的眼睛。同时保持产房肃静，以免新生儿受到陌生环境的刺激与惊扰。

现在，这里宁静温暖又祥和。婴儿依偎着妈妈，浸润在妈妈柔软的气息和声音之中，放松而安逸。他的呼吸均匀平稳，皱巴巴的小脸蛋渐渐幸福地舒展，双眼睁开，露出看起来满腹好奇的神情。他现在只能微微抬起头寻找妈妈的乳头。他也许会吮吸，或用小鼻子小嘴巴轻轻磨蹭几下，探寻与妈妈相处的新方式。这些行为和动作是婴儿的本能反应，是为了适应新的生活环境进行的初次摸索与实践。让一切在祥和平静中自然发生吧。

　　婴儿出生后要称量体重，但何必急于一时呢？新生儿体重不会陡然增减。新生儿必须清洗身体，但何必急于一时呢？保护胎儿数月的皮脂已经完成了使命，婴儿皮肤上斑驳的残余物无伤大雅。新生儿要穿衣服、裹进褓褛，但何必急于一时呢？妈妈的体温是婴儿最轻柔的保暖衣，而且产房恒温，新生儿不会挨冷受冻。当然还有许多待处理的必行之事：脐带残端打结与包扎、健康检查、睡觉，妈妈也要沐浴更衣、回病房喝水、休息，但都不用争分夺秒地进行。此刻，婴儿已呱呱坠地，是一个独立存在的鲜活小人儿。医院救死扶伤、刻不容缓的威力已然消失，此刻属于你们三人——甜蜜、温暖、祥和。

　　在爸爸妈妈确实能够与婴儿共处一室，端详他、抚慰他的第一时间，应当在医护人员的辅助下亲迎自己的宝宝。而且，作为第一个用身体温暖新生儿的人，妈妈得以成为婴儿生活的核心。在生命独立之初，每个婴儿都各有其独特表现，不可能如出一辙地完美顺利。安全出生最最重要。从新生儿本身或你自己的健康角度考虑，如果婴儿必须接受剖宫产、产钳引产、抢救、交由专业人员和设备护育而父母不能哺育时，不要因为没有最完美的开始而感到绝望，也不要主观地认为你们错过了搭建母子亲情的摆渡。人生之初时非常重要，好的开始寄予未来美好的希望。但是，错过这些瞬间也不至于造成母子关系的永久隔阂或母子感情生疏。毕竟，在两代人以前，爸爸极少出现在分娩现场，而且麻醉分娩司空见惯，错过建立亲子感情时机的情况和现在相差无几。

　　建立亲子感情一事时常被父母亲看成亲情的瞬时强力胶。终于被你的身体一点点推出来的新生儿全身灰紫，缠黏着血丝，皮肤皱巴巴的，脑袋硕大而绵软，脐带粗重，有着缩微形的耳朵和手指甲，这模样极可能让你感到揪心、反胃。初次见面，除了一见钟情式的母爱，你还有满腹狐疑的惊讶。对许多（也许绝大多数）父母亲来说，"建立亲子感情"是一个学习和接受的过程。从时间界定上看，只有等到这份真爱各方似乎均有受益时才成立。在婴儿出生后的一周内，除了例行的探访时间之外，无法在婴儿分娩、生命初时以及一切相应活动时陪伴在侧的男人会错过与孩子建立亲子感情的关键时期。随后他们将会发现，父子感情特别容易处于若即若离的状态。但是，如果一位母亲与自己的婴儿很难建

立母子感情，其原因绝对不只是外界环境或时机这么简单，那是阻隔人与人之间沟通的情感纷扰，要有勇气识别、处理这些情感，进而化解情障。

经历了分娩的推压力、出生时的强烈反差刺激，呼吸初步平稳之后，新生儿需要安慰。但是，假如一切未能如你所愿顺利进行——也许你在生产方案中只计划了最低程度的干预措施，实际却使用了引产、胎心监护、镇痛药等——而感到失落时，由于一切没有按你的期待进行，你很难把这个漂亮宝宝的诞生归功于己。分娩准备不仅仅指准备婴儿安全出生，如果中途看似出现停止的迹象，准备计划就会落空。如果你决意自己生产，或是你的伴侣或助产士提议如此，也许你就无法全心全意地专注于婴儿。

经历了分娩的推压力以及出生时的强烈反差刺激，新生儿需要安慰。但是，如果在分娩过程中，你感到出人意料地有压力和恐慌，急须为自己寻找同情又体贴的爱护措施，就会无暇同情婴儿，无力分娩。除非同情、呵斥与安慰等各项措施迅即到来，不然，你很有可能把自己的不幸归咎于婴儿，视其为挑衅入侵者，而不是患难同胞。

经历了出生时的强烈反差刺激，新生儿需要安慰。但是，如果婴儿的健康状况与模样出人意料，比如有胎记或兔唇，确实会让你无法认同这就是日日夜夜待在你身体里、朝朝暮暮等待与你相见的那个婴儿。给予时间耐心等待，排斥感一般会被保护孩子的责任感所取代。但是，积极面对婴儿的先天状况更有利于减轻内心痛苦，缩短接纳过程。

新生儿需要安慰，但是，如果婴儿也需要急救护理，会让你不敢亲自安慰新生儿，怀疑自己的能力。如果他出生后旋即转入重症监护室、育婴箱、被插管治疗，他的生命与各种机器相连，由专业医生操控，你会感到无能为力，认为那个婴儿属于医院，而不属于你。

这些感觉皆属人之常情，它们不会永远留在你和婴儿之间。但是，如果你惊慌失措地认为自己毫无母爱，黯然神伤，却在尽力遮掩愧疚，这些常情确实会超常期地萦绕在心头。实际上，几乎每位新妈妈都希望谈一谈自己的生产经历，也许会对医护人员说，会告诉她的伴侣或陪产伙伴，还希望和有孩子的朋友交流，可能还有她在产前课上结识的其他人。生产过程发生的故事越多，倾诉与交流的需求越强烈。如果你需要一遍又一遍地说生产过程，请不要惊讶，直截了当、把握分寸地讲述，逐渐接纳所发生的一切。那些找不到倾诉对象或是被生产经历吓得寡言少语的女性，往往会表现得忧伤难耐。终有一天，分娩成了一团阴霾，你不愿回忆，它却挥之不散。只有你彻底从这段悲伤经历中恢复，才会安然自得地将它抛置身后，全心全意地养育自己亲生的婴儿。

交流婴儿出生的经验感受，对爸爸妈妈都有影响，因此对婴儿多少也有影响，虽然我们还不能确切说出影响了什么或影响是如何发生的。女性往往发现，有一位伙伴共同接受产前训练并坚定地参与辅助分娩最为理想。这位伙伴的美妙之处在于，他全情投入但全身自由。也就是说，他可以最有效地辅助你采用你所希望的分娩技术，给予身体支持。而且，当你在分娩过程中逐渐抛开常态自我时，他可以作为你的第二自我，保护你和婴儿的权益。随着生产推进，你的意识在分娩的漩涡中越陷越深，他会成为你与外界的唯一连接。助产士和医生来了又去，检查分娩进展，监听胎儿心率。但是，周围的世界渐渐模糊，他们奇怪的努力动作隐隐约约出现又消失在雾中，唯有伙伴的脸庞你还能清晰可见，唯有他的话语你还能明白理解。最终诞生的婴儿，真是你们彼此的婴儿。

尽管越来越多的夫妻认为，分娩陪伴是毋庸置疑的常规陪产方式，而且医院几乎都欢迎女性分娩时有伴侣在身边，无论他们是不是亲生父亲，但是总会有人不喜欢这种陪产方式。每对即将共有宝宝的伴侣都必须找到一种共同经历分娩的方式，假如双方觉得这种方式是互相支持的，那么着实不必限定于某一种方式，也不必拘泥于外人定义的相互扶持的方式。爸爸坐在候诊室等待难产的妻子生产结束，或是妈妈希望分娩室内全部是女性，都不一定会让他们的伴侣失望，情意相投比依偎厮守重要得多。

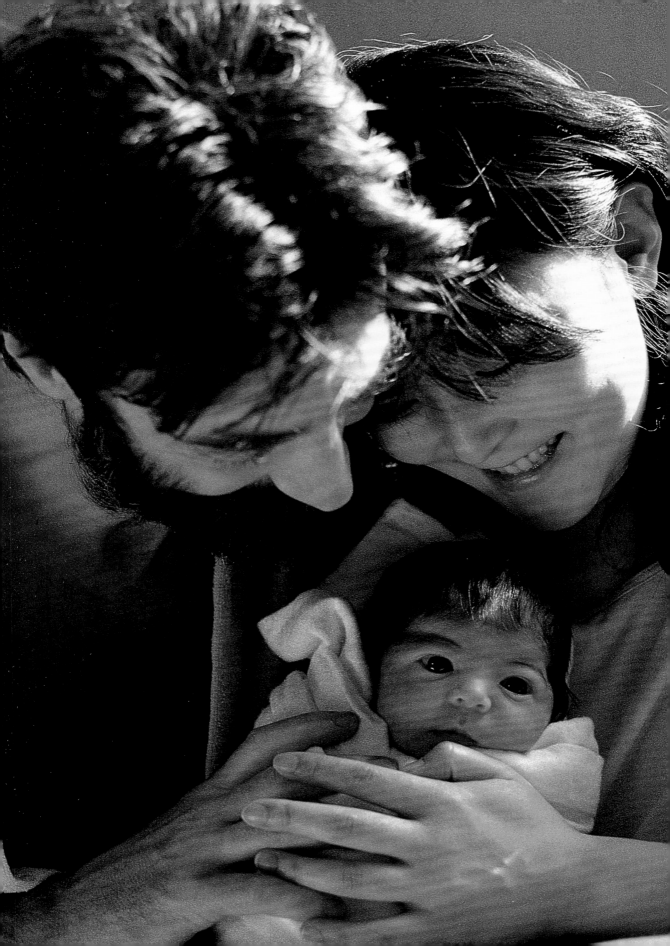

最初的日子

　　进入待产期的感觉好像数月的翘首企盼到达了巅峰时刻，但实际上，这根本不是顶峰。你还没有开始分娩，还在等待婴儿降临。而且，成为父母的伟大时刻即是履行父母职责之时，中间没有换气休止符。尽量不要过多期待你们自己在最初那些特殊日子里的育儿表现。你们三人都有太多事情要适应，你们表现得越镇定，越接纳自己和彼此，婴儿就有可能越镇定，越早适应新生活。总之，此刻惊慌失措于事没有增益，因为今天的感受与行为只属于今天，对明天的影响微乎其微。等到宝宝满月时，一切将为之转变，因为，她将开始适应子宫外的生活，你们俩也将开始习惯育儿生活。

　　在大多数夫妻的回忆中，这是一个特别情绪化的困顿时期。无论他们多么频繁地听到人们说，因为分娩工作特别辛苦，所以生孩子被称为生产，但大多数女性仍对产后虚脱表示非常惊讶。至少在产后第一周或为孩子庆生后，你肯定会感到力不从心：疲惫不堪却欢欣鼓舞、伤口疼痛却幸福如蜜、重担在肩却引以为傲、自我膨胀却无私奉献。如果你需要一些能够更从容地接纳当下感受的理由，一定要这样提醒自己：你的激素平衡被扰乱了，奶水还没有充盈，宫颈尚未闭合，而且，你正全力恢复产后的身心平衡。不要随便找搪塞的理由作借口，因为你根本用不着借口。感觉自己非常出色地完成了一项使命是人之常情，大家都能接受。所有刚刚生完孩子的女性都有这样的感觉，大多数伴侣也会有这样的感觉。因为，即使是代孕者为你生的婴儿，你作为父/母亲的使命感早已渗入骨髓。

　　至于这个婴儿，他必须学会应对前所未有的人类经验。他还在你肚子里时，由你的身体供养照顾着，为他提供食物和氧气，代谢废物，创造温暖、柔韧又安全的环境，杜绝一切外来隐患。现在既然与你的身体分开了，他的身体必须由他自己照顾。他必须吮吸、吞咽奶水，那是他的食物和水，必须消化奶水，排泄废物。他必须利用来自食物的能量让身体功能运转、保持体温、持续生长。他必须呼吸获氧，用几个咳嗽和喷嚏清理呼吸道。进行这一切活动的同时，他也接受到周围环境的刺激，不断更新经验感受。初来乍到的一刻，周身皮肤陡然接触到空气，温暖中透着丝丝凉意，接着被裹入毛巾，抱来掂去，束手束脚。这里的光线是从未见过的明亮，还有远远近近的东西，忽而靠近渐渐清晰，忽而离开渐渐模糊。这里有饥饿、吮吸、饱腹、打嗝、排泄。这里有各种气味。这里还有声音，它们听起来虽然耳熟，但干燥的环境改变了音质，一切全变了，一切茫然无措。

你的新生儿具有本能直觉、反射反应以及感觉官能，他在许多方面能力惊人。但是，他没有我们通常所说的"知识"，没有在产后环境里的生存经验。他不知道他就是他自己，在他面前活动的物体就是他（更不用说那个被称为"手"的东西了），那些一直存在（更不用说他的身体部位了）但突然落入他视线的物体也是他。他不知道你是普遍意义上的人（更不用说"父母亲"的角色了）。他天生会关注你，凝视你的脸庞，聆听你的声音。他天生会吮吸你给他的乳头，认识你的奶水味道，不喜欢其他人的。他天生具有存活、生长、学习的能力，但他需要一段时间适应。

他还是个新生儿，还没有适应子宫外的生活从而进入婴儿期。在此阶段，他的动作无规律可循，也无法预测。他会一连六小时地每半小时啼哭一次要吃奶，然后一连六小时地沉睡、不哭不闹。早晨醒来要吃奶，不代表午后醒来也要吃奶，因为他还没有形成饥饱模式或意识。他的消化能力还没调试稳定，饥饿信号不够清晰、无法识别。他只对即刻产生的感受有反应。他的睡眠也无规律可循。某天晚上每十分钟醒一次、白天连睡五小时说明不了什么，你无从得知他今晚睡眠怎样。他会毫无缘由地啼哭，而当你发现他开始啼哭时，他又无端地不哭了。他的啼哭几乎没有特定的指向性，因为，除了身体疼痛和要吃奶之外，他还没有形成稳定的喜怒情绪分辨力。

所有照顾新生儿的人——父母、代孕父母或专业人士——难免会失守育儿初级原则，或称底线。婴儿是一个全新的人。然而，无论你多么了解婴儿的普遍情况，你和其他人都无从预测这个新生儿的特征。你不知道他会长成什么样，健康快乐的时候会有什么行为表现，也难以知道他生病难受的时候会有什么反应。你不知道他"通常"哭多少回。他初来乍到，对所有东西都那么陌生又好奇，他只有通过啼哭表达各种感受。对此，没有一种办法可以让你轻松判断各种啼哭声所代表的意义。你不知道他通常吃多少、睡多久，你无从判断今天的喂食量或睡眠量是否合适或充足。然而，他的舒适与健康却掌握在你手中。你在了解婴儿、婴儿在适应生活时，虽然没有常规标准可以参考评价，但你仍要频繁地衡量与调适。你们大家都有许多要学习的事情，也许产后仅一周时间，你就已安然享受育儿生活，婴儿也安然适应了他

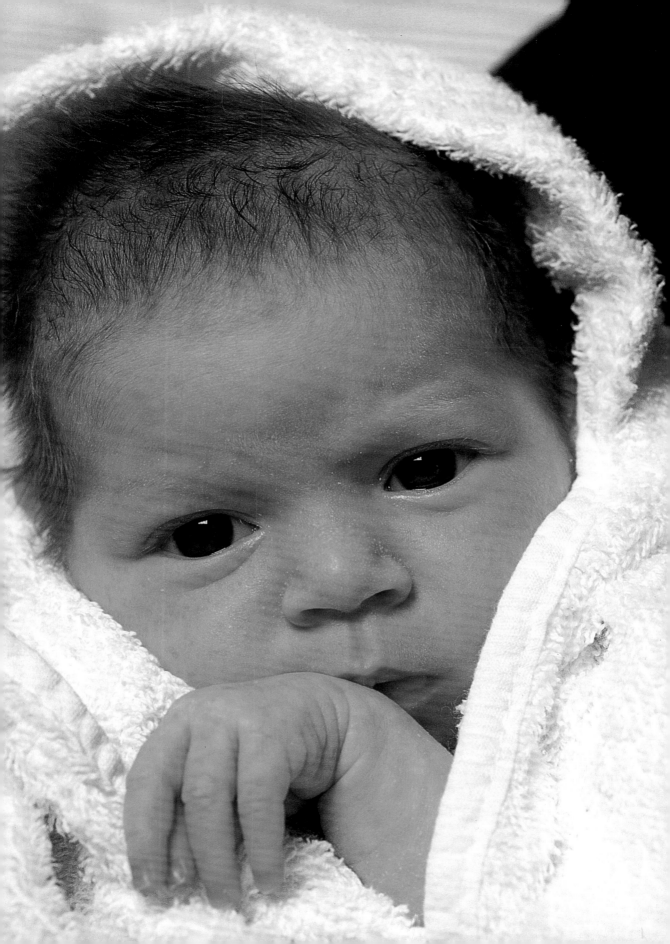

的世界，但也有可能需要一个月左右。一旦你和婴儿了解了彼此，建立了相对稳定的底线意识，你们将会感到一切忽然变得更轻松、更顺畅。你将要处理养育婴儿而不是新生儿会碰到的问题。

与此同时，即使你是婴儿的亲生母亲，如果你认为自己的育儿工作毫无母爱含量，也不要在焦虑中苦苦煎熬自己。刚刚出生的婴儿依偎着母亲、建立母子亲情时，令母亲顿生舐犊之情。这与母爱之情不同，母爱需要时间慢慢酝酿。为什么要酝酿呢？无论你如何定义"爱"这个词，它一定涉及两个人对彼此的影响：认识彼此，喜欢对方现在的样子，希望了解更多。此时，你和你的新生儿彼此只是初次见面。而且，只要他是刚刚出生的婴儿，就是一副不可爱、不讨喜的模样。他的确不可爱，因为他的健康状况还不明确可知，而且他还没有机会发展永久而明确的个性，让自己成为一个独特的人。他是婴儿，你对他一见倾心，个中情感也许是因为个人或彼此的需求得到满足，也许是因为梦想或计划的完全实现。但你无法即刻爱上他，就像普通的人与人相爱一样。因为，只有适应环境后，他才算是一个完整意义上的人。他的确不讨喜，因为他还不知道你们俩是分开的独立个体，不知道自己存在的意义，自然也不会认识到你的意义。她会以无比坚定的热情爱你，但这需要时间。

所以，如果你对婴儿的感情五味杂陈，不要用它们来指导当下的生活或警示未来。前一刻听到他啼哭，你怒从中来，后一刻他毛茸茸的大脑袋躲在你怀里的模样令你顿感舐犊情深，将那怒气一扫而空。但是，当你想要自己一辈子尽心尽力地养育孩子、无法完全重获自由之身时，闭塞感、恐惧感会袭上心头，使为人父母的骄傲瞬间坍塌。所以，即便提前结束产假、到工作中寻找自由看起来很诱人，也一定要抵抗住诱惑，尽量给自己多点时间适应现实生活，不要过早从宝宝身边撤退到工作中，在职场佯装轻松、当宝宝不存在。在你确实要复职工作时，最好是以一个父/母亲的身份回归，不要做一个育儿逃兵。

如果你是婴儿的亲生母亲，你的身体将会准备哺育他，自然的话，早在婴儿适应生活前就会有奶水产生。无论你的观念和从前的生活习惯多么根深蒂固，你的身体现已为他进入待命状态。一接触到他的皮肤，你的皮肤就会非常激动。他娇小的身体趴在你身上，十分舒服地贴着你的腹部、胸部和肩头。那热乎乎、硬邦邦的脑袋一直依偎在你肩头，任你用下巴温柔地摩挲。他学会含吮乳头的一刻，你就会开始分泌奶水，哺育的喜悦和油然而生的母

子亲情都强烈得令人震惊。

不过，即使没有生母或生父的血缘关系，婴儿身体的柔软精巧也让人为之沉醉。轻轻揽他入怀的悸动，对他小手出奇细巧的感叹，一切都在确保他能尽享这份不可或缺的爱。婴儿不会乖乖躺着，负责育儿的成人需要尽力引导他们。如果你把宝宝贴身哺育，他也会逗你玩儿，给他机会，他将给予爱的回应。

在新生儿阶段，婴儿自发的身体反应就是最佳的育儿指导，育儿计划还不适合行为表现尚未形成预期规律的新生儿，父母制订婴儿哺育计划和原则基本上徒劳无功。只有当婴儿适应环境、形成比较规律的反射反应行为时，计划和原则才能有效实施。他反复需要父母即刻回应与满足的是几个简单却关键的需求。他需要食物和水——母乳；他需要温暖和抚慰——父母温柔的怀抱和舒适的婴儿床；他需要保持皮肤清洁舒爽——定期沐浴；他需要保护，这就是新生儿的全部需求。婴儿爽身粉、沐浴乳、滚动玩具、毛绒玩具、摇摇椅、漂亮衣服适合长大些使用。现在，他只能且必须待在襁褓里。育儿工作基本上就是这几件事情：把他安全地裹进襁褓，抱在怀里，轻柔地拍一拍，喂奶，看着他说话，隔天洗一次澡，让他在平静安稳的环境中适应新生活。婴儿可安静地接受此类日常护理，生病时才会大声啼哭。抚育婴儿时，如果你们感到放松而幸福，说明操作妥当；如果你们感到充满压力和犹豫，说明照顾方式欠妥。由此可见，依循新生儿的反应即哺育之道。

以这个思路抚育新生儿，等他适应这个世界的生活时，就会表现出比较稳定、可预期的情绪与行为模式。那时，不仅你能够理解他各种哭声所代表的需求，他也会知道你的育儿原则，成为一个讨喜的宝宝，和爸爸妈妈幸福地生活，这就是你能给予婴儿的最棒的人生起点。

新生儿与父母没有亲密抚触怎么办？

如果母婴未能即刻亲密抚触联结感情，有没有理想的办法填补这个遗憾呢？

切勿过度沉醉于母婴产后亲密联结的想象，否则，当情况突变未能如愿以偿时，你就会心生疑惑与担忧。另外，亲子联结并不仅仅意味着母亲和婴儿的联结。

"联结"是一种指向内心的情感，无形无色，发生在有血缘关系的母婴、父婴之间，也发生在没有血缘关系的母婴、父婴之间。广义上说，亲子联结发生于婴儿和养育这个婴儿的伴侣之间。无论伴侣与婴儿之间是何种关系，其中的"妈妈"和"爸爸"需要接受已经为人父母的事实，携手抚育婴儿，建立亲密的三口之家。如果宝宝出生时你们可以留在身边，亲子联结比较容易迅速地自然发生。有意义的亲子联结不仅在于产后亲密抚触一小时，更在于未来两周居家亲自哺育婴儿，与宝宝共同度过新生儿期（亲自抚育越久越好）。

制订新生儿哺育计划与分娩计划一样，作用是提前进行全盘思考。无论亲生母亲还是领养母亲，产假都不可或缺，你们应积极争取相应的法定权益与补贴，必要时把年假也算进去。如果产假碰巧在节日期间，确实有点"不划算"，但你应该明白，假期还有很多，宝宝的人生起点却只有这空前绝后的一回。

如果你计划在医院生产，应事先了解出院时间，以便产后尽早回家休养。也许医院硬件设施完善、服务周到，还为母婴提供单独的病房休息、哺乳，但医院就是医院啊，你在这里无法释放充分的母性，也无法产生充分的哺乳情绪。甚至只在医院住两个夜晚，如果又没有伴侣在身边，都会令人夜不成寐。住院期间，医护人员周到地照顾你们母婴，你的伴侣似乎成了前来探视的朋友，问道："你们母子今天好吗？我能抱抱宝宝吗？"

把新生儿尽早带回家哺育，共度"喜月"吧。如果这是你的第一个孩子，更应该在家哺育。把你的生活重心转移到床上——水果、杂志、CD机、电视遥控器，还有婴儿必需用品，通通放在床边，伸手可及。你需要更换一部无绳电话，方便躺在床上接听，也方便抱着孩子接听。

考虑清楚你需要的具体帮助、具体助手。如果你有伴侣（丈夫）共同分担哺育工作，那么，请助手时应顾及你们两人的需求；如果你的伴侣（丈夫）不在身边，考虑你自己的需要就可以了。现在丈夫外出工作、女性白天独自哺育婴儿的比较多，她们普遍感到孤弱吃力，渴望有左右帮手，于是，有一位月子保姆意义重大。理想的保姆充满爱心，能够体贴地照顾你和婴儿的需求，这一点从保姆进房前敲门这个小细节就能推测出来。这位保姆的最大特点应该是喜欢婴儿，觉得他是世界上最好看的新生儿。如果她恰好具备育婴的实用常识，那真是你的福气了。比如，你第一次看见宝宝的黑色大便而担心困惑时，她会告诉你原因，教你护理方法。

最后谈谈亲友探访问题。我们都喜欢亲朋好友来做客，婴儿出生后，他们带着鲜花礼物前来道贺，更令喜月的欢乐锦上添花。然而，现在的你忙于哺育新生儿，希望他们提前和你预约来访，不要停留太久。现在的你身体虚弱，还在恢复中，没有精力下厨烹调，也没有精神与客人侃侃而谈。事实上，交情深厚的知心朋友会体恤这些感受，提前和你联络，探访时间也不会太长。所以，你可以事先与朋友约定电话联络，准备一台电话答录机，避免其他人冒昧探访。

新生儿特性

在婴儿出生前，也许你已经在超声波检查时见过他很多次了，也许还有超声照片或录像。不过，与新生儿的初次相遇仍会出人意料。他浑身斑驳的胎儿皮脂上挂着血丝，让你心里的疑云和担忧顿生，但你最想知道一件事情——婴儿是否一切正常。对此，助产士将为你逐一解答。在婴儿出生的那一刻，助产士已经大致评价出新生儿的健康状况。新生儿开始呼吸后，助产士仔细观察、监护（必要时为婴儿吸出鼻子和嘴巴里的残余黏液）。脐带脉搏趋于停止时，助产士会把握时机剪断脐带（也许会把这个光荣的剪彩仪式交给父亲），尽可能让婴儿的血液循环系统主动运行。当然，助产士还会留意婴儿肤色，测试婴儿肌张力。

如果此前医生没有告诉你胎儿性别，此刻你就知道是男是女了。但奇怪的是，你们夫妻俩首先关心的可能不是婴儿性别，是啊，比起是儿子还是女儿，胎儿的健康更重要。

如果助产士看见新生儿长了胎记或毛发浓郁，猜想你看到时会担忧（或惊喜），她将特别为你指明。如果一切平常无奇，助产士将在确认婴儿呼吸正常后，把婴儿放在你的胸前，为你继续接生的第三产程。

接着，助产士会告诉你婴儿体重。请注意，新生儿的体形与体长差别很大，这很正常。既然如此，了解新生儿体重有什么意义呢？无论新生儿是轻是重，婴儿都会从这一刻出发，开始生长。

新生儿标准体重　　新生儿平均体重约3.4公斤，但平均值总是忽略了许多特殊信息：男孩通常略重于女孩；第一个婴儿通常略轻于他们的弟弟妹妹；大个父母生的婴儿也大个，小个父母生的婴儿也小个。所以，婴儿的最佳体重应为出生时的实际体重，而不是平均体重。

超重新生儿　　如果你顺利分娩了一个4.5公斤重的婴儿，那可得好好夸奖自己一番。他胖乎乎的身体得到脂肪的完好保护，他显得比大多数新生儿更可爱、更成熟。一般来说，超重婴儿须观察几日。婴儿体型超大并不意味着更加健壮。有的母亲患有糖尿病或妊娠并发糖尿病，多余的糖分透过胎盘被婴儿吸收，导致新生儿超重，此外，出生几天内新陈代谢不稳定，医护人员必须对超重婴儿进行观察，确保他属于健康的超大儿。

低体重新生儿　　新生儿体重在2.5～3.4公斤，属于平均体重范围内的普通婴儿，医生将按程序正常处理，但会鼓励你多多哺乳。如果妈妈本身个子比较小，这个健康婴儿的个头自然偏小偏轻。

　　新生儿体重在2.3～2.5公斤，即使看起来健康活泼，也应送入暖箱监护。2.5公斤以下新生儿极可能出现呼吸、体温和吮吸困难。为保证安全，所有2.5公斤以下的新生儿必须接受特殊监护。切莫急于就此定论，认为他存在健康问题。如果医护人员检查后确认婴儿一切正常，也许第二天就能回到你身边。

　　医生一般习惯性地认为，此类婴儿须达到一定体重后才能出院。如今判断婴儿能否出院，依据的是婴儿自身是否达到特定的适应程度，确切来说，看他何时能吃奶。

　　新生儿体重不足2.3公斤属于非正常体重过轻婴儿。婴儿体重越轻，需要的特殊监护就越多，早产儿或小样儿的监护方式有所不同。

早产儿　　小个子婴儿多数属于早产儿，即在妈妈妊娠满40周之前出生的婴儿。这意味着婴儿"遗漏"了一段在子宫内发育成熟的时间。"遗漏"的时间越长，新生儿面临的困境越多。妊娠36～38周出生的婴儿需要暖箱提供热量、氧气，过一会儿喂一点奶。不足36周出生的婴儿需要更多帮助：医生的专业监护；父母的安慰关怀；由于吮吸和吞咽功能不成熟，需要借助插管哺乳，甚或上呼吸机。

小样儿　　小样儿特指宫内发育迟缓（IUGR）的婴儿，即没有在子宫内发育到预期值。在子宫里度过了40周出生的为足月小样儿，不足40周出生的为早产小样儿。小样儿与早产儿的产后监护和治疗比较相似，但是明确区分小样儿与早产儿仍有积极的治疗意义。

　　小样儿在胎儿期缺乏营养，也许是母体胎盘机能不足，也许是母体疾病阻碍胎儿吸收营养。刚出生时个子小，并不意味着今后发育困难。研究认为，宫内发育迟缓很可能是一种保护机制——胎儿减少对卡路里的需求，以便充分吸收有限的营养，支持身体发育。无论哪种原因导致小样儿，新生儿体重过轻确实容易引起诸多新生儿并发症。医生确诊婴儿属于小样儿，不是早产儿后，也将立刻为你全面检查，找出破坏子宫孕育环境的原因并给予疗治，使得今后你还可以正常怀孕。

现代高科技产检技术能追踪胎儿发育，根据超声波扫描推测受孕日期，给出胎儿发育进展报告，评估胎儿发育速度是否正常。科学数据虽然值得参考，但百密或有一疏。举例来说，医生在查阅数据报告时，会询问末次月经日期。如果你提供了错误的末次月经日期，比实际发生迟一个月，医生输入这些信息后，超声波扫描仪按既定程序进行比对时，一个1.8公斤的新生儿绝不可能被划分为小样儿，而应该属于至少提前4周的早产儿。

特殊监护

新生儿特殊监护技术已十分成熟，广为应用，即使非常小的婴儿也有很高的成活概率。监护与治疗可以从分娩开始。如果早产分娩进展很快，医生偶尔会给予药物控制，拖延时间，哪怕只有一小会儿，也足够准备暖箱，保护新生儿的生命安全。比如，肺部未发育成熟的胎儿可在子宫内接受糖皮质激素注射，促进肺部成熟，预防新生儿呼吸窘迫综合征。

暖箱　　　新生儿暖箱也称新生儿恒温箱或保育箱，是一个模拟子宫环境和功能的新生儿保育装置。当新生儿不具备独立生存的生理机能时，暖箱就像"过渡子宫"。婴儿看似独自躺在里面，实际完全依赖暖箱生存。如果新生儿身体机能正常但有些虚弱，暖箱的作用就是提供恒温、静谧和恰当的湿润环境，可能还需要些氧气。如果新生儿存在机体功能障碍，暖箱的作用就是"孕育"他，直到他的生理系统功能全部正常运作为止。照顾暖箱婴儿的护士均受过专门的护理训练。医生负责监护各项发育进展，暖箱负责呈现各项体征数据，一旦发生异常变化，暖箱就会发送信号，呼叫医护人员。此刻，暖箱虽然是婴儿的最佳选择，但他在暖箱里的情形会令人心生悲悯。你已经充分准备好亲密抚触宝宝，这份期待始于怀孕之初，熬过了漫长的孕期，原本设想在分娩之后拥抱婴儿的甜蜜情景，现在却落了空——宝宝躺在暖箱里，那似乎是一个陌生而奇怪的世界，而暖箱呢，好像一所空间实验站。

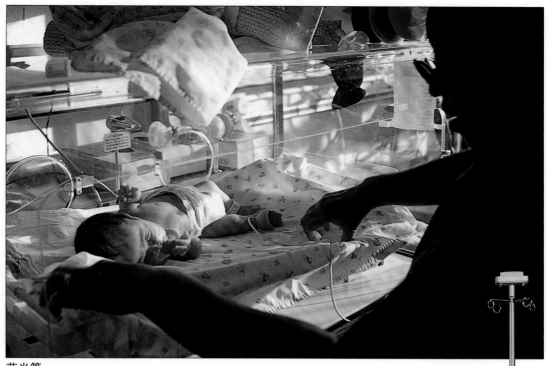

蓝光管
治疗新生儿黄疸的紫外线。

真空抽吸泵
清除新生儿呼吸道内的残
余黏液。

监视屏
监视新生儿心率和呼吸等
重要体征。

舷窗
医护人员和你都可以经此
接触、护理婴儿。

控制台
暖箱的"大脑",可调控暖
箱内环境(湿度、温度、氧
气等)。

警报杆
当监视器显示婴儿出现异常
时,警报杆即刻发出信号,护
士的呼机就会响起,警报杆上
端设有输液袋挂钩。

*应理性看待暖箱监护。暖
箱的使用,不是把婴儿从
你身边带走,而是为你护
育婴儿的生命健康。*

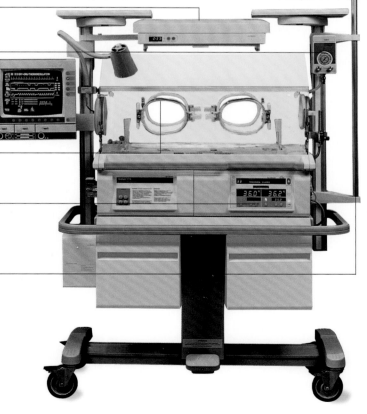

特殊监护　　　　　无论婴儿在特殊监护室待多久，父母都会备受煎熬。婴儿越虚弱，父母越焦虑。如果你还有另一个孩子需要照顾（也许是双胞胎中的一个，也许是宝宝的小哥哥、小姐姐），那么产后的日子简直不堪折磨。万一不幸还有剖宫产或产道缝合疼痛，真会让你陷入绝望。然而，从全局考虑来看，你必须首先休养恢复，这对每个人都有好处。只是你的伴侣不能时常陪伴你，因为他此刻既要当爸爸又要当妈妈，照顾新生儿和家里的其他孩子。

　　　　　你们俩陪伴新生儿的时间越多越好。婴儿确实需要暖箱护育，但也需要父母的抚触与关怀。他已经在你腹中生活了那么久，现在千万不要放弃他。如果新生儿暖箱和你在同一间病房，你自然可以随时照看他。如果新生儿在特殊监护室里，在你能够自由行走前，请护士为你安排一把轮椅去探望婴儿。如果婴儿必须转移到另一家设备齐全的医院接受治疗，这家医院应当也会接收你入院。再者，即使这家医院只专门监护婴儿，不接收产妇，那也会允许你探视婴儿。

与医生合作　　　　　负责新生儿特殊监护的医护人员都经过了特定的专业训练，能够为父母答疑解难，也能够护理早产儿与患儿。他们了解你的感受和需求，把你安排进护理团队中，视你为重要的婴儿护理人员，而不是袖手旁观的群众。他们会为你周详地解释婴儿健康情况和暖箱中各种装置的作用。因为，一旦你清楚新生儿健康出现了什么问题，连接在他身上的细管子和小装置是怎样工作的，你就会更加亲近孩子，不再认为他属于医院。

哺乳准备　　　　　这是你的婴儿，你能够为他做一件世界上无人能替代你做的事——分泌乳汁。暖箱监护中的所有小婴儿（包括患儿）特别需要母乳营养。婴儿能吸吮之前，通常采用鼻管或点滴的方式哺乳。婴儿不能吮吸奶水之前，你可以把奶水储存起来，等他消化能力成熟后再哺乳。护士会教你使用电动取奶器，和人工挤奶或人工吸奶器相比，电动取奶器较便捷。如果你先出院回家，婴儿留在医院监护，依然要坚持挤奶，这样既可以为暖箱里的婴儿提供营养，也能刺激奶水持续分泌，为婴儿回家后的哺乳作好准备。

袋鼠式育儿　　　　　从体质羸弱的新生儿进入暖箱的一刻起，医生会鼓励父母从暖箱舷窗伸手进去抚触宝宝。过几天，医生将请你轻轻拍他，缓缓为他按摩，甚至教你在暖箱中操作婴儿护理，这对你们和婴儿来说非常重要。婴儿的健康状况有起色时，表明他很快就能享受一两分钟暖箱外的亲子时光。

不过，有的医院采用另一种做法：所有送入暖箱的新生儿，不论多么瘦小，不论身上接了多少根管子，医生从一开始就鼓励你像袋鼠妈妈一样抱着孩子。"袋鼠式育儿"是针对早产儿护理设计的一套操作体系，将妈妈的身体等同于暖箱。这套护理体系的灵感来自袋类动物，它们的小宝宝出生后一直待在妈妈的腹袋中继续发育成熟。

袋鼠式育儿在南美洲最常见，那里缺少新生儿暖箱设备，婴儿死亡率偏高。婴儿穿尿布、戴婴儿帽，由妈妈放在胸前处，面对面、皮肤贴皮肤，用一条长巾把婴儿和妈妈裹在一起，犹如育儿袋一样。在那里，袋鼠式育儿的作用类似于暖箱。如今欧洲越来越多的妇产医院引入袋鼠式育儿的理念，并结合暖箱操作（并非取代暖箱的功能）。相关研究证实，即使袋鼠式育儿只占一小部分，比如每天一小时，对婴儿体重的增加、吸吮能力的发展都将有积极的促进作用，婴儿通常出院也早一些。袋鼠式育儿让婴儿受益，也使父母获得心理安慰，父母亲不必再因袖手旁观婴儿的孤弱挣扎生存而过度愧疚于心。

出生日和预产日　　　虽然有些父母不需要袋鼠式育儿护理，也能从没有即刻联结的意外失落中恢复，但他们确实把这段时间看作是妊娠期的一种延伸：介于体内孕育和体外哺育婴儿之间的短暂中断。从早产婴儿看，这是有利的，因为，尽管在实际出生和预产期（EDD）之间的几周内，他在生长和发展，但这些仍属于发展性中断。无论何时将他与其他"同龄"婴儿对比时，都有必要允许存在这种差别。尽管他的生日是他出生那天（和其他孩子一样），6周后就是6周大的婴儿，但他和足月出生的6周大的婴儿不能相比。记住早产婴儿的孕育期或者"正确"年龄在头两年里有实际意义，尽管其重要性将随时间而消失。一个足月生产的3个月大婴儿和一个早产的客观年龄只有3个星期的婴儿，有天壤之别。不过，当他们都到2岁时，那种差别将变得微乎其微。

初次全身检查

婴儿出生24小时内须进行一次全身检查。医生为婴儿体检时，除了确认婴儿一切正常外，也会对父母进行相应的解释和说明。如果母亲还不能下床走动，医生会在病房里为婴儿体检。体检时最好父母都在身边。如果你的丈夫此时不在医院（比如在家照顾幼儿），你应该向护士长或助产士说明"我丈夫也希望陪同体检，他待会儿就来"，并向医生询问大致的体检时间安排。这里是一部分的婴儿体检内容：

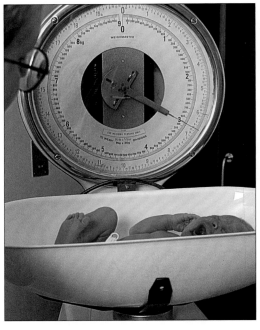

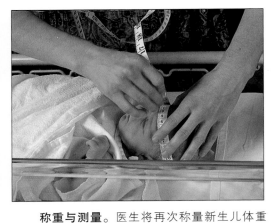

称重与测量。 医生将再次称量新生儿体重（左图）。新生儿平均体重为3.4公斤，95％的新生儿在2.5～4.5公斤之间。接着测量新生儿体长。新生儿平均体长为50厘米，95％的在45～55厘米之间。然后测量头围（上图）。新生儿平均头围为35厘米，普遍在33～37厘米之间。

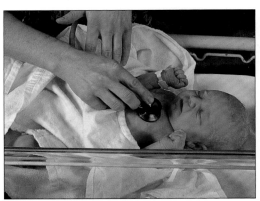

检查心肺。 医生用听诊器测听新生儿胸部，确认呼吸是否均匀有力，心跳声音是否正常，新生儿普遍可听到心脏杂音，但不影响健康。

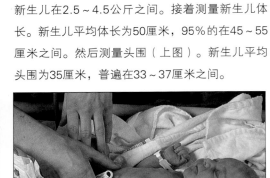

检查内脏器官。 医生按摸新生儿肚子，检查内脏器官，比如肝、肾、脾的大小和位置，然后在腹股沟处检查脉搏。

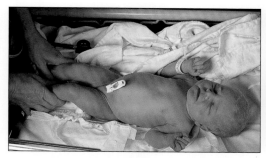

检查四肢。医生检查新生儿的双臂和双腿长度是否对等；检查手指和脚趾数量是否各有十根；检查双脚和双腿是否正常对齐，有没有弓形足。

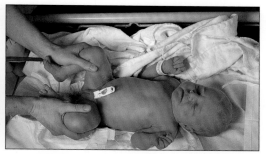

检查臀部。医生检查新生儿髋关节是否存在或潜在发育不良或脱臼现象；检查可能引起新生儿略微不适的啼哭。

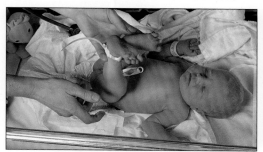

检查生殖器。尽管你已知道是男婴还是女婴，但医生此时须复查新生儿生殖道外部结构；检查男婴睾丸是否已下降至阴囊。

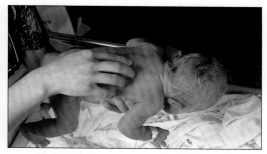

检查脊柱和肛门。医生单臂托起面朝下的新生儿，检查新生儿脊柱是否对位，肛门是否打开。

检查眼睛和上颚。检查新生儿眼睛时，把小指送给她吸吮，新生儿就会比较配合，医生也可顺势检查她的上颚是否完整健康。

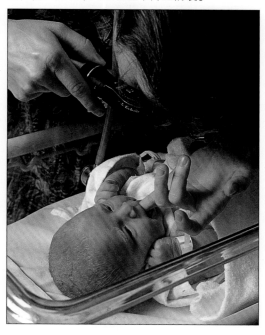

一般来说，父母在新生儿体检时，常有很多问题要咨询医生。但此刻医生正一心为你的孩子体检，不太适合为你详细解说，那样不仅会妨碍医生专心检查，还是导致新生儿体检啼哭的原因之一。再者，初次为人父母，提问比较散乱、无逻辑，医生无法给予简明的回答，父母的疑问和忧虑可以在检查结束后咨询。在家哺育的日子里，可能有助产士每天上门回访，也可以和她们通电话，但是这些可能远远不够，因为照料新生儿的过程中还将出现很多新的疑问。

新生儿体表特征

　　新生儿阶段的生理特点和婴儿、儿童或成人没有丝毫共性。新生儿需要时间慢慢适应子宫外环境，让身体机能逐渐成熟，顺利运转。在此期间，新生儿的皮肤颜色将发生变化，出现斑痘、肿胀、流汗的现象，模样看起来很奇怪。如果这些体征发生在成人身上，是非常严重的问题，但发生在两周内的新生儿身上则很正常，至少不妨碍健康生长。医生把这些现象归纳为新生儿普遍特征，早已见惯不怪了，所以有时可能忘记向新生儿父母提前说明，让你们产生不必要的担忧，导致原本平静的哺育生活充满焦虑。本节为你详细描述了最常见的新生儿体征表现，告诉你为什么会产生这种现象，它们意味着什么。如果你需要直接而有针对性的解释，或者不确定婴儿的体征表现是否与此吻合，应咨询助产士或医生。你有必要记住这一点——对新生儿来说，这些体征表现实属正常（或者说，不妨碍健康生长）。如果这些体征表现持续发生2～3周，那就得去看医生了。

皮肤

肤色不匀

奶疹（粟粒疹）

　　新生儿全身皮肤粉嫩透红（无论他最终的肤色怎样），皮肤非常薄，能透见皮下的毛细血管。

　　肤色不匀。新生儿的血液循环系统尚未充分有效地工作，如果新生儿保持同一个姿势太久，血液淤积在下半身，身体看起来就会一半红润一半苍白。有时血液循环没有到达身体末端，所以新生儿睡着时手脚略微发蓝，把他抱起来或者翻个身就好了。

　　疹粒。新生儿皮肤太娇嫩了，极易受伤（尿湿疹不仅仅是尿布摩擦产生的皮肤炎症）。由于毛孔未发育成熟，皮肤极可能产生疹粒。最常见的是"新生儿荨麻疹"，有红色的，还有白色的。红色疹粒的中心有一个细小而突出的红点，可出现在身体任何部位，数小

时后消退；白色小颗粒通常长在鼻子和面颊区域，称为"奶疹"（粟粒疹），数周后消退。还有一种疹粒叫作"毒性红斑"，听起来很吓人，但对新生儿也没有伤害。红斑大小不一，中心呈灰白色，很像被蚊虫叮咬过。这种红斑看起来不美观，但没有健康危害，无须治疗。

　　蓝斑。全称为"蒙古氏蓝斑点"，属于暂时性皮下色素沉积，最常见于非洲或蒙古裔新生儿，也见于地中海区域或肤色黑暗的种族后裔，不影响生长发育或血液循环。

　　胎记。胎记有许多种。医生会告诉你这个胎记出现的意义，是否有健康隐患，能否逐渐消失，你需要知道的是，红色胎记通常为分娩挤压所致，出生几天

乳痂

后将自行消退。

脱皮。多数新生儿头几天略有蜕皮现象，手心和脚心最明显。相对早产儿而言，晚产儿皮肤特别干；相比欧洲新生儿的皮肤和头发，亚裔与加勒比海非裔新生儿的皮肤和头发较干燥。一般来说，新生儿不需要护肤品，护肤品使用越少或护肤品成分越天然，对婴儿皮肤越好。如果新生儿皮肤干得需要护肤品保护以免开裂，应选择温和无刺激的婴儿润肤霜或纯植物油配方。

头顶皮垢。和蜕皮一样正常，既非头皮屑，也非卫生问题。真正厚实的浅褐色盖帽似的皮垢（称为"乳痂"）处理起来较麻烦，偶尔会蔓延至眉头、耳际。医生将建议你使用特殊洗发液和去痂软膏或油。

头发

新生儿发量疏密不等，从稀疏的几缕头发到浓郁的满头亮发都属于正常。晚产儿在子宫里时间长，头发多而偏干。无论刚出生时头发多少，新生儿头发（胎毛）普遍将逐渐脱落，继而长出新头发，发色和发质可能因此彻底改变。

体毛。胎毛是指覆盖胎儿全身的柔软绒毛。有的新生儿，特别是早产儿身上还能看见些许胎毛残留，通常在肩胛骨区域和脊背上，出生1～2周后将自然脱落。

头

形状。胎儿的头骨天生有承压能力。自然分娩的第二产程能神奇地"拉"长胎儿头部。产钳助产对头形影响大小不一，也会留下伤痕，而胎头吸引器通常不会改变"自然"头形，只是头顶会鼓出一个"甜甜圈"，留下吸引器的操作痕迹，使新生儿像一个刚退场的拳击手。由此可见，新生儿实际上度过了艰难的分娩过程。但这对他的健康和生长发育没有负面影响。

囟门。头骨未闭合的地方，大多在后脑勺头顶附近。囟门上覆有一层坚韧的膜（到目前为止，在正常哺育动作中未见有损伤情况发生）。头发比较稀疏的新生儿，可以看见囟门下的脉动，这十分正常。囟门低洼的新生儿，头部明显有一小处"凹陷"，可能是脱水反应（天气炎热或身体发热），应即刻补水或哺乳。如果囟门凸起、疼痛，特别是新生儿没有啼哭却依然存在这种现象时，可能是病了，必须即刻就诊。

自然分娩新生儿头型

眼睛

斜视。新生儿斜视比较普遍，属于正常现象。如果你贴近新生儿，端看他们的内眼角，就会发现，眼角内赘皮导致斜视（较常见于西方婴儿），数周内赘皮内收，情况将有所改变。接着，当婴儿眼部肌肉发育成熟、有控制力时，两只眼睛可稳定对焦，视点落在同一物体上。不过，你与婴儿对望时仍将发现，他有一只眼睛"走神"，而且几乎总是那一只眼睛"走神"，这种情况到6个月时将自动"愈合"。但父母有必要在婴儿首次复查体检时告诉医生，以便及时治疗。真正的斜视是指双眼无法同时聚焦于同一物体，两只眼睛无法统一对焦。两只眼睛一起转动，尔后一只眼睛"走神"，这不同于真正的斜视。如果婴儿出现单眼"固定斜视"，一经发现，应即刻告诉医生。治疗越早，效果越好。

红肿。属于分娩挤压所致，是非常普遍的新生儿特征。两眼水肿难以睁开，出生数小时后，水肿自然消退，眼睛就能睁开了，这种情况再次出现时，应即刻告诉医生。

眼眵。即眼睑分泌出的黄色黏液，属于普通轻度感染，分娩时接触到血液所致，俗称"黏糊眼"。使用特殊的眼药水，或者用清水轻拭眼部即可。

泪汪汪。新生儿啼哭通常没有眼泪。流眼泪表明婴儿泪管未通，无法从鼻腔流出，泪管将在婴儿满周岁时完全打通。

眼睛浮肿

耳朵

分泌物。在耳道内，耵聍具有抗菌与保护的作用，此外不应出现其他分泌物。如果你不确定婴儿耳朵里的分泌物是不是耵聍，可以询问医生。如果是耵聍，医生将直接告诉你；如果是化脓，医生将即刻给予治疗。绝对不能为婴儿清洁耳道，因为婴儿的鼓膜极易受伤。正如肚脐、鼻孔等有孔的身体部位一样，耳道也有自动清洁功能，平常只要清洁耳郭就可以了。

招风耳。婴儿的耳朵非常显眼，但不一定是招风耳。新生儿的耳朵柔软，有可塑性。当头部发育定型，头发浓密时，耳朵就不会这样突兀了。

嘴巴

舌带。有的新生儿舌带比较长，限制了舌头的自由活动。传统办法是剪断舌带，让舌头自由活动，以便正常吃奶和学说话。现在我们知道，导致舌头功能障碍、发育不良的舌带比较罕见。1岁以

吸奶疱

内的婴儿，舌头发育多半体现在舌尖，舌头能够自由活动。另外，舌带短对健康发育毫无影响。

上唇吸奶疱。婴儿哺乳后，上嘴唇中心鼓出一个小疱，名为"吸奶疱"，属于吮吸动作的正常反应。哺乳期间存在，断奶后消失。

舌苔白。婴儿哺乳期间，正常会有白色的舌苔，而红润的舌苔上长出白色的小斑点则属于细菌感染或生病的表现。

水泡。普遍出现在牙床上，不影响健康。另一个看似令人担忧的水泡是上颚出现的奶白色疹粒，也不影响健康。这两种水泡都不需要治疗，在婴儿出牙期前会自行消退。

乳房	**肿胀**。分娩过程中，妈妈体内的催产素也会进入婴儿体内，所以，婴儿出生3～5天内出现乳房肿胀很正常，且不分男婴女婴。鼓起的乳房中甚或有微量"奶水"，必须让它们自然地慢慢消退，绝对不能挤，那样容易引发炎症。
肚子	**脐带残端**。助产士和医生将检查脐带残端，确保肚脐未来漂亮地愈合（P100）。出现红肿或流脓等感染迹象时，必须即刻就医。 **脐疝**。肚脐附近的一小块突起，婴儿啼哭时突出更明显，这种情况属于非正常的普遍现象。因为婴儿腹部某处肌肉发育微有不足，腹内器官便"拥堵"在这里，异军突起。婴儿1岁之前，脐疝基本上可以自动痊愈。医生普遍认同，包扎脐疝反而有碍愈合。脐疝需要手术的情况比较少见。
生殖器官	和青春期成熟的生殖器官相比，婴幼儿生殖器官占身体的比例较大，新生儿的看起来更大。因为在分娩过程中，来自母体的雌激素穿过胎盘进入胎儿的血液循环，导致新生儿生殖器临时肿大。总体来看，婴儿性器官的样子就是怪怪的，但无伤大雅。医生或助产士会专门检查新生儿的生殖器官，在新生儿适应生活环境之前，肿胀将很快消退。 **睾丸未降**。胎儿睾丸起先在腹腔内，然后下降到阴囊。新生儿体检未见睾丸时，也许是睾丸未降，也许是睾丸遇冷缩回了腹腔内。睾丸未降的原因尚未确定，但是足月儿以及早产儿到达预产期，都不是促发睾丸下降的动因。婴儿出生6周睾丸仍未下降到阴囊时，应去医院进行检查。

包皮过长。阴茎和包皮的发育源自同一个胚芽，出生时只见包皮，随着婴儿生长发育两者逐渐分离。因此，新生儿包皮过长不应看成一种毛病。包皮不可以翻动，只须清洁生殖器外部。医生极少推荐新生儿进行包皮切割手术。

吐奶与排泄

新生儿需要几天才能适应"吃奶—消化—排泄"这一系列生理过程。新生儿的排泄物很特别，即使你曾为婴儿换过尿布，新生儿的尿布仍令人感到惊讶。

胎便。新生儿的第一次排泄物通常为墨绿色粥状物，必须等婴儿排出胎便后，妈妈才能哺乳。婴儿出生24小时内将排出胎便。在家分娩的妈妈应在第二天告诉助产士，婴儿是否已排便。如果没有胎便排出，说明存在肠道梗阻可能。

便血。罕见于出生一两天的新生儿。所谓"便血"，通常是婴儿在分娩过程中误吞母体血液，出生后随废物排出体外。为安全起见，应把便血的尿布封入透明塑胶带中，让助产士鉴别。

尿血。刚刚出生的新生儿尿液中的"尿酸"虽然无害，但落在尿布上的血红色容易让人误解，最好把尿片封入透明塑胶带中，让助产士鉴别。

尿频。新生儿一天大约"尿"30次，所以说，新生儿"尿频"很正常，而尿片持续4～6小时干爽不用更换，说明有可能存在尿道阻塞，必须请医生或助产士检查确认。

阴道出血。女婴儿出生第1周，常见有阴道微量出血。不要紧，这是分娩过程中雌激素进入婴儿体内所致。

阴道分泌物。普遍可见有透明的或白色的分泌物，也是正常现象，几天后即可消失。

鼻腔黏液。许多新生儿鼻腔内有黏液，偶尔会流出来，与感冒或鼻腔感染无关。

眼泪。一般来说，新生儿4～6周大之前，啼哭无眼泪。但也有些新生儿一出生就有眼泪，这两种情况都很正常。

汗。新生儿头部比身体其他部位大很多，作用相当于体温调节器。冷的时候，戴上帽子就会暖和起来；热的时候，摘去帽子就会凉快些。许多婴儿不戴帽子，头颈部也会大量出汗，一般情况下没有问题，除非婴儿表现出发热或不适症状。出汗多的婴儿须经常洗头，以防汗液中的盐分累积在皮肤褶皱处刺激颈部皮肤。

吐奶。哺乳后吐出一点奶十分常见。

育儿体会

依我小时候的经验看，新生儿包皮手术并非多此一举。

我们的第二个孩子（男孩）将要出生了。在割包皮这件事上，我希望孩子一出生就进行割皮手术，但我妻子强烈反对。也许她看了手术介绍，觉得婴儿会很疼。可是，我把麻醉手术无痛的相关报道拿给她看之后，她的观点丝毫也没有改变。她认为割包皮是野蛮的传统，而从我自身的经验看，这不仅没有所谓的后遗症，还方便婴儿的卫生保健。

成人的育儿态度很大程度上将指向自身的童年经验。所以，要一个男人承认他的阴茎发育方式最适合他自己而不是自己的儿子，真的非常困难。你对割皮手术没有痛苦的记忆，真的很幸运。要知道，割皮手术留下心理创伤的大有人在。再者，自你小时候到现在，这么多年以来，医学研究一直不断向前迈进，越来越考虑并维护婴幼儿的利益。

为新生儿翻包皮，既非新生儿"常规护理"，也没有临床依据支持这种做法。对于新生儿卫生保健的说法是一种主观认识。很多人觉得包皮很难翻，孩子越小进行割皮手术，痛感的记忆越轻，也便于清洁。实际上，包皮将自然脱离阴茎，你不能（也不应该）清洁婴儿的包皮内部。四五岁的幼儿才需要（可以）清洗包皮内部，那时幼儿自己也能操作了。进一步来说，为婴儿强行翻包皮还会导致撕裂伤，虽然微小、可愈合，但伤疤本身有碍包皮自然分离，这是婴儿无需割皮手术的重要原因。你

的儿子出生后，不必为了清洁阴茎而进行翻包皮手术，正如你不需要把婴儿的鼻孔翻开清理一样。割皮手术或早或晚进行，都不影响他成年后与伴侣的性生活。认为男性未割皮是导致女性伴侣宫颈癌的重要原因，这种观念到目前也没有临床案例的支持，可以说是错误的！

从生理角度来看，婴儿无须接受割皮手术。很多国家甚至仅仅允许它作为宗教仪式而存在。目前只有美国医学界对此无明确规定，有些医院把割皮手术纳入新生儿的常规护理操作中。

人们普遍认为割皮就是轻轻割一刀，但这只是能看见的表面现象。在看不见的心理层面上，诚如美国婴幼儿专家所言，"应属于令新生儿最痛苦的干预手术"。割皮手术无一例外地让婴儿号啕大哭，甚而有的出现暂时性休克。局部麻醉不能完全消除手术的痛苦，必要时也聊胜于无。如果麻醉药药效消退但手术创口尚未愈合，将导致婴儿排尿疼痛。那时，无论父母的怀抱多么轻柔、温暖，也不能归还新生儿原本的舒适与安逸。亲子将在手术后熬过几天艰难的日子。

新生儿因为健康而必须接受割皮手术时，父母应持乐观态度，祈愿手术不会给婴儿留下心理创伤。综上所述，如果婴儿健康活泼，你何必执著于手术干预呢？何必因此平添一份担忧，加重第1周育儿生活的烦恼呢？

回家后

实际在家哺育婴儿的生活将比想象中劳累一些，但更倾向于常态。回想住院时盼望回家的急切心情，现在看来，医院犹如天堂一般，给新妈妈一种安全感。相对而言，顺产的妈妈对自己产后恢复的信心比较充足，但依然会有一些普遍的共性体验：虚弱无力，也许需要挂雌激素促进奶水分泌；体内激素变化剧烈，导致情绪大幅波动；努力适应喜添新丁的家庭生活。

无论你现在对自己的育儿能力多么怀疑，你都要相信自己。你将在数周后适应新的家庭生活模式，习惯育儿工作。在此之前，应耐心且温柔地对待自己。所以，何不把家庭生活和育儿工作都转移到床上呢？一边安心调养，一边哺育婴儿，其余的事情安心交给你的伴侣和家人。此刻，家人和他们的感受是最重要的。将产后的内心感受坦率地说出来，也听一听伴侣的感受，让幼儿坐在身边，共享天伦之乐。

产后忧郁　　产后忧郁也称"忧伤第四日"，是分娩后的普遍现象，但不一定每个产妇都会有此体验。产后忧郁主要出现在这几种情况下：妈妈自身的健康问题；对新生儿健康的担忧；独自住院，无人陪伴。即便自然生产顺利，婴儿健康可爱，家人在身边支持，女性在产后也会百感交集地热泪盈眶。这是正常的情绪体验。眼泪的意义不只是表达悲伤，喜极而泣的动情泪水可为你带走身体和情绪的负面感受，促使孕激素消退、雌激素上升，从而较快地分泌奶水。当你对此"失控情绪"释怀，准备无遮无拦地让眼泪流淌，眼泪也许会很快甚至立即戛然而止。

产后抑郁　　产后抑郁和产后忧郁完全不同。产后抑郁可能出现（或称发作）在产后数周或数月之后，持续时间较长。

抑郁属于心理疾病。所有生活上突然而剧烈的改变，比如丧亲、离婚、搬家或失业，都有可能导致原本心理比较脆弱的个体产生抑郁症状，患者最终需要靠自己的意志力才能康复。然而，产后生活剧变引发抑郁时，还要考虑对婴儿的影响。

从心理层面看，导致女性产后抑郁的主要焦虑在于如何哺育健康的婴儿，以及能否成为一位称职的母亲。产后抑郁波及母婴，抑郁的母亲怀疑自己的哺育方法，继而影响婴儿的自我认知发展。抑郁抑制了所有的喜悦与乐观情绪，患者陷入自卑、消沉和焦虑中。即使凭借强大的理性与意志给婴儿哺乳，安排其他人照顾婴儿，抑郁的妈妈也不相信育儿工作是一件幸福甜蜜的事。因此，如果妈妈有丝毫产后抑郁的迹象，应及时接受身心治疗，尽快康复，这对母婴都有好处。

但问题是，抑郁患者会积极配合治疗吗？当一个人的自我认同感极低时，也会觉得自己不配让医生浪费时间。如果你对是否看医生还没拿定主意，就把这个想法直接告诉某人，说完之后，也许你已走出低谷状态。如果你深感内疚，认为自己的无能为力殃及婴儿，婴儿的外婆又雪上加霜地指责于你，此时你会更加脆弱，更想回避他人的评论。对抑郁患者的临床统计表明，初产妇中有十分之一的人罹患不同程度的产后抑郁（此处用"罹患"一词实非夸张）。产妇的伴侣、亲人和朋友应重视产后抑郁的可能性，不应随便地指责说，"你必须学会控制自己的情绪"，而应该提供切实有效的帮助。产后忧郁患者临床表现不一，所需救助方法也大相径庭，但有这样一个共性：隔离治疗对母婴完全没有帮助，但母亲朋友的支持和体恤可起促进治疗的作用。

无论朋友的亲疏程度如何，现在的你最需要女性朋友的安慰。

先试一试哺乳，也许比你想象的顺利，母婴都喜欢哺乳的愉悦。

哺乳与发育

　　母乳哺育肯定是以母亲的意愿为主。因为，这是她的乳汁，是她独特的哺育选择，和使用奶粉哺乳的情况大不相同。父亲当然无法哺乳，但仍有必要参与决策，并为此准备好辅助育儿。从心理层面上看，伴侣对母乳哺育的肯定，将使女性对母乳哺育的信心倍增，伴侣对母乳哺育的支持，将促使女性渡过早期哺乳的难关。由此看来，在哺育方式上，妈妈享有决定权，但也必须与伴侣交流想法、获得支持，除非是由妈妈独自抚育婴儿。

　　喂奶似乎是每一位母亲的天赋，这个话题还需要探讨吗？如果你个人特别排斥哺乳，根本不考虑母乳喂养，当然无须探讨细节。一般来说，有远见的妈妈们会在妊娠期间了解母乳哺育的常识和方法。婴儿哺乳期比较短，但母乳带给婴儿身心健康的益处，可谓功在一时，利在一生。无论喂母乳或奶粉，应从一开始就确保婴儿获得全面均衡的营养。哺乳期间，如果妈妈因乳房炎症或奶水不足而不能喂饱婴儿，可逐渐减少母乳量直至断奶，同时逐步添加奶粉量直至完全取代母乳。然而，习惯配方奶哺乳的婴儿极少转回母乳，主要原因是没有婴儿规律的吮吸刺激，母乳将自动停止分泌。

即刻哺乳的好处　　切勿听信谗言——母乳哺育无甚可取，除非你自己决定不喂宝宝母乳。新妈妈都会对自己的奶水有点信心不足，但起初仍应努力尝试一番。婴儿喝母乳（即使只有一两天初乳）有很多好处：

　　■ 婴儿起先喝到妈妈的初乳。初乳含有水和糖分（在没有母乳哺育的情况下，新生儿可以先喂以"糖水"），还有适量的蛋白质与矿物质，以及健康成长必备抗体以增进免疫力。初乳持续分泌几天，给予新生儿优质的营养基础，之后产生母乳。

　　■ 妈妈的奶水（有别于其他女性的奶水）最能迎合婴儿的生长需求，因为母乳会配合婴儿生长与发育的需要自动调整"配方"。一般来说，早产儿与足月儿妈妈的初乳成分略有不同，母乳"配方"还会根据婴儿的健康状况自动调整，比如天气炎热时婴儿需要更多水分，妈妈的奶"水"较多。

　　■ 过敏体质的婴儿消化系统比较虚弱，喝母乳最安全，可免于"外来"奶蛋白摄入不耐受的过敏反应。

■ 对母乳的研究表明，母乳对婴儿的健康发育具有神奇的长远益处。即使只是喂养短短数周母乳，婴儿得到的健康收益也不容忽视。新近的研究还证明，母乳可促进婴儿大脑充分发育，所以母乳喂养的婴儿极少产生神经系统疾病。

母乳持续时间只有2～3周的女性，较多可能体验到哺乳不适而非幸福感，但这两三周哺乳对妈妈身体健康的益处却不容忽视：

■ 促进子宫复原。

■ 新生儿夜间哺乳相对较多，母乳哺育较轻松、方便。

■ 奶水充足时，刺激奶水分泌的激素可使身体放松、消除紧张。

短暂的哺乳期对母婴健康有短期利益，而真正的长远效益必须来自长期的持续哺乳，断续的长期哺乳不能令母婴获得益处。有人说，哺乳的妈妈没有自由，非常疲劳，还有可能奶水不足。对于这些动摇军心的话，如果你听而不闻，一心一意哺育婴儿，那么哺乳真的会很幸福。但如果那些流言似乎一语成谶，碰巧你正遭受哺乳困难，那很容易让人想要放弃。所以，为了母乳哺育的顺利进行，你应首先对自己有信心，相信自己奶水充足，营养全面；还应与志同道合的哺乳妈妈在一起，增添哺乳的信心，一般来说，不用提前购买奶瓶和奶粉。

长期哺乳的好处　　母乳是婴儿的天然食物，相比之下，牛奶的营养成分差之千里。然而，母乳和牛奶均有些特定成分是人工配方奶粉永远无法替代的。随着母乳研究的逐年推进，母乳哺育越发显示出无可比拟的优势与科学性：

■ 母乳是为宝宝"设计"的特供食物，营养成分具有自适应性，随婴儿生长、发育和健康的需要调整"配方"。

■ 母乳的味道随婴儿胃口需要略有变化，既能满足他的食欲，又可巧妙地控制食欲，避免婴儿过度肥胖。母乳分为前奶与后奶，前奶卡路里含量低，为婴儿解渴并给予吸吮的愉悦与安慰，无饱腹感，也不会发胖；后奶富含脂肪和卡路里，在婴儿吃饱后发出"信号"，使婴儿自然停止进食。

■ 哺乳期间，婴儿极少感染疾病，特别是胃肠炎、感冒和中耳炎。

■ 母乳可保护过敏体质的婴儿，提高其免疫力，抵抗病菌感染。

■ 除了母乳天然的营养优势外，从愉悦程度看，婴儿更喜欢吸吮乳房，而非奶嘴。因为，喝完乳房的奶水后，婴儿仍然可以继续安慰

育儿体会

哺乳工作似 "奴役"。

这是我们初次成为准父母。我们非常清楚母乳哺乳的优点，可是每当想到朋友们哺乳期间脱不开身的样子，还是感觉很奇怪。前些时候，我们有机会在家里照顾5个哺乳期婴儿，他们的父母有事外出了。这次经历让我感到，当哺乳工作安排得巧妙时，我们不必像被奴役一般。

哺乳犹如一条情感纽带，将母亲和婴儿紧密联系起来。这条纽带是让哺乳的妈妈感到犹如被枷锁束缚，还是感到被锦带加身般的荣耀喜悦，取决于母亲（和她的伴侣）、婴儿、家庭生活和日常氛围等综合环境因素。

设想一下，如果婴儿只能喝母乳，而且必须由妈妈直接哺乳，前3个月还必须由妈妈日夜守护，悉心照料，那么这3个月的育儿生活是否像被奴役一般呢？

偶尔有新生儿有进食规律，不哭不闹，每3小时哺乳一次——3小时足够看场电影或安静地享用一顿晚餐了，但大多数新生儿并没有规律的作息。例如，吃饱奶睡着的婴儿被吵醒后，必须吮吸乳房才能安静下来，别无他法。

的的确确别无他法，不要期待别人安慰你说，婴儿醒来啼哭没关系。婴儿饿了、渴了就要母乳，得不到母乳就会啼哭，甚至撕心裂肺地哭，越哭越累，越发饥饿口渴。不仅婴儿受苦，照顾他的人也受折磨。他们需要外界力量的帮助，实际却孤弱无援。

此刻请再回想，婴儿依赖你的乳汁生存，你会对此视而不见吗？其实，你能带上他出门，还能轻易找到适当的哺乳空间。好吧，电影院和俱乐部真是开玩笑，但如果你选择的地方那里的人都喜欢孩子，聚会（你的小家伙还没被宠坏，对不对？）、购物或外出午餐都不成问题。

式吮吸，不必担心吸入空气，奶嘴则不然。

长期哺乳当然也对妈妈有好处：

■ 妈妈要坐着或躺着才能哺乳，和休息的姿势一样。忙碌的妈妈也许只有在哺乳时才能休息片刻，夜间哺乳比较频繁，母乳哺育相对比较轻松和方便。

■ 妊娠期间累积的脂肪迅速化为母乳脂肪，为婴儿所需，所以哺乳可有效促进母亲恢复体形。断奶后，乳房脂肪被乳腺取代，乳房变小，对此人各有所好，并无好坏之分。

■ 哺乳有助于缓解经期紧张的症状。一般在哺乳期间，月经也会暂停，但哺乳期并非绝对避孕期。

■ 妇科专家认为，哺乳对乳房有好处，可降低更年期前乳腺癌的发生概率。

■ 哺乳形成规律后，育儿工作省时又省心：母乳自然而生，不必购买和存储，不必担心"缺货"；母乳天然可饮，不必搅拌和消毒；母乳温度适中，不必冷却和加热；哺乳随时可以进行，不会打扰你的休闲和作息；哺乳结束，没有清洗用具的顾虑。进入辅食阶段后，母乳喂养的婴儿所需"餐具"远远少于配方奶喂养的婴儿。

■ 哺乳的便捷使得妈妈携带婴儿外出更轻松，不必担心婴儿用品尴尬地出现在公共或工作场合。你只要带足备用尿布，以备不时之需。婴儿的需求只有你能满足，无人可以替代。

配方奶哺育的优点　　女性产后基本都有奶水，婴儿出生后基本都能食用母乳。也就是说，只有在少数特殊情况下——母亲服药影响了奶水的质量；婴儿早产、体弱或是唇腭裂婴儿；母亲奶水不足或不畅——才必须使用奶瓶。那时，奶瓶哺乳的好处显而易见，但仍无法与母乳相提并论。用配方奶哺育新生儿，通常是母亲下奶较慢时的临时替代办法，但仍须三思而后行。

■ 如果出于婴儿健康考虑，必须喂配方奶，那么在喂哺的同时，应积极而耐心地等待奶水充盈乳房。

■ 配方奶与母乳哺育的差异还表现在母婴的接触方式与情感牵挂上。

■ 假如婴儿为代孕妈妈所生，你又没有奶水，你当然无法体会哺乳的幸福感。客观上，因为你自己没有奶水，几乎人人都能给婴儿喂奶，以满足婴儿的需求。父亲从一开始就能用奶瓶给孩子喂奶，父子情感更亲密。相对而言，你没有了哺乳义务，与婴儿的感情也会疏远些。

两者取其长　　母乳哺育从两方面促进了婴儿的健康发育。母乳为主，哺育次之。产假很短但希望婴儿喝母乳的妈妈，以及未曾计划哺乳但婴儿由于过敏体质必须喂母乳的妈妈，可以将母乳挤入奶瓶喂奶，以解后顾之忧。

母乳储备充足可满足婴儿夜间的需求（也许宝宝要哺乳多次）。次日上班前挤出奶水，可以满足婴儿当天的日间需求。此时，一个吸奶器将是妈妈的最佳帮手。徒手挤奶可解燃眉之急，但徒手挤一整瓶母乳，既费时费力，还会引起乳房疼痛。半自动吸奶器设计贴心、款式多样，一般来说，价格较高的用起来较顺手。

用手挤奶

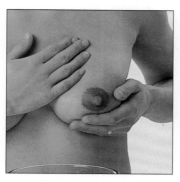  

1．一手托起乳房，另一只手反复从乳房外缘至乳晕按摩乳房。

2．双手自然托起乳房，拇指朝乳晕方向推奶水。

3．拇指轻轻按压乳晕边缘，奶水即可流出。从按摩乳房开始，重复这个挤奶顺序。

母婴对哺乳的反应大多顺利而愉悦，少数感到不适，也有母亲表示没有感觉。如果有人可以帮你用奶瓶哺乳，你的空闲时间相对会多一些。

习惯吸吮乳房的新生儿在白天换奶瓶喝母乳后，会哭闹一阵子，两三个月大的婴儿对这一变化的反应更强烈。另一方面，婴儿一旦形成了白天用奶瓶喝母乳的习惯，妈妈可安心享受这个优势，借机为自己周末放假一天，让婴儿晚上用奶瓶喝奶。比如，你周六在家休息，白天亲自给宝宝喂奶，傍晚时预存足够的奶水供婴儿晚上食用，让家人或保姆给宝宝喂奶，你即可安心地外出活动，或者在家睡个好觉。

如果妈妈下奶困难或没时间挤奶，完全可以使用配方奶，对职业女性来说，这种哺育方式更轻松。从母乳转到配方奶的过程可循序渐进地进行，因为有些妈妈白天仍会规律地产生胀奶反射，婴儿得以晚上吮吸母亲乳房获得母乳，白天则用奶瓶喝配方奶。

虽然有些婴儿只吮吸乳房，从不喝奶瓶，而有些向来用奶瓶喝奶，从未吮吸过妈妈的乳房，但从哺乳的普遍经验看，"乳房"和"奶瓶"没有对立关系，不必从一而终。吮吸妈妈乳房的婴儿也会有几个奶瓶，偶尔用奶瓶喝母乳。"乳房"和"奶瓶"可交替使用，没有特定的顺序、模式或频率。

她们的哺乳故事

常言道，计划赶不上变化。和分娩计划一样，哺乳计划在实施过程中常要打些折扣。以下三位妈妈的哺乳经验提醒我们，实际哺乳方式很可能与初衷相去甚远。在哺乳前，无论妈妈对这两种哺乳方式的优缺点进行了多么理性细致的分析，从而作出最理想的选择，但如果实际效果不佳，就不能算是好计划，可以完全抛弃。

安吉娜的故事

哺乳计划。在产假3个月内哺母乳，产假后喂配方奶。

实际上呢？婴儿喝母乳5个月，母乳与辅食结合哺育近1年（用奶瓶喂母乳，用口杯喂配方奶）。

为何改变计划？安吉娜喜欢哺乳，割舍不下这份幸福感。她的宝宝也很享受母乳，哺乳的顺利也出乎安吉娜的意料。也许她的女儿艾米，这个小娃娃与妈妈心意相通吧，反正艾米显然表现出一副不能离开母乳的样子，她可能都没用奶瓶喝过奶。

在产假结束前，安吉娜尝试把母乳挤入奶瓶喂女儿，她的奶水通畅且充足，挤奶和储存工作很顺利，但必须妈妈用奶瓶喂，女儿才能安静地喝奶。这种情况一直持续了5个月，之后在午餐时添加辅食，用奶瓶喝奶。艾米习惯用奶瓶喝母乳后，安吉娜才放心地从乳房哺乳转为奶瓶哺乳——把母乳存放在奶瓶中，供艾米白天食用。安吉娜是幸运的，乳房哺乳次数减少没有影响奶水产量，她的奶水依然充足。

玛丽娅的故事

哺乳计划。玛丽娅的产假和年假一共有5个月，公司还设有育婴间。所以，她最初准备至少哺乳一年，或者哺乳到婴儿自然断奶。

实际上呢？婴儿从两个月开始添加配方奶，4个月时自然断奶。

为何改变计划？玛丽娅哺乳经历的困难令她始料未及。儿子乔纳森顺利学会吮吸母乳，但对母乳的需求频率与分量都超出了玛丽娅能力所及。玛丽娅的丈夫支持她喂母乳，也表明不必勉强。如果玛丽娅因为哺乳导致睡眠不足或郁闷，他肯定赞成

儿子用奶瓶喝奶，让玛丽娅休息好。婴儿两个月大时仍像新生儿期一样，对母乳的需求十分频繁，特别是在夜间。因此，连玛丽娅的丈夫也为此而取消了晚上的外出安排。婴儿3个月时，玛丽娅已显得疲惫不堪，迁怒于丈夫。夫妻俩商量后，玛丽娅决定尝试改变哺育方法：首先在晚餐时换配方奶，从婴儿的表现看，他对用奶瓶喝奶十分适应。很快，他们安心地交由保姆给婴儿喂奶，闲来在晚间安排外出活动。那时，玛丽娅准备只让婴儿在晚餐时喝配方奶，夜间仍亲自

喂母乳，可惜，她的奶水很快就没了。于是，婴儿从4个月大起，完全使用配方奶。当然，玛丽娅也不必为配方奶或母乳而踟蹰犹豫了。现在她对自己哺育婴儿信心十足，甚至觉得同时带两个孩子也没问题。

杰西卡的经验

哺乳计划。只要宝宝需要，母乳哺育可无限期进行下去。杰西卡盼望孩子为时已久，她准备安心休一个长长的产假，与丈夫一起哺育婴儿，还为此请了婴儿保姆，她想象着自己哺乳时慈爱的宁静眼神。

实际上呢？婴儿出生3天后就开始喝配方奶。

为何改变计划？杰西卡的第二产程较长，儿子山姆出生后顺利吮吸到母乳。虽然助产士出于惯性地建议杰西卡在医院住一晚，但也尊重杰西卡的分娩计划，让她办理了出院手续。杰西卡到家后，在没有医护人员的帮助下，一时竟不能把乳房送入婴儿口中，丈夫在一边干着急。那晚，婴儿睡了很久，他们整晚在焦急担忧中度过，次日疲惫不堪，婴儿出现脱水症状。助产士回访时，杰西卡胀奶到乳房酸痛，助产士一边安慰，一边帮助杰西卡喂奶。不幸的是，当晚杰西卡乳腺炎发作，疼痛难忍且不能哺乳，婴儿饿得啼哭不止。杰西卡让丈夫开车去接母亲前来增援，并且买了奶粉和奶瓶。

从母乳还是从奶瓶开始？

出生3～4天内，婴儿对食物的需求极少。喝母乳的婴儿喝一点点初乳，喝配方奶的婴儿有的先在医院里喝点糖水，有的从第一天起就喝配方奶。无论是母乳还是配方奶，新生儿此刻最需要的是水分，并由此练习吮吸。

这几天，他们的食量很小，体重将减轻不少。尤其是喝母乳的婴儿，通常在头5天里减重250克，从第6天开始才慢慢增重。正常情况下，第10天基本就能恢复到出生时的体重。

新生儿饿了就哭，但还没有形成饥饱反射，没有建立"啼哭—食物—舒服"的意识。在此阶段，啼哭是本能反应，并非有意识地要求哺乳。事实上，新生儿仅仅凭借基本生存意识来指导行为，即"吮吸=食物=安慰"。

吮吸能力成熟，婴儿即可顺利吮吸母乳。这种能力也许源于胎儿期吮吸手指（有些婴儿确实如此）的练习，使得他们出生后吮吸所有

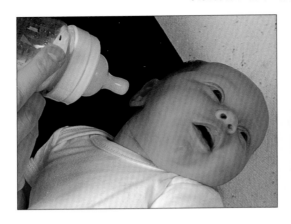

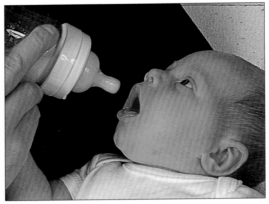

1．和母乳哺乳的准备工作一样，轻触婴儿嘴角让他面向你，而不是直接把奶嘴塞入婴儿嘴里。

2．等他面向你撅起嘴时，用奶嘴或手指碰碰婴儿嘴唇，婴儿就会张开小嘴巴，似乎告诉你可以开始喂奶了。

3．婴儿含住奶嘴后，会牢牢地咬着，有节奏地吮吸。倾斜端握奶瓶，让奶水填满奶嘴，还要稳稳地拿着，因为婴儿吮吸的力量很足，需要反方向拉力的支持。

送进嘴巴里的东西。于是，抚养者把乳房或奶瓶送进他嘴里时，他自然而然吮吸起来。一般来说，新生儿练习两三次，就能顺利吮吸妈妈乳房，获得初乳和母乳及其必需的营养成分。

有些婴儿吮吸能力不足，饿得哇哇大哭。妈妈把乳房或奶嘴放进他们嘴里时，他们不吮吸，一味地张着小嘴哇哇痛哭，听得令人心碎。由于新生儿还没有形成"吮吸—满足"意识，常常在吮吸第一口初乳（或配方奶）之后继续啼哭。此时只有耐心地辅导和练习，才能帮助婴儿建立"吮吸—满足"关联。哺乳之初遇到再多困难，妈妈也要相信吮吸反射是宝宝的本能。只要激活吮吸反射（并非单纯地把乳头或奶嘴塞进婴儿啼哭的嘴里），他就能吮吸奶水，体会到食物带来的满足感，进入哺乳阶段。

防止乳头错乱　　吮吸乳房和吮吸奶瓶需要两种不同的吮吸方式，新生儿鲜有同时具备或学会这两种能力的。吮吸母乳的婴儿习惯于乳房柔软的口感和母乳适宜的温度，相比之下，奶瓶的奶嘴偏小，橡胶质地过硬。反过来看，习惯用奶瓶喝奶的婴儿将有吮吸母乳的困难。婴儿惯性地以吮吸奶嘴的方式吮吸乳头，根本不能吮吸到母乳，还会导致妈妈乳头破裂。即使婴儿在妈妈帮助下能吮吸到母乳，也会十分费力。

新生儿哺乳的普遍规律：习惯用奶瓶喝奶的新生儿不会吮吸乳房，习惯乳房哺乳的新生儿较难接受奶嘴。他们喜欢熟悉的哺乳方式。

乳头错乱将引发婴儿营养不良与妈妈下奶困难。因为，只有婴儿吸吮乳房才能刺激母亲分泌乳汁，而奶瓶哺乳没有这种刺激作用。希望母乳喂哺的妈妈不应给新生儿喝配方奶，也不能用奶瓶喂水或母乳，必须等到奶水供应正常、婴儿吸吮能力成熟之后。一般建议大家最好等到婴儿6周大后再使用奶瓶辅助哺乳；母乳充足的情况下，等到12周后更好。

无论6周还是12周，尝试用奶瓶哺乳都将经历一个适应过程，需要妈妈有策略地让婴儿逐渐练习、接受。产假结束前一周开始练习，让婴儿逐步适应奶瓶喝奶。此时通常出现两种情形：有些婴儿必须妈妈喂奶，吮吸母乳或者喝奶瓶；有些婴儿明确"要求"妈妈喂母乳，而要爸爸或其他人喂奶瓶。奶嘴与洞眼的大小非常重要，需要不断尝试，找到适合宝宝的一款。

觅食反射　　大人轻轻点触其单侧嘴角，醒着的婴儿就会产生觅食反射——头扭向此侧，撅起嘴巴，准备吃奶的样子。嘴唇碰到乳头（或类似乳头的东西）就会张开嘴巴，积极含咬吮吸。

以母乳哺乳为例，左臂抱起婴儿，准备以左侧乳房喂哺，让婴儿面朝乳房引发觅食反射。让婴儿头部转向乳房时，左臂抬起婴儿轻轻颠一颠，使其右侧脸颊与嘴角触及妈妈乳房下缘。待母婴哺乳动作配合熟练，无须乳房触发觅食反射时，婴儿一被抱起到乳房的高度，就会提前张开口准备吮吸。

用奶瓶哺乳的操作过程和母乳哺乳基本相同，区别在于喂哺者要用手指轻轻点触婴儿单侧嘴角，刺激觅食反射，婴儿面朝上而不是朝向乳房。

觅食反射和吮吸反射　　觅食反射之后的事情关系到是否能够顺利进入哺乳期。如果一切顺利，哺乳磨合期的困难和痛苦将一去不返。婴儿接受乳头或奶嘴后，即产生吮吸反射，并因此大大张开嘴巴。此时（且只有此时），奶嘴才能顺利送入新生儿嘴里（母乳哺乳则是让整个乳头垂落于婴儿口中），有的新生儿还有可能开始吸吮。

为什么说"有可能"呢？因为，觅食反射的作用是刺激新生儿对乳房或奶瓶有所反应，不直接刺激吮吸动作。吮吸反射晚于觅食反射（早产儿觅食反射常类似于吮吸动作，先于吮吸能力出现）。出生一两天的新生儿还应避免强迫哺乳及由此产生的呕吐反射。新生儿呼吸道通常存在黏液，有碍吞咽，导致新生儿吐掉第一口奶水，所以，清除呼吸道黏液比喂奶更重要。

然而，和理论陈述相比，实际操作时会面临更多复杂的情况。了解觅食反射到吮吸反射的产生过程有什么意义呢？哺乳顺利的妈妈当然不必学习这些内容，但如果喂乳遇到困难，对此有所了解的妈妈至少会有应对策略：

■ 刺激觅食反射的动作清楚明确：轻轻点触婴儿单侧面颊，而不是同时点触双侧面颊，否则婴儿会很困惑，不知该转头朝向哪一侧。

■ 固定哺乳的操作顺序：哺乳之前必须刺激觅食反射。比如，用奶瓶哺乳者不应直接把奶嘴放到婴儿的嘴唇上。

■ 把握哺乳时间：如果婴儿张开嘴巴嗷嗷待哺，但妈妈还没准备好哺乳或尚未冲调奶粉，就会错过哺乳时机，需要重新刺激觅食反射。

■ 最后一定要清楚，哺乳实际上是婴儿的事情——喝奶，哺乳者只是促成此事的媒介。婴儿学会含吮乳房（这是妈妈最重要也最困难的工作），哺乳期顺利展开。然而，哺乳者不可（试图）强迫婴儿吮吸。

哺乳氛围

顺应吮吸反射，婴儿很快会自然形成"吸吮=乳汁=满足"的意识。哺乳环境舒适安逸可促进婴儿发展吮吸能力和热情，婴儿积极且流畅的吮吸也会反过来促使妈妈产生甜蜜幸福的感觉。医院环境嘈杂，人来人往，不容易静心哺育婴儿，尤其是当医院没有母婴同室服务时，不如早些办理出院手续，回家哺乳，以便调节适宜的哺乳气氛。

■ 新生儿不适应新环境而啼哭，无法吮吸时，不应哺乳。新生儿还没有"吮吸—舒服"意识，困在各种不适感觉中不能自拔。在家里，婴儿一哭，妈妈就会来抱抱、喂奶。而在医院里，医护人员有时为了照顾妈妈产后休息（主要是夜间）特意分开母婴，没有考虑新生儿的需求。喂配方奶的婴儿将由护士定时哺乳，但在定时之外，婴儿啼哭却得不到"额外的"奶水。母乳哺乳的婴儿饥饿啼哭等待哺乳时，妈妈应当先抱起婴儿哄一哄，待婴儿安静下来再尝试哺乳。

■ 婴儿的吮吸专注力会受到吵闹的声音和移动的景物影响。如果家里比较吵闹，至少在哺乳的最初几天，应请其他人在你哺乳时离开一会儿，让爸爸妈妈和婴儿待在一起。如果在嘈杂的医院里，为婴儿屏蔽噪声的最简单方法是侧卧哺乳，使婴儿关注妈妈而较少被其他事物打扰。无论在哪里哺乳，妈妈始终应柔声细语地对婴儿说话，因为妈妈的声音如同天然的隔音墙。

■ 不要把瞌睡的宝宝摇醒喝奶。刚出生几天的新生儿非常渴睡，喝奶较少。那些受到分娩麻醉药效影响的新生儿，睡觉时间更长。新生儿喝几口奶就睡着很正常，足月婴儿的母亲应相信，新生儿具备成熟的求生本能，饿醒后会要喝奶。新生儿被摇醒会感觉很不舒服，再被强迫喝奶就会啼哭起来，努力从大人怀里挣脱，不可能喂"足量"的奶水。哺乳氛围应充满温馨、安逸与幸福。

■ 确保新生儿吮吸到奶水。乳房未胀满奶水之前（尤其是在初乳阶段，还没有奶水时），乳房会堵住新生儿鼻孔，导致婴儿吸不到奶水受惊啼哭。这时可以尝试这两种办法：把婴儿的臀部拉近你的身体，前额即可离开乳房；或者轻轻按压乳晕上方，使乳房离开婴儿的鼻子。

用奶瓶哺乳者须注意奶嘴开洞的大小。洞眼太细，婴儿会吮吸不畅且非常吃力，新生儿很可能累得吃不饱奶。最合适的洞眼大小判断标准是，将奶瓶倒握，看每秒钟有几滴奶水从奶嘴流出。如果只流出一两滴，说明洞眼需要再开大一点。

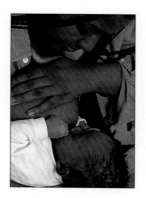

初次哺乳的母亲需要找到一个舒服的姿势，可以让乳房自然落入婴儿口中，让婴儿轻松地吮吸奶水。

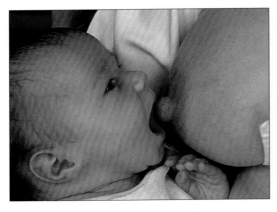

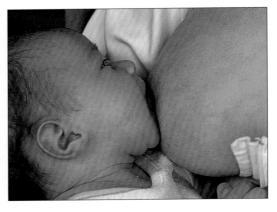

1. 婴儿的含咬动作正确，她可以饱餐一顿母乳，你也会感到轻松自在。把她的身体整个转向你（不仅仅是她的头），她张开嘴巴就是准备喝奶的意思。

2. 接着，把她抬至乳头处（不要调转婴儿身体），使她的下颌位于乳晕下方，乳房填满口腔，乳头自然落入口腔后部。这种方法不会摩擦和擦伤乳头的皮肤。

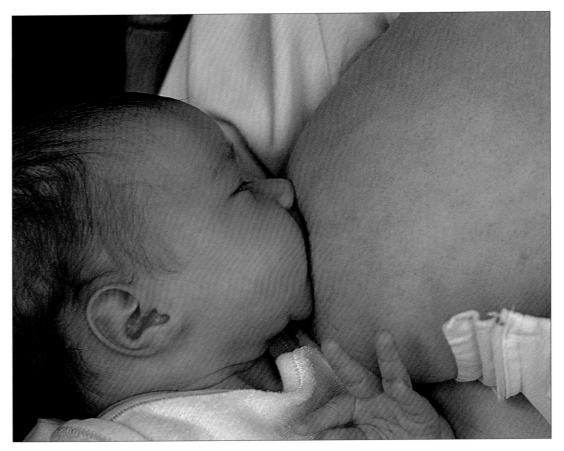

3. 婴儿的下巴贴着你的乳房，嘴唇不是向外撅起，而是微微内收着吮吸。她不仅吮吸母乳，还用下颌与舌头抵压乳窦，让奶水流入会咽部。如何确认她喝到了奶水呢？听她的吞咽声音，观察耳朵的摆动。

准备母乳哺育

母乳哺育的开始不总是那么轻松。一般来说，需要妈妈巧妙地引导和利用婴儿的吮吸反射，使婴儿吮吸母乳，促进乳汁分泌。许多新妈妈不适应哺乳初期的身心变化。面对常见的哺乳困难，有些妈妈无法坚持一个星期便放弃母乳哺育。此刻别气馁妥协，给自己一次机会体验母性的光辉与哺乳的成就感吧。常见的哺乳问题在某天突然消失，奶水神奇地涌出乳房时，即进入顺利的哺乳期。不被时间和空间所左右，乳房会"记忆"哺乳经验并形成条件反射，妈妈由此感知到幸福的哺乳即将开始。无论哺乳初期多么困难，哺乳第一个孩子的母亲也能哺乳第二个孩子。

医院会辅助妈妈哺乳，但不可能确保妈妈哺乳没有困难。如果住院期间哺乳不顺，经历痛苦，千万别惊讶沮丧。妇产科医护人员的24小时辅助服务会让人心里踏实些，但妈妈才是真正的哺乳"操作者"。为妈妈指导哺乳技巧和教人系领结的原则相通——要么自己系领结，要么请别人帮忙，两个人四只手反而会事倍功半。也许居家熟悉的环境会让妈妈比较放松，感觉凡事尽在掌握，因而信心倍增，哺乳进展也会比较顺利。

在英国，有些医院先以奶瓶或奶嘴引发吮吸反射，待新生儿产生"吮吸—安慰"意识再交给妈妈。这种方法真是母乳哺乳的杀手。更严格地说，偶尔用奶瓶给母乳哺乳的婴儿喂奶和水，或者使用安慰奶嘴，会减少新生儿吮吸母乳的兴趣、热情、胃口和力量，继而导致母乳产量（婴儿吮吸到的奶量）下降。

除了早产儿、体弱儿和特殊监护新生儿之外，新生儿一般不需要医护人员哺乳，妈妈完全可以独立操作。正如怀孕的妈妈可为胎儿提供所有营养一样，母乳哺乳的妈妈奶水中含有婴儿所需的一切食物和液体。初乳是新生儿出生当天所需食物，母乳是新生儿出生一两天后所需食物；母乳哺乳的妈妈奶水足够婴儿吃饱，婴儿也会喜欢母乳的味道；母乳容易消化，是婴儿的最佳营养来源。

初乳持续3～5天后出现母乳。在这三五天内，奶水未饱和，乳房略显软塌，应时常给新生儿哺初乳，让他逐渐习惯吮吸奶水充满的乳房。如果没有初乳的练习过程，新生儿根本不能适应突然胀满奶水的乳房，并导致妈妈哺乳困难。

舒适的哺乳姿势

舒服的哺乳坐姿需要一张低矮适中而稳固的靠背椅，双脚踩地或在背后放一个靠垫支撑脊柱。上身不要刻意向前弯曲或费力地抬起婴儿，腿上放一个软枕让婴儿躺着，高度恰好可以让他咬着乳房喝奶。

舒服的抱橄榄球哺乳姿势需要在前臂下垫一个软枕，让婴儿躺在软枕上，高度恰好可以让他咬着乳房喝奶，这个姿势尤其适合临时用单侧乳房哺乳或剖宫产的女性。

平躺哺乳最舒服，千万别错过。找一个高度适中的软枕，让婴儿躺在上面喝奶，母婴都将获得极大的享受。

普遍看来，母乳哺乳的妈妈先出初乳，尔后是母乳。初乳清淡如水，母乳金黄浓稠，均为新生儿所必需，不应主观地认为初乳不如母乳（或配方奶）营养。

舒服的哺乳姿势　　舒适的哺乳姿势就是比较轻松的姿势。心情惬意自在，奶水比较通畅。因此，妈妈有必要选择让自己舒适的哺乳姿势。也许过一段时间换一个姿势哺乳，甚或一天之中轮换几种姿势都没问题，但母乳哺乳的妈妈普遍倾向背靠枕头或靠垫给宝宝喂奶。宝宝的嘴巴与妈妈的乳房同高，妈妈既不用费力抬着，也不用弯身屈就。

哺乳初期的疑问　　在哺乳初期，妈妈（可能）会遇到各种小烦恼和小痛苦（有时真的很痛）。以下所述困扰不一定每位哺乳的妈妈都会碰上，而且其中有些麻烦并不妨碍哺乳。比如妈妈对乳房大小的担忧：母乳由乳房脂肪层下的腺体（乳腺）分泌，与脂肪无关，乳房大小与产奶能力没有必然联系。

胀奶　　胎盘激素、孕激素和雌激素在产后共同合成催乳素，引发射乳反射。通常清晨起床时奶水充满乳房，乳房变大，有酸胀感，原因一半是奶水增多，一半是血流量增加。有时催乳素过度刺激乳房引起胀奶——乳房坚挺、肿痛，甚至乳晕也随之扩张。

此时，乳房非常难受，酸胀疼痛。幸运的是，激素紊乱状况将在一两天内恢复平静，而且，乳房十分肿胀、坚硬和酸痛将一去不返。与此同时，每天胀奶三次、给大个头大食量的新生儿喂奶，算是一件轻松事。

乳房胀奶但未变硬，新生儿可顺利吮吸母乳时，乳房胀痛可得到缓解。但乳房满胀奶水变硬时，新生儿便无法吸吮乳房，也不会有奶水流出，疼痛无从释放。此时必须先用温水让乳房放松，等乳房稍微柔软一点时，轻轻挤出奶水（P59）。乳房肿胀极易损伤乳房组织，一定要慢慢操作。哺乳结束，冷敷乳房，促使血液收缩，消除肿胀。这种情况下，冰敷袋最方便。如果乳房肿胀到不可以取下哺乳胸罩，或者冰敷袋不能塞进胸罩内侧，可用卷心菜叶替代。挑选大小、形状合适的卷心菜叶冷冻备用，取一片敷于乳房，敷热后更换。

射乳反射　　射乳反射使婴儿的吮吸动作得以用香甜的乳汁作为回报。催产素随血液循环，刺激包覆乳腺的肌纤维收缩，迫使奶水进入乳管由婴儿吮出（有时直接流出）。有奶水就有射乳反射，有些妈妈的射乳反射非常明显。哺乳越久，射乳反射所需刺激越少。当妈妈感应到宝宝的需求或者听到宝宝啼哭时，温热的乳汁即刻汩汩流出，在衬衣上洇出一小片奶渍，仿佛母亲的切切爱意。甚而瞥一眼或想一下宝宝，也会引发射乳反射。

哺乳期间，妈妈基本上都需要在胸罩内侧放一个乳垫吸收溢奶。如果你的射乳反射强烈，奶水多，乳垫防不胜防，最好能幽默地自嘲一句，化解尴尬。如果有一天你在宝宝早餐的时间刷牙，有可能发生"射"乳到梳妆镜上的戏剧场景噢。

顺利进入哺乳期后，你就会发现，紧张、焦虑或尴尬的情绪会抑制射乳反射，宝宝只能吮吸到一点点（甚至没有）奶水，咧开小嘴巴哇哇大哭。唯有在充分放松的私人空间里，奶水才会顺流而下。

在射乳反射中，催乳素与催产素的分泌同步增加。众所周知，催产素有助子宫收缩，所以说，哺乳可加速子宫复原。女性哺乳期间宫缩的疼痛程度不一，有人觉得很轻微，接近着凉时的腹痛，有人觉得疼痛难忍。前者普遍为初产妇，后者在经产妇中较常见，一般两三天后会有所缓解。

奶水从婴儿嘴角渗出时，轻轻地把乳头向婴儿嘴巴推一推，就像按门铃的感觉一样。

乳头刺痛

大家一般认为，乳头不习惯婴儿吸吮才会刺痛，妈妈哺乳不适，影响婴儿定时喝奶，从而导致哺乳"失败"。然而，这种观念是错的。

乳头刺痛有多种原因，唯独没有上一条。吮和吸是两个动作，乳头的天职也并非只能吸不能吮。事实上，乳头刺痛的主要原因是哺乳姿势不正确。正确的哺乳姿势是：在婴儿吮吸反射开始张口时，让乳头落入婴儿口腔后半部，使婴儿可以满口包含乳晕。乳头和乳晕犹如完整的奶嘴，婴儿会牢牢地含住吮吸，同时下颌推顶乳晕和乳房，使母乳从乳腺流出。绝不能从婴儿嘴里拔出乳头，或是把婴儿强行抱开。哺乳的妈妈应耐心等宝宝停止吸吮后，轻轻移出乳房，也可以用小拇指沿乳房轻轻滑入宝宝口中，使他停止吸吮。

不要把乳头从婴儿嘴里拔出来，必须先让婴儿停止吮吸。

如果乳头有点磨损刺痛，下一次哺乳时应调整姿势，让婴儿的吮吸着力点避开此处。

孕晚期或哺乳期间，不要用肥皂清洁乳头。乳晕四周的细小腺体含有天然润肤成分（也有清洁作用），非人工护肤霜所能替代。通过按摩、擦拭乳头，使乳头老化防磨损的做法不可取。乳头为哺乳而生，所谓准备，应该是让它们更柔韧，而不是"硬"保护。

完整的哺乳工作也包括乳房护理：把婴儿吮吸过的乳房挤空奶水，用纯天然护肤乳涂抹乳头和乳晕，然后自然晾干。时间紧的话，可用电吹风柔和挡暖风（不是热风）吹干。

尽量保持乳头干爽，这点十分重要。塑胶防潮乳垫不透气，虽然可以保持衣服干净，但乳房会闷在温热潮湿的奶液中。这种乳垫只是备用以解不时之需的，普通的乳垫可让乳头更干爽。另外，胸罩也应保持清洁与干爽，多备几套，方便每天轮换清洗，也方便奶水溢出乳垫时及时更换。

乳房肿块　　乳管某处偶尔出现堵塞，奶水淤在此处流不出来，乳房红肿胀痛，但还不构成乳腺炎或乳房脓肿。

消肿的办法就是疏通乳管：用热水冲淋乳房肿块，顺着奶水流向轻轻按摩此处，然后由婴儿吮吸，促使奶水流出。肿痛消退后继续哺乳，可有效地促进乳管恢复通畅，如果这还不管用，应当天就诊。

乳腺炎　　奶水被迫断流，必须人工通奶。因为乳房肿胀延误治疗，母乳蛋白质透过细胞壁渗入乳房组织和毛细血管，致使乳房肿块恶化。正如所有入侵细胞的蛋白质（比如输入未配对血型）一样，母乳蛋白质刺激身体的应激功能，呈现为炎症反应——体热、战栗等。乳腺炎不一定会传染，但须及时医治，通过积极哺乳疏通奶路。这个过程很疼痛，但如果你能挺过去，奶路将豁然疏通，即可恢复正常哺乳。如果你觉得疼得受不了，准备让肿胀的乳房休养、自然恢复，那真的要提醒你，炎症不会轻易消退，很可能从普通炎症上升为细菌感染，成为感染性乳腺炎，继而导致乳房脓肿。

此时，除了按摩乳房、让婴儿吮吸奶水之外，医生开的抗生素见效很快，基本上药到病除（也有极少数抗生素无效的情况）。抗生素通过有效抵御普通炎症细菌和感染型炎症细菌，达到消肿、祛痛作用，哺乳得以顺利进行。

为避免复发，待炎症消退后，每次哺乳都要让宝宝彻底吸空奶水。如果你隐约感到有堵塞的可能并及早采取措施，乳腺炎的复发率是非常低的。所谓复发，并非炎症所致，而是哺乳不到位、乳房余留奶水所致。提高哺乳技巧强于药物预防和治疗。因此，乳腺炎复发时，应检查哺乳姿势，并咨询哺乳专家。

妈妈和宝宝是否各有偏爱的喂哺/吮吸乳房？妈妈的偏爱与本身用手习惯有关。习惯用右手的女性，婴儿通常偏爱吮吸左侧乳房。为了让婴儿饱含乳房吮吸，可尝试橄榄球式哺乳姿势（P68）。

妈妈的奶水汩汩流出，婴儿不需要吮吸，只要躺着张开嘴巴，奶水自动流入口中。为了避免母乳残留在乳房内，妈妈应先尽量一侧哺乳，当宝宝的吸吮节奏变缓、断续或偶尔吞咽一下时，表明这只乳房"空"了（宝宝甚至可能饱了），这时再换另一侧哺乳。

奶水供应与需求　　你有多少奶水？婴儿需要多久哺乳一次？对于母乳哺育来说，这两个问题只有一个答案——婴儿需要多少，奶水就会产生多少。婴儿喝奶越多，母乳产出越多。婴儿喝奶的频率越高，母乳产出的速度越快。从新生儿第2周开始一直到第20周，无论妈妈是生了一个2.7公斤重的宝宝，还是生了一对5.9公斤重的双胞胎，都能为婴儿提供足量的奶水。

当了妈妈的女性不一定知道产奶的生理原因，但产后确实都有产奶能力。母乳哺育是浑然天成的供需体系，以婴儿的自然需求为准。违背自然需求的严格哺乳作息会破坏这个体系，而且，有时微不足道的小事也会干扰这个体系的顺利运行。所以，了解这个自然体系的运作方式有积极的意义。

分娩之后即自然进入哺乳期，一旦形成规律，汩汩的乳汁将从乳房流出满足婴儿的需求。奶水被婴儿喝完后，乳房立即开始分泌更多奶水。初时奶水充足时，婴儿第一顿奶吃得很饱，会满意地睡着两小时。在此期间，乳房再次分泌出同样分量的奶水。初时奶水偏少时，婴儿第一顿奶没有吃饱，很快就会饿，将要再次吮吸。如果妈妈允许婴儿吮吸，婴儿将再次清空乳房里的乳汁，继而刺激乳房分泌更多奶水。

婴儿喝空奶水的频率越高，乳房分泌的奶水量越多。最终，短则一天，长则一星期，母亲的奶水产量将足够婴儿饱餐一顿，而不会让婴儿饿得频频啼哭。从最初每隔1～2小时哺乳一次，延长到每隔2～3小时哺乳一次，乳房得以悠闲地分泌足量奶水。当然，随着婴儿长大，奶水产量也会相应增加。一天或一周后，婴儿每顿需要更多奶水，哺乳的频率也将相应提高。每日哺乳次数增加，不仅能满足婴儿增长的需求，也将向乳房发出增产信号。奶水产量提高后，婴儿的需求将再次上涨，如此循环往复地上升。这就是这个天然供需体系的运作原理，很简单，但需要你给它机会。

初乳（左）是新生儿完美的第一份餐饮和药水。之后，婴儿所喝的母乳包括解渴的前奶（中），和富有营养的后奶（右）。

■ 只要婴儿饿了就喂奶。妈妈有奶水时，奶水分泌的节奏与婴儿清醒的时间相互呼应，频率高的可能每小时喂奶一次，间隔较长的可能一天喂一两次。在新生儿阶段，每天喂奶12～15次也很正常，不足为奇。婴儿正确地吸吮乳房时，不会造成妈妈乳头酸痛，而妈妈感到哺乳顺利舒适时，也不会烦恼哺乳频率的高低。

■ 只要婴儿需要就喂奶。传统建议单侧乳房哺乳2～5分钟，但这实际上很糟糕，是导致许多"哺乳失败"的因素之一。奶水成分随婴儿吸吮而改变。前乳解渴、低卡路里，后乳饱腹、富含营养。如果每侧乳房吸吮短暂的两分钟，婴儿只能喝到"前汤"，没有进"主食"。应尽量紧一侧喂奶，让婴儿把奶水喝空，可减少乳管堵塞的发生。对婴儿的好处是，能保证他获得完整的乳餐（有前奶也有后奶）和安慰式吮吸，减少婴儿腹痛发生。一侧乳房吮吸完换另一侧哺乳，有时婴儿吮吸完一侧就饱了，下一次哺乳时，应从另一侧开始。

■ 无论哺乳频率是高是低，切勿在哺乳后以奶瓶应急，即使前几分钟才喝空乳房的奶水，现在也将会有些奶水。让婴儿吮吸才是提高奶水产量的捷径。

■ 无论哺乳频率是高是低，切勿理所当然地认为，婴儿需要更多食物，所以要增加哺乳次数。频繁吮吸将使婴儿失去吮吸的愉快感，变成维持生命的机械运动，而妈妈的奶水量由此上升，又将引发供需系统不对等的不良循环结果。

■ 只有新生儿病了，才能给他额外补充水分，而且要遵循医生指导。否则，天再热也不必额外补水。母乳不仅能让婴儿饱腹、解渴，还能根据婴儿需求调节成分配比。婴儿不需要其他食物，白开水也会让他饱得减少吮吸奶水，还可能误导他喜欢橡胶奶嘴，对乳头失去兴趣。

奶水供应的担忧

不要急于借助奶瓶。即便最初奶水产量不尽如人意，你和婴儿一起合作，即可提高并达到稳定的奶水产量。给自己一些信心，让家人在你哺乳时给予关心和宽慰的支持。

奶水不足有各种原因，但只有两种表现属于真正的奶水不足：婴儿出生一周后体重还没恢复到出生时的体重，即新生儿体重未增长；出生第二周，体重停止增长或增重不足30克，这种情况将在后几周中随机出现。母乳喂养的婴儿与配方奶喂养的婴儿体重增加速度不同，两者无从比较。不要把你的母乳宝宝的体重增加速度与配方奶婴儿相比，或是用配方奶婴儿的生长发育表（育婴书中多附有一份发育表）衡量你的母乳宝宝的发育水平。你也不能持本本主义的态度来衡量宝宝的发育，比如书上说某周"建议"增重225克，而婴儿实际上可能只增重了85克，或是月增重幅度不稳定，但这些都不能说明宝宝体重增长不达标。再者，分娩后奶水不足，是指奶水产量少，不是没有奶水。新生儿排尿比较频繁，尿布极少出现"干爽"的情况。通过观察尿布可以得知哺乳足量与否——如果尿布持续2～3个小时干爽，或者一天之中有6～8小时没有湿透，即说明哺乳不足（见下）。

婴儿喝奶之后兀自啼哭，可能是哺乳量不足、没喝饱，更有可能是妈妈哺乳未得要领。不必担心，先从以下方面自我诊查一番：

■ 婴儿一想喝奶你就哺乳吗？婴儿通过频繁吮吸获得饱足感是正常现象，而且，婴儿的吮吸也将促进母乳分泌，改善暂时的奶水不足。

■ 你对奶水的担忧源自育儿压力吗？出院回家哺乳的妈妈普遍存在临时的奶水短缺现象。如果持续超过一两天，且照顾你的伴侣或长辈不在身边，只有你一个人照顾婴儿时，你需要更多的帮助和休息。

育儿备忘

脱水

母亲饮水充分不仅可保障奶水充足，也十分有利于母婴双方的健康和发育，特别是婴儿。婴儿年龄越小，越容易脱水，而且症状更明显，后果更严重。所以，许多普通疾病在婴儿身上的表现要严重得多。比如，任何身体的发热症状都将提高婴儿对液体的需求量，任何疾病引发的呕吐或腹泻都将导致体内的水分流失。三重因素的共同作用将加速婴儿对液体的消耗量，还将引发胃肠道炎症。此时即使大量饮水，婴儿的身体已无法吸收利用，必须即刻送医院就诊。

然而，导致婴儿脱水的原因并非只有疾病。对于哺乳期婴儿来说，喝奶与喝水是同一件事。哺乳不足量的婴儿渐渐呈现轻度脱水症状，忍饥挨饿，体重增长缓慢。如果婴儿每次喝奶似乎都浅尝辄止，外界环境一旦变化（比如炎热），身体需要大量液体支持时，就会引发脱水症状。婴儿摄入的水分充足时，水润得可爱，而且排尿频繁。如果婴儿的尿布连续数小时干爽，即可确定为脱水。使用超强吸收尿布的婴儿，照顾者更应仔细观察其尿布——尿布潮湿才正常，令人安心；尿布干爽是异常现象，应予以重视。超强吸收尿布的特点就是保持小屁股干爽，所以人们不太容易看出干湿情况。超薄尿布可有效吸收尿液，尿布中央的吸水凝胶"锁"住水分，高效吸水，果断吸入每滴尿液，直到吸满撑硬，更换新尿布。选择这种超薄尿布的父母为婴儿更换吸满尿液的尿布时，应留意尿布重量，和新尿布掂量对比干湿（新旧）重量。湿尿布上哪怕只有一点点尿液，掂量起来也有点沉，和干尿布不同。

■ 来访的亲朋好友以及原本给你支援的人，现在反倒成为了你的负担与困扰吗？哺乳初期的射乳反射容易受外界影响而下奶困难，导致婴儿无法喝到母乳。

■ 担心自己的奶水质量吗？千万别。除了罕见的特殊疾病或药物治疗，在正常情况下，母乳绝对完美。虽然婴儿出现奶癣或消化不良表示奶水质量不高，但如果换成配方奶，情况也许更糟。

■ 你在服用避孕药吗？产后第一次性生活之前，你当然有权采用药物避孕，因为哺乳期并非避孕期，没有月经但仍有可能怀孕。然而，避孕药的激素成分也会引起奶水减少。选择口服避孕药的女性，应服用处方推荐最低量。即便如此，奶水仍然会在服药后的几天内略有减少，但婴儿也能适应。

■ 你一直和哺乳的专业人士保持联系吗？社区助产士、健康专家和医生都能给你非常恰当的建议和帮助，尤其是在训练有素的哺乳专家帮助下，再加上一位来自产后女性支援团的哺乳经验丰富的妈妈（例如英国生育信托基金会National Childbirth Trust或国际母乳会Lelache League），他们将能给你特定的即时支援，使你哺乳顺利。

准备用奶瓶哺乳

我们还没有发明出完全能够替代母亲初乳的乳制品，所以，配方奶婴儿在出生第一天最好能喝到母亲的初乳，第二天再喂配方奶。和母乳婴儿相比，配方奶婴儿哺乳更早，因此相形之下，食量似乎偏少。不过，新生儿更多需要的是水，而不是饱腹食物，别担心。

如果婴儿食用配方奶顺利，体重将从出生起开始增加，不一定会在头几天体重减轻。父母肯定非常担心新生儿体重的减少，但别太热衷于"克克计较"，配方奶婴儿的体重则增长得非常快。

选择配方奶　　　　牛奶适合小牛犊，不是小婴儿的天然食物。未满周岁的婴儿不应食用超市或绿色食品店出售的原生态牛奶制品，如液态奶、奶干、或脱脂奶等，羊奶也不行。婴儿长到4个月大添加辅食时，可以偶尔喝一点奶产品（如酸奶）。在哺乳方式上，4～6个月使用配方奶冲调婴儿麦片喂食，6～12个月可用杯子取代奶瓶喂奶。

婴儿配方奶粉的营养成分现已日益接近母乳。在英国，婴儿奶粉中的营养成分一定要达到英国卫生部的指定标准，必须包含婴儿所需的各种营养，除蒸馏水外，不允许添加其他成分。

然而，即使在各种深受大众喜爱和推荐的婴儿奶粉品牌中，其使用的方便性和营养成分及配比也是千差万别。有针对性的特殊配方在医学与饮食健康上的担忧也偶尔见诸报端。母亲可向助产士或健康专家咨询如何挑选适合的奶粉。切勿因为婴儿偶然发作的"腹痛"，轻易更换特定的配方奶粉（如豆奶是为对牛奶不耐受的婴儿准备的）或奶粉品牌。看看奶粉罐上的成分列表，你就能清楚哪种奶粉最适合自己的宝宝。

■ 乳清蛋白配方奶粉的营养价值最接近母乳，因其蛋白质和矿物质成分配比和母乳非常相似。酪蛋白奶粉在广告中常被冠以大食量婴儿首选的概念，但新生婴儿较难消化。

■ 配方奶粉都会添加维生素和铁质，购买之前应咨询健康专家的意见，从而选择一款适合宝宝的配方奶粉。配方奶粉含有宝宝特别需要的多种维生素，可与你选择的普通奶粉调和食用。

■ 在配方奶品牌中，全营养配方奶最便宜，奶粉比液态奶更实惠。奶粉的取用和冲调虽然比较费时，需要对喂奶用具严格消毒，但奶粉没有液态奶重，可以轻松拎回家，开罐后也不必放入冰箱储存。

■ 全营养配方的液态奶可直接饮用，无须冲调，各种容量和尺寸的听装与盒装产品齐全，包括独立小包装。此类液态奶价格较高，但是，你花钱买到的不仅仅是婴儿奶。全营养配方浓缩奶需要稀释后饮用。

■ 如果你关心哺乳的方便性多于奶粉支出，购买与储存均无后顾之忧，那么可以选择即食型全营养配方液态奶。此类液态奶已密封装入"奶瓶"，只须拧上一个经过消毒的干净奶嘴就能喝了。

准备用奶瓶喂哺　　新生儿期你根本无法享受哺乳的安逸。无论你对卫生要求多么宽松，在奶瓶的清洗和消毒方面，你必须坚持完美主义、一丝不苟。常言道："病从口入。"新生儿抵抗力极弱，英国每年约有12000名婴儿因卫生状况不佳患肠炎需要治疗。

细菌无处不在：双手和衣服上都有细菌，呼吸时有细菌，吃喝与排泄中有细菌。绝大多数细菌是无害的，只有极少数会导致生病。这是因为某段时期摄入的特定有害菌数量超过了身体的防御能力。新生儿，尤其是非母乳喂养的新生儿抗病毒能力极弱，免疫系统需要时间慢慢成熟。在普通清洁程度的居家环境中，婴儿可以抵抗手指和玩具上的细菌，哺乳婴儿则

用奶瓶冲奶粉比较麻烦，
但哺乳婴儿的工作将令人
产生无限的幸福感。

育儿体会

婴儿用奶瓶喝奶上瘾。

相关统计数据显示，每天用奶瓶喝奶的婴儿占大多数，而我身边似乎都是喝母乳的婴儿。因此，我从产前课程到住院待产，一直很有压力。现在我可以带宝宝外出了，可每次拿出奶瓶就会招来别人异样甚至惊诧的眼神。真希望他们知道，并不是每个人都想喂宝宝母乳，也不是每个人都能喂宝宝母乳的。

婴儿出生后持续喂母乳一周以上的只占少数，纯母乳哺育持续三个月以上的情况更少。大多数婴儿用奶瓶喝奶是事实。你周围的母乳妈妈多，原因可能是你看到的是新生儿妈妈——婴儿出生两三周内母乳喂养非常普遍，也可能和你所在的特定地域和社交圈有关。

让别的女性对于喂母乳没信心，和让你对喂奶瓶没信心一样，都是错误的行为。决心用奶瓶喂奶后，你和宝宝两人彼此感到舒适是最重要的。不过，我非常理解你在产前的压力。助产士、健康陪护、医生和生育学家都倾向于让有可能喂母乳的家长认真考虑有关哺乳的决定，因为他们十分清楚，如果他们告诉家长这两种选择完全平等，实际上很少有人会选择母乳哺育。

给婴儿喂母乳比较私密，而用奶瓶喂奶能在公共场合进行。一方面，如今的家庭越来越小，许多年轻人是在自己有了孩子后，才第一次见到婴儿吃奶，母乳喂养的观念还不够普及。另一方面，奶粉厂家每年投放上亿元的广告费用宣传婴儿奶和奶瓶装备，资助儿科医学和儿童活动，那些专用名词和广告画面深入人心，从中成长起来的年轻一辈父母早已视其为理所当然。

想要母乳哺乳的女性必须在孩子出生前作出决定，这样婴儿一出生就能立刻接触到母亲的乳房。决定母乳哺乳的时间越晚，成功的概率越小。用奶瓶喂奶可以随时决定，即刻执行。

决定喂母乳不会对女性造成任何损失，而宝宝肯定会获益无穷。如果发现哺乳操作行不通或想断乳，又或环境发生变化，婴儿总还可以换奶瓶哺乳。反过来则情况完全不同。女性决定用奶瓶喂奶便放弃了退路，婴儿也没有机会得到初乳。通乳期一旦错过，就没有母乳了。

孕期越多地憧憬用母乳育儿，而当渴望哺乳实际却不能哺乳时，女性会越失落。而且，正如你知道的，不是每个女性都能哺乳。有些女性身体虚弱，无法通乳；有些服用的药物影响了母乳质量，不能喂给婴儿；有些是因为婴儿早产或体弱被送进婴儿特殊护理中心，母乳由此中断。情况不一而足。

把这些可能性告诉准爸爸、准妈妈当然没有好处，对母乳育儿来说，最容易引发哺乳失败的就是恐惧失败。几乎所有女性，包括许多设法哺乳、但乳房疼痛或遭婴儿牙咬而放弃哺乳的女性都能用母乳育儿，如果她们已经具备足够的信心、伴侣和其他人（尤其是妈妈）的支援和有针对性且细心的专业帮助的话。

另当别论。奶水（尤其是接触室温的奶水）是病菌繁殖的最佳场所。奶水长时间暴露在室温环境中，群菌与奶水一同喝下，细菌数量会超过婴儿的免疫力承受范围。为了降低病菌对奶水的感染，你应该：

- 检查婴儿奶粉罐的保质期，然后购买或开罐食用。

- 奶粉罐不应有凹陷或破损。

- 袋装奶粉未用完时，应封存起来。罐装或盒装液态奶未用完时，应封存放入冰箱。

- 取奶粉或哺乳用具前应清洁双手，特别是如厕以及接触宠物或其他食物后。液态配方奶须配备特定的开罐器，并经沸水消毒后使用。

- 所有哺乳用具——量勺、量杯、搅拌器、奶瓶、奶嘴、奶嘴盖——应先用热水和清洁剂（或洗碗液）清洗，再仔细消毒。即食型全配方"奶瓶"须配备消毒过的干净奶嘴。

在如此严格防护措施下逃脱的细菌（比如拧消毒奶嘴时留下的指纹细菌），不会大量繁殖到危害婴儿健康的程度。婴儿奶在加热或冷冻时都不必过虑，只有介于这两种状态之间时，才会滋生细菌，注意减少细菌繁殖的机会。

- 放入冰箱内（不是指冰箱门上的搁物架）冷却奶水既快速又安全。

- 给婴儿喝全配方冲调奶或开罐即食型液态奶时，确保温度适中。不要在婴儿醒来前或熟睡时加热奶，不要用真空瓶保温或用电热瓶加热，冷掉的奶瓶可放在热水里回温。

- 必须倒掉剩奶。切勿把剩余的半瓶奶留到下次继续喂，也不能倒回消毒奶瓶中，即使冷藏也回天乏术。

用奶瓶冲奶粉比较麻烦，但哺乳婴儿的工作将令人产生无限的幸福感。

分量与冲调　　用温水冲调奶粉或稀释浓缩奶，婴儿可从中获取食物和水。严格按照厂家建议量配比冲调，婴儿即可得到最接近母乳营养的奶水，以及适当的营养和水分。

调查人员发现，父母常会自行更改配方奶粉的冲调比例。在婴儿奶粉尚未普及的地区，奶粉价格偏高，父母通常加倍稀释奶粉，婴儿总感觉吃不饱。西方发达国家的父母冲调配方奶有时精细得像烹饪一样，乐在其中。冲调奶粉不像冲速溶咖啡要加很多水，也不像制作奶酪蛋糕要打出细末。同样的水量，多一勺奶粉不可能"更营养"；而同样的奶粉量，多一勺水虽然不会减少奶粉的脂肪含量，但实际营养成分被冲淡了。按照1∶1的比例冲调，蛋白质、脂肪和矿物质含量均将超标，奶水热量过剩，婴儿的体重会急速增加，同时会导致盐分过多，婴儿口干舌燥，婴儿口渴会啼哭，需要再次喂奶。如果奶水的浓度依然很高，不但没有缓解作用，还将使口渴加剧。最终，婴儿表现为频繁啼哭，身体不适，情绪不佳，体重上升很快，需要大量喂食。所以说，应严格按照配方奶的提示操作，尤其应注意以下几点。

■ 绝不能凭空估算分量。冲调水量以开水冷却所得刻度为准，因为，与推荐量同等的生水在烧煮过程中会蒸发，导致冲调水量不足。

■ 精确计量奶粉用量。使用厂家原配量勺，舀满一勺，用平口餐刀沿勺缘轻轻刮去顶部多余的奶粉。如果使用奶粉罐边缘或汤匙刮去多余的奶粉，或直接抖落多余的奶粉，都将造成奶粉取量过多或过少。

■ 精确计量浓缩液态奶用量。将液态奶直接倒入奶瓶或量杯时，应从与视线水平的位置查看瓶身或量杯的刻度。不及视线的水平高度时，奶水量将少于实际刻度的奶量。

按厂家推荐量冲调奶粉的父母，不要随意在婴儿奶中掺入麦片，以让婴儿睡得更香，或者加一勺糖让奶水"更甜美"，以诱使婴儿多喝奶。只有这样，配方奶的哺乳效果才可等同于母乳。哺乳量和哺乳频率应以婴儿的需求为准：他想喝多少，你就喂多少（不要勉强他）；他一饿，你就喂。冲调配方奶也不必像做科学实验似的追求精确到毫厘。

配方奶与母乳的本质区别是，配方奶不会自动调整"配方"来满足婴儿的特殊需求。天热或身体发热时，婴儿食欲差，频繁口渴，需要多喝凉白开——单纯地喝水，不是喝奶。你可以安心地给婴儿定时喂水，不必担心。

吮吸奶瓶也不同于吮吸乳房。婴儿喝完奶瓶中的奶，正想继续吸吮时，不仅没有食物，还将吸入一肚子空气。当瓶内气体被吸空后，奶嘴变平，将无法吮吸。如果你发现婴儿还想吮吸，可以把一根手指（修剪过的干净手指）递给他吮吸。

供应和需求　　　配方奶婴儿每天需要喂几次？每次喂多少呢？参考母乳哺乳的原则效果最好。婴儿饿了就喂奶，喝饱了自然会停止吮吮。奶瓶上的刻度使你能够清楚婴儿的食量，如果婴儿只喝了一半，你很可能会哄他再多喝点。千万别这样！想一想，假如换作母乳哺乳，你看不到乳房中的剩奶，就不会勉强他多喝一点。如果他喝完了85毫升配方奶，过一小时又哭起来，那时，你也许觉得宝宝不可能这么快就饿了。但是，尽量接受这个观点——婴儿虽然没有消化完所有的奶水，但是此刻他需要再喝一点奶。想一想，假如刚才是母乳哺乳，你也许会觉得宝宝刚刚没喝饱。

婴儿还在妈妈腹中时，习惯食物源源不断地补给。出生后，婴儿对食物的需求必须配合肠胃的消化节奏——喝饱、慢慢消化，这戏剧性的转变将引发身体的全新体验。在适应过程中，婴儿需要间歇性地不断摄取食物。有些婴儿的间隔很规律，有些不规律，但基本上都很频繁，与母乳哺乳时的表现一致。

婴儿一饿就喂奶，一吃饱就拿走奶瓶，他喝多少就是需要多少。如果他咕咚咕咚喝了一整瓶奶，也许还意犹未尽没喝饱。如果他喝了一点点，然后在妈妈温暖的怀抱里安慰地吮吸，他将感到安全而舒适。如果他一点没喝，你将获知一条重要信息：此刻他想要的不是食物。你有什么损失呢？一瓶配方奶。

要依循这些原则给新生儿喂奶，抛开"按时"喂奶的犹豫，因为婴儿的生物钟将逐渐演变到适应消化节奏。按婴儿的需求哺乳时，婴儿有可能在数周内将原先无序的进食节奏调整为规律性的哺乳需求。和母乳相比，配方奶需要3小时左右的时间来消化，时间确实较长一些。真正的饥饿表现则说明食物几近彻底消化。婴儿消化系统的功能日趋成熟后，将在奶水全部消化完时才发出不适的哭声，对食物的需求越发接近常规模式。

一般来说，新生儿每隔4小时哺乳一次，如果一开始就严格按照这个节奏喂奶，也会促使婴儿形成进食的规律。举例来说：你设定每天上午和下午的2：00、6：00、10：00喂奶（一天共6次），婴儿逐渐习惯了这个模式，饥饿感也将随之调整，以适应这种哺乳节奏，"定时"醒来啼哭。如果你决定"非哺乳时间"不喂奶，你就要想方设法安慰啼哭的婴儿，这是一项极其艰难的工作。他想要食物，而你给予的任何"非食物"安慰只会让婴儿越来越饿。最后，你可能在万幸之中安慰婴儿入睡了，内心却有点黯然失落、内疚和懊恼。过一会儿哺乳时间到了，你想给婴儿喂奶，婴儿却没有了食欲，没有力气吮吸，不能获得足够的奶水，必须等待下一个进餐时间，婴儿因此啼哭不停，疲惫不堪，一肚子空气。他可能精力消耗过度，抿上几口又睡着了，一小时后再次在"非哺乳时间"醒来。如果你不改变自己的既定想法，这幕悲剧将循环上演。

所以，不要固执己见，认为随时满足婴儿将惯坏他，纵容他无休止地频繁需要哺乳。婴儿醒来可不是任性撒娇，而是因为真真实实的饥饿感驱使。当他的消化系统成熟，不再频频饥饿时，便不会一醒来就啼哭了。

打嗝

婴儿的胃中常常有一些空气。空气随啼哭、呼吸和进食的动作进入胃中。如果成人的喂奶姿势正确，轻的空气将聚集在奶瓶翘起的那端，重的奶水将顺势进入婴儿胃中。如果成人的喂奶姿势不正确，婴儿喝奶时吞入大量空气，胃部会鼓起，不舒服，需要打嗝排出（过多的）空气。

喝奶时打嗝　　有些婴儿喝奶时吞入过多空气，胃里的空气多过奶水，非常不舒服，于是在喝奶时打嗝，以便排出多余的空气，为奶水留足空间。婴儿会被打嗝吓得停止吸吮，嘴巴离开乳头或奶嘴。这时可以把他立起来抱1～2分钟，打嗝停止后再喂奶。轻微打嗝时，只要不妨碍婴儿愉快的吮吸，就不必刻意拿开奶嘴或乳头。顺其自然，让他继续安静地吮吸奶水吧。

喝完奶打嗝　　婴儿大多在吃饱后打奶嗝，有些嗝比较麻烦。婴儿喝足了奶水，舒服地填满了肚子，就停止吮吸，并通过打嗝释放胃部的空气压力。有些婴儿立起来抱1～2分钟就不再打嗝了，有些婴儿则需要长时间的耐心安慰；有的轻轻拍一拍背部就消嗝了，有的偶尔会反复打嗝，需要反复安慰。

如果婴儿喝饱后舒服地睡着了，当然不会在睡觉时打嗝，但可能在醒来后打嗝。哺乳结束时，把婴儿抱起来靠着你的肩膀，顺着背部轻轻抚摸或拍一拍，既可预防打嗝，也可让他得到温馨的安慰，一举两得。但是切勿程序化，坚持拍出奶嗝再让婴儿睡觉。其实，婴儿在3分钟内没有打奶嗝，基本上就没有奶嗝的烦恼了。如果稍后需要打嗝，不管有没有你的帮助，它都会发生。

大多数婴儿打嗝比较轻松，少数必须由父母轻轻拍一拍才能打嗝，缓解难受的胀气的感觉。在这种情况下，父母应想方设法尝试并变换各种姿势，帮助宝宝顺利打嗝。注意，切勿由此形成压力，专注于拍嗝而忽视了婴儿的生理发展情况。比如，化解打嗝首选坐姿，却不适合新生儿——坐姿容易导致新生儿胃部折叠，妨碍空气排出；平躺（有的婴儿喜欢俯卧在父母的大腿上）使得空气与奶水在胃部混合，不能通过打嗝排出；只有立起来时，胃部的空气才能与奶水上下分离，打嗝时才不会溢奶。

这是为婴儿拍嗝的最佳姿势——你边走边拍，像跳舞一样轻轻抖动和摇摆，同时婴儿可以看到你背后的世界。

溢奶　　　　婴儿偶尔在打嗝时"反刍"一些奶水，特别是父母一心想要婴儿打嗝，过度用力颠簸和拍背就会产生这种现象。通常反刍奶会弄湿大人的整个肩头，看似很多，其实真正的奶水很少，主要是唾液。如果你担心食物流失过多，可以在身上挤5毫升奶水（婴儿打嗝溢奶的常量）对比一下。有的婴儿每次哺乳之后都会溢奶，甚至不止一次。除了会弄脏你的衣服，让你感到无力，溢奶本身没有什么不良影响。如果你对此感到担忧，可以咨询健康专家或去医院检查。正常哺乳情况下，如果尿布总是干爽，或者婴儿体重没有增加，确实令人担忧，其他情况均无大碍。婴儿打嗝溢奶的量很少，大部分奶都在肚子里。

溢奶较多可能属于以下几种情况：

■ 婴儿喝了太多奶，多余的随打嗝漫出。

■ 平躺哺乳，空气和奶水混合在一起导致打嗝溢奶，试试把婴儿的身体稍微立起来一些。

■ 喝饱奶的婴儿被大人抱起来上下颠簸，空气和奶水混合在一起导致打嗝溢奶，哺乳结束后应温柔地抱着婴儿。

■ 婴儿啼哭等待哺乳或哺乳过程中打嗝，都会有大量空气随奶水吞入胃部。

■ 奶瓶角度过平，奶嘴内一半奶水一半空气，婴儿吮吸奶水时，也吞咽到大量空气，哺乳时奶瓶应保持倾斜。

■ 奶嘴洞太小，婴儿必须用力吮吸，所以吞咽到大量空气。检查奶嘴洞的大小，以每秒流出数滴奶水为佳（不要用水测试，因为水的密度小，比奶水流得快）。

吐奶 哺乳结束不久，奶水逆流吐出，经胃酸消化，呈现乳状凝结。如果在哺乳结束一两小时后发生，味道比较难闻。可能是胃部一些空气，现在通气了，带出些半消化奶水。也许是消化不良或生病前兆，如果婴儿气色不佳，尤其是出现发热或脱水症状，应咨询医生或去医院就诊。如果婴儿活泼健康，像平常一样待他饿了哺乳即可，不必担心，稍留意观察。

喷奶 和打嗝溢奶或普通吐奶完全不同，喷奶自成一个概念。婴儿将要吃饱时，奶水突然从口腔喷射而出，发射力量足够喷到1米开外，弄得墙上和地上到处都是。经常喷奶，营养的损失会相当严重，可为身体吸收利用的营养所剩无几。如果婴儿喷奶，应即刻咨询健康专家或医生，她将安排时间亲自观察你的哺乳过程以及婴儿喷奶的具体表现。

如果属于喷射状的，很可能是幽门狭窄所致。幽门肌位于胃部下端，连接十二指肠。如果幽门肌功能缺失，奶水无法顺利下流，便会逆流而上冲出口腔。幽门狭窄患者中，男婴通常多于女婴。修复幽门狭窄属于小手术，操作简单，且不会复发。

食物和发育

新生儿喝母乳或配方奶即可。在非常罕见的情况下，才需要给不足4个月的婴儿补充其他营养。

哺乳初期，母乳婴儿体重均会略微减少，配方奶婴儿则不然。一旦母乳婴儿体重回升到出生时的体重，即开始稳步增重，普遍为每天28克左右。在这一点上，母乳婴儿和配方奶婴儿表现一致。日增重量略有差别是常见现象，并非特殊情况，足月儿周增重170～225克。

新父母一般较难拿捏"依婴儿所需哺乳"的尺度，希望获得确切的新生儿"标准"饮用量，据此准备奶水。但实际上，根本没有普遍适用的"标准"量，即便配方奶婴儿也没有"推荐"用量。哺乳婴儿不是精确的科学实验。新生儿个体差别较大，犹如成人饮食各有偏好一样。新陈代谢缓慢但彻底的婴儿发育较好，和消化快但吸收不佳的婴儿相比，获得同等运动能量所需摄入的卡路里较少。

成人普遍无法完全听从新陈代谢指导和调节食物摄入量，而是随饥饿感进食。人们进食多为传统习惯、社交礼仪，甚至是纯粹贪食。但在这方面，新生儿的调控能力非常完美，至少在我们向他供应甜蜜的果汁和辅食之前确实如此。在纯粹哺乳期间，父母应相信并尊重婴儿的食欲。无论每次哺乳量是多还是寡，听从婴儿的食欲哺乳，就能为他提供最全面的营养。婴儿的食欲得到越多自由满足，就越容易适应周围的环境，未来也将成为一个知足常乐的人。婴儿醒来活泼快乐，愉快的育儿气氛将与日俱增。

预期体重增长　　　　新生儿食量没有固定的参考标准，但是，健康足月儿的生长发育有一个普遍的参考数值。刚出生时——即婴儿生长的原始起点，无论体重为何，进入生长期——体重回复到原始起点的那一刻，比如产后10天左右——的婴儿，身长与体重的增长速度大致相同。当然，这里的"大致"还要细化到不同群组的婴儿。从前文我们已经了解到，母乳婴儿与配方奶婴儿的生长速度不同，但二者并非对立关系。毕竟他们都是婴儿，还有很多共通之处。婴儿群组的分类方式有：按性别分组，因为男婴比女婴偏重；按胎数分组，因为双胞胎（甚至足月双胞胎）个头几乎都小于单胞胎；按人种分组，因为不同人种的婴儿之间有明显差异，比如，英国亚裔婴儿个头偏小，而英国非裔婴儿个头较大。

整体看来，婴儿的发育速度具有普遍规律，并非突飞猛进。实际上，婴儿的发育犹如一枚火箭，一经发射（出生），旋即进入预设轨道稳定运行。这枚小火箭的燃料就是恰当的食物、悉心的照料和温柔的呵护。假以时日，婴儿的发育曲线将呈现稳定上升的势头。婴儿当然不同于火箭，他每天、每周的体重增长速度当然不是绝对平均的，还可能呈现出震荡。如果婴儿某一周增重225克，次周仅增重60克的状况令你烦恼，请尽量说服自己接受这种自然变化，并查阅他的生长发育指标（P88）。

发育百分表　　　　百分表用于记录婴儿生长发育轨迹，有非常宝贵的参考价值。

尽管有统一的统计参考数据，也存在地域差别。父母在图表上标记婴儿体重，连点成线，比照周或月生长曲线参考图，两条曲线应大致吻合（P89）。曲线大致吻合时，无论婴儿本周体重增长多么微小都是暂时现象，他将以正常速度继续发育。婴儿体重增长曲线与参考曲线相隔很远、或上或下，婴儿体重也出现下降、在低位徘徊，造成接下来的曲线记录位置偏低，体重增长缓慢。原因主要有：进食少、生病或外界压力。婴儿需要增加摄入量，补充能量，促使身体发育进入正常"轨道"。同样，如果婴儿体重增长过快，曲线原始起点高于平均值，原因主要来自外界，比如，配方奶随意添加麦片，或饮水过甜。

身高（或体长）也重要

体重增长只是单项参考指标，还要与其他指标配合参考，才能确切评价婴儿的发育情况。婴儿逐渐长大，越来越重，但不是单纯发胖。他们全身上下都在发育，身体变得更长了。身高的增长速度远远慢于体重，更难有精确的评测标准。无论婴儿出生时体长如何，或长或短，他将每月增长约2厘米，或者3个月内增长约5厘米。婴儿的体重增长与出生时的体重相关，参考数据按年龄划分。同样，身高也和出生时的身高相关，参考数据也按年龄划分。在婴儿发育的完整记录上，显示身高和体重两项数据，在专业记录表中还有一项头围数据。

正常值的变化

前文提到，婴儿生长速度各异，没有绝对重合的模式。假如婴儿的生长速度都一样，采集新生儿出生原始数据即可，无需发育图表。通过增减哺乳量或调整添加辅食的早晚时间，可使婴儿发育进入常规模式。与此同时，还将受到两种因素影响：先天体质和气质——婴儿有的羸弱，有的强健；有的多动，有的安静。孩子自身激素特点使个体发育速度不等，进入青春期的时间不同。一般来说，图表所示婴儿发育曲线变化可作为普通参考，适用于婴儿一岁前的育儿参考。但还存在一些特殊情况：

■ 早产儿：有些是早产双胞胎或三胞胎，他们的出生体重低于生物学意义上的理想起点，由于很晚才开始喝奶、生长发育，在较长时期内，他们的发育曲线低于平均值。

■ 低体重婴儿：也是非自然的低体重发育起点，但有可能在生命最初几周内突然生长（特别是胎儿期挨饿导致出生体重低的婴儿）。在悉心哺育下，低体重婴儿的发育曲线将从参考值最低点上升并接近"小样儿"的最高值。

■ 天生体弱或有缺陷（包括唇腭裂）的婴儿：体重也许很迟才开始增长，也许一直持续减少。与低体重婴儿一样，在悉心哺育和照料下（也许包括手术修复），婴儿将突然"赶上发育进程"，发育曲线上升并稳定在较高水平。

■ 配方奶婴儿：新生儿期体重也许不减少反而飙升。如果父母冲调过浓的配方奶哺育婴儿，或是每次都要婴儿喝完定量，那么体重增长会更快。如果在超浓缩配方奶中过早添加辅食，婴儿的体重曲线会明显超高。对身长和体重的持续记录，可提醒抚养者留意哺乳工作中的操作不当。婴儿体重增长超快时，身高没有相应地增加，那婴儿显然在长胖、而非长大。

普通婴儿较易照顾　　　那些身高与体重处于平均水准的人生活较方便，婴儿也不例外。如果出生体重超出平均值范围，父母在接受或高或低的差异时，还要留心观察婴儿的反应。婴儿衣服的尺码通常按体重标示，偶尔会考虑体长（体长并非购置衣服的唯一条件）。由于婴儿个体差异较大，按体重购买衣服也容易被误导。一件"0～3岁"的婴儿弹力衫，看起来比新生儿实际身体大很多。新生儿体重3.2～5.5公斤，体长不等，因此同一件均码衣服，4.5公斤婴儿穿起来会偏短。婴儿洗漱用品和药品通常也按年龄和体重区分，但更易被误导。在药物用量方面，小个婴儿应少于大个婴儿。至于洗浴用品，推荐"3个月以上"婴儿使用的产品不适合3个月大的婴儿，实际要到7个月大才适合使用。为安全起见，婴儿用品都标明了使用注意事项，以车内婴儿座椅为例，说明书规定了使用者年龄和体重。如果婴儿非常高或非常重，你将手持说明书徘徊在各种尺寸的婴儿座椅前不知从何下手。是按照体重购买，待体重达到新阶段便更新换代呢，还是按年龄购买？这个问题是否关系到座椅的承压力，或者婴儿脊柱发育的成熟度？

婴儿生长发育曲线图与平均值相差越远，哺育者必须考虑的就越多，疑问也越多。此时最重要的是，不要听信有关婴儿体重的任何"金科玉律"，那些习以为常的标准操作肯定不适合你宝宝当下的特殊情况。比如，"婴儿6个月时，体重应为出生时的两倍；到1岁时，应为3倍"。这是指哪组婴儿呢？参考婴儿发育图，你将会明白，这条"金科玉律"是50号百分线上的女婴发育的正常值，而2号百分线上的低体重新生儿的体重很可能在3个月之内翻一倍（如果参考这条结论，到6个月才翻一番，婴儿肯定饿死了）。然而，98号百分线上的大个新生儿需要一年多才能达到3倍于出生时数值的体重（如果一年内达到3倍体重，婴儿将异常肥胖）。

生长发育图

我们取一个婴儿的生长发育记录为例（见右图）。图中所示百分曲线属于普遍特征，所有新生儿大致如此。不过，这些数据为英国女婴的统计结果，各国统计数据略有差异。

中间的红色曲线为"50号百分线"，是统计数据的平均值。以100个婴儿为一组进行跟踪统计（此处是英国白种女婴），50个（50%）女婴较重（或数值略高），另外50个女婴较轻（或数值略低）。

两条蓝色曲线分别是顶端"98号百分线"和底部"2号百分线"，标明巨大儿和小样儿的正常区间。几乎所有婴儿的体长和体重都位于这两条曲线之间。构成此图表数据的随机抽取的100个英国女婴中，只有2个（2%）女婴体重和体长曲线超过98号百分线，而蓝线与红线构成的上下两个区域内各有48个（48%）女婴。

她们的生长发育均在正常范围内，但在体重和体长的具体数值上，位于平均线附近的婴儿、图表所示大婴儿和小婴儿这三者之间差异明显。除了平均值、巨大值和巨小值，中间还有次级分区线，划出了各群组婴儿的生长发育走势。通常必须标出两组曲线：91号和9号百分线（即偏大或偏小的9%女婴），以及75号和25号百分线（即偏大或偏小的25%女婴）。

这张百分位图表来自对一个母乳喂养的女婴的连续（但不频繁）观察记录。

她的出生体重位于75号百分线（仅25%的新生女婴比她略重）的起始格，相比之下，她的体长数值较高。然而，由于她在1~8周内迅速增重（母乳哺乳的普遍现象），几乎触及91号百分线。

接下来的两个月里，尽管她一直在增重，但和前8个月相比，增幅下降不少，数据逐渐回到75号百分线。

此后，她的体重上升幅度反复不定，但从未超出特定模式。图表上可一览无余。她的体重一直处于75号百分线附近，从未低于此线，基本在此线上方。她的体长上升走势更平稳、更快速。由于出生时体长和体重相比，她是偏长的，到9个月时，她比普通婴儿高一些，位于98号百分线（每100个婴儿中有2个）。

她的父母亲（属于第一次生育宝宝）特别强调，用这种方法记录和观察婴儿的生长发育，他们感到踏实放心，没有因为个体差异感到烦恼和困惑。从这个意义上看，哺乳的妈妈特别需要百分表，然后依据婴儿3个月大时的体重数值酌情增加母乳，甚至考虑补充配方奶或辅食。如果她没能参照发育表哺乳这位天生大个婴儿，那么，在同样的年龄和重量条件下，婴儿的体重曲线将落至平均线以下。

百分位图看起来很简便，可由此得知新生儿体长（右上）与体重（右下）增加是否协调；去除偶尔异常的高低数值，新生儿生长发育在整体上是否如期而至。

女婴体长体重表

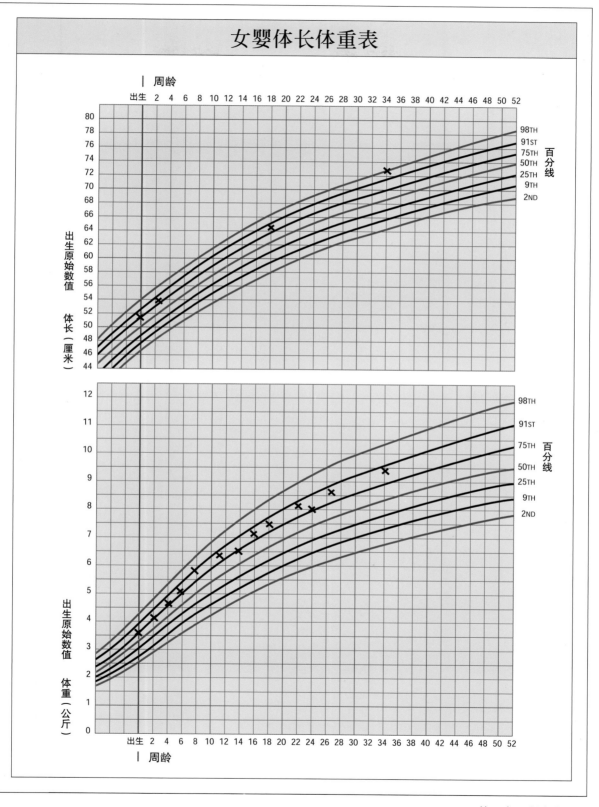

日常护理

　　照料新生儿不会比照顾自己更难。照料新生儿的关键在于，有技巧地托住小脑袋，稳妥地抱起新生儿，即便新生儿在你怀里哭闹扭动也不用担心。一旦这个技巧掌握娴熟，担心自己不会抱婴儿的沮丧情绪将一扫而空。本章的新生儿护理提示与步骤讲解简明、易操作，新父母练习一两周就能和有经验的父母一样驾轻就熟。因此，这些提示也同样适用于每一位希望亲自护理新生儿的父母和成人。如果照顾新生儿的人在最初几天熟悉了护理工作，且操作专业，也许爸爸或其他家人想帮忙也很难插手。

抱起来

　　任何情况下，新生儿沉沉的脑袋"噗"地歪倒在一侧或四肢悬晃于空中时，他们将本能地感到害怕，产生应激反应。新生儿不能自己抬头或控制四肢的肌肉活动，只有稳稳地被大人搂在怀里才感到开心和放松。婴儿床或婴儿车里有垫子支撑新生儿的身体；在成人怀里时，成人的身体就是他的支撑。然而，抱起和放下的过度动作，即离开原支撑物但新的支撑方式尚未稳定建立的那个瞬间，特别容易引起新生儿惊慌。

　　为了避免引起新生儿惊慌，在离开原支撑物之前，两种支撑物（方式）应在某个片刻同时存在。具体来说，准备抱起婴儿前，应双手双臂贴着床垫，伸入婴儿的身体和床垫之间。婴儿的体重此时仍是由床垫支撑，即便此刻你已经准备好，也不能立即抱起婴儿，而必须等他对你的双手有所反应、感到安全时抱他起来。放下婴儿的操作步骤与此相反：托着婴儿，双手位置不变地把他放进婴儿床，等他对床垫有所反应、感到安全时移开手臂。

　　抱婴儿比较舒服的动作需要时间练习，才能形成条件反射般不假思索的熟练技巧。新生儿基本上犹如一个松垮的包裹，主托中间，两头将会垂落；主托头部，双腿将悬空晃悠。你必须把他全身收拢，像捆绑物品一样，紧凑地环抱住。举例来说，地上有一个婴儿篮，新生儿睡在里面，要想把他抱起来，应双膝跪坐在婴儿篮边，双臂托住他，等他对你的怀抱有所反应、感到安全时，再抱出来，然后起身。

成人只需一臂之力即可稳稳抱起婴儿，用左臂抱她时，右手可自由活动。

　　然而，婴儿不是一个没有反应的包裹，他是一个独立的人，应该得到照料者的尊重与呵护。照料新生儿一条重要原则即，确保婴儿对你即将采取的行动有充分的心理准备，或者至少感知到你将采取行

正确的预备姿势：左手放在婴儿的颈后，右手放在臀后，上身前倾，左前臂自然移至宝宝后背，五指张开托住小脑袋。

现在，慢慢托起婴儿，双臂和双手就像床垫一样，稳稳地把婴儿托起来靠向你的肩头。

婴儿普遍喜欢这个姿势。父母抱起来，用婴儿袋背着，哄一哄，安慰她（或为她拍嗝）。父母普遍也喜欢这个姿势，这样能够和婴儿亲密地待在一起，虽然看不到脸，但是婴儿能听到你的心跳声。

动。千万别毫无预兆地突然对他说话、抚摸他。在把婴儿抱起来的过程中，一定要放慢速度、放宽时间，让他的肌肉逐渐协调，适应每一个微小的姿势变化。

穿衣服

有些新生儿真的不喜欢穿脱衣服和更换尿布，而且，这两件事每天重复好多次，你也很受折磨。下列情况将加剧新生儿的难受感觉，照顾者应尽力创造温暖恰当的环境：

■ 更衣桌表面又硬又冷。尽量在更衣垫或类似的柔软平面上垫一张尿布或一条毛巾，让婴儿躺在上面更换衣服或尿布。

■ 皮肤，尤其上身暴露在空气中。应确保室内温暖舒适，最好先在他肚子上盖一条柔软的布（另一条毛巾），再为他脱衣服。

■ 翻身，摇晃，衣服蒙住了脑袋。选择前扣式衣服，最好面料有弹性。婴儿衣服款式首选信封式领口（一字领），领口可以撑很大；斜肩袖，很容易让成人从袖口反折到腋窝握住婴儿的手，把袖子拉上胳膊。

■ 婴儿双腿被举在空中时间较长，因为你在用小纸巾或棉球为他清理量多的大便。简便实用的操作方法是，用尿布末端干净的部分擦掉大便，然后用水冲洗。

她不喜欢赤身光膀，不喜欢鼻子受到摩擦。你得手脚利索些：以拇指撑开衣领，双手撑住小衣服，绕过婴儿的脑袋。

不必用力推拉婴儿柔软的小拳头，只须把一只手从袖口反向伸进去抓住婴儿的手，另一只手把袖子拉上婴儿的胳膊（而不是把她的胳膊拉进袖子里）。

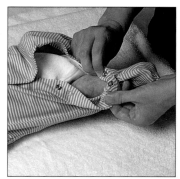

裤子的纽扣错位，婴儿穿得不舒服，就会啼哭。你需要重新为她系纽扣：从下往上系裤子纽扣，系完左边系右边。

体温合宜 体温对新生儿很重要。健康的足月儿一出生即可有效产生热量，但他们不擅长调控热量。周围的空气变冷时，他们必须聚集能量投入生产，用于生长发育的能量将大大削减。他们会比较烦躁，寝食不安，一旦着凉还可能威胁生命安全。所以，确保新生儿生活在温度适宜的环境中。

不过，太热也会让婴儿不安、烦躁。婴儿4周大时，保温能力比散热能力强一些。衣服过厚、包裹太紧、高效隔热盖被、保暖帽、婴儿车的防雨层，或者这些材料的混搭，都将阻止空气流通和汗液蒸发，妨碍体温调节，体温过高将威胁婴儿健康。

保暖，但不要太热

经验表明，环境温度陡升至29℃时，身体将停止使用体温自控工作。适宜的温度应该和新生儿沐浴时的室温差不多。为他穿上衣服，保持体温适中，然后穿上外衣即可保暖。在18℃～20℃的环境中，三件薄衫（比如一件背心和尿布、一件弹力衫和婴儿小披肩或小毯子）足以保持适当的体温。

婴儿保持体温的能力随年龄和体重增长而加强，也将逐渐有余力制造热量。早产且体重不足2.7公斤的婴儿，天气乍暖还寒时，必须待在室内，且只能在温暖的地方更衣。一个体重约5.5公斤的3个月婴儿则完全可以暖和地待着，也能自行调动一些能量保暖。除这两个极端外，其余均属正常范围。

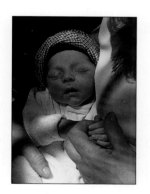

为那个大脑袋戴一顶帽子有很多好处——天凉保暖，夏季防暑，在室内且天气炎热时不必戴。

■ 根据温度增减衣服，天气变化，衣服跟着变。一条重要原则是，回家或者进入有暖气的商店后，须脱去外套；反过来，出门则要穿上外套。同等重要的第二个原则是，根据卧室当下的温度调整晚间盖被的厚度。如果暖气在午夜自动关闭，他将需要两张毯子，晚间入睡时一条毯子显然不够。无论白天还是晚上，轻被、薄衫和床褥都比较容易调控温度。不透气的服装和盖被，比如"羽绒"婴儿车垫和天鹅绒被，在室内使用会热得出奇。

■ 婴儿头部相对比身体大很多，也许头发稀疏，除非他戴一顶帽子，体内的热量大部分将从头顶散失。如果你担心他会感冒，应给头部保暖，给他戴一顶帽子。

■ 酣睡中的新生儿更易受凉或受热。因此，婴儿睡着时，你应从旁观察，认为有可能会冷的话，应加盖一条毯子，认为可能会热的话，则减去一条毯子。

■ 婴儿在室外比在室内更容易受凉或受热。在室外着凉，多为吹了凉风，过热则通常是晒太阳过多。在生命的最初几周，不应让婴儿过多接触室外的凉风或阳光。

一个挣扎于保暖问题的婴儿无法得到充分的休息，他的呼吸会比平常快一些，还容易啼哭。穿着衣服时，胸腹部虽然温度正常，但手脚容易冰凉。一旦来到比较暖和的地方（特别是离开凉风处），他将会安静一些，也更放松。

一个失去保持体温能力的婴儿极有可能受凉，表现异常——十分安静，一动不动。他的双手双脚冰冷，甚至当你伸进他衣服里摸他时，发现胸口也是冷的。切勿直接为他多穿衣服或裹紧襁褓。他已经感到冷了，无力产生热量，添加的衣物只会封锁冷气于内。他首先需要暖和起来——要么到暖和一点的房间，要么吃些热的食物，或者由大人裹在自己胸前的衣服或毯子里哄一哄，然后再添些衣服，就能为身体保暖了。

经大人帮助后体温回升的婴儿，一不小心就会受寒升级，称为"新生儿寒冷损伤综合征"。这是非常罕见的严重疾病。身体的重要功能运行缓慢，婴儿昏昏欲睡，无精打采，很难唤醒，无力吮吸。此时婴儿必须进行医疗急救。

天热对婴儿影响不大，可以大量喝水，穿轻薄透气的衣服，通过排汗降温。如果婴儿出生在暑天或家里空调坏了，不要主观地认为婴儿只是有些不舒服。天气炎热时，不要穿合成纤维面料的衣服（不透气，阻止汗水蒸发），最好穿棉质衣服。如果新生儿不喜欢穿衣服，兜块尿布躺着也行，但多数新生儿喜欢穿着衣服的安全感，至少可以穿一件小背心。如果推婴儿车带他外出，应使用遮阳篷，不要用婴儿车自带的顶篷，因为周围的热空气无法散开，无法与树荫下的冷空气产生对流。

开车外出时，应注意阳光直射车窗会使车内温度升高，因此要注意车内外温差——车外炎热，而车内有空调；另外，汽车暴晒后和行进中的车内温度也不同。你可能需要时刻为婴儿调整衣服多少和盖被厚薄。车窗安装百叶窗也很有用，既能防止阳光刺激婴儿眼睛，也可减少太阳热能聚焦于车厢。

如果婴儿容易过热，身上有汗时，可用小扇子为他降温，促使汗水蒸发。如果没有出汗，可用海绵蘸温水浸湿身体，再用小扇子降温。如果房间内闷热难受，在通风处挂一条湿毛巾，可起到意外又快速的降温效果。

应绝对避免直接接触强光和高温。婴儿的皮肤特别娇嫩，衣服摩擦和在空气中暴露已经让他很难受，凛冽的寒风和火热的阳光更会让皮肤感到不舒服。保护婴儿的皮肤，不只是防止显而易见的威胁，比如阳光和热水瓶，还要尽量防止高瓦数灯光和辐射。

根据天气变化增减衣服为婴儿
控制体温非常重要。

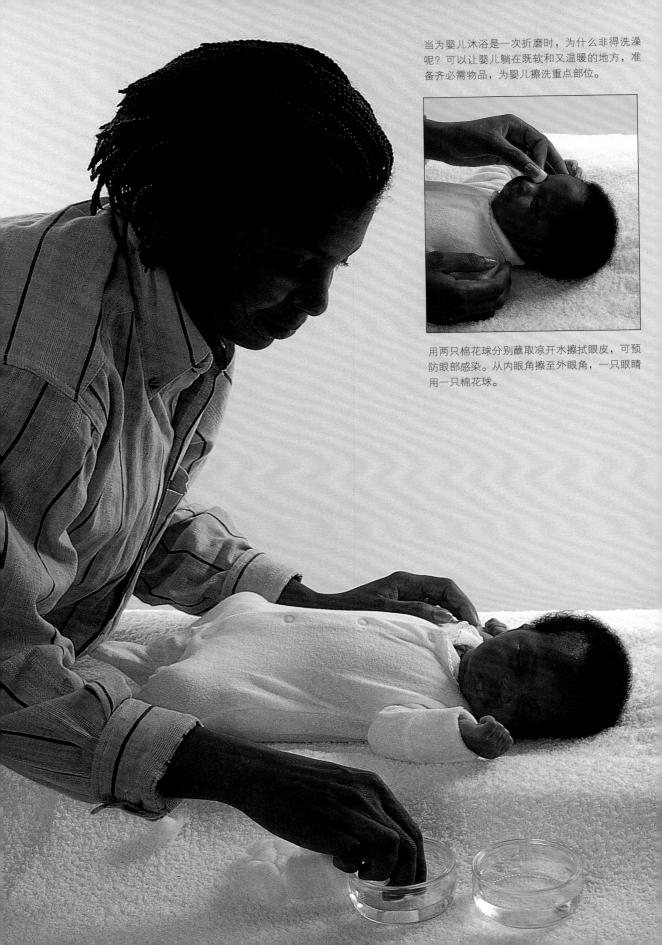

当为婴儿沐浴是一次折磨时，为什么非得洗澡呢？可以让婴儿躺在既软和又温暖的地方，准备齐必需物品，为婴儿擦洗重点部位。

用两只棉花球分别蘸取凉开水擦拭眼皮，可预防眼部感染。从内眼角擦至外眼角，一只眼睛用一只棉花球。

保持身体清洁

婴儿不需要像大人一样清洁，而且，往往是大人的清洁热情和精心梳洗让婴儿的皮肤饱受磨难。当然，婴儿的大小便一定要冲洗干净，以免屁股生疮。流到下巴褶皱内的奶水、头颈部的咸汗水也要擦干。但是，切勿用乳液、水或湿纸巾擦拭，至少前几周别这样做。也不必为婴儿沐浴，你需要的是大量温水。

像许多北美妈妈一样，如果医生也建议脐带残端脱落后再给婴儿洗澡，或者你和婴儿都未能享受沐浴的乐趣，切勿勉强婴儿洗澡，清洁"头尾"即可。清洁动作不要吓到他，也不要勉强自己颤巍巍地伸手在水里托着滑溜溜的啼哭的小家伙。

确实有必要为新生儿仔细清洁细小的身体部位：眼睛、鼻子、耳朵、面部、手、脐带残端和臀部。换尿布时，尽可能少穿衣服（换完再穿），不必抱起婴儿即可完成清洁。

注意，不能使用这些清洁方法：把脱脂棉球塞入鼻孔，用棉花棒掏耳朵，试图为小男婴翻包皮。婴儿身体上的自然洞眼天生有黏液膜，可排出任何脏物，仔细清洁外部即可。不要使用脱脂棉为新生儿掏鼻孔或耳朵，这种做法反而会把脏东西推进去。为婴儿清洁，"眼不见为净"。

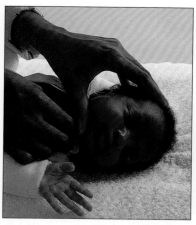

婴儿有几层下巴？为婴儿擦拭溢奶是每日的一项重点工作，不能马虎。

新生儿不穿衣服容易着凉，但为她盖上肚皮即可。

选择哪种尿布?

一次性尿布与可反复使用的尿布,如何两者兼顾、有效利用呢?

在款式设计和科技方面,这两种尿布都有了极大的改善,顾及了婴儿和父母双方的需求,价格高的会更好些。有些婴儿可能会出现尿布疹,但这不属于普遍情况,也不会由某种尿布直接引发。

一次性尿布的吸水性和尺寸大小无关。超薄型"超吸收"尿布的内层有凝胶状物质(聚丙烯酸钠),胜过普通加厚尿布(尽管更贵些),后者靠绒毛浆材质吸水。事实上,应谨慎使用吸收力强的尿布,有些超强吸收尿布的表层吸收力太好了,以至于婴儿没有大便时,会忘记换尿布。

刚开始你可能每天需要使用8~10片尿布,因此要大量购买实惠的普通尿布拎回家。如果家里储藏空间足够,可以利用许多连锁商店提供的送货上门服务,但是,同一个品牌不要买太多——尤其是在新生儿期。在确定一种尿布品牌之前,你有可能要尝试好几种品牌。

一次性尿布即抛弃型尿布,一次性尿布导致各地废物处理问题剧增。丢弃型独立塑料包——如果你喜欢,可以使用除臭型——可减少对邻居和垃圾处理人员带来的困扰。可重复使用的抛弃型尿布比较环保,应得到广泛生产与使用。

可洗尿布有各种款式与价位可供选择。毛巾和棉尿布最常使用,但也最粗糙。尽管如此,无论你使用哪种尿布,为婴儿清洁擦洗总离不开几块棉布。

最好的尿布是有多重作用的可洗尿布:有型的棉布夹层、塑料背衬,前有魔术贴扣。除了没有一次性尿布的清洁和干爽表层之外,它们非常方便实用。

为了快速更换尿布,可在外面穿一条防水尿布裤,有型尿布垫入防水表层内,以魔术贴扣系牢。这种尿布和尿布裤都不太贵。

"预折"尿布——中心层加厚的棉质尿布——比较省时省力。大多数尿布清洗店会提供此类尿布,让你临时使用。他们只提供尿布,你要准备尿布扣或系尿布用的魔术贴带。

从婴儿的角度来看,他不在乎尿布的种类,只要勤换即可,严重的尿湿疹本身与尿布没有关系。

从成人角度看,一次性尿布和可重复使用的尿布的方便性不言自明,而且,这两种产品的功效划分日益增多,价格贵的,设计好看,也更方便使用。

如果你希望给婴儿使用可清洗尿布,可以考虑外包清洗。大多数城市都有清洗与送货上门服务,一周一次,和使用超吸收力尿布的消费差不多。如果你关心环保问题,这个话题会更复杂些,制造和丢弃尿布产生的诸多隐患,使选择可反复使用的尿布显得更有道德感。但要想在这一点上取得恰当的平衡,应该考虑所有的能源消耗:清洁、漂洗、烘干,以及所有消毒剂、清洁剂和漂白剂冲入下水道对河流的污染。相关研究从未停止,但研究报告尚未得出一致的结论。

换尿布　为婴儿换尿布将在较长一段时间里成为你的头等家务事。所以，简便而快速的换尿布方法对你有积极意义。也就是说，准备齐全换尿布的必需物品——尿布、一次性尿布丢弃包或可洗型尿布桶、湿纸巾或水盆以及脱脂棉，并放在更衣桌上。更衣垫虽好，但并非必不可少。塑料台面硬冷，应铺一条毛巾。如果家里有楼梯或在家办公，准备一张婴儿更衣桌显然是明智之举，车内也要准备一些尿布（也许你们俩的公文包里都要有备用的）。

用一根手指隔离脚跟，确保没有磨在一起。

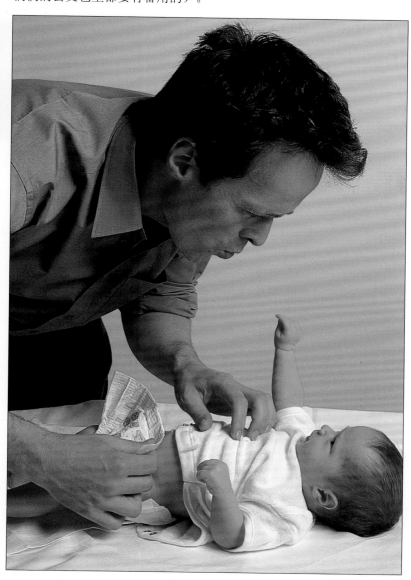

换尿布是常规护理，每天要更换好多次，但这并不意味着换尿布的工作乏善可陈。实际上，换尿布是亲子互动的美妙时刻，是另一种形式的安慰和交流。

护理肚脐与指甲

有些父母不敢护理婴儿的脐带残端。脐带残端实际上已经没有神经、无痛感，但他们很难相信这个令人安慰的事实。他们甚至认为，痔疮或感冒会导致严重的疾病。脐带残端几周后将自行脱落，出现一个崭新又漂亮的肚脐眼。脐带残端脱落时，婴儿的确没有痛感，尽管有可能流血或感染。但实际上，这两种情况都不会发生，尤其不可能在你有所觉察之前流血或感染，它们总会有各种先兆反应引起你的注意。

出生第一天或之后，脐带夹或脐带"骨"一直留在那里。如果你出院时，脐带残端仍没有动静，助产士或医生将在回访时为婴儿进行清理。也许会留一两滴血，但这并不常见。

脐带残端脱落后，娇嫩的肚脐露出，可能会有一点疼，应轻轻护理。

脐带残端萎缩，通常一两周后将自然脱落，在此期间应保持周围干爽。在为婴儿洗屁股时，尽量别让这个区域沾水。在脐带残端脱落前，以恰当的操作方法为婴儿沐浴，肚脐将很快自行愈合，愈合后也不要浸水。

有些医生建议用酒精轻轻擦拭脐带残端，或者使用一种干药粉。也有医生建议不要碰脐带残端，避开它清洁周围的区域。你的医生或助产士将为你示范操作方法。无论如何，当脐带残端和肚皮连接处流出稀稀的黄色分泌物并渗出一点血，或者脐带残端或整个肚皮发红发热，应在当天带婴儿咨询助产士或者医生，将任何感染可能抑制在萌芽状态。

如果能减少对脐带残端的摩擦，残端通常愈合极快。如果婴儿体形正常，尿布前端低于肚脐更有助于肚脐恢复健康；如果婴儿体形偏小，试着把尿布往下折叠一些。

脐带残端最终脱落后，露出的肚脐可能还没完全长好。婴儿的肚脐确实连接着神经，婴儿会在一两天内略感疼痛，而且肚脐内还不像它应有的那样干净整洁，此时应温柔而耐心地处理肚脐周围的区域。随着时间的推移，婴儿两三周大时，肚脐的模样将日益正常，但究竟是凸肚脐还是凹肚脐，谁也说不准。

指甲应剪短

婴儿出生时可能已经有长长的指甲，而且长得很快。除非指甲修剪整齐，否则婴儿的面颊将被长指甲刮伤，比如，当小手在脸旁挥舞、揉眼睛或吸吮小拳头时，连指手套可防止婴儿抓挠，但仅限于小手。

剪刀剪指甲特别困难。指甲刀必须是专用的婴儿指甲刀，尺寸小，圆头，较安全。试着用食指和拇指捏住即将修剪的那根小手指，把其余手指握在掌心。即便他手指缩回，这种方式也可牢牢抓住其余手指。如果他总是不停地扭动（或者你很紧张），试试看在婴儿酣睡时剪指甲。如果一剪指甲他就醒来，试试看在你护理婴儿时吸引他的注意力，让你的伴侣为他剪指甲。

　　如果你不会使用剪刀为婴儿剪指甲，还有两个方法可以帮助你为3周左右的婴儿剪指甲。试试看"剥"指甲，用你的手指和拇指指甲为婴儿剥去多余的指甲（此时的指甲非常白，通常易剥落），或者以舌头和嘴唇的敏锐感知，用牙齿为婴儿"剪"指甲。当然，当婴儿指甲越来越硬时，就不能这样剥了，你会发现指甲砂锉比剪刀好用。

别忘了她的脚趾甲，一旦她学会有力的踢腿动作，长长的脚趾甲就会擦伤腿部的皮肤。

为婴儿修剪手指甲是必需的，却并不轻松。如果你刚要为剪指甲她就醒来了，试试看在她吃饱酣睡后进行，或者用你的手指甲或牙齿"剥"指甲。

沐浴

每天为新生儿洗澡，在许多国家很稀松平常。即便出生第一天就出院回家，医护人员也会为你至少示范一次如何为婴儿沐浴。

无论从婴儿刚出生还是几天后开始洗澡，为小婴儿沐浴其实很简单。使用婴儿专用沐浴盆，或者嵌入成人浴缸内的婴儿浴盆，其特殊造型可供婴儿安全地洗澡。如果是简单的擦洗，让婴儿躺在台面上或地板上，操作都一样。考虑的重点在于，选择温暖适宜的房间，操作台的高度不会使你背痛，有人帮你清理浴盆。成人浴缸不便于实际操作，可能会位置或水温太低。最好不要用大盆为婴儿沐浴，而要使用紧凑的小盆，比如易于冲洗的洗碗盆，或固定的面盆，或厨房的水池。不过，要非常小心突出的水龙头。水龙头容易磕碰婴儿的脑袋，热水龙头还有可能烫到他们。

这个年纪的小婴儿不太喜欢裸体和沐浴。所以，如果婴儿沐浴时一直啼哭，你不要感到意外或沮丧。再等一两周，他也许会习惯并喜欢洗澡，此时应尽快开始沐浴，请帮手（无论是3岁、33岁还是63岁）为你递沐浴用品。如果没有帮手，应尽量在洗浴前准备好所有物品。洗澡类似于头尾护理，逐步擦洗，最后把婴儿裹入柔软的浴巾中。

仍然用毛巾裹着身体，托住她的脑袋，抬至浴盆上方，先洗脸，再洗头，她还不需要洗发液。

现在，拿开毛巾，把她放进浴盆——用你的右手托住她的小屁股，左前臂托住背，左手腕托着后脑勺，左手顺势搛着腋窝。

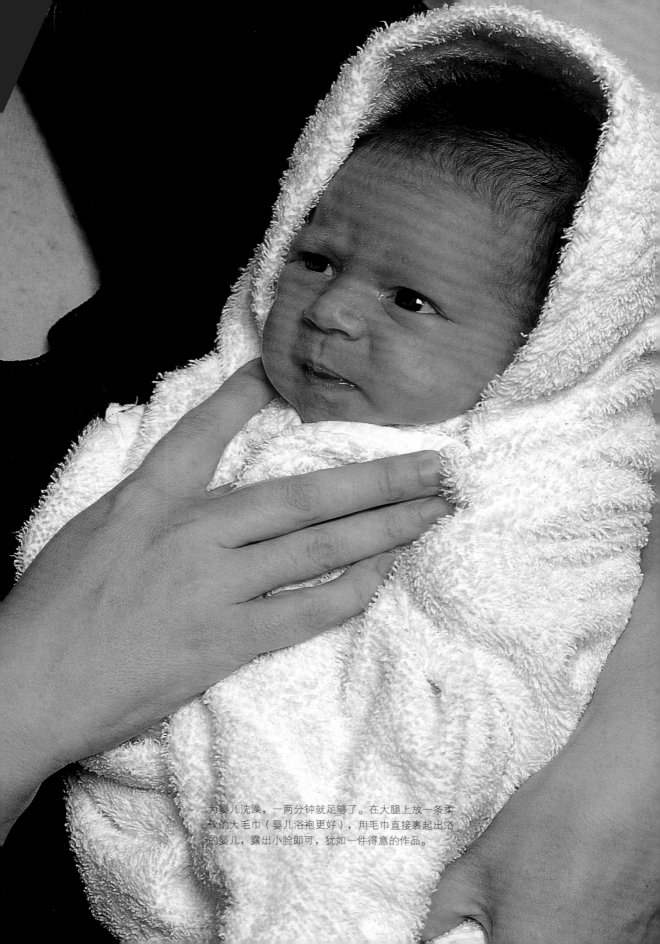

为婴儿洗澡，一两分钟就足够了。在大腿上放一条柔软的大毛巾（婴儿浴袍更好），用毛巾直接裹起出浴的婴儿，露出小脸即可，犹如一件得意的作品。

排泄

　　婴儿第一次排出的物质不叫粪便，叫胎便，呈墨绿色，是从胎儿时期就存在于肠道内的物质。胎便排出，婴儿的肠道即刻准备好消化食物，也表明肠道已经开始有序地工作，没有阻碍。这是一个重要标志，必须在婴儿排出胎便后，才能开始正式哺乳，此前只能喝些初乳（P55）。你必须清楚婴儿的胎便是否已经排出。

　　在妇产医院，医护人员很重视胎便的检查。护士为婴儿更换尿布时发现胎便会记录入册，否则将会询问你。胎便排出，对胎便（尽管可能排出不止一次胎便）的担忧便可解除。如果分娩结束几小时后出院，把婴儿带回家哺乳，应确保你知道胎便的样子，从而确定婴儿是否已经排出胎便，注意，应在24小时内告诉助产士婴儿是否已经排出胎便。

粪便的变化　　婴儿排出胎便，开始喝母乳或配方奶后，大便将有所"变化"。粪便的奇形怪状归因于哺育方式的改变——从子宫内输送养分变为正常的消化吸收。粪便通常为棕绿色，半液态，且较频繁。但有时为油绿色乳状黏液，排出瞬间较猛烈。此时切勿认为婴儿患了严重腹泻，粪便奇形怪状是婴儿早期粪便的特征。

　　如果你实在为婴儿粪便的模样而寝食难安，应把婴儿和有粪便的尿布（密封入透明塑料袋内）带去医院检查，看看是否是传染性腹泻（胃肠炎）。母乳喂养的婴儿极少发生胃肠炎，配方奶婴儿有可能染患，但是吃得饱且吸吮有力的婴儿极少发生。至少3周后，婴儿才会排出正常或"有形"的粪便。

适应后的粪便　　只有母乳婴儿才可能排出带黏液的橙黄色粪便，略有酸奶味。有时也会排出绿色粪便，黏液状，非凝结的，只是形状奇怪，但一切正常。尽量以平常心看待尿布上的粪便，不要过度好奇，应关注整体健康。

　　他每天都有许多次微小的排便感觉。没有粪便时，尿布上只有一点尿液的潮湿。另外，他可能每隔三四小时排便一次，除两种极端情况外，其余都属正常。再者，正常的母乳婴儿之间，个体表现也不尽相同。

　　配方奶婴儿的粪便通常比母乳婴儿多且频繁，因为配方奶比母乳更容易产生废物，颜色偏灰，气味接近普通粪便。相比而言，母乳婴儿的食物总是最适合婴儿的，配方奶则不然。如果你选择的配方奶不适合婴儿体质，他的排泄物就是第一征兆。不要随意更换、增减配方奶，最好先征询医生的意见。

便秘　　　　配方奶婴儿通常一天排便数次，母乳婴儿也一样，但配方奶婴儿极少连续几天没有排便。如果配方奶婴儿连续一两天没有排便，然后排出硬结的大便，婴儿表现出明显的不适，即为便秘，便秘常是缺水所致，多喝水即可。

腹泻　　　　如果配方奶婴儿突然开始腹泻，则必须看医生，以免发生胃肠炎。如果还伴随呕吐，无食欲，或者看似发热或生病，必须立即看急诊。胃肠炎可能严重威胁到婴儿的生命安全，尤其是非常小的婴儿。腹泻伴随严重的呕吐，将会迅速导致脱水，威胁生命安全，应设法给婴儿多喝凉开水。

　　　　　　　　但是，大多数腹泻多为饮食而非病菌感染所致。食物糖分过高可以导致腹泻，你是不是在厂家建议之外，在配方奶中添加麦片了？是否给婴儿饮用了太多果汁？或者喝太多糖水？

　　　　　　　　太多脂肪也会导致腹泻。如果婴儿无法彻底消化吸收配方奶中的特殊脂肪，粪便的气味会很难闻。这时应带上婴儿和有粪便的尿布去看医生。如果医生认为配方奶中的脂肪导致婴儿消化不良，他会建议你更换奶粉品牌。

颜色变化　　　早在添加固体食物之前，某些"添加物"就会使大便变色，这足以引起父母的重视。例如，婴儿食用玫瑰果糖浆后，大便呈现红色或紫色。非处方药也会改变大便颜色，如果医生给婴儿开处方补充铁元素，婴儿服用后，大便将呈黑色。

尿　　　　　婴儿解尿频率高没关系，解尿频率低才值得关注。新生儿一连数小时尿布干爽时，应留意观察。发热或天气炎热时，他的身体需要的液体较多，可以喂些凉开水，观察他在未来一小时内有无解尿。如果仍然没有解尿（正常情况下肯定不是这样），打电话咨询医生，婴儿可能存在尿道堵塞。

　　　　　　　　解尿少，尤其在天气炎热或婴儿发热时，尿液浓度高、气味大。尿液浓度高，尿布上将出现黄色尿渍，婴儿的小屁股也将受刺激发红，再次强调一下，此时他应补充水分。

　　　　　　　　补充大量水分后，尿液浓度依然很高，特别是尿液开始有难闻的鱼腥味时，必须带婴儿去看医生，他可能患了尿路感染。

　　　　　　　　万一婴儿尿中有血，当然必须立刻看急诊，但请稍等一下。如果你的婴儿是女孩，尿液中的红色确实是血，但来自阴道的可能性大于膀胱。女婴出生头几天内，阴道出血非常普遍（P50），在湿尿布上清楚可见。

当新生儿想要睡觉，且正处于她觉得舒服的地方时，她可以随时随地睡着。

睡眠

新生儿的睡眠时间长，完全是他们的个体生物钟使然。无论你做什么，都无法强迫一个婴儿延长或缩短睡觉时间。除非在他生病、疼痛或极不舒服的时候，否则，他会在任何时间、任何地方酣睡。你基本上无法控制婴儿的睡眠。为他整理舒适的睡眠区，你会安心知道他的睡眠不会受到外界打扰，只是你不可能勉强他入睡。不过，如果你们在公共巴士（任何不适合睡觉的地方）上，你也无须担心他会被吵醒，他想睡的时候就绝不会醒着。

区分睡着与醒来　　新生儿一般都是迷迷糊糊地睡一会儿、醒一会儿，很难明确界定这两种状态。他可能醒来饿得大口喝奶，吮吸到幸福得昏昏欲睡，偶尔"想起来"再吮一下，告诉你他还没睡着，过一会儿睡沉了，任凭你摇晃也唤不醒。

这种酣睡过程不足为奇，是新生儿的正常生理现象。也许你会认为，界定婴儿清醒（你关注他、陪伴他）或酣睡（你可以暂时做自己的事），更有助于你安排时间。

所以，相比让他在别人腿上睡着，从一开始就培养"上床睡觉"的习惯、一醒就"抱起来"才是明智的举动。如果你总在他想睡时把他放入婴儿篮或婴儿床，他将很快把这些地方和睡觉联系起来。如果他总是在成人怀里睡着，那么也将建立起相应的关联。

睡眠干扰　　酣睡中的婴儿不是必须要安静的家庭环境，普通的声音和活动不会打扰新生儿。但如果婴儿睡着时，家里每个人都蹑手蹑脚地走路，轻声耳语地交谈，婴儿将逐渐习惯在肃静的环境中入睡，最终连这些轻细的声音也让他异常敏感。因此，无论你家庭日常生活的噪声分贝高低如何，让他在这种环境下自然入睡很有必要。外界环境刺激干扰到婴儿的睡眠，通常是突然变化所致。也许婴儿在电视节目前幸福地睡着，电视一关他就醒来。刚刚学习走路的幼儿跌跌撞撞地走来走去，不会干扰到婴儿，但突发事件会吵醒他。

新生儿时期最常被干扰吵醒的因素是内在刺激：饿醒，睡沉之前冻醒，疼醒，还可能是便醒或嗝醒。有时，深度睡眠之前的身体抽搐也会让他醒来。

分辨夜晚与白天　　尽管人类属于日行物种，夜晚睡觉，白天行动，但婴儿还不具备相应的行为模式。他们的睡眠和活动在24小时内随机发生，需要成人投入时间悉心照顾，帮助他们调整生活习惯，晚上睡觉白天清醒。尽管婴儿普遍可以迅速调整并习惯这种生活模式，但是，出生数周来接受蓝光治疗的早产儿和接受特殊监护的新生儿，需要较长时间来适应。

通过明确区分晚间正式睡觉和白天打盹，可促使新生儿区别白天和夜晚。为婴儿沐浴或作"头尾"护理、更换睡衣有些作用，在他的房间里喂晚餐奶也有些作用。总之，晚间睡觉时，尽量在婴儿房里，把婴儿放进婴儿床睡觉，而不是像白天一样，躺在婴儿车里随处停放。

■ 为了让婴儿在晚间安心入睡，父母要不辞辛劳。白天睡着后被一阵轻微的打嗝惊醒，问题不大，但在晚上应确保婴儿打完嗝，排除所有可预见的干扰因素后，再把他放入婴儿床中睡觉。

■ 尽量完整地包裹婴儿（P116）。婴儿在白天浅睡期扭动醒来没问题，但你肯定不希望婴儿在夜里这样醒来，哪怕是在正常的深睡和浅睡之间切换。

■ 调暗屋内光线，创造和白天不同的睡眠环境。当他睁开眼睛时（所有婴儿都会在夜间不时地睁开眼睛），他的注意力不会被任何亮光或物体吸引。留一盏夜灯（15瓦），当你夜间进入婴儿房时，就不

让她趴在你肩膀上睡觉，你会觉得无上光荣。但是，把她放进婴儿床睡觉，将使今后的育儿生活轻松很多。

婴儿需要一张小床放在成人身边。

必另外开灯了。

■ 确保房间温度适宜，恒定在18℃～20℃。低温环境会使浅睡期婴儿被冻醒，而沉睡期婴儿着凉则很危险。

■ 尽量在婴儿半睡半醒间简单完成夜间哺乳。婴儿一定会醒来，因为他不能（也不应）整晚没有食物和水。尽量在他半睡半醒间哺乳最好。在他睡着后，将所有哺乳用具备齐放好再离开，你不至于想要在夜间抱着婴儿走来走去找尿布吧？

■ 他一哭你就去看他，他就不会在醒来时感到孤单害怕。哺乳时不要和他玩耍或说话，专心安慰他、拍拍他。白天哺乳时是亲子互动交流的时间，但夜间哺乳纯粹是为了满足生理需要。

安排你夜晚的时间

缺少睡眠，确切地说是"破"觉，是许多人最头痛的育儿问题。这个矛盾不仅在于新生儿夜间需要喂哺，所有婴儿都会在夜间不时醒来，必须有大人的陪伴和安慰。从第6周开始，你会祈祷婴儿能够乖乖睡一整晚，夜夜踏实酣睡，但也别为此而产生压力。到孩子开始学习走路之前，许多父母未曾有一晚睡足7小时。

这个问题有两种解决方案，都值得一试，看看哪种适合你，进而可以按照你自己的意愿操作。第一个方法：把这个小婴儿看成夜生活的一部分，让他与你睡一张床。共享一张"家庭床"不会让婴儿停止在夜间醒来，也不会为你减少第一周在夜间哺乳的工作量。但是，如果他和你睡一张床，醒来后哺乳时，你将受到最低程度的打扰，不必走到他的房间去。而且，因为他睡在他最喜欢的地方——你身边，醒来后也会很快且很容易接着睡。

睡在家庭床上的婴儿长大一点时，夜间睡眠通常也比其他孩子安稳。那时他们也会醒来，但不会无缘无故唤醒你。毕竟，和你一起睡觉的学步童不必啼哭，要求你抱一抱。他已经睡在你身边，自己也能向你再靠近些。

和父母睡一张床没有危险（P183），但家庭床确实有自身的缺陷。尽量看长远些，这样即可客观地权衡利弊。主要缺陷是，一旦婴儿好几个月都和你们睡一张床，就很难让他认为婴儿房、婴儿床更舒服，势必有较长时间的痛苦挣扎。无论你多么喜欢与自己6周大的婴儿睡一张床，你将发现自己过段时间会改变想法。婴儿或学步童和你睡一张床，使你完全没有隐私，和婴儿昼夜守在一起将使你觉得，作为一个独立的人，你只有育儿和哺乳的作用。

第二个方法：让婴儿融入你的生活，但和你分床、分房睡觉。这意味着你要尽力让他感受到独自睡觉的幸福。这还意味着无论他何时啼哭，你都要及时去他身边，但绝不把他带回你的床上，或者当他长大一点时，让他跑到你身边来。如果不坚持原则，虽然他睡着时你将有更多自由，但有可能在他的出牙期或做噩梦时，不停地打扰你。再大些依然如故，你必须一晚接一晚地把他送回床上去。

没人能为你判断哪种方法更有利，你可能也无从决定。即便你决定选择第二种方法，如果持续一周无效，你还是有可能在某一天凌晨3点把婴儿带到自己床上，结果前功尽弃。和你睡一张床似乎最方便，只需要俯首即可哺乳或安慰。然而，应尽量考虑清楚再作抉择。最糟糕的是犹豫不决，一会儿允许他和你一起睡，一会儿要求他单独睡。

确保你的睡眠　　如果你准备分床睡，即使夜间要为新生儿哺乳，你也能优化自己的睡眠时间。

■　在你睡觉之前唤醒婴儿喂奶。等他自然醒来再喂奶，你只会错过自己的睡眠时间，如果你先睡，一小时后他饿醒了，你将在非常时间受到打扰。新生儿还没有形成饥饿意识，大人唤醒喂奶没关系。

■　从点滴之处提高你自己睡眠的舒适度。如果是用奶瓶哺乳，可以把奶瓶冷藏在冰箱里，哺乳之前放入倒有热水的真空水壶中温热，可减少工作量。

■　尽量从婴儿一哼哼就开始哺乳。如果置若罔闻地"随便他哭"，一旦他真的饿了，他可能会哭醒。他这次啼哭吵醒你，等再次饥肠辘辘时，他将再次醒来，也许此时你已经回去睡觉了。如果你"让他等会儿"，他会哭个不停。当你终于给他哺乳时，他可能已经哭累得没有力气饱餐一顿。即刻哺乳没有效果，他将在哺乳后再次啼哭吵醒你。即刻喂水解渴，会使他乖乖入睡，但这种宁静不会持续很久，他的胃将很快告诉他上当了。

■　调整你自己，婴儿一睡着，你也跟着睡。但你可能不太容易睡着，而是躺在床上瞪着眼睛想，婴儿是否会再打嗝或者需要再喝点奶。如果需要，他会让你知道，坐等他饿哭，会使你损失一部分宝贵的睡眠时间。

■　决定是由父母一方还是双方同步处理问题。尽管为新生儿夜间哺乳是育儿初期令人兴奋的事情，你们俩都会热情地参与，但实际情况是，在很长一段时期内，你们夜间只能睡一会儿。真没必要两人共同醒来照顾每一次夜间哺乳，除非这样做效率更高。大多数父母更愿意独自处理，然后也许在周末下午补个觉。用奶瓶哺乳的父母，通常会轮流分担夜间哺乳的工作，但这并不一定有效。有些母亲发现自己总会醒来，确定婴儿睡着后才安心，甚至只有亲自哺乳才放心。

如何预防婴儿猝死？

想到婴儿猝死就让我们恐慌不已，我们真的不理解这件事情怎么可能发生。婴儿猝死的意思是什么？为什么医学专家没有为此给出明确的指导？父母该采取怎样的预防措施呢？

健康的婴儿（通常是6个月以内）在睡觉时死亡，一般是发生在非常偶然的情况下。婴儿猝死（婴儿突发死亡，或称婴儿猝死综合征SIDS），在医学上定义为不可预见的死亡（甚至连医生也无法预测），尚无确切病因（甚至连尸检也没有查明原因）。虽然有其他无可预见的婴儿猝死案例，但最终均可找到致死的原因。

在婴儿猝死原因尚未明确之前，医学专家无法制定——也就无从告诉父母——确切的预防措施。事实上，婴儿猝死综合征可能掺杂了外界环境的复杂因素和交互作用，而非单纯的唯一因素所致。医学专家现正逐一排查那些复杂因素，并且取得了较好的成果，大大降低了婴儿猝死的发生概率。

对猝死婴儿和其他婴儿的生活及生活环境对比发现，两者实际上没有什么特殊差异。比如，某单项调查表明，发色浅的婴儿猝死率高于发色深的婴儿，究其原因，是出自偶然因素。但是，多项调查综合显示，吸烟家庭的婴儿死亡率高于不吸烟家庭，烟尘污染是婴儿猝死的重大危险因素。

婴儿猝死有几个十分重要的危险因素，它们涉及的范围较广，各国专家持不同结论，但都建议父母采取行动避免这些危险因素。这些危险因素不会直接"导致"婴儿猝死综合征，

相反，避开这些因素并不意味着万无一失地保护好了婴儿。但是，你可以极大地减少婴儿猝死（目前已经非常罕见）的发生概率。

■ **婴儿仰卧入睡。**仰睡比侧睡安全，绝不能俯卧入睡。

■ **婴儿睡着时，不应遮盖头部。**把婴儿放入大小合适的婴儿床里（脚趾几乎碰到床尾），使他无余地扭动；盖上轻薄的毯子，两侧塞整齐；确保他的头部没有覆盖物；不要垫枕头或软毛玩具；不要用羽绒被，也不要用类似安全带等物品把婴儿系在床上；确保床垫与床体大小配套，没有多余的空隙，不会卡住婴儿的脑袋。

■ **婴儿睡着时，不应太热，尤其是在发热时。**保持婴儿卧室温度适中，以成人睡觉感觉舒适为宜，婴儿发热时，盖被要减少，而不是增多。

■ **胎儿与婴儿的生活环境不要充满烟味。**无法避免吸烟的家庭，应至少保持婴儿房24小时无烟，无论婴儿在不在。

婴儿猝死综合征（与突然意外死亡SUDI）的调查从未间断，以上护理原则是预防SIDS普遍适用的原理，各国、各婴儿护理组织还有其他各种建议。尚未明确、没有实际数据支持或并非众所周知的危险因素包括：父母没有及时发现婴儿的疾病征兆，错失了治疗的良机；用奶瓶哺乳而非母乳哺乳；产前护理的水平和内容。母婴同床（P183）的风险与预防作用同在，因此一直备受争议。从普遍的统计来看，婴儿猝死的最大风险，也是个体力所不及的因素是——贫困。

也许你此前从未了解婴儿啼哭的内容，但可以尽可能想办法让她停止啼哭。假以时日，即可有所了解。

啼哭与安慰

　　婴儿啼哭很正常，尤其是出生数周内的新生儿。尽管许多父母希望婴儿从不啼哭，但实际上，不啼哭的婴儿更难照顾。婴儿有需求便啼哭，你能知道自己的宝宝需要什么，所以你可以认为，在正常情况下，没有啼哭即没有需求。只有重病、深度着凉或烟雾窒息，才会使婴儿悄无声息。

　　婴儿从不无故啼哭。"为了训练肺功能"而啼哭，这种说法毫无道理。婴儿的肺部进行呼吸运动时，即在进行所有必需的"训练"。由于啼哭必定意味着婴儿有些不舒服或不愉快，但其实，新生儿啼哭不一定意味着他们不舒服。新近的调查表明，许多新生儿啼哭是因为"生长痛"：也许是还没有完全适应子宫外的生活环境，或者神经—生理发育奇快且复杂得令他们感到紧张、难受。

　　当然，婴儿大多数的啼哭还是需求使然。那时，如果你够幸运的话，就会知道他的需求并满足他。他饿了，你就喂他，他停止啼哭，你们俩都会对自己和彼此满意至极。但是，如果你运气不好，不清楚他到底需要什么。你把想到的东西都拿给他，但是他还是在继续哭啊哭啊，你们对自己和彼此都不会感到愉快。然而，还有比这更难过的、确实更考验人的时刻：那时，你明知道他的需求，但是你真的不能满足他。比如，你一眼就知道他绝对是累了，但是，他体内的不舒服你无法为他消解，让他放松地睡觉。比如肚子痛，或者只是要排便，让他不得安睡（由此波及你）。

　　婴儿啼哭却得不到成人的安慰，绝对是育儿的大忌。婴儿的啼哭声当然会让你放心不下（如果没有，则可能是你忽视了啼哭的婴儿），但并不意味着婴儿会哭个不停。当你有所回应时，啼哭就会停止，像电话铃声一样。婴儿的啼哭越久，你越发无法忍受，更容易慌张或沮丧。此时确实很难持续充满爱意地同情和关怀婴儿，即便婴儿的啼哭需求并非你能力所及可以满足的（尽管他看似在拒绝你帮助他的一切努力，乃至让你感觉到他就是在拒绝你）。如果婴儿啼哭过久，而你努力很长时间却徒劳无功（比如在凌晨3点，你能坚持多久？），许多父母就会变得手足无措，开始恼怒，忘记现实情况是——只要婴儿的需求得到满足，就会停止啼哭；认为他啼哭个不停，是在折磨父母。有这种想法的父母不在少数。

啼哭的原因和化解办法

本节所说的啼哭原因及其"治疗"办法，是针对几乎每对父母都会问到的、最关注问题的解答。"他怎么了？""我能做什么？"这两个问题的最实在回答也许是，"他没怎么，你什么都不用做"。在这个章节中，你也许能找到某种方式（至少会为你解释啼哭的原因）安慰婴儿。即便这里没有答案，当你尝试用每一种有可能有效的方式安慰婴儿时，也许这次啼哭早已结束。

饥饿　　　　新生儿啼哭最普遍也最容易处理的原因就是饥饿。调查研究表明，婴儿饿的时候，只有奶水可以让他停止啼哭。研究人员给婴儿甜水或奶嘴时，婴儿会吸吮，但过一会儿就会发现是假的，继续啼哭。对食物的需求，只有食物能满足。仅仅吸吮，哪怕吸吮他喜欢的味道，也根本没用。

疼痛　　　　新生儿有无痛感的问题，一直到新近的研究结果出现才尘埃落定，答案是肯定有。护士为了安慰焦虑的父母，说婴儿的脚跟无痛感，从脚跟处抽血体检；为男婴实施的割包皮手术，对婴儿来说是漫长的手术过程，却没有麻醉。采取这些措施之前，父母肯定已经对此建立起了强烈的信心。因为疼痛会使婴儿啼哭，尽管有时很难辨认婴儿的啼哭声是否为疼痛所致，或另有原因。比如，大人抱起来他就不哭了，胃气立刻从一端走向另一端。我们能责怪胃气吗？冷风拂面会让他肚子痛；吸入冷空气会让他胃胀不适；大人抱起来的过程中，迎面而来的空气与啼哭无关。婴儿撕心裂肺地啼哭，也许是配方奶或洗澡水温度略高所致。

过度刺激、惊吓和恐惧　　　　任何过多的刺激都会导致婴儿啼哭。突然的嘈杂和光亮、尖酸或苦味、成人冰凉的手、厚实的衣服、潮红的脸、大笑、挠痒痒、蹦跳或拥抱太久，都会让新生儿受不了。

突然发生的事情，特别是如果还有坠落或掉落感，往往会导致惊吓与惊恐。除了啼哭，婴儿还会颤抖得失去血色。

如果是轻微事件，比如大人抱着婴儿穿过门廊撞到头，也会导致婴儿啼哭。但这与其说是疼痛引起啼哭，不如说他是被吓哭的。

错失时机　　　　刺激量是否"过多"，要看婴儿当时的心情和状态。他在满意地醒着或吃饱的时候喜欢的刺激，若在他疲倦易怒或饥饿的时候发生，就会使他啼哭。例如，他有社交意愿时喜欢的运动，换在他不想社交但你"鼓励"他社交时，就会使他陷入困境。婴儿在疲倦和不开心的时候需要成人抱一抱，而不要游戏。肚子饿了时，他需要食物。

拖延哺乳时间，婴儿一定会饿哭；延误喂哺时机，还会引发麻烦。如果你提供食物太慢——奶嘴洞太小，或为了让婴儿打嗝，取出乳房或奶嘴——错失了哺乳缓解饥饿的恰当时机，婴儿就会啼哭，因为他一直饿到现在，因为他哭得不能吮吸。

为饥饿的婴儿洗澡或更衣，也会导致啼哭，因为这耽误了他吃到食物的时间，也因为他的食物需求被你的护理打断而愤怒。哺乳结束后，不能立即洗澡，因为洗澡时要翻动他的身体，容易使他吐出刚喝进胃里的奶水。应在婴儿清醒时洗澡，或者在他饿醒之前叫醒他洗澡。哺乳结束后换尿布没问题，轻轻进行即可。但如果婴儿在喝奶时打嗝或睡着，可以摇一摇他，一边喂乳一边换尿布。

对新生儿来说，从昏昏欲睡到完全睡着通常很困难。所以，在他想睡觉时，应尽量创造舒适的外界环境，不要增加他的睡眠困难。如果你必须把他带上车，放进婴儿座，应趁他还没睡着时出发，让他得以在缓缓的摇篮般的颠簸中入睡，或者等到他睡着后开车。

脱衣服　　许多父母认为自己太笨手笨脚，经验不足，导致婴儿换衣服时啼哭。技巧固然重要，可以尽快为婴儿更换衣服，使他们舒服一些。但实际上，许多婴儿是为他们失去衣服而啼哭。通常情况下，在衣服一件件被脱去的过程中，婴儿将一点点地变得紧张起来。当最后一件贴身衣服（背心或内衣）被脱去时，他们将号啕大哭。这种反应和冷热无关。即便室温较高，成人的双手温暖，婴儿也会啼哭。啼哭的婴儿想念小棉布衣服和皮肤接触的感觉。他不喜欢皮肤裸露在空气中，他因衣服而啼哭，穿上衣服就没事了。一般来说，上身盖一条薄毯（毛巾、尿布或披巾均可），他就会保持安静。

感觉冷　　婴儿醒来或将醒来感到冷时，就会啼哭。大多数情况下，啼哭的婴儿被大人抱起来后会继续哭。因为，在抱他起来的过程中，会有一阵凉风拂过他的面颊。这种凉风没有危险，啼哭本身就是婴儿的暖身行动，只是他不喜欢这种暖身方式，这时，只须把他带到温暖的房间里即可。

抽搐　　大多数新生儿在即将睡着之前，身体会抽搐一两下。有些婴儿会被自己的抽搐动作惊醒。啼哭，瞌睡，抽搐，再啼哭。他特别想睡着，却无法顺利地渡过浅睡期的身体抽搐，进入深度睡眠。有效的包裹或襁褓可免除此类啼哭，且几乎屡试不爽。

大人抱起来就不啼哭的婴儿，在大人怀里很开心，一放下来却又啼哭。这类啼哭是因为婴儿没有身体的接触感到不舒服，属于缺少"抚触安慰"导致的啼哭，通常会被误解。父母们常听说，婴儿啼哭是"因为他想要你抱他起来"。这暗示着他对你的需求毫无理由，你"屈服"就是开始培养他的"坏习惯"。事实上，这句话反过来说倒是正确的，婴儿没有无缘无故的需求。事实上，要说谁有无理的需求，那也是你。他不是用啼哭要挟你把他抱起来，而是因为你把他放下在先，让他失去了抚触和安慰。小婴儿自然也天生需要让大人抱着，这是十分简单的满足。在世界上的许多国家，婴儿几乎时刻都有大人抱着。妈妈必须休息一下的时候，祖母或姐姐可以轮流看护婴儿，背着他们。他们的啼哭次数比大多数西方新生儿明显少很多。

把婴儿抱起来哄一哄，啼哭几乎一定会停止。如果没有停止，可以让他靠在你的肩膀上。这样，他的肚子和胸部可以贴靠你的前胸。当你抚触安慰婴儿时，如果他仍在不断地抽噎，就抱着他走一走，轻轻地摇一摇，让他舒缓些，他就能逐渐平静下来。

即使你们有两个人轮流看护并使用婴儿背巾，你也可能无力携带婴儿连续行走数小时。大多数情况下可以这样解决婴儿对抚触安慰的需求：把婴儿包裹在褓褥里，包裹他的披巾能够给予他温暖和安全感，就像在大人的怀抱里，靠在大人身上一样。

为婴儿整理温暖而安全的床褥，还可将抚触安慰的需求量降至最小。塑料材质的防水垫也许会让护理工作更轻松，但婴儿却极其讨厌它们。所有的塑料床垫或垫子上，都应铺垫一层质地柔软的布料，比如毛巾。

特殊安慰

如果你找遍了所有原因，尝试过所有能够想到的"啼哭疗法"还是不行，婴儿依旧啼哭不止，这里还有其他一些方法。关键是"尝试"，也许你什么也改变不了，只有尽力尝试。婴儿都会啼哭，有些频繁，有些偶尔，无论哪种情况，父母均无可指责，你们也许要经历一段为期数周的困难时期。

为婴儿包裹的操作手法就像传统的婴儿褓褥，但不像传统方式那样，必须做"保持婴儿脊背挺直"等徒劳之事。包裹的目的是给予他抚触安慰，应使用柔软、温暖、有弹力的薄料轻柔地包裹婴儿全身，以防婴儿被自己的抽搐小动作吓到。

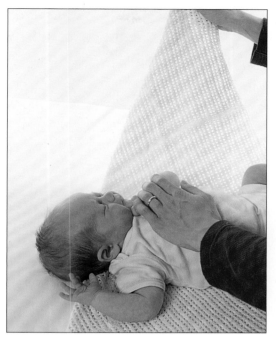

1. 把一条柔软、轻薄、略有弹性的小毯子或披巾平铺在柔软的平台上，让婴儿躺在上面，后脑勺落在小毯子边缘处，使婴儿屈左臂于胸前，拎起包毯的一角。

2. 从左肩对角折下来，包住左肘，左手露出，末端塞入婴儿后背。

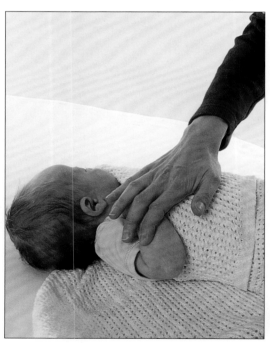

3. 以同样的方式操作右侧：使婴儿屈右臂于胸前，包住右肘，右手露出，尽量放松地操作。

4. 稍稍抬起婴儿的身体，把包毯的末端放到婴儿体下；或稳稳地将包毯和婴儿一同抱起来，顺势把末端裹入背后。

如果包裹得当，大多数婴儿可神奇地获得舒缓和安慰，包裹太松效果不好。你的目的是把婴儿完全装入其中，让他的四肢在温柔的包裹中保持在他比较喜欢的位置，这样当他活动的时候，就像包裹的整体运动，而不是感到自己在包裹里活动。如果你使用本节图示中的包裹方法，还应注意包裹切勿过紧。理想的包裹轻薄、略有弹性，面料紧贴婴儿身形，犹如量身定做一般，婴儿多孔棉毯可在冬天使用。天气暖和时，拉丝棉婴儿床单轻薄透气，既舒适保暖，也不会有过热的烦恼。天气炎热时，虽然婴儿喜欢包裹的抚触安慰，但有可能导致过热。如果换一条柔软的薄纱织物或纱巾，婴儿将会很开心。无论你使用何种织物，包裹婴儿比为他盖一条毯子要暖和得多。包裹后要相应地降低婴儿床垫的厚度。

新生儿的自然姿态是双臂屈肘抱于前胸，双腿可活动。以这个姿势包裹他，而不必将他的手脚掰开伸直。最重要的是，让他的双手放在能够吮吸到的地方随意吮吸。

婴儿乖乖待在包裹里的时间不尽相同，允许婴儿跟着自己的感觉走：当他想要离开包裹时，会蹬腿、扭动身体，似乎要摆脱它们一样。

安慰节奏　　婴儿啼哭时，可以从各种持续的有节奏刺激中获得安慰，这看似可以消除困扰婴儿的内忧外患。用一张舒适的毯子裹住婴儿全身，可隔绝外界声音。但如果有一丝导致啼哭的原因未被你发现，包裹便会失去效果，比如，饥饿感所向披靡。如果问题来自普遍而莫名的不满情绪或紧张导致婴儿不能安静入睡，毯子可能有些作用。

有节奏的安慰几乎万能，婴儿可停止啼哭渐渐入睡。认为有节奏的安慰没有作用的父母，几乎都是因为摇晃节奏缓慢得几乎没有感觉所致。多年前的研究表明，有效的催眠频率是每分钟60下，摆幅在8厘米左右。即便你有一个可以摇晃的摇篮，这样的频率手动很难达到。有许多自动摇摆装置，比如秋千式摇篮，有些父母发现，使用摇椅积极有效，但你会发现，抱婴儿走路更简单。安排好你的时间，找到合适的速度，带着婴儿在房间里来回走动。这种摇摆震动频率产生的舒缓效果，似乎源自婴儿在妈妈腹中的经历。你可以这样摇晃婴儿，给予大量抚触安慰，同时，如果你使用婴儿背巾，双手还可以处理其他事情。背巾款式各种各样，适合新生儿的背巾，尤其为了安慰而非搬运时，前背巾也许是最佳选择，既可以稳稳托住婴儿脑袋，又可以让他依靠在你身上。

另一种抱婴儿的方法——拥抱令亲子双方心情愉悦。

有节奏的安慰声，对大多数婴儿都有很好的安慰作用。你可以让婴儿听妈妈怀孕时的心跳声，或者播放经典摇篮曲。轻柔的广播或唱片音乐也有效果，但应确保曲子足够长，不会在婴儿睡着前中断，刺激中断会唤醒她。

暖风机、吸尘器或洗衣机的嗡鸣声，通常有神奇的催眠效果，汽车引擎声也是。大多数婴儿在行驶的车辆中睡得很香甜，一旦引擎熄灭就会再次醒来，因此，不要试图在凌晨或清晨开车兜风。

安慰式吮吸

如果婴儿肚子饿，安慰式的吮吸完全没有作用，只有哺乳才能让他停止啼哭。而在非饥饿引起啼哭的情况下，安慰式吮吸几乎都能奏效。

奶嘴安慰（P186）有利有弊。父母理性地使用奶嘴时，婴儿可以在没有奶嘴的情况下正常生活，奶嘴只是锦上添花。然而，对于那些痛苦的、难以安慰的婴儿来说，奶嘴有切实的安慰作用。婴儿嗷嗷大哭，一口咬住奶嘴时，啼哭的所有力量转化为吮吸力。然后，吮吸的节奏慢慢趋缓，直至逐渐睡着。即便在婴儿睡觉时，咬着奶嘴也可预防他再次突然啼哭。一有外界干扰，他都可以吮吸而不会醒来。

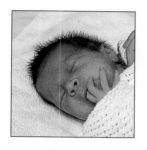

吸吮手指就能感到满足的婴儿非常普遍。

如果你认为婴儿确实需要一个奶嘴，应注意不要让他形成这样的习惯——他一哭（或为了防止他哭）就塞奶嘴给他。试试先找其他的需求，并满足这个需求，奶嘴只是你在试遍所有方法之后的最后一个选择。

有些婴儿出生前就会吮吸自己的拇指或手指，出生第一天就通过吮吸手指寻求安慰。有些婴儿则不然，出生几周后，须在大人帮助下才能找到手指。如果婴儿哭得厉害却无"治疗"方法，你对此苦恼不已却又不想使用奶嘴安慰，这时你也许可以退一步，把婴儿的小手放到他的嘴巴旁边，看看他是否能自己吮吸手指得到安慰。也有可能，尽管他吮吸了，但他可能觉得自己的手指太小，没有你的大手指吮吸着过瘾。

额外的温暖

正如我们所知，婴儿被冻醒时，有可能烦躁地啼哭，而周围环境温暖，他们睡觉时穿的、盖的比较轻薄，他在醒来时就会感到比较满足。如果婴儿啼哭，你不能安慰他，让他平静下来，那么为他增加一些温暖有可能让他平静些，帮助他放松。尽管温暖不是"治愈"啼哭的万能药，但如果在这次啼哭停止之前，你能把环境温度控制在21℃左右，他不太可能会表现出难受的样子。尽管如此，如果他睡着了，在你满怀感激、蹑手蹑脚地离开前，一定要检查温度，不要让婴儿过热。

如果你从新生儿期一直不嫌麻烦，为他确保环境温度适宜，那么，一个经常感到痛苦且难以安慰的婴儿有可能会为你和他自己带来更多的宁静。当你在寒冷的天气推婴儿车带他出去，或天气寒冷但车厢没有暖气时，应将他裹严实。在他再长大些，看似更愉快、更适应环境之前，他所到的空间和房间里，温度尽应量控制在21℃左右。

急性腹绞痛?

有一种十分常见的啼哭，也许你此前从未听到过。它通常是这样开始的：3～4周大的婴儿看似啼哭更频繁、更苦恼，且常发生在傍晚时分。他越来越适应周围的环境，白天的啼哭随之减少，比较容易得到安慰和满足。晚间的啼哭渐有规律，强度也逐渐上升，直到几乎每天傍晚或晚间都会发生。

这个阶段，你有可能会带婴儿去看一次医生。你想知道这种定时的、不可抑制的啼哭的原因，为何无法安慰他平静入睡？他怎么了？

医生将首先检查婴儿，然后和你交谈。他要确认（也为你确认）婴儿健康有活力。这凄厉的啼哭声使你认为，可能是吸入了冷空气造成腹痛，此外并没有特殊的生理原因，譬如消化不良。诊断结束前你会了解到，婴儿的困扰并不碍事，但你仍有可能不知道他凄厉啼哭的原因，也不知如何接受它。

最有可能解释你心中"为什么"的答案是——可能是"急性腹痛"（或"夜间腹痛"，或"三个月腹痛"，或"阵发性啼哭"）。如果你的医生和健康回访员没有使用你所说的这些疾病术语，可能是因为这些表述不科学。"腹绞痛"听起来就是一种需要诊断和治疗的疾病，可能会引发严重的疾病。但实际上，新生儿腹绞痛不是病，只是一种非常痛苦的新生儿不适症状。它没有确切的诱因，也没有普遍适用的治疗方法，但绝对没有不良反应（除了父母的精神焦虑之外）。事实上，有些研究员不认同腹绞痛的说法，他们认为这是正常新生儿的一种极端啼哭形式。这里说是腹绞痛，是因为，当婴儿每晚大声啼哭时，那时的你最紧张，即便一个不科学的名词也能让你挺过这两三个月的艰难。你们必须尝试所有可能想到的办法让自己接受这个事实，尽管这些方法只能奏效一时半会儿。除此之外，只有交给时间慢慢愈合。

接受腹绞痛   婴儿腹绞痛时，没有一种安慰方法可以发挥绝对的作用，使婴儿安静下来。凄厉的啼哭声通常出现在你们非常疲惫、需要安静的时候。加上你的无力感，新父母很难安慰腹绞痛婴儿。应尝试接受这个事实：腹绞痛的原因不明。如果你继续刨根问底，只会令你对婴儿各方面的表现愈加感到困惑不解，最终只好更换哺乳方式和常规安排。然而，一切改变都将毫无意义，腹绞痛的原因很多：哺乳过度或不够、营养过剩或不足、奶水过热或过凉、奶水流速过快或过慢、过敏反应、疝气、阑尾炎、胆囊炎，还有妈妈的呼吸和神经紧张！所有因素看似互相矛盾，却源自一个根本的认识误区：如果腹绞痛的原因是其中之一，为何它只发生在某一餐，且是24小时内特定的这一餐之后呢？无论怎样喂奶，你都不必特定在下午6点哺乳。如果婴儿身体不适，腹绞痛也不会只在一天当中的此时出现。如果新生儿出生后因疲劳引发而非导致腹绞痛，那么换成父亲或保育员用奶瓶哺乳后，是否就不会有这种现象呢？

尽管如此，不要轻易认为婴儿患了腹绞痛。如果他连续三个晚上都凄厉地啼哭，你认为可能是自己忽视了某些非常明显的、可以轻松解决的压力。下表可以帮助你区分人们所说的腹绞痛。如果宝宝的

可能是腹绞痛的表现	可能不是腹绞痛的表现
傍晚前后哺乳时，他不能平静；哺乳一结束，即刻凄厉地啼哭，或睡半小时醒来后凄厉地啼哭。	傍晚哺乳结束后，他不能平静下来，必须哼哼着啼哭很久，最终哭累了才会睡着。没有凄厉地持续啼哭，就不是腹绞痛。
不仅啼哭，还是凄厉的啼哭。双腿向腹部收缩，身体似乎不舒服。	啼哭声很普通，即便啼哭声凄厉，而且双腿向腹部收缩。
你做的应该有帮助的每件事情效果只能持续一分钟而已。他会吸吮乳头或奶嘴，你以为他将就此安静下来，稍后却又开始凄厉地啼哭。打嗝时啼哭暂停，打完嗝后又继续。大人抱起来安慰有点作用，但时间不长。揉揉肚子会安静一些，但也不是长久之计。	你做的任何事都能在半小时内见效。如果哺乳或咬奶嘴有效，说明婴儿是饿了或需要吸吮安慰。这两种表现都不是腹绞痛。如果婴儿打完嗝睡着后醒来又啼哭，多半是吸入空气引起肚子不舒服而非腹绞痛。如果抱起来安慰或揉揉肚子可以缓解啼哭，说明他是感觉太孤单或太紧张而睡不着。
当这痛苦的啼哭声暂停时，婴儿一直在颤抖，颤抖停止后继续痛苦地啼哭。	在你的安慰之下啼哭会暂停，而且至少在你将他送入婴儿床之前他能一直保持安静。
整个啼哭过程至少持续一小时，也许长达三四个小时。啼哭结束后可以整夜安静地酣睡。	整个啼哭过程持续不足半小时他就睡着了；或者在他再度啼哭之前，愉快地待了至少15分钟。这只能说明今天是不太顺利的一天，但不是腹绞痛。
同样的情况在每天同一时段发生，从未在24小时内的其他时间出现。	偶尔（无论白天或夜晚），凄厉的啼哭听起来也许令人揪心，但确实不属于腹绞痛。

我不只是讨厌婴儿啼哭，有时甚至是讨厌我那个爱哭的宝宝。

我知道婴儿常无缘无故啼哭：为他梳洗时，他号啕大哭，好像我把肥皂水弄到了他眼睛里一样啼哭个不停。我想尽一切办法安慰他，他却似乎无动于衷，我不明白他为什么哭成那样，我不过是做了该做的事情。我也不明白，在我尽全力按他想要的方式安慰他时，他为什么还不停止啼哭。有时我觉得自己是个完全无可救药的不称职的妈妈，有时我又觉得他是世界上最难照料的婴儿，也许两者兼而有之？

在款式设计和科技方面，这两种尿布都有了婴儿置身于这个硕大的崭新世界，很多事情令他沮丧，他一沮丧就会啼哭。在你所熟悉世界中，婴儿是一个很重要的、有待认知的全新领域，你应尽量把关注点放在他令你恼火的行为上。他需要你帮助他处理而不是分享他的感受。

啼哭是一种信号，说明他非常不舒服。但这个信号含混不清，仅仅说明问题存在，却未表明程度的深浅。婴儿洗澡时啼哭，肥皂水进入眼睛和套头背心擦过面颊，他会身体僵直，脸色涨红。解决办法就是，换一件前襟开扣的背心，边洗澡边和他说话。同时你还应镇定自若，因为你知道问题的轻重缓急。镇定，别慌。

当婴儿为一点小事欲哭还休时，你应了解这个事实：有时啼哭只是一两分钟的事。也就是说，没必要担心和预防他开始绵绵不休的啼哭，应时刻予以呵护。你当然会尽量不让肥皂水进入他的眼睛，但是，偶尔对自己说说这些话也很好："奶水不能流进下巴褶皱里。我会尽量轻轻操作，哪怕他大哭起来，我也要坚持下去；我肯定能度过这个阶段……"你不会忽视婴儿的啼哭。事实上，你一直在耐心地倾听、理解他的哭声。然后，你将选择性地满足

他的愿望。即使你知道他想要什么，你也不会每次都满足他，甚而有时任由他啼哭，因为你最了解情况。现在，他因为你擦洗他的下巴而啼哭起来。你停止擦洗，他也许会（也许不会）即刻停止啼哭，但很有可能的是，当奶水刺激到他下巴的皮肤时，他肯定会啼哭。他不知道这些，但你清楚。

如果你能从容地面对婴儿的啼哭，了解他啼哭的原因，以便采取相应的措施，那么你不仅会觉得做那些为了他好的事情很轻松——既满足了他的长期需求，也为他缓解了新生儿期的压力，还会帮助他逐渐镇定地面对日常生活。那件套头衫没有伤害，你对此一清二楚，所以，你将帮助他接受这个套头式穿衣的动作。

父母对自身护理婴儿能力的根本信心（当然包括对婴儿的根本信心），也能让你坚强并从容地面对最糟糕的号啕大哭的场景而岿然不动。当你确实不能理解他的需求和感受时，他哭得越凶，你的同情成分中便包含了越多的慌乱和内疚。最终，你有可能觉得势必要做些事情缓解自己的内疚之情。

婴儿没有任何判断力，还没有像大人一样的"思考"能力，自然不会对你进行评判或监督，也不会一边哭一边认同你所做事情的正确性和重要性。如果他的哭声似乎遭到了忽视，他也许会很痛苦，表明他需要你更主动的关心，但却极少发生紧急情况需要医疗救助。他的哭声在告诉你"不太对劲"，你觉察到他不愉快——那就是他要说的，然后你尽量让他开心一些。但到底哪里不对劲，你能做什么、应该做什么（如果有的话）好让他舒服一些，而不是仅仅安慰他，这全凭你的直觉判断。相信你自己，他才能相信你，毕竟你是成人，年长且经验丰富。

摇一摇，摸一摸，哼一哼，只要能安慰啼哭的婴儿，可以每次做单独的或组合的动作，无论做什么、怎么做都可以。

啼哭表现与表中部分对应，你会发现，当你把他当成"腹绞痛患者"时，比较容易接受事实。

努力寻找一种腹绞痛"疗法"。医生或健康回访员会建议你：哺乳前给婴儿服用特定的腹痛缓释剂；配方奶哺乳的婴儿可更换配方奶品牌；母乳哺乳的婴儿可尝试调节母亲的饮食——比如去除奶制品。但如果这些建议无效，切勿四处寻找偏方，或给婴儿服用其他药物。如果有对症良药的话，大家肯定早就知道并告诉你了。

与其烦恼地四处思索原因，自责或者责备对方做得不够好，担心婴儿生病，还不如建设性地顺应形势。不是你导致婴儿啼哭，此刻你也无法让婴儿平静，这种糟糕的情形将在你们的生活中持续数周。那么，你准备如何度过这个阶段呢？

尽管父母知道他们无法"治愈"婴儿腹绞痛，但还是应当想方设法积极应对：不能把婴儿独自留下超过一分钟。近期的调查也证明这样做是正确的。婴儿持续产生腹绞痛时，因为成人的积极安慰，虽然他们仍频繁地凄厉啼哭，但和遭受忽视的婴儿相比，啼哭的频率要小得多，持续的时间也短很多。实际上，有过此类经历的母亲知道，3小时顽强的凄厉啼哭声已然变成3小时痛苦的折磨，但因为成人的积极应对，婴儿只是凄厉地啼哭半小时，转而小声啜泣两个半小时。

有时，你的安慰可明显让婴儿减除痛苦。如果这真的有效，就应反复使用，也许是固定的安慰流程，比如边走边摇晃，提供吮吸物，揉揉他的肚皮。大量分散注意力的动作可减少婴儿啼哭的时间和精力。有时，无论你做什么也没有任何切实的改变，那时，你会觉察到双方的失落感逐渐增强。这时如果把他放下，婴儿有可能意识到没人在身边帮助他。如果你能把生活安排得越井井有条，当你每次面对糟糕的情况时，你越有可能从容面对，而较少感觉到压力。此时，微波加热食物不再是一种浪费，真的朋友也不会怪你将电话设为自动应答。不过，此类情况总归让人感到压力重重。有人与你分担得越多，你将越发感到轻松。严格遵守轮班时间——30分钟换一轮——对有些夫妻来说很有效。如果你是独自哺育婴儿，有时还可以请好朋友前来帮忙，婴儿一哭就放进婴儿车推他出去散步。类似的解决方法还有，播放音乐（比周围的声音略高）；把婴儿放在背巾里一起舞蹈，婴儿得到了摇晃安慰，成人也进行了身体运动……最后应记住：无论腹绞痛多么可怕（也许确实非常可怕），都不会使婴儿在痛苦中度过超过12周。

彼此学习

有些婴儿容易照料，有些比较棘手——有两个以上孩子的父母对此体会更加深刻。鲜为人知的实情是，有些成人难以愉快地哺育婴儿，有些则较为轻松。婴儿的性别不能选择，气质更是如此。这位婴儿是否能够被轻松哺育，使你成为这个特定婴儿的保护人，假以时日即可见分晓。也许这个婴儿属于容易理解、同情和护理的一类，哺育工作有如顺水推舟；也许属于需要特殊照顾的一类，哺育工作进展困难。

当然，所有健康的新生儿在性格与行为方面有很多共性，个体之间的共同点多于差异性。即使是新生儿期，也不意味着婴儿懵懂无知，"擅长与婴儿沟通"的人能够轻松地护理每个婴儿。婴儿是传承独特基因的独立个体，出生前（在子宫里、在分娩过程中）和出生后已经拥有一系列特殊经历。所有经历相互关联，并决定他适应生活的方式和对世界的反应，继而影响照顾婴儿的成人。这些成人也是独特的个体，他们经年累月的（幼年的、儿童的、成人的）经历构成了复杂的期待：婴儿的大众形象，自己的宝宝该怎样表现，他们将怎样回应宝宝。

如果你长久以来对婴儿的期待较为理性，并且这种期待和现在实际上的这个婴儿非常接近，你的"自然"育儿方法恰巧也适合他，亲子间的互动反应就会比较顺畅。但如果你的期待与实际之间出入较大甚至发生冲突，你和婴儿彼此必将作出更多的调整。举例来说：假设这是你的第二个宝宝，他哥哥曾是一个表现镇定甚至很"体贴"的新生儿，可以在各种刺激和运动游戏中茁壮成长。于是，你将惯性地像照顾他哥哥那样照顾他，那毕竟是你的育儿实践。如果这两个孩子比较相似，育儿工作将会很顺利。如果他碰巧是一个特别敏感而紧张的婴儿，上一次的育儿经验将使你们彼此感到不舒服，亲子都必须重新学习。婴儿的行为表现决定你的护理方法，教你更温和一些；反之，你的护理方法也会影响他的行为，叫他更放松一些。

在新生儿期，你必须试着以适合婴儿的方式照顾他，同时了解他最极端的行为表现。有些可能是产后和出生经验的后期反应，适应环境后将会有所转变。你必须接受他目前的状况，允许他自然生长，面对未来一个月或一年的巨大变化。一个热爱操持家务、精力旺盛的妈妈，一个积极活跃的爸爸，需要很大努力才能让自己放慢速度，调整育儿节奏，乃至自己的生活方式，以便适应他们紧张的儿子。在这个过程中，他们将惯性地认为自己的宝宝"紧张"或"特别神经质"，

当下，孩子喜欢什么你就做什么，但别认为这是他未来的需求。新生儿能适应变化，并需要改变的空间。

无意中将延长照顾孩子的时间，却没有注意到婴儿在某一时刻早已成熟，可以以更宽松的心态哺育他。如果父母总是担心而密切关注婴儿的发育变化，将有可能容易忘记为6个月的他添置闹腾的玩具，提供身体运动游戏，也有可能在他一岁左右学习走路时，过度保护他以免他磕碰或跌倒。当这个小男孩可以一摇一摆地自己练习走路时，父母的这种行为的确会妨碍他发展独立性和自主性。

所以，不管婴儿目前表现如何，你的养育方式应该是使他幸福而平静的，不要给他贴性格标签。你会影响他，他也会影响你，你们之间的相互作用将促成他未来的人格。无论他终将成为怎样的人，谁都无从预料。那也是抚养一个新人成长的过程中令人兴奋的地方。

这里分别列举几类新生儿的实用哺育技巧，这里说的"类"，不属于科学的划分标准。从婴儿性格研究方面来看，4个月以内的婴儿早期研究甚至不分组别和性别。此类研究多以婴儿是否适应生活为划分的界线，同时，任何拥有育儿经验的人或观察者都知道，这些正常婴儿的行为表现与父母对婴儿的期待之间存在差异，是父母育儿压力的隐形来源。

不喜欢被抱起来的婴儿

一般来说，不论婴儿的个体特性如何，他们都喜欢温暖的环境和成人的亲密抚触。如果"喜欢拥抱的"婴儿表现出痛苦、挣扎或随时惊醒，你会发现，解决方法往往就是紧紧的拥抱，拍拍背，哼哼小曲，或者抱起来摇一摇、晃一晃。当你不能做这些事情时，把他裹起来或者放在背巾里，可创造类似的安全感。

"不喜欢拥抱的"婴儿会拒绝乃至讨厌大人怀抱或背巾的束缚。他们确实不想把自己的小脑袋依靠在成人的肩头，或者由成人把他的双腿紧紧夹在腋下。让他们自由地放松吧，限制身体的姿态令他们感到烦躁。

不喜欢被大人怀抱的婴儿，通常喜欢一种不同的交流方式。他们更喜欢眼神接触而非拥抱接触，喜欢言语而非怀抱。如果婴儿试图从你的怀抱中挣扎逃脱，别伤心。

■ 试着把他放在床上或小垫子上，坐在他身边。这样，他可以边和你说话边研究你的脸。他想要看着你，他也许会开始笑，并且很早就能给你"回话"。

■ 如果你渴望摸一摸他胖胖的小手腕，亲一亲他后背上的小肉窝，可以趁他在摇篮摇晃或在更衣垫上的时候进行。那时他将接受你愉快的抚触，但不会感到束缚。玩一玩他的手指，拿着他的双腿做骑单车运动，把脸埋在他肚皮上"噗噗"地吹气，他将会很开心。

■ 抱起来的婴儿不仅想要身体的抚触，还需要眼神和声音的交流。不喜欢拥抱的婴儿想要看看大人、听听大人说话，但也需要被抱起来。几个月后，婴儿会喜欢你所提供的各种抚触。但在新生儿阶段，了解他偏爱的一两种方式，将令你的（以及他的）抚育生活轻松一些。

看似总是闷闷不乐的婴儿　　有些成人总是看到事情糟糕的一面，有些婴儿也是天生一副一筹莫展的样子。此类婴儿通常需要很长一段时间（也许数周）才能愉快地适应生活环境，安心而舒适地酣睡，饿醒后要哺乳，吃饱喝足后会睡觉，然后愉快地苏醒，继而再次睡着。他们的行为似乎总在这些状态间游离，零散而无序，没有规律，无法适应并享受生活。

此类婴儿看起来疲倦、烦躁，却仍然不会放松入睡。整个下午他迷糊地哼哼，虽然饥饿，却似乎拒绝哺乳。哺乳过程可能漫长而困难。哺乳结束，他依然醒着，不太和人交流。他对成人的怀抱很快失去兴趣，不太希望得到成人的关注和交流。但是，把他放进婴儿床，他也还是不开心，也许还会频繁醒来。

这样的婴儿体重增长较慢，学会笑和玩手的时间较晚，甚至看起来总是闷闷不乐。和电视广告中的"兔宝宝"相比，他简直是反面典型。

一个无法逗乐的婴儿非常令人挫败。在某些方面，他和莫名啼哭的婴儿相似，也许使你感觉自己不配当一个父亲或母亲。如果他的痛苦持续很久，你也会产生同感。因为，在你关心和呵护一个无所回报的婴儿时，这些感受十分自然。要想婴儿比较快乐，就不要逼迫他们，不要因为婴儿闷闷不乐而自责。婴儿不太喜欢"子宫外"的生活，而不是讨厌你。你必须从他的角度思考，否则无法给予他温暖、柔软和耐心的关怀。而最终使他获得幸福感的，正是后者。想方设法吸引他关注你、听你说话、对你笑，一旦他对你有所回应，他和你的痛苦将双双结束。那时，无论你每次逗宝宝开心是否得到了回应，你都将坚定地爱他，并主动尝试所有缓解啼哭的安慰办法（P114），尤其是下面这些方法：

■ 在婴儿需要时，确认他是否得到了足够的哺乳。

■ 确认婴儿是否喜欢抚触。如果他喜欢让大人抱着转悠，可以使用一条婴儿背巾或背带，这样照顾起来更轻松。

■ 在婴儿比较适应环境和生活之前，尽量不要改变他的生活习惯。例如，在婴儿的痛苦结束前，不要让他睡吊床，乃至饮用果汁。

紧张的婴儿　　所有新生儿都会被突然的大声惊醒，会避开亮光，感到正在坠落时会伸出双臂啼哭。紧张的婴儿行为表现更极端，稍有刺激便吓得啼哭，面色发白直哆嗦，稍有动静也会吓着，甚至吓得够呛。也许相对于子宫安全、温暖和暗淡的环境来说，外界让他们感到恐慌。

紧张的婴儿对各种刺激都会反应过度，无论这刺激源于自身还是外界。稍有饥饿感便疯狂地啼哭，身体紧张抽搐，无法放松睡觉。抱起来他紧张，放他躺下他又不安。周围的环境稍有变化，于他都像是一种警报。在此类婴儿的生活环境中，不仅要把电话移出他的房间，甚至连隔壁房间的电话铃声也会吓到他。

婴儿不可能在惊吓中学会镇定，他的神经系统不可能在惊吓中坚强起来。只有在成熟而温和的抚育下，减少日常生活中令他烦恼的事情，他才会比较镇定。照顾一个紧张的婴儿确实困难，但滑稽的是，当你这样认为时，抚育反倒变得轻松起来。准备好这样度过每一天，乃至每分每秒：不要做任何事，或是让任何有可能惊吓婴儿、导致他啼哭的事情发生；把刺激因素降低到他的承受范围内。等他足够成熟时，自然可以愉快地接受更多较强烈的刺激。

■ 绝不要匆忙护理婴儿。比如，把他抱起来之前，应给予适当的提示，让他的肌肉有机会调适，变化自己的姿势。抱着、背着他走路时，他需要你缓慢平稳地走路，让他的脑袋有所依靠而非摇晃，绝不能让他感觉到被抱起来不安全。

■ 简化护理程序。比如，一个紧张的婴儿可能讨厌沐浴，你可以简单地给他做"头尾护理"，等他镇静些之后再洗澡；他可能讨厌坐在婴儿车里颠簸，不喜欢宽阔开放的空间，但他可能喜欢坐在车里出门。

■ 为他包裹身体时，减少身体接触的刺激；注意不要包裹得太紧、太热。包裹得当时（P116），换姿势、换地点都不太可能干扰到他。褥裰就是他与外界之间具有隔绝作用的保护层。

■ 确保每个照顾这个婴儿的人，行动安静而温和。因为你想要婴儿知道，身边的环境和人是安全的。一位开朗的叔叔，即使本意良好，但笑声太大也会让一个紧张的婴儿吓得畏缩不前。应该保护他，他需要大量时间学习交流和接触。

困倦的婴儿

　　婴儿看似有无限的睡觉能力，也许是对子宫外的生活尚未准备好，这点在痛苦和紧张的婴儿身上表现得最明显。但表象背后却是这样的实质：他们以睡觉来回避生活，而非以反抗或拖拉回应。

　　渴睡的婴儿"没有困扰"。他几乎没有要求，也许只是醒来后必须哺乳，通常很难引诱他长时间喝奶，一旦他喝得睡着了，便无法再次被唤醒。他不太关注周围的环境或父母。他极少长久地啼哭，也极少开怀大笑，他在玩睡觉——中立游戏。

　　尽管新生儿缺少热情的反应，将令照顾者感到失落，但相对而言，仍然属于较能轻松抚养的新生儿类型。在新生儿阶段他非常渴睡，你可以趁机多多休整，准备好在婴儿成熟一些之后，积极投入抚育工作。

　　■　确保婴儿醒来的时间足够喝完一顿奶。偶尔也有十分困倦的新生儿，虽然按他所需哺乳，但体重增长很缓慢，这是因为他的需求不是他的生理所需。如果倾斜角度不足以让他保持清醒，必须摇醒他哺乳。为了你哺乳的方便唤醒他，这当然没问题，但应确保哺乳的时间间隔至少在4小时。如果他每次只喝一点奶就睡着了，可以多哺乳几次。

　　■　勿让婴儿从开始起一整晚连续睡12小时，即使他看起来需要这么长的睡眠时间。这对新生儿来说，太久缺乏水和食物的补充。如果是母乳哺乳，还会导致太久缺乏乳房的刺激。你应在你睡觉前和起床后唤醒他，他才可能不会在你睡觉的中途唤醒你。

　　■　切勿理所当然地认为，婴儿想睡就让他一直独自酣睡。换句话说，不要把他长时间丢在婴儿床里，忽视他的意愿，从而满足你所期待的那种特定表现。尽量多和他社交性地拥抱，与他交谈；尽量吸引他的注意力和交流的兴趣。如果他在你腿上玩了两分钟便睡着了，可以把他放回婴儿床，下次哺乳结束后，再努力延长游戏时间。你将逐渐使他明白，醒着很好玩。

精力旺盛的婴儿

　　从生命伊始，婴儿对睡眠的需求千差万别。大多数婴儿一天睡16小时左右，非常困倦的婴儿也许一天要睡22小时。真正精力旺盛的婴儿睡觉时间也许从未超过12小时，每次睡觉甚至极少超过2小时。

　　醒来的婴儿通常并不特别痛苦或紧张。没有什么事情让他们"保持清醒"，他们只是没有像人们想象中的小婴儿那样睡那么久。他吃饱后睡着，一两小时后醒来。因为他醒来的时间很长，所以也许会比其他婴儿较早显示出对周围事物的好奇心。他在各个领域的发展方面也许比较迅速，因为他有额外的时间看、听、学。

对于此类婴儿，短暂而集中地关注而后任其玩耍是行不通的。他几乎整个白天都醒着，一般晚上睡得比较沉。学步童虽然不喜欢同屋睡觉的婴儿，但更难接受和一个精力旺盛的婴儿相处。精力旺盛的婴儿的主要问题是，他的清醒时间远远超出你（以及任何人）的预期，而在新生儿阶段又很难找到适合他的娱乐活动。

你应该提醒自己，他需要睡觉时就会睡着，并尽量接受他醒着的事实，不要认为他"应该"睡。如果你像照顾其他孩子一样照顾他，将会浪费大量时间与他争斗于他不需要的睡眠问题，从而让他十分痛苦，因为他将感到不为人理解的厌倦和孤单。

育儿体会

婴儿第一

安慰啼哭的婴儿；带婴幼儿进行安全的活动，为他创造舒适的环境；婴儿不想睡觉也不想听人说话时，要跟他娱乐——听起来，育儿生活有如炼狱。我不明白，为什么我得放弃长期以来形成的成人生活习惯，而去满足一个小家伙的需求？为什么我没这样做的时候，人人都在试图让我感到负疚？我甚至怀疑，每件事情都按他的方式进行，对婴儿是否真有帮助。世事如此艰难，溺爱对他根本没有好处。越早了解这一点，越能从容应对。

有些育儿工作确实如炼狱一般，但这只是某些父母的感觉。此刻破坏了你整个夜晚的啼哭的婴儿，总有一天将使你感到天天有如圣诞节。

哺育婴儿确实会使生活大变样，极少有人准备好（也许准备本身就是幻觉）。许多人时常会慌张无措，大多数人则逆来顺受。父母很少真的希望他没有这个孩子，但有些父母确曾不想生养小孩。

努力迎合新生儿的需求，不仅仅是为他，也是为了你自己。因为，一个对生活比较满意的婴儿必定会让父母感觉受到胁迫。假如你真不想

费劲，任由婴儿在哺乳时间之外啼哭，这种生活你会喜欢吗？事实上，是他的存在而不是行为干扰了你的生活，对你提出了要求；驱使你采取行动的，是为人父母的职责，而不是你的孩子。

如果你确实没有尽力满足新生儿的需求，那确实要为此感到内疚。毕竟这是你的孩子，你对他负有责任，他只有依靠你才能生存下来。育儿的真正困难在于，想方设法却徒劳无功。当你感到遭受排斥，甚或感到婴儿不喜欢你，你就会想要放弃，留下他独自应对。如果他不爱你，你为何还要刻意安排他的生活呢？

然而，那种针锋相对的赌气行为非常幼稚。道理很明显，你不是一个被欺负的小孩，你是一个成人、一个父亲或母亲，照顾着一个爱你甚于世界上任何其他人的婴儿。只是他还不知道该怎样爱，需要首先感受你对他的爱，才能从中学会如何爱你。

你做的所有事情都不可能"宠坏"他。现在安心养育他，才有可能帮助他为适应未来的逆境作好准备，这根本谈不上是一味满足和溺爱他。他不知道自己离开了你的身体，已经是一个拥有独立意志的个体，他更非存心与你较量。

稍大些的婴儿看见感兴趣的
事情时，他们的表情本身也
很有魅力。新生儿很难抵御
黑白图案的吸引力。

新生儿娱乐

新生儿虽然不会把玩实物玩具或参与游戏，但是，即便是最小的新生儿，如果他醒来后长时间没人理睬，也会感到厌倦和孤单。

也许你需要尝试各种方式与新生儿相处：把婴儿车或婴儿篮放在最空闲的成人身边，让家庭成员形成习惯，路过婴儿身边时停一下，和婴儿说两句话；在你接电话、看电视的时候，把婴儿带在身边，找到轻松携带婴儿的方法；在你做简单的家务、带他逛商店或游玩时，婴儿背巾最方便。

对一个醒着的新生儿来说，由大人随身携带是最佳的娱乐。成人的行走节奏如同按摩或跳舞，在花园溜达或游逛可为他开阔视野，犹如看电影似的令他着迷。尝试对携带婴儿的普通方法进行小改良，尤其是当你带他玩、让他观看事物时，尽量让他的背靠在你胸前。

新生儿的睡眠时间肯定很长，更换睡觉地点有可能为他们减少厌倦感。等婴儿长大一点时，最好为他安排一个地面活动区——闲置的童车垫子或更衣垫，便于搬动婴儿。尽管如此，现在你和宝宝都会认为，睡婴儿床（以及婴儿车、婴儿篮）更安全，也更便于搬动。新生儿看不清距离眼睛25厘米以外的事物，但他可以享受阳光，也能看到近距离的黑白方格图案、飘动的明亮窗帘、室内大株植物的形状以及户外树木或灌木抖动的枝叶。

在新生儿阶段，近距离且有趣的东西几乎总是悬挂玩具。尽管童车上都有小挂件，还可以观赏旋转玩具，但是，新生儿视觉卡或婴儿第一本书上的黑白图案也许更让他们感兴趣。这些图案卡还可以插入车垫或婴儿床的侧边，他转头就能看到。自动旋转玩具应位于婴儿视线上方，婴儿可自然前视。日常生活中形状有趣的物体也可以挂在游戏架或婴儿车架上，随时收集以备更换，让婴儿总有新鲜事物观看。

她已经开始研究圆形，现在已学会了凝视，甚至可以触摸自己观看的焦点位置。

大脑袋与反射反应

照顾小新生儿要了解很多事情，因为他们还没适应环境，保育工作非常费力。在日常的悉心护理下，成人很容易全身心地投入到把婴儿当作一件非常珍稀的物品，而非一个正常发育的人、一个新新人类。然而，婴儿确实是人类，而且正在发育——每时每刻。别只关心晚间哺乳和换尿布，而错过观察婴儿正在发生的惊人变化——开始成长的各种势头。

姿势和头部控制

新生儿十分像一个蜷缩的生物，无论你放下婴儿时的姿势如何，他都将自动蜷缩起来，身体慢慢靠向头部。而头部和身体其余部分相比，又大又沉，作用近似于锚或核心点。

直到婴儿的身体和四肢长大一些，头部才显得较小，而且，在颈部肌肉具备控制力之前，自主运动有限。刚开始时，他能抬起一点点头，总是扭向一侧以免窒息，但四肢运动总受制于他弯曲的身体姿态，而头部总是扭向一侧，因此他不能看到正上方的物体。

婴儿的肌肉控制力从头部开始，逐步向下发展到腿脚的肌肉控制力。让刚出生一小时的新生儿趴在你的肩头时，他的脑袋沉沉地落在你身体上。如果你把他抱起来但没有托住他的脑袋，他的脑袋将"扑通"地耷拉在一侧。一周之后，他将有力量控制颈部肌肉，并抬起脑袋一两秒钟。再过几日，在他不断练习颈部控制力之后，无论你何时抱起他，都能感到他似乎在故意用脑袋撞你。其实，这是他在练习颈部肌肉控制力：起—落—起—落，一次次地重复。足月婴儿长到3～4周时，通常能使头部保持平衡几秒钟，可以稳稳地"站"在大人的怀抱里。然而，他还是需要你在抱着他时托住他的脑袋，特别是在抱起和放下的过程中。

这个蜷曲的小家伙脑袋超大，一动不动，又不喜欢学习扭头。然而，当双膝双腿蹬直的时候，人们很容易误认为他在试图向前爬行。

新生儿反射　　第一周内，新生儿几乎没有力量，甚至不能平衡头部运动。但他会表现出某些令人惊叹的看似成熟的动作，这偶尔会让父母误认为他已经可以像小婴儿一样爬行和控制行动。然而，这全是反射反应的结果，将随着新生儿期结束而消失，数月后重新开始，在适当的发展阶段习得各项新技能。

类似爬行的动作　　趴着时，婴儿将自动蜷曲起来，弯曲双腿和双臂，看起来似乎欲向前爬行。他甚至会"抓住"地毯，爬皱地毯。实际上，婴儿只有作出促使身体舒展和平躺的动作之后，才有可能学会这种爬行动作。

类似行走的动作　　如果你把婴儿立起来抱，让他的脚底心接触到稳定的平面上，他将有模有样地"走两步"——由你抱着，他的双腿交替运动。必须再次强调，这种动作也将很快从新生儿的发展舞台上退幕。

新生儿一周大的时候，仍然必须由你抱着，他的身体只是下沉。

类似拥抱的动作　　生命之初，新生儿的手部抓握力量惊人。理论上（实际也是如此），你可以拿着他的小手把他拎起来，他会牢牢抓住而不会掉下来。但是，切勿尝试这个动作，这个能力只存在一两天。或许等你生第二胎时，可以再次通过实践确认。

尽管新生儿神奇的抓握力会消失，但在某种程度上，抓握反射却保留了下来。如果你用手指触碰或者摸摸他的小拳头，他会张开手掌抓住你的手指。如果你要拔出手指，他的拳头会在反射作用下握得更紧，努力抓住不放。他对所有可抓握的物品都有这样的反应，而且会一直保留到开始学习有目地抓握物品时。所以说，双手抓握能力不属于那种会消失的反射反应，不是需要后天重习得的动作，比如攀爬和行走。在这种情况下，这种反射行为终将进化为有意识的主动行为。

这个反射动作使得新生儿抓握所有进入手心里的东西，它或许承袭自史前猿人祖先，他们的孩子出于自卫而紧紧攀附在妈妈身上。今天的新生儿不会用四肢抓住成人的衣服，让自己紧紧攀附在成人身上，像小

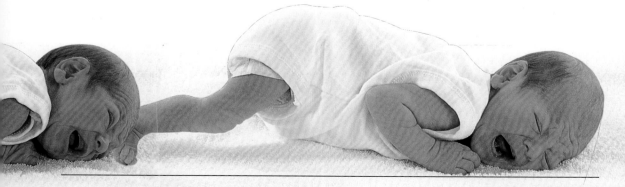

猴子抓住猴妈妈身上的长毛一样，但他们有类似的动作。几乎所有的婴儿都是在被大人面对面抱着时最开心，也最放松。稍大一点的婴儿可以双臂环抱成人的脖子。新生儿在没有大人抱着时，如果全身被舒适地裹起来，或者只是在肚子盖一条柔软暖和的毯子，都会让他们感觉好像在妈妈温暖的怀抱中，通常可由此稳定情绪，享受安逸的平静。

莫罗反射　　　如果婴儿喜欢依靠在你胸前，当他感觉即将坠落时，将产生非常强烈且明显痛苦的反射，我们称之为"莫罗反射"。当你抓着他的双手轻轻拉动他的时候，你将看到：他双臂展开，双腿抽动地弯曲起来，似乎在寻找一个身体依靠。当你随意地把他放下时，在他平稳且安全地触及垫子之前松手，你将看见更加强烈的反应：他张开双臂，双腿抽动地弯曲起来，脑袋后仰，因为莫罗反射使他头部失去控制而惴惴不安，他可能因此害怕得哭起来。

　　　　如同其他反射动作一样，莫罗反射已经失去了自身的实用意义（不同于他的长毛祖先），因为他没有保护自己不会滑落的肌肉力量。每当婴儿产生这种受到惊吓的强烈反应时，你即可明白，你的育儿活动行事太草率、太急促，或者是因为你没有细心地托住他沉沉的脑袋。莫罗反射实际上暗示了父母，照顾新生儿应该再仔细一些。

你身上没有长毛可以让婴儿抓握，但莫罗反射的动作实际上提醒了成人——他感到不太安全。

感官感受

　　如果说胎儿期婴儿还没有感观感受，那么从出生时起，婴儿的五感即刻开始有序地工作。也许子宫里的生活较少有嗅觉与味觉运动，极少感受到抚触，但是确实从出生之前，婴儿就有了听觉和视觉能力，至少可以感受不同程度的明暗变化。新生儿还不需要学习如何观看、倾听，如何通过皮肤感受抚触，甚至如何鼻嗅或品尝，他着实不必理解这些感官信息。毕竟，虽然他能明白物体的不同，却没有经验支持他区分这个物体是人、胸、玩具熊还是自己的手。出生后，所有感官受到强烈的反复刺激，从那一刻起，即是通过感官学习。

　　既然新生儿不会说出他们的感觉和想法，那么我们可以从他们对事物的反应进行推断。研究人员已经设计了很多创新方法，用以评价新生儿对特定刺激的反应和感觉（他不必主动配合），以及对这些反应的衡量尺度，以便在新生儿之间进行横向比较，或对个体发展进行跟踪研究。比如，给一个新生儿一堆可看的东西，他会观看，或长时间搜寻，或转动眼睛看向他"偏爱的"远处。让他听见妈妈和另一个女性的声音，出生48小时以内的新生儿会选择转向妈妈而非陌生人的声音。通常我们只能给出一个简单的假设：新生儿喜欢特定的感官刺激，不喜欢陌生的刺激。虽然解释如此简单，也足以充分地理解新生儿。

抚触
　　婴儿不仅喜欢抚触，这还是他们的生理需求。肌肤相亲对新生儿有安慰和放松的作用，并促进他的呼吸深长，获得更多氧气。新生儿和稍大点的婴儿对温暖、柔软、稳定压力的反应平静且愉悦，尤其是前胸部——大概因为我们都喜欢迎面拥抱吧。新生儿皮肤对织物、潮气、压力和温度都极其敏感。婴儿当然会意识到衣服面料的松软程度，系在肚子上尿布的松紧程度，以及日常洗澡水和环境温度的差异。从出生第一天起，无论周围环境多么温暖，婴儿都不喜欢赤身裸体的感觉。如果他感到赤裸不舒服，可为他在肚子上搭一条毛巾安慰他。

　　抚触也会引起新生儿某些反射：触碰新生儿的小拳头，会产生抓握反射；轻触他的面颊，会产生觅食反射；脚掌触及结实的表面，会产生踏步反射。

　　许多年来，婴幼儿专家认为，婴儿的疼痛反应——例如脚后跟采血化验——是一种条件反射。实际上，直到1986年，美国外科医生仍认为，15个月大之前的婴儿没有痛感。但是一份综合医学报告对此观点持否定的结论。报告指出，新生儿对疼痛的反应"类似于成人，但甚于成人的表象反应"。医学界普遍认同这个观点，尽管这不一定是推论依据。如果手术对你来说是疼痛的，新生儿也应该会感到疼痛。

嗅与尝　　　　新生儿对气味的反应与成人类似，闻到臭鸡蛋的味道时眉头皱成一团，闻到蜂蜜的味道则表情甜蜜。在某些方面，他们对味道的鉴别能力远远超过我们。如果把妈妈的乳垫和陌生女性的乳垫分别放在新生儿耳旁，婴儿将"选择"妈妈的乳垫。实验中，75%的婴儿会把头转向那一侧。同理，新生儿对味道的感受也和成人类似，尝到苦的、酸的和变味的东西时，表情皱成一团，甚至会哭起来。新生儿对某些味道及味觉比我们更敏锐。例如，他能精确鉴别出无味、微甜和较甜的水。通过婴儿的反应和表现，我们从中可以了解到：甜度越高，他们吮吸的时间越长，力度越猛。所以，很难控制大孩子对甜食的摄入，这点不足为奇。

听与发声　　　　婴儿在出生前就会感知并区分各种声音。出生后，当他们听见胎儿期熟悉的声音时，会很平静和愉悦。不仅是妈妈怀孕时的心跳声，还有孕晚期和妈妈一起常听的音乐和电视节目声，无论他们是否自愿参与。与此形成鲜明对比的是，突然的喧闹声会让婴儿不安。声音越尖锐，他的反应越激烈，屋外的滚滚雷声都不及盘子摔碎的声音更会吓到婴儿。正如他对这些不喜欢的声音表现出的明确态度一样，他非常喜欢重复的有节奏的声音（至少听到这个声音会平静而放松）。他喜欢音乐、有节奏的鼓点声，和类似冰箱制冷器发出的源源不断的嗡鸣声——这是我们目前已知的。

宝宝十分偏爱声音，也许那是她在子宫里最常听见的熟悉的声音。即便她没有看着你，也可能在听你说话。

然而，所有听力正常的婴儿都会专注倾听说话的声音。他天生喜欢声音和类似的噪声，因为这些声音必定来自与他息息相关的成人、照顾者，他为之依赖生存的人、必须关注的人。

除非你特别观察这一点，否则你不会注意到婴儿在最初几周里是多么热爱你的声音。在新生儿期，他的视听系统仍各自独立。他能倾听，但不能寻找音源，所以他常听你的声音但不看你。尽管如此，如果你仔细观察就会发现，他对你充满爱意的闲谈有各种反应。当他睡在婴儿床里啼哭时，通常你靠近床边说话，他就会停止哭泣。他不一定要先看见你或者感受到你的抚触。当他躺着时，你对他说话，他会兴奋得手舞足蹈。当他蹬腿时，你对他说话，他将定格在那里，专心倾听你的声音。你说话时，婴儿会倾听；你对他说话时，他的心跳速度将加快。正如本章开篇所言，如果同时有两个声音——你和陌生人的声音——对他说话，他会"选择"倾听你的声音。

在婴儿能够听懂你说的话之前，将经历一段漫长的时期。但是，他自始至终都会对你的声音有所反应。当你轻声细语关心他时，婴儿会有愉悦的反应。但如果你一边护理婴儿一边呵斥大孩子，他有可能会啼哭。如果抱着他的时候，你自己被某事吓哭，他也会即刻被吓哭。

在最初的日子里，婴儿所能发泄的声音只有啼哭声。也许你觉得所有哭声都一样，但实际上，他有一整套代表不同状态和不同感受程度的啼哭声。你也许会采用不同的方法应对这些啼哭声，在声谱仪分析下，你会看见各种啼哭各有音频、音长和节奏变化。比如，婴儿因疼痛而啼哭时，声谱特别强烈，节奏独特。当你听到婴儿啼哭时，你有可能发现自己一心只想尽快去婴儿身边。

饥饿的啼哭十分不同，有特定的声音和停顿模式，所有婴儿都是如此，但和婴儿本身的其他啼哭有所区别。如果你是母乳哺乳，特定的饥饿啼哭声将引发你的射乳反射，即便你已经起身去抱婴儿，奶水也会自动流出。如果你是配方奶哺乳，婴儿的饥饿啼哭可能促使你走进厨房温奶。听到饥饿的啼哭声，你会毫不犹豫地知道婴儿需要你。但听到疼痛的啼哭声，你也许没有如此急迫的感觉。

害怕的啼哭是另一种不同的声音，害怕的啼哭声完全是凄凉的，有高度传染性。抱起婴儿时，你自己的心跳将会加速，肾上腺素进入血液，你已准备好排除万难保护他。

婴儿啼哭的时候，你自身的感觉是最恰当的指导。如果你发现自己在婴儿床边，与伴侣刚刚达成的"等一秒"育儿政策早已抛到了九霄云外，那一定是因为你听到婴儿啼哭声中存在异样，因而作出了本能的正确回应，虽然你说不出确切的"异样"。

婴儿4周大时，会开始发出其他声音，不只是啼哭声。他吃饱放松时，肚子会发出一阵阵轻微的咕咕声；饿哭时，会发出不安的啜泣声。此时，他正迈入下一个"啊哦"的交流阶段，并学会另一种"呜咽"式的啼哭。

看、听和聚焦　　　从出生起，婴儿就能清楚并有鉴别地观看。如果婴儿醒来后的大多数时间里似乎都在放空，或望向窗台外的日光、灯光或飘窗，这不

婴儿会研究所有进入他视线范围内的有趣事物，首先是人脸，其次是图案。

是因为新生儿看不清远处的具体内容，而是因为你没有在他的视线范围内放置观看物。

新生儿的眼睛可以聚焦，能看见不同距离的东西。但对他来说，在眼部肌肉发育成熟之前，聚焦很困难。新生儿轻松的对焦距离与鼻子相距20～25厘米。在这个范围内，他可以清晰地看见物体，稍远一点就变得模糊了。如果他躺在婴儿床里，焦距内没有任何观看物，他将看向上方。亮光和活动的身影是他唯一能看见的两种东西。

务必了解新生儿的这些特点，如果你准备在婴儿面前放些东西让他清楚地观看，还应记住，他将"选择"细节丰富的刺激物更多于亮光或人影。事实上，他甚至不会选择你可能期待的简单图形和红黄蓝等彩色图案。你可以在他能看清的位置摆几组物品，试探他的"选择"。举例来说，他会观看一个简单的红色圆圈，发出咯咯的笑声，如果没有其他东西比红色圆圈更靠近他视线的话。但是，如果你再拿一个线条宽度至少在3毫米以上的复杂黑白图案，他将转向观看这幅黑白图案，而不是红色圆圈。他会观看一个简单的立方体，但如果再拿一个更复杂的形状，譬如烤面包机，他将会观看烤面包机。他会本能地注意复杂图案和图形，因为他必须了解这个繁复的视觉世界。

他的固定焦距并非随机的。恰恰相反，这正好是你抱起他和他说话或哺乳时你们面对面的距离。声音是他的倾听重点，表情是他的观看重点。醒来时，他会专心研究声音和表情。即使是远距离的模糊物体，对他而言也有实际发展的意义，促使他目不转睛地凝望亲人的表情。

新生儿不知道人的意义，所以，当婴儿研究你的表情时，他也不知道眼前看到的就是你。他全神贯注于任何出现在眼前的表情，或仿人的表情，或任何看似人脸的东西。他对"类似面部"的判断标准已深入具体的细节中。如果一个物体上或一张纸上有人脸的简笔画，婴儿会视它为一张脸。观察他的眼睛即可发现，他的观看顺序不变，总是从"头顶"开始，仔细观看头发的线条，逐渐扫视到下巴，然后再回到眼睛。一旦他看到面部（或假面）的眼睛，关注时间会长于其他部位。

给婴儿看一张面部简笔画或一张圆形纸盘上的人脸，以此试验婴儿的反应很有趣。不过，观看真正的脸对他更有意义。当他观看并了解人脸足够多的时候，将你的脸"奉献"给他观看，你将得到回报。和这阶段出现的反射反应一样，他目不转睛地望着你仔细观察的行为将很快结束，继而产生第一次令人心醉的社交式互动反应。

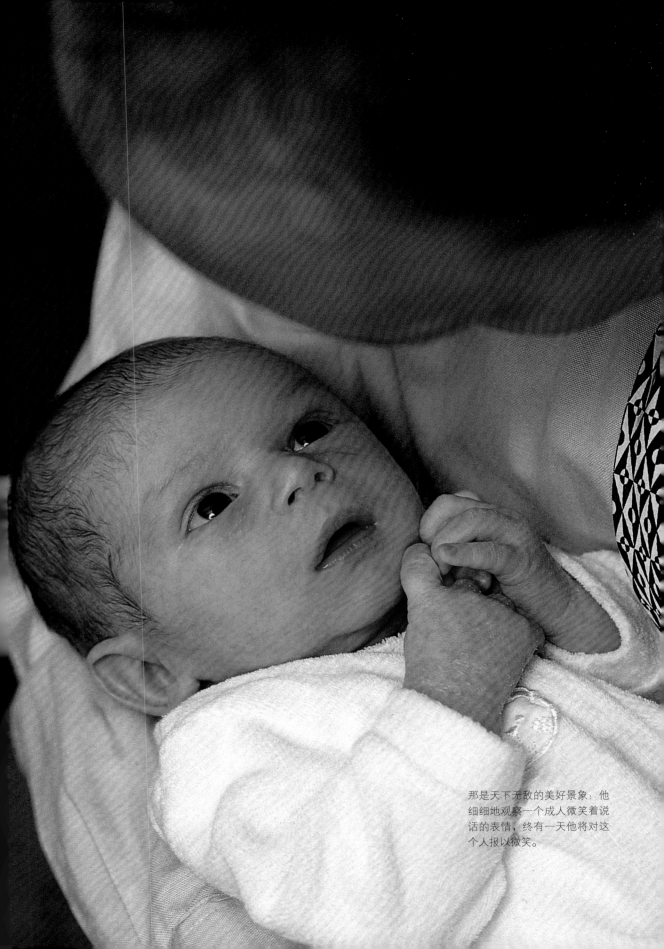

那是天下无敌的美好景象：他细细地观察一个成人微笑着说话的表情，终有一天他将对这个人报以微笑。

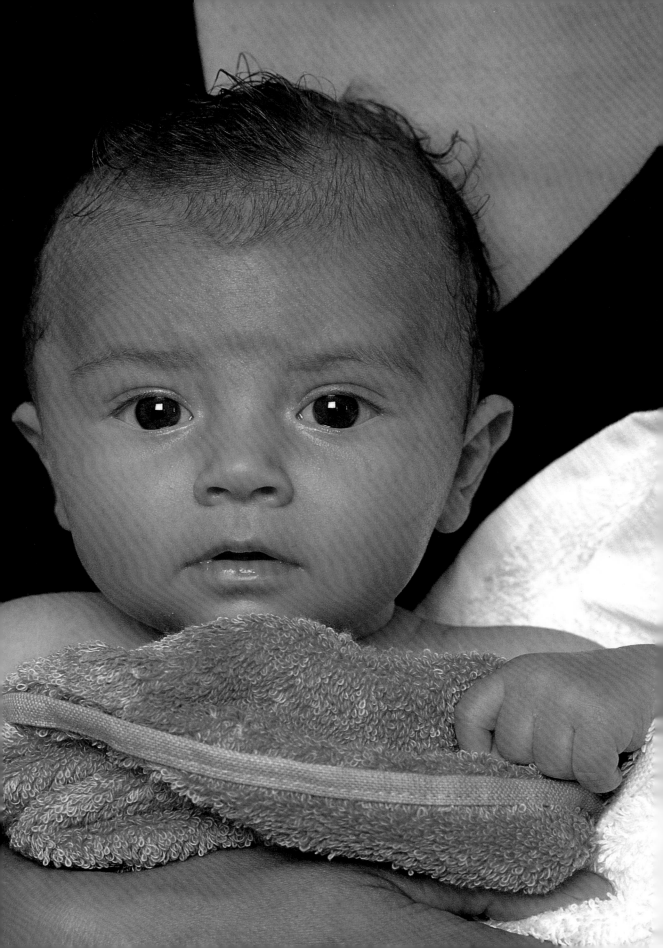

第二章　小婴儿

最初6个月

有一天你会发现婴儿的日常表现不再像以前那样反复无常，他变成了一个好奇又敏感的小家伙，渐渐有了味觉感受、喜好和个性。这说明他已经迈出"新生儿期"，适应了周围的生活。那时，婴儿也许已经两周大，也许已经两个月大。从他的角度来看，早一点晚一点并不重要，但你和照顾他的人却会为此烦恼。

新生儿较好照顾，即便他是个小魔头，但至少你知根知底。你了解他能安静接受的照顾方式，虽然那违背你的本意；你了解他的一举一动，虽然那可能意味着糟糕的事情；你了解他的害怕和担忧，虽然他几乎无所不惧。总而言之，你知道他的开心，虽然可能很少；也知道他的难受，虽然频频发生。所以，一旦婴儿适应了环境，你就知道即将面临供需矛盾了。与其准备承受煎熬、度日如年，还不如在婴儿和大家的需求之间主动寻找合理的妥协方案。

婴儿表现得很明确，除了食物之外，他只需要熟悉的照顾者的陪伴。他还不能理解你的爱，但求生的本能使他越来越依恋你，由此确保你爱他、照顾他。最初几周过去之后，人们越来越喜欢他。他将看见眼前一张张友善而热情的面孔。每当你的面孔出现在他眼前，他就会专心地研究你，从发际到嘴唇，最后凝望你的眼睛。他全心倾听你的声音，一听见就蹬蹬腿，或静止不动确定声音的来源。不久，他会把眼睛和脑袋转向说话的人。把他抱起来，他会停止啼哭。抱起来走动走动，他通常很乖。如果说他还喜欢或需要什么，显然，他喜欢并需要你。你开始有些信心抚养这个新生人类了。

万一婴儿对你的无私照料作出的惯常反应不足以让你持续热情地照

顾他，那他还有一张王牌——笑容。某一天，他仍像往常一样专心而严肃地研究你的表情，仔细打量你，从发际到嘴唇到眼睛。但在注视的过程中，他的表情如花蕾般渐渐绽放笑容，露出还没有牙齿的牙床。对于大多数父母、祖父母和照料者来说，这足以令人欣慰。他是全世界最漂亮、最可爱的婴儿，即便他还不会抬头，夜间仍频繁醒来。没有成人能拒绝婴儿最初的笑容，哪怕古板内向的访客也会轻轻走回婴儿床边，只为了多看一眼……

婴儿的微笑看似出于喜爱，但实际上，他还不会从真正意义上喜爱任何人，因为他不认人。最初的笑容是一种保护措施，一来以免遭受忽视，二来吸引愉悦的社交关注。他对人们咯咯笑、挥挥拳，人们笑着对他说话。人们越关注他，他的回馈越热情。这些行为反应将反复刺激他，促进他的自我认知发展。他笑你也笑，你笑他更笑。

最初你认为这些迷人的笑容专属于你，这没有坏处，也将很快成为事实。通过和喜欢且更关注婴儿的成人进行愉悦的交流互动，婴儿会从原先对所有人感兴趣，到逐渐能够辨别并依赖有特殊关系的人。3岁左右时，他将完全清楚你以及和他有特殊关系的其他成人。这并不意味着他只对你笑，而对陌生人哭——他仍会朝大家笑，但他只对最熟悉的人开怀大笑。他将一周比一周更熟悉社交，挑剔社交对象。他准备好与某人形成强烈而亲密的私人情感，如果你爱他且最常出现在他身边，他就会选择你。如果妈妈在身边，大多数婴儿将会选择她。但是血缘关系并不会自动赋予这样的特权，你必须努力赢得它，不仅作为妈妈的形象出现，更要真正地哺育他。而且，哺育也不只是意味着从生理上照顾婴儿。他最初的爱并非出于讨人喜爱，而是依赖愉悦的哺育，甚至是母乳哺育。婴儿所爱的人会照顾婴儿的情绪，对他们说话，抚触安慰他们，和他们逗乐，陪伴他们玩耍。如果你必须让别人照顾婴儿，可把所有的护理工作交给这位帮手，而用有限的时间关心他、陪他玩耍，你将成为婴儿生命中的重要人物。但反过来，如果你一心照顾婴儿的生理需求，让别人陪伴婴儿玩耍，那么那人将有可能成为婴儿最依赖的成人。婴儿当然需要悉心护理，妥善照顾。哺乳工作融合了生理与情感的双重护理，当然是让他日常最愉快的事情。但是，除了饥饿时哺乳之外，婴儿还需要在孤单时有人陪，微笑时有人欣赏和回应，"说话"时有人倾听

和回应，需要有人陪他玩耍，递东西给他看，引领他一点一点地了解世界。对于3个月大的婴儿来说，这些事情真实而重要。爱，由此而生。

所有婴儿都至少需要一名亲密的陪伴者，并且多多益善。从最初的亲密关系中，他得以了解自我、他人和世界。他将从中体验各种情绪，并学习应对。而且，婴儿期感受到的亲密关怀，将促使他日趋成熟地感知和施予爱的能力。在未来的某一时刻，他将把此时自己切身需要的亲密关怀奉献给他的孩子。从未体验过亲密感、护理得当但缺少情感回应或由很多人轮流照顾的婴儿，其发展速度往往不能充分发挥天生优势和个人潜能。而且，与抚养人突然分开的婴儿，其整体发展将有可能存在断层。然而，只要婴儿有不止一个关系亲密的人，他就能和其他人逐渐亲近起来。他对爱的承受力远远超过你的想象。爱如春风拂面，爱意将随之生生不息。

如果你和伴侣碰巧从一开始即可共同承担育儿工作，也许婴儿可以均等地回应你们俩（但你们本身就是两个独立个体，婴儿实际也将区别对待）。他的情感体验将更加丰富而安全，因为他不只是属于一个人。但那并不意味着你们随时可以得到同等的微笑，或可以共同安慰婴儿停止啼哭或睡觉。由父母双方照顾的婴儿倾向于玩"最爱"的游戏。大多数婴儿首先最亲近生母，和生母在一起时感觉最放松。也许是因为长期接触并熟悉她们的气味、心跳和声音，用乳房哺乳也会带来幸福感。4～5个月时，父亲，尤其是未能持续参与婴儿日常抚育工作的父亲，可能会产生疏离的新鲜感。当他出差回来或周末待在家里时，他的面孔、谈话、逗乐方式对婴儿来说，都是新鲜而有趣的刺激。父亲没有在白天一边满足婴儿需求，一边操持家务试图保持理智的经历，所以他有精力和婴儿进行婴儿所需要的更多交流活动。

亲密关系一旦形成，假如他一向且确实感到他是你最牵挂的人，临时照顾者也充满热情而真诚友爱，那么，照顾婴儿同时兼顾有薪酬的职业工作，不会减损这份亲情或婴儿的幸福感。与伴侣、亲人和犹如家人的雇佣保姆共同照顾婴儿，是西方大家族传统育儿方式的现代形式，也是很多发展中国家倾向的西化育儿方式。另一方面，你不应期待他人为了你而刻意疏远婴儿。在你之外，婴儿应当继续得到温暖与亲密的情感体验，无论你多么担心第一场雪景的惊喜中没有你，或者他会不会更爱别人。雪景常有，不必烦恼（反正他现在还不记事）；更爱别人看似可能，实际却不尽然。婴儿一旦知道妈妈爸爸有别于其他人，就不会忽略这一点。婴儿一旦最爱父母亲，就会至死不渝。

尽管如此，仍有很多女性非常享受哺育期，不希望让工作过早打扰到育儿生活。婴儿非常专心地讨好你，你是他唯一的至爱，无可替代。他纯粹依靠你悉心护理、抚慰情绪、激发心智，在游戏、玩具等每一个成功机会的帮助下练习每一个小小的新技能。婴儿能够做到的事情，就是他需要做和想要做的事情。能否如愿以偿，完全由你决定。相对此类需求，日常护理轻而易举。虽然他白天睡觉的时间依然较长，而且下半年还会表现出对一切事情跃跃欲试的样子，但是，他的行为不再像新生儿那样不可理喻，令人措手不及。你还可以在白天有闲暇和安静的私人空间时，安心地把宝宝留在原地，你知道他还不会到处爬。

但也有女性不喜欢这种牵绊。在婴儿强烈的喜爱和需求之中，她们没有愉悦感，觉得自己困扰在婴儿的依赖感中，消耗体力且徒劳无益，希望他没有生理和情感需求，希望能得到一些清静和清闲。她们每天疲于奔命似的辨别婴儿的感受，留意他的需求，安慰他的情绪。然而，如果她们意识到这一点，照顾婴儿的现实生活将变得比较简单，应对婴儿的孤单或厌倦情绪也将不再那么烦恼。

理解育儿角色的重要性或许是最佳的预防和治愈措施。婴儿前几个月的所有重要发展，都已程式化地设定完成，亟待发生。他的本能促使他练习人类的所有技能，从发声、动手、翻身到进食真正的食物、放声大笑。然而，他的每一点成长都受到你的掌控。你能帮助他发展和学习，也能袖手旁观耽误他的发展效率；你能让他在愉悦的忙碌中快速学习，也能静观其变让他感到厌倦，从而导致学习缓慢。

如果你愿意助他一臂之力，全家人都将由此得到收获。因为大多数时候，婴儿在有人陪伴时会比较快乐、舒适和满足。如果你拒绝帮助他，试图转移你的注意力，不但会让大家痛苦，你自己也会更受煎熬。婴儿难以照料，烦躁不安，极少满足。不论你承认与否，你不开心的原因是，你们俩的幸福感彼此息息相关。如果你满足他，他的幸福感将会使你心满意足，更愿意继续满足他。如果你对他的痛苦充耳不闻，他的痛苦将使你感到沮丧，更难满意地照顾他。你会拒绝在他啼哭时给予安慰，否认他需要你的事实。可惜，拒绝啼哭安慰不但是对他啼哭一事的惩罚，也是对你袖手旁观他啼哭的惩罚。所以，你应当尽力满足他的需求，与他节奏同步、一呼即应。你这样做不但对他好，也将令你自己得益。无论喜欢与否，你们现在是一家人，荣辱与共。

育儿信箱

为什么医生不说？

我们第二个宝宝有些不对劲时，我几乎立刻意识到了。儿科医生虽然也认为"有点问题"，却不愿挑明问题所在，只对我的话频频点头。她希望我接受"他确实发育得很好"，好像这是一个奇迹。当我丈夫直接询问"到底有什么问题"时，她说"现在确诊为时尚早"。而当我问起婴儿未来的健康情况时，她却意外地告诉我"问题要一点点解决"。为什么不说明他们知道的环节，或至少是他们的想法？

当听到婴儿"有点不对劲"的负面消息时，父母无一例外都会有些不知所措。有时父母能收集到大量信息，扑面而来的如潮信息使他们头脑一片空白，无法接受。有时父母所听的内容多半是关于婴儿发育缺陷的，却较少获知相关的正常情形描述（早产儿父母常因此而苦恼）；有时只是某一部分病症比较突出，比如唇腭裂中的唇裂时，解释必将涉及并未实际发生的唇腭裂，而且会直接说明唇腭裂纠正手术相对比较简单。不过，通常父母无法全面了解，即便他们已经发现有些不对劲。

医生最怕告诉父母，婴儿不如父母期待的那样健康。但此类消息往往模棱两可。比如，很多遗传疾病随时间推移慢慢显现，那些早期迹象对健康专家有警示作用，对父母却毫无意义。举例来说，如果婴儿天生患有肠阻塞，囊性纤维症即是诱因之一，医生将要进行相关的化验。除非父母知道自身携带此基因，否则，他们不可能想到囊性纤维症。令他们担忧和焦虑的，是婴儿此刻排便

困难。所以，如果医生必须得到化验报告确诊，才坦言相告慢性疾病，这点是可以理解的。当然，如果医生能基于自身经验谈谈看法，无论推测是好是坏，对父母往往会更有帮助。

此时，信息共享有助于解决实际问题。你也许已经在婴儿全面体检时了解到了相关内容。一次详细的发展评估犹如一场特别安排的报告会，能让大家彻底了解婴儿（毕竟你比医生早40多周认识他），共同观察他（一个优秀的儿科医生将指出你未留意到的婴儿行为小细节），共同设计育儿规划。专业人士和父母的联合支持，既可关注到他的能力发展，也可留意到他的能力缺陷。把焦点放在你的婴儿上，而不是把他当作你的问题。

不良测试会使你产生一种感觉——你带宝宝进行了实际的测试，却没有消除疑虑，不知道"它们"意味着什么。此时你就要上别处寻求资讯和帮助，有一份诊断简报会比较有的放矢。至少医院会给出一份临时诊断书，你有权知道其中的内容，但如果你不便索取，就请你的医生和儿科医生联系询问后转告你。

诊断简报的意义不仅在于诊断结果，它也是搜索信息和专业人士的依据。从简报标题的那个词或那句话开始，通过当地图书馆、电话簿、救助组织名单，你就能找到相应的父母自助团体、为残障人士服务的专家组织。如果你可以接入无线网络，还会找到你需要的一切资讯，联系到有同样问题处理经验的父母亲，获得超越医生作用的有效帮助。

哺乳与发育

你和宝宝彼此适应哺乳之后，就能随时走去任何地方。

婴儿两周大左右时，无论是母乳哺乳还是奶瓶哺乳，母子都将对此了解甚深。最初令你们不知所措的困惑期已经结束，未来还将面临新的困惑。

宝宝想要你哺乳，因为他还不会自己喝奶；你想要给他哺乳，因为你知道进食才可促进他的健康成长。你们同心协力，担心或害怕哺乳只会消耗双方精力，减少乐趣。开心是最重要的。观察哺乳的最初几秒，你会清楚地看见他的饥渴，母乳进入腹中缓解饥饿引起的疼痛。你还将认识到，他确实离不开吮吸。三四分钟的狼吞虎咽之后，吮吸的节奏趋缓，变得稳定而均匀——吮吸几下，呼吸，休息，再吮吸。他的脸上浮现出幸福的满足感。接着，节奏更慢了，停顿时间更长，吮吸时间更短。他沉醉在母乳和幸福之中昏昏欲睡，只偶尔吮吸一下，确认母乳仍然还在。

这一切听起来很简单。对于有些父母和婴儿来说，确实很简单。如果婴儿已经开始增重（并且稳定上升），大多数时候安逸自得（或至少更倾向于此），醒来时越发活跃、好奇，你即可确认，他一切正常。另外，如果哺乳是你的期待，也是他的喜爱，那么尽可跳过本节内容。但实际上，并非人人都如此轻松。也许新生儿各种不适和努力适应的表现比你想象中存在更久，尤其是早产儿或难产儿。在哺乳方面，他将产生各种令人误解的行为表现。也许你会发现，哺乳工作虽然越来越轻松，你却不能确定婴儿是否发展顺利。

母乳哺乳的常见问题

你和宝宝两人节奏相辅相成时，哺乳将进入良性循环。即便看似存在潜在的疾病或缺陷，但在此刻看来只是普通问题，因为母乳哺乳极易受情绪压力的影响，微小的担忧也会波及母乳产量。

拒绝母乳　　婴儿拒绝哺乳或对哺乳感到不耐烦并非异常，但哺乳的妈妈能冷静面对此类行为就是奇观了。婴儿不开心地拒绝你的乳房，推开它或不愿安静地吮吸，似乎在拒绝你。他越不高兴，你越想安慰。但如果他不愿接受来自你乳房的重要安慰，你能给予他什么呢？更糟糕的

不要介意婴儿的挑剔，他并不是排斥你。

是，啼哭、寻乳反射、努力让他含住乳头之后，你的奶水也许已经汩汩流出，滴落全身。也许你的乳头酸痛，你还要一边忍受疼痛一边经受情绪对抗。如果这种情况连续发生数次，一定要咨询医生。类似鹅口疮的感染症状有可能导致婴儿口腔刺痛而拒绝哺乳。

然而较常见的情况是，婴儿对乳房的这种反应，不是因为狼吞虎咽的速度跟不上第一波母乳的流速。你以为他要呛奶，是因为鼻子被堵住呼吸不畅。其实也许是等待太久、饿过头了，也许是他努力吮吸却没有得到母乳。你无从得知他此次不高兴的确切原因。

化解婴儿偶尔拒绝哺乳的最简单方法是：接受这次哺乳开始有问题（即便你不知问题所在）的事实，重新开始。如果你的伴侣在身边，伴侣可以把婴儿抱走，让婴儿远离你的视线和母乳的气味，安慰他、逗逗他，让你得空擦拭奶水，平静一会儿。简单休整过后，更换最方便的哺乳姿势。举例来说，在公共场合时，转换到隐秘些的地方哺乳。躺着哺乳比坐着哺乳更方便婴儿咬住乳头时，可换在床上或沙发上哺乳。如果婴儿喝几口就睡着了，别叫醒他，结束本次哺乳，或许他醒来后会愉快地喝奶。

然而，也许这种情况不必反复多次或多日即会动摇你哺乳的信心，所以，你应尽快咨询母乳哺乳顾问，或者向你最信任的人寻求哺乳帮助（甚至动手帮助）。一般看来，此类问题的原因与解决方法都涉及两点：婴儿接触乳房时的位置以及他含住（或没含住）乳房的方式（P66）。

喝母乳　　令母乳哺乳的新父母最担心的，通常是母乳的产量。由于他们无从控制也无从衡量母乳的营养成分或婴儿的食量，所以会怀疑是否可以相信婴儿能喝到母乳并且喝饱。

答案几乎是肯定的，如果父母也相信婴儿本能地知道何时要喝奶、喝多久。婴儿可以确保母乳产量，如果你愿意迎合他的哺乳需求——即便一小时后他又要喝母乳，或连续哺乳半小时。无论哺乳的次数和时间是多少，婴儿不会超越自身需求过度摄入母乳。除非你在喂乳的同时添加辅食，否则，母乳婴儿不可能摄取过量。同样是母乳哺乳，当妈妈奶水充足时，饥饿的婴儿增重较快、较胖。但不要和他们比较。无论婴儿多么圆乎乎胖嘟嘟，他没有也不会"特胖"（指超过他在此发展阶段应有的重量），除非你提前为他在日常饮食中添加辅食，或喂食糖浆饮料。

虽然一切顺利正常，许多新妈妈仍会担心母乳婴儿的体重增长，因为那意味着她们的担忧不是幻觉。如果婴儿的生长看似没有轻松地突飞猛进，你当然要咨询健康顾问或医生。但别武断地认为他没有吃饱，尤其是如果你以传统配方奶婴儿的标准来评价他的表现。他们和纯粹的母乳婴儿（P72）没有可比性。

举例来说，频繁要求哺乳的婴儿，往往被认为哺乳不足。但频繁指怎样的频率呢？有些（虽然不是全部）配方奶婴儿的哺乳间隔为3～4小时，但母乳婴儿绝没有这种表现。对婴儿来说，间隔2～2.5小时十分正常。但那并不意味着2～2.5小时酣睡或离开乳房的绝对时间。哺乳间隔指从前次哺乳开始到下次哺乳开始的这段时间，哺乳时间长，则间隔较短。母乳哺乳往往比配方奶哺乳费时，因为母乳哺乳还会有安慰式吮吸。婴儿也许从正午开始喝第二顿奶，直到午后12：45结束，接着下午2点又开始……

配方奶婴儿很少产生脏尿布或奇形怪状的粪便，那往往意味着哺乳不足。但母乳婴儿则不然，即便婴儿第二周每天排便3～4回，现在两天排便一回也并不能说明他饥饿或便秘。有时有些婴儿消化吸收母乳非常彻底，几乎没有废物产生。

婴儿必须生长，也就是说，无论饮奶量多寡，他们都将增加体重（和体长）。另外，虽然体重增长不足能明确暗示婴儿没有获得足够的奶水，但所谓体重增长的速率和"充沛"的持续力并无标准可言。

婴儿体重增长的上行趋势即最佳指示，表明哺乳充分。不过由于需要数周才能形成稳定的趋势，他目前的体重表无法让你此刻释怀。从短期来看，为确保婴儿没有挨饿，应查看他的尿布——不是有粪便的，而是或应该是尿湿的。

只要婴儿纯粹喝母乳，没有进食其他食物或饮料，他的饮、食就将是同一件东西，不会顾此失彼。假如他24小时内尿湿至少6次，甚至8次，这说明他不缺水和食物。当然，次数的计算取决于你更换尿布的频率。如果你使用超强吸收纸尿布，还应仔细检查，因为小婴儿尿一次几乎看不出来（P74）。

如果母乳婴儿缺少食物

母乳婴儿哺乳不足将在你不知不觉中逐渐表现出来，难以觉察。通常情形如此：母乳哺乳开始了，在第2～3周内母乳供应越来越充沛，你得到了更多的休息，不用过度操心家务（我们希望是这样）。婴儿形成了特定的哺乳模式（尽管很可能白天间隔2小时一次，晚上只偶尔间隔4小时一次），你当然有理由认为供需完美吻合。

然而，你和你的伴侣终将恢复原先的生活，那些帮忙和配合你育儿的人也一样。运动量加大，甚或只是一念间想到整天独自育儿的压力，也会使你意志消沉，陷入疲惫。无论这种情况发生在婴儿2周或4周大时，你都将心生疑虑，觉得不可能在照顾婴儿的同时，妥善处理家事。

疲惫和烦恼往往会减少母乳的产量，而婴儿却在不断生长，他比前一周需要更多的母乳。如果疲劳意味着将使你减少母乳产量，他肯定会挨饿。为了解决他的饥饿困扰，使他不受饥饿之苦，你的方法很简单：只要他尽情地频繁喝奶，即便是异常频繁。不过，为他解决饥饿感的同时，不让你受其左右，这一点比较困难。正是因为他需要频繁哺乳，才导致你的疲惫和烦恼。你越希望或需要做其他事情，就越难使他如愿以偿地尽情喝奶。

这种情况不易觉察。从婴儿的表现中，你无法看到明确的暗示。不满意的啼哭、白天也许每隔2小时醒来一次、每晚需要哺乳2～3次，这些并不陌生，和新生儿期的不适表现完全雷同。所以，你不会认为，只要解决他的饥饿感，他将表现得比较适应生活。

你乳房的表现也会误导你。如果每天醒来时母乳充沛得浸湿了乳垫，亟须更换干净的胸罩，你将难以相信婴儿会缺少母乳。但这却有可能发生，特别是他常常在母乳最少的时候胃口最好。

仔细回想这段日子，你有可能发现，在常规时间内，比如说从凌晨4点到下午4点，哺乳后他非常满足，但从下午4点直到次日起床前，他的满足感越来越低。他的不满也许是因为母乳不够满足晚餐的需求，产量处于最低点。也许这是因为你有一个令人疲惫的学步童，有一堆家务，还有一顿正餐需要准备。这种情况也许不是因为母乳产量在晚餐时最低，而是因为婴儿的需求量在那时超高。许多母乳婴儿在白天和夜里"间隔有度"，但对晚餐哺乳似乎需求无度。

采用何种解决策略，取决于你哺乳意愿的强烈程度。意愿强烈的，应让婴儿有机会刺激母乳产量——和初次疏通母乳的方法一样，让母乳得到吮吸刺激。婴儿越常"清空"你的乳房，母乳的产量才越充沛。当频繁吮吸促进了母乳产量，可满足婴儿自身的需求时，他将减少吮吸次数。这是一个美妙而简单的方式，切实而有效。但在最初两周内，不要抱持坚定的希望。婴儿将在第一周内刺激你产生更多母乳，满足他的需求。你只能寄希望于婴儿在第二周内比较安静满足，获得哺乳的愉悦和惊喜。

帮助提高母乳产量　　让婴儿有充分的机会刺激乳房提高母乳产量，迎合他的生长需求，这意味着哺乳工作要按他的需求节奏进行。这常常不容易达成。如果你和家人认为"宝贝月"（babymoon）结束可"恢复常态"了，或者产假只剩下屈指可数的几周时，此时，外界刺激和半信半疑的努力都不会奏效。你有必要为自己和婴儿安排特定的时间和空间进行尝试。有些妈妈发现，当她们对家人提出乳房哺乳情况不妙时，比较容易得到空闲的时间和空间，带着婴儿卧床休养36小时。

　　如果你能用两夜一天随时满足婴儿的哺乳需求，同时鼓励他的吮吸主动性，尽量放松休息，那么母乳增产任务将会加速启动。如果你的伴侣能够加入，或至少愿意听候召唤，那当然十分理想。另一方

安排时间和空间让你和婴儿得到充分的休息并放松地哺乳，这并不意味着忽视你的大孩子。

面，即便你要下床进餐，或者得把学步童和他的玩具一起抱上床，也仍有必要待在婴儿附近，警觉并回应他的一举一动，从不匆忙结束哺乳，因为原本这样安排就是为他哺乳。

此外别无其他可做：多喝水不会促进母乳产量，除非你平常饮水极少；多进食也没有帮助，这只能获得心理平衡。女性能够——但是很多女性必须——在本身营养不充足时，为婴儿提供有营养的母乳。优质的食物、保持元气很重要，当你无暇购买、烹饪或进食"正餐"时，奶酪面包、外卖比萨配送的水果酸奶同样可以提供适当的营养。

在婴儿的体重明显增长之前，已经有各种迹象表明母乳产量将逐步提高：

■ 也许婴儿开始延长哺乳的时间间隔，两餐之间的酣睡时间更长，或者醒来时不会即刻啼哭要求哺乳。

■ 也许至少有些时候，婴儿从第一个乳房喝了很多母乳，于是第二个乳房只喝一两口，甚或根本不必再喝，因为他已睡着了。

■ 也许婴儿比以前更倾向于打嗝出奶。

■ 也许婴儿比以前尿湿的次数更频繁、更彻底。

他唯一不会做的事情，是让你安静地睡一整个晚上。切勿认为马拉松式的晚餐哺乳和数次起夜哺乳意味着婴儿没有得到足够的母乳，这些正是保障他可以得到足够母乳的必备条件。甚至有些证据表明，夜间哺乳可产生一种刺激母乳产量的重要激素。

确保母乳充足　　当母乳产量上升到可满足婴儿需求时，尽量不要即刻大量运动——尤其是充满压力的活动。最好保持身心放松愉悦以促进母乳产量，而哺乳时的激素分泌也将令你感到平静……但你必须做到这件事，同时也是唯一的一件事情才能确保母乳持续充沛，即：婴儿看起来饿了就马上哺乳，让他尽情吮吸，宁滥毋缺。如果你（或你的婆婆）不喜欢"哺乳要求"的概念，觉得你似乎被婴儿的意愿所左右，可以换个名词——"哺乳需求"试一试。

然而，有些事情最好不要尝试，它们绝对不利于母乳供给。比如说担忧。我们还没完全理解担忧和焦虑如何影响生理功能，比如母乳哺乳的运行。但毫无疑问，实际影响的确存在。许多妈妈对此有深刻体会：如果她们在不能放松的地方哺乳，即使乳房胀奶，婴儿要吮吸，紧张感也会阻止排乳反射，使你对婴儿热切的吮吸刺激没有回应。农夫在为一头紧张的奶牛挤奶时会说："你得温柔待它，否则它不会出奶。"同样，你得"温柔"待己，放松身心。

以放松的心态对待哺乳的次数有重要意义，别试图安排哺乳作息时间，即便他一周前看似已经形成了某种哺乳规律。如果你希望乳房出产更多母乳，必须使乳房得到更多的吮吸刺激。在这个阶段限制婴儿的吮吸时间，势必影响他的食物摄取量，你肯定也不希望母乳缺少到需要配方奶来弥补。如果婴儿接受了配方奶哺乳，他会较少感到饥饿，不再要求你的乳房产生满足他需求量的充足母乳。补充配方奶的策略适合你确定自己不能或不想费力生产更多母乳之后，而不是之前。

只要你仍在努力促进母乳供给，就别让保姆试着喂配方奶。母乳胀满乳房一两小时，身体就会收到信号——"你制造得太多，用不完，减少一些。"当你不想带婴儿外出时，最好把母乳挤入奶瓶中冷藏。在外出超过2～3小时的情况下，中途应再次挤奶。

你不可能从宣传可提高母乳产量的所谓专利药物中获得任何帮助。这些药物类似于宣称提高性能力的"补品"和药品，大多只是复合维生素和幻觉。也许没有任何副作用（虽然哺乳期间未经医生许可，最好不要服用任何"药物"），但也没有任何促进作用，除非你的饮食中极度缺少维生素。

此时，或有必要避免服用避孕药，许多合成避孕药确实会减少母乳产量。应和你的医生或家庭生育计划所商量选择其他避孕方法，或至少避免口服避孕药。医生可能会建议你，现在服用哺乳期避孕药，婴儿4～5个月大时再使用（药效略高的）合成避孕药。如果你顺利哺乳达4～5个月之久，母乳供应的整体情况将得到完美的调节，完全可以忽略更换避孕药导致的母乳临时微量减少。

母乳产量没有改善时

如果你愿意用两周时间努力尝试提高母乳量、提高婴儿的满足感，无论头两天是否卧床休息，你都将如愿以偿。但成功有一个代价，只有你才能决定是否值得付出。几乎所有健康的女性都能产生母乳，满足哪怕体形超大、超饿的婴儿（甚或两个），但不是所有女性都能在哺乳期同时处理大量日常事务。而且，虽然有些女性乐于——或至少愿意并能够——在前几周内，每天几乎只一心哺乳，完全抛弃"哺乳次数"或"夜里睡个踏实觉"的想法，全神贯注于婴儿，但仍为两个婴儿提供充足的母乳基本没问题，但是也许很难同时兼顾其他事务。

有些女性不愿意或纯粹没有条件这样做。如果你有一个学步童或小孩子，他对你为了生宝宝而离开家，为了照顾婴儿而忽视他的行为表现，已经有了些失落感。你将发现，哺乳新宝宝很重要，但像往常一样陪他玩、带他外出、关心他也很重要。如果没有人帮助照顾家务和你，那么你每天大多数时候卧床哺乳婴儿，或许会感到孤单、不适。雪上加霜的是，如果常常乳头酸痛、感觉闭锁在室内，或者婚姻或工作出现危机，你将只有哺乳的疲劳感。

母乳哺乳之初必须由你决定，现在也应由你决定是否继续用母乳育婴并承受代价。尽管如此，也不要忽视父亲的作用，他可以大大促进你的哺乳工作，除非他身不由己或有意避开此事。如果他希望婴儿继续有充足的母乳，并愿意为此做任何事情，你将感受到彼此同心协力之下所产生的进一步的联合与责任感，并得以在床上进早餐。

添加配方奶　　即便当初意志坚定，哺乳也有可能在无意和无憾中逐渐停止。通过补充配方奶，即可在母乳减少的情况下，确保婴儿获得充足的奶水。一旦开始固定补充配方奶，婴儿从奶瓶获取的奶水量将逐渐上升，从乳房获取的奶水量将逐渐减少。2～3个月之内，配方奶将逐渐完全替代母乳，不再是母乳的补充。

那当然没问题。如果你本身计划不久后断母乳，补充配方奶是一个很好的开始。对你们俩来说，渐变比突变更容易令人接受。而且，即便你没想过停止母乳哺乳，如果你确实不介意婴儿从何处获得奶水，只在乎他是否得到了充足奶水，让你有空处理其他事情，那么，从母乳为主、配方奶为辅，到配方奶为主、母乳为辅，直到纯粹喝配方奶的平稳改变过程，不可能对婴儿（他已经从你的初乳和前奶中获得了很多营养）和你产生太多影响。如果你原计划哺乳一年或更长时间，这也许会使你难以接受。

由此可见，如果你希望继续母乳哺乳，那就着力解决母乳缺少的问题，不要以补充配方奶替代时间和努力，应借用它们的辅助作用。一旦婴儿接受奶瓶，辅助性配方奶往往会减少母乳量。因为，婴儿从奶瓶获取额外的食物，饥饿感会减少，哺乳的频率降低，乳房刺激也会随之减弱。这令你很难保持母乳产量，更别说提高了。而且，辅助性配方奶常会减少婴儿对母乳哺乳的热情。即便起初接受配方奶不顺，但当婴儿知道奶瓶和乳房中都有奶水时，将"懒得"吮吸乳房，放弃需要努力吮吸的最后一点母乳。母乳稍有不畅，他就需要奶瓶。一旦出现这种情况，奶瓶使用频率上升往往也会降低你的哺乳积极性。尽管婴儿每天只需要一点点配方奶，你却仍然要采购哺乳用品和配方奶，操心消毒问题。转眼间，你会发现自己已经陷入了这两种哺育方式的世界中。

补充配方奶　　以母乳育婴（P75）的思路，选择和冲调一瓶配方奶。依然从母乳开始，喝完两个乳房的母乳后，再喂准备好的配方奶。他所喝的配方奶量约为喝完母乳后的补充量，有时可能不必补充，有时可能需要很多。

　　如果他只愿意在特定的哺乳时间（通常是在你母乳最少的傍晚或夜间）喝配方奶，你便只需要在这些哺乳时间提供配方奶。

　　他可能要用几天时间来适应奶瓶，习惯了母乳哺乳的婴儿并不总是能轻松地应对奶嘴。婴儿拒绝喝配方奶时，也许你不太确定他是因为已经喝饱了母乳，还是因为不喜欢新的哺乳方式。至少坚持5天，以观后效。婴儿饿了会喝配方奶，不喝则可能是因为不饿。应配合查看他的体重。

奶瓶哺乳的常见问题

　　奶瓶哺乳取代母乳哺乳，意味着你对婴儿的饮食控制更多，而他的主动权更少。无论母乳充沛与否，你将乐于为他准备大量的补充食物，喜见奶水一点点消失在吞咽的咕咚声中。没有了哺乳期妈妈对哺乳不足的担忧，但从现实看来，你的确可能会哺乳过度。

哺乳过度　　配方奶调配恰当，婴儿可随时随地喝奶，不会因用奶瓶哺乳而过胖。变胖的原因不是喝配方奶的同时补充了超量食物或甜水，就是配方奶被窜改了调配比例。除非医生特别建议（很可能是因为婴儿特别大），否则，至少在前4个月内，他不应吃"固体食物"。即便添加，麦片或婴儿果泥也必须和奶水分开，用勺子吃，绝不应混入奶瓶。精确冲调配方奶，或使用即食配方奶，也非常重要。一勺婴儿米粉或者再添一匙奶粉，意味着在毫升数相等的情况下，其卡路里含量会超高。婴儿喝奶的时候，不可能避开乳水交融的额外的卡路里。

　　应记住，婴儿有口渴但不饿的时候，配方奶不具备母乳的自动调节能力，饮一食配比恒定不变。配方奶哺乳的婴儿有时需要凉开水来解渴，尤其是天热或身体发热的时候。

配方奶婴儿口渴但不饿的时候，需要的是水，而不是配方奶。

　　作为补充饮水，应培养他喜欢喝白开水的习惯，以期减少他现在对果汁、今后对汽水的依赖。富含维生素C的果汁和"无糖婴儿果汁"含有大量果糖（天然果糖），影响牙齿健康；摄取维生素的同时，也摄取了额外的卡路里。现今的婴儿配方奶通常含有适量维生素C，尤其是他还会服用维生素C含量更高的多元维生素补充剂，所以婴儿不需要这些饮料。如果你希望他认为喝果汁是一种可有可无的乐趣，务必每天只给一次，且要高度稀释。

哺乳不足　　　在奶瓶哺乳的婴儿中，哺乳不足很罕见，但仍可能发生。婴儿频繁啼哭、看似对生活不满意、体重增长缓慢，即有可能是哺乳不足。相关原因有：

■　也许是你设法控制婴儿食量，或者希望他每餐有固定的食量，没有听从他的意愿。和成人一样，婴儿总会在某些日子、某些餐点感觉比较饥饿，此时应按照他的需求，甚至按照他看似所需的食量提供配方奶。也就是说，每次冲调时，应比预计量富余一些，可让他吮吸到自然停止，但不勉强他喝完。当奶瓶喝空时，你确定他不需要再喝一点？

■　也许是你严格遵守哺乳时间。婴儿需要3小时左右消化饱餐一整顿的奶水，所以，他的进食需求常不超出每3小时一次。然而，他的食量会有变化，他不会总是饱餐一顿。如果你不允许他以晨间点心补给早餐的不足，必须等到"正"餐点，那时他将不可能通过多喝奶弥补早餐的缺失。假如他平常早餐喝170毫升，今天早餐只喝了85毫升，2~3小时后他将感到饥饿。适时补充一次小"点心"，然后正常午餐，他将得以恢复常态。如果你不愿意加餐，必须让他等到日常午餐时间，他将不可能喝完正常午餐奶外加早餐少喝的85毫升。他的胃不能一次容纳那么多奶水。这种情况持续下去，将导致婴儿性情烦躁、体重增长缓慢。

■　也许是奶嘴洞眼太小。无论奶水流动多么缓慢，饥饿的婴儿起初都会耐心地努力吮吸。但是，吮吸大约55毫升之后，饥饿感消失，婴儿的吮吸主动性就会降低，继而放弃吮吸，逐渐睡着。他将在2~3小时内醒来，需要更多的食物。如果同样的事情反复发生，你将发现，婴儿虽然频繁需要哺乳，但吃得不多，体重增长缓慢。所以，此时应确认，奶嘴冲下时，即刻会有奶水流出；应能够使婴儿在最初5分钟内顺利喝掉半瓶奶。

■　也许是他很爱睡（P127）。一两周大后，他对周围环境会敏感一些，但不要希望他能提出饮食需求。适时唤醒他，以他喜欢的东西——你的表情和声音——吸引他在喝奶时保持清醒。尽管你在努力，他仍难免会睡着。他睡着后，没必要把奶水灌入他的口腔里。现在与其勉强他多喝点，不如采取少食多餐的策略，等他长大些再说。

夜间喂哺

你肯定至少遇见过一位家长，他（她）的婴儿未满6周时，已经不需要成人起夜哺乳，但大多数婴儿并非如此，婴儿可能也不会如此。配方奶婴儿在约6周大之前，24小时内至少要哺乳6次，很多到4个月大时才减少到5次。如果是母乳育婴，也许会频繁到你已不关心哺乳的次数。只要婴儿哺乳的时间间隔不超过4小时，你就必须在正常的睡眠时间中醒来一次；安排灵巧时，基本上不必醒两次。当婴儿满意一天五餐——白天三次，外加清晨和夜间两次——你应该可以每晚睡足6~7小时。

夜夜被唤醒将给照顾者带来很大压力，这种压力超出医护人员和亲朋好友的想象。问题在于，失去睡眠的几小时也许可以通过早睡或周末补觉来弥补，但睡眠规律持续受扰会导致体力透支。起夜哪怕只有几分钟，但每晚两三次、一连两三周，就会让你感觉像在梦游了。

灵活安排哺乳时间，获得更多睡眠

要使你的休息和婴儿的满足感双双达到最大化，你得根据他的年龄和发展阶段的夜间睡眠特点，调整照顾方式。最初几个月里，让他嗷嗷待哺将使你失去本该拥有的睡眠时间。接着，由于他醒来时接受了匆忙的哺乳，未来几周你必将夜不成寐。

灵活安排令亲子双方满意的夜间哺乳，成功且必需的诀窍就是——抛开哺乳间隔的概念。不要认为让婴儿挨饿是为了他"好"，美德不会由此产生；也不要认为在他饥饿之前哺乳是"溺爱"，或点心式的补充哺乳是"娇惯"。一切跟着感觉走。如果——且只有——你执著地坚持"溺爱"、"娇惯"的观点，才会逐渐导致非常时刻的哺乳需求。应唤醒婴儿哺乳，而不是等他唤醒你。你知道婴儿将在深夜2点和清晨6点需要食物，在你临睡前唤醒他哺乳，他就只会在凌晨4点左右打扰你一次，所以，有什么必要在深更半夜疲惫地倒上床呢？

阿贝奥拉与杰德的经历

阿贝奥拉与杰德开始感觉像在梦游时，他们的小女儿珠儿并不属于睡觉不安的婴儿。实际上她睡眠时间还很长，只是夜间和白天的哺乳间隔差不多。一般来说，下午5：30左右哺乳一次，晚上9：30再哺乳一次，接着，她将在深夜1~2点时唤醒父母一次，凌晨5点再醒一次。他们认为，该动手改变这种局面了。

该怎么做呢？ 阿贝奥拉知道，延时哺乳只会让珠儿更常啼哭，父母在夜里更睡不着。但在她饥饿之前——父母睡觉前——提早喂夜间第一餐，效果如何呢？这个方法可以完全满足婴儿，同时令他们自己得到更多睡眠吗？只要是能让珠儿夜间只唤醒他们一次而不是两次的方法，杰德都盼望一试。于是，当宝宝习惯了晚上9：30哺乳时，她的父母便不再在深夜一两点时被她唤醒，而是在午夜他们临睡前，把她唤醒哺乳。

有什么改变？ 起初几个夜晚有点混乱，即便刚刚喂过奶、肚子不饿，珠儿仍会在深夜1点醒来，接着睡到凌晨4点左右。虽然醒来的时间很尴尬，但比在深夜1点和凌晨5点哺乳好很多。对珠儿的父母来说，调整后的哺乳时间一直很有效。不出几周，珠儿就不再需

要凌晨和清晨哺乳。阿贝奥拉和杰德发现，同样的方法还适用于减少两次哺乳时。他们决定尝试不再深夜哺乳，让自己能够早些睡觉。他们没有等珠儿午夜醒来，而是每天比前一晚提早几分钟唤醒她。渐渐地，深夜哺乳的习惯转变为夜间10点左右哺乳一次，然后杰德和阿贝奥拉欣然入睡，（几乎）可以确保连续6小时的睡眠。

清晨更精神。 如果他们喜欢晚睡，为了取消凌晨4点的哺乳，他们可以让珠儿慢慢适应那个节奏：把下午5：30的哺乳逐渐推迟到晚上7点，跳过晚上9：30的哺乳，让她睡到夜里11点起来。这样，他们就能使珠儿在比较恰当的清晨6点醒来，睡足宝贵的6小时。

整夜无须哺乳　　生活中（和育儿教材所说的相反），很多婴儿在6周后仍然每天哺乳6次（甚至七八次），3～4个月时也不会为了父母的方便而配合"调整"深夜和凌晨哺乳。如果你的婴儿属于其中之一，夜里似乎比白天哺乳更频繁，总是在"不该"醒的时候醒来，你将疲惫得失去耐心和理智。尽量保持耐心和理智，克制使你拒绝婴儿哺乳要求的道德压力。但凡你知道哺乳势在必行，不妨即刻哺乳。他醒来（通常）是因为饿了，因为饿了，他才啼哭。除了哺乳能使他立即停止啼哭，别无他法，而所有延时哺乳的建议也将导致你的睡觉时间被推迟。

虽然常用的解决方法是任其啼哭，但在这个年龄段使用为时过早，甚至可以说荒谬。饥饿的婴儿越哭越饿，越哭越累。当你终于妥协时，他的饥饿和疲惫程度意味着，他会喝一两口奶水就睡着，很快又再饿醒。如果你坚持不"妥协"，让婴儿号啕大哭一小时或更久，他会因为体力不支而睡着，你仍将一无所获。

睡半小时，饿醒后哇哇痛哭。之前你一直没睡着，现在更加无法入睡……

如果宝宝不太饿的话，给他喂水充饥，他可以"满足"地睡一会儿。水、果汁和吮吸给予的饱足感和温暖感都是短暂的，半小时不到，他的胃就空了。在你沉睡之前，他会再次唤醒你。

如果晚餐之前宝宝确实没吃饱，晚餐多喂一些会让他睡得久一点。婴儿食品的广告语有时特别吸引父母——"为了让宝宝和你拥有一个宁静的夜晚，我们是首选……"。但婴儿的胃口和消化系统工作时可不像汽车引擎，少食多餐而不是一次多吃，他消化系统的工作时间才能长一些。如果他晚餐自然地吃到饱，也就意味着他吃到自然停。此时，如果你在奶里加入麦片，添加额外的热量，他依然会以正常的速度消化。额外的热量会影响他的体重，但不会影响他的睡眠——消化不良倒有可能使他的睡眠时间缩短。

添加辅食

母乳或配方奶即婴儿的饮用水和食物。母乳中铁含量偏少。有些专家认为，单纯由母乳喂养的婴儿到4个月大之后就需要补充铁质。但也有专家认为，母乳中的这一点铁质已经足够满足婴儿的需要，因为其品质高、可吸收性强。理论上，你的孩子可以永远靠纯母乳生存，但实际不然。

奶水虽然完美，但浓度低，水含量高于任何食物。婴儿逐渐增重，需要补充更多卡路里和全面的营养，所以，他要获得越来越多的奶水。最终，虽然每餐喝得很饱，但每天4～5次饱餐获得的卡路里却不够满足他的身体需求。由于每餐食量有限，他唯有增加进食次数。如果纯粹只是哺乳，你将发现，他又在夜里多次醒来要求哺乳，白天的配方奶哺乳或母乳哺乳的时间间隔也越来越短。幸运的是，你还可以提供其他食物——"固体"食物。和奶水相比，固体食物的营养成分不全面，但卡路里含量高。起初，微量固体食物即可满足婴儿的卡路里需求，不必依靠喝奶水到胃胀。

为婴儿提供固体食物还有社交上的考虑。你正在抚育一个人，作为人类，他需要饮水，进食一系列食物，而非单一食物。婴儿必须了解，令人身心愉悦的充饥食物不仅来自乳房或奶瓶，也可以来自杯碗盘碟。他必须发现吮吸之外的进食方法，习惯各种口味和口感。只有学会这些，他才能在社交进食中享受食物的愉悦。这也是社交互动的重要部分，即便家人不常聚餐。

最初的固体食物并非真正的固体，必须用奶水调成婴儿比较熟悉且容易接受的稀糊状。当婴儿确实愿意添加辅食时，切勿直接将辅食拌入奶瓶，应该用勺子或者你的手指喂食。在奶瓶中添一勺麦片属于强行哺乳。也就是说，他不可能避开麦片像平常一样喝奶，他不能在拒绝麦片的同时对奶水说"不"。如果你曾想在奶瓶中用奶水调和任何食物，一定要提醒自己：要是母乳哺乳，就不可能在乳房里加一勺麦片（或药物）……

何时开始添加辅食

关于何时可以、应该或必须为婴儿添加辅食，除了没有特殊医学原因，婴儿不必在4个月大前添加辅食之外，并没有严格和必要的规定。早产儿的4个月应从预产日而非出生日算起。如果你的双胞胎30周就出生了，应该在他们6个月大时添加辅食。除非有医生建议，则另当别论。尽管曾经有添加辅食时间比较早的婴儿也成长得健康活泼，但现代研究表明，只有到大约18周大时，婴儿肠道才能产生某些重要的消化酶。在此之前，他们无法消化母乳（或配方奶）以外的食物。早接触辅食不必然有害，但也没有任何好处，还会妨碍母乳营养的吸收和发挥作用，比如铁质吸收、抗过敏。

婴儿4个月时，将出现两种愿意接受非奶食物的迹象，你可以借此添加或混合辅食。第一种迹象很普遍，包括奶水消耗量、体重和哺乳次数。

如果配方奶婴儿大多数时候几乎能喝完一整瓶配方奶，比如说200毫升，即可断定，他每餐都可以喝到胃饱。要想获得更多食物，只有增加餐数，而非增加每餐的奶量。

从前一个月婴儿体重增长等相关情况，可以得知当前哺乳量是否能满足他的需求。体重稳步上升，说明获得了足够的食物。体重增加，食量随之增长。但是，与其说你想要给他增加哺乳次数，不如说你更希望他尽早减少一次打扰你睡眠的夜间餐——深夜或凌晨哺乳。除非摄取固体食物，否则这些不可能实现。实际上，饥饿感甚至可能使他多醒来一次。

母乳婴儿的确切哺乳量不得而知，但可以把婴儿的食量和体重结合起来参考，从而把握添加辅食的适当时机。如果他重5.5公斤（约12磅），每天至少要5餐，很可能要6餐才足够。如果他坚决不愿延长哺乳间隔期，或消失已久的夜间频繁哺乳重新出现，即可断定他需要更多食物，此时可增加哺乳次数或添加辅食。

第二种表明婴儿愿意接受非奶食物的迹象比较主观，因人而异。婴儿愿意尝试比较成人化的新进食方法吗？比如，他会坐在婴儿椅或进餐椅上，还是一个人坐会歪倒呢？

如果他会坐，他喜欢坐在餐桌旁边吗？如果他偶尔看你进餐，从盘子里舀起一勺勺食物送进嘴里，模仿你的咀嚼样子动动下巴，或者对你发出"啊——啊——啊"的请求声，他显然已经知道你喜欢进餐，他也会愿意尝试。顺势给他一些食物尝尝，很难想出比这更好的机会了。

如果真正的食物味道温和，恰到好处——比如蔬菜汤不加盐和胡椒粉——他完全可以从你的手指上尝到第一口温和的味道。如果你手指上的食物碰到他的舌头，即刻被舌头顶出，说明吐舌反射依然活跃。吐舌反射有保护作用，使小婴儿把异物（包括食物）吐出来不被呛住。吐舌反射存在，说明他还没准备好。如果他抓住你的手指像吃棒棒糖一样，而且，当食物被舔完，只剩下手指的味道，他看起来有些失望时，他也许会喜欢一小茶匙属于自己的食物。

如果婴儿的行为表现使你觉得，不把自己的午餐分些给他尝尝不好意思，也许表示他已经准备好接受奶水之外的食物了。

享用是关键。初期品尝固体食物的意义，学习往往大于营养补充，最重要的是燃起热情。虽然婴儿已经从奶水中获得了足够营养，但此时提供一点其他食物，可避免他不时需要一点额外补充的烦恼。而且，与其说这是当下的必修课，不如说是未来的准备。完全不必改变他的饮食习惯或内容。新式——且不一定是顺利的——舀食还没取代或减少哺乳带来的身心享受，开始添加辅食不等于开始断奶。

控制固体食物补充量，以哺乳为主。不要听信婴儿食品广告，认为婴儿应减少哺乳量，增加固体食物量。相反，应该以正常哺乳为主，固体食物为辅。必须在婴儿对哺乳和辅食的需求量同步上升后，才能增加固体食物。

绝不应勉强婴儿吃固体食物，应提供各种口味的食物，由他决定是否需要。起初并不总能明显看出"不会吃"和"不要吃"——漏食和吐食——的区别，所以宁可错误地少给些，也勿贪多。他有一生的时间慢慢习惯胡萝卜的味道。

适合与不适合的初期辅食

大多数婴儿还要继续哺乳数周。即便他开始减少哺乳量，但是因为他主动想要更多辅食，所以仍将从奶水中获得几乎所有必需的蛋白质、矿物质和维生素。早期辅食的作用在于提供卡路里，而所有食物都含卡路里。婴儿从昂贵的"高蛋白"麦片中获取的营养不会多于普通麦片。他不需要昂贵食品中的额外蛋白质，只需要卡路里，而卡路里在所有食物中都存在，无论是昂贵的还是普通的。选择早期辅食的重点是，避开那些有可能引发过敏反应的食物，而不是营养。你平常吃的食物他几乎都可以吃，如果是他喜欢的味道和方便进食的稀泥状，且容易消化的话。当他学会非吮吸的咀嚼进食法时，尽量提供各种口味的食物，从中发现婴儿喜欢和不喜欢的食物。即便在婴儿期味蕾仍在发育时，他也会有明确的偏爱，这种偏爱理应得到尊重。

最初六个月应避免的食物

有些食物特别容易引发婴儿的过敏反应，至少在6个月大以内须绝对避免食用，然后从微量起酌情增加。这些食物包括：全麦麦片和全麦面粉（包括面包）、鸡蛋（蛋黄和蛋白）、柑橘类水果（包括婴儿橙汁）、坚果和花生酱（甚至花生泥）。

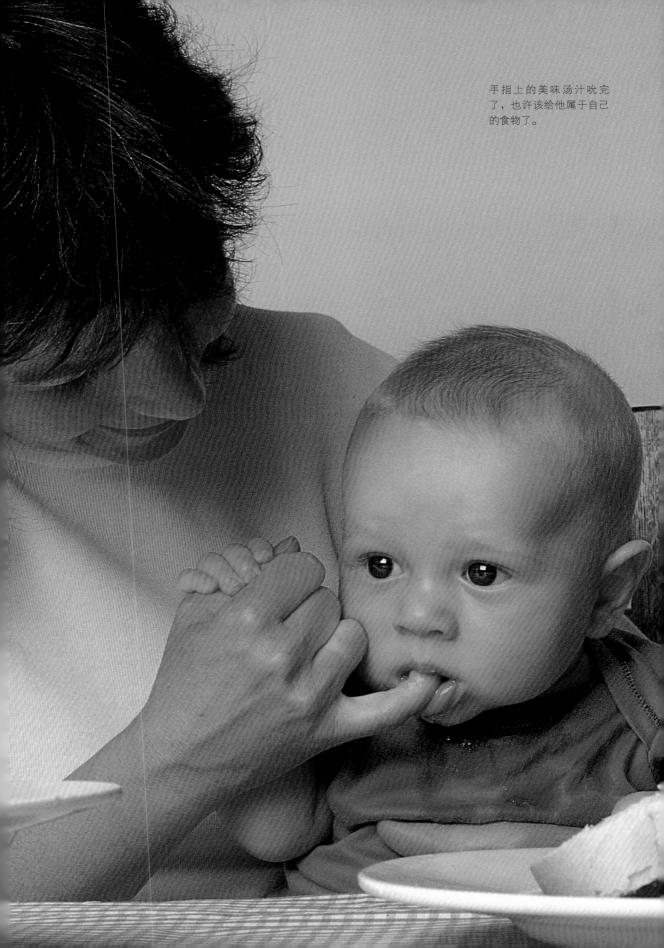

手指上的美味汤汁吮完了，也许该给他属于自己的食物了。

如果家族中有过敏体质者——包括与食物无直接关系的并发症，如花粉过敏——婴儿更有可能遭受影响。尽可能从母乳哺乳开始。添加任何食物之前，无论是配方奶还是固体食物，都应首先咨询健康顾问或者医生。添加任何高过敏性食物之前，应再次咨询。

不要加盐，盐会对婴儿尚未成熟的肾脏构成压力；辣的香料会灼伤婴儿口腔，甚或引发胃炎；咖啡、茶和酒精饮品几近毒品。

留意添加糖分，务必尽量少提供甜点和甜食。婴儿一般很容易爱上有损牙齿健康的甜食，有必要未雨绸缪预防在先。当婴儿喝饮料、吃饼干时，不会因为巧克力薄饼和苹果汁被换成面包棒和白水而伤心难过。

不要喝普通牛奶（或山羊奶、绵羊奶），作为调节性食物也许可以。如果是日常饮用，第一年内只能使用母乳或配方奶。如果你希望婴儿喝"成人奶"，可在9个月大之后使用"幼儿配方奶"。但是，这些添加辅食用的幼儿配方奶比不上婴儿配方奶，当然更比不上母乳。对奶制品不耐受的婴儿一般推荐食用豆奶，但豆奶本身也会引发过敏反应。必须在医生建议下才可使用豆奶以及豆奶婴儿配方奶。

每种食物应以原味呈现，最初几次喂一小茶匙即可。如果食物不适合婴儿，你将在未来数周内清楚地知道应避免哪些食物。

记住，他还不会咀嚼，如果你喂一团食物，他肯定会成团地吞咽。他不喜欢这样做，也会被这团食物噎住。所以，早期辅食应进行筛滤或榨汁处理。食物料理机特别好用，它兼具榨汁和筛滤食物的功能。从榨汁机或食物处理机出来的食物虽然看似婴儿食物，但仍有果核和坚韧的果皮或纤维，令他的肠胃难以消化，因此你还需要配一个滤网。

粥或玉米粥是经典的早期辅食。你可以买到即食婴儿米粉或玉米粉，用配方奶、母乳或煮沸的牛奶冲调即可。

米粥有很多好处，富含或添加了大量铁质（纯母乳婴儿也许从出生起就需要的一种营养元素）。尽管白米粥淡淡的奶香很像婴儿奶，极少遭到婴儿拒绝，但一般来说，他们更喜欢果泥或蔬菜泥。它们的味道比白粥更讨喜，令婴儿更感兴趣。

可以试试筛滤熟香蕉、鳄梨、熟苹果、熟土豆泥、地薯、芭蕉、菠菜或胡萝卜。

我们不该购买婴儿食物吗？

商店里的即食婴儿食物品质低，添加了糖和淀粉，是这样吗？家庭烹饪食物是否更有利于婴儿的健康呢？

这要视你所购买的婴儿食品品牌以及你的烹饪食材而定。

某些婴儿食品确实被过度加工了：有时罐装食物（比如混合蔬菜）会先脱水，再以淀粉或凝胶剂增稠；有时大部分天然味道被去除，取代以人工调味料；通常含有各种食品添加剂和"改良剂"。要看清楚成分说明，如果某些条目你不明白，那你就记住，成分是按含量多寡排序的。如果水排第一，便不会有其他成分多于水。此外，成分列表越短越好，最好的婴儿食品几近食材本身。

可以给宝宝吃家庭烹饪的食物——假如你小心储存烹饪的新鲜（或冷藏）食物，其生产、加工、销售过程非常卫生。小婴儿以及儿童比我们大人更容易遭受各种"食物中毒"。你对待自家厨房卫生的严格态度，并不会保护婴儿免于食品工厂或超市的疏忽大意。生肉和家禽肉不但应远离即食食物，还应充分烹饪。必须避免食用生的或半熟的鸡蛋（包括蛋白酥和蛋黄酱）。最重要的是，应尽量避免食物停留在有利于细菌滋生和快速繁殖的温暖（而非沸点或冰点）环境中。不要图省事，应提前烹饪婴儿食物，然后保温处理。应煮沸、晾凉，然后喂食。

应小心处理只需微波加热的即食食品（包括越来越多的婴儿食物），有的地方可能没有加热到，而且如果微波烹饪结束后你没有搅动、检查，还会有一部分非常烫。

宝宝尝试的有趣食物越多越好，但是，在你家中烹饪的任何人都必须记住：避免让他食用潜在的过敏食物，比如坚果；少放糖，一定要把宝宝的那份盛出来，再加盐、辣味调料或酒。你还须预计到大家都晚归以及没人想烹饪的日子。无论你多么认真地对待它，中餐外带都不适合婴儿。

然而，婴儿食物对婴儿健康的主要危险与营养配比无关，甚至也与大多数添加剂无关。大多数专家认为，这或许和杀虫剂残留有关（P246）。避免杀虫剂的唯一办法就是，只购买有机生产的食物：有机即食罐装或袋装婴儿食物，有机种植的蔬菜水果。

每位家长都希望他（她）的孩子饮食健康，但绝不是所有父母都有闲暇、财力或意愿拒绝所有"非有机"食物或所有商业化生产的婴儿食品。如果你对食品安全的要求不苛刻，应尽量为宝宝提供品种丰富的食物，既有购买的，也有家庭烹饪的。如果他偏爱的"羊肉晚餐"内有增稠剂而羊肉很少，可以一周吃一次，每次使用不同的罐装产品（有不同的优点和缺点），第二天继续家庭烹饪，这样才不会破坏他的营养健康。同理，偶尔喂食含化学成分的各种口味的超甜"苹果味点心"也不会有损他的健康、破坏味觉或使他拒绝你烹饪的食物。

婴儿愉快地接受了一两次固体食物之后，即可为他提供各种食物尝试。可以购买特定的婴儿食品，或者取一点点家庭烹饪的食物进行榨汁或筛滤处理（有些人把多余的食物放入冷藏托盘中）。要想让他喜欢你烹饪的食物，应从一开始就让他吃家庭烹饪的食物。如果他习惯味道乏善可陈的即食婴儿食物，以后将会拒绝你烹饪的味道有层次、口感清楚的食物。比如，新鲜苹果煮熟的味道完全不同于"苹果味食物"。

为婴儿烹饪食物一点都不难，但是你要谨慎对待卫生问题。擦干碗碟的抹布、壶嘴、开罐器和温热的剩菜中，所含细菌超出现阶段婴儿的处理能力。此时不必担心辅物"膳食均衡"的问题。你所烹饪的任何合适的食物，他都可以尝一小口。有些食物可以做成粥状，你可以用榨汁机制作食物泥，用奶或水调和。婴儿一般偏爱稠密的口感，但土豆泥偏干往往会很噎人，使他们作呕。有籽、茎或纤维特别强韧的食物，比如覆盆子、甘蓝菜或肉末也需要筛滤。奶、酸奶或蛋奶沙司可中和食物的味道。应尽量避免可能引发婴儿恶心的食物，一块软骨会破坏婴儿的饮食情绪好几周。

在这个早期阶段，给婴儿吃罐装食物是浪费。他每次只需1～2茶匙食物，而单个罐装食物的含量大约有3大餐匙。你不能把剩余的食物分几天喂，因为开罐食物即便冷藏，只要超过24小时就不新鲜也不安全了。你肯定也不会希望接连3天给婴儿喂同一种食物。袋装脱水食物可逐渐安排尝试。购买各种甜的、咸的食品，让婴儿得以探索食物的多样性。

一开始就自己吃，今后比较容易接受新的口味和口感。

别急，慢慢来。对婴儿来说，学习吃固体食物是一项重要的大任务。如果你使他感到烦躁或紧张，在他拒绝时把食物塞进他嘴里，将使他对进食失去兴趣。

别以为饥饿会激发他的进食热情，他饿的时候想要喝奶，那是他所知的缓解饥饿的唯一方法。假以时日，他会发现来自勺子的食物也有同样的作用。如果婴儿啼哭需要食物，却在吃一口后哭两声，切勿以为他不想要或不喜欢这种食物。如果他是主动吃的，啼哭的意思也许是他还没吃够，"我还饿"。

当他热切地观察你进食，盯着别人餐盘里的食物时，应顺势利用他的好奇心和兴趣，让他了解到"非奶食物"的概念，以及和家人愉快进餐的最佳方式。

利用他玩自己手的能力。这个年龄的婴儿从手指食物中获得的

用勺子吃食物是一个亟待学习的困难技术——尽管你在专心喂食。

营养很少，却特别喜欢它们。让他握着面包干吮食，可弥补勺子喂食的被动性。而且，婴儿自己把食物送进嘴里的事实，将促使他对陌生的口味和口感产生兴趣，而不是一味地生气、恼火。当然要时刻监护他，如果松脆的食物碎末粘在他的口腔里，就需要你为他捞出来。

灵活掌握时机。别在正餐时传授进食方法，此时他总是手忙脚乱的。比如，清早的哺乳时间往往不适合添加辅食。他确实醒了，但他很饿，此时应该让他平静地喝奶。

无论你选择每天何时添加固体食物，千万不要在他渴望喝奶时喂辅食。你这样做只会让他又饿又气，大嚷大叫，一勺也不肯吃。但也别等他喝饱之后再喂辅食，那时他昏昏欲睡，无精打采，不受任何干扰。"三明治"喂食法往往很奏效：起先几分钟喝奶，缓解饥饿感，让他相信乳房或奶瓶仍在身边；接着，吃些辅食；然后，喂奶直到他饱足。

在掌握吃固体食物的方法之前，婴儿不会摆脱吮吸惯性。如果你把食物放到婴儿的舌头上，他根本不知道如何把食物送入口腔后部吞咽下肚。于是食物随着口水流淌出来。如果你把食物直接放到口腔后部，他会作呕，还可能拒绝勺子喂食。有时这种情况会持续好几周。一般来说，最有效的喂食技巧是用一只极小的平勺——传统的调味勺或芥末勺最合适——持食物于婴儿双唇之间，让他舔食。如果他舔食，就会把部分食物送入口腔后部吞咽。如果他喜欢这个味道，就会变得积极热情。

你应知道何时停止喂食。使用勺子喂食，婴儿将有机会"告诉"你何时不想吃了——他会扭头离开勺子，或者闭紧嘴巴。但如果把食物塞进他嘴里，就没法知道他何时吃饱了。食物随口水流淌、作呕和啼哭，也许是暗示你该停止喂食了，但也许是暗示喂食技巧不当或者婴儿不擅长进食。

逐渐与家人同步进餐

5～6个月大时，无论三餐间隔长短、母乳或配方奶"点心"次数多寡如何，大多数婴儿已准备好开始习惯与家人同步进餐。但是，傍晚时分的晚餐仍不足以坚持到早晨，你可以决定深夜或清晨哺乳一次。如果你喜欢睡懒觉，总是晚睡，深夜哺乳会更适合你。

过几周，喜欢上辅食味道的婴儿将知道，来自勺子的食物可以充饥。虽然吮吸奶水必不可少，还将持续很久，但他们已经懂得期待固体食物。此类婴儿准备好开始用勺子和手指吃食，极其缓慢地一点点增加食量，从而减少对母乳或配方奶的依赖。

通过"三明治"喂食法可轻松辨别这个阶段：把准备好的婴儿辅食放在手边，然后开始哺乳。他看见了自己的食物，为了尽快得到辅食，他将加快第一轮的吮吸速度。如果他喜欢这份辅食，他会全部吃完，然后再喝一点点奶水结束。

一旦出现这种行为，你即可提供更多的固体食物（也许从1茶匙变成3茶匙）。当他以行动表示想要先吃辅食，或喝奶、吃辅食后不再喝奶时，即可放弃"三明治"喂食法。他对奶水的忠诚将慢慢转向"真正"的食物。虽然这预示着断奶的开始，但应出于婴儿的主动意愿，绝不应有半点强迫。让他按自己的节奏进行，仍然十分必要。也许有几天甚至几周，他可能退回几近纯粹哺乳的状态，每天在固定餐点时只喝两轮奶水。跟随他的引导，你即可放心，他将如愿摄取奶水和食物，也将按需摄取足量。

也许他终将呈现某种模式。在他会进食之前，早晨第一件事情几乎肯定是哺乳。也许纯粹哺乳只在早餐时进行，傍晚时的晚餐不必哺乳。如果这顿是早餐，应尽量满足他，而在其余餐点喂辅食。

午餐时他也许比较渴望辅食，逐渐失去对午餐奶的兴趣。当他表现得不太积极主动时，餐后喂奶可换成用杯子喝奶。

晚餐时，他也许要先喝奶，使自己从洗澡和游戏中平静下来。然后，他将愿意吃辅食，继而以一顿安静而漫长的吮吸（也许在婴儿卧室里）进入睡眠前的准备阶段。

如果他仍然需要深夜哺乳，肯定是纯粹而安静的哺乳。

在哺乳搭配辅食的阶段，婴儿正在学习减少而非增加进食次数。如果你允许他愉快地进餐，他会开心地快速学会。通常他要补充一次点心，而不是增加一次哺乳。现在他偶尔喜欢咀嚼抓在手里的硬的食物。练习手指抓食越多，他将越早获取食物的真正营养和进食享受。

坐在成人餐桌旁很有趣，但每次使用时所有椅子都应安装安全护具。

他也会抓玩固体食物。你的鼓励越多，他将越早学会自己吃。婴儿依然必须由大人抱着喝奶，但其他时候，一张带餐盘的高脚椅或成人餐桌活动婴儿椅更适合你们俩，使你得以自由地帮助他。

从现在起不断提醒自己：你是在帮助婴儿进食，并非喂食。一旦能坐着吃，他自然希望亲自动手参与。让他拍拍抹抹，把手指泡泡餐食再舔舔，实践并发现勺子的作用。这的确会弄得一团糟，但必不可少，而且非常重要。他越感到面前的食物受自己控制，而非被成人

育儿备忘

噎食

虽然被一点小东西，尤其像纽扣、玻璃珠或（有毒的）手表电池等圆形物体呛住，结果会比大多数人想象的要严重，但被食物呛住一般没有大碍。这是因为，给婴儿准备的食物基本不会堵住婴儿气管危及生命。不要因为假想婴儿噎食的可怕场景，就不给他手里塞食物。

一般来说，如果婴儿被喂了一勺陌生的食物，特别黏稠或特别大口，就会作呕。作呕非常不舒服，婴儿当然不喜欢，但吐舌反射也是保护动作。他把食物送到口腔前端，以便吐出或重新尝试。让婴儿手抓食物常会导致的结果便是，婴儿把太大块的食物——或要用锋利的门牙咬碎的食物——塞进嘴里用牙齿咀嚼，但他还没长牙。他可以吃一丁点儿吐司，边用牙床磨，边以口水软化、舔食。但稍大点就不行了，他会作呕。如果未能把食物吐出，就会开始咳嗽，噗噗吐气。不过，你用手指轻轻一拨就能解救他了。

一小块食物会成为大问题，因为食物很有可能被吞咽、"走错路"。他需要你的帮助，咳出本来想整个吞下去的一片胡萝卜或苹果。整个场景或许非常恐怖，但其实不可能成为真正的危险，因为食物本身不会堵住气管令他不能呼吸。只要他具备呼吸能力，就能（或许在帮助之下）咳出来。如果那时只有他一个人，问题就不同了。当一小片食物卡在喉咙里时，喉咙会肿胀，异物受到挤压动弹不得，那就会堵塞气管。在没有成人监护的情况下，绝不应给婴儿任何食物或水。

直接塞进嘴里，他就越喜欢进食活动。现在他越常享用食物，未来你越不必担心他偏食。此刻大量练习，意味着他在幼年即可完全独立进食。所以，尽量不要控制他。清洗身体其实最方便和容易，如果天气够暖和，脱掉衣服比戴围脖进食更有效。不过，前兜式围脖可保护衣服不至于太脏，而且，如果你担心食物撒到地板上，还可以在他的座椅下铺一张塑料桌布以防万一。

用杯子喝

一个杯嘴、两个把手赋予了他独立进食的自由，为你减少了清洁的烦恼。

常用勺子取食之后，减少了母乳或配方奶需求量的婴儿需要用杯子补充液体。婴儿会发现，饮水甚至比进食更难脱离吮吸动作。当然要让他习惯用普通婴儿杯喝水，但是，对于天天要饮水来说，应该为他准备一个"训练杯嘴"或"吸管杯"，作为吮吸和普通饮水动作之间的过渡，使他能够练习自己抓着喝而不漏（太多）。你甚至会发现，有必要购置配备几个杯盖的"饮水套装"杯，既有适合初学者吮吸的又长又软的杯嘴，也有越来越短而硬、出水更流畅的杯嘴，让他逐渐习惯直接用杯子喝。

婴儿不必喝满满一杯水，他还能从奶水中获得大量水分，而且"固体食物"中也含有大量液体。不要强迫他多喝水，也别用果汁引诱他。当他想喝点东西时，他自然会需要水。

生长发育

一旦适应了环境，大多数婴儿每天增重约28克，或一周增重170～225克，并一直持续到约3个月大。当然，不是每个婴儿的体重表现都如此——或一直如此。通过百分表（P89）你会发现，那是平均增长速度，中线附近的普通婴儿如此，特别大（百分表顶端）或特别小（百分表底部）的婴儿亦然。

最初3个月过去后，婴儿的生长速度略有减缓。在接下来的3个月里，婴儿也许每周增重140～170克，此季度身高增长6厘米。关注重点仍是发育规律性，而非速度。比如，每周测量一次婴儿的体重，数值总是低于50线。如果把他的记录连成线，其体重曲线大约与50线平行，体重增长速度不太可能突然减缓并降至9号线。假如真的发生了，也不会是缺少食物所致。如果这个婴儿的体重起点接近50线，但发育速度总是慢于大多数婴儿，体重的上行曲线一直没有起色，那也许他就是发育慢而已。

牙齿护理

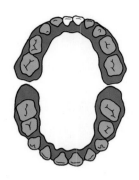

大约6个月大时，婴儿会先长出一颗下门牙，再长出旁边的一颗下门牙。

婴儿的出牙顺序非常规律，但出牙年龄人各有别。宝宝第一颗牙齿肯定是一颗下门牙，但至少要到半岁生日前才会露出牙尖。出牙较早或较晚不代表"超前"或"落后"，事实上它没有重大意义，只是一出牙，便再也看不到他没有牙齿咯咯笑的样子了。

一般来说，婴儿"出牙期"比你预期的晚，表现不太明显。婴儿或许5～6个月时才长出第一颗牙，所以此前，比如说4个月内，不存在出牙的烦恼。出牙后也不会引起太多困扰。最初的4颗牙齿非常扁平而锋利。出牙过程中，通常只是牙床微微发炎，流点口水，频频咬啮。如果你看见牙床上有一个红点，婴儿看起来特别喜欢用此处咬东西，你可以用手指按摩这里。

"出牙期"这个名词虽然普遍使用，却没有确切的时间来界定。因为，无论是否在出牙，小婴儿们都表现得紧张不安，常常啼哭。"出牙期"也可能成为危险的代名词。每年都有些婴儿在此期间重病住院，因为父母把某些病理表现误认为出牙期特点，拖很久才求医问诊。无论现在还是未来，出牙都不会导致发热、腹泻、呕吐、痉挛或"消瘦"。如果婴儿看起来不舒服，而你认为与出牙有关时，应咨询医生他是否在生病和出牙，或只是生病。

牙齿和咀嚼

第一拨牙齿是啮齿，不是磨牙。口腔后部长出磨牙之前，婴儿早已开始用牙床磨食物。别以为长了一颗门牙的婴儿不会咀嚼。当他能够把手和玩具放进嘴里时，就已开始训练自己的咀嚼能力。将近6个月时，还应给婴儿类似削皮的苹果片或洗净的生胡萝卜细棒让他咀嚼，否则他只能习惯半流质食物，当他1岁左右长出磨牙时，将不会使用磨牙。因为，真正的固体食物在反抗他，使他作呕。

咀嚼硬质食物可促进下颌发育，而且亲自动手吃可激发进食的主动性和独立性。尽管如此，仍应紧密监护，以防胡萝卜条戳到眼睛之类的事故发生。一旦牙床上出现一个小白点，牙孢露出，应特别小心。牙齿破出后十分锋利，婴儿会用它咬下一点苹果肉。如果你不在身边，他有可能被果肉呛住。

长出第一颗牙齿后，你的手指不仅可用于按摩，还可用来咀嚼。

日常护理

最初1～2周内没有大人抱的时候，婴儿普遍像胎儿一样蜷卧着，喜欢身体被舒服地裹紧。被突然拎起来，身体和四肢，尤其是颈部没有得到支撑时，他们往往有不安全感。为婴儿更衣、沐浴和擦洗屁股时，最好以"轻量级"卫生标准进行处理。

这样的情况将转瞬即变。他们适应了独立的生活环境，逐渐习惯了自己的身体，感到比较舒服、有信心，更容易接受成人照顾。到第二个月时，你将看见婴儿身体舒展，愉快地活动胳膊和腿，扭动着摆脱包裹的束缚。他已准备好享受身体的自由活动和安逸的休息，享受成人的照顾、逗乐和四处游逛。

携带婴儿

婴儿睡着时不介意地点是在婴儿篮还是婴儿床，但如果醒着时没有家人在身边，他们会感到孤单、厌倦。你可以找到一边处理成人事务一边携带婴儿的自然方式。几周后，你将会习惯使用婴儿背巾，或"背"或"抱"或"斜挎"婴儿。在最初几周里，婴儿背带往往最舒服，但偶尔换个姿势很有趣。

穿在胸前的婴儿背巾或背带，使婴儿得以看见你们前进的方向，视野开阔。

一旦他能支起脑袋，即可用一只胳膊"斜挎"他，腾出另一只手。

大人从前面抱住他的方式，让大人婴儿皆大欢喜，还可支撑婴儿的整个背部。

面朝下的抱法，往往能安抚啼哭的婴儿。一只手穿过两腿托起他，另一只手支撑他的肩颈部。

保持清洁

身体舒展、开始蹬腿的婴儿一般喜爱沐浴。他不会紧张地躺在水里，害怕得要哭，而会顺从水的浮力，使自己变得轻盈、自由、充满力量。这的确让他力大无穷：水承载他的体重，他可以比在陆地上更起劲地蹬腿。许多3个月大的婴儿最喜欢洗澡，晚上3分钟的嬉水活动可帮助他释放多余的精力，让他非常放松，从而成为睡前常规的重要内容。

换大浴缸

3～6个月期间，婴儿和他们活动的四肢都长大了，小浴盆再也容不下他们了。不过，换大浴缸必须巧妙地策划。刚开始，婴儿也许很害怕大浴缸宽阔的水面和四面高耸的缸壁。如果婴儿的确害怕，可以把小浴盆放进没有水的大浴缸里试行几天。水将漫溢在大浴缸里，他也将逐渐习惯大浴缸。

当你想让婴儿平躺着踢水，小浴盆里的水却因此漫得所剩无几时，意味着该换大浴缸了。

一旦换成大浴缸，抓牢婴儿就更难了。他肯定会位于浴缸底部，此时切勿蹲着为婴儿洗澡。应采用跪姿，把沐浴用品全部放在手边，在浴缸底部铺一条毛巾或一张防滑垫，以防婴儿从你手里滑倒，也让他更有安全感。浴缸里放上浅水，水深了会让他浮起来。注意，浴缸很宽，除非你五指紧握婴儿的肩膀，手腕托住他的脑袋，否则，他有可能翻过来，把头埋进浴缸里。

有些婴儿喜欢在地上随意蹬腿，而讨厌沐浴。没有婴儿能在惊吓中克服恐惧，所以不要强迫婴儿洗澡。如果小浴盆让他很开心，可以采取"浴中浴"的办法。共同沐浴还可产生社交和安全感。

如果你陪他一起待在浴缸里，即便害怕洗澡的婴儿也会很喜欢。但是，洗澡是为了他，而不是为你。应该使用温水，而非热水。沐浴时，需要用你的（湿的）双手安全地抓住他，让别人的双手迎接他出浴。

排泄

　　婴儿的消化系统将逐渐与身体协调，但别以为你理应能发现婴儿大便的某种特定类型或频率。纯粹用乳房哺乳时，婴儿不可能出现任何消化系统紊乱症状，如腹泻或便秘。一天排便数次或数天不排便都没问题，尽量别担心，甚至一周不排便也不属于异常。而且，脸蛋涨红了排便并不意味着便秘，只是他娇嫩的肌肉还不习惯这个动作。

　　配方奶会使婴儿产生较多排泄物，用奶瓶哺乳的婴儿的粪便往往较多较硬，一般每天排泄1～4次不等。配方奶婴儿的确可能患肠胃炎，还可能很严重。所以，当出现频繁水样排便的急性腹泻时，应当天就诊。如果婴儿看起来萎靡不振，并伴有发热及（或）呕吐症状，应即刻就诊。把带有大便的尿布密封入透明塑料袋，医生将要取样化验。

　　母乳婴儿会便秘。如果婴儿的身体需要补充水分（比如天热或身体发热），就会从食物中吸取，导致排泄物干硬，难以排出。补充凉白开水即可缓解。但如果3～4个月大后反复发生大便硬结，每天喂食1～2次的稀释果汁也有帮助。

　　婴儿开始吃固体食物后，消化系统不能充分消化新物质，大便颜色将有所改变，还会排出未消化的食物残余。如果你继续少量喂食，他的消化系统将会适应。但如果大便中还有大量黏液，则说明婴儿仍没能力消化那种食物，或食物太粗糙。1～2周之后可再提供那种食物，量少一点，筛滤细一点。

尿湿疹

　　尿湿疹有可能意味着从微红、刺痛到脓疮等炎症表现的任何症状。尿湿疹具有扩散性。柔嫩的新皮肤甚至对"低敏感度"的梳洗用品也有反应。温暖的皮肤处于潮湿环境会皲裂。尿液刺激后情况恶化，整片区域成为粪便细菌或酵母菌感染的完美温床。所以答案就是，使用最简单的梳洗用品（温水绝佳），或完全不用化学品，尽量使宝宝的屁股保持清洁、干爽、通风。排便一完，就清洁擦干；即便你使用超吸收尿布，也要时常更换。尿布裤应使用"呼吸"型的。如果他的屁股容易发红，试着为他清洁干爽的皮肤涂点凡士林。如果凡士林不管用，应咨询你的医生。有些药物软膏可能会降低尿布干爽层的吸水效率，使问题恶化。

婴儿睡着后，不必一直待在
家里或保持安静。婴儿车、
汽车婴儿座或肩膀对他来说
都一样。

睡眠

新生儿常不知不觉地睡着、醒来，有时长久处于半睡半醒之间，但婴儿倾向于比较明确地呈现这两种状态。一旦睡着，即可断定他一时半会儿不会醒来；一旦醒来，即可断定他必须哺乳后才会睡着。不是所有睡眠状态都需要你俯身确认婴儿的呼吸。和成人一样，婴儿将经历两次快速动眼（REM）睡眠期。这种睡眠被认为对大脑发育非常重要（虽然尚未完全理解）。对婴儿来说，这意味着身体放松，意识警醒而多梦。在旁边监护的成人会看见他不停地做鬼脸和吮吸的动作。

3～4周时，睡眠和哺乳仍如影随形，饿了醒饱了睡。应顺从婴儿自身的意愿。不过，6周左右时，哺乳和睡眠的关系渐渐有些松散。婴儿仍倾向于在哺乳中入睡，喝饱后即睡着。但他不会总是一直睡到饿醒，有时睡够了就会醒来。

婴儿的充足睡眠仍是他的自然睡眠。睡眠的实验研究表明，新生儿平均每天睡16小时，但计算出此平均数的婴儿实际睡眠时间之间差别很大。睡眠时间多到19小时或少到10小时都不属于异常，他们只是爱睡或易醒而已。

白天清醒模式　　大多数婴儿有自己习惯醒来的时间，傍晚是普遍的醒来时间之一。早餐后睡大半个上午，午餐哺乳后继续睡，但这次他不是一直睡到饿醒，午睡一小时左右肯定会醒来。许多在家育儿的父母或照顾者认为，这种模式很方便。此时适合给予婴儿社交关注，让他在地上玩耍，或用背巾携带他四处逛逛，去商场转转，或者接大孩子放学。如果你愿意，可以把婴儿唤醒然后这样做，或许再来点水或果汁让他可以支撑到下一餐。1～2小时吸引人的游戏和地点之后，婴儿将非常期待下一餐，甚至在成人夜生活开始之前沉沉地睡去。

婴儿采用的某种白天睡—醒模式令你觉得不方便时，可以通过灵活地调整哺乳而有所改变。比如说，他倾向于早餐后睡1～2小时，上午多半醒着，整个下午睡觉，那么上午增加一次"点心"再让他接着睡。然后让他睡到自然醒，午餐需求将会推迟出现。如此操作，假以时日，婴儿有可能整个下午醒着。但这并不总是有效。有些婴儿醒着不饿时，不愿接受哺乳。而另一些婴儿愉快地吃完"点心"却不睡，跟没吃一样。

调整夜间模式值得尽一切努力，但白天模式另当别论。因为，婴儿3～4个月大时，一切都将改变。他有可能白天长时间清醒2～3回。他仍然喜欢饱餐后睡觉，但越长大，白天睡觉的时间将越来越短。

睡眠困难　　这个年龄的婴儿没有睡眠困难，如果有，那肯定是你而不是婴儿的问题。除了生病或疼痛之外，他需要睡多久就可以睡多久，不会太在意地点或时间。他仍不具备长时间清醒的能力，最多能被你唤醒，担心他能否睡饱为时尚早。

夜间睡眠　　成为白天活动、晚上睡觉的日行人类，这一生物适应性特征普遍将在3～4个月大时发展完成。如果到时婴儿夜间睡眠仍然没有白天深沉或长久，即使你无从教育他调整白天和夜晚的行为，你也必须帮助他（P107）。

检查外界干扰因素。如果他和你睡同一间卧室，快速回应他的每一个小动静、不时走到婴儿床旁边探查他的呼吸情况，都将刺激他从浅睡中清醒过来。随着他长大、更有精神，尤其从最初的小婴儿篮换成大婴儿床时，他还会开始蹬被子而导致受凉、不适。如果温暖的房间和包裹令你愁眉不展，因为它们有可能造成婴儿过热和婴儿猝死率上升的危险，那么，形如睡袍的轻巧棉质婴儿睡袋会很实用，令他感到安全又温暖。如果你现在开始在夜间使用婴儿睡袋，未来至少肯定能避免一个问题——婴儿爬出婴儿床。

要想不盖被却能保持暖和，盖有东西但又保持通风，那么，令婴儿睡眠舒适又安全的只有棉质婴儿睡袋。

连续几夜醒来可能是"腹绞痛"（P120）所致，导致婴儿习惯在某些特定时间一直醒着。如果他曾患过腹绞痛但现已痊愈，那么，你可以和以前一样，他一醒就抱他起来，一安静就放下。既然不是不舒服，他就会渐渐睡着。

然而，当他夜间不安醒来和腹绞痛无关，且已喝饱母乳时，他也许纯粹只是需要夜间更频繁地哺乳，简单得令人不可置信。这时你必须相信他。忙碌了一天后，母乳会原因不明地缺少。而且婴儿普遍会在第二个月内猛然发育，还要为此促使母乳增产，以迎合他的胃口增长。此类婴儿一般需要在夜里频繁哺乳。由于蛋白质水平夜间最高，这些马拉松式的哺乳工作非常有效。

注意，随着他长大，婴儿在24小时内的清醒时间将越来越长。如果他白天睡得多，晚上或夜里势必很有精神。如果你亲自照顾他，或者和伴侣或保姆共同照顾，应帮他调整白天的作息，安排外出活动，不要过度期望照顾孩子却不被孩子打扰。如果半天或一整天把他托管给保姆或育儿中心，应确认他可得到所有必需的刺激和适当的游戏活动。提供机会太少不一定意味着保姆疏忽大意。虽然有些缺少刺激的小婴儿会明显表现出厌倦，通过啼哭来吸引更多成人的关注，但这并非普遍现象。如果婴儿在家里获得的刺激很少，或在群体里被太多的刺激淹没，都将表现得木讷，而不是厌倦或惊慌；倾向于睡觉，而不是哭闹，除非确实发生了有趣的事情，比如父母回家。

一般来说，婴儿清早醒来意味着他已经睡饱了，尽管你还没有。如果清早哺乳依然持续，你将得到两三小时的安逸。当他明确表示早餐前不必吃喝任何东西时，便没有任何办法可以让他再睡着。也许他喜欢和你睡在一起，这样做的好处是，至少此刻你可以慢慢醒来，以后甚至可以让他在婴儿床里自娱自乐一会儿。

白天睡眠　　新父母在育儿的最初几周，往往发现他们几乎不可能放松，也不可能在婴儿醒来时处理育儿之外的其他事情。只有他睡着了，成人的生活才能重新开始。如果他不睡或一直醒着，父母将会感到这一天一无所成。

在照顾未适应生活的新婴儿期间出现那种感觉很自然，但必须尽快克服。毕竟，婴儿处于大多数时候酣睡、只偶尔醒来的状态的时间只有短短几周。他是一个人，转眼将和其他人一样，白天正常醒着，偶尔打两三次盹。你必须训练自己，把婴儿当作一个有思想的家庭成员。当你转念决定不再把家务事留到他睡着后进行，你会想出很多办法一边处理家务一边愉快地照顾他。当你把他看作一个人，一个削土豆时的聊天对象或煲电话粥时的闲聊伙伴，那么，照顾婴儿和你的家庭生活之间必将互相有所通融。

换大床　　当婴儿的体重接近婴儿篮或婴儿床的承载极限，或婴儿开始大力踢腿、设法翻身时，该让他习惯睡大婴儿床了，这床足够他睡到成为一个小孩子也绰绰有余。婴儿床四面必须有高围栏，婴儿或站或爬都不会掉出去。为了便于成人从婴儿床里抱起婴儿，还应该有一侧是可以活动打开的。许多单开门婴儿床还设有床板和床垫高低两挡，当婴

这不仅是婴儿睡觉的地方，还是他特别神圣的避难所，至少在接下来的两年里是这样。

儿高得能爬出婴儿床时，围栏可调至相应的安全高度。如果你觉得木条围栏空间可能使婴儿情绪紧张，应让他适应几晚——继续把他放进第一个婴儿篮或婴儿床里，再连人带床放进大婴儿床里。

单开门婴儿床当然无法轻易挪动到另一个房间，但那并不意味着婴儿白天不能在其他地方睡觉。为此，第一张婴儿床也许可以继续使用一段时间，过几个月，他将能使用一张便携婴儿床或婴儿推车，只须系上安全扣即可。

如果婴儿和你们睡同一张床，你也确实希望家人继续睡在一起，此时你也许会犹豫不决是否要添置一张婴儿床。没有婴儿床的困难在于，一旦婴儿学会翻滚，他在大人床上的安全必须依赖大人的陪伴，确保不会滚下床或爬落床沿。如果没有婴儿床，你绝不能把他单独放在大人的床上。

**预先考虑白天
和夜间睡眠**

进食和睡眠的关联依然十分密切时，常常表现为他在吮吸动作中睡着。起先吮着乳房或喝着奶瓶，直到松口让乳头或奶嘴离开。即便你立着抱他以防打奶嗝，他也不再有意识，在进入婴儿篮或婴儿床之前早已酣睡。对婴儿来说，那是美妙的奢侈享受，对你来说也很迷人，因为你知道他睡着了，可以转身关心其他的人或事了。

然而，婴儿稍大一些，你就必须提前考虑如何处理起夜问题。现在，你得预先考虑如何度过婴儿醒来之前的时间。在哺乳时睡着或在成人拍饱嗝过程中睡着的婴儿，不会因为你安排他睡觉就去睡觉。现在你喜欢那样做，但你不会在未来两三年一直喜欢那样做。

很多的未来入睡困难，至少有一部分缘于大婴儿期依赖成人哄睡觉，导致婴儿不会自己睡着。原因很好理解，你为婴儿哺乳到他完全失去意识地酣睡，接着你把他放进婴儿床，直到他再次醒来之前一切安好，但他一醒来（要知道人人都会从睡梦中不时醒来），周围全变了。在他的印象中，最后的场景是你的怀抱，现在却发现自己独自待在床上，他当然会啼哭起来。"发生什么事了？你在哪儿？"你来到他身边，他希望你抱他起来，以同样方式哄他睡着。他不会舒服地蜷身闭眼睡觉，他也许只会在你怀抱里睡着，甚或需要乳房或奶瓶，在吮吸中睡着。这样做，他也许特别容易再次入睡，你可以轻松地把他放进婴儿床。然而，下一次醒来时，还将重复整个过程。如果你对此无知无觉，这还将在明年继续重复。实际情况是，很多婴儿到了学步

父母的床安全吗？

带婴儿睡觉有没有危险？我们知道这样做有很多利弊，此刻非常想知道这种做法的安全性，但在这点上，我们还没有找到一个明确的答案。

你们得不到一个明确答案的原因是，根本没有——或者说没有一个各国权威人士与组织普遍赞同的说法。有些研究发现表明，和父母睡同一张床会增加（一点）婴儿猝死的概率，因为大人的被褥会危及婴儿的呼吸或造成他们过热。有些研究显示，没有证据表明亲子同睡是导致婴儿猝死综合征（SIDS）的危险因素。还有更复杂的，有些研究结果表明，亲子同睡根本不是一个危险因素，反而会保护婴儿免于SIDS——独自睡时停止呼吸的婴儿，会被父母熟睡时的呼吸、动作和声音刺激从而继续呼吸。

这些发现没有简单的对与错，明显相悖的结论较可能是问题本身的复杂性所致。从定义上看，SIDS死亡原因不明（P111）。日常危险因素——比如俯卧的睡姿或吸入香烟的烟雾——是最贴近我们的"诱因"，但即便是那些危险因素，也会复杂地交错作用。或许可以说，亲子同睡时而危险（比如父亲或母亲喝酒或吸毒后），时而中立，时而具有保护性（比如婴儿病情加重）。

婴儿猝死非常可怕，健康专家体谅之余倾向于给出安全且简单的建议。也就是说，任何有可能引发或导致SIDS的抚养方法都会使父母慌乱，构成潜在的压力。比如在英国，官方报告最近提出"父母卧床哺乳或安抚婴儿比较方便，但最好把婴儿放回婴儿床睡觉，吸烟或饮酒的父母尤其有必要这样做"。卧床育儿到底有多方便？如果除了奢华的享受感，妈妈得时刻保持警醒（并避免打扰宝宝）。它还会有负面作用，比如当妈妈为自己失去警觉的熟睡危及宝宝安全而内疚，且醒来后发现自己竟然睡了两个小时的时候。

作为个体的父母，或许在私人健康顾问的专业建议和支援下，从问题复杂性、实际条件与敏感性考虑，即可找到分享卧床的解决办法。和一个大人同睡确有可能是SIDS——或此类婴儿突然意外死亡（SUDI）——的危险因素。想也不用想，父亲或母亲醉酒或服用镇静剂失去意识时压住婴儿会发生什么。床垫柔软，盖着12托格羽绒被（托格，英国用以量度衣物、毯子及被褥的单位名称；级数越高，羽绒被越保暖），枕头围在身边，但那不一定意味着共享卧床就是危险。建议所有父母不要同卧，不管他们自认为多么适合共享卧床。

婴儿睡父母的床的安全性没有明确的定论，不像（比如说）婴儿趴着睡的问题那么明显。各种证据所得结论各异，所有证据无一例外地表明，婴儿趴着睡比仰睡危险。所以，任何忽略这点的照顾者，都将负有不可推卸的责任。但是反对亲子同睡的证据则模糊不清、有条件性，证据本身也有倾向性。因此，每对父母只要考虑适当，即可自己决定。

喝饱、困倦但没睡着时，
她肯定会自己入睡。

期仍然需要每夜哺乳2~3次，因为，尽管他们醒来的次数和其他人一样，但他们没有其他办法让自己入睡。

让婴儿喝奶睡着，然后把他抱上床，是你不能或不希望绝对避免的事情。但是，当婴儿（比如说）3~4个月大时，明智的做法是，偶尔让他自己睡，他才能学会。这件事情的诀窍是，让他在你怀中放松，直到昏昏欲睡但还有一丝清醒时放进婴儿床，让他感受到床的舒适和你的离开，让睡意带他进入梦乡。

如果你更愿意在夜晚亲自哄他睡觉，可以让他白天自己睡，因为白天回到他身边比较容易。但归根结底，晚上让他自己入睡才是好办法。如果你把他安顿好，他没睡着又开始啼哭了，应该即刻回到他身边。这是能力培养期，不是专项训练。如果有必要，可以频繁地回到他身边，直到他昏昏欲睡。如果和直接哄睡着相比，这种做法似乎有很多烦恼，那就着眼未来吧。在断奶后，他能自己舒服地蜷身睡着时，你便希望他能够和你一样，夜里自己度过浅睡期。如果此前他从未有机会练习独自入睡，此时肯定要呼唤帮助，每次一醒来就会喊你。

啼哭与安慰

　　有些婴儿啼哭较多。即便度过新生儿期的婴儿，仍有些较容易陷入痛苦，比较不安，或至少不像大多数婴儿那样能够自娱自乐。然而，即便婴儿向来啼哭非常频繁且持续如此，随着他长大，情况将可能逐渐有所好转。普遍看来，婴儿啼哭最频繁（每24小时啼哭2～3小时）的时期是在6周大左右。

　　婴儿日常啼哭有固定的次数，任何一次啼哭的消失都令人可喜，但那些冗长的凄厉啼哭的消失最令人欣喜。在第二和第三个月里，婴儿仍会像往常一样频繁啼哭——每天很多次——但极少不顾你的努力安慰，一个劲儿地啼哭。当然，除非你面对的是"腹绞痛"婴儿（P120）。抱起啼哭的婴儿，哄一哄，说说话，他有可能停止啼哭。如果他正觉得不舒服，阳光刺眼、凉风飕飕或特别饥饿，啼哭将重新开始，直到你消除了那种特定的不适感他才会停止。但大多数时候，只要在父母或照顾者怀抱中，小婴儿将会一直安静地待着。

　　许多父母认为，正是这种转变使"问题婴儿"变得容易相处、讨喜。照顾新生儿时，你认为自己是世界上最没用的父母的糟糕感受一去不复返，现在你将逐渐发觉自己魔力无边。也许你希望宝宝不要如此频繁地需要你的魔力，但他需要时，拥有魔力将使你受益不尽。

　　大多数啼哭也越来越容易安慰了。仍然有你耳熟的饥饿啼哭，不时会爆发令你心疼的啼哭，即便你明白他纯粹只是要打奶嗝。不过，他现在发明了"牢骚啼哭"——一种烦躁的呜咽抽泣声。起初，他用这种声音表达大多数需求。他的意思不是"糟透了"或"饿死了"，只是"我现在似乎不太开心"。接着，他将发明"愤怒啼哭"，这种声音与众不同，是一种愤慨的咆哮声，似乎在说"回来"、"就要它"或"住手"。

　　也许你不能用语言描述婴儿的各种哭声，也不会辨识哭声，但你一听就知道宝宝为何啼哭。当婴儿开始发牢骚啼哭时，你知道他是饿了或厌倦了。你知道必须行动了，闪念间便有了处理办法，因为你听到了嘶哑的咆哮哭声，但你没有急切到失去理智。所以，你至少开始较能领会他的哭声，还可使哭声停止，哪怕只是短暂的。但你要如何才能让他逐渐减少啼哭呢？

　　所有新生儿期的啼哭诱因与化解方法（P114）仍然可以沿用至此，但现在必须从新的角度看待和考虑。

效果当然好，但婴儿确实需要它吗？

有些婴儿偏爱吮吸安慰，较难分辨其吮吸需求是出于想获得安慰还是饥饿。母乳婴儿可以得到充足的吮吸安慰，如果他的哺乳时间不受约束，换另一侧哺乳之前允许他"清空"第一个乳房（并悠然自得地吮吸）。配方奶婴儿只有在哺乳时才得以吮吸，所以，即便"按需"哺乳的婴儿也需要额外的吮吸。对所有婴儿来说，额外的安慰吮吸的最佳来源就是他自己的手——随时可用，而且比你提供的任何东西都卫生。把他的拳头送到他嘴边，如此鼓励几次。切勿把胳膊裹进襁褓，令他无法够到珍爱的拇指。不过，吮吸拇指往往较晚出现。大多数婴儿还不会自己吃到手，也无法从吮吸细小的指头中获得满足感。

当婴儿频繁啼哭，不会或不愿吮吸手指，只热切地吮吸你的手指时，可以给他一只安慰奶嘴。安慰奶嘴越来越普及，无疑对少数痛苦或不安的婴儿有神奇的作用，但不是所有婴儿都需要一只。安慰奶嘴有利也有弊，别以为婴儿必须有一只安慰奶嘴。大多数婴儿完全不需要，而且没有的最好别要。如果婴儿属于哭闹型，你想试试安慰奶嘴是否有用，那么，设法拖延到宝宝咬玩具、吃手指后用几个月，且只限临睡前。如果宝宝到6个月左右属于比较开心的婴儿，即可设法在宝宝能够记得奶嘴或想念奶嘴前，彻底取消安慰奶嘴。在攀爬、学步阶段，安慰奶嘴毫无美感，最不卫生，还会限制儿童的探索活动。

在安慰奶嘴的使用方面，无论你如何安排，都不要妥协使用"妙

安慰奶嘴的优势	安慰奶嘴的弊端
如果宝宝喜欢它，奶嘴会安慰他入睡，在他烦躁或吸入空气甚或受到惊吓后，安抚他的情绪。	他习惯了吮吸奶嘴，便不能没有它。或许一用好几年，你会觉得很难控制它的使用。
如果他咬着奶嘴睡觉，浅睡期或外界干扰会使他再次吮吸（从而安抚自己），而非即刻吵醒他。	奶嘴会在婴儿熟睡时掉出来。当宝宝受到干扰或处于浅睡期时，就想要拿回来。但他自己找不到，所以每次都需要别人帮忙才能继续睡觉。
安慰奶嘴或许意味着他不再喜欢吮吸自己的拇指。	安慰奶嘴咬在嘴里，白天会约束发声和探索玩具，而且你会冲动地用它阻挡每一次抗议。除非你一直消毒，否则它们还不卫生。

妙瓶"（迷你瓶装甜饮）或喂一瓶果汁或配方奶。这些是快速腐蚀乳牙（及恒牙）的捷径，还存在宝宝熟睡后吮吸呛食的危险。如果你想给宝宝喝的，就抱他坐在你腿上。

感到厌倦的"失眠"婴儿

婴儿啼哭往往是因为你希望他更常睡觉，睡得更久，这超出了他本身的需求。或许是他属于睡眠需求偏少的婴儿（要知道，有些3～4个月大的婴儿从未在24小时内睡满12小时），或许是你还没调整心态适应育儿生活，所以你总设法让他睡觉。

如果他是一个非常活跃的婴儿（许多"失眠"婴儿就是如此），身体束缚在襁褓和被褥里会让他灰心失意。当他必须独自待在婴儿床或婴儿篮里时，应尽量让他能够自由活动四肢。如果天冷，一个婴儿睡袋（P180）既可为他保暖又不会太束缚他。

即便可以自由活动，但如果他清醒地独自待很久，他也会感到非常厌倦。如果有趣的东西可看、可挥击，还能碰到，会非常有助于让他开心。如果你有一个花园，尽可用婴儿车把他推到树下或阴凉处，甚或晾衣绳上随风舞动的一排衣服旁。如果他得待在室内，应在靠近他视线的上方挂些有趣的东西，且频繁更换。

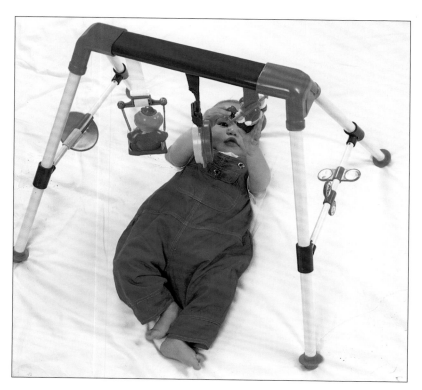

她看一看，挥挥手，够到就抓。挂上她自己的安全可咬的玩具，能玩好几个月。

然而，人无可替代。如果婴儿长时间独自醒着，他啼哭或许是因为他感到孤单。毕竟，花园里熟睡中的婴儿对此无意识，但一旦醒来后独自一人，就会有孤独感。如果他醒来时总有人陪伴，过度啼哭或许转瞬即逝。

他醒来时总有人陪伴，并不意味着你要守在家里坐等他醒来，然后还希望有人陪你等。利用他可以随身携带的特点，可以使你的产假至少有点接近假期的意思。乳房哺乳或许会让你寸步不离宝宝，但不会使你们俩困在某处。从一开始到他会动、开始添加辅食前的最初几个月里，他比今后任何时期都方便随身携带去工作或游玩。所以，你几乎可以去任何地方，和你喜欢的人做任何事情，婴儿不饿的时候，会是万人迷。

他会津津有味地观察所有大人以及他们做的所有事情。只要他有一个开朗热情的照顾者，他自己并不需要经常外出和大量娱乐。当有人在家里或园圃里做简单的工作时，他愿意被背着，因为从这个有利的角度可以享受一种参与感。即便不能背着他，也还有很多其他方式让他融入成人活动中。尤其是，他现在已经能坐立了。让家人都形成习惯，时常和他聊会儿，告诉宝宝他们正在做什么。婴儿车内加靠垫或用婴儿座，使他能坐立观望，被带往有趣的大人活动区域，当然会令他感兴趣。无论你觉得家务多么乏味，他都能孜孜不倦地欣赏。你或许厌烦了削土豆皮，但这是他平生第一次看见土豆，所以，你还是引荐一下吧。

当他坐累了时，地上放一张毯子就成了理想的游戏场，除非你家里到处是狗和学步童。宝宝不会想看电视，但看着别人做瑜伽或吸尘他很开心，也特别喜欢自己活动架上悬挂的颜色鲜艳的物体。对于稍大些的"失眠"婴儿来说，最佳解决方案或许是一张婴儿跳跳椅。马具形的柔软坐垫，由弹力带挂在门框或天花板吊钩上，赐予他完美的开阔视野。脚指头触地的那一刻，他开心地自由舞蹈、旋转、蹦跳……婴儿跳跳椅令痛苦的宝宝开心，令开心的宝宝更愉快。而且，它们使婴儿从早期开始就像哥哥姐姐的玩伴一样。宝宝能竖起脑袋和后背时，就会开始从这个令人陶醉的新角度了解他的世界。

婴儿无法抵抗跳跳椅开阔的视野和奇妙的独立行动。

肌肉力量

当你参观一家婴幼儿托管所，看见他们那与身体不等的大脑袋控制着所有姿势，却对四肢或身体几无控制力时，很难相信一年之后可以看见他们中的大多数人能站立起来。肌肉力量确实在以闪电般的速度发展。从头部开始，婴儿转眼将学会摇摇晃晃地支起脑袋，进而无一例外地依次序向下发展。半岁时，婴儿背部肌肉的控制力一般稳定到足以晃晃悠悠地独自站起来。到一岁时，肌肉控制力终于到达膝盖、脚踝和双脚，他能够稳定地自己站起来。

所有婴儿都沿着相似的生理轨迹发展，但每个婴儿都有自身特定的发展速度。犹如跑步者同时沿同一跑道出发，但有快有慢。有些人忽然一阵如飞兔加速跑，忽然一阵如乌龟缓缓前行，大多数则前后交错地匀速慢跑。所以，正常婴儿的发展或领先数周，或落后数周，而正常的同龄婴儿普遍以同一发展进度和顺序学习活动技能。婴儿学习坐或早或晚，但肯定是先学会坐，然后学站。婴儿或许会为了走路放弃攀爬，但如果他要攀爬，将在走路之前完成（虽然可能只是几天）。

学习翻身、坐立、攀爬、站、走等里程碑式发展，都预示着每个婴儿必备能力的发展进程，甚或是你自己孩子能力发展的实际指南，但这些发展无法预示何时会出现下一个或任何特定的发展，更无从谈及何时应该出现。

翻越里程碑的速度各异，也就是说，孩子们彼此间频频交替领先。人们难免会对比两个孩子——对彼此宝宝感兴趣的父母也想通过对比了解孩子的发育进展——但如果因此让父母、祖父母和其他照顾者产生竞争压力，这样的对比将造成非理性的嫉妒和伤心。你的侄女或许比你的女儿早几周坐起来，但她也许就此一连两三个月开心地忙碌于坐着，顾不上学习攀爬。此时，你的女儿"追上她"学会坐，紧接着"领先她"开始爬……

实际上不存在"追赶"和"领先"，这些发展属于人类的自然发展进程，而不是竞赛。并非因为婴儿在邻居的孩子之前或之后练习某些肌肉控制力，就说明他或强或弱。婴儿是一个独立的人，应按照他自身的节奏沿着既定的发展轨迹前进。当然可以比较他和其他个体的发展进程，但只应出于好奇，而非评判。

头部控制

到6周大时，大多数婴儿的颈部肌肉力量足以有效地支撑脑袋。只要被人抱着不动，他们就能立起脑袋。如果你背着婴儿走路，或抱他时忽然蹲下，他的脑袋仍会歪倒。在你抱起放下他，或者他在你身上稍有倾斜时，需要你托住他的后脑勺。

大约6周之后，颈部肌肉力量结实，婴儿的肌肉控制力逐渐向下发展至双肩。由于他一直在发育、增重，脑袋相比身体其他部位不再那么大而沉了。3个月左右时——早产儿应从预产期算起——他将完全具备头部控制力，只在被抱起或在做某些特殊动作，如离开婴儿座时，需要你托住后脑勺。

可以自己支撑但还不太稳的时候，如果被忽然抱起，他的脑袋仍会扑通落下。

头部控制力提高了，他的所有姿势——天生形成的身体姿态——也随之变化，从新生儿期的蜷曲逐渐舒展开来。他逐渐能够平躺，后脑触及床垫，双臂双腿自由活动。趴在地上时，他逐渐学会收腿蹬地，向左右转动脑袋，而不是偏爱一个方向。他昂首"站"在你怀里，而非趴在你怀里，脑袋靠着你的脖颈。不久你将发现，如果你托着他双手轻轻拉他坐起来，他的脑袋会随即跟进，颈椎与脊椎一致行动，不再让脑袋后仰或垂落于胸前。

踢腿

这些微小而渐进的身体发展使婴儿的行动能力和对周围世界的利用能力产生了重要转变。当婴儿胎儿式蜷伏时，脑袋总偏向一侧，不能看到婴儿床上方；现在平躺着，既能看到上方，还能转头看向两边。现在，他可以躺着欣赏空中的悬挂玩具、移动物体和各种表情。现在四肢自由了，可以开始探索身体活动的乐趣了。

现在她从蜷伏变成平躺，开心时就能踢腿挥臂了。

大多数婴儿3个月时已经四肢"舒展"。到了这个阶段，婴儿看似对能控制自己的身体很开心，喜欢学习使用它。现在他一醒来就张牙舞爪。他仰面平躺时，像踩单车一样慢慢地轮流蹬腿，和早前的小抽搐完全不同。双臂也挥舞起来了，而且，如我们稍后将会看到的，不时出现在眼前的双手成为他最重要的"玩具"（P198）。俯卧时可以练习一种头脑控制的新方法，点头似的一次次试图抬头，就像几周之前在你肩膀上抬头一样，他在自学抬头。当他每次能保持几秒时，将会明白如何减少前额的重量，让脑袋和双肩完全离开地面。

翻身

9～10周时，许多婴儿的肢体动作非常活跃。侧身躺下时，蹬蹬腿就能仰躺回来。无论那是有意识的翻转，还是地心引力的单纯扭动，在他们学习更高难度（和潜在危险）的动作，从稳定的平躺翻转到摇晃的侧躺之前，大多数婴儿已至少3个月大。注意，具备这样翻身能力的婴儿会随时翻滚，曾经安全又方便的更衣桌，将变成换尿布时间之外的真正危险之处。

但是，想想这些微小的肢体发展带给婴儿的无穷乐趣和独立感吧。他可以自己练习观察脚丫和小手，转身以缓解长期受压的皮肤，改变视野空间，抬头即见不同的风景。然而，这一切的毁灭不费吹灰之力——束缚手脚的衣服或毯子会妨碍蹬腿，易皱的垫子会妨碍翻身，空白的墙壁会令他失去四下张望的热情。帮助他做到正在努力尝试的事情并乐在其中，和迫使他尝试力不能及的事情，完全是两回事。如果他要从自身发展中有所获益，必须有你的帮助。

学习坐　　　　　　婴儿可以稳稳地昂首由你抱着慢慢走，也能昂首趴在地上时，他的肌肉控制力将从颈部逐渐向下发展至后背。如果你轻轻地拉他坐起，他将不像早前那样上身一直向前弯曲，脑袋几乎触地。他将控制好脑袋和双肩，只有中背部和臀部仍向下沉陷。

3～4个月期间，设法坐起将成为婴儿最关注的事情之一。每当你握着他的手，他就把你的手当作扶手，把自己拉起来。如果没有大人出手相助，他也会设法自己坐起来。当他仰躺着时，一轮有力的蹬踢后翻滚到俯卧，稍事休息后会再抬起脑袋。再过1个月左右，他将抬起脑袋和双肩，或许偶尔还会看一眼自己的后脚跟。

如果你不把双手递给幼儿辅助他坐起来，宝宝会自己尝试着做。

大多数婴儿先学会坐，然后学爬。尽管她不反感趴在地上，但确实要几个月后，身体才会离开地面。

　　这一切意味着，现在婴儿醒来时，应偶尔靠着坐一会儿，让他得以观看周围发生的事情。重点是，让他成为日常交流活动的对象。他平躺着时，人们在旁边忙忙碌碌，可能顾不上他；他坐起来时，过路的人们会和他四目相对，停下来笑一笑、说说话。让婴儿靠着坐，实际上强调了他是一个真正的人。

　　但应谨慎对待婴儿坐起。坐在沙发一角或沙发椅里，婴儿很难感觉到舒服，因为他的身体会慢慢下陷，后背越来越弯，脑袋被迫垂下。他还不会扭动着再坐起来。他能舒服地坐在婴儿车里，如果坐垫下有几只靠枕，他可以倚靠在稳定而平缓的斜面上。他甚至会很早喜欢"跳跳椅"，或开心地使用便携式婴儿车座。最佳的解决办法仍是一张婴儿椅，婴儿椅的可调节挡位越多越好，幅度从几近水平到几近垂直最为理想。使用这种婴儿椅，应让婴儿的反应告诉你，他目前愿意坐多直。如果你调到中挡，让两个月的宝宝坐进去，系好安全带，他坐在里面会觉得既舒服又放松。几天或几周后，他的脑袋和双肩向前伸，像要离开坐垫的样子，这表示他在设法坐得更直些。此时可将婴儿椅上升一挡。这个过程还将持续重演。理想的婴儿座轻巧、稳定、便于携带，可以使婴儿和你比邻而坐，看你做事。最好用的婴儿座也许属于某个"座系"，有站座和餐盘（甚至还有悬架和摇椅配件），可以变成高脚椅（和室内游戏栏），一直使用到学步期。但如果你喜欢分开选购，必要时也会在婴儿两用小椅子（椅/摇椅）中找到简单的婴儿座。

　　5～6个月时，婴儿的肌肉控制力多半已覆盖背部，背肌基本可以自我控制，虽然臀部仍会沉陷。由你拉着坐起来时，基本可以使用自身的肌肉力量，只须借你的双手平衡身体。靠坐时，也许只是尾椎需要支持。到半岁时，许多婴儿（当然不是全部）已有坐姿必备的肌肉力量，虽然鲜有婴儿完全具备坐的技能。如果你把婴儿放在地上坐稳，松手两秒，他多半不会下垂，但会歪倒。在独立坐起之前，他仍须解决平衡的问题。

学爬

很多婴儿在半岁之前看似准备爬了，其实他们极少真正这样做。爬行几乎总是在坐之后——往往坐了几个月之后——尽管有那些早期表现，但往往根本不会发生。

开始考虑让婴儿爬行的时机取决于，婴儿必须有习惯和满足于不时俯卧的行为表现。实际情况是，总有些婴儿一直强烈地抵触俯卧，如今这个比例甚至有所上升，因为婴儿日常习惯于仰躺的睡姿，几无俯卧经验。

时常朝地面俯卧游戏的婴儿，将很快学会抬头，分担前额的重量，继而屈腿收膝、抬臀。4～5个月时，许多婴儿已经发现，自己可以稳稳地趴在地上；屈膝90度时，可以用脚而不是膝盖蹬地。大约在同一时间，他们也许会通过举手而不是举臂学习提肩。现在，婴儿的手脚已经准备好爬行，但他还不会手脚并用、膝手撑地。

有些婴儿努力尝试手脚并用，以至于他们像是在"两头翘"——头低臀翘或臀低头翘。真正的爬行是肚皮离开地面积极前进，6个月以内极少出现。但一个"两头翘"的婴儿往往能"爬"很远，足以到达床沿或楼梯口……虽然婴儿还不能活动自如，但也该采取安全预防措施了。

有些婴儿最初3个月左右并不抵触俯卧，但现在却讨厌俯卧，放弃爬行预备练习。此时，这些婴儿往往特别喜欢观看事物，与人互动。俯卧限制了他们的观察视野，所以，一被放到俯卧的姿势，他就挣扎着翻回到仰躺的姿势，有些甚至这样持续到6个月大。

对于这样的婴儿，如果他可以自由地仰躺翻身，很有可能不再反对俯卧。能够顺利翻身之后，不久即可安排俯卧练习。

那些拒绝练习任何爬行预备动作的半岁以内婴儿将晚于其他人开始爬行，这个假说毫无根据。如果一个婴儿推迟早期尝试爬行的时机，直到爬行潜能累积很久之后，他将体验到即刻的成功，练习一两天就能随处爬，而不必练习两个月。有些婴儿只是没有推迟爬行尝试，其实他们从没真正爬起来，但也没关系。和其他"活动里程碑"不同，爬行是普遍现象，但没有共性。婴儿可能跳过爬行期，直接站立行走。

学站　　站立的出现晚于坐或爬，因为肌肉控制力是下行发展的。能够控制背部和臀部肌肉之前，婴儿不能控制腿、膝和踝关节。

但练习始于早期。抱着他"站"在你腿上时，你那3个月大的婴儿会可怜地向下沉。一个月之后，他伸直双膝练习脚趾蹬地，至少可以承载一点点自身的重量。到了4～5个月时，膝盖伸直运动已经出现节奏，就好像"蹦跳"运动。到达这个阶段的婴儿，将明确拒绝老老实实地"坐"在你腿上。一抱起来，他就蜷起身体，紧紧抓住大人的衣服，努力让身体竖直。站姿使他得以和你热情拥抱，有机会主动观看你的脸，瞭望你身后的世界，这一切令他激动"跳跃"。到他6个月时，你也许早已认为，他不仅是一个预备体操运动员，还把所有大人当作蹦蹦床……婴儿太小不能用蹦蹦床，但可以使用婴儿跳跳椅了（P188）。别把跳跳椅和学步车弄混了。在学步车里，婴儿可以自己随处"行走"。对于学习无人搀扶的走路来说，学步车更安全，更有益发展。

育儿备忘

交代临时照顾者。

婴儿的发展进程断断续续，有些发展瞬时完成，令父母措手不及。因此，许多婴儿周一才刚刚能翻身，周二清早就会翻滚出更衣桌。

如果亲自育儿的父母都难以确保婴儿的安全，更何况是临时照顾者——一周三天看护你孩子的保姆或育婴师，周六照顾他的祖母，甚或只有周末不照顾他的育儿中心工作人员。除了注意婴儿突然增加的行动力，还要注意：

■ 能够挥击悬挂玩具的婴儿突然会抓和拉。一个漂亮的观赏玩具用来咬时是不安全的，而一根吊线甚至可能引起窒息。

■ 婴儿开始伸手抓东西。或许是他的整盘午餐，但也可能是大人的热茶或学步童的头发。

■ 婴儿会拿东西放进嘴里。提前预防，把日常生活杂物——笔、剪刀、报纸和针线活用品——放到婴儿够不着的地方，谁也不想到时候猝不及防。

观看与理解

新生儿天生喜欢观看人的表情和难懂但棱角分明的形状和图案。两者各有明显的特性。婴儿不仅讨人喜欢，也关注照顾者。观看难懂的图案和图形需要适应期，因为他得学习安排一个复杂的世界。

发现你

最初半年里，婴儿要花很长时间才能从飘忽地看转为目不转睛地观看。不过，他将逐渐理解眼前的许多东西。他将学习分辨东西，还能逐渐抓取眼前的东西，继观看之后，产生手眼协调的动作。

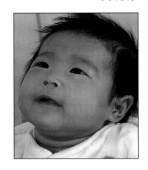

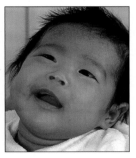

有一天，她专注地研究你的表情，目光在微笑中闪亮起来，如破晓的黎明。

新生儿期婴儿会研究所有的人脸，或任何有头发、眼睛、嘴巴，看似一张脸的物体或图片。不过，他将转眼学会识别真脸和假脸。当他开始笑的时候——通常在3周后6周前——他会对你、邻居或人脸画像笑。到8周时，你或邻居会得到更迅速、更灿烂的笑容。

3个月时，婴儿不仅知道真脸和假脸，还会开始识别不同的脸，尤其是熟脸和生脸。婴儿仍会对微笑交谈的邻居微笑、"交谈"，但更愿意冲你、你的伴侣和照顾者笑——你们是他最了解、最爱的人。大约一个月之后，他认识了你，会无限偏爱你。他对陌生人不警觉——那个阶段会稍后出现——但不想和他们亲近。反之，他和你在一起时非常自在、有信心、感到快乐。6个月之前，他对你的依恋表现将十分明显。在你腿上时的表现，犹如你的身体属于他。他会探索你的脸，吮你的鼻子，把手指伸进你的嘴巴……陌生人抱着时，他会彬彬有礼。当你伸手要抱他回来时，他开心得咯咯直笑。他已经明白，他常看见的那些人和自己关系特殊，他迫使哪怕最勉强的家人承认那层关系，从房客或半血缘关系的青春期哥哥中选中一个人，给予可爱又迷人的凝望。

发现有趣的情景

在生命的最初几周，婴儿的蜷伏姿势和短距离视线使他无法自己发现大量的观看内容。然而，如果物体自动出现在眼前20厘米左右，他就会定睛看，用身体表明兴趣。原本静静躺着的婴儿会开始扭动，原本踢腿的则会"静观"。如果玩具慢慢移动，并且一直在他有限的聚焦范围内，他会用眼睛追随。如果玩具移动过快或拿得过远而看不清楚，他就会失去兴趣。实际上，眼睛看不到这个玩具时，他便已忘了它的存在。

学习伸手、触摸，取得眼前的东西，使婴儿成为一个积极的生活参与者。

通过操作学习之前，婴儿早已开始通过观看学习。一定要在他的视线范围内放些有趣的观看物。

婴儿双手仍常握拳时，说明他没有准备好进行操作游戏，所以他不用玩玩具。不过，他可以看许多东西，而且，练习从不同的角度和距离聚焦视线，多半也对他很有益。应记住，起先较轻松的视焦距离是20～25厘米，任何移动物或悬挂的观赏玩具都必须靠近他。如果你在婴儿车或儿童床内他自然转头的方向插入一本黑白布"书"、一张塑胶图案卡或清楚的表情照，他研究时的专注表情将令你大为惊喜。但他将会更目不转睛地研究你的脸。生动的人物表情——笑容、谈话、歌唱、疑问——当然会成为他心里最有趣的东西，所以，他多半会喜欢面对面的"交流"，只要大人提供这样的机会。

找到最初的玩物：手

婴儿找到自己的手比找到其他人的脸所花的时间要长一些。你的脸每天主动出现在他眼前许多次，而他的手常常看不见，他也就无从想起，直到他自己可以主动地发现它们。只要他的手还在握拳，你即可认为，婴儿还没有准备好使用双手。只有醒着时基本张开手，才表示他准备好抓手里的东西，开始用手做事情。

大约6周时，婴儿多半将通过触摸发现自己握紧拳头的手。他用一只手抓住另一只手拉拽，伸开或合拢手指，但他不知道那些手属于自己。而且，甚至到了8周，他们时而张开五指而非紧握拳头时，也不会把双手举到眼前观看。婴儿用一只手玩另一只手，就好像它是个物体。如果你把一只摇铃放入"另一只"手掌心，他将紧紧抓住，而"玩法"完全相同。

最初的摇铃尝试会有桥梁作用，使他得以发现双手属于自己。因为，一个8周或更大的婴儿通常仰面平躺着，可以自由地挥动双臂。那意味着，如果有人在他掌心放一只摇铃，他有可能摇出声音。摇铃出声，他用眼睛追随声音，由此平生第一次看见摇铃和抓摇铃的手。之后的2～3周，他很容易抓握，很轻、挥到眼睛也没伤害而且能发出响声的玩具非常有价值，它们会指导宝宝的眼睛和注意力转向自己双手正在做的事情。它们有助于宝宝建立自身与双手的从属关系，建立那些手所做的动作（挥舞）和所发生的事情（响声）之间的因果关系。

到了10～12周，婴儿普遍不再需要这个声音，但他们仍喜欢响声。此刻，他们用手触摸，也用眼睛观看。他们确实能找到双手，常常玩手，盯住不放。在躺着的几分钟里，婴儿会调动双手，分开它婴儿自己的手是最好的第一个玩具。他会全神贯注地研究它们，犹如小学生看电视那样。

们，让它们消失在视线之外，然后再收回，拉拽手指……就像5岁孩子看电视一样入神。

大约3个月时，一旦双手有了控制力，婴儿不仅会用眼睛观察双手，还会用嘴巴探索双手：把一根手指送进嘴巴，拔出来检查，送两根拇指进入嘴巴，再看看，周而复始。

一旦将双手送入嘴巴，其他一切东西也将进入口腔。嘴巴将成为他的部分探索工具，他不但要抓到物体，还要放进嘴里才满意。试图阻止他"吃"东西，于你是徒劳，于他也无益。如果你担心卫生，就应确保宝宝的所有玩物适合抓握观看，也可入口。所以应勤加清洗，并让家人都培养形成安全收纳潜在危险物品的习惯。婴儿现在还不会伸手和捡东西，但也快了。

因为婴儿的嘴巴是他们的探索工具，所以嘴里总塞着奶嘴显然是一大遗憾。闹腾不安、只有含着奶嘴才满意的婴儿，可能还没准备好把玩自己的手。不过，大多数婴儿现在已经能够把安慰吮吸留在临睡前，或特别有压力的时候，让嘴巴和双手得以参与游戏活动。

使用双手　　婴儿最初分开使用双手和双眼，抓着东西但不看，看着东西但不抓。只要观看和抓握分开，婴儿就处于被动状态——一位不能对观看对象进行操作的观察者。要成为生活的积极参与者，婴儿必须把这两件事情结合起来，学会伸手够、碰、抓握所见之物。

持物是一件非常复杂的事情，你得看见某物，弄明白它是什么——或至少确定你想要它——估算它有多远，然后使用精密的胳臂运动把手伸向它。即便那时，为了抓住物体，你还要微妙地调节手部动作。只有做完了这一切，你才得以操作所持的物体，用它做事。这项人们每天完成无数次的条件反射式的动作名为"手眼协调运动"——学习把双手所做的事情和双眼所见的事物结合起来。手眼协调运动在生命最初半年里的发展，和下半年爬、走动作的发展同等重

看得越久，他越想伸手够、摸。他意识到自己需要用手做点什么，但究竟是什么，又怎么做到呢？

要，而且，这种手眼协调运动的重要性具有终生意义。擅长玩球或使用锤子的孩子，一定是手眼协调运动得到良好发展的孩子，比如合格的司机。

你不可能在婴儿准备好之前教会他协调手眼，但适时提供恰当的游戏活动，他将以潜在的全部兴趣和速度投入学习。那些长时间困在婴儿床或游戏栏里、只有零星的玩具和极少大人关注的婴儿，在学习伸手够东西方面非常慢，那意味着在发展操作技能，即操作能力发展方面也十分缓慢。婴儿只要得到有趣的观赏物，引导他们伸手够东西的大人时常关注，确保且欢呼成功，那么，他们的手眼协调能力发展将会快很多。

无趣的婴儿都是缺乏成人关注的婴儿，通常也令照顾者感到无趣。不要认为婴儿太小做不了太多游戏活动，不要使用大量实物玩具（如玩具熊和毛绒动物）以及那些"老朋友"，如悬挂饰物、摇铃和婴儿车挂件。

看和做　　当婴儿经常观看双手互相把玩时，的确是在把看和做联系起来。尽管近距离事物仍然最容易轻松观看，他用眼睛追踪物体轨迹的能力还是在增强，聚集速度变快，必要时会转头以便盯着看。不久，纯粹看自己喜欢的东西已不能满足他，他还要设法操作它——用最接近的那只手扑打物体，时而若有所思地从手看向物体，再回过来看手。

成功地伸出手够到东西令婴儿感到自身不断增强的力量和对自身和外部世界的控制力。他将利用你所创造的一切机会，但也不要对此过分期待。虽然练习控制双手、用眼睛评测双手和他想要东西之间

半空中的玩具是静观的趣物，挥击动作给予婴儿一种新的力量体验："我那动作有影响！"

的间距对他有实际利益，但他还不至于百发百中。连续的失败不会激发出比刺激一个儿童或成人更多的学习热情。尽量安排成功的体验。如果你在他眼前拿起一个玩具，等到他伸过手来，再放到他手里。在婴儿摇床支架或游戏栏框上，用短绳挂些东西，悬在距离他鼻子25厘米、挥挥手就能扑着的地方，是这个阶段最理想的游戏。婴儿会朝半空中的毛线球挥手，手时而会碰到，这样毛线球就动了。用同样的方法换着挂一只轻轻的摇铃，效果就会不同：婴儿会发现自己的扑腾不仅让它动了，还产生了听起来悦耳的响声。悬挂各种物体，经他挥动（不巧松落的话也不会砸到他）后产生令人惊喜的观赏和发现体验，"我看到那东西，做了这动作，事情就这样发生了"。

碰和取 　　婴儿能伸手直接碰到东西时，会越发频繁地尝试触碰，想要抓取东西。用手扑腾悬挂在婴儿床或游戏栏上的玩具，不再只是一个扑腾的游戏，他想要获取玩具。最经典的动作是，他看看玩具，看看自己最接近玩具的那只手，然后朝玩具抬手，用眼睛再次"测量"距离并重复这个动作，直到他真正准备触碰……不过，他多半还是会抓取失败，因为他几乎总是在到达前的瞬间握起手掌。

　　现在，摇摆物引发的懊恼多于娱乐。当他自己玩的时候，换一个配有固定玩物的婴儿床玩具架是最理想的。仔细挑选一个两侧有玩物的支架，架梁上的玩物3个月大的婴儿多半够不着。当他倚坐起来时，一般可以使用活动板，但应记住，他还不会操作任何复杂的动作，如用一根手指头拨弄。如果有一个大人和他玩，他会非常开心，非常愿意提高手眼并用的熟练度和技能。

　　这种谨慎、迟缓的伸手动作是这个年龄段的特点，对于被大人抱着或倚坐起来的婴儿来说最容易，因为身体得到支持，双手和双臂可以自由活动。如果你拿着东西让他够，别太早帮他，因为他要努力让双手听命于自己。当你等待他努力到差一点就碰到目标物的时候，即可奖励他，把东西放进他的掌心。如此，他确实是得到了。他还喜欢坐在你腿上摸东西，尤其是如果你并不在意他所做的事情，那么他会尽情地专注于此。戴一条不易断的挂件或大奖牌是个好办法，可使他开心地乘车或陪伴大人聚会。你对他行为的回应也会成为这件事的乐趣。如果他熟悉的大人碰巧戴了眼镜，拿掉眼镜或许是他第一次主动开玩笑。

现在当他想要某物的时候，他会直接够，张开五指从恰当的角度抓取。

快到半岁时，婴儿已十分熟练地聚焦于几乎任何距离上的东西，并用眼睛全方位地追随它们。所以，他会观看大人做事，甚至看向窗外有意思的事情。到此，他也能较熟练地运用双手了，不用看就知道它们在哪儿。所以，伸手的时候，他只要盯着目标举起单臂直接上手。他会一直张开手，直到碰到玩具后，才会抓起来。他还会发现，抓取大型目标物的最好办法，是伸出双臂、揽其入怀。

给婴儿看各种东西，帮助他发现可触摸和不可触摸的东西。他能看见大巴但碰不到，因为大巴太远；他能看见墙上的光影但抓不着；他能看见地面上的"花"，但用尽全力也无法像采摘园圃里的花一样摘取它们。图画书将帮助他探索、解决这些难题，从而使他自身逐渐提高的操作能力得以付诸小型实践活动。到6个月时，有些婴儿（虽然不是全部）不但喜欢抓着玩具敲打面前的餐盘，也会观看你演示玩法，模仿你作出（类似）抛或推的动作。婴儿多半喜欢可以自己抓送食物入口，还会尝试自己捧着奶瓶或（你的）乳房，一看见有意思的东西就伸手，而且速度非常快，伸手够似乎成了抢夺。一定要注意你放在他周围的东西，一旦他能抓东西，就肯定会抓，而他抓到的每件东西都会送进他的嘴巴——信用卡、剪刀、摇铃和面包干都一样。

他能看见它、碰到它，但无法采摘它。他还不知道"二维"这个词，但他会了解二维的意思。

倾听与发声

4～6周，婴儿从你的子宫完全过渡到适应家庭生活时，令人拍案称奇的现象之一，就是他开始同步倾听和观看。前一天他还一边躺在更衣垫上对着天花板望空，一边聆听你愉快的闲聊，第二天他仍然聆听，但是不再对着天花板望空，而是用眼睛搜索声音的源头，寻找他所听到的人。

即便你还没看见宝宝有说服力的社交微笑，现在或许也会经历这难忘的唯一时刻。尽管父母并不都知道这一点——最初的微笑一般都只是对声音的回应，而不是对笑脸，甚至不是对说话者的笑脸。婴儿起初对声音微笑，接着，当他从视觉上发现你说话的脸时，将对声音和图像微笑。仅仅两三周之后，他将对你默声微笑的脸予以微笑回应。

在第二个月里，婴儿开始回应越来越多的声音。碰撞声仍会吓到他们，音乐仍会使许多婴儿平静，但在这两者之间的各种声音也将变得十分重要。一般来说，婴儿对任何特定声音的反应，将取决于他当时的心情和状态。如果打开吸尘器时，他正感到烦躁，吸尘器的响声多半犹如导火索，会造成他啼哭。但如果你打开这台吸尘器时，他正愉快又活泼，响声多半将为他的笑容和踢腿锦上添花。这些日常的普通声音犹如放大器，使婴儿在听到声音之前的情绪更强烈。人们友善的声音很重要，是个例外。它们，也只有它们似乎始终让婴儿在各种情况、各种情绪状态下，都会感兴趣和开心。

初次社交声音

婴儿天生喜欢倾听人声，他们初次发出社交声音一般都是在大人怀抱他们、陪伴他们游戏和说话的时候，这并不足为奇。出生后不久，婴儿就能发出一些非啼哭声，但那些哺乳后满足的低吟和啼哭前微弱的呜咽属于自然生理现象，并非渴望交流。胃实、喉咙松、嘴巴半开，于是"满足"地低吟；喉咙紧、气息急促，则呜咽。

两三周后，他们已开始对冲向自己的笑容和谈话回应以愉悦的微笑和扭动。婴儿将笑呵呵地蹬腿，盯着你的脸，发出一连串微弱而清脆的声音。再过几周，也许到3个月大左右，他已能回应谈话中途的微笑。现在，你笑，他会回以笑；你说话，他也会回话。

有很多机会和成人说话的婴儿比较健谈。成长环境安静、没有交流或照顾者常常同时对另一个儿童说话的情况下，婴儿讲话很少。婴

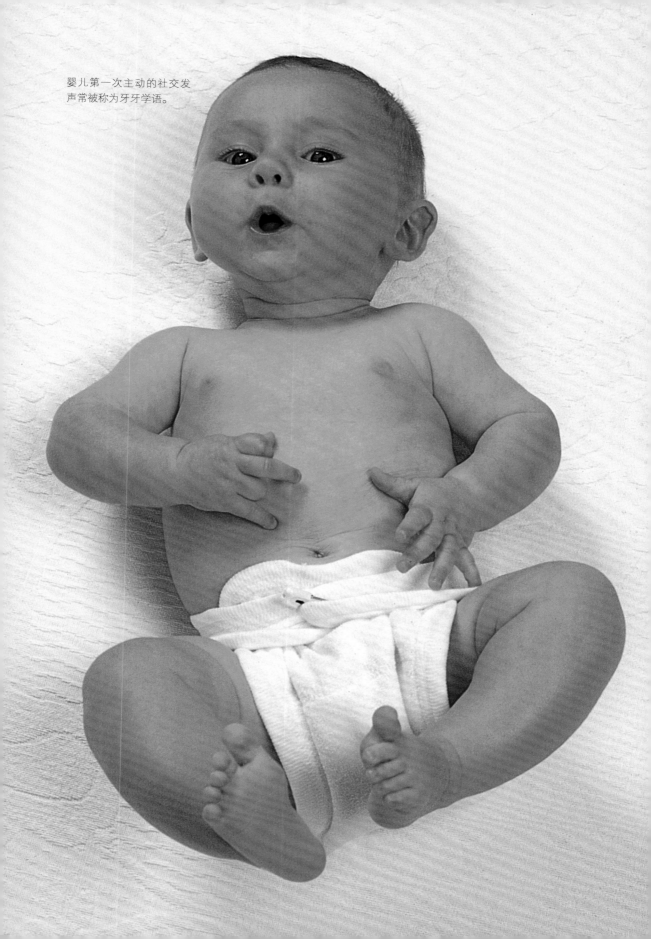
婴儿第一次主动的社交发
声常被称为牙牙学语。

儿当然不仅在交谈时说话，还会躺着自言自语。与陪伴者大量地社交谈话，通常意味着他独处时也将大量地"练习说话"。

一边"自言自语"一边玩自己的手，是这个年龄段婴儿典型的独处娱乐活动。实际上，婴儿（对大人和对自己）"说话"越多，越有可能愿意在醒着时独自待会儿。这并不是说他被"宠坏"了。实际上，得到大人许多关注的婴儿往往比父母给予理性关注的婴儿有更多的满足感，而较少有额外的需求。

初次交流　这些早期的声音当然不是婴儿试图表达具体事情的"说话"，而是他主动使用自己的声音作为一种与你互动方式的"说话"。你对宝宝说话，他发出一个声音回复，暂停，似乎在等待你回应。你继续说，他认真听你说完的模样像是很尊重你的发言。接着，他继续发出一些声音的模样又像在把握自己的机会。这就是社交发声，除了人声，没有其他声音有此激发作用。研究人员试图用一只小铃铛追踪婴儿制造的每个声音，但铃铛声根本没有引起婴儿"回答"，也影响了他们的说话总量。婴儿只对对他说话的人"回答"，而不是听见一个声音就回应一个。

絮叨　3～6个月婴儿的生活特点是积极制造一连串严格意义上的"絮叨"。那时，大多数婴儿所达到的总体发展阶段，使他们对生活感到激动和兴奋。蹬腿翻身，玩自己的手，挥向物体并得意地拍到的时候，他们会用一串串说话声庆祝、评论。宝宝主要还是在你对他说话的时候说话，但他极少会沉默很久，即便只有他一个人。

3～4个月时，婴儿发出的声音主要是开元音——"啊"、"哦"。这个阶段一般称为"呱呱"，原因很形象——他听起来非常像一只鸽子。

大多数婴儿"呱呱"出的第一组辅音——由未成熟的声道决定，毫无目的——是K、P、B、M。他们使呱呱声更像单词。西方父母最先听到的通常是"maaaa"，大多欧语系的妈妈称谓即以这个声音开始绝非巧合。有些不明就里的妈妈相信，宝宝在尝试喊她们，也总有些不明就里的爸爸因为宝宝只说"maaaa"不说"daaa"而沮丧。在最初的半年里，可以认为婴儿既非给人或物取名，也非特指任何人。婴儿说"maaaa"，是因为他们在语言发展早期最容易发出M的声音。他们不说"daaa"，是因为D的声音较难，出现得较晚。

经历这些发声阶段，学会制造越来越多的复杂的呱呱声，属于婴儿发展的内定制式。虽然说，如果宝宝接受到大量对话，就会更常"呱呱"，但如果根本没有人对他说话，甚或因为耳聋从没听见外界的只言片语，他的"呱呱"就会有限。你不能仅仅因为婴儿"呱呱"，制造各种声音，就确定未满6个月的他听力正常。在6个月之前，耳聋不会自动表现在他的声音里。通过观察宝宝对外界声音的自动反应（或缺少反应），你只能看出早期听力损伤情况。如果他从没有转头寻找你的声音，没有被你故意在他背后摔平底锅吓一跳，那么，他说话再多，你也应咨询医生。

听力　　宝宝长到4～5个月时，你对他说话，他将专心聆听，注视着你的脸，即便你在他身边走来走去，没有和他面对面说话。在你一连串话语的停顿间，他将用越来越多的声音和重音回应你。一个人的时候，他将练习一下越来越丰富的声音能力。

　　许多父母以为他们的孩子通过模仿学习说话，于是从这个阶段起，

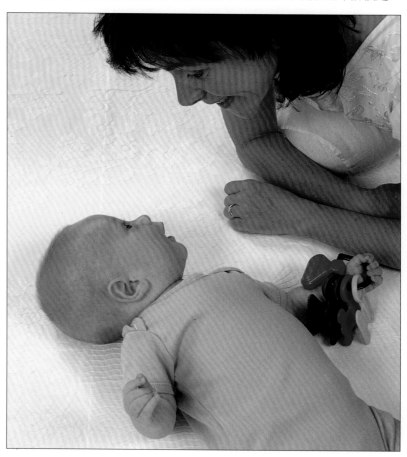

你说话时，他在听；你停下时，他啊啊发声……这种交谈方式应该从现在开始练习，不必等到他会说话的那个时候。

简化口语、强调特定的词语，觉得这样可以使模仿工作更容易。婴儿实际上并不通过模仿学习说话，他们需要从和成人对话中获得的，不是单纯的言语，而是大量的双向交流。从现在起，对宝宝说话时，让他好像明白你的话，是帮助他学会说话的最好办法。你的谈话对宝宝的重要意义远不止榜样作用。这会给予他非常愉悦的交流体验，从而激励他用已经学会的每种声音和能够学会的每种声音加入谈话中。

婴儿会发出各种各样的呱呱声。一个婴儿能制造多少种声音，一部分取决于他的发声器官——口腔、舌头、喉头等等——的生理发展情况，一部分取决于个体的说话热情。国籍或婴儿说话所使用的特定语言或口音，多半还没有产生分别。因为婴儿所制造的声音有普遍性，它们必然包括听起来像是试图学说任何语言的声音。从个体看，婴儿学习自己家族和群体的语言较少，因为他们仿效的是所听的言语，而不是出于对父母、亲人和照顾者特殊声音的选择性反应。如果倾听的大人本身说英语，他们就会选择性地收听英语声音片段。当婴儿冒出类似英语单词的声音时，就欣喜若狂地冲他们说话，把其余的声音当作纯粹的"呱呱"。意大利父母会听到意大利语的声音片段，日本父母则选择听日语的声音片段……事实上，婴儿并不是在练习特定的语言，甚至连试说也不是。他只是"呱呱"着，制造声音玩，因为呱呱是社交。在下半年他开始说出有意义的词语之前，他所制造的声音和那些来自其他语言背景的婴儿没有不同。

虽然你爱倾听的宝宝没有试图模仿人们对他说的话，但是他在记住他们的声音，学习辨听熟人和陌生人，正如他已经会识别的那样。婴儿在出生前通常就已熟悉——所以与众不同——母亲的声音，但是到了6个月时，宝宝的兴奋动作或许明确地表示：他听到一个朋友在走廊里说话。稍后，他睡完午觉醒来，你走进他的房间说话，在蹿开盖被看见你之前，他甚至就会笑。但如果他听见的不是你的声音，而是不太熟悉的照顾者的声音，从婴儿床里被抱起来的他表情便充满警惕和怀疑。

培养宝宝说话　　说单字、连字成词或造短句的年龄多半由基因，而不是抚育行为决定。你宝宝现在"呱呱"的轻松度、频率和复杂程度，还关系到未来他学习说话的轻松度和速度。而且，由于他的健谈能力现在至少部分依赖于周围成人的刺激，而未来还将影响他准备各种学习，所以，确保他得到所能利用的一切材料显然非常重要。宝宝正设法融入某种语系。白天将他托付给一个不说也根本不会说英语的年轻无趣的交换生，或成人少得照顾不了很多婴儿、没时间与之交谈的托儿中心，或整天看电视打发时间的托管者或亲戚，对他都没有帮助。

然而，也不是所有居家的父母都认为提供这种刺激是轻而易举的。和婴儿（甚至他们自己）交谈，有些人感觉较轻松，有些人则不然。开朗健谈的人会随时和周围的人闲聊，而如果谈话的对象碰巧是婴儿（或狗），就能从中得到好处。有些成人不一定愿意和宠物聊天，但从第一天起确实感到婴儿是人，因此绝不会比访客更忽略婴儿。其他性格内向的父母，甚至彼此谈话也少的，发现对婴儿说话使自己感觉很傻——就像自言自语。

你还不能仅凭决定就变成健谈的人。如果你勉强自己作出不自然的表现，这不是真正的交流，也不会打动婴儿。

不过，有些情境可以帮助你，因为婴儿的反应将激发你的热情：

■ 翻开一本图画书，指着图画，告诉他相关的名词以及它们在做什么。虽然不理解细节，但他喜欢这件事。

育儿备忘

耳聋

听力问题会引发语言障碍。越早识别，有效治疗的概率越高。所以，如果你怀疑婴儿的听力有问题，别犹豫，请即刻咨询医生。

听力受损一般在最初三四个月内看不出来，因为，即便婴儿已能将听和看的动作分开，你可由此知道使他们微笑的原因，但是，听力严重受损的婴儿和听力正常的婴儿一样会"呱呱"。这些早期的声音并不依赖听力的输入。

到了足月婴儿的4~5个月大时，听力受损会出现一些蛛丝马迹。除了在有人制造尖锐的碰撞声时会吓一跳（甚至听力不够好的婴儿也会这样）之外，大多数婴儿一般还会寻找声源，转头寻找你说话的脸或者发声的电视。如果从没有人看到宝宝那样做过，可以安排恰当的机会，比如让他坐在椅子里，当他望着面前另一个成人时，用正常声音在他脑后说话。如果他没作出反应，

请不要惊慌（或许他听见了但忙得无意分心），但一定要告诉你的健康顾问或医生。

在半岁之前，婴儿已会"咕咕"出辅音，继而转为呱呱声。现在，他有还是没有听力受损，他制造的声音会有所区别。除非你还接触其他婴儿，或是你清楚地记得上一个孩子的呱呱声，否则，你或许很难自己听出其中的区别，而有经验的儿童健康专业人士一听就知道。

如果除了婴儿"说话"不多之外，没有迹象表明他听力受损，多半就不是。婴儿期比较安静还有许多原因，比如：

■ 相比而言，这是个安静的婴儿。

■ 早产或产后存在健康问题。

■ 双胞胎。

■ 抚养者中的某一方自小生活环境安静、说话迟。

分享一本书是共享成人照顾的最圆满的一种办法。

■ 无论何时，一边照顾他一边讲解你在做什么。为他洗澡的时候，告诉他你正在用肥皂擦洗的身体部位、你伸手够的东西；给他喂食的时候，告诉他每一口菜的内容。

■ 提问。婴儿自然不会用语言回答，但他会以特别明确的表情、声调和姿势来回应。"美不美？""到哪里去了？""太冷了吗？"

■ 自然地说话，不要主动过度简化语言。如果你设法保持语言的简洁，语速慢、内容明白易懂，那么你听起来会又生硬又不自然。婴儿将乐于听你评论时事或奶酪的价格，也将愿意听你用经过选择的语句评论宠物狗。如果婴儿自然地冲你说话（多半会发生），势必要善加利用。如果不是，也别介意。在这个阶段，这不是问题。

■ 尽量安排和宝宝单独游戏或交谈，即便他是三胞胎之一，或是有一个特别爱吃醋的刚会走路的姐姐。还有一点必不可少：如果当着别人的面和他闲聊使你感觉自己很傻，或者你还带着一个大孩子，他也需要且必须得到大量的交流！

■ 最重要的是，每次他冲你微笑和发出声音时，应倾听并设法用言语回应他。他根本不需要你连绵不绝地现场解说或长篇独白，他想要交流。如果你是一个不太擅长开启话匣子的人，至少可以让自己养成随时随地回应他的习惯。

沐浴时充满欢乐和交谈，可以亲密接触这个热情回应的人。

游戏与学习

对婴儿来说，游戏远不止于"好玩"。游戏，即探索能力并练习操作，了解事物并探查发现。在这个年龄阶段，游戏可以是刺激婴儿使用身体、感觉和情感，从而发展其思考力、理解力和智力的所有事情。所以，游戏应该是好玩的（否则婴儿不愿做），同时，并非都得有意为之。假如照顾他的成人有足够的时间、耐心和愉悦的情绪，婴儿便可以从日常每一件令人愉快的事情中得到游戏的价值，从换尿布到喂食午餐。

不过，故意设计的陪伴游戏对婴儿非常重要。大儿童或许期待你会和他们玩，喜欢和你玩，但也可以没有成人的参与，而婴儿却不会那样。实际上，约摸到明年，对于大孩子特别重要的"游戏"和"学习"之间的区别，以及与此相应的成人陪他玩和指导他的区别，在婴儿身上几乎都不存在。当你或另一个照顾者准备和宝宝玩耍时，你们情不自禁地指导他，因为他能为自己或通过自己做的极其有限，一切有待学习。他多半喜欢醒来就要一个成人陪他玩，而你们能单独陪伴他同时（设法）无须做其他事情的时间却多半有限。所以，确保时间用在你能想到的最恰当的游戏——既有趣又好玩的游戏——很有必要。

利用游戏时间　　　　　根据婴儿的心情调整游戏。和所有人一样，婴儿对事物的爱好随心情有所变化，但又有别于大多数大孩子。他的情绪变化迅速。

感觉心情舒畅时，他喜欢打打闹闹。这使他从身体上得到解放，进而逐渐获得控制力。而当感觉疲惫或不舒服时，同样的活动则令他害怕、生气。他现在还没感觉到控制和力量，他只感觉到被搬来挪去。

感觉安静又温馨时，他因摇篮和浅吟低唱而陶醉。但感觉不耐烦又有精神时，同样的活动则令他感到束缚。

作为玩伴，你必须根据宝宝的时间调整你的安排。他的反应比你慢很多，尤其是当你提供的游戏让他以极限或超越极限施展新技能时。如果他得和你共同参与这项"活动"，你应训练自己以他的节奏进行游戏。举例来说，如果你对他说话，给他5秒钟"回答"，无果，而你不耐烦而言他，那你就剥夺了他的这次机会。等一等，或许15秒钟后你才能听到回答的声音。

如果你抓着玩具让他拿，应等待他小心翼翼地伸手完成动作，若

这世界在婴儿看来，是令人沮丧的难以理解。

因同情终究还是将玩具递到他手中，那么，你就剥夺了他的机会。等一等，给他足够的时间伸手够到玩具，因为你已安排好游戏任务成功的时间。

如果你俯身对他眯眼笑，迅速轻吻离开，那么，你又一次剥夺了他的参与机会。因为他多半会冲你笑，但你没有给他这个机会。现在，他的笑容逐渐变为对着你的背景凝望、迷惑。

根据宝宝的性情调整活动。每个婴儿在任何时刻都有一个"恰好"的刺激强度，足以吸引他注意，但不足以令他惊讶得退缩。"凌空秋千"会使一个5个月大的婴儿乐得咯咯笑，却肯定会吓着另一个；轻柔的摇篮曲会使一个微笑着要哼哼，却让另一个无动于衷。你最了解自己的宝宝，你越警觉于他的反应，越容易想到最适合他的游戏。

他讨厌喧哗？那么，别给他金属勺子敲锅子，换一把塑料抹刀。也别直接给他一捏就响的橡皮鸭，在他熟悉这只鸭子之前，先用胶带封起气孔，也不要让你的学步幼儿取下胶带"让它发声"。

他胆小吗？那么，别玩"农夫骑马"，让他在你腿上颠簸。换成

"小猪赶集"，用他的脚尖一起玩。

他肢体很活跃？那么，别让他坐在车座内长途旅行或限制在婴儿椅里当作"游戏时间"，即便他有一个玩具"玩"。相反，可以把他放到地面上，帮助他用双腿"骑单车"、练习翻身。

提供"恰当"数量的新鲜玩意儿。在3～6个月之间，婴儿往往特别警觉，并喜欢可以操作但仍有些新鲜感的熟悉的事物。一件与曾经看过的东西毫无关联的物品会令他表现冷淡或吓得退缩，但非常熟悉的物品也会令他厌倦。他已倾力了解那只旧摇铃或婴儿车上挂的一串鸭子，再也没有发现的兴趣，眼角余光一瞥不过是念着旧日兴趣的情分。你宝宝最喜欢的会是另一只摇铃，和上一只很像，但更大一点，或许是换一种颜色的。一张和昨天的看似相同的手纸，手感却不同，会产生一种新的沙沙的声响。和前一只看似相同但是曲调全新的音乐盒，和过去的一样但是形状不同的玩具车，一只装有气泡水的塑料瓶而不是塑料罐……

给予宝宝机会赤身游戏，发现那层皮肤就是"我"，脱不掉，而衣服在"我外面"。到两三个月时，大多数婴儿赤身裸体时特别愉快，明显有别于早期裸体时的惊慌。裸体游戏时，一切都可以介绍给他们。婴儿有机会发现并练习新的肢体技能，除去衣服和薄织物的妨碍，他有机会"发现"平时藏在尿布和内衣里、看不见摸不着的所有身体部位。脱掉衣服，改变了周围环境的质感，他会翻滚，咯咯笑，空气和阳光会细细抚摸他的皮肤。肢体游戏以及你的怀抱还有了新的维度。你多半会发现，无法抗拒他光溜溜的背部小酒窝的魅力。而且，如果此时在他肚子上吹气还会碰巧发现无法抗拒其噗噗声，或许他乐得第一次真正捧腹大笑。

当然，宝宝应是温暖的、安全的。只要他还不会翻转身体，在双人床中间铺一条毛巾，便是一个理想的裸体游乐场。如果天气足够暖和，树荫下草地上的一方垫子，即是他玩耍的田园圣境。

帮助他一点点地探索他自己无法触及的世界。带他在客厅里走走，看所有的壁画、饰物和盆栽；带他去花园或公园，如果他想要且能够触摸，可以把他举起来，让他摸摸一小丛灌木。

当你在做已经重复无数次的家务时，切记这些事情对他来说很陌生，并由此重新点燃你的兴趣，放慢节奏。把即将切块的西红柿介绍给他；如果水温不太热，可以抱着让他把手伸进洗碗水里玩水；或者让他摸一下冰冻的豌豆包，发现它是冰凉的。

你认为理所当然的每件事，对宝宝都是陌生的，需要你为他介绍。

玩具和玩物

在这个年龄段，成人是宝宝至爱的最佳玩物。你的身体就是他的健身器械；你的力量补充他的力量，因此，和你在一起，他能做无数他还无法独自完成的事情；你的脸配合声音，令他着迷；你所做所用的事与物，都吸引着他。当你给予他关注、慈爱和帮助时，即给予了此时此地的最佳游戏。不过，婴儿逐渐需要也想要了解世界和事物及周围的人。他们需要物品——玩物、玩具……

对于不会看电视广告或玩电动玩具的一岁婴儿来说，玩具得是为了吸引替他们挑选和购买玩具的人——成人——而设计的。玩具设计当然要安全和鲜艳，但谁说婴儿最喜欢明亮的三原色呢？试试黑白的书或紫色的摇铃（如果你能找到的话）。玩具还应方便婴儿抓握，但为了说服成人它们物有所值，很多玩具常常精美得异常多余，因而超出理想的重量。婴儿只会用他的拳头挥一挥玩具（所以旋转或拉绳都是累赘），几乎肯定会碰到眼睛。给这个年龄段婴儿的真正物有所值的玩具，不仅要简单、轻巧、优美、安全，还要有各种形状、材质和内嵌声音可供选择，这样拥有极少技能的婴儿才能得到大量的游戏体验。

不管你如何仔细挑选摇铃和环形玩具、柔软的玩具动物和玩具车、小鸭玩具和球，购买的玩具本身都不足以吸引这个阶段的婴儿。无论你给他什么玩物，他所做的都有限。他的主要兴趣在于——抓握东西，看一看，摸一摸，用嘴巴考察。用这个方法彻底检查完一件东西，便要换一件。只有坐拥无限储藏空间的百万富翁才能买到足够多的玩具，满足他对东西永无止境的好奇心。所以答案就是，从普通居家用品——你的玩具——中谨慎地挑选一个给他。

你给的玩物他都会先看看，摸摸，再尝尝，然后吐出来，玩别的。

可玩的居家用品

对新宝宝来说，所有物品都是陌生的，所以，他们喜欢你准备好的任何东西。物品的用途不重要，宝宝还不会操作它，只有颜色、大小、形状、重量、声音和质感才是关键。

然而，与婴儿分享居家用品确实增加了成人的监护责任，因为知识、安全意识和常识是安全使用那些物品进行游戏的唯一保障。你不仅自己要警觉于可能发生的危险，还要提醒任何照顾婴儿的人注意。一位育儿助手——甚至是祖母——进门发现婴儿在玩你的东西，或许会假定这是你递给婴儿的安全物品，并没认识到她也应多加留意。

他需要检查很多东西——安全的家庭用品就很有趣。

切记，婴儿会吮、咬任何东西，他所玩的任何东西都应能让他安全地放进嘴里。检查看似无害的物品，如茶叶滤网，确保没有边角会伤害他的嘴巴。那些完整时安全、破碎后危险的东西应留心查看，出现裂痕后应及时扔掉。有意无意中，婴儿都将学会拆分东西。如果你想用塑料罐、塑料瓶自制"摇铃"，别把脱水的豌豆或任何足以导致婴儿窒息的小东西放进去，换成两粒大纽扣更适合。吮吸往往意味着吞咽。既要注意明显的有毒物，如你认为已经用完的塑料瓶中残留的清洁液，还要留心潜在的毒素，如电池、某些新闻纸（如果不是所有新闻纸的话）。一条适用原则是：绝不使用任何原装内容物对宝宝有危险的空瓶。如果你想要塑料瓶，应坚持使用彻底清洁过的装果汁或婴儿乳液的空瓶。记住，宝宝所拿的东西肯定会掉在地上。不要让宝宝持任何重物，以防类似他在仰躺着玩时重物砸落在脸上而受伤，或者坐在婴儿椅里面时碰伤手指。

当宝宝和其他儿童同处一室游戏时，安全防范措施更难执行。一个4岁幼儿能了解对婴儿危险的情况，但要他谨记于心则不公平。一个学步童会把自己的毡尖笔或糖果给婴儿。而当婴儿开始爬行时，更增加了防范难度。现在就应为自己以及任何照顾一群孩子的人想出最佳管理办法。

在这几个月期间，婴儿将变得非常善于伸手够东西，但要拿起仍有困难。必须到下半年，他才会学习分开使用拇指和其余四指，发展出精细的抓捏动作。与此同时，他多半会双手够东西，用手腕锁住目标物，用两手捧起来。如果他有稳定的坐姿支持、双臂自由，而目标物就在面前的桌上或餐盘上，对他来说，那是最轻松的动作。当你坐在桌前时，你的大腿就是理想的支点。否则，他有时需要在配有桌台的婴儿座或高脚椅里游戏。

在这个阶段，婴儿只能一次处理一件物品，当然不会挑选，更别说同时使用两件以上的物品。面对眼前一托架的玩具，很多婴儿开始迷惑，一件也不玩。婴儿多半最喜欢这种游戏：你把一两件物品放在他桌上，隔几分钟他玩厌了的时候拿走，换一两件。

如果宝宝正在玩你的一件烹饪"玩具"，而你需要马上用它，那么，提供别的物品作为交换。当这个年龄段的婴儿抓着东西的时候，他们确实不具备有意识地松手的能力。你越想拿走那根木勺去烹饪，他的手指会抓得越紧，而且，被迫拿走勺子会使他非常悲愤。所以，利用他的能力弱点同时达成两件事：给他一支汤勺，他就会松开你需要的那支。

爱与溺爱

把成人的事情搁一旁，先陪婴儿玩耍；尽量从他的角度看待事物；适应他不再变化的需求和情绪；回应每一个动作和声音；这一切需要投入很多精力。宝宝是否需要如此多的关注？这是爱还是溺爱？

这是一个引发大多数父母和其他人发生争执的话题。你需要理出头绪，找到信心执行家规，明确表达对任何婴儿照顾者的期望。否则，你将一直容易受到指责，认为你"溺爱"孩子。其实，随着他渐渐长大，"规矩"执行不力才会成为你作为父母的致命伤。

对于"宠坏孩子"的恐惧，令许多父母几乎从第一个婴儿一出生就开始担心。婴儿健康又可爱，但如果他们不注意就会"宠坏"他。那是什么意思？"宠坏"这个词使孩子听起来像一块牛肉放在冰箱里一不小心过了"保质期"一样令人生厌，但孩子可不是肉。对于"宠坏"的界限和预防行动都没有定论，但这个概念却引发了无穷无尽的烦恼和痛苦——而且不仅仅对于孩子。因为担心溺爱，只想要刺耳的响声停止的妈妈摒弃宽慰，让婴儿独自啼哭；气喘吁吁地下班回家但已过说"晚安"时间的父亲摒弃或被拒绝拥抱；祖父母被限制给予婴儿"太多"的礼物。全家人限定关注，也限定了孩子的欢乐。

你讨喜的宝宝不会因为得到上述任何东西"太多"，就变成自私自利、需求无度又野蛮刁钻的4岁幼儿。你痛苦的腹绞痛宝宝更不会被额外的怀抱和安慰所宠坏。实际上，根本没有所谓太多的关注、安慰、游戏和谈笑，太多的温暖拥抱，甚至太多的礼物和美味。只要父母或照顾者给予他们这些是出于自愿，而不是被迫勉强。野蛮刁钻的4岁（或40岁）的人，或许早前一直被纵容娇惯，但此类个体往往就是儿童期的弱势群体。然而，不论娇惯纵容还是苛刻养育，被宠坏的人幼年所得的一切，大多是通过逼迫父母和他人违背自己更成熟的判断力而来。

"被宠坏"是个大问题。"不接受回答不"的幼儿，以自我为中心、对他人情感漠不关心的儿童和成人，只考虑自身满意度、完全不顾他人需求的人，都是人们欢乐的践踏者。每个孩子都必须明白，"他不是海滩上唯一的鹅卵石"；每个大人都必须明白，他不是一座岛。

但是，那些我们自己在孩提时代所闻而又对我们自己孩子说的措辞，对婴儿来说完全没有意义或意思，对学步童也是。不是说这些新生代优秀得不会被宠坏，而是他们还没长大或聪明到被宠坏。为了

你应考虑的是你想要给予宝宝多少关注，而不是你应该给他多少。

日托所对幼儿很重要吗？

我的产假快结束了，需要把宝宝送入日托所或儿童中心。我应该如何考察呢？

文字虽然不比实地观察和交流，但以下皆为普遍认可的婴幼儿托管中心挑选原则。

日托所对你孩子的适合程度，取决于照顾孩子的人，因此，首先应看员工的训练和经验、支持和监管：

■ 婴儿需要始终由一个人亲密地照顾。

他应交给一位"负责人"。理想中，这个人主要负责亲自照顾他，并记录他日常的在园进展和任何问题。有些中心鼓励负责人和孩子建立亲密的关系（甚至让他们和孩子共同"晋升"，一直到学龄前）。

员工数量与其所照顾儿童数量的比例（成人∶儿童）越高越好，建议最好是一个成人照顾不超过3名婴幼儿。

婴儿所在室内，小组成员不应超过6个婴儿（及2个成人）；学步幼儿可以9人（加3个成人）一组；18~36个月内的婴幼儿，一般建议成人与儿童比为1∶4，小组成员最多为12名婴幼儿（及3个成人）。

中心（或托管者、家庭日托者）虽然以"小家"组合照顾不同年龄的儿童，但是，任何一组不应超过2名2岁以下婴幼儿。

当孩子与照顾者形成亲密关系后，他的安全感便有赖于照顾者固守这份工作。尽可能防止人员变换，你可以询问以往的变动情况。

■ 婴儿也需要优质的照顾。

质量很可能与费用有关，从而影响到培养和变动。但是，一个计划周详的"教育"方案应属于完整的优质照顾的一部分，婴幼儿也不例外。不要倾倒于看似精美的课程，这个方案的目标不是说婴幼儿应被传授"课程"，更不是直接教授技能。问题在于，每个孩子应在各种适合自身需求并随其发展而变化的游戏活动中得到鼓励。

儿童所处的硬件环境显然十分重要，但应富于调整性。查看环境的清洁、温暖和明亮度，白天的采光时长，各小组活动的空间量（两个一岁的孩子各推一辆玩具车会威胁到其他孩子吗？）。

一个房间无论多么宽敞，一旦用作亟待发现全新世界的婴幼儿置身其间的全天环境都非常有限。考察日常使用的户外游戏空间，询问使用情况和外出频率。

■ 婴儿需要充满尊重的照顾。

如果婴儿和学步童日常生活在一组仍感到有个人价值，那么，这个托儿所肯定尊重每个孩子的自尊心。如果员工愿意并渴望和你以及你所委托的对婴儿十分重要的人紧密合作，这是好的表示。

身体护理安排应尽可能允许个体差异。问问是否所有孩子都对同样的食物、同样的小组午睡时间表示期待。你还可以询问学步期幼儿掌握如厕能力的辅导是单独的还是小组的。

书籍、玩具和典礼仪式应反映出托儿所的文化多样性，是非暴力的，绝对不存在性别歧视。工作人员应避免教条化的语言，会顾及有缺陷的儿童或问题儿童，并能向你说明他们会如何处理一系列的人际交往问题，如骂人、咬人、欺凌和追击。

变成被宠坏的人（或完全相反，为了成为一个无私又博爱的榜样），一个孩子得视自己为一个人，完全独立于他人之外。他必须明白他人的权利和自身的权利，尔后忽略他人，坚持自身的权利。这对婴儿和学步童来说实在太复杂了。此刻，婴儿几乎都不懂区分他的手和你的手。他想吮吸手指，就会吮吸最近的一只；他有需求，就会表现出来。还要过几个月，他才会明白你也有各种感受和需求。学步童对此当然十分明白，也必须明白。但他还要近乎两年时间，才会动脑筋想办法安排力量斗争，如"如果我哭，一直哭，她最终就会妥协"。

满足一个婴儿的需求是项困难的工作，有时还会非常困难。每个婴儿都有自身发展和生活方式相配的顺利阶段，也有跃进产生新需求过快、短期内须不断满足需求的阶段。如果发展跃进非常明显，新需求快速跃进甚或抢先到来，他很快就不必如此大声或频繁地告诉每个人。但是，如果你担心"需求"渐变为溺爱，或他人对此的暗示令你烦恼，你便会自发地拒绝那些需求，而不是理解和满足它们。接着，他不得不用自己所会的唯一方式一直告诉你。告诉你宝宝在"精明地遥控你"的朋友和家人，其实连语气里都透着误导。关于自己周围的小小世界和其中的人，快半岁的婴儿已经了解很多。假设他们一直由相同的人——父母、亲人、照顾者——照顾，现已知道对不同的人有所期待，还愿意学习如何控制他们，这是好事。如果婴儿注定是个爱交流、有能力、有自信的人，现在初见端倪非常重要，比如，虽然他根本无法阻拦你离开，但可以使你当他一醒就回来，并且变得有意识地需要你。他知道，他一哭你就来，于是，他学会用啼哭召唤你，以后他还会喊你。那就是他对生活和环境的"管理方式"，有必要让他成功。但你或许有亲人或熟人把这称为"操控"，认为有必要让他失败。"别听任他摆布，"他们坚持道，"生活艰辛，他最好尽早习惯。"你或许不能改变这些态度，但务必尽量避开，让他们无法植入并伤害你。总而言之，不要给婴儿招来一个想要他相信"要就不给"的照顾者或保姆。

如果婴儿白天小睡半小时，而大人原本期待的是两小时的安宁，那么只有模范人物才会乐意看见他们醒来。然而宝宝一醒来，你和他都无法再让他继续睡。所以，解决他啼哭的答案显而易见地简单——让他起床、带他玩。"担心宠坏"的答案恰恰相反："我本来会在下午1：30抱你起床，但现在大中午的你就啼哭，我倒很高兴看你等到下午2点。你得明白这点。"婴儿能从中明白什么呢？那个据说是"训练"的行为会向他传递什么信息呢？"别费神喊我，我到时间自然会来"？"别告诉我你不高兴，我不想知道"？"你越说你需要，我越不会给你"？"你不提要求，我才会帮你"？"小娃娃，接受吧，你很无奈的"？

此时，人人皆输。宝宝输了，因为他的需求没有得到满足，或被拖延得失去获得满足的信心。此刻，他或许只不过是被湿尿布的不适感弄醒，或者感到孤单乏味。但是，对这项原则的体验再多一些之后，他预料到会被冷落，因此变得焦急不安，更快地啼哭和紧张，更慢地接受最终的安慰。虽然早前他醒来时偶尔还会自娱自乐地躺着，但他现在明白了婴儿床等同于孤单无助。于是，他一醒来就哭，继而一睡觉就哭，完全拒绝那张有时候像牢房的婴儿床。

他的父母亲或其他照顾者也输了，因为他们满足宝宝的需求越少，他就变得需求越多。他们越是顽固地拒绝宝宝，他的需求越是急切地升级。成人陷落在怨念之中，实际制造了他们千方百计想避免的非常现象——无理需求的啼哭宝宝。

家人也输了，因为与满腹怨气的父母和焦急不安的婴儿共同生活无甚可乐。

如果你已经觉得照顾宝宝犹如"奋战"和过度束缚，或是你即将回去工作，短时间内甚至要办成更多事情，便难以相信更加投身于照顾他会使你们俩比较轻松。如果一边宝宝让你忙得脚不沾地，一边你要安排照顾的时间，那么，自由地随时关注会不会意味着他的需求超出你的时间和精力？乍听之下，答案似乎肯定是"是"，但实际却不是。如果你的需求和宝宝的需求无法平衡，答案不在于对宝宝的需求迎合减少，而在于让你对他的需求满足更多——更多地帮助他，你才有更多的时间；更多地支持他，你才有更持久的精力。抚育一个婴儿长大确实是艰难的工作，根本没有轻松的捷径。但那些总是尽全力满足婴儿需求、没必要则不拖延的父母和照顾者，会有较少的工作、较少的苦役和较少的压力。

为什么会这样？从普遍性的育儿压力实际案例来看，或可解释得非常清楚。右侧的表格描述了两位母亲和她们3个月大的婴儿的一整夜。（担心溺爱问题的）艾丽森相信，她可以也应该从合理的育儿安排中节省时间和精力。她和她的伴侣决定了，宝宝应该学会适应而不

	艾丽森的夜晚	比尤拉的夜晚
都在凌晨3：00哭醒	艾丽森醒来，侧耳看看时间，发现宝宝才睡了3小时，于是将脑袋埋在枕头里想继续睡。啼哭声使得她睡不着，20分钟后起床，对宝宝既生气又失望。	比尤拉醒了，侧耳确认宝宝的啼哭声很坚决，便起身下床，虽然困倦却顺从了宝宝的需求。
辗转反侧	22分钟	2分钟
	宝宝非常痛苦，没有对妈妈笑。他颤抖地抽泣着，妈妈在准备哺乳。他无法立刻安静地接受哺乳，需要频频打嗝，因为他啼哭时吞咽了太多的空气。宝宝30分钟喝了85毫升奶。	妈妈一进房间，宝宝就不哭了。妈妈一抱起来，宝宝就冲她微笑，立刻安静地大口喝奶。宝宝哺乳中途需要打嗝，20分钟喝完一整瓶奶。
哺乳	30分钟	20分钟
	宝宝仍需要打嗝，哄了两轮才渐渐睡着。	宝宝自己吮吸到睡着，抱起来放进婴儿床时，打了几个嗝，即刻又睡着了。
安慰宝宝入睡	15分钟	2分钟
	艾丽森可以安心回去睡觉了。	比尤拉可以安心回去睡觉了。
总共用时	1小时7分钟	24分钟

是支配他们的生活，却发现忽略或忍受他的啼哭声的难度远远超出他们原先的设想，所以那时就已烦恼自己会宠坏他。比尤拉独自育儿，喜欢宝宝超乎自己的意料。她没有溺爱恐惧的问题。她发现，无论宝宝看似需要什么，满足他是最简单的。

无论你倾向于赞同哪位母亲，你都将看到，在这个真实的情景再现中，艾丽森显然是输家。她夜里大多数时候醒着，还没有比尤拉愉快。艾丽森让她的宝宝一直等着，因此引发了一场沮丧而痛苦的冗长啼哭。所以，虽然她最终去了，但宝宝生气地没有向她报以微笑。而且，当艾丽森为宝宝哺乳时，他悲伤得无法满足地安静吮吸。所以，虽然看着他在自己的护理之下尽情享受，但艾丽森没有满足感。恰恰相反，哺乳工作令人感到又疲惫又挫败，耗时长于在镇静中被抱起的婴儿。而且，即使这一切过后，宝宝所喝的奶也只及平常的一半，他困乏了，啼哭中灌进的风还让他开始打嗝了。因为他没有喝完一整瓶奶，艾丽森多半还要在两三小时后醒来……

没人喜欢夜间哺乳，但比尤拉至少可以带着成就感愉快地回去睡觉。可怜的艾丽森必定感到婴儿是魔头，夜间饱受折磨。而且，当凌晨5点哺乳的"传票"响彻屋内时，她将在对宝宝非常不满的情绪中开始新的一天。

新婴儿所想即所需

尽量满足宝宝的需求，会有更多的乐趣、更少的压力，你每天的睡眠会更充足。

这强烈表明了一点，即重点在于满足婴儿的生理需求。然而，如果你认为生理需求是唯一的合理需求，那么你仍将认为，只要确认婴儿吃饱了、打了奶嗝、尿布干净没有湿透，即可忽略他的要求，因为"他其实什么也不需要，只想要关注而已"。为了大家的利益，你

们应互相提醒，婴儿还没长大到能够想到莫名的需求。如果他想要某物，便是需要它；如果他需要某物，便只能依靠照顾者才能获得。陪伴、安慰或哄一哄都是实际的需求，和生理需求一样真实。没有食物或温暖，他会死；没有大人的社交关注，他无从学会以一个完整的人生活。

婴儿需要有爱心的成人——以及成人的爱——为他做事，为他探知，为他管理一切他自己还不会做、不知道、不会管理的事情。但只是积极的帮助、不带教育意义的照顾还不够。他还需要你们其中一人，或代表你们的某人，为他演示并帮助他练习无数重要的技能，为他说明事物，让他借助你们的头脑和力量生活在自己的世界里。综上所述，（因为一切外延事物皆始于此）他至少需要你们其中一人与他有特殊的情感，对他说话，爱他。这样，他也能学会成为一个可以交谈、可以爱的特殊的人。

宝宝如此需要你、依赖你，你应对此感到荣幸，而非束缚。他多半是这世界上不带指责和保留、全心全意爱你的唯一的人。有空就安排和享受他的陪伴，别让嫉妒萌生，使你和你不在时照顾他的任何人之间产生种种压力。他多半是这世界上一直和你厮守的唯一的人。他或许绝不会偏向其他人，尽管他会接受所有关心他的照顾。使他感觉良好，也让他使你感觉良好，你便有得无损。

第三章 大婴儿

6至12个月

这半年将初见婴儿期成果，而且，随着他完善前6个月所练习的技能，这半年常犹如一场他的盛会。周岁生日时，他将（肯定能）坐立，（多半会）爬行，（可能还会）站立，甚至说出一两个单词。那些重要的阶段本身各具其义，但是，度过每一个独立阶段相比此间经历的日积月累的变化，后者更深刻地塑造了婴儿和你们的生活方式。婴儿活动起来——无论用四肢还是两腿，便不再满足于待在原地，玩你递给他的东西。他将走到没有遮拦的任何地方（包括通向大街的前门等），抓、咬能够到的任何东西。在不断增进的手部灵活性以及最终精确的拇指和其他手指精细动作之下，一枚小胸针、一只遗落的书夹或一粒上周六晚餐时掉落的豌豆，都逃不过他的眼睛和手心。他还将发明新方式，用于操作不可咀嚼的物品。他会看见废纸篓便倒扣，见书便抢，见电视便按按钮，见猫便盆便伸手进去……安全保管好东西，需要无尽的事先筹划和条理，你要安全保护他，并保持警惕。

成人的持续警惕不会打搅宝宝。实际上，他与照顾者逐渐亲密起来，说明他欢迎额外的关注，虽然听不懂成人批评，但会觉得很有趣。所有人的忠实度都敌不过一个6个月的婴儿——除非是同样的那个婴儿在3个月之后。在婴儿的主要依恋感加深的同时，如果不止一个成人在照顾，婴儿的依恋范围也会扩大，这是这几个月的特点。婴儿最初、最主要的依恋对象往往是最常、最积极地照顾陪伴他的人，既是照顾者，也是陪伴和玩伴的人，对于大多数不满6个月的婴儿来说，就是生母。

不过，对于有些婴儿来说会是父亲，少数还会是收养者、代孕父母或养母，无论有无血缘关系。

主要依赖一个人并不意味着婴儿不在乎其他人，而且婴儿没有爱的定额可供分配，所以，婴儿不只有一个"特别的"人的事实不会剥夺你的任何权利。如果你一直是婴儿最重要的人，或一直属于他最重要的人之一，那么，你外出工作把他托付给其他人，无论他多么喜爱这位照顾者并乐在其中，也不会减损你和他的这份亲情。这当然同样适用于父母双双亲自育儿的家庭。如果妈妈是经常的陪伴和玩伴，多半就会成为宝宝的主要关系人，但假如爸爸时常呵护他，就也会是"特别的"。而且，如果妈妈陪伴让他感到乏味，1岁孩子的忠诚对象是可以变换的，如果爸爸主要负责照顾婴儿而妈妈时断时续，最初的亲密关系多半会调转方向，也同样可能突然转变。如果父母两人参与照顾，因为繁忙还雇请了一位有爱心的保姆，这只会丰富宝宝的情感生活，你应相信这一点。如果金牌保姆来到你家，尽可以利用。

不论婴儿逐渐和多少热情而有趣的人亲密来往，他肯定会忠心于自己挑选的人——假设是你，你是他的妈妈——作为最初的（可以说是他最重要的）爱。婴儿在最初几个月里渐渐学会将你有别于他人，偏爱你。现在他如此爱你，以至于如果有办法，就要时时刻刻让你归他所有。他不想和别人分享你，或让你把时间和精力投注给其他任何人或事，他想要你的关注，也特别想要你的呵护。即便他早前不是一个爱被哄抱的婴儿，现在却喜欢被抱着扛着，摇一摇走一走。在你大腿上时，他会玩你的头发和手，戳戳你的脸，检查你的牙齿，把食物（或更糟糕的东西）塞进你嘴巴里，似乎你的身体属于他。

如果你爱他，对婴儿的占有需求充满愉悦，反之则令人恼火。同样的道理，这个年龄段大多数婴儿和妈妈建立的生理和情感联系，往往使那些到目前为止享受育儿生活的人非常欢喜、自信，但对那些已经感到是过度需求的人则是应接不暇，甚至有部分妈妈对婴儿积极地表达生理需求感到害羞。作为一个成年人，期望控制自身的情绪，既不公开表露也不妥协退让。你会发现自己面对着一个单纯要求抱抱亲亲、拍拍哄哄的婴儿，他伸开双臂想要更多。如果把他抱起来的时候挠挠他的腋下，他会高兴得咯咯笑；如果顺手，他会吮你的鼻子或摸摸你的乳房；还会在沐浴或换尿布的时候像小猫一样幸福地打呼噜。

如果你能接受并骄傲于自身对宝宝的重要性，就会发现，你能和他玩耍娱乐。从宝宝的角度看自己是一种方法，应尽量一试。此时，你会看见自己其实像一个完美的妈妈，体贴、温暖、有爱，有趣、有激情、有幽默，完全值得这份忠诚。婴儿正在练习热爱生活，他现在所得到的爱、感受到的爱的回应越多，他此生将越容易包容和接受各种爱。实际上，你现在体贴地回应他越多，轮到他为人父母时，才会越多地回应你孙儿孙女的情绪需求。你也要帮助自己，发现宝宝可爱无敌甚于一切，会使你愿意主动承受未来几个月辛苦和充满压力的生活。

6～7个月时，宝宝的挚爱表现都是积极主动的，他善待大家，但最亲近你。他最闪亮而大气的笑容，他最长久的"谈话"和最有感染力的笑声，都只冲着你。然而，对大多数亲子来说，这一切欢乐也有另一面。如果宝宝特别喜欢有你陪伴，自然就不喜欢你离开他。到8个月左右，他多半会在醒来时设法让你寸步不离，否则他会不安、哭泣甚或担惊受怕。

心理学家称此反应为"分离焦虑"，宝宝是否会有类似表现不但取决于他的生理以及情感发展，还取决于居家环境。如果他会爬，你们的住地也宽敞，那么，他可以爬着尾随你从而与你寸步不离。但是如果在爬行之前他已在急切盼望你，情况则完全不同。他无法尾随你，因此才时刻注视你，所以，你稍一离开他的视线，他便啼哭。

在家好心情的时候，你多半不难做到寸步不离孩子。一切安排就绪，于是，你做你的事情，他在身边做他的事情。你习惯性地一边和他闲聊一边工作，一边点评他的活动一边做事，离开房间之前，你或许会等他爬过来，或许会一把抱起他走到门口或厨房……然而，心情不好的那天，你会想拒绝他时刻不停的依赖，你被爱得透支了。一旦恼怒在内心发芽，你每次连续半小时地照顾他便会助长这些恼怒。你一离开房间，他就号啕大哭，于是你回来安慰他，接着熨烫衣服，他在你脚边滚啊爬啊，绊到电线，差点让熨斗砸在身上。一位朋友来喝下午茶，决意和你专注攀谈，而宝宝一定要坐在你腿上，用各种新发明的声音加入或打搅你们之间的谈话。最终，在朋友走后你去洗手间时，发现你的"小负担"在门口可怜地号啕痛哭……每位母亲都会不时有此种经历（父亲会有出乎意料的第一次经历）。但是，明白这种事稀松平常，并不会使它们变得有趣。从宝宝而不是从你的角度去看待他的感受，可限制这种事的发生概率到最小。

对你来说，宝宝完全不必因为你去洗手间而啼哭。但宝宝介意看不见你，你是他世界的核心，是他观看自己和一切的镜子、他的经理人，应对他，也帮他应对其他事情。你离开他身边，你知道自己要去哪里、多久回来，但是他不知道。就他所知，你可能一去不回，走出视线仍然意味着不存在。他注意到你不在，却还不会把你的形象锁定在记忆里从而安静地等待，放心地期待你回来。在接下来的几个月，婴儿会发现"物体恒定性"，明白事物（和人）不会仅仅因为走出视线和听力范围之外就不复存在。但此刻他只知道，你消失了，他被抛弃了。

如果你设法否定他的感受，忽略他的啼哭，掰开他紧扣的双臂，或是把他关在游戏栏里以免他跟随，他将越发焦急渴望。他越焦急渴望，越决意紧紧跟随你。如果你尝试秘密行动，常常趁他不备溜出房间或家门，他将越来越分散注意力，因为他要密切留意你的动向。如果你认可宝宝的感受是真实的，从他的思想发展阶段而言也是合理的，"分离焦虑"特别容易处理。有时间便带他在屋里慢走，情况允许的话，可以让他尾随在你身后。必须离开他的时候，应固定使用一句话代表你的离开（如"再见啰"）并给他明确的提示，这样，他不会感到被抛弃或背弃。用另一句话——如"我又回来啦"——代表彻底结束分离。于是，他将对此逐渐有所认识和期待。你甚至可以在安全感游戏中让他明白并练习。玩躲猫猫游戏时，他用两手（远远地）遮住脸，你假装不知道他

在哪里（"他到哪里去了？哦，他在那里呀！"），然后交换角色，让他有消失以及回来的力量。

学习理解这些事情是平静分离的必要条件，但不是充足条件。即便婴儿明白你去去就来，仍然存在，他也会不希望你离开。但话说回来，即便你无法避免他介意，或避免他哭着搂住你不让你走，你仍然有办法确保这场分离其实不会伤害到他，即，一定要把他交给一位他喜欢的人。你走了之后，他需要"使用"另一位"特别的"人作为自己的"另一半"，直到你回来。他无法独自处理事情，无法和一个陌生人或者普通的熟人共同处理事情，但是如果他与陪伴者之间确实相互喜爱，他也愿意在没有你的情况下处理事情，把他交给这样一个人，那么，即便在绝望的眼泪中分离，他也会在你走后几分钟内安全登上那艘"亲密"的救生艇。所以，当你问自己"我完全可以离开他了吗"时（整晚或一周4天或40小时），你应想想他有多熟悉你的接班人，他们彼此感觉如何。你不在是一个消极面，但可以通过一个积极的替代者平衡。

接近1岁时，婴儿或许看似增加了一重焦虑，担心接触到不了解他与你分手时焦虑的人，通常，这两重焦虑混合在一起。因为，你注意到他在陌生人面前特别羞怯时，也是你想要放下他的时候。比如，试鞋工要为孩子量脚，婴儿很有可能不是因为陌生人本身，而是因为他们的行为才感到苦恼。他多半乐于对自己不知道的人微笑和说话，假如他们行为优雅、保持距离。可惜，许多成人没有把婴儿当作真正的人看待，没有把对待大孩子的相同尊重和礼仪延伸至此。有些成年人比较害羞，但如果大街上一个陌生人冲上前去亲吻、拥抱他，即便是羞怯感最少的人也会感到尴尬。我们喜欢知人于先，继而接受亲近和亲密的接触。婴儿的感觉也一样，并且应该得到保护，免于接触对待他们如宠物一般的人。

如果婴儿从未交给任何人照顾或被迫与人接触，但你允许他趴在你肩上看商店里和公交车上的人，在你脚边和陌生人玩躲猫猫，受好奇心驱使克服羞怯主动走向他们，那么，他多半会变得越来越愿意和身边的陌生人交朋友。现在让他自己进行社交，有助于培养出一个喜欢新人的自信的学步童。

　　害怕离开你，害怕和非你非友的人相处，都是切实的恐惧感。和其他恐惧感一样，那些受到恐惧刺激最少的孩子，这两重恐惧感会较快平息。目前，婴儿才刚刚爱上你，无法视你为理所当然。但是，如果你能以潮水般的安心回归与呵护喜爱帮他度过强烈且潜在焦虑的依赖期，他最终会以平常心看待你的爱和因你而生的安全感，当他长大一点后，就会安静地与亲人相处，开放并愿意关注外部世界。

她能够自由动手越多，
就越早学会使用勺子。
而且，皮肤清洗起来确
实……

饮食与发育

　　6个月时，有些婴儿对于进食固体食物热情高涨，于是，他们开始自觉减少母乳或配方奶的摄入量。尽管如此，切勿认为婴儿应该逐渐自己断奶。这个年龄段的婴儿大多数还是把固体食物作为辅食，有些仍纯粹喝母乳。

　　长期以来，对婴儿营养的官方指导认为，添加辅食的时间应至少推迟到婴儿4个月大。那时，大多数婴儿的消化系统方才可以开始应对母乳或配方奶以外的食物。如今，在此基础上附加了一条注意事项，即添加辅食通常不应推迟到半岁之后太久。6～8个月时，有些婴儿开始需要非奶食物，以确保铁质的摄入。此时，大多数婴儿非常愿意尝试他们亲眼见到的成人进食的某些食物，并且像处理玩具似的，抓啃手中的食物。即便婴儿不属于十分热情的一类，也值得你坚持为他提供各种食物品尝。对他来说，六七个月比接近1岁时可能更容易接受新的进食方法、味道和质感。

奶水问题　　尽管存在这些考虑，仍普遍认为有些婴儿（比如过敏体质的婴儿）如果大半年内纯粹喝母乳（或许再补充一份铁质）可能对他来说是最好的。而且，即便婴儿无特殊需要延长纯粹哺乳的时间，还是应当多采用让他抓食的方法。无论他对新的食物和进食方法多么热爱，宝宝多半仍积极需要乳房、奶瓶或二者兼有，别着急立刻断奶。随着他摄取更多的固体食物，奶水肯定会减少，但从长远来看，愉悦的吮吸可促进他的情感健康发展，正如奶水可提供全面的营养一样。

哪种奶水　　对于宝宝的第一年来说，母乳或配方奶（包括铁质）一直是重要的营养来源——方便、便宜，在他进食有限的固体食物这一阶段内确保优良的体质。

　　至少在宝宝一岁以内，切勿使用原生牛奶（或羊奶）作为主要饮食。除了与母乳成分有差异之外，使用未经强化的牛奶作为宝宝的主要饮食，会使他遭受缺铁性贫血的可能性急剧上升。

　　肝脏内储存足量铁质的足月或几近足月出生的婴儿，铁质可维持4～6个月，之后供给会下降，需要经常补充。但实际操作不太容易，因为婴儿的身体只在特定的营养条件下吸收特定的铁质。母乳不含大

铁强化全配方奶是母乳的最佳替代品，用杯子或奶瓶喂皆可。

量铁质，但很好吸收，以至于通常少量母乳就够了。而牛奶呢，本身所含铁质极少——每天1品脱牛奶所提供的铁质只能满足6个月大婴儿所需铁质的5%，还会妨碍婴儿从其他食物中吸收铁质。这就是关键。因为，无论你多么了解提供赋予宝宝铁质的食物的重要性，以及维生素C具有促进铁质吸收的作用，但由于那些天然富含铁质的食物，比如红肉和深绿色蔬菜，难得有婴儿喜欢，他不会超量摄入。

如果你没在哺乳，或是想要每晚只哺乳一次，那么应该选择配方奶，并确保你所选择的产品富含铁质。但如果你在哺乳，即便你厌倦了挤母乳搭配婴儿麦片，也不必购买配方奶配餐。宝宝6个月之后，即可使用全脂牛奶配餐。许多牛奶产品确实非常好，比如奶酪和酸奶，只是不适合作为他的主要饮食。

如果婴儿是用奶瓶哺乳，单纯食用他已经习以为常的配方奶没问题。他可以用奶杯或奶瓶喝，而且，由于其方便性，你也许还可以用它调配麦片等等。切勿在断奶过程中试图以原生牛奶作为主食。要想让他换一种奶水，最好尝试婴幼儿"衔接"奶或幼儿配方奶，一般它们的铁和维生素含量更高，却没有其他改变。

卫生保健　　切记，只要宝宝喝奶瓶，不论何种奶，整套哺乳用品必须经过卫生消毒。到6个月时，不必消毒餐盘等，但奶瓶必须消毒，奶嘴容易残留奶水，而温热的奶水是细菌最理想的繁殖地。

断奶

给婴儿固体食物，使他们习惯混合进食，需要他们在吮吸奶水之外增加新的进食方法，那是断奶前的重要准备，却非断奶。当你开始给宝宝断奶时，你所启动的这个过程将最终以其他食物取代奶水作为他的主食，以用勺子和手进食、用杯子饮水取代吮吸乳房或奶瓶。

只要婴儿每天至少进食4餐奶，他的大部分营养就仍然依靠奶水。你即可认为，他能够获取自身所需的大部分卡路里和所有蛋白质。所以，固体食物所提供的卡路里较奶水对其胃口和生长需求的影响微乎其微，但有助于确保矿物质和维生素的摄入量。

如果4餐母乳或配方奶是你宝宝的主餐，那么无论他是出于自愿，还是因为你开始为他断奶而放弃哪怕其中一餐，都会导致营养不良。6个月一过，有些婴儿——往往是配方奶婴儿会一觉睡到天亮，无须清晨或深夜哺乳，习惯于一日三餐为主、零食为辅的固定模式。同样年龄的母乳婴儿较不可能放弃深夜或清晨哺乳，尤其是在母乳妈妈白天要外出工作的情况下。他们倾向于用杯子喝水或果汁，或是用奶瓶喝配方奶或母乳。

循序渐进的断奶之初，婴儿一般都会减少奶水摄入量。即便婴儿完全满足于放弃吮吸午餐奶，而用杯子喝，他也不会用这种新饮法喝够等量的奶水。而且，随着断奶持续进行，你多半会发现，你越使劲引导他放弃吮吸，他越会减少奶水饮用量。真是如此的话，断奶应非常缓和地进行。如果婴儿感觉到逼迫甚于引导，感觉到他不再被允许吮吸母乳或配方奶，他就会彻底拒绝喝奶。

新饮品和新喝法

一盖一嘴，使宝宝较轻松地掌握从吮吸到饮用的变化。

固体食物可置换奶水的营养成分，却不能转换其所有水分。婴儿开始以"真"食物取代部分奶水餐食时，就需要饮料搭配进食。但如果饮料总量不及他所放弃的奶量，也不必担心，因为那些固体食物中也有大量水分。

带嘴的杯子对断奶自始至终有极大的助益。咬着杯嘴喝介乎吮吸和普通的喝水之间，你还可以逐步推进，使用一只长而活动的嘴儿近吮吸的感觉，使改变不那么突然。实际上，在有步骤断奶的最初几周，使用吮吸式杯嘴最有可能使婴儿赞同至少放弃部分他习以为常的哺乳餐。

到八九个月时，你会发现，宝宝不太喜欢类似吮吸的饮法了，而喜欢能够独自控制的饮法。几乎没有婴儿在一岁之前能够独立使用普通杯嘴，因为即便他们确实能够用普通杯嘴喝水，也往往会倾斜水杯使水洒出。使用短而硬的杯嘴，既能让宝宝独立饮水，也不用你为他一直抓着杯子，因为杯子侧翻时也只不过洒出来两三滴水。

无论婴儿是否接受用杯子喝早餐或晚餐奶，他都时常需要解渴的饮料，而且以白水为最佳。一个习惯随时喝稀释果汁或"果汁饮料"的婴儿，会以各种失望和反感的举动拒绝喝水，而那些以水解渴长大的婴儿，会了解水的真义，视水为生命补给之源。

如果你的自来水不安全或不宜饮用，家庭净水器多半是最实惠的解决方案。如果你偏向于给宝宝饮用瓶装水，一定要仔细挑选，有些品种的瓶装水含有大量盐分和其他矿物质。

如果你想要宝宝喝果汁，应购买（或制作）未添加糖分的纯果汁，并兑水稀释，尽量每天提供不超过一次，并且和点心固定搭配。如此，果汁便等同于富含有效维生素C的"食物"。但始终要喝白水，因为果汁，尤其是加糖、着色的果汁饮料，会危害孩子的牙齿，代价昂贵。此外，如果婴儿今年学会了怠慢白水，明年就有可能需要电视广告中新奇的"果汁盒"，后年就是汽水罐。

母乳宝宝断奶　　只有你和婴儿能够决定断奶的最佳起始时间，虽然强权在握的人，比如老板也许会影响你的观点。有些婴儿厌倦了母乳，于是早在妈妈想要断奶前就用杯子喝奶了。你无法和一个想要这样做的婴儿理论，因为，如果他减少母乳吮吸量，也会使你减少母乳产出量。有些妈妈完全找不到理由为宝宝断奶，宝宝（继而学步童、儿童）有要求便一直哺乳。只要你和婴儿感觉良好，无论是属于这两类极端还是介乎这两者之间，都没问题。

那些妈妈大多数时候在身边的母乳婴儿，可以一直喝母乳直到自愿转用杯子为止，但他何时会愿意呢？如果你用乳房哺乳且从未使用奶瓶装母乳、水或果汁，那么，这就是情感问题了。宝宝6个月大了，你现在得恢复工作，把他留给他爸爸或其他照顾者。宝宝吃固体食物（但不多），用杯子喝水或果汁（但不多）。他应该用奶瓶吗？答案部分取决于他的年龄。大多数20周左右的婴儿不太会用杯子，使用也只是为了娱乐和学习而已，要到28周大，很多婴儿才会使用杯子。在此之间，你可以视你宝宝的具体情况决定。不过，答案多少也取决于你离开的时间长短，以及是否能够随着宝宝一点点成长而缓慢开始、循序渐进地进行。假设他能够吃固体食物、用杯子喝水而不会感到饥渴，当然就能进食一餐而不用吮吸。但如果是两餐，再加一顿配餐点心，情况则有所不同。如果你早上8点到下午5点不在家，而宝宝未满7个月，进食固体食物不多且完全拒绝用杯子喝水，那么，对他、对任何照顾者以及你来说，用奶瓶喝配方奶比较容易。但如果你决定如此并提供了奶瓶，宝宝却在白天拒绝奶瓶要吃大人的食物，晚上则要很多次哺乳，你也别感到惊讶。

如果你可以选择何时开始断母乳，用多长时间断奶，务必待他对母乳哺乳的专一忠诚松懈时，至少是在某些餐时，并交给时间慢慢来。理想中，你从未无故拒绝为显然需要奶水的宝宝哺乳，他根本不能理解你何故突然拒绝他，甚至可能认为你收回的不仅仅是母乳，还有亲密感；理想中，你也没有遭受过度胀奶之苦，慢慢来，婴儿和你的乳房一般就会顺利接受断奶。如果，比如说，他现在喜欢午餐吃"真"食物，而以一两口奶水结束，你也许会决定用杯子提供奶水取代哺乳，然后把他从高脚椅直接抱进婴儿车里，在午餐后散步以分散注意力。当你们回来时，便不再是他所习惯的哺乳后情形，他多半已

育儿信箱

为了避免他咬我，得断奶吗？

我的儿子7个月大了，继两颗下门牙之后，刚长出一颗上门牙。这颗牙特别尖锐，我突然担心他可能会咬乳头。我的一个朋友就遭遇过此事，还流血了。我丈夫认为我该给孩子断奶，他说那颗牙齿就意味着可以吃固体食物了。但我本想哺乳一年，而且此前一直很顺利。总之，这似乎是对他子虚乌有的错误的惩罚，很不公平，但危险也存在，不是吗？

无论他们长了多少颗牙，大多数哺乳婴儿都不咬乳房。如果"咬"这个严重的问题普遍存在，人类多半不会繁衍至今。因为，世界上很多地方的婴儿必须母乳哺乳到至少第二年，不然就会饿死。你的丈夫认为你该断奶也许是对的，但他的依据却是错的。最初几颗牙齿完全没有咀嚼固体食物的能力，孩子不会像兔子一样用门牙咀嚼——在长出磨牙之前，他们用牙床咀嚼。

有些哺乳的女性可能很担心被婴儿"咬伤"，但如果你确实喜欢继续哺乳，为何不给自己一次机会了解自己是否是其中一个呢？

婴儿咬一次是普遍现象。是疼，但不是那种令人恐惧的疼。妈妈惊叫抽离，婴儿惊吓啼哭，必须加以劝慰，唯一的一次往往如此。

如果咬的情况确实再次发生，你多半要担心是否会重复发生了。其实，如果你想要继续哺乳，你仍有望在未来几天摆脱这个问题。

尽量别重演那种剧烈反应（说到比做到要容易）。婴儿不会因此明白他们在伤人（所以惩罚无效），甚至反而因此被逗乐或受惊吓。正是那些被逗乐的婴儿（极少数）会继续咬人，知道以此来获得那种反应（就像他们将来会坐在超市推车里扔卷纸、在祖父母怀里摘眼镜一样）。那些受惊吓的婴儿也许太害怕此事再次发生，于是紧张得拒绝哺乳（就像他们的妈妈一样）。

设法以非常平静而坚定的语气说"不"——用一根手指滑入他的嘴里，带他离开乳头，即刻结束哺乳。下次务必：

■ 先给他一些东西咀嚼，以免出牙过程烦扰他。

■ 没人笑他咬手指或鼻子，也不再这样笑他（"这样不对，不能咬噢"）。

■ 不是因为边哺乳边接电话或为了他姐姐能安静读书而去他身边。如果他觉得要吸引你的注意，也许就会咬一下。在他吮吸时，注视他，对他说话。

■当他没兴趣的时候，你不要劝导他继续吮吸，而且，当他开始玩耍的时候，你应让他离开（通过剥离中断法）。

■ 在他醒来前用你的小拇指滑进他的牙床之间，如果他咬着乳房睡着了，醒来时也许会咬乳头。

经忘记了自己刚才不是被哺乳的。由此，你的乳房所受的刺激将逐渐减少，尽管最初你会感到胀奶不适，但乳房会在两三天内调整并减少产量。如果你还在其他餐点为他提供固体食物和一杯奶，然后让他以尽情吮吸结束这一餐，他将逐渐减少母乳摄取量，你的母乳产量也将随之减少。如此数周后，他可能只需早晨哺乳和睡前安慰哺乳，那顿晚餐可能是宝宝最后的坚守，作为临睡前常规的一部分保留数月。只要他不是依靠母乳催眠，12～18个月期间他便会令你惊讶地主动放弃哺乳。

当然，你不必让宝宝决定何时放弃最后的保留，彻底断奶。但如果在宝宝至少八九个月大之前，你不想那么投入地哺乳，你或许要尽早考虑用奶瓶。即便他白天完全可以喝水而不用吮吸，但彻底没有哺乳也会令宝宝不太舒服，他还会特别想念临睡前的安慰吮吸。

配方奶婴儿断奶　　有些父母对用奶瓶哺乳悠然自得，乐于把奶瓶当作安慰物和无漏杯，一直用到学步期。而有些父母认为奶瓶是必要的弯路，宝宝一旦能够用勺子吃、用杯子喝，就要戒掉。这两种方法各有利弊，但犹豫不决最有害。如果前半年你是随宝宝的意愿喂奶，继而突然决定他必须彻底断奶，那么肯定会造成阶段性烦恼。

常能得到满瓶配方奶的婴儿会越发需要奶瓶，既从中获得饮食，也从中获取吮吸安慰。吮吸安慰之于配方奶婴儿的好处，当然就像哺乳安慰之于母乳婴儿，然而，经常得到则未必如此。你会发现以下一些问题：

■ 用奶瓶哺乳的婴儿，安慰的来源并非像母乳婴儿一样由妈妈控制。所以，随着他越来越大，对奶瓶越来越熟悉，白天黑夜随时要求再来一瓶时，拒绝他就将越来越困难。

■ 那些整天挂着奶瓶的婴儿，时常喝得太多而失去对固体食物的胃口，因而破坏了获得理想膳食的机会。

■ 或抓或叼着一瓶奶散步，限制了动手游戏和交谈的意愿，对牙齿也不好。

■ 叼一瓶奶睡着，奶水蓄积在口腔内，对婴儿牙齿的危害超过了任何饮料（除了酸甜的果汁），还可能导致呛奶。此刻，你或许认为自己绝不会允许婴儿这样做，可能你也确实不会。但如果你情急之中发现，奶瓶意味着他会幸福地自行入睡、夜间醒一下又睡着，而没有奶瓶则意味着他不愿睡觉，也许你就会那样做了。很多疲惫的父母就是这样做的。

宝宝一用杯子喝奶就断奶，反而会引发几乎所有的困扰。彻底抛弃奶瓶会导致婴儿拒绝喝奶，那与喝奶太多、太久一样，会破坏他的胃口。宝宝也许非常想念吮吸安慰，便开始吸拇指，整天含着拇指。此外，终止睡前奶肯定会引发各种入睡难题。

并非要早断奶才能避免对奶瓶的长期依赖。你唯一要做的，就是把奶瓶当成一只乳房，像断母乳一样断奶瓶：

■ 4～5个月时开始用杯子，让宝宝渐渐习惯"奶和水可出自奶瓶，也可取自杯子"的概念。到6个月时，他多半愿意用杯子喝主餐奶之外的所有饮料。也就是说，此前奶瓶只出奶，不出水或果汁。

■ 午餐抛弃奶瓶，吃固体食物，配一杯奶，就在6个月之后或是喜欢用勺子而非浅尝食物的时候。

■ 深夜（或凌晨）抛弃奶瓶，一夜睡到天亮，就在宝宝表现出满足于每天主餐外加点心补给的时候。如果婴儿喜欢，一杯奶即一份绝佳的点心，否则，应用一杯水搭配硬的食物。

■ 如果一切顺利，宝宝现在每天只需两瓶奶：早餐吃完固体食物之后一瓶，晚餐吃完固体食物之后、临睡之前一瓶。

一杯牛奶如一份点心，一杯果汁如一次奖励。但是，当宝宝纯粹只是口渴的时候，一杯水是最好的。

现在必须体现成年人的作用了——保持奶瓶的愉悦作用。宝宝喝这两瓶奶的时候，只有坐在某人腿上才行。1岁左右时，宝宝对独立感和室内自由行动的渴望变得非常强烈，讨厌一动不动地坐着。如果你从未让他发现可以嘴里叼着奶瓶到处爬，总有一天他的活动热情会超过吮吸。

切勿想着"下不为例"，然后让宝宝叼着奶瓶活动。他总不能提着乳房走吧。拜访朋友时，千万打掉想要展现自己抚养宝宝如鱼得水的念头。婴儿可不傻，如果他今晚这样做了，体会到同时拥有两件最爱——吮吸和活动的幸福之后，明晚或者后晚绝对可能要求再次叼着奶瓶活动。

当在学习面对选择的时候，如果他想要（要是哺乳，他总可以那样做），应由他随时改变主意，爬回来吮吸。但要让他端坐在你腿上，抱好了喂奶（总不可能将乳房递给坐在地上的婴儿）。也许你最终得有一条限定规则——比如每餐只中断一回——否则他会像一头小马驹似的，喝两口跑三步。

切记，奶瓶应纯粹用来装奶。如果你突然决定用奶瓶装果汁或水——也许是为了外出方便，或是他发烧时的权宜之策——就抛弃了用奶瓶充当乳房的概念，下一次饮料出现在杯子里时，婴儿几乎肯定会不满。

固体食物

婴儿第一年生长迅速，相比小小的身体而言，他对能量的需求非常多。大多数周岁婴儿所需卡路里相当于（非母乳）妈妈的一半，然而他们的胃如此小，无法一次解决巨量的食物。也就是说，婴幼儿需要比成人更频繁地进食，还需要高能量食物。糖的热量毫无营养，也有损牙齿。父母应注意，不要把成人适用的健康饮食概念用于儿童。例如，高纤维食物特别不适合婴儿或幼儿。他的胃部没有空间负担一点点有益健康的"粗纤维"，它会造成腹泻而不是"调节"便秘。他也不应进食低脂食物，因为脂肪是重要的卡路里来源，他需要这些。购买牛奶烹饪婴儿食物或婴儿奶制品的时候，应选择全脂产品。

断奶过程中，宝宝喝奶逐渐减少，需要固体食物越来越多。务必确保以丰富的食物替代牛奶——既含有卡路里，能提供能量支持发育，也含有特定的必需营养成分。午餐菠菜泥配以炖苹果，富含特定的维生素和矿物质，但卡路里却不及曾经的午餐奶。如果正餐有蔬菜和一点甜炖水果，没有肉、鱼或豆类，应加全脂奶酪或鲜奶酪使食物营养全面。

只要每天约半升奶——或两顿饱餐的母乳——仍为宝宝所必需，无论他进食其他什么食物，都不缺"头等"蛋白质、钙或维生素。即便他的食物选择有限且不耐受，今天仅吃了麦片和烤面包片，主餐奶也将提供一份营养安全保障。如果他暂时拒绝喝奶——也许是抗议用杯子喝奶——就需要从主餐中获取所有营养。但应记住，一小份婴儿强化麦片可提供必需的铁质和其他矿物质，婴儿剂量的每日复合维生素可确保他不缺乏维生素A、维生素D和维生素C。而且，即便他从未喝奶，你多半也会发现，确保他从饮食中摄取钙和B族维生素非常重要。很多人热衷于为婴儿烹饪。比如，大多数人倾向于至少用57毫升（2盎司）液体调配婴儿麦片粥，用28毫升（1盎司）液体调配土豆

让宝宝形成因为自己需要
食物而进食的习惯，而绝
不是因为你要她吃而为你
进食。

泥、熘蛋糊或制作蛋奶糕配水果，更别提他喜欢的酸奶晚餐和抓着吃的奶酪棒了……

关于适不适合婴儿的特定食物，习俗影响饮食甚深，地区差异极大。你的食物体系中，不适合婴儿的屈指可数。只要不太咸，不加糖，不用香料、酒精、咖啡和茶，他可以尝试你烹饪的任何食物。你将很快发现他是否喜欢，他的消化系统是否能应付。

很多父母在宝宝6～18个月期间几乎完全依赖婴儿即食食品，而有些父母果断地拒绝它们。和大多数饮食问题一样，你有可能发现宝宝最喜欢两者兼有。假设有人负责采购和烹饪，那么，让宝宝接受家庭食物就和依靠婴儿即食食品一样简单，家庭食物还会更实惠。而且，优质新鲜食物的营养与味道往往完胜即开即食食品，还能着眼于未来的教育。那顿即开即食的"羊肉晚餐"，今天和上周的是同样的，你亲自烹饪的食物却绝不会两次完全一模一样。因为，即便使用同样的烹饪方法，配料也会有变化。婴儿太小了，还不会欣赏时令西红柿或高汤的美味。而且，他很快会喜欢口感酥脆的奶酪餐点或嘎嘣脆的胡萝卜条，取代吃厌了的食物泥或成团的"初级"食物。如果主要依赖外卖和送餐以及即食速冻食品和方便食品的家人很少亲自下厨，而宝宝也食用婴儿罐装食品，为了健康，你和宝宝最好都能戒掉它们。

家庭烹饪和即食食品结合，适合大多数家庭。你烹饪的食物为宝宝喜爱时，他就能共享家庭餐。而且，通过先盛出婴儿那份再加作料，用过滤、粥化、捣烂或切碎的方法，很容易做出适合他的菜；当家庭餐的主食非他所爱，或你认为不适合他的时候——比如腌牛肉、快餐派或料酒炖菜——即可代之以一罐或一听婴儿即食餐，或者再配些大人吃的蔬菜。当只有婴儿要进餐时，优质婴儿食品也许比冰箱里的剩菜好得多。并且，新鲜水果虽然是最理想的甜点，但使用罐装婴儿果泥可以只煮一小份，而当家人不在就餐时，其他各种"甜点"即可当作他的点心。总之，别轻视婴儿即食强化麦片，它们富含维生素、强化铁质，使用有营养价值的牛奶调配，会比成人早餐麦片有营养得多，配上水果或奶酪即是一顿丰盛的早餐或晚餐，婴幼儿皆宜。

　　挑选婴儿即食食品时，应阅读成分说明，营养价值以及它们影响到的价格区别很大。你通常会发现，商品名和实际成分之间的信息不对称。比如一个知名厂家的"苹果"包含苹果汁、天然酸奶、改良玉米粉、米粉、植物油和维生素C（依次递减排序）。这完全不是"苹果"，而是强化型加稠苹果汁。

　　有时你还会发现一长串添加剂浓缩成一个简单配方。比如另一个厂家的"苹果奶酥"的成分说明：米、燕麦、大豆、玉米粉、麦芽、糖、脱脂奶粉、麦芽糊精、植物脂肪、苹果、梨、杏、李子汁、酪蛋白（乳化增稠稳定剂）、碳酸钙、麦芽、香草精、葡萄糖、柠檬酸、脱盐乳清、发酵粉、维生素C、肉桂、烟酸、硫化锌、铁、混合维生素。添加剂越少越好，但有必要了解添加剂的属性和含义：

　　■ 增稠剂：如果一种液体——水、果汁——位于成分说明的首位，往下看多半有一种或多种"增稠剂"——便宜的无营养物质，起到让稀水般的"食物"具有黏稠质感的作用。增稠剂包括改良玉米粉、大米淀粉、燕麦粉、明胶、刺槐豆胶、三仙胶。

　　■ 改良剂：尽管厂家不会在婴儿食品中加入和成人食品一样多的添加剂，但他们确实添加了"改良剂"。如果出现以下几种成分，就说明你买的食品属于高度精加工的。这些成分包括乳化剂、麦芽糊精、氢化植物脂肪、柠檬酸、肉桂、碳酸钙、脱盐乳清。

　　■ 调味料：适合婴儿的天然食物不必添加调料。小心各种代糖名称——蔗糖、葡萄糖、右旋葡萄糖、乳酸杆菌、左旋葡萄糖、麦芽糖。在众多组合添加物中，还要看清肉精、水解植物蛋白、酵母精或蔬菜精。

　　切勿因为宝宝以成长牛奶替代配方奶了，就不再对奶瓶和奶嘴消毒。实际上，还要清洁他的训练杯嘴，那里也会残留供细菌繁殖的奶液。

　　别给宝宝奶制品、糖、速冻食品或开架销售的冰激凌。冰冻的整装冰激凌很安全，但冰激凌铲和融化的冰激凌表层则会受到污染。

　　别给宝宝半熟的鸡蛋或以生鸡蛋为辅料的任何食物，而且生鸡肉（以及所有肉类）应和他即将吃的熟食清楚地分开。沙门氏菌感染属于普及型常识。此项连同所有特定食物细菌感染的提示，不仅要让家里的大人重视，更要在照顾婴儿时严肃对待。如果奶酪或速冻餐食中的李斯特菌、汉堡中的疯牛病菌或大肠杆菌会引发问题，婴儿就是最容易感染的，也是最容易遭受深度感染的。

自己吃

稍大一点婴儿或学步童的进食问题，一般会困扰全家达数月之久（P334）。你可以从现在起，通过培养放松而包容的态度主动解决它们。设法让宝宝认为，进食是一件自己做的愉快的事情，因为他想要并喜欢食物，而不是因为大人想要他吃。他积极地吃，而不是消极地被喂食。他为自己而吃，而不是为你。

6～8个月期间，宝宝的进餐表现必定非常被动，因为他必须被喂食，他还没掌握自己进食的能力。可是，接受喂食不舒服。你试试和伴侣彼此喂食就会发现，食物根本不会如你预期而至，整个过程让你感到特别无奈。所以，尽量为宝宝缩短这个忍受的阶段，即自始至终鼓励他参与，只要他能自己把食物送进嘴里就完全交给他，无论他选择何种方式、场面有多么凌乱。

■ 婴儿愿意从你手里拿勺子时，递给他一只勺子，哪怕他只是咬一咬、挥一挥。如果你让他用勺子做自己喜欢的事情，他会不时地用勺子蘸一蘸、舔一舔，9个月左右就会不时用勺子取食了——虽然取食中途仍会习惯性地掉落食物。此时，你拿着另一只勺子，舀一勺食物，然后换他的空勺子。于是，他可以自己进食，你则接着再舀一勺食物。

■ 积极地鼓励婴儿用手抓食。如果你允许他在6个月大时用小手玩玩食物，舔一舔，他将很快学会有意识地进食。当他因为喜欢这个味道而蘸一蘸、舔一舔时，应放慢你的换勺工作，允许他尽量自己取食。

■ 给婴儿一些容易应对的食物。蘸一蘸、舔一舔小手很有趣，面包、黄油或奶酪丝抓起来更有意思。6个月时，手抓食物使他主动地参与进食，你得以喂给他泥状的食物。到1岁时，他几乎不需要任何泥状食物了，他会抓食、用勺子取食，你只须帮助他吃到最后一口乳蛋糕或浓汤。

■ 别执著于传统的饮食搭配观念。如果他想用果冻蘸奶酪，你何必介意呢，他终会采纳你的食物组合思路。

■ 别刻意让婴儿吃任何东西。许多食物对他都有好处，但没有哪样不可取代。吃饱了就不吃，确实对他最有益，所以，别勉强他乖乖地坐着，希望他再多吃点。

■ 别刻意让婴儿先吃主食再吃甜点。这个年纪的孩子，惦记点心并不会促使他吃完不想吃的肉食。之后，当他明白你的行为时，只会使他更渴望得到被你扣押的甜点。

用手便捷地抓取食物有助于宝宝在早期自己进餐。

用勺子喂食的交换策略

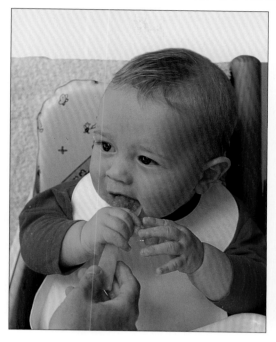

1. 他能把一勺食物送进嘴里，但要用食物填满勺子则很困难，况且空勺子很好咬。

2. 他不希望让你拿走勺子舀食物，也不希望你塞一勺子食物到他嘴里，所以应使用另一只勺子取食、交换。

3. 他现在可以重新开始了，蓝色的勺子在他嘴里，你可以用黄色勺子舀上食物，等他再次交换。

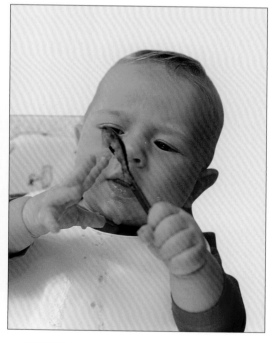

4. 他还会玩勺子，将食物到处撒落，但他会保持进食热情，这很重要。

育儿信箱

新鲜食物中的杀虫剂危害婴儿健康吗？

为了避免摄入加工食物中的过量化学成分，我们决定断奶后让儿子吃自家烹饪的新鲜食物。但听说几乎所有新鲜蔬菜水果都残留有杀虫剂和其他化学物质，不利于成人的健康，更会危害婴幼儿健康。是这样吗？如果是，父母到底该给他们的孩子吃什么呢？

蔬菜，甚至是水果，确实普遍农药残留量超标。近期，美国的研究显示将近50%的水果样本农药残留量超标。

平衡食物中杀虫剂和化学物的风险和收益属于高科技事业，往往与市场和环境利益对立。有害物质残留的"安全"级别以往都指向所有消费者，没有把5岁以下儿童视为特殊且易受害的群体，这一点到最近才有所改变。相比大人，小孩特别容易遭受水果上农药残留的危害，因为，他们要吃更多的水果保持体重。美国大规模的抽样调查显示，总体上，学前儿童的水果摄入量是成人的6倍，摄入葡萄在6倍以上，苹果和苹果酱7倍以上，苹果汁则是30倍以上（当然，大多数成年人实际根本不喝苹果汁）。有些专家认为幼儿比成人更易遭受农药之害，可能是因为他们身体的排毒能力弱，或许是因为器官发育未成熟，所以容易遭受特定化学物的伤害。

公开婴幼儿肯定更易受农药残留毒害的事实不是为了让父母惊慌，而是为了引发食品产业重新思考某些"可接受的"操作方法和有害物质残留等级。公众对特定污染物的抗议日趋激烈，其实会改变政府政策和市场行为。20世纪80年代末，美国禁止亚拉生长素（Daminozide）用于苹果种植，就是基于这样的原因。

然而，如果你总感到无奈和失望，日常的育儿生活就会无法进行。这些危险确实存在，常常是不必要的（或者说贪婪的），但相比其他环境危害，它们还比较小。而且，你几乎没（太多）办法为孩子将风险降低到最低：

■ 购买婴儿有机食物：此类产品越来越多，如果你所在的超市没有存货，可以通过询问动用消费者的影响力。

■ 尽量购买有机水果和蔬菜。欧洲国家的标准很严格，而美国的较宽松，但你应该可以找到州政府认证的无除草剂、农药、化肥种植的产品。它们的价格往往较高，而且你肯定无法全买非时令产品，因为长期储存需要防腐剂。

■ 当你无法购买有机水果和蔬菜时，尝试并主要购买本地产的时令产品。

■ 当你不确定食物的来源时，那些厚皮的硬壳类食物（香蕉、玉米棒），以及那些可剥皮或擦洗的食物（苹果、胡萝卜）更安全。尽管难免从土壤和化肥中吸收化学物质，但它们少有机会接触杀虫剂和表面化学物质。

■ 在孩子愉快接受的基础上，丰富饮食种类即可使安全系数和优质营养最大化。果汁、"晚餐"、水果或蔬菜类可抓食食物的品种越丰富，他越少有机会令人担忧地大量摄入某种有害物质。如果说有人会一连数月只喝苹果汁，甚至每天喝半公升，最有可能潜伏亚拉生长素残留物隐患的，只有孩子的父母。

■ 准备好收拾乱糟糟的局面吧。如果天气够暖和，可以脱掉他的上衣——皮肤比衣服好洗多了。可是，如果他必须穿着衣服吃，一条婴儿围兜（也许有那种前兜式底部，用以接住他掉落的食物）可保持衣服相对干净，尤其是如果你为他卷起袖子，往脖颈里塞些餐巾纸的话。在地上铺一层厚报纸，可接住撒落在更外围的食物，还很环保。你也可以使用一张塑料桌布。如果你发现必须阻拦他的手才能利落地喂他一勺食物，否则根本无法在公开场合喂他，那么尽量在私下喂他。强迫宝宝整洁地进餐，仅次于强迫他全部吃完，是令他对进食失去兴趣的直接原因。

如果你认为婴儿吃得不够

注意，你很可能错了！担心孩子的进食量会使你们大家今后产生各种问题。那些喝奶、吃固体食物的正常健康且开心的婴儿不会饿着自己（P336），所以，应尽力相信婴儿知道饱足的食量。如果你做不到，你应：

■ 查看婴儿的生长曲线。如果体重和体长的上升曲线相当稳定，说明他的进食是足够的。

■ 观察婴儿的精神和活力。如果他活泼又好动，说明他不缺食物。

■ 考虑到婴儿主餐奶的摄入量，提醒自己"奶即食物"，他也许喝到了所需的几乎一切东西。

如果你仍在劝导孩子多吃点，应请医生检查他的健康和发育表。即便婴儿的营养特别全面，健康专业人士也不会吝惜时间安慰你。他们知道，对宝宝的饮食放心，让他顺利进入学步期，对你来说非常重要。

生长发育

第一年的下半年里，婴儿生长发育的速度更慢了。从此时到周岁生日期间，婴儿的发育速度大概不会超过最初6个月的一半。如果每周为他称重——如果他非常健康，这么做就毫无意义——你很可能发现他的体重仅增长了60克左右，身高在这半年里增长了8～10厘米。

虽然宝宝的生长曲线依旧跟随生长发育表百分线的总体走势，并且很可能处于或接近起始段位百分线，但现在你会发现他的体重增长记录有更多"锯齿"。如果他生病一两周，或轻微感染反复数周，体重便会暂时停止增长，甚至看起来他比以前还要消瘦。身体恢复后，他大概会在数周内超快速地长回来。固体食物也会造成体重增长的差异，当他接连数周只爱豆类或奶酪时，体重增长就会超过只想吃蔬菜汤和苹果的时候。过几周或几个月，这些"锯齿"便会消失。既然他的整体体重增长曲线才是最重要的，那就别用频繁称重给你自己平添忧愁。

牙齿护理

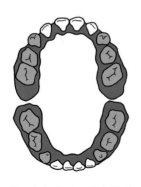

第一年年末时，许多婴儿会长出对称的上下两排各四颗门齿。

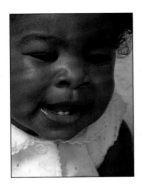

第一轮牙齿出现后，宝宝微笑见齿。

在这半年里，宝宝的牙齿生长通常很快，但并非定式。别惊讶，更别担忧，如果宝宝属于以下情况之一的，出牙节奏自然与众不同：

- 第一颗牙齿在6个月左右长出，一般是下牙床正中两颗门齿之一。

- 第二颗牙齿紧随其后，紧挨第一颗。

- 大约7个月时（或早或晚），大多数婴儿会长出相对的一颗上门齿，然后紧挨着再长一颗。

- 到了8～9个月，上牙床四颗前门齿一般都长出来了；9～10个月，下牙床另外两颗门齿也出现了。于是，婴儿拥有一排四颗上门齿和一排四颗下门齿，通常出牙就此暂停。

- 大约一岁生日前后会出现一颗牙齿——两牙床最后端的第一轮四颗臼齿之一。

门齿尖锐扁平，所以容易长出来，比又大又宽的臼齿容易多了。虽然大多数婴儿在长出一颗门齿的过程中只是感到短暂而轻微的不舒服，但是，两三颗牙同时生长会使婴儿很痛苦，要务必给他很多东西咬着。普通"塑胶环"和光滑的小玩具差不多，但可以放在冰箱里预冷，婴儿会喜欢那种稍有咬劲的胶质口感。

牙齿和断奶

当婴儿的第一轮牙齿——那些扁平的门齿出现时，它们太尖锐了，以至于妈妈时常疑惑它们的到来是否意味着断奶。当然不是。最初的至少两颗牙几乎总是下门齿，而现在宝宝还没有对应的上门齿配合咬啮。每次哺乳快结束，宝宝在安慰吮吸时，你会感觉到这种差异——甚或得阻止他这样做。但数周以后，那种偶然情况下令人困扰的痛"咬"才有可能发生（P237）。

护理第一轮牙齿

护理第一轮牙齿并不是轻松活，但值得费点心思。尽管整套乳牙终要脱落更新，但是乳牙健康和恒牙健康的重要性旗鼓相当。毕竟，婴儿得用它们度过这几年关键期，而且，即便在换牙时，恒牙的健康和正确位置也基本上取决于乳牙。

为宝宝清洁牙齿有必要从头开始，而且，随着他的牙齿渐次紧

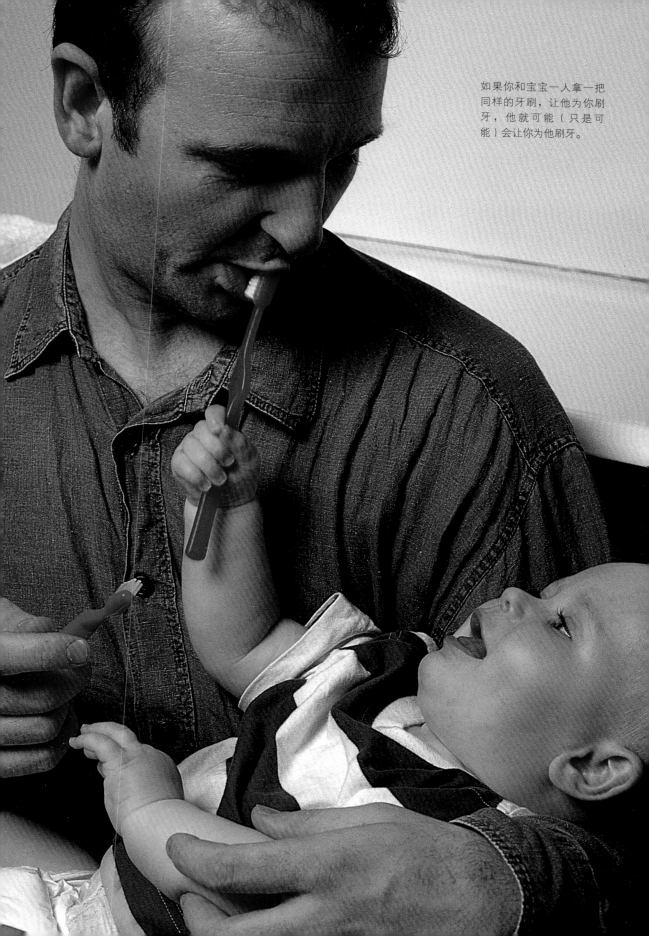

如果你和宝宝一人拿一把同样的牙刷，让他为你刷牙，他就可能（只是可能）会让你为他刷牙。

育儿信箱

清洁婴儿的牙齿有实际意义吗？

我们被告之得为7个月大的宝宝清洁牙齿（就一颗），但是把牙刷伸进他嘴里的想法似乎奇怪而恐怖。这真的是育儿例行之事吗？如果是，又该怎么做呢？

你的宝宝那唯一的牙齿当然不用刷，除非在医生建议下使用婴儿氟液，否则应使用儿童含氟牙膏保护这颗牙齿。如果他不想让你知道"刷"牙进展的话，用一根手指通过感觉来操作多半最顺手，可以把米粒大小的牙膏涂满牙齿的表面。

刷牙以及含氟牙膏，不仅在婴儿有2～3颗牙齿的时候需要，而且对他在第二年吃更有咬劲的、甚至黏性甜食——也许会塞在牙缝里不掉的食物，更是必不可少。在第一年里了解使用牙刷和刷牙的步骤，和当下的保护相比，实际上更是为他未来牙齿的健康打下基础。

耐心等待，当宝宝会坐立、有兴趣尝试操作那些他经常看见你做的事情，那时，刷牙务必是其中的一件。

给你们每人准备同款同色的牙刷会有促进作用。而且，如果今天照顾宝宝的人和他一起在浴室里刷牙，使用同一只盆（或许是浴缸）吐漱口水，他就能实际观察正在发生的事情，从而也尝试着做。即便他学会了把牙刷放进嘴巴里，他也不具备吐漱口水的能力，但这会是特别有趣的瞬间，还会吸引他的注意力。

当他习惯了看你刷牙并假装自己刷牙的时候，试着给宝宝机会为你刷牙，作为交换，你也为他刷牙。如果这个计策有效，在他为你"刷牙"同时，你得为他仔细刷牙。如果不奏效，也别坚持（你确实不可能迫使他接受牙刷却一定不会伤害到他）。手指上抹点牙膏的方法，仍然更有操作意义，利用每一次机会劝诱他张开嘴巴。他也许会喜欢展示新长出来的牙齿，喜欢指出牙床上酸胀、需要按摩的地方。

宝宝即将满周岁且长出了对称的上下两排门齿的时候，他大概能够坐在你的腿上够到水槽，或由你在后面保护安全，站在板凳上从镜子里看你刷牙，也许还会数一数你和他的牙齿。注意，一定要告诉他你所摸的每一颗牙齿的正确名称，这样很容易说服他一颗牙都不能落下。用牙刷挨个触碰牙齿"赋予它们应得的牙膏"，幼儿往往会由此产生正义感，并张开嘴巴。

然而，不要以为你可以轻松地为他彻底清洁牙齿。几乎没有幼儿会始终配合大人为他刷牙，而且无论他多么喜欢，你的孩子在6岁之前都没有能力自己把牙刷干净。即便在监督、提醒下阶段性地持续刷牙，幼儿也没有刷牙所必备的手的灵活性。

挨着长出来，清洁越发重要。虽然确保没有甜食留在口腔内、没有食物碎末卡在牙齿间最为理想，但是有效的上下刷牙法也许还不能在这个阶段实行，而且牙膏内的氟成分多半才是清洁的关键所在。在软毛牙刷上挤一点儿童牙膏，培养他每天刷两次牙的习惯，但如果宝宝反抗，就别强迫他。你不可能为一个又哭又闹的婴儿把牙齿刷干净，如果设法做到也许会让他失去刷牙的兴趣。

饮食中的氟化物以及直接保持牙齿的氟成分，可有效保护牙齿免受腐蚀。正如足量氟对妊娠期的你很重要一样，足量氟现在对婴儿同样很重要。是足量，而非过量。太多氟会使牙齿变色，还会引发其他疾病。在某些地区水中自然含氟，而某些地区的公共饮水系统里添加了氟。如果你的孩子从饮水中获得的氟量不足，你可以购买儿童专用氟液。但如果你给宝宝使用了氟液，就别再使用含氟牙膏，这点也很重要，可以向健康顾问或医生咨询。

第一轮牙齿和以后长出的牙齿一样，容易遭受甜食的腐蚀。鼓励宝宝喜欢未添加糖分的美味食物很重要，但在这个阶段，为了保护他的牙齿，你可以做一件非常棒的事——让白水成为他的日常非奶饮料。不加糖的稀释的果汁富含维生素C，尽管制造商（或者你）没有额外加糖，其中仍含有果糖。一天一小杯对宝宝也许是好的，但是如果一连好几杯，维生素C就会超过他日常的必需量，糖分也会超量从而影响牙齿健康。如果他白天不时喝果汁，那就很可能时常用奶瓶喝。慢慢吮吸甜饮料，宝宝的整个口腔内部长时间悠闲地泡着"糖水澡"，特别损害牙齿健康。实际上，如果你现在只想采用一种方法保护宝宝的牙齿，那么坚持不用奶瓶装任何甜的饮料，并确保照顾他的其他人也绝不那样做，就是你能选择的最佳方式。

设法让宝宝生活圈里的每个人理所当然地认为，奶提供营养，水用于解渴，一小杯果汁只能当一天一次的大事处理或者偶尔一次的奖励。如果你这样做了，你的孩子会免于从喝真果汁到婴儿期"维生素C浓缩果汁"、学步期"果汁饮料"、儿童期碳酸饮料的道路。避免让他第一年产生喝甜饮的习惯，也许童年期就不用看牙医。

哥哥允许她帮自己洗头
发，会使她消除洗头的
恐惧。

日常护理

　　婴儿渐渐长大，接触地面的时间日益增多，而且他们一开始爬行，就会显得特别邋遢。洗澡也不像几周前那么容易了，那时他们（或多或少）会一动不动。你能为一个逮住机会就咬毛巾、吃脚趾的人顺利洗脸换尿布吗？虽然这不容易办到，但只要你不失幽默感，这也是很有趣的。

洗头

　　洗澡成为许多婴儿一天当中最喜欢的活动，不过现在，洗头也许依然很可怕。躺在汪洋般的水里洗澡会让许多婴儿感到紧张。为端坐着的婴儿洗头很难操作，他们得朝后仰头，而大多数婴儿很难这样做。但如果他们不这样做，水就会流到脸上，这正是大多数婴儿所厌恶的。

　　出现洗澡的争斗时，你应先退一步。你越恐吓，他越害怕。不过，如果至少有一个月不用洗发液，他多半会忘记害怕洗发液。在这期间，你可以用洗澡海绵清理他头发上的食物丁，再用一只湿的软毛刷梳洗头发使之不再黏结。恢复使用洗发液的时候，记住要让水避开眼睛。如果有肥皂水流下来，切勿试图冲洗掉，而要用毛巾擦掉。如果你在他惊叫挣扎的时候为他冲洗头发，水肯定会流到脸上，这正是他害怕的事情。

　　你需要改变方法。当洗头问题发展成讨厌洗澡时，应将这两件事分

只要她允许你把这个小装置搁在头顶上，就不会有令她恐惧的水滴下来。

开，就着浴缸或洗脸池边，让他仰面平躺着洗头，就像小婴儿时的操作一样（P102）。如果和大人一起在浴缸里，他就不再害怕这只大浴缸，在他处于仰躺姿势时（P176）为他洗头。如果你采用蘸湿毛巾而不是冲洗的方法处理他靠近额头的头发，就不会有一滴水流到他脸上。

卫生清洁

清洁身体是爬行的婴儿不喜欢的事，但他的健康离不开清洁卫生。取得恰当平衡的意思是，以挑剔的态度清洁食物和（人或动物的）粪便，而非磨脏了的膝盖或从地上抓起送到嘴里的玩具。"污脏"和"净脏"都有细菌——甚至藏了我们称为"病菌"的有害细菌。但是，只有"污脏"——过期食物、老鼠屎、猫便盆、有粪便的尿布——才会成为大量细菌的繁殖地，从而攻破儿童自身的抵御屏障，导致生病。

"病菌"真的有损家人健康，但实际上，有毒化学物质更常见，而且一般来说更具威胁。必须把水槽下柜子里的有毒清洁用品和碗柜里的酒通通拿走，还要在车库、后花园小屋门以及药品柜上安装儿童安全锁。

育儿备忘

溺水

一点水深——不超过5厘米，就有可能封住婴儿的口鼻，导致溺水。因为，面朝下摔倒后，他们不一定会撑起上身自救，或许就此趴着起不来了。如果碰巧面朝下平趴在水里，一般来说，他们不会屏住呼吸挣扎着转身或坐起来，他们往往会深吸气准备呼救，于是肺里吸满了水而不是空气。

在浴缸里洗澡时，抓稳你那刚会坐的宝宝，即便他坐稳了也别松手离开。成为一个爬行者时，他也许会抓着浴缸边缘站起来。成为一个学步童时，他会在浴缸里走路。在未来几年里，别让他单独待在浴缸里，一分钟也不行。

花园里的水也有危险，需要注意。你的孩子有可能独自进入花园，因此水桶盖要盖上，每次在成年人监护下使用过的戏水池、观赏池要抽空，围上栏杆或盖上安全网。安全网可浸入水面下1厘米深，这样既无碍观瞻，也不会让儿童溺水。

教宝宝游戏时，他较有可能在面部浸水时屏息，而非"吸"水。然而，不要被早期游泳的娴熟能力所麻痹，产生安全的错觉。能在温暖、平静的游泳池里游泳，并不会保证你的孩子3岁时免于溺水，因为他可能会爬上大水桶、头朝下掉进去，或者在穿过结冰的沙石路时从河岸跌滑到湖水里，或是在沙滩上被海浪掀倒。

排泄

由于婴儿所吃的食物日益接近成人食物，所以，食物消化后产生的废物也和成人的越来越像。固体食物以及未加工的原生牛奶通过肠道的速度变慢了，但仍会排出较多难以消化的食物残余。和小婴儿相比，大婴儿的排便频率降低，大便体积增大，味道变重。

便秘　　　　婴儿间的排便频率仍然彼此有别，儿童和成人也不同。所以，每天排便不会出现在某一固定时间，也绝不会成为婴儿健康与否的标志。婴儿便秘只有一种情况，就是当肠蠕动终于到来的时候，大便特别干硬、排出困难或引发疼痛。

如果婴儿大便干燥，最有可能的解释是他的饮水量不够身体使用。在婴儿以更多固体食物取代主餐奶的几个月里，或许还被鼓励用杯子取代乳房或奶瓶，所以，脱水十分常见，应多补充饮水。如果大便持续干硬，再补充些稀释的果汁或蔬菜汁。

切勿使用任何通便剂，除非你的医生指导你这样做，但基本不会。因为医生普遍认为，刻意改变身体的自然节奏大错特错，也绝不应使用栓剂或灌肠剂干预宝宝的排便习惯。一个健康的婴儿肠道在需要时会自行打开，不应受外界控制。

腹泻　　　　也许婴儿仍然难以消化新添加的食物，如果食物确实难消化，未消化的残余也许会出现在他的大便里。如果大便中还能看见黏液，一般意味着食物含有太多纤维或植物籽。不要只是加水调和或捣烂成泥，下次试试把食物粉碎或筛滤。

辛辣食物、一剂抗生素甚至糖或脂肪的摄入量突然增加，都会导致大便非常疏松、频繁，也许还特别难闻。就本身而言，这种非感染型腹泻不会使婴儿生病，也不用治疗，多半吃一两天较简单的食物就好了。但如果除了大便疏松，婴儿看起来还无精打采、厌食、发热或呕吐，那么，应该当天去看医生，他也许得了胃肠炎。和小婴儿相比，虽然对这个年龄段的婴儿并无十分严重的威胁，但是，体内水分迅速流失仍会导致他们重病，所以应尽快就诊。而且，在恢复期间，应尽量让宝宝多喝冷开水或电解质溶液——如果医生建议这样，你倾向这样，而婴儿也喜欢这样的话。

小心预防、避免婴儿患胃肠炎以及食物中毒等，具体可参考断奶期卫生建议（P243）。

睡眠

　　宝宝的下半年预示着你们家庭夜间生活的重大转变。从你的角度看，有些变化确实可喜，有些则更糟。宝宝每天睡觉的总量多半略有减少，睡眠模式可能会发生变化。但对你来说，后者大概有更重要的意义。他以前会平均分配睡眠时间，夜间睡眠和白天小憩（如果你能分清）的时间差不多长。现在，睡眠逐渐从白天集中到晚上。一种可能的模式是，晚上睡10～12个小时，白天睡两小觉，各20分钟～3个小时不等。不过，别指望他一觉睡到天亮，因为，如果你这样期待，被唤醒后肯定会感到失望。近期对英国西部地区父母的大量统计表明，经常一觉睡到天亮的6个月大婴儿不到总数的1/6，而超过1/6的婴儿夜间至少醒一次——有些多达八次。

　　尽管宝宝的进食和睡眠仍有些许关联，一顿丰盛的餐食或一顿饱腹的奶水仍将使他感到困倦，但两者的关联不再那么紧密了。他不再每餐后必睡，而且就算在平常的打盹时间前完成进餐，有趣的活动也足可在一时半刻吸引他的兴趣和精神。

　　正如我们早前所知，那些白天睡眠需求偏少的婴儿，需要更多来自照顾他们的大人的照料和关注，也许他会从额外醒着的时间中获得相当多的发展优势。如果婴儿在日托所，托付给一位育婴师或保姆，务必确保没有因为他"必须"睡觉，而不得不度过的无聊又孤单的禁止游戏时间。和每天白天睡几小时、需要大人哄着睡的婴儿相比，一个精力旺盛的婴儿生活更丰富。也就是说，你以及其他照顾者必须想办法，在正常进行大人生活的同时，让宝宝也有参与感，而不是把白天分割成照顾宝宝时间和大人活动时间。一切考虑终将有所回报：大量清醒的时间花在和有趣的大人做有趣的事，也许会使婴儿今后变成一个特别会社交和能干的学步童。

　　可是，别太着急彻底抛弃白天睡觉的习惯。即便婴儿两次小睡都只有20分钟，当他每一次都被放着躺下时，他会很高兴两次长时间舒服地躺在婴儿床里玩玩具、看有趣的东西。

　　坚持上午和下午小憩的习惯，即便你知道宝宝其实不会睡着。别管那一小会儿临别抗议，任何精力旺盛又黏人的婴儿都会表示，他更希望醒着或是要你陪伴。你会发现，两三分钟后，他在愉快地玩耍或说话、看东西。如果是这样，就让他自娱自乐吧。他也许喜欢在费力生长之余休息一会儿，正如你喜欢在费力育儿之外休息一会儿一样。

但是，不要忽视婴儿第一阵厌倦的抱怨声，即便他只独自待了15分钟，也要赶快去他身边。如果这时无人理睬他，他就会觉得婴儿床像一座监狱，下次就不会高兴地睡进去了。

入睡困难

睡眠脱离喂食的影响并集中在夜晚，意味着你即将减少起夜的次数。但其他发展则是另外一番状况。直到6个月左右之前，婴儿在需要睡觉时便会睡着，只有特别饥饿、生病或疼痛才会睡不着。所以，如果他晚上能舒服地上床、白天接受小憩，你即可认为，如果需要，他就会睡觉；如果不睡觉，就是他不需要。但在6～9个月期间，情况变了。婴儿能够刻意醒着，也能被动地保持清醒。刺激源包括周围的喧哗声和令人兴奋的事，还有紧张感，或不愿意因为睡觉而看不见这个世界，或离开你。

婴儿一旦能刻意醒着，许多时候就会这样做。晚上如何让婴儿入睡的问题，是父母面对的最普遍、最挠头的问题之一。如果你侥幸没有这个困扰，甚或只有其中一个孩子有这样的问题，你都走运了。所以，入睡问题第一次突然出现的时候，别认为别人的孩子像天使般入睡，这只会让你的痛苦雪上加霜，也不要把孩子的表现归咎于自己（或他）。困难持续反复，最有可能出现在停止供应睡前哺乳后，不论那时他是8个月还是18个月大。无论何时发生，一旦婴儿能够——至少偶尔是在房间里醒着，你就不能继续这样假定：如果他累了就会睡觉，如果不睡觉就是不累。实际恰恰相反，他现在会因为超疲劳，或者超兴奋和紧张，而无法在极其需要睡觉时放松地入睡。

入睡困难的最初迹象有时是外部干扰的结果。许多住院的婴儿，哪怕只住几天，出院回家后便有入睡困难。但是，造成夜间入睡困难的干扰不一定是创伤原因。外出度假会打破婴儿的常规作息，于是，度假回来就会出现入睡问题。新房间同样会困扰他，甚至家具位置的变化也会让他的方向感变动，导致无法轻松入睡。所以，既然入睡困难这个重要问题预防易、补救难，在这个阶段，对宝宝周围环境的任何重要改变都有必要三思而后行。

有时，晚间入睡困难并非外因所致，而通常来自于宝宝自己：对你热情的依赖，决意不让你离开或不离开你。他不能忍受看你走开，而且，即便你在旁边，他也不让自己睡觉，因为，睡觉这件事会把你带离他。所以，你离开时，他又哭又叫，开心地欢迎你回来，然后你一离开，他又哭闹。如果你陪坐在一边，他会安静地躺着，但你一朝门口走，他又会突然彻底醒来。他刻意保持清醒的能力肯定超过你的耐力，这一晚上，他无事可做，而你事务繁杂。

让宝宝和你睡　　要想策略性地彻底避免或消除晚间分离的所有压力，从某种意义上说，也许没有"答案"。甚至通过让宝宝和你睡大床回避分离这个问题，也不可能毫无压力。在你决定以此作为长期解决方案之前，认真想想不久的将来，当婴儿上下攀爬、四处活动时，这意味着什么。

　　如果婴儿自己不会独睡而非要和你睡，那么，在你准备睡觉之前，他晚上去哪里消磨时间呢？此时，他在客厅里也许很方便，可以让他随时睡着，然后放到沙发上。但是，当他能行动时，这就不好办了。他会觉得不以某种固定方式被抱上床，就很难睡着，而一旦他睡着，沙发或任何地方都不会让他感到安全，必须把他放在在地上、床里或者游戏栏里。

　　如果他不习惯晚上独自入睡，那么，当你晚上要外出时，对他以及你的临时保姆来说，独自睡觉非常困难。

　　习惯了和你们睡，就得要你们其中一人在他醒着的时候寸步不离，睡着的时候需要小心监护，更别提滚落或掉下床的可能性了。即便他掉下床不会受伤，他在你们的卧床上自由活动就安全吗？而且，即便他睡着了，就安全了吗？关于婴儿可以睡在父母卧床上的研究，从未表明床上有成人枕头和被褥但没有成人的情况是安全的。

　　如果你在哺乳期，他还不太会自己进餐，此时也许很难彻底断奶。在他主动断奶前，你愿意夜间由他自己喝奶吗？

培养宝宝独立入睡　　如果你希望宝宝睡婴儿床——无论在你的房间还是其他房间里，使你夜里放松些，有很多事情可以促成这个习惯。你的目标是，为他缩小两种状态——醒着有你的时候和睡着没有你的时候——之间的间隙。如果他被大人突然抱走，离开温暖、明亮、充满愉快气氛和熟悉的人声、电视声的客厅，进入一间冷清、昏暗的房间，被丢进那张他知道自己爬不出去、只能孤单地听着渐渐远去的脚步声的婴儿床，他就会惊慌。我们无法知道他的想法，但是他的抽泣声似乎在说："你要离开消失了，从今以后只有我一个人了……"

　　重新安排他的睡前常规活动，就能为他缓和这种分离的痛苦。如果预备活动开始得早，当作一天当中特别有趣的事情期待，一般会有帮助的作用。也许是把他从托儿所接回来的那一刻开始，也许是你下班回家，彼此问候，送别保姆之后开始。也许可以纯粹由你决定开始的时间：在厨房吃完晚餐，继而在一阵喧闹的沐浴之后，预示爸爸就要到家了。婴儿需要一些时间平复情绪，以及表明睡觉时刻的仪式，可以给予他倒计时的概念。许多婴儿以及儿童有一套常规流程：在客厅听故事，接着上楼梯做数数游戏，在他睡觉的房间听歌谣和歌曲，亲亲特定的图片或玩偶，然后躺下和大人吻别。如果婴儿吃饱了，他更有可能接受待在床上，因为，他还有一盏夜灯，门也开着，能听见家人的声音。如果你没有想要完全离开，他甚至还会让你离开得远一点。尽量多待十分钟左右，整理脏衣服，准备明早要用的东西，一般来说，在他的房门附近做些你喜欢的琐事，这样他就安心地知道你在附近，能自己安静地慢慢睡着。试一试让爸爸加入这个情绪组合，于是在你撤退让爸爸唱最后一首歌之前的几分钟里，宝宝拥有你们两个人。当然，婴儿最终是独自一人，但是，即便他希望你们一人留下来，也和因为你离开而孤单地感到惊慌失落完全不同。如果你能使整个入睡活动保持平静、低调，在这几个月里，他将形成自己获得安全感和安慰的方法。他会使用这些方法，帮助自己适应没有你的日子。

安慰习惯

婴儿的安慰习惯受自己控制，有别于他人给予的安慰。他无法强迫你留在身边或继续哄他，你所给予的安慰由你决定，但如果这个安慰源于他自己，他就可以得到充分安慰。

所有安慰习惯都有利弊两面。它们对婴儿有好处，因为它们给予

吮吸拇指是受她自己控制、伸手即来的安慰。

了婴儿独立感和自主安全感，使婴儿能更多地依靠自己，较少在成人世界里感到无能为力；但是也有不利的方面，如果他非常依赖安慰习惯，就会拒绝来自他人的安慰。一般而言，一个使用某种安慰习惯使自己平静、放松，并且夜间独自入睡的婴儿，这样做对他只有好处。但是，一个常常在白天使用安慰习惯的婴儿，如果他身边有父母或他喜欢的保姆，还有满世界的玩具、游戏和探索活动，那就是有百害而无一利。当然，这种情况偶尔出现也不必担心。今天婴儿渴望躺在一边的摇篮里，而不是做游戏，也许只是因为他特别疲惫或不太舒服。但是如果常常有这样的表现，有可能表示他需要给自己很多安慰，因为别人给得不够。从极端情况来看，一个几乎全然退避到摇篮世界里的孩子往往意味着，他无法处理或满足于周围的人和事。

吸吮安慰　　吮吸是所有安慰习惯中最重要的。婴儿也许已经吮吸手指或奶嘴几个月了，但是现在，这种吮吸的重要性升华了。假如他正在吮吸，他也许能平静地让你离开，反之则不然。你离开后，他吮吸得更用力，他以吮吸替代啼哭，把可能用于啼哭的能量用于吮吸。吮吸如此重要，以至于婴儿现在会把吮吸和别的安慰方式相结合。

拥抱　　贴身拥抱，即心理学家所说的"过渡安慰物"，是为婴儿所接受的柔软之物，在他们心中是用以替代人的。贴身拥抱所指的范围很广，从棉质尿布到传统的婴儿毛毯，到更普通的毛绒玩具。在悲伤的分离期间，一个贴身拥抱，于宝宝来说犹如一份父母之爱。当他凌晨醒来你不在的时候，它还在。并非所有儿童都采用贴身拥抱，但是，那些要有的多半在这半年里会偶尔采用，积极地使用它伴随或替代吮吸。婴儿的贴身拥抱具有非常真实的情感意义，这为他所熟悉，代表安全和安定、驱灾避难、承诺你回来。也许他只是抓着摸摸，也许他会巨细靡遗地使用它。以一条围巾为例，他也许会将他缠在头上，在面前垂下一角，于是，他可以穿过围巾吮吸拇指。一个玩具熊也许总是被他横着斜抱在怀里，于是，婴儿的鼻子能贴着玩具熊的耳朵。

如果婴儿已经采用了某种贴身拥抱，这将是他最重要的财产。这件东西，保姆绝不能落在公园里或丢入垃圾桶；这件东西，你们外出度假不能忘，他生病住院时也不能分开。你大概还不能随便洗它，因为这会破坏那宝贵的熟悉味道。贴身拥抱绝无复制品，因为，每天的在你眼里，这片尿布稀松平常；在他眼里，这是一片爱和安全，是你的无价替身。

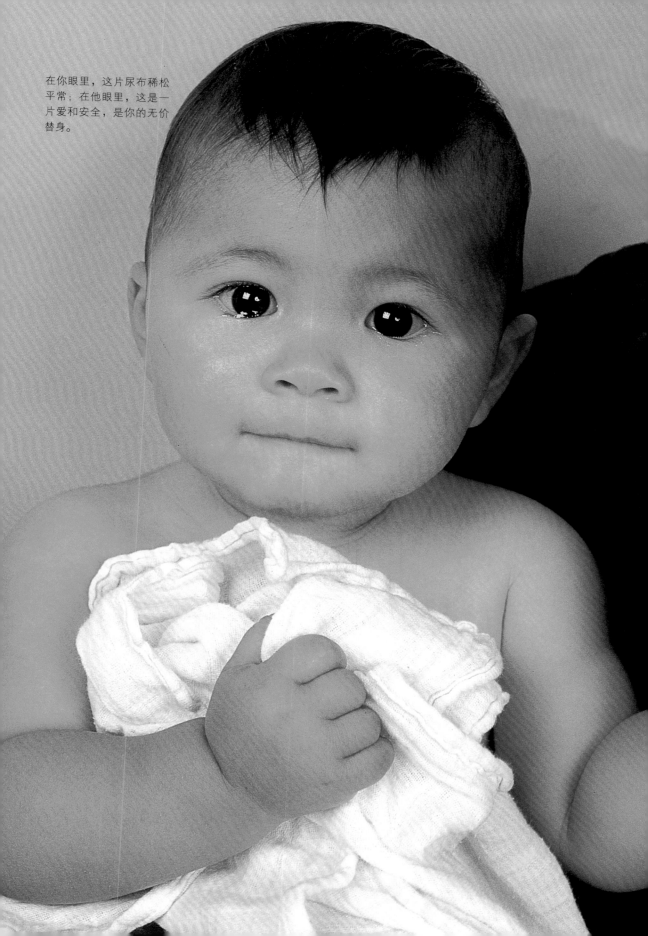

使用使它们具备独一无二的特质。不过，想想未来要使用好几年，有必要尽力保护它们免于破损。如果你孩子的贴身拥抱是一片尿布，那么应该准备两三片尿布以应急。如果它是一只毛绒玩具，则最好买两个，并把备用的那个收好。如果它是一张毛毯或你的一件毛衣，你也许该趁宝宝不注意时剪成两段，以防第一段报废或错扔掉后他会陷入痛苦。此类"备胎"不可能杜绝痛苦的出现，因为和与宝宝朝夕相处数月或数年的前一个相比，它的样子、手感、味道都不会一模一样。

常规　　　　有些婴儿接受大人提供的入睡常规并渐成习惯。虽然这毫无损害，但你也许会想提前知道这一点——一旦你们俩逐渐固定了宝宝的入睡模式，他也许在9个月之前每晚只花13分钟入睡，到3岁的时候则要花33分钟。务必确保所有送宝宝就寝的人都知道宝宝入睡前的既定常规内容。如果宝宝的祖母不知道你平常使用的方法，你不要期待她能在你晚上外出时让孩子顺利入睡。

规律的震动　　宝宝很小的时候，无论何时需要安慰，你都可能会抱着他走一走，摇一摇，拍一拍。无论造成他痛苦的原因是什么，有节奏的身体活动都会令他感到镇静。大多数婴儿此时仍觉得身体节奏有镇静作用，许多还会自己找到较为理想的身体节奏。

　　　　　　　宝宝最容易感到安全的节奏安慰习惯，包括抚摩面部或拥抱，可以有限度地用手指扭卷头发，但头发会打结，甚或被拔掉。有一件吵得令人心烦但毫无坏处的事情就是，抓着婴儿床的边缘摇摆，于是婴儿床一直嘎吱嘎吱作响，略微令人担心的摇摆是每次摇动都会磕碰到他脑袋的那种。

撞头　　　　如果你发现宝宝每晚发出撞头的声音，应了解清楚，这是令他喜悦的有节奏的振动声，还是他确实在刻意撞头。最简单的方法是，在婴儿床头内侧插入几片纸板。不要使用婴儿床缓冲垫或其他软垫，因为那样就听不到声音了。他可以继续撞纸板，但不会造成实际的伤害。重点是，如果纸板垫为宝宝接受，撞头时不疼，便无后顾之忧了。但是如果宝宝对此不习惯，或者转向没有纸板垫的一侧撞头，这种疼痛当然令人担忧。你应问自己以及白天照顾他的人，他为什么想要或需要撞疼自己？

　　　　　　　他在生某人的气，把怒气转向自己吗？某人或某事令他灰心丧气，超过他的承受力了吗？如果撞头只是在父亲短期出差或更换照顾者期间产生，那么父亲的归来或他慢慢习惯这位新的照顾者可以解决整个问题。消除生活中不必要的压力，对他提供更多的关注，并创造机会和他一起玩吵闹的身体参与游戏，可以释放他的内部紧张感。

如果撞头现象非但没有减少，反而从晚上在婴儿床里撞头，发展到白天在任何老地方撞头，婴儿或幼儿开始刻意撞墙或撞家具伤害自己，此时你应向你的儿童健康顾问或医生咨询。不要因为别人说"别担心，很多孩子都这样"而放松警惕。实际上，并非许多孩子这样做，他们应获得帮助才能变得更幸福。

手淫 如果尿布和睡衣碍事，有些男婴便以拉拽阴茎作为有节奏的安慰习惯，有些女婴则以在婴儿床床垫或围栏有节奏地摩擦外阴作为安慰习惯。即便你可以接受这个习惯，即，婴儿天生会在脱去尿布后探索通常被尿布遮盖的身体部位，但是，发现婴儿摇晃着磨蹭，面红耳赤、气喘吁吁还面露兴奋之情，也许会把你吓一跳。

设法别被吓着，否则就设法别表现出来。手淫对你的孩子没有伤害，无论现在或将来，早发现其中的乐趣，并非暗示婴儿"纵欲"。所有婴儿都有性感觉（即便大多数成年人宁可信其无），而且他们迟早会发现磨蹭生殖器的感觉不错。此情此景唯一有可能的伤害，是伤害了你或其他至爱婴儿的成年人，可能导致过激反应。如果婴儿独自在婴儿床里玩得很愉快，就不要打扰他。

如果就寝时间的
问题依旧存在 有时，虽然你尽一切努力让孩子轻松地放你走，采用大量鼓励性的安慰习惯和许多合作活动组成从容的常规流程，婴儿仍会非常苦恼于上床睡觉。一边是孩子在啼哭，另一边是晚餐炖在炉子上，让你左右为难，很容易忘记你的长期目标，而应激反应会引发未来数月的问题。所以，在白天冷静的时候理清思绪很有必要。

你所希望的是要婴儿愉快地躺到床上，自己满足地入睡，使你得以自由地专注于其他事情。也就是说，你痛心疾首地离开号啕大哭的他，不可能是正确的，即便你能做到。如果你那样做了，他不会愉快地躺下，而且被抛弃当然会使他更加觉得，让你离开房间不是安全之策，防止你一去不回。但是陪着他或带他去客厅，也不是长久之计，你不会得到属于成年人的夜晚宁静时刻。而且，与其说宝宝会发现一个人是安全的、能够自己睡觉，不如说婴儿接收到的信息是，你也认为他孤独难耐。

长久之计也许包括很多短期工作，要使宝宝相信让你离开是安全的，因为你每次都会回来，而不是要求再被抱起来是没希望的，因为你不会让他得逞。你一定要满足他的实际需求，但不必满足他的欲望，比如拖延时间：

■ 尽量使就寝预备期和睦而愉快。对晚餐内容争论不下或为父亲的关注争风吃醋，足够刺激他对爱和被爱程度的疑惑，进而怀疑允许你离开的安全性。此刻不是突击训练的时候。

■ 每次都确保宝宝知道就寝时间快到了，以相同的晚间常规进行，比如沐浴、游戏、晚餐、睡觉。坚持睡前仪式化活动，甚至为婴儿发明一些这样的活动。比如把玩具熊送上床，对于把他送上床会有好的引导作用。

■ 如果在这一切行动之后，你一离开宝宝就哭了，此时你一定要回去，让他想念你还在身边，亲亲他再离开。你也许得一次又一次重复这个动作，但是，最终使他建立信心的唯一方法是你确实会来，而不是你不会把他抱起来或是陪伴他、等他睡着。

■ 如果你得一次又一次回去，试试利用你的声音代劳。如果你简单而愉快地回应他，这也许足以令宝宝安心。如果顺利，你可以使他感到镇定而不用跑腿，还能和他的父亲至少聊两句。虽然不是绝对的安静，但会是未来一两周内你能达到的最佳状态。

夜间醒来

尽管婴儿可以，一般确实也会一晚睡足12小时，但有些婴儿会起夜频繁，甚至每一觉的时间都很短。这种情况曾经被称为"坏习惯"。婴儿醒来无人理睬，甚至还受到要"改掉毛病"的责备和责打。实际上，婴儿无法刻意醒来。如果婴儿在睡饱之前被吵醒，或是在所有人每晚都会经历的浅睡期醒来，那么任由他啼哭或为此责罚他，并不会使他第二天晚上不被同样的事情（或别的事情）吵醒。人们说"他很快就知道别这样做"，可是，婴儿如何能够知道不要做那些不受他意志控制的事情呢？

外界干扰　　这个年龄段夜间醒来的原因，有些是被外部事件吵醒。他不再像以前睡得那么沉。你不能假定他一睡着就什么事都吵不醒他。别让访客进入婴儿的卧室，你自己也别进去，除非你有理由认为他需要你。半掩房门，这样你可以从远处放心地瞄一眼。

那些在白天模糊成普通背景音的各种噪音，在相对寂静的夜间会变得尖锐刺耳。窗外马路上驶过的重型车，附近机场的飞机起落声或附近铁轨上的火车来往声，都会打扰他。他也会感觉到周围来来去去的声音，即便它们不太响。如果他和你睡一个房间，你的动作、小声交谈和鼾声，往往也都会打扰他。

设法调整宝宝的各项睡眠安排，减少干扰因素。如果空间不足，就得审视一番，谁和谁共用哪间房。如果他和另一个儿童睡一间卧室，就可能被她的噩梦吵醒，然后要花比她更久的时间才能安静下来。如果他睡觉的房间靠街边，双层玻璃窗户将有明显的隔音效果，厚窗帘也会有点作用，两者结合则效果最好。

着凉更会使他醒来。很凉的房间对他的影响没有以前那么大了，因为他不会直接从熟睡中被冻醒。如果暖气停了，温度陡降，他会在浅睡期醒来。你当然不希望他的室内温度超过18℃～20℃，但你肯定希望即便宝宝蹬掉盖毯，他也能处于安适的温暖中。婴儿睡袋或睡毯可有效地使他保持自身的体温。

由于尿湿疹而一碰就疼的屁股偶尔会意味着他要起夜很多趟，因为他一尿尿，尿液就会刺激皮肤。有必要保护那个看起来也许会疼的屁股，可以在夜间涂一层硅质护肤霜。接近1岁的时候，他也许因为第一轮磨牙的生长痛会有些难熬的夜晚，而且除非你超级幸运，他还可能会有感冒以及相关的不舒服症状。他不可能杜绝发生此类原因引起的起夜，不过，适量的儿童抗感冒水剂有助于他的夜间睡眠。

内部干扰　　很不幸，在这个年龄段，大多数夜间啼哭的诱因来自婴儿体内，这更难解决。他随时可能从浅睡期醒来。如果婴儿发现自己醒着但很愉快，而他又不依赖你哄着睡的话，就会悄无声息地再次睡着。婴儿房整夜录影显示，婴儿醒来又悄无声息地睡着，比父母想象的还要频繁。但是如果婴儿期待在哺乳、摇动或安抚中入睡，他就会呼唤你（P182），而且，如果他发现自己不但醒着，还很焦虑或害怕，就会哭着呼唤你。

噩梦或某种夜间恐慌，在这个年龄段非常常见。成年人当然无从知晓一场噩梦的内容，因为婴儿不会说。但他们醒来一般会伴随突然一声惊叫和害怕的表情，只要他看见父母其中一人到来，就放心了，往往会在安抚中再次睡着。

有些婴儿每天晚上数度重复这种表现，并持续数月。研究显示，此类行为高频率的发生，也许是那些婴儿白天啼哭时没有被父母或照顾者即时抱起来。这些照顾者不是因为担心宠坏婴儿，就是因为婴儿太多，无力给予较多一对一的关注。于是，这些婴儿似乎下意识地在夜间找补白天空缺的关注，照顾者一定要在他们睡觉中途醒来感到恍惚时给予关爱。

如果婴儿会形成这种模式，应首先尝试把自己放在他的位置上设想，是不是会感到被忽视而非关爱。如果答案哪怕是假设性的"是"，就说明你需要一项新的措施、一个新的育儿安排或两者兼有。另外：

■ 在所有可能施予婴儿压力的事情上放慢节奏。比如，如果你正设法为他用奶瓶断奶，也许你的节奏超过了他能轻松承受的速度。让他接着喝几口，也许会带给你们更多的平静。

■ 确保就寝时间放松而愉快。带着暖暖的关爱和安全感去睡觉，会使他安稳地睡一整夜。

如果形成了某种起夜模式

如果婴儿每天晚上惊醒数次，继而你感觉自己已行如僵尸，那么他第一次惊醒，你就抱他去大床上睡，会给这一夜剩余的时光带来安宁。根据近期调查，英国父母几近半数经常以这种方式解决婴儿起夜，而且在许多家庭行之有效。这或许对你也有用，但是一定要尽量别在绝望和违背你自己意愿的情况下这样做（P109）。如果婴儿在连续做噩梦的数周或数月期间和父母睡大床，他就不太可能仅仅因为噩梦结束就愉快地

最幸福的短期解决起夜的办法，但从长期看，这适合你们吗？

和你们分开睡。尽管也许难以想象比现在的情况更糟糕的夜晚，但是未来像断奶似的让他回到自己床上的夜晚可能同样糟糕：

■ 如果婴儿频繁醒来但没有恐慌，只是不再沉睡，没有你的帮助不能继续睡，那么带他睡大床肯定会推迟他能够实现这项壮举的时间，也许还会造成他上床睡觉更困难、不易控制。如果他能期待你安抚他入睡，当他发现自己深夜2点醒来的时候，他就会期待同样的事情发生在晚上8点。毕竟他没有时间概念。

■ 如果你不准备带宝宝睡大床，那么当你确定他是在啼哭而非嘀咕时，一定要去婴儿身边。如果噩梦惊醒了他，那么当他看到你，听到你的声音或感受到你的抚摸时，就会镇定下来。通过练习，你可以在婴儿半梦半醒间给予即时安慰后转身离开。

■ 如果婴儿无故醒来，想要玩耍，或得喝奶或摇晃才能入睡，你会发现那些类似就寝问题的方法建议（P263）同样能有效解决此类问题。和以前一样，这属于一种妥协方案，既非让宝宝啼哭到筋疲力尽而放弃到你身边去的希望，也非把他抱起来带去大床睡觉。你坚定且信心满满地让他躺着（"可以的，没什么可担心的，睡吧"）。他啼哭，你便回去安慰他（"现在没什么值得啼哭的了，我们就在这儿"），而非再度离开。但你不能抱他，即便他设法爬进你怀抱的样子令你心碎（"不是现在，亲爱的。现在是夜里，是睡觉时间"）。这种解决方式会花很长时间，而且不是毫无痛苦的，但如果你不喜欢那两种极端方式，那么这算是比较幸福的折中之道。

此方法可以各种手段呈现，所以可尊称它为一种"方案"。但除非你确实认为需要让别人为你决定第一个晚上应该等待多长时间，要不要在第三个晚上安抚宝宝入睡，那么最好的指导大概就是婴儿自己。如果他撕心裂肺地啼哭，你多半要陪伴他镇静下来，即便这比你预想的安慰时间更久。但是，如果他的啼哭声不高兴且烦躁，不是惊慌或悲伤，也许你不会在10分钟之内去他身边，而会等待得更久些，希望他渐渐睡着。

你的伴侣也许在整个过程中至关重要。如果婴儿哺乳期最近才结束，断奶和分离会混淆不清。如果婴儿没有闻到母乳，他很少会想起哺乳。而且，即便哺乳被遗忘了很久，他也会发现当你们俩都在场时，和妈妈分开要比和爸爸分开难得多。不管怎样这值得一试。

凌晨醒来　　婴儿不明白时间概念。他醒了，因为此刻他睡饱了。你终于不用想着清晨喂奶了，但说服他接着睡的可能性也很微小。如果他啼哭或呼唤你，不理睬他实无意义。你终得去他身边，所以不如即刻去，但

在清晨没有大人的世界里，孩子们会互相取悦，令人惊讶地温馨愉悦。

你不一定会允许他马上起来开始新的一天：

■ 确保婴儿有夜光可见，有玩具在身边。如果他的房间在凌晨是黑暗的，那么应留一盏小瓦数的夜灯。挑选一些玩具放在婴儿床内或挂在床边，他至少可以自己玩一会儿。

■ 随时为他整理舒适的环境，换尿布，拿掉睡袋，给他喝点水。用五分钟做这些事，会让你安睡一小时。

■ 如果婴儿的哥哥或姐姐愿意，考虑让他和哥哥或姐姐睡同一个房间。如果他们俩共用一个房间，或者这个大孩子可以在早晨婴儿醒来时到他身边，他们会愉快地互相玩耍。现场没有成人引发嫉妒的情绪，婴儿安全地困在婴儿床里，他也无法抓头发或抢玩具。此刻没有大人，于是，他把平常对大孩子保留的所有魅力都呈现出来。这些清早的游戏时间有时会促成，且往往会强化孩子们之间的亲密和友爱。其实习惯了他们在白天的公然争吵，你也许会对他们私下和睦相处的情景大吃一惊。

你不可以分享这些情景，但你可以拥有属于你们的美妙清晨。你不必抗拒晨醒和拥抱，即便你的床被严禁作为宝宝晚上睡觉的地方。当你们都（类似）醒来的时候，带他去大床相聚拥抱，不会就此问题让婴儿造成困扰，而会让你意识到为人父母的意义！

啼哭与安慰

大多数这个年龄段的婴儿日常啼哭较此前大大减少。如果你数一数宝宝每日的啼哭次数，你大概会发现，现在比3个月时少很多，更别说和6周时的高峰期相比了。而且，即便总量没有明显下降，啼哭对你和别人的影响力多半有所变化。3个月前，啼哭有时似乎是一种为哭而哭的表现，不论你怎么做他都哭个不停。现在，很明确的是，啼哭属于一种反应更甚于一种表现。如果婴儿啼哭，就是因为出现了特定的事情和感受。而且，如果他今天啼哭较昨天来说更多，不是因为发生了令他非常生气的事情，就是因为他感到非常脆弱，很难应对普通的事情。

现在大多数时候，普通事情不会导致婴儿啼哭。婴儿逐渐长大，越来越强壮，可以应对日常生活的喧嚣。实际上，曾经使他们惊吓啼哭的许多事情，类似突发的奇响和快速的动作，现在会让他们发笑。而且事情确实令他们感到担忧的时候，他们往往会流露出焦虑不安或警觉的表情，甚或呜咽抽泣。只有当没人前来安慰时，婴儿才会全面爆发啼哭。不过，尽管婴儿在一岁以内的下半年啼哭总量减少，而且肯定比以前较少不自觉地、频繁地哭，但是有些特定发展将引发新的啼哭诱因。在宝宝身上识别出这些诱因，从现在起学习应对它们，意义重大，因为它们都是必将持续进入学步期的发展内容。敏感地处理，配合你儿子或女儿现在的需求和情绪，肯定会使你们大家未来生活得较轻松。

分离与孤独　　虽然不是每一个大婴儿或幼儿的表现都适合用"分离焦虑"来概括，但确实大多数婴儿不喜欢离开关系亲密的大人。和父母或其他抚养者分别，是最常引发婴幼儿啼哭的原因。和那些造成啼哭却不回来收场的父母分别——比如以"尽管哭"的方法解决睡眠困难，可能是造成啼哭长久不止的原因。

然而，婴儿拒绝落单不只是在晚上。即便在白天，有的婴儿偶尔会对被照顾者丢下、独自待在屋里非常敏感，所以，哪怕离开两分钟也会让他啼哭。不要试图趁婴儿不备溜开，即便他正在忙，而你只是想去隔壁取个东西。如果他这次抬头发现你没了，下次如何能安心专注于游戏呢？相比连续的离别和热情回归，连续的（按他的定义）"背叛"更加使他焦虑。

分离落单最有可能使你的宝宝难过，托付给别人——尤其是他也喜欢的人——就很容易了。所以，虽然说父母其中一人离开家去工作，或在日托所和婴儿分别的时候，普遍时有啼哭，但通常且确实应该非常短暂。

惊慌　　前段时期宝宝比较小的时候，他也许害怕很多事情。现在，随着应对日常生活的信心增强，他有可能对一两件特定的事情感到非常害怕。举例来说，他也许能泰然面对大多数噪音，但会受到吸尘器声音的惊吓；他也许喜欢各种打打闹闹的游戏，却很讨厌从头穿脱衣服；他也许热爱沐浴和一切戏水活动，但如果他看见水从下水孔流走，就惊慌失措。

此类惊慌一般看似恼人的不理性：为什么吸尘器的声音会让他烦恼，而洗衣机的声音不会呢？可是，惊慌感是没有理性的。婴儿的惊慌感必须受到接纳和尊重，因为它们是真实的，而不是因为它们是合理的。如果你发现自己想要演示真空吸尘器毫无伤害，那么仔细想想你自己某些非理性的恐慌感。这种恐慌感我们都有，比如为什么你小心地避开甲壳虫，却不害怕蚂蚁？而且了解甲壳虫不咬人而蚂蚁有可能咬人，对你有多大帮助呢？

处理这些怪异的惊慌感的最佳方法就是识别并接纳它们，尽可能帮助宝宝避开他所害怕的事情。也许可以规定那只真空吸尘器仅限周末使用，或在其他大人把婴儿带去别的屋的时候使用。一只地毯专用扫把即可有效地清洁，又安静又实惠。不要在他出浴之前拔掉浴缸的下水塞，也不要购买领口紧、无扣件的衣服，无论它们多漂亮。切勿以为，这些或别的特定事情只会让你宝宝一个人被吓到。他也许无所畏惧，也许惊慌于其他很多事情，但无论婴儿害怕什么，一定要注意，以正常动作帮他避开害怕的事情，不要夸张到让他觉得你也害怕。当他注意到你正为他驱散惊慌因素的时候，尽量明确表示你正帮助他远离某事，因为这件事总吓到他，而不是因为它本身令人害怕，也不是因为你害怕它。

如果你对此事不耐烦，或不好意思当着那些认为迁就婴儿的惊慌感很傻的人的面进行，那么你应提醒自己，婴儿必须面对自身的恐慌感越久会越紧张，他必须度过恐慌感的时间越短，恐慌感越容易消散。你绝不可能让一个孩子在惊吓中消除恐惧感。

预料之外　　在这几个月期间，婴儿会形成对人及其行为的很多期待。他还会记住日常的生活模式，学习各种常规、节奏和仪式。这些强大的新期待仍处于建设期，且在他心里排第一位。当发生的事情似乎与内心的

婴儿必须能够依靠你保护她免于恐慌，而不是让她帮你分担它们。

期待矛盾时，他便对自身的理解力失去信心，感到害怕。举例来说，设想一个婴儿知道早晨一醒来，妈妈或者爸爸就会去迎接他、抱他起床。现在，设想一个陌生人走进来，而不是他所熟悉的父母，婴儿必然会被吓哭，但也不能十分肯定，因为他的期待破灭了。他的反应会不会纯属来人是陌生人的事实所致，还可能是因为陌生人毫无预告而来产生的惊喜。在这个年龄上，让婴儿因为相同的访客走进家里共进下午茶而兴高采烈，这不太可能。让婴儿烦恼的不是陌生人的出现，而是其出现的时间和地点——他正期待父亲或母亲的到来。当婴儿期待用奶瓶喝奶的时候，类似的事情时有发生。如果他习惯了喝温奶，而你喂他冷的，他多半会惊愕。这不是因为他讨厌冷的奶（他也许愿意用杯子喝），只是因为那不是他原先所期待的。

全然陌生的体验还会让你的宝宝无法应对。初次荡秋千，初次尝冰激凌或初次摸一匹马，都会使他啼哭。这些都会是愉快的体验，但他需要时间习惯它们。

陪伴宝宝经历预料之外的或全新的事情，是一项重要的技能。因为随着他长大，活动的范围更开阔，新奇的经历才会使他的生活逐步稳固和充实。当然，当他长大一些，能理解特定话语的时候事情会更简单，不过甚至在6个月时你就会发现，当预料之外的或陌生的事情即将发生的时候，可以通过语调、肢体动作提醒他。预见到那些会让他惊慌的事情，让他的注意力转移到你自身的镇定表现，于是，他和你并通过你接受了这次经验。如果他初次荡秋千的经验是在你腿上，你以令人感兴趣且放心的声音告诉他这种陌生的感觉，用他熟悉的双臂稳稳地抓着他，他将有可能对此一见倾心。当然，最棒的冰激凌初体验都来自属于他人的某个冰激凌球。

无能为力　　婴儿情感炽烈但表达力不从心。我们知道他们的爱憎之情、欲求和我们一样强烈，但由于他们的肢体能力还不具足，不会使用语言，所以对此几乎无能为力。婴儿往往会啼哭，因为这是他能做到的唯一的事情。当他无力解决的事情发生时，啼哭表示需要让你替他行动。

你走出房间，婴儿想要追随你，他无法跟着，因为他还不会走路，无法阻止你，无法跟随你，甚至无法请求你带上他，于是他啼哭；他在婴儿床里愉快地玩着，手里的玩具从围栏间掉出去了，他自己无法够到，也无法对你说"捡起来"，于是他啼哭；外出散步，你遇到一位朋友，但宝宝不认识。你停下来和朋友聊天，他伸出双臂对宝宝说："给我抱抱好不好，小乖乖？"宝宝感觉到你把他递出去的动作，他无法告诉你别这样做，也无法用语言回答陌生人的反问，他只能用啼哭表达"不要"。

成年人对婴儿微妙的非啼哭的暗示越敏感，他需要啼哭的概率就越小。举例来说，如果你向宝宝明确表示你准备离开房间，他可以伸出双臂表示也要走。如果你稍有留意他在婴儿床里自娱自乐的声音，他沮丧的沉默会让你注意到掉在地上的玩具，但是这也不全部取决于成人照顾者。使婴儿不再感到无能为力的最终解决之道，源于他自身不断增长的能力。最终，至少在你所安排和允许的自由范围内，他可以去想去的地方，拿想拿的东西。

受困无措之下，她只能啼哭，请求解救，抱住不放。

愤怒与挫败   一旦婴儿可以随心所欲地走路、做事，就会觉得被大人阻止令他非常挫败。到婴儿1岁时，这种挫败感会成为婴儿最普通的啼哭诱因。甚至晚上睡前分别的啼哭，也是因为他想出去而不得，带有些许哀怨。

    会爬行并四处探索的婴儿，得有人为他确保安全，并为此检查周围的一切。三番五次把他从冰箱门前抱走会把你逼急，却会使他陷入绝望。他不断想要打开冰箱大门，因为他还没到能理解为什么冰箱门不可以打开的年龄，甚至也没到能记得你不允许他打开冰箱门的年龄。他长大发现自己想要探索和操作的事情越多，被你或被自己的无能为力阻止后的愤怒越强烈。

    你必须阻止宝宝做不安全或有破坏性的事情。如果他要学习，会疯狂地尝试困难的任务，所以难免有些愤怒和挫败的啼哭。但是，一个总感到在大人禁令的笼罩之下或常常被自己未成熟的能力打败的婴儿，不会突飞猛进地发展，所以要在太多还是太少的挫折之间达到平衡。

    当你或其他照顾者因为宝宝要做的事情危险或有破坏力，要阻止宝宝做不成时，你可以利用他注意力分散的特性。没必要无休止地和他争抢冰箱，把宝宝带出这个房间，在一阵暂时的愤怒之后，他会暂时忘记这件事。当天晚上在门上安一把儿童安全锁，当他第二天想起去开冰箱门的时候，他只会生气地发现开不了。一旦他知道自己打不开，就会停止尝试转向别的东西。

    婴儿自酿挫败的结果后，成年人要去判断他是否能从自己一手造成的状况中明白道理，还是他只会被吓到，极其挫败地啼哭。如果他在努力掀开玩具盒盖子，而且很有可能成功，那么让他去做，他的成功将值得如此努力。但是，如果你知道他无法独自操作，那么帮他宜早不宜迟。你的干预不会冒犯他的自尊，独立操作的意义对他而言还不重要。不管怎样，他只想要打开盖子。

    有些婴儿的挫败忍耐力似乎远远强于其他婴儿，让这个婴儿痛哭的挫折，却让那个婴儿咯咯笑。你不可能消除这些差异，因此担忧更毫无意义。不要因为他们部分有此天性，就认为最好绝不干涉。这个错误等同于认为宝宝的性格与生俱来，他的性格下半年和上半年毫无二致。即便他现在很容易受挫，未来他也会发展出出众的耐心和持续的力量。另一方面，现在安安静静不代表他永远不会挑战生活。如果你日复一日地配合宝宝的节奏进行，参考他的暗示反应照顾他，你就是尽全力了。

    然而，尽管有些婴儿确实非常容易哭，而此类啼哭时有发生，但是婴儿的啼哭总量可作为他的满足感的参考。如果似乎从未有事情令他有超过三分钟的热度（而且由此照顾他的人难得开心），有必要设法找出最常烦扰他的事情。除了生理状态——疾病、疲惫、饥饿、口渴之外，他的啼哭最有可能是对孤单或恐慌的反应，提示你代替他采取行动，也可能是挫败和愤怒的爆发。如果你能弄清最常导致宝宝啼哭的情况及其中的情绪，也许不论你能提供的是什么——更多的安全感、更迅速的反应、更广阔的自由，都会使他变成一个更开心（因而更乖巧）的婴儿。

育儿体会

宝贝的黏人劲儿快让我得幽闭症了。

我在家照顾儿子9个月了。我希望等他独立些再回去工作。可是，每次我一离开房间他就哭。我能想象到他5岁去幼儿园，我得把他从身上"剥"下来的情景。我非常爱他，不忍离开，可是我患了幽闭症，受不了待在家里。而且，是啊，还有经济问题。我们可以靠一个人的薪水生活，勉强做到收支平衡。可是如果他父亲或我们的婚姻出现问题，我担心自己抚养不了他。虽然没人提起这一点，但我想，要是在他6周大的时候我回去工作，我们便没有机会习惯共同生活，或许现在会是另外一番局面。

这是现实而复杂的困境，无数女性会遇上，一般被过于忽略了，因为只有一个经此磨难的女人才有权说出她的问题和当务之急。

并非只有婴儿想要你在家而你想去工作。为了自己，也为了宝宝，你想在家，但你也想去工作。这不是因为你现在必须挣钱，也不是因为回去工作牵涉自我形象、自我成就甚或职业前程。现在经济拮据的话，宽裕一些当然会凡事轻松，但真正令你烦恼的是未来的经济景况，以及你必须完全依赖宝宝的爸爸。你恐慌不仅因为日益临近的母子分离的痛苦，还可能有你认为到目前所做的一切不值得的可能性。

诚然，如果你在宝宝6周大的时候回去做全职工作，就不会像现在这样。但是，在你毫无亲密感困扰的同时，可能会错失无数的拥抱。看你的措辞，似乎不是真的怀疑自己作错了决定。无论如何，你确曾有所选择。

你的相关忧虑——也许宝宝对你（以及你对他）太依恋不足为证。第一年年末通常是依赖性很强的年龄和阶段，那多半就是引发你此刻幽闭症的原因。但是即便你一直从事全职工作，他也不会减少半点依赖，你只是少有机会感受到它。

同样，他大概会比几周前更难接受初次分离的事实，这丝毫不意味着越早离开他越好，或者从不离开他更好。你们朝夕相处的这段时间为亲情奠定下了稳固的基础，可支持你们开始一种不同的生活方式，如果这种不同不是突如其来的、彻底的变化。你离开他会哭，你回家他会欢呼，他将明白，其他成年人可以照顾他，让亲爱的人离开是安全的，因为他们终归会回来。

当他看着你收拾公文包的时候，你当然不愿意看见他闷闷不乐的表情；当你穿起外套的时候，他会失望地啼哭。然而，你的责任是帮助他管理各种强烈的情感，承受并经历它们，而不是为他创造一成不变的环境，那样人们都不会特别难受，但也不会特别开心。

婴儿初次单独坐的时候，甚至自身惊诧的反应都会让他失去平衡。

更有力量

6个月大的婴儿一般看起来喜欢身体活动。他们平稳、有节奏地使用四肢。他们喜欢肢体活动本身，一直在努力地翻身或抬起上身的过程中，测试自身力量的极限。现在，他们似将明白，组成身体的各个部分其实是一个整体。

正如我们已知的，肌肉控制力自上而下地发展。所以，在这个阶段，婴儿对上半身、头、肩、手臂的使用，远远早于对下半身的使用。他能使用胳膊和双手精确够取，他还能使用头配合眼睛跟踪移动物，但他在臀、膝和脚上还没有此类控制力。婴儿即将为这些肌肉群的控制力而奋斗，争取不再躺着，成为一个坐着的人、一个四足爬行者、一个两足行走者指日可待。

坐

如果你让6个月的婴儿安坐在地上，分开他的两腿，扶正上身，然后慢慢脱手，他大概会"端坐"三四秒。他的肌肉控制力已经发展到可以保持头顶到髋关节竖直，但还没发展到可以自己保持这个姿势平衡。

7～8个月时，有些婴儿为自己解决了这个平衡问题，学会前倾，同时双手撑地。如果婴儿采取这个姿势，他会比较稳定，而且是坐着，但这不是一种非常实用的"坐立"。两只手都用来支撑平衡，就不能游戏或吮吸拇指。而且，因为他必须前倾才能让双手稳稳扶地，他将不能看见非常有趣的事情。

大多数婴儿将在8～9个月时能够独立掌握平衡，无须大人扶或自己用手撑地。但即便此刻，坐姿的练习意义更甚于实际使用。即便婴儿可以稳坐一分多钟，只要一转头或一伸手，他还是会歪倒。他得再练习一个月，坐立才会取代斜躺或倚坐，他才会在醒着的大部分时间里采用这个姿势。

帮助宝宝坐起来　　努力坐起来是婴儿的必然发展。你不必刻意引导他坐，或者教他怎样坐。不过，虽然说他愿意在6～7个月时练习坐姿平衡，但是在9个月左右之前，在没有帮助的情况下，他不会自己坐起来。所以扶他坐起来，给他机会练习，取决于你。

他会明确表示，希望你扶他坐起来。当他仰面躺在地上的时候，他偶尔会拼命却徒劳地朝上抬头举臂。如果你跪坐在他身边，他就会抓住你的双手当作杠杆，借此让自己坐起来。不久，他也许会非常喜欢坐起来这件事。于是，每次你一走到他身边，当他躺在床上或地上的时候，他就把自己的双手递给你，希望再玩一次"拉我坐起来"。

你无法时刻陪他玩，所以要想出让他也能自助练习的各种方法。你选择的地点和方式很重要。由于他对坐已经习以为常了，所以坐在安全椅或童车里已不再能让婴儿满足。这个姿势仍适合游戏，但是背后总有靠垫，他就不能真正练习独立的平衡；另一方面，他还不可能完全脱离支持地坐。他需要一种两者兼顾的方法。

最适合的过渡方法是让宝宝坐在地上，贴身围一圈靠垫或卷起来的毯子或被子，或可能在幼儿园里见过的特制"游戏环"。当他6～7个月大的时候，你可以用保护垫垫着他的臀部。这样，尾椎处得到适当的支撑，他可以坐1～2分钟。当他向后仰倒或向前趴倒的时候，衬垫令他得以软着陆。此类防护体验也许意味着婴儿不会担心双手撑地保持身体平衡，即便他要经历这个阶段，也会很快适应，因为他将坚信，这不会伤害自己。当你可以看出他的平衡力在逐步提高的时候，即可调整衬垫的位置，让支持似有若无。这还是意味着，当他发现自己独自坐着，兴奋地挥舞双手的时候，会舒服地栽倒。

再过一个月左右，只要婴儿一动不动、专注于平衡，婴儿将会稳当当地坐着。坐着仍不是他的乐趣所在。但是每当他因为够太远而趴倒，或是因为手臂幅度太大而向后仰倒时，那只衬垫依旧非常重要。

安全地待着到稳定地坐着

婴儿确实开始练习独立坐时，便会借助所能抓住的一切"扶手"设法让自己坐起来。不论你把他放到哪里坐，他都会设法让自己平衡。这意味着，某些在前几个月对他而言是安全的装置，现在可能存在危险。

注意折叠式童车和轻巧的婴儿推车。如果婴儿睡在一个可平躺的童车或摇篮式婴儿推车内，也许他醒来发现自己贴着车的内侧，会抓住边缘努力坐起来，但还差一点，便会连人带车栽倒。如果他倚坐在这种车内，无人看管，你忙你的，他会想办法前倾，设法独立平衡。当他失去平衡，扑通一声向前栽倒时，车闸和车架将自动收紧。

一旦他到达这个阶段，轻便的推车最好只用于外出。在你推车走路或购物的时候，婴儿当然会在童车里睡着。但是出于安全原因，在这种情况下，成年人不应走远。如果你希望宝宝能够在朋友家午休，或者让他睡在便携床里以便晚上外出活动，那么值得为此选购一张旅行婴儿床，尤其是如果你还计划周末或假期露营或外出的话。这样一张婴儿床，折叠起来便于运输，可安全取代侧边开放式婴儿床，用到学步期结束，甚至可作为游戏栏。

注意轻便的椅子。小婴儿总是重重地靠着椅背，当他探脑袋的时候会动头和肩，而屁股和大部分体重却留在座位上。现在，他努力以恰当的姿势探头，平衡了几秒钟，放松肌肉后，砰地一下靠在椅背上，就会连人带椅子翻倒。如果椅子在地上，这次摔倒会令他又惊慌又疼痛；如果椅子在桌上或工作台上，有可能后果严重。

即便婴儿尚未达到所谓的最大安全体重，也应该大约就在此时放弃弹跳式摇篮和可调节摇椅，除非它们本身有支架，能够变成安全、稳固的高椅使用到学步期。就座位来说，不应在任何情况下单独使用，除非野餐时你一直在他身边或许可以。如果你不想买支架，那现在婴儿得有一把独立的高脚椅或者一套连体矮桌椅，无论他坐在哪里：

■ 总是使用一根独立的安全带。婴儿在推车或椅子里设法站起来而栽落出去，后果和连人带车翻倒一样严重。只要你让他坐进去的地方限制了他的活动，比如椅子、推车、童车或汽车座，他都应该佩戴一条安全带以防万一。当然，他的婴儿床和游戏栏例外，离他能够成功翻越的日子还早，而且它们的设计意图就是安全地提供有限的自由。如果你还有一根用于每件普通物体的安全带，那么使用安全带一点都不麻烦。如果你得去厨房从高脚椅上取下安全带，套在宝宝和童车外，令你得心应手的日子肯定会来到。

■ 别再刻意让宝宝坐在椅子上或床上。不断地练习坐姿意味着不断地歪倒，最好的那种是躺着左歪右倒。如果婴儿从椅子或沙发上歪倒下来，他可能没有实际的外伤，但是对他的神经、士气和自信心的损害，很容易延误在坐起来这件事情上的进展。

■ 不要留下宝宝独自一人在地上练习直坐，尤其是如果身边围了一圈衬垫的话。如果他面朝下倒在衬垫上，肯定会抬起头翻个身，但他也有可能趴倒，胳膊被别住动不了，这时就有可能窒息。不管有没有衬垫，几可坐立的婴儿也几可爬行，绝不应留下婴儿一个人在室内自由活动，甚至出去开门的一小会儿也不行。

当她会翻身时，她会像蛇一样爬行，抬起膝盖，然后向前爬——但也常常向后爬。

爬行

许多（不是所有）婴儿在学习独立坐的同时学习爬。这两个能力的发展会紧密持平，但婴儿也可能会在练习坐稳之后，再慢慢完善爬行能力。6个月的时候，他能独自坐一两秒但不会平衡，能作出爬行姿势但不会爬。7～8个月时，婴儿能稳稳当当地坐着玩，再过1～2个月他还会到处爬。

那些不主动掌握这些技能的婴儿，几乎都是先学习独立坐，再学习爬行。婴儿1岁时仍只会坐不会爬，也很常见。

尽管人们一般认为"爬行"意味着用双手双膝撑地在室内活动，但实际上很多婴儿采用另一种熟练的动作，也许是在会爬行之前，也许是用以取代普通的爬行动作。初期活动能力可能来自于娴熟的左翻右滚，但一次滑行似的匍匐体验，会让婴儿放弃通往目标的最后半步努力。平滑的地面可以让婴儿学会用胳膊肘带动身体，双腿向后伸直在地上匍匐。如果他对此感到满意，也许会推迟学习收腿、伸直膝盖。

那些相对较早学会坐稳的婴儿，有时会采取"臀移"来代替爬。婴儿借助一只手的推力，用臀部带自己四处活动。从他的角度看，这种方法可大力采用。它能提高他移动的效率，省得坐起来爬，爬到了再坐，而且还可以一边移动一边让另一只手闲着。和采用普通爬行动作的婴儿相比，他还能及时了解周围发生的事情。臀移的婴儿往往越过普通爬行动作的阶段，直接发展到站和摸着家具走路。

有些婴儿学会普通的爬行方式后却发现，用手脚爬比用手膝爬得快。有些婴儿会越过手膝爬，直接像一只熊似的走路。

所以，虽然以上段落描述了普通爬行的发展之路，但是发展的不同速率或四处活动的怪异方法，不能说明婴儿有任何不正常。他肯定要学会独立坐，最终也肯定要学会站和独立行走。在这两者之间，他

如何活动或是否在室内四处活动，意义不大。

如果他想要的东西就在一臂之外，一个俯卧在地上的6个月大婴儿会屈膝、手推地，往往还设法让肚皮离开地面。那一刻他确实处于爬行姿势，但却哪儿也去不了。这是因为，当他尝试坐的时候，还有一个平衡问题。所以，当他尝试爬的时候，他会有一个向前移动的实际问题。

7~8个月期间，那些选择或愿意时而趴在地上的婴儿，往往明显表现出他们想要爬。如果你观察仔细，即可看见这种努力，看见宝宝"想前进"。然而想不等于做，此时几乎没有婴儿能够四处爬。

接近8个月月末，婴儿大概会完全抛弃俯卧。一旦面朝下，便会旋即转身或者从坐姿活动中退出，让自己手膝撑地。他学会了一切，却不能前进。他前后摇晃，左右转动，试图跟随你或抓住那只猫。正是在这个阶段，他可能特别渴望四处活动，于是形成了各种古怪的移动方法，这些方法无一是真正的爬行动作。他会摇晃、转身、翻身、趴着扭动，所以，不管怎样他确实从房间的一头到了另一头，然而这个发展没有坐立实用，而用手平衡属于实用坐姿。他依旧无法选择去往特定的方向，而且如果他朝着自己想要的东西出发，在他完成杂

宝宝坐着前倾，然后发现自己手脚落地，开始像一只熊似的走路。

耍、落座休息的时候，早已忘了这件事。

第9个月期间，大多数渴望爬行的婴儿才有实际进展。让他们暴怒的是，爬行有时竟会让他们后退。婴儿盯着自己想要的东西，作出巨大的努力。但是他控制上半身比控制腿更熟练，所以他倾向于着力用手臂推地甚过使用膝关节，他发现自己不仅没有接近目标物，反而更远了。这是暂时现象，却令婴儿非常恼火。一旦他完全爬起来，很快就会控制方向、调整推力。

帮助宝宝爬起来 　　婴儿需要你帮忙做预备姿势才能练习坐，但是他不需要你帮忙做爬行的预备动作。他只需要你创造机会，而且如果他醒着的大部分时候都在地上待着，就会有大量的机会。他既可以从俯卧或仰卧翻身开始爬行，也可以从倚坐或独立坐前倾开始。不过，有些事情可以使初期爬行又愉快又安全：

■ 保护婴儿的膝盖。膝关节的皮肤仍很娇嫩，易擦伤。当他想要在草地或粗糙的地毯上爬的时候，穿上棉质护膝或薄长裤，即便是在夏天，他也会更舒服。

■ 预判潜在的危险。他将学会爬行，而一无其他常识。室内台阶、楼梯、地板的裂缝以及各处散落的物品，都会导致意外。

■ 留意能力的突然爆发。甚至在宝宝满地爬之前，他就可以一人翻滚、扭动出安全角落引发危险。在他能随意活动之前，应对他将使用的房间采取儿童安全保护措施。

■ 记住，对爬行的渴望，部分属于一种对抓取东西的渴望。那些看着令人陶醉的东西，会恰好成为使他行动起来的最后激励。一定要确保这种情况发生的时候，吸引他的不是一支铅笔或一个针线包。

■ 不要留婴儿一人在室内自由活动，也不要把他一直困在游戏栏里。独自一人意味着他会陷入危险，被圈起来会彻底夺走爬行的乐趣，并使他所作的巨大努力失去意义。他需要一片安全的地面，安全又有趣的东西以及每时每刻的监护。

■ 不要极力为婴儿保持干净。挑剔厨房和盥洗室的卫生十分必要，但是宝宝在地上玩的时候就不必了。普通的居家尘埃不会伤害他，而且皮肤最容易清洗。不要为他穿戴精致，如果他的衣服变脏了，你会介意的。为他穿上保暖、安全又舒适的"工作服"，只在特殊情况下才穿戴考究。

起先他蹬蹬腿，尔后挥手舞足，如今他能郑重其事地在爷爷腿上走。

站

一般来说，学习坐立和学习爬行大致同时进行，但站立和行走肯定要在此后才出现。

6个月时，大多数婴儿喜欢站在大人腿上，好像站在蹦蹦床上一样，双膝同时屈伸"蹦跳"。

7个月时，婴儿开始两腿交替运动。与其说是"蹦跳"，不如说他们在"跳舞"，而且常两脚互踩，然后抽出来再踩。

在这个阶段，婴儿无法承受类似他体重的任何东西。他还不会像设法爬行的时候那样"想前进"。直到9个月左右，他才开始想到用脚向前进，即一步步前踏的动作，这时很常见。现在，宝宝两步"走"完你的大腿，然后跌坐，咯咯笑。如果大人搀扶稳妥，承担了他大部分的体重，当他两脚触地时，会喜欢一摇一摆地走几步。

10个月时，肌肉控制力通常已经向下发展到双膝和双脚。他终于可以承担自己的全部体重了，脚心贴地站着，保持膝关节绷紧，虽然臀部的位置还稍微缺力。他的站力已类似于6个月时的坐力。他能站，但还不会平衡。

一旦宝宝可以承担自身的全部体重，稳稳地站定，假如有人为他保持平衡，那么他将很快学会自己起来扶手站。大多数婴儿一岁以前就会这样做了——抓住婴儿床、游戏栏或楼梯安全门的栏杆，把自己拉起来。如果你给他机会，婴儿会以同样的方法使用你——你坐在地上，他爬向你，抓住你的衣服，用力拽自己，得意地站起来，抓着你的耳朵或头发保持平衡。

正如刚学爬的婴儿常被自己不能向前爬而非不能向后爬弄糊涂一

当站立的重要时刻到来的时候，务必确保家具不会歪倒让她失望。

样，刚学站的婴儿常发现不能从站到坐。最多2~3周，在此期间，婴儿下地自由活动，也许即刻就会寻找东西把自己拉起来，站稳了却立马乞怜求助，因为他不会松手再坐下。你前去解救他坐下，旋即他又重新站起来。这会是一个令人疲惫的阶段，因为你得每隔两三分钟去帮他，你们俩都感到厌倦又懊恼。不过这不会持续很久，尤其是如果你忍住不随时解救他，也不随意将他放着坐下，而是让他缓缓落地的话。每一次那样做，即在帮他建立信心。也许他松开手，会扑通一声坐下，也许要用手撑地慢慢坐下，等屁股落地才放手。与此同时，如果你们都感到厌烦了，可以坐婴儿推车或童车去商场或公园散心。此时他尚未发展到在外出途中想到走路的阶段。他会愉快地坐着观察沿途的环境，让他的肌肉和你的神经都得到休息。

刚会站起来的几个星期里，婴儿将练习摸走，我们称为"巡游"。他像平常一样拉自己站起来，面对着沙发背或婴儿床栏杆，两只手贴着支撑物侧移一点，然后一只脚向同侧迈出一点。腿分开得大的时候，他一般会坐下来。对于这个成就，他的表情似乎在说，"得来全不费工夫"。实际上，这是一个重大成就，那个移位动作是他人生的第一步，他不再是一个不能走路的婴儿了。

只要婴儿觉得需要自己承担一些体重，减少手部的支撑力，他就得同时移动双手。不过，练习产生信心。侧向移动的最初几天或几周内，他就会知道双腿可以承担全部体重。接着他的站位会离支撑物有一些距离，双手交替扶着它前进。每次一只手先移，同侧脚跟进，侧向迈出一步，接着另一只脚靠拢。如果你仔细观察他的动作，就能发现，他一只脚抬起来的时候，全部体重都落在另一只脚上，这仍然令他不安。他

起先绕着椅子环游，继而开始站立行走的生活。

的平衡感将逐渐提高，接近1岁时，你大概会看见他伸直手臂扶着支撑物，仅仅是为了辅助平衡。转眼他将会愿意脱手，相当独立地站着。

安全　　你扶宝宝坐起来以练习坐，却不能按同样的方式扶他站起来从而让他学会站。你得创造机会注意安全，当他准备这样做的时候便可站起来。

创造机会并不难——如果室内有家具，他会扶着家具；如果在婴儿床里，他会抓住栏杆；如果没有此类选择，他会抓住你的头发或家里狗的脖子。问题是，此类探险活动中，许多因素会让他栽跟头。虽然在这个发展阶段难免会有挫折，但是太多这样的情况会挫伤他的信心以及脑袋，尤其是当他站着行动的时候。之后当他行走自如时，他将学会在感觉要跌倒前伸出双手。学步幼儿摔倒后一般顶多擦伤膝盖和手掌。但是在此初期阶段，他特别不会保护自己，因为他的脑袋占身体的比例仍然相对较大、较重，平衡能力也不稳定，而且他的双手努力想抓住东西。跌倒的姿势可能很别扭，有必要未雨绸缪：

■　查看室内陈设。不牢固的家具很危险，因为虽然它们会支持婴儿最初起身时的一抓一握，但是当他的手和体重上移、施力的时候，它们就会翻倒，那么他将从完全没有平衡的、非坐非站的姿势摔倒。凡此高物，比如衣帽架和盆栽架，引起的后果都很严重。它们不但会翻倒，而且由于本身高度的原因，还会砸到婴儿。对于明显的危险物件，有些可以放在角落里，有些可以安置在婴儿去不了的地方，有些最好暂时移去别屋，直到宝宝能自己站起来。

■　注意那些他拉自己站起来时头顶上方的危险物。在学会单手平衡之前，他不会站着伸手够东西，但也许他会抓住耷拉着的桌布或电

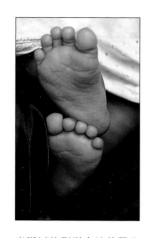

光脚丫使刚学会站的婴儿能感觉到地面和平衡，别急着穿鞋。

线，把自己拉着站起来。咖啡壶和台灯对他的脑袋都有危险。

■如果婴儿不曾习惯睡袋，就不要从这个阶段开始使用。他会设法在里面站起来，并且肯定会摔倒，还有可能一头撞向婴儿床的栏杆。但是如果他习惯了使用睡袋，就别急着换掉。如果他一直睡睡袋，就不太可能设法爬起来，而且当你朋友对她的宝宝总是设法爬出睡袋烦恼不已的时候，这只简单的睡袋可以让你的宝宝安全而愉快地待在婴儿床里。

■不要给刚会站的婴儿穿鞋。不论是现在还是以后，他都不需要鞋子支持双脚。当他行走自如到可以在室外和任何地面上走路时，他只需要鞋子保护自己的脚。在现在这个阶段，鞋子非常妨碍平衡，因为鞋子会隔绝脚对地面的感应，妨碍脚趾的灵活调整，它们会让脚打滑，还可能导致意外。

■要给宝宝穿婴儿防滑袜，除非你家是地板上铺了地毯。普通的袜子让硬地变得像个溜冰场，婴儿会摔倒。而且即便没有摔倒，在这些情况下，站立的困难将大大动摇他的信心。赤脚最安全，天凉的时候可以穿防滑袜或游戏鞋。

依宝宝的节奏进行

不要刻意让宝宝抓着你的手走路。这个阶段他也许不喜欢那种只有颤抖的手可抓、四周空空如也的行走，他多半会觉得扶着牢固的实物"巡游"较安全。如果在没有家具的公园里，你想创造机会让他练习自己站起来，应跪或坐在地上，让他把你的身体当作没有生命的物件使用。

不要刻意让宝宝尽早独立站或走。站立、"巡游"以及最终的独立行走，都依赖于婴儿的自信心和行为动机，也取决于他的肌肉和协调力。如果你刻意加速，也许会导致他恐慌地摔倒，反而减缓他的发展。如果他看似掌握了一个阶段，比如会拉自己站起来，却看似不再向前发展到"巡游"或独立站，这也许是因为他此刻确实不想进一步玩走路的游戏。愉快地、随心所欲地到处爬，也许意味着他还没有学习走路的动机。尽管许多婴儿1岁前就会拉自己站起来、"巡游"，其中有些还会自己走路，但是绝大多数婴儿1岁以前根本不会站。

和移动的宝宝生活

刚刚动起来的婴儿并不容易照顾。能够在房间里四处活动极大地提高了他们自制危险或毁坏东西的能力，而其行动能力的增长尚未带

游戏栏是个好办法吗？

由于女儿爬行自如，开始学走路了，我和我丈夫总在争论，确保安全和自由探索哪个更重要？确切地说，游戏栏好不好？

安全和囚禁的差别，仁者见仁，而我们大多数人对此的认识比较模糊。比如，我们都认为游戏栏值得讨论（无论我们喜欢与否），但我们都坦然接受婴儿床。我们都使用那些婴儿床，防止婴儿从床上滚落或爬出去，但我们大多数人却不会自然接受架一张防爬安全网的办法。大家都得想清楚自己对这些安全装置的态度，也许最好的出发点即考虑它们对婴儿的影响。

一个游戏栏使婴儿处在一个完全可控制的小范围里，因而几乎绝对安全。在他能移动之前，他每次只能使用一小片地方，入栏的物品必定受到大人的控制。所以，在这个阶段，游戏栏对婴儿没有什么不利影响。如果成人觉得物有所值，也没理由不使用游戏栏。但也不尽然，一个待在原地的婴儿，要保持安全并不难。

不过，婴儿会爬时，情况就变了。现在游戏栏确实可以阻止他做最渴望的两件事：转悠和探索。这些也是父母想要婴儿做的事情。挑战在于，既要确保安全，又能让他探索（对于那些必须依靠安全装置以及时刻留意婴儿的成年人来说，这件事困难而麻烦），而不是为了安全牺牲探索活动。有些家庭找到了折中的办法——大多数时候让婴儿在地上自由爬，偶尔放进游戏栏里，自己得以轻松片刻。不过，大多数婴儿随即学会强烈反抗所有的入栏前奏动作。于是，事态转变了。如果婴儿不介意偶尔在游戏栏里玩五分钟玩具，而且这五分钟令你恢复神智，那为什么不这么做呢？但是如果他就是介意，而且大声地表示抗议，那么把他放进游戏栏里形如囚禁。

那么为何侧边开放式婴儿床显得不同，甚至是在婴儿啼哭、架起双臂乞求你把他抱出去的时候？也许因为婴儿床确保婴儿做不了不应做的事情（在无人知道的情况下爬出床外，或当大家都在熟睡的时候一个人在屋里满地爬）。那么，为何不用一张网确保爬行的婴儿安全地待在婴儿床里呢？因为，他要爬出去的时候，发现受网子阻止，就会努力破网而出，于是婴儿床就从一处安全的好地方变成了一间囚牢。

保护婴儿安全，让他自由探索，这两件事都非常重要。所以，最好想出折中的办法，而不是非此即彼。最佳的平衡状态就是：宝宝确实受到了安全保护，但没有感受到行动限制。所以，一个婴儿安全游戏区优于一个游戏栏，一只防止他努力爬出婴儿床的睡袋优于一张令他挫败的网子。

来安全意识的丝毫提高。你得在宝宝醒着的每时每刻留意他，或确保有人做这件事。你不允许的活动得预防在先，你允许的活动也要参与辅助。而且，你得想办法确保婴儿有空间做自己的事情，不会占用到属于其他家庭成员的空间。许多父母认为，在育儿过程中，这个阶段最困难，所以只要使你日常生活更轻松的事情都值得你一试。毕竟，你是打算愉快地抚育孩子，而不只是挺过这些日子。

安置居家活动环境，为所有人轻松共享，效果非同一般。即便要辛苦一整个周末整理客厅，把易碎品和书统统收起来也值得。否则，照顾宝宝将在很大程度上变成"夺走东西和抱走他"的烦恼，天天如是。

待特定问题显现时，应采取措施杜绝隐患。如果他总是溜出客厅，试图爬楼梯，就在那里安装一道楼梯安全门，危险和困扰将同时消除。如果他总是在杂志架附近，就把杂志架搬走，隐患即刻消失。此类预防措施有时需要成年人多想多动，不厌其烦。比如，如果婴儿不会停止开冰箱门看亮着的灯，那么你也许得寻找购买一把婴儿安全锁钩，并习惯于此。这给大家（包括婴儿）都添了麻烦，但比无休止的争来抢去轻松多了。

调整基本的安全措施。不要忘记，讨论应该采取什么措施以及如何实施这些措施时，那些照顾宝宝的成年人一个都不能少，那些使用居家用品会受此影响的大孩子也一个都不能少。如果你知道宝宝不会滚落楼梯、触电或被灼伤，你就会气定神闲一些。

采取主动的态度。设法为每一个被禁的活动提供一个相应的第二选择。如果他不可以玩那只抽屉，那他可以玩哪只？当他想玩抽屉的时候，回答"一只都不行"注定会产生矛盾，回答"这只"将使你们双方皆大欢喜。

利用他注意力的分散性平息争吵。如果他偏要玩废纸篓，那么把废纸篓移出他的视线之外，并给他别的东西，他两分钟后就忘了。如果你无法移走东西，那么抱走宝宝在别的房间待上五分钟，除了非常令人着迷的游戏，其余的他都忘了。

大家散场后再清扫。如果你尝试跟踪式地清扫碎屑，归整凌乱的东西，你会疯掉。而且如果你期望孩子的照顾者保持一切干净整洁，他肯定无法在你宝宝身上履行这项职责。明确你到底何时想要大扫除（无论一天两次还是一周一次），快速地全面清理，然后等待下一次快速清洁日。

观看与操作

在最初6个月里，婴儿的大量时间用于发现双手属于自己，而且在有意识的努力之下，他们可以伸手抓东西。这是一项成就。接着到了半岁，婴儿就已彻底"发现"双手，还可以挥舞、伸出并抓住东西，和你我一样准确而快速。不过，在宝宝可以开始用双手进行越来越复杂的熟练动作之前，他必须逐一学习使用手的不同部分。他要用下半年的大部分时间习得关键的人类巧技：食指和拇指的捏弄动作。

尽管6个月到1岁的总体变化巨大，宝宝动手方式的变化每天看起来还是微乎其微。再者，他到底如何增进手部的精细控制力，将取决于他练习时用的物体和机会。虽然难以逐一罗列，但是宝宝用日渐增进的能力做自己喜欢的事情，就像借此控制自己的腿脚走路一样非常重要。

抓摸

6～7个月左右，婴儿开始明白用手探索东西，除了抓住放进嘴里，还有其他方式。婴儿对玩具的最常反应仍将是伸手抓来放进嘴巴里，再取出来看一看，但此时偶尔也只是触一触、摸一摸或拍一拍。这个小发展的意义甚于表象，因为它使得婴儿能够了解清楚那些不可抓取之物。比如，当他躺在地毯上的时候，他将摸摸地毯，了解其材质。即便3～4周前，他还不可能做那件事，因为当时他一心想摘下地毯上那个令他费解的花形图案。那些花不能摘，也许令他泄气地放弃继续探索地毯。

通过用手摸，婴儿得以了解那些无法抓来吮的东西。

当婴儿发现用手感触物体可以获得一些信息，那么你大概会看到，他对用手指感触各种材质越来越感兴趣。他会摸摸面前的餐盘，摸摸玻璃窗，拍拍婴儿毯，抚摸你的头发，而不是一把抓住它！你可以购买（或制作）天鹅绒、砂纸和丝绸面料的"质感玩具"，这样他就可以用手发现它们迷人的差异。既然他未必会抓舔所触之物，你甚至还可以给他宠物兔，让他摸一摸。

区分手、臂

6个月时，婴儿大概仍会表现出手、臂不分。当抱住某人的时候，他会用胳膊就近圈住，而不是用手抓住。如果他想要吸引别人的注意，就会大大地张开双臂。张开手臂是婴儿对感兴趣事物的特有反

在镜子里，她见到一个
人，看似鲜活可触，摸起
来却是又冷又平。

应，但是婴儿也将逐渐学会以胳膊肘带动下臂，以手腕带动手掌。8～9个月时，他将出现表演性动作，也许会像贵族般的点手惜别。

在学习分别使用胳膊不同部位的同时，宝宝也在学习区别手的各个部分。在6个月时，他以整只手抓物，以单手呈杯形取物，以双手呈钳形抱物。大约一个月之后，精细动作的能力已发展到可以分开五指，所以他能用食指指点或拨弄。

拇指及其对立指　第一年的最后3个月里，宝宝将利用新的手部能力和控制力，发展出一种更熟练的抓取动作。他不再以单手呈杯形或铲形取小物体，而学会用食指和拇指捏取物体。这看似没有立即改变他的日常生活和游戏，但对于他未来成为人类而非其他哺乳动物意义重大。不过此刻，那个捏弄的动作也许令人喜忧参半，因为它使宝宝得以寻回餐桌下、地面上非常细小、非常久远的面包屑，甚或捡起遗落在缝纫机上的大头针。

抓住苹果这样令婴儿高兴的精细捏弄动作，是一项人类独有的重要发展。

逐渐获得这些新而精巧的手指取物方法的同时，他还必须解决松手弃物的艰难问题。9个月时，大多数婴儿可以理解松手的概念。如果你伸出手说"给我"，他就会把玩具递给你，显然知道你希望他丢开玩具。但是松开手指所捏之物，其习得过程仍充满困难。如果他坐着递出玩具，但手指仍扣着它，别以为他是在戏弄你，他只是想不出如何松手。你可以这样帮他——把你的手平展地托起他的手，模拟出他在桌上玩东西的感觉。当他感到手和物体会落在平台上的时候，他就能轻松地展开手指。

10～11个月时，大多数婴儿已知道如何主动展开五指，且是在半空中。婴儿发现了如何弃物，可能马上就会不失时机、欢呼雀跃地练习。你也许连续数周会面临玩具被丢出婴儿床，食物被扔出高脚椅，毛巾肥皂摔落在浴缸边，鞋子被抛到童车后，物品被掷出超市推车的情况。他把它们统统扔出去，然后兴高采烈地发现可以统统捞回来。不过，为他们系安全带需要小心些：不要使用细长的绳子或带子，以妨宝宝用此缠绕住脖子甚或身体。安全带的长短在15厘米以内，且其拉断应力值在安全范围内。有些毛线非常适合做安全带，因为易断，但要注意染料以及化纤含量。

接近1岁时，纯粹松手将转变为主动抛掷物体，以及同样主动地摆放物体。婴儿需要一只轻的、用来抛滚的球——塑胶"室内球"十分理想——以及"可摆弄的玩具"，比如积木和针线活指环。他还将练习填满和清空几乎任何收纳容器和任何收藏的物品。可为此准备专用小玩具，不过，可装可卸的一袋土豆或橙子，多半会使他开心地玩上好一会儿，足够你列完一周的购物清单。

帮助宝宝操作物体

婴儿能够自行探索世界之前，由成人决定并递给她物件。

在会移动之前，婴儿必须靠你带他了解世界。他自己无法走，无法拿东西，所以必须等待别人递给他。一定要确保大家会给他各种各样的东西，即便他还不太会摆弄物体，但他愿意通过看、吮、摸等方式了解它们。如果他只有摇铃、铃铛和毛线球，而那些有趣的日用物品都够不着，他将会失去无尽的欢乐和学习机会。如果别人在自己家或你家照顾婴儿，一定要明确告诉他，你愿意让宝宝玩玩他的"玩具"和"游戏"。婴儿会使用你有可能提供给他的一切物品，但如果他每次有一两件东西，并且玩尽兴后还能交换，他会更开心。

在6个月时，一件单独的玩物可能会吸引他的全部注意力。他的确无法同时想着两件事，即便是两件一模一样的东西，比如两块红色的小积木。如果他左手拿一块红积木，你递给他另一块，不妨观察会发生什么。此刻，他不会用空闲的右手拿第二块积木，从而两手各抓一块。相反，他的注意力将转向新积木，原本抓着的那块将从手上松脱。

7个月左右，你将看见有所变化。如果你给他两只摇铃或两块积木，他大概会一手抓一个。尽管抓着它们是个不错的练习活动，但他仍然可能会分开处理两个玩具，而不是把两个玩具配合到一起，增进彼此的乐趣。还需要过几周，他才会用两只摇铃互相敲击，制造更大的声音。

两手各抓一个东西的能力，打开了一个令她趣味盎然的组合世界。

大多数婴儿逐渐能够两手各抓一个物体，差不多与此同时，他们会逐渐将拇指和其余四指的功能分离。这两个发展同时出现也许表明，婴儿准备好并喜欢探索更多、更复杂的物体的形状。他将练习用手指穿过身边的任何圆形物，无论是自己的套圈玩具，还是你的滤茶器。他会用食指戳进煮蛋锅的圆孔内，还会用食指摸索布娃娃脸的轮廓或桌布上的漩涡图形。

通过操作，婴儿了解了许多不同物体的特性，偶然碰巧还会了解如何使用其中一部分。毕竟，他偶尔挥臂之下，碰巧发出了摇铃

理解力的奇迹：这个婴儿
不是第一次拉绳子了，但
却是此刻，她才明白其中
的因果关联。

的声响，正是由此，他学会了挥动和有意让它们发出声音。但是随着这半年过去，他逐渐知道通过观察别人学习使用物体。到8个月末的时候，他甚或愿意模仿实际的演示动作。比如，如果你此刻给他一支粗短的蜡笔和一张纸，然后你也取一支类似的蜡笔并在纸上涂画，他将试图做同样的事情。他也许没有设法画幅画，但是将模拟你的动作，而且下次得到一支蜡笔时，他还会尝试。拉绳玩具也常能启发婴儿的理解力。7个月时，如果你把绳子的一端递给他，另一端系着一个玩具车，他可能会在有意无意间拉动它。即便玩具车朝他而去，他看起来也对自己的动作毫不知情。但6周之内，他就能理解那种因果关系了，当拉绳带动玩具车的时候，他惊喜不已。而且只要你愿意帮他把小汽车再放回远处，他将不厌其烦地把小汽车拉到自己身边。

从现在起，他模仿成年人和其他孩子动作的意愿将稳步上升。如果成年人带他去大孩子正在玩耍的地方，也为他演示自己所做的事情，如开瓶盖，换厕所卷纸，将钥匙插入锁孔，倒饮用水，婴儿也将尝试模仿。他会想到各种好办法，还会积极主动地实践。这两件事情意味着他的手部动作能力将迅速发展。

随着他的双手越来越灵巧，一定要鼓励他时刻使用这些技能。即便你得费时费力地喂饭清洗，他也应在吃饭时有一只勺子，在洗澡时有一条毛巾。你可以为他演示如何脱掉袜子，如何给书翻页。他可以照你的样子把土豆放到菜架上，也可以把积木放进盒子里，或是敲钢琴，敲手鼓，为狗丢球。所有这些事情以及其余无数件，对婴儿来说都是陌生的体验。它们有趣益智，更重要的是，它们意味着他将正式觉得自己参与到了成年人和成年人活动中。他其实不希望远离家务事，而只有他自己玩婴儿游戏，他想成为其中的一员。所有参与照顾他的成人，减缓速度适应他的节奏并忍耐他的凌乱越多，他便学得越快、越开心。

倾听与交谈

尽管许多婴儿1岁前没有说出一个可以识别的单词，但是这半年对他们的语言发展非常关键。婴儿学习语言早在会说话之前。他们首先必须倾听别人说话，学会理解他们的意思。只有那时，他们才能说出自己的有意义的词汇。

婴儿的听力理解力常受忽视，因为婴儿自发产生语言的重要性受到过度重视。如果你发现自己花很多时间和精力，设法引导宝宝模仿说出一个单词，那你一定要提醒自己，你是在努力抚养一个人，而不是一只鹦鹉。一个复制的声音并非一个实用的词语，除非它们有一致的情境意义。如果你引导宝宝模仿"da-da"（或跟着你说，而不是随机的咿呀声），接着你搂着他爸爸雀跃地说："Daddy！他说Daddy了！你听到了吗？"那么那个模仿的声音即可获得一致的情境意义，变成一个实用的单词。但他学习说话的方法不是通过那些一次一个单词的集中教学，而是通过逐渐破解周围的各种说话的声音。应着重创造大量的谈话机会让他倾听，大量抓取所听话语意义的机会，对他制造的各种声音予以即时而愉快的社交回应，以及大量的语言游戏、歌谣和笑话。

语言学习的方法和意义　许多人以为婴儿通过模仿学习语言，所以他们一般也以为，婴儿学习说话是为了说出自身的需求和感受。这些简单归纳，既无生活观察，也无研究支持。在语言学习中，模仿的意义极其有限。正如我们亲眼所见，儿童初期的词语和短句不是通过模仿学到的，而且也没法模仿。你何曾带宝宝站在牧场门口对他叫"看那些羊"？出于表达的需要，这一整年婴儿会设法和照顾者交流但不使用言语，那么他何以突然急需语言呢？不管怎样，最初产生的词语几乎和婴儿的需求毫无瓜葛。如果他首先学会说"biscuit"（饼干）或"come"（来）甚或"up"（上），婴儿显然十分与众不同。他也许会抗议性地表达需要而初次说出这些单词——"mine"（我的）、"no"（不要），但其实他很可能最先说出那些与他情深意厚、他喜闻乐见的人或物的代称。

在解释儿童如何——以及为何获得语言方面，有两个主流学派。以乔姆斯基（Chomsky）和列尼伯格（Lenneberg）为代表的早期观点认为，人类本身的语言能力或语言习得机制构成了儿童学习其群体语言的能力，和极其快速地在各种情境下学习语言的基础。从心理学研究方面看，相对于苏联代表人物维果茨基（Vygotsky），人们更熟悉以杰罗姆·布鲁纳（Jerome Bruner）为代表的观点——认为语言的社交意义超过生物学意义，其发展取决于父母和其他成年人为儿童提供的"社会平台"。这两派理论无一可独立解释所有的实际现象。比如从天性养育的普遍争议即可看出，两派观点均有涉及，这也使父母的压力减小。即便婴儿的语言学习没有大量的社会平台，他也会学习说话。但是有必要尽可能地提供这个平台，因为它无疑有重要意义。

如果你没有感到压迫或施予其压力，宝宝的所有发展都将更顺利而愉快，语言的发展尤其如此。初期制造声音属于一种游戏活动。创造"交谈"是一个游戏。整个下半年内，无论是对成年人还是对自己，只要是愉悦、兴奋或至少开心、满足之时，婴儿几乎都在说话。生气、不开心的时候，他将不说话，他会哭。只要你听见他和自己"交谈"，发出一阵声音，等待回答似的暂停，然后接着说，你就会发现他咿咿哇哇的声音犹如愉快、友好甚或欢乐的演讲，但绝不像生气或厌烦地说话。当说出真正的单词那一刻最终来临时，这些词语也将是在愉悦的情景中。如果"ball"（"球"）是他所说的第一个单词，那么当时的语境不会是生气的命令，而会是愉快的说明。如果你的称谓是他所说的第一个单词，那么他第一次使用时，不会是责备的啼哭，而会是愉快的问候。

发展言语声音　　　　第一年中期，大多数婴儿会和一个成人进行长长的咿咿哇哇的交谈，发出一段声音，停下，然后听别人说，再接着回应。只要你愿意继续，看着他、对他说话，婴儿就会一直说。如果他看不到你，他不会对你说话；如果你在隔壁房间喊他，他甚或不能用声音回应你。

这些声音大多还是单音节的咕咕声。他会说"paaa"、"maaaa"、"boooo"。他在嘻嘻哈哈间发出这些声音，乐不可支地打起嗝来。

第7个月期间，婴儿对言语声音越来越警觉。如果你在他看不见的地方喊他，他会用眼睛搜寻室内。他将寻找广播声音的来源，而且一发现谁在说话，随即回应以交谈。

大约此时，婴儿变得能够控制发音器官重复声音，你也许会听见他的咕咕声变成了双音节"单词"。他会说"baba"、"mumum"、"booboo"。这些"单词"渐渐变得清晰可辨，彼此间较少有咕咕的歌调。此刻一般出现在7个月月末，新的声音旋即源源而来。这批声音较接近惊叹词，而较少鸽子似的咕咕声——他会说"imi"、"aja"、"ippi"。这些新的双音节"单词"似乎使婴儿越来越欣喜于自制声音的能力。一旦这些声音被列入"演出单"，他唤醒你的方式也许会是每天清晨时分阵阵愉快的交谈，就好像有你在身边交谈一样。他开腔，然后暂停，接着说，再停，再说，如此反复进行好几分钟，自娱自乐，直到你愿意加入和他交谈为止。

第8个月期间，大多数婴儿开始对成年人的谈话产生兴趣，即便成年人不是直接对他们谈话。如果婴儿碰巧坐在你们之间，而你们的谈话音声在他头顶上空穿梭，那么他的脑袋将轮番转向你们中说话的一方。他的动作好像在认真观看一场网球"交流"赛。但是这场谈话活动十分有趣，他耐不住长久的静观，于是他学会呼叫关注。这不是随意的喊叫、尖叫或哭叫，这是清楚而有意的呼叫。婴儿带有特定交流意图地使用一个言语声音，一般来说，这就是第一次。

在此呼叫之后，许多婴儿便开始尝试哼唱。歌曲当然不是精心编排的，一般在四个音调间浮动。但这绝对是唱歌，而且通常是附和你的歌声、广播里的音乐或电视音乐频道。

无词语交流　　语言和言语是两件事。自他出生那天至今，你和宝宝一直没有用词语交流过。第一年渐渐过去，你将发现自己用类似言语进行的交流

交流可采用许多形式，调动所有的感觉。

行动歌谣结合了身体和语言游戏，此中的动作和玩笑深受婴儿喜爱。

越来越多。事实上，在他1岁之前，婴儿也许一直在时刻使用语言，只是尚未能够控制发音器官形成口语。他也许一直在使用各种表达确切意义的姿势，敏于观察的人一眼可知，比如点头和摇头表示肯定和否定；指向事物以回答东西在哪里、是什么；拥抱表示问候或爱意；挥手作别，偶尔"走开"。如果有人对你10个月的儿子说"愿意让我抱一下吗"，他坚决地摇晃脑袋，那不是语言是什么？

对手语替代口语的家庭观察表明，形成口语的需求支撑着语言发展。那些使用英式手语或美式手语的婴儿，普遍在7～9月时产生第一波可识别手语，和大多数家庭中的婴儿产生第一波口语相比，大约早3个月。究其原因，大概生物学和社交的作用参半。对婴儿来说，相较于控制发音器官，控制手掌和手指比较容易。此外，对于父母来说，相较于婴儿的声音，示范、破译和控制婴儿的手势比较容易。

接近说话　　　　除了令人激动的交流能力的发展，在第一年最后3个月里，一般还会出现明显的言语发展。虽然婴儿没有用发音器官说出只言片语——像幼儿想尽办法吹竖笛似的，但他会开始有选择地练习听到的某些声音，并最终变成真正的音调。与此同时，他的言语形式突然变得复杂，带有一长串音节。他开始抑扬顿挫地改变重音，于是父母亲从咿咿呀呀声中听见提问，对此感叹甚至开玩笑。接着言语形式再次变化，这次婴儿不仅仅为他所说的话添加越来越多相同的音节，而且把所知的一切音节组合成长而复杂的"句子"，比如"Ah-dee-dah-boo-maa"。有些婴儿自己确实能理解这种以声传意的无意义语言，而有些婴儿听起来似乎在说话，但绝对是某种听不懂的外语。然而，不论你能否理解，这些术语似的声音特别逼真。偶尔你在专心做其他事，这时他说话了，你会说："你刚才说的什么呀，宝宝？"一时竟忘了他不可能真正开口"说话"的事。不过，这也快了。

许多婴儿发出第一个"真正的"单词是在10～11个月。我们无从确定，因为最初的单词很难鉴定。"Mummy"就很有代表性。当7个月大的婴儿说"mum"的时候，父母基本不会认为这是一个真正的单词，因为他们没有指望7个月大的婴儿能说话。但是同样是这个婴儿，同样是这个声音，出现在第10个月，就不一样了。你此时正在期待他说话，于是你力图从所有的咿呀声中找到它们，强化它们，而忽略了实际情况是被你"提拔"为单词的确切声音，他已经表演了好几个月。

努力辨别宝宝最初的词语并无特殊意义。在这个阶段，使用与否都不重要。他富于表现力的、流畅的各种术语，尤其是如果配以类似指点的手势，那绝对表明，他准备好时便会说话。

通向说话的各个阶段是有趣的，而且，发现它们有趣会使你一直轻松扶助他的语言发展。兴趣会使你仔细倾听他所说的内容，仔细倾听也许会使你用较成人的说话方式回应他。被倾听、被回应，正是他的言语发展最需要的。

可能在接近1岁的时候，婴儿会想到用一个特定的声音指代一件特定的事情或物体。不过，也许他还要练习一段时间，才能确切整理出声音和事物之间的所属关系。比如，一个婴儿用音似"buddha"的单词指代所有想要或感兴趣的事物——饮料、书、最喜欢的游戏和玩伴，这一段时期内这些东西就都属于"buddha"。接着他需要一些时间慢慢"决定"以什么声音代表某个特定物体的名称。当他要球的时候，他使用"bon-bon"。之后他要这个球时，却会使用"dan"。这两种情况很清楚地表明，他指的是那个球，不是别的东西，但是他表现的似乎是，关键在于用一个单词——任何旧词都可以。

在婴儿进入下一个阶段，开始使用一个声音而且只是一个声音指代一个而且只是一个物体之前，这种混沌情况也许会持续数周。即便那时，他所使用的那个声音可能仍不是成年人心目中的"单词"。可能是一个"自有单词"（比如"dan"指球），也可能是婴儿早先创造的一个声音，有所指地代表一个特别的东西或一个特别的人。但是即便这个自有单词与"正常"单词毫无瓜葛，如果你知道他所指何物，它就应被视为一个单词。毕竟言语的全部意义即是人与人之间的交流，如果你知道孩子说的"gig"表示"bus"（汽车），那么"gig"就是一个单词，他就是在对你说话。

婴儿最初如何学习真正的词语

婴儿从日常生活的大量声音中抓取一个个单词。他所捡拾的词语，通常和那些吸引他、刺激他、逗乐他的事情（当它们冒出来的时候，他会倾听）有关，而且频繁出现，于是他得到了很多词意线索。

举例来说，婴儿听到一个单词"shoes"（鞋子），不仅在日常生活中一遍一遍出现，而且这个声音经常出现在各种句子里。某一天你会对他说："Where are your shoes?"（你的鞋子在哪里？）"Oh, what dirty shoes!"（天啊，这鞋子太脏了！）"Let's take your shoes off."（咱们脱鞋子了。）"I'll put your shoes on."（我要给你穿鞋子了。）"Look, what nice new shoes."（看，新鞋子真漂亮。）单词"shoes"就是那些句子里自始至终出现的一个声音，而且自始至终和那些脚上穿来脱去的东西有关。最终，他会把这个口头声音和物体联系起来，而且当他建立了这个关联时，也已明白了单词"shoes"的意思。

在真正说出一两个单词之前，婴儿可能会明白几十个单词的意思。他最初会使用在那些表示他欢乐或激动的事情上。也许他其实已经明白单词"shoes"的意思好几周了，但却从未说出口。当你带他去鞋店，为他买一双漂亮的红色拖鞋时，拖鞋滑上脚背时的自豪感也许就是最终刺激他说出"shoes"的因素。同样，也许一个小男孩好几个月来早已明白，那个反复出现的单词"Toby"代表家里的狗，但遗憾的是错失了刺激他第一次叫狗名的临门一脚的时机，因为他那晚陪着狗去兽医院，回来时突发感染。

最初的词语一般出现得很慢，但是词语理解力发展迅速。如果婴儿到1岁时只使用一两个单词，切勿以为他没有在学习语言，他在倾听、学习理解。

学说两种语言

儿童学习使用所听到的语言说话。如果婴儿生活在双语家庭，或所处环境是家里一种语言，而幼儿园是另一种语言，那么他会同时学习两种语言。他的初期整体语言发展也许略有延缓，但很快就会赶上。而且，即便他没有保留并记住他的"第二"语言，有案例表明，学习它已有些许益智作用。

培养宝宝倾听、理解及交谈

在宝宝的语言发展方面，最有效的全面帮助是，大量充满关爱、有趣的双向交谈。不过，有的交谈效率高，有的交谈效率低。请考虑以下建议：

■ 面对宝宝说话。他无法专注地仔细倾听普通谈话。如果他与全家人同在一个房间，大家都在说话，他就会迷失在一片声海中。你开口说话，他看向你，却发现你面朝他姐姐；姐姐回应，被哥哥打断，说到一半耸耸肩，没了；此时，有人开始发表评论，而且电视机换了台。尤其是在那些孩子出生时间间隔紧密的家庭里，第三或第四个孩子的语言学习确实往往迟滞，因为他们几乎没有机会和成人进行连贯而单独的交谈。即便你有一个婴儿、一个学步童，以及一个不停地问

"为什么"的4岁幼儿,你也应设法至少偶尔和婴儿单独说说话。

■ 不要期待他从陌生人身上学到很多语言,也不要期待他会从你继任的照顾者身上,和从你及其他亲密的人身上学到的语言一样多。通过在各种句子、各种声调中反复听到词语,看到说话者的面部表情和肢体语言,婴儿从中了解了词意。他越熟悉说话的人,就越有可能理解话的意思。即便是在学步阶段,他也有可能根本不能理解陌生人的说话,因为这时伴随着的表情和声调是陌生的。

■ 在你雇用一位用你的语言方式说话时感到不顺利的照顾者时,请慎重考虑。保姆或管家只有自己说话流畅,才能成为宝宝良好的言语示范者。如果除此之外他的一切都非常棒,你也许可以考虑雇用他,让他使用自己的语言和宝宝说话,宝宝便会处于双语环境中。

■ 确保你在说话时,使用重点标签式词语。宝宝要挑出在各种句子里经常反复出现的标签式词语,比如"shoes"。所以,当你们俩在床底下寻找时,一定要说"Oh, where are your shoes?"(你的鞋子在哪儿呢?)而不是"Oh, where are they?"(它们在哪儿呢?)孩子自己的名字就是重要的标签式词语。他不会用"me"或"I"指代自己。确实,英语语法中的人称代词让孩子特别难理解,因为正确用词取决于谁在说话。对我而言,我是"我"(me);但对你而言,我是"你"(you)。所以在这个阶段,你也应使用他的名字。不要因为这是跟"婴儿说话"而感到尴尬。你可以边翻饼干筒边说:"给约翰的饼干在哪儿呢?"这句话对他的意义甚于"给你的那块饼干在哪儿呢"。

■ 对宝宝说说眼前活动的事物,这样他既可看见你所说之物,也可立即在物体和反复出现的关键词之间建立联系。"我们看见那只猫爬上树了,好玩吗?""看那只,看见了?猫要爬树了。上去了!一只猫在树上……"

■ 使用图画书时遵循同理。又大又清楚的婴儿和大人的插画,若以类似的句式描述,会很吸引他:"看,这个爸爸在洗餐具……看见咖啡杯了吗?"

■ 谈谈宝宝感兴趣的事情。并非所有谈话都是关于此时此刻亲眼所见事物,但是如果把他傍晚在公园里看见松鼠的故事告诉他爸爸,他将理解这个题材,也许还有他所亲眼见到的事物的名称,比如"松鼠"或"坚果"。

■ 使用大量的手势和表情,夸张的反应。如果你指向所说的东

有趣的书与有效的交谈并行不悖。

西，表明你希望他爬过去拿到这件东西，然后大概"表演"一下的话，你可以使自己的意思更加清楚。父母爱说话、性格外向，其婴儿一般首先会学习理解和使用惊叹语，因为他们一遍又一遍地听见父母说，而且抑扬顿挫，令听者动容。"天哪！"——当他摔倒的时候；"起床啰！"——当你把他抱出婴儿床的时候。

■ 设法理解宝宝的词语或宝宝发明的词语。如果你表现出在乎他所说的话，你将激发他说话的潜力。他使用的词语恰当与否，关乎你的理解以及你会始终努力理解他所作的任何交流尝试。当然，这是试图向10～11个月大的婴儿传达含蓄的内容，如果他看见你遇到麻烦，总体的概念他不会理解。举例来说，如果他坐在高脚椅上的时候，朝向某物发出一个声音，你也许会看向他所指的方位，说出所有你看见、他可能意指的东西。如果你碰巧猜中，他会特别开心地重复自己的单词，于是，你递给他感兴趣的物品。如果你看见他爬来爬去寻找东西，用一个无意义的词语发表疑问，你应加入搜寻莫名之物。当物品被再一次找到的时候，宝宝将激动不已——激动于你的理解力，也激动于你提供的命名。

■ 帮助宝宝在明显有用的情境中使用他寥寥无几的单词。如果你们俩正在一起玩，都看见球滚出去了，那么叫他去拿球。当他带着球爬回来时，你可以谢谢他，从而肯定他正确理解了你，并再次说："好孩子，你拿到球了。"如果你接着和他玩球，单词和行动这整件事，将具有明显而愉悦的意义。而且，他可能会记住这个单词。

■ 不要纠正或假装不懂他的自制单词。对于宝宝发音不正确的单词，有必要给出正确的发音，但是设法使他"正确"地重复那个单词，只会令他厌烦。你的纠正收效甚微，因为，正如我们现在所知，他不是在模仿语言，而是在发展语言。他的自制词语将适时发展为正确的词语。

如果你假装不懂宝宝，直到他"正确"地说话，你所做的都只会令宝宝感到厌烦——你在欺骗他。他一直在与你交流，说些什么好让你明白他的意思，因而他一直在使用一种语言。如果你拒绝承认它，你便为了几个单词，破坏了他的语言流畅性。再者，他也许不能说出"正确"的单词，因为那个单词还没有为他所理解。如果他的自制词语是他所必须给出的最佳选择，那么拒绝会妨碍他，而不是帮助他。毕竟促进早期言语发展的，是愉悦、关爱和激动的经验。拒绝给他奶瓶，必须听到他说"奶"而不是"bah-boo"，会使他感到挫败和生气。你得到的很有可能是眼泪而非单词。

游戏与学习

安全而适当的地面空间现在最适合宝宝游戏和学习。

对大多数婴儿来说，这是充满运动的半年。这个时期，他们常忙着自己努力坐起来，爬过房间甚至站起来，其次才想到玩玩具。完成这些重要活动需要肢体的巨大努力、无尽的练习和谨慎的勇气。婴儿与生俱来会坚定不移地掌握技能，这使他们有幸得以持续发展，锲而不舍地努力，甚至是当肢体或神经问题形成似乎无法逾越的障碍时。婴儿能爬便爬，除非你设立围栏或给他绑石膏，否则拦不住。婴儿能拉自己站起来，便一直这样做，尽管不堪拉拽的家具翻倒时会与之对抗、相撞。而且他将继续设法自己站起来——摇摇晃晃，跌跌撞撞，再站起来——锲而不舍得异乎寻常。换作成人这样折腾两天，大多数恐怕要坐轮椅了，但是婴儿的内在动力确保他会尽自己可能地继续努力。不要折磨将爬未爬的婴儿，突然拒绝递给他他伸手想要的玩具，因为你觉得应该"试试看，你可以自己拿到的"。要是能他早就做了，而且会很愿意自己做。

婴儿开始爬或走，不是因为要凭一己之力遍行四方。不过，这些新的活动能力确实逐渐为他们赢得了广阔的自主能力。在此前短暂的人生里，他们一直依靠成人递来物品以操作和探索，现在他们变得能够为自己寻找东西了，不用非得被动地接受玩物和想法了。他们可以开始实践想法，挑选玩物。尽管如此，这项新的自主行动的能力通常并未伴随出现情感的独立。婴儿变得更能够自己管理某些时间，不用成人陪伴着游戏，这是事实但却不一定意味着他更愿意如此。当他们通过游戏学习成长的困难课程时，大多数婴儿始终想要也需要情绪上的支持和鼓励。正如我们所见的一样，随着1周岁的到来，婴儿确实会变得更黏人，而不是相反。

安全的自由活动

对宝宝来说，坐、爬、站以及最终的行走，本身就是消遣活动。在这个阶段，他就是热衷于练习爬或站本身，也热爱去别处或够东西。所以他最需要的游戏配备就是———一片地面和用地的自由。如果家里还没有他的专用游戏空间的话，那他现在需要了。他必须有些适合且可为他一直使用的地面。理想的地面是宽敞的，没有杂物（尤其那些精巧、易碎或易倒的家具），柔软而温暖，易清洗，且靠近任何家人的活动中心。只有极少数幸运儿才有这样的专用场地，绝大多数的家庭得为此闪转腾挪。

除非你们家的空间极其有限，否则为婴儿腾空一片地面并不难。可以在冷硬的石砖地或瓷砖地上铺上实惠的小块地垫甚或草垫，虽然跪着时膝盖会疼，但至少不伤头。加一层地毯垫料或旧地毯，会使宝宝的摔倒和你的神经都得以软着陆。如果你想要宝宝在客厅的地上活动，而不毁掉客厅的地毯，可以考虑铺一张印度毯作为专用区，也可以铺一张游戏毯——今后可以在上面做游戏的毯子，因为它们印有公路或农场布局的图案。

与厨房毗邻的餐厅往往调整后即可为婴儿使用，而不失其本身的功能。如果厨房和餐厅之间的隔门开着，可以装一道楼梯安全门。宝宝经此既可看见成人的操作，又无法进入可能窄小而危险的厨房。不过，宽敞的厨房本身若加以精心安排，即可成为安全的监护游戏之处。除了控制显而易见的危险物品——比如刀、清洁液、壁架和锁着的橱柜，使用安全的居家用品——比如无线水壶，以及安全的设备——比如炉灶防护罩，还要记住留意不起眼的致命危险，比如家用垃圾筒（用于装锋利的废听罐以及有毒的旧电池）和很可能致病的狗食或猫便盆。

为宝宝的游戏空间深思熟虑、仔细安排非常必要，因为这将是未来几个月的家庭生活基地，而有些看似可行的解决方案却对你们俩都行不通。比如，后院内设一间专用游戏屋简直是浪费，无论它多漂亮。如果你把宝宝放在那里，他肯定感到极其孤单且无聊，还会有危险，因为你不经常在他身前。你大概会发现，不是成年人放弃游戏屋，让他在（未经调整的）厨房里玩，就是把工作搬出大本营，一边在游戏屋内工作一边陪伴宝宝。

有些家庭的生活空间特别小，以至于为婴儿开辟专用地的想法似乎不现实。其实不然。空间越小，开辟空间越重要。如果婴儿或学步童必须在已经很拥挤的全家共用客厅里游戏，他必定会伤及自身的安全、他人的物品以及任何儿童的理智，除非客厅已为此作过精心调整。游戏栏只是一个很局部的（且短期的）解决方法。尽管一小片免得"坏人坏事"干扰的安全区域也许聊胜于无，但是即便自愿坐进游戏栏里的婴儿，如果他经常被困在里面，也无法进行一切该做该学的事情。如果游戏角落不是专用遮挡物，他不至于感到太封闭。也许是一个家具，比如长沙发或床，那么他终可用此拉着站起来或爬上去。走廊或过道只要装了楼梯安全门，一般即可为婴儿或学步童使用。甚至人们最不看好的室外空间——花园、玄关、后院、阳台，也值得费心整理，因为即便空间小得转不过身，它也会令宝宝视野开阔，而且大人可以忍受他在那里玩沙子、黏土和水。

让宝宝待在日常活动区，开放思路，寻找各种方法给予他安全但不妨碍别人的自由，对他和全家人都有益。如果宝宝有恰当的游戏空间，那么他将在白天的大多数时候，在一旁专注于玩耍。

当然，婴儿还需要其他游戏，尤其是社交游戏和交谈。但是如果你不必每时每刻全神贯注于他，警觉地保护他，耐心地移开别人的物品，你才比较容易享受于其中。

更换场合及相应的活动很有意义，既有益于扩充各种游戏机会，也免得使他感到厌倦。在这个年龄阶段，为宝宝所熟悉的事物非常少，所以对他来说，去别的房间就已经很有趣了，犹如外出之于学步童。比如在你们的双人床上嬉闹一番，就是这个年龄的婴儿特别愉快的游戏，也许还是努力爬行或站立之后的放松活动。从厨房的瓷砖地换到客厅地毯上玩玩具，是很有趣的变化，尤其是如果有人花时间为他演示车轮玩具的不同表现的话。外出散步、坐在童车里，或者在附近合适的草地上爬一圈是必备活动。由成人带着的外出越多越好，日常去一趟商场或图书馆，也许曾让你感到厌烦的这20分钟，对宝宝来说充满新鲜的事物、声音和感觉。当你分享到他看见猫坐在墙头上的惊喜之情，为遇到红灯停的卡车命名，然后发现他注视着闪烁的交通灯时，甚而你自己也将以全新的眼光看待周围。

各种游戏、各种人、各种地点，使婴儿学而不厌。

玩具和玩物

在这个年龄段，随时离开、终于开始探索的自由度，比实物玩具更有意义。当他们可以自己坐着把玩，爬过地面寻找它们的时候，小婴儿玩物将以新的方式取悦这个年龄群的孩子。不过，有些新事物会使宝宝特别高兴，因为它们尤其适合这个特定的发展阶段。

他会爬了，便会非常喜欢圆滚滚的东西。无论它们是真球、车轮玩具，还是卷纸芯等日用品，他都会爬去抓住它们，继而学会推开、追回来。你应挑大一点的物品（玻璃珠除外，无论他多么喜欢），检查所有的车轮玩具有无破损，尤其是车轮。

学习主动放开物体，对于新玩法异常重要。婴儿将喜欢在高脚椅或童车上松手丢物。他将学会抛掷东西，其中包括大人允许并参与的抛接沙包或海绵球的游戏，从而弥补那些被禁止的玩笑，比如把物品

发现自己可以引发音调，
使她感到异常有力。

"满"和"空"等概念需
要认真研究。他是否确认
里面空了？

相继丢出购物车，并赛过你捡起来的速度。总之，他将再次开始喜爱装东西、倒东西。你可以为此买几罐安全、有趣的物体，不过，小积木和鞋盒，或者小橘子和篮子，对他来说同样有趣。

随着他了解因果关系、发现自己对物体的控制力，婴儿也会开始喜欢简单的乐器，比如鼓、铃鼓、沙球、扬琴。有些婴儿还会被突然的一声吓着，但普遍喜欢此类乐器的响声（即便成人不喜欢）。他会喜滋滋地发现，正是自己的动作引发了这个声音，而且高兴时可以再来一声。即便婴儿并非一个狂热的小音乐家，他也不应错失这种力量的欣喜体验。为他提供一按钮或一拉杆就动的玩具，或者寻找一种活动木偶的"跳舞娃娃"，一拉绳四肢会动或一推就嘎嘎叫的鸭子，由此开始这场特殊的发现。而且无论他用玩具做什么，都要告诉他他做了什么，将会发生什么。

随着相关的语言和概念——比如"上"、"下"、"满"、"空"的理解力上升，书籍以及给这个年龄婴儿"念书"时搭配的各种谈话，变得越发重要。指给他（问他）图上哪里有狗或爸爸。立体书和"掀盖"书大概会成为他的最爱。告诉他（并问他）猫或牛说什么；读些有节奏又可乐的童谣；做些乐不可支的行动游戏；那些四肢五官的命名游戏既可让他发现身体的不同部位，又可知道其名称。

个人护理也会促进理解力的发展。日常护理的常规及节奏，有助于宝宝感受爱与呵护，进而逐步开始照顾自己。他有他的牙刷，你有

你的。他递上那把正确的牙刷，你惊喜不已，你还未意识到他已经可以理解词语或辨别大小。洗澡水会"太热"时，热水龙头要"停"；鸭子会浮水但毛巾不会，终有一天他还会举起胳膊穿T恤。这一切都是游戏？是的，至少应该是游戏。

安排玩具　　婴儿不会记得这几个月所拥有的玩具，不过，如果特殊的东西（比如他的"娃娃"）不见了，他会注意到。你不可由此认为，如果他想要的东西此刻没有，他会知道并有意识地寻找这件东西。如果玩具锁在柜子里看不见，便不会被想起。但那并不意味着，他的所有东西永远散落在"他的"地盘是最理想的。他会厌倦所有的玩具，只是因为他太常看见它们。有些玩具未曾把玩，但确实够旧了，因为婴儿看腻它们了。在这个阶段，一个"玩具"——可以是一个老式的面包篮，或一个大而完好的塑胶收纳盘，放在他地盘的一角，是个好办法，能两者兼顾。如果所有此刻使用的东西（"真"玩具和借来的日用玩物）一直待在那里，游戏后收拾起来会既轻松又快速，而婴儿将能看见自己的玩具，很快也将知道想要东西时该去哪里找。

当一个尚未学会爬的婴儿坐在椅子或地上的时候，大人应每次给他几个玩具。即便他能移动会自己拿了，但如果你挑选几个玩具放在地上，他可能会更专心地玩。无论是哪一种情况，如果他对所玩之物没有兴趣了，就应把那些玩物收起来，换一批新的。接近1岁时，他的活动力和语言能力也许会双双到达一个新阶段——你可以问他想要玩什么，并鼓励他自己到"玩具站"去拿。如果他偶尔会倒出所有的东西，甚至根本不玩东西，请不要惊讶。清空就是游戏，而在一点鼓励之下，重新装满也可以是游戏！

如果宝宝平常的玩具数量比你认为的多，也许是因为爷爷奶奶爱他，给他很多礼物，也许是哥哥姐姐的玩具传给了他。你也许愿意把一部分收进橱柜里，偶尔拿出来。有些玩具他确实不太愿意玩，有些玩具也许需要小心地监护使用，有些玩具必须有特定的游戏环境——比如嬉水玩具，有些玩具太吵，你不能忍受一整天。因为最容易吸引你宝宝全神贯注的，依然是有点新颖但能理解的玩物。所以，那些只能在特殊场合使用的玩具，和绝大多数玩具相比，更适合于用来保留其游戏价值。

即便玩具源源而来，也不可能完全满足你宝宝的新奇渴望，或者无限的探索和求知渴望。准备一个盒子或篮子，看见可能是宝宝喜欢

如果你愿意分享你的"玩具"，婴儿绝不会缺少玩物。

的东西便放进去。每购一次物便会产生一些的外包装，你保留一个纸箱或麦片盒，他可以用来装小玩具，保留一根管子，他可以塞东西。在节庆如圣诞节时，有礼物盒和闪亮的彩带。清理家庭或办公室橱柜时，也许会清出一只带盖子的塑料罐，在罐里装入一点水和沐浴液，他摇一摇瓶身，便会产生泡泡。或者将一只你不再想要的勺子或一只可捏动的空瓶子洗净后，给他在沐浴时把玩。而且作废的打印纸与其今天回收，何妨先让宝宝画一画，下周再回收呢？如果你精于此道，甚而即便是在你们俩分开时，你也喜欢以此种方式想着育儿的乐趣。那么在日子无聊，或者天气把他困在家里，或者一位访客占用了你的注意力时，你都总是有一个"新玩具"可以给他，随时提供。玩物不可能取代你，但是一个新玩物可以让你多谈几分钟话！

让宝宝参与成人游戏

会四处活动、热衷模仿的8～9个月大的婴儿，往往喜爱成年人"玩具"和游戏甚过任何专为他们设计的东西。观察并分享成年人活动有助于婴儿了解世界及其中的物体和人，所以你可以随时带着宝宝，越经常越好。但是除非碰巧你日常会耕种、烹饪或饲养兔子，你的绝大多数重要活动可能都不适合与他分享。他无法和你一起参与大多数坐办公室的工作，如果你带他去，大多数办公活动也会让他因无法理解而感到无聊之极。即便他够幸运，父母中的一人在家工作，打字机和传真机也不会吸引他很久，而电话通常也意味着成年人的交谈，而不是找他的。

此刻以及整个儿童早期，真正让宝宝有兴趣又能参与的活动，是日常居家活动。因为这些活动特别适宜陪伴和教导幼儿，于是人们有时把照顾孩子和整理家务统筹起来，好像它们是同一个活动。它们当然不是一回事。整理家务效率高，意味着尽快完成常规的家务活；陪伴孩子意味着减慢节奏、安排活动，让他也有时间和空间这样做。

如果照顾者去你家照顾婴儿，而你在工作，切勿认为期望他做些家务是错的，因为婴儿应该时刻得到他的关注。同样，如果婴儿去托管者家里，不要期望他不做任何事、整天陪婴儿玩。毕竟，如果你在家里，婴儿也不可能时时刻刻拥有你的全神贯注。有时，和成年人全神贯注地游戏是重要的。当然，你还想确认成年人照顾者总是优先考虑宝宝的需求，不仅仅是因为他特别需要整个下午的安慰拥抱，还是因为他们俩都喜欢公园里的阳光。但是婴儿往往会发现，成年人无所事事地看着他们玩，还跃跃欲试，又无趣又唐突。如果他在照顾者忙碌的陪伴下生活，

"躲猫猫"游戏——让宝宝当离开的那个人，然后你问："他去哪里了呢？"然后真的松口气说，"他在那里呀。"

只要那种忙碌里有他，且安全、让人高兴、有语言交流，而且绝不把他困在游戏栏里等待成年人"做成事"，婴儿就会比较开心。

甚至在明白烹饪和美食的关系之前，大多数婴儿看见烹饪活动就会喜笑颜开，视其为"乱糟糟"或"水淋淋"的游戏。如果婴儿坐在高脚椅上，面前有些零碎食物可以搅和、捶打和品尝，成年人可十分安心地烹饪。

如果婴儿在即将整理的床铺上跳一跳，在家具旁躲猫猫，或者有一只尘掸可以挥一挥，家务活便可看似一场"遨游"于室内的愉快游戏。然而，这不适合可能会引发气喘的婴儿，因为灰尘（尤其是生活微尘）是一种常见的过敏原。所使用的"玩具"也应适当考虑，因为基本上所有的化学清洁物都是危险因素。你可能要把最危险的液体——比如漂白剂，从生活用品中清除出去，使用对眼睛和环境刺激较少的按压式喷雾产品。洗衣和熨衣既不太有趣，也不属于婴儿安全"游戏"。尽管在职的父母多半想要委托他人做这些家务活，但是它们最好留到孩子在睡午觉时进行。

假如天气晴朗，有泥土可抓、有草地可爬的话，园艺工作可如烹饪一样成为愉快的游戏。尽管要考虑现实的安全问题，但是切勿让注意事项使你相信户外危险丛生，毫无田园野趣。正如厨房用具可成为危险一样，你得小心，在孩子可能到花园里的时候，别使用电动工具——刈草机、剪草机、灌木修整机，并且把锋利的工具及有毒化学物锁入柜中。婴儿绝不应接触太多阳光或携带疾病的吸血小虫，但是这些危害只会出现在部分特殊地区和特定时节。他也不应在花园里触及有毒的植株，但是如果你不种（或受不了），他就不会接触到。较难避免的危险是弓首线虫病感染，往往来自于猫狗粪便沾染到的泥土。尽管这随处可能发生，但是危险较集中于城市远甚于偏远地区。和孩子一起进行园艺工作时，成年人戴手套并在脱去手套后为其擦鼻子是为明智。你还可以在幼儿自己的种子托盘里放上新鲜的肥料并覆以遮盖，让他们自己做"园艺"。

不论是在隔壁商店买两件小东西，还是去大型超市考查选购，购物都可以成为一种奖励。婴儿会喜欢和当地的熟人打招呼，他还喜欢坐在购物车里，自己从货架上取东西，打开包装试吃……接受这难以避免的情况，自始至终让他自己拿无害的东西，比如法式面包棍。努力解决那些他知道好吃却无法轻松操控的东西，以及那些吸引他把玩的东西，（也许）可分散他的注意力，使他不再试图逐一破坏货架的陈列，逐一打开货物。取出采购的物品几乎是他最愉快的游戏。如果有人英明地取走鸡蛋、西红柿或其他易压碎或危险的采购物品，他就会取出瓶瓶罐罐和橘子、苹果，让它们满地滚。

从婴儿到学步童的愉快过渡期

成为一个有爱心的父母是一项困难而实际的工作，也是令情绪压抑的工作，尤其是在孩子看似变化极其迅速，你必须随之改变相处方式的期间。婴儿1岁前后的几个月就是这样的时期。学会在自己的控制下到处活动并站起来，变得能够理解成人的很多话并说几句，似乎让婴儿转变成另一个人。其实不然。那个半夜站在婴儿床里呼唤你的小人，就是以前躺着呼唤你的同一个人。他其实还没变，现在的发展其实也没比以前快，只是因为这些特殊的变化产生了剧烈的影响。他不再是小婴儿，但仍然是婴儿，别让自己对他充满太多期待。

支持婴儿　　婴儿期的这几个月过渡期内，你越镇定，越可能发现你的学步童十分了得，而非十分糟糕。不管怎样，无论婴儿做什么，你得想方设法支持他。充分利用每天愉快的时候，以有趣的角度看待其余的时光，绝不要让自己或其他照顾他的成年人与他为敌。明确态度——喜欢做父母，可使你足智多谋，在潜移默化中引导宝宝，分散注意力，化冲突于无形，及时解救，防患于未然，从而主动获得愉悦感。

像许多父母一样，你也可能发现，随着宝宝长大，磕磕碰碰越发难免。他现在做的许多事情，并非都经你把关。他还不太会说话，所以你不清楚他能理解多少。他热切地要和你同进退甚至合作。有些日子里，似乎他所做的任何事都令人讨厌。这是你肯定会生气的一刻。如果你刚才朝宝宝大吼过，也别太难过。尽管他肯定会受到惊吓，但是相比和忍气吞声、沉默寡言的父母亲相处，和偶尔发点脾气宣泄情绪的父母亲相处也许要轻松一些。婴儿必须能够依靠任何成人照顾者的愉快陪伴，没有这一点，他会茫然孤寞，不可能在情绪真空中苗壮地成长。

然而，不要让你自己和愤怒随时失控。也许对婴儿来说，怒吼比沉默容易应对，但是那不意味着冲他嚷嚷是好事，无论其原因多么令人义愤填膺。

初次考虑管教　　正是在婴儿的这个生活阶段，以及在这些争吵的背景中，许多父母开始思考和讨论管教的话题。这个时机可以，但背景不对。你那刚刚能自由移动、开口说话的宝宝当然能够理解"不"的意思，能够逐渐与成人合作，甚至是（偶尔）在他实际不想要的时候。但是在他没有合作意识的时

随着婴儿逐渐变成一个学步童，你应尽量站在她的立场上，享受你喜欢的事情，并以有趣的角度看待其他事情。

候，便没准备好应对成年人的愤怒，因为愤怒的原因超乎他的理解力。于是对他来说，这一切似乎莫名其妙，像一场天灾或是晴天霹雳。

　　婴儿无从知道他所做的事情或刚刚发生的事情——打翻牛奶淌到了你干净的衬衫上，公文包被倒空……是又一场轻量极灾难，终于"压垮"你了。即便他感觉到了你的压抑情绪，他也不会明白其中的原因：闹铃没响使你起晚了，因此叫他起床也晚了，送他去幼儿园迟到了，你上班也迟到了。他不太理解你的情绪或你做的事情，也不必理解。这些还不是他考虑的内容。如果你训斥他，他可能会笑起来，从而令你更加恼火；如果你大声，他就会吓得哭起来。如果你失控到真的动手惩罚他，摇晃他、拍打他或把他丢到婴儿床上，他惊恐不安的程度就犹如你被突然蹿向你的狗咬伤了腿一样。在导致成人愤怒的原因变得复杂之前，没有惩罚能给他实际的教育意义。而当愤怒原因变得复杂的时候，即使没有惩罚，他也能够明白。

　　假设他把一只咖啡杯从咖啡桌上拉倒，掉在地上碎了，烫手的

她并不知道对你而言，这意味着满地的垃圾和繁重的劳动。无论她的所作所为多么令你伤心，她的本意都不是这样。

咖啡让你瞬间感到后怕。你为自己的愤怒辩解，训斥他不应该碰咖啡杯，因为你已经明令禁止很多次了，不管怎样他也应该注意这点。但是你不妨冷静一下。因为咖啡杯在那里，他才会去拉它。他的至关重要的、充满活力的好奇心让他去检查一下，而他的记忆力和理解力尚未好到他记得哪些事情是被禁止做的。他打碎了咖啡杯，因为他的手部灵活性尚未精确到能端起易碎的物品。所以那场意外真是他的错吗？为什么将咖啡杯留在他能够着的地方？他之所以受惩罚，是因为他做了自己——一个婴儿认为该做的事。

现在假设他把食物全都翻倒在刚刷洗干净的地板上，你暴怒道："你应该很清楚。"但他应该吗？几分钟前，你帮他把积木从袋子里全部倒在地板上，他应该同样和你想到食物和玩具是不同的吗？至于干净的地板，他可能刚才一直在观察你咔嚓咔嚓地用泡泡水刷洗地板的动作。他就应该明白，肥皂水是用来清洁地板的，而汤汁就会弄脏地板吗？所以，你再一次对他发火，是因为他做自己，因为他做了同龄的人都会做的事情。

无论别人偶尔会建议什么，温柔地对待这个年龄的婴儿不可能"宠坏"他，或使他今后酿成行为问题。实际上，你有意识地爱他、喜欢他爱你的方式越多越好。如果你让自己注意到并投桃报李地回应他对微笑和拥抱无穷无尽的渴望，结果显然会是——他最不想做的事情就是让你生气。不过，还要经过较长的时间，他才会明白哪些是让你高兴的事情。你们俩开心的事各不相同。你不喜欢汤汁洒在地板上，而他……

育儿备忘

摇晃

无论你对宝宝多么生气，都别摇晃他。如果你得把他抱起来离开录像机，一分钟内跑了六趟，别摇晃他；即便他咬了你的乳头或者你姐姐的新生儿，也别摇晃他。

婴儿正逐渐长大，身体逐渐适应头部的比例，但是相对于身体的其余部分，他的头部依然大而沉。而且尽管他的颈部完全可以支撑所有的普通活动——包括他喜欢的大致意义上的家务活——但依然特别容易屈伸扭伤。这些可能发生在车祸中，或是有人扇他脑袋时。如果有人摇晃他，后果可能非常可怕。

摇晃会使你宝宝的头部剧烈地前后活动，以至于大脑碰撞脑壳。有时脑中毛细血管会撕裂，血流入大脑；有时会形成一个血块，压迫大脑。摇晃婴儿有可能导致失明、失聪或者昏厥，甚至死亡。

如果宝宝加入到你喜欢做的事情中来，做父母和做人可取得最佳平衡。

应对自如

你的孩子不再是一个小婴儿了，你也不再是新手了。但是，告别婴儿期的这个过渡阶段，偶尔会威胁到你成为有经验又体贴的父母的感觉。这往往是婴儿生活中的一个阶段——非常清楚对父母的依赖感，非常不愿意离开父母——甚至几分钟或几小时。这往往也是父母生活的一个阶段——重新确定育儿之外的方向，重新走入成年人的世界。婴儿不放手，外界在招手，令父母左右为难。

平衡这些需求尤其不简单，因为宝宝几乎完全依赖你的一年里逐渐深厚的亲密感带来的不足之处是，你会越来越多地瞬间想到他的感受以及自己的感受。如果他不开心，你就不会开心，而且甚至还会为此自责。只要他有所不妥，你首先的判断是——这是因为你所做或未做的事导致的，并为此感到内疚。

免得内疚

内疚大概是父母育儿时最无益的常见情感。实际上，内疚会使你后悔不迭地回想自己做过和没做过的事情，以至于你没时间创造性地思考现在或计划未发来。如果你能控制好内疚感，你们俩都会比较幸福。

提醒自己成为父母并未使你力大无穷也许有用。设法尽力，自愿奉献，但你不总能使外部世界依你孩子的意愿和你的喜好运行。你希望隔壁的大孩子允许他拥抱，希望清除大量病毒以免伤及他的耳朵，或者希望意外堵塞的交通赶快畅通，在他发现你迟到之前到达幼儿园。但是既然你无法使它们发生，也就不能指责它们没有发生。事情会偶尔因你宝宝而出现问题，让他用与自己年纪相匹配的处理方式来处理，与其浪费精力为已经发生的事情严厉责备自己或彼此，不如把那些精力用来支持他应对未来将会发生的事情。

帮助宝宝应对分离

当小孩子有父母亲或喜欢的照顾者以可预期的方式、在日常地点照顾时，他们会觉得放心。在这个特殊的年龄和阶段，离开你和离开这件事本身都是潜在的不安因素，即便分离的原因本是一种奖励，比如周末和祖父母去海边玩。同样如果你们其中的一人可以陪伴他，那么婴儿将会较轻松地应对任何可能引发他不安的事情。

对你的宝宝来说，人比地点更令他烦恼。如果他可以选择，他肯定宁可和你一起去非常乏味地出公差（或者去小商店、浴室），也不要留下。

在爷爷或外公替代你之前，宝宝需要知道他是一个可信任的照顾者，也是一个他钟爱的"奖励"。

他当然没的选，但是当你从成年人角度为他作选择的时候，应尽量（至少部分地）从他的角度考虑。周末外出究竟是一次奖励，还是会在第一晚睡觉的时候变成大家的痛苦，只有你会知道答案。但是这将可能取决于婴儿是否知道，祖父母不仅是一种"奖励"，也是可依靠的照顾者。每当有人第一次承担婴儿主要照顾者的角色时，就必须考虑这个问题，哪怕这个人是孩子挚爱的父亲或有经验的专门照顾孩子的人。当然，他们能应对出牙痛，发热症状，会娴熟地换尿布，但是宝宝知道这一切并信任他们吗？

如果诚实的回答是"不"，那么令你安心开会的几小时托管，或者于他本是一次奖励的周末，就不是好办法。婴儿首先得有一些甚或更多"了解你的时间"。但是如果没有时间，因为让他离开你不是出于方便或奖励，而是必须——也许是因为你得去医院，那么待在家里、尽可能让他如常按部就班非常重要，这将有可能突然变成大解脱。当父亲无法在身边时，可让乐于出手相助的亲人或好友住进你家照顾宝宝，而非送到别人家照顾。

带孩子去医院

育儿当然有另一面，即应对严重受伤或患病的小孩。如果一场意外把婴儿送进了医院，父母常感到极度内疚——即便（也许尤其是）意外发生时他们不在场，并对所有责任人暴跳如雷，不论这场意外是否确实乃人为疏忽所致。即便婴儿是因为疾病或计划中的手术住院，你也许会对让他免受疼痛和恐慌无能为力而歉疚不已。而且，如果他的生命或未来的健康难以预料，你肯定还要应对自身的恐慌。因为婴儿需要一系列干预措施而必须一次次面对内心恐慌的父母认为，心情会有点好转但不多，而同病患儿的父母互助组则帮助极大。然而，如果你的伴侣突然告诉你最好将婴儿"留给专家照顾"，或者你忽然发现自己"不得与任何人接近"，请别惊讶。

其实，你们俩都愿意做的事情，就是走开躲起来直到整件事情结束，你可以把宝宝再次带回家为止。这的确是可以理解的，但却是你的宝宝最不愿意的。父母必须优先考虑孩子的情况为数寥寥，这是其中一件。孩子需要医院精心处理受伤的皮肤、脱水症状或心脏手术，但是从整个自我和心智角度来说，他需要那些不可能来自于护士的个人呵护——除了你，这不可能来自于其他任何人。有你支持他，他可以应对陌生的地方和可怕的事情；离开他所爱、所信任的人，整个经历可能导致他情绪崩溃。

如果你想知道其他孩子能否在你不在家时待在家里，比如他的孪生兄弟或者小哥哥，应记住这一点——他们没生病，也不是待在陌生的地方。当然你不在的时候，必须有人照看他们，但是如果面临选择——把一个健康的孩子交给一位"最喜欢不过"的人和把一个生病的孩子交给陌生人，答案应该很清楚。不过，父母共同育儿的家庭不一定会面对这个选择境地。雇主应该会认识到，父亲和母亲一样，在这些情况下需要事假。而且，儿童医院应该会欢迎父母中的一人陪伴婴儿或幼儿住院。所以，即便没有亲朋好友鼎力相助，父母两人也可分头在家和医院照顾孩子，并适时调换。

在家处理疾病　　孩子的病基本有两类：恢复缓慢的感冒和中耳感染症状。不严重，但仍有可能造成育儿问题。如果孩子通常由别人照看——在幼儿园里交由一个幼儿照顾者，甚或交由一位共同的保姆——当他患上传染性疾病时，必将被隔离。那么谁去照顾他呢？那些没有亲戚或好友网络支持的上班族父母，处境岌岌可危。每隔几周请几天假令许多父母为难，也令他们的雇主不方便，于是企业界逐渐开始为成年人提供解决方案。特殊的"小患者日托"已在某些城市出现，有些公司甚至可以将获得了相关资质的儿童护理员随时派往那些孩子生病而父母必须离家工作的人家里。

　　那些解决方案并非是有益于儿童的。如果在宝宝健康愉快的时候，你不会把他留在全然陌生的幼儿园，或者让他和一个全然陌生的人待在家，那么当他发烧，像只小猴子黏在你胸前的时候，显然更不适合这样做。生病的婴儿需要，当然也有权要求由他熟悉信任的人照顾。患儿的父母也当然有权给予照顾。和你的雇主试着达成和解，如果无薪休假不行，至少你还能休年假。接着你想要尽量缩短休假的时间，那么应在康复期设法寻找一个对儿童友好的安排。让祖父母其中的一个来家里迁就他一天，其实可能是一种奖励。

日间托儿服务　　婴儿和幼儿苗壮成长，离不开那些他们与之亲密、相互喜爱的人们——而且可以有好几位的照顾。如果你是唯一令宝宝信任、想要亲近的人，第二天和别人待在一起当然会令他不安。但那并不意味着你们得承诺确保其中一人一天24小时守候着他。恰恰相反，这也许意味着当你们不在的时候，应该培养宝宝与你们之外、他较可接受的至少一个人形成亲近关系。毕竟，即便你们此刻不需要日间托儿服务，因为你们其中一人计划继续在家照顾他，或者你打算在家育儿、工作两相兼顾，但是

我要分担育儿，不要分享爱。

全职工作意味着和其他照顾者分享女儿的成长，这点令我不满。人们提醒说，宝宝将——也应该和他"亲近"，这更令我感到气愤。他是我们的孩子。我们一周五天朝八晚六地外出工作也是事实。但前一个事实不会因此改变。我雇人照顾孩子，希望他按照我说的做，希望他影响孩子的价值观和个性，绝不会超过我想要听取的清洁工人的室内装潢意见。我还希望孩子不会把属于我们的爱转移给别人，所以我决定使用外国交换生，签半年合约。语言差异可以确保孩子每天晚上会激动地看到我们，而且如果不管怎样都会过于亲密的话，那在它威胁到家庭之前，就可解除合约。

孩子不同于房子。房子是物品，所以你可以暂时搁置一旁，它会静静地竖立着，直到你准备再次使用它。孩子是人，所以当你不在那里的时候，他也一直在动、在长、在变。再者，很小的孩子需要成年人参与那些过程，并将与其形成亲密关系。缺乏共通的语言也许会妨碍成年人，但是孩子将有可能开始学习照顾

者的语言，从而化解这个问题。至于在影响孩子的态度和行为方面，照顾者无法自控，即便他确实设法听从你的命令——服务而不是照顾你的孩子。婴儿和幼儿会以成年人的表情为镜子，通过面部表情的反射了解自己的行为。即便他不说或不能说话，孩子也将很快知道照顾者对待他进食、啼哭、游戏和争吵的态度，而且他会在乎照顾者的想法，即便你不在乎。

我希望你能相信，自从记事起，孩子会每晚激动地看到你，即便他和英语流利又友爱的人度过了一天。

他当然是你的孩子，而一周五天白天没有你，不会使他改变这个认识或者对你的感情。孩子对成年人的爱，既非理性的，也非引导的；既不会耗尽，也不会转移。实际上，孩子有越多人可以爱和被爱，便越有可能惹人喜爱且关爱他人。不要激化这种或许会隐藏的威胁，比如，你丈夫与另一位性伙伴的亲密关系，你孩子与另一位照顾者的亲密关系。你确实不必为了确保周末的亲情，而设法让你的孩子们在你工作日几整天都没有爱。

计划也许会遭遇变故，或者不幸也许会突然袭来。婴儿最爱你，此情坚定不移，但是爱一点点其他人会使你们的生活更有安全感。

回去工作，否则工作更多

那位使你得以毫无内疚地去工作的人，是祖父母中的一位，还是保姆、交换生、托管者或幼儿园工作人员，都不重要。重要的是，婴儿有机会认识有爱心的成年人，并且去爱他，成年人也能回报以爱他。

当你希望孩子接受并非他所选择的安排，而他可能喜欢其他方式的时候，你自身的接纳度自始至终很重要。如果父母亲轻松地明确自己所做的事情是正确的，或至少肯定是适合的，孩子基本上会坦然接受任何

当你在工作的时候，婴儿需要由另一位她认识、信任并有爱的照顾者陪伴。

生活方式。比如父母其中一人整周外出工作，只在周末回来。无论他习惯了整天有你在家，还是每周两三个下午和另一对亲子相处，如果你能给他足够的时间，他也终将坦然接受合适的日间托儿服务。

不要指望婴儿即刻接受一位新的照顾者，他需要时间和你一起认识他。在他开始面对没有你的生活，完全投入到那些看似没有尽头的生活之前，他还需要独自和新的照顾者短暂地相处。如果新的照顾者在新的照顾地点——也许是一所儿童托管中心，而非家里，接受过程将更艰难、耗时更长。

切记，一旦婴儿接纳了一位照顾者，就说明已经喜爱他了。更换照顾者不仅仅意味着重新"认识他"的过程，还意味着失去已经变得很重要的人。你当然不能把宝宝托付给不适合的人，但是尽力认真挑选非常重要。令人惊讶的是，父母未经对比便匆忙接受一家幼儿园的不在少数。甚至更令人惊奇的是，保姆未被查看推荐信便被雇用的也不在少数。尽管你无法让任何照顾者保证长期稳定，但一定不要雇用那些明显是临时安排的人（比如一位打算明年嫁去外省的保姆）。而且，一旦你已经安排妥当，如果宝宝愉快又健康，那么在改变安排之前，一定要慎之又慎。也许下班回家乱糟糟一团的景象令人非常恼火，但是如果孩子充满欢声笑语，显然度过了美好的一天，那么你也许需要新的家务安排，而不是更换新的保姆。你也许会发现一位各方面无可挑剔的保姆，但更有可能的情况是，你得勉强接受一位适合你孩子的人。

你需要的那种人和安排，主要取决于谁有空，或者谁可以腾出时间照顾宝宝。如果你们俩共同育儿，当你外出工作不在家时，影响只有一半。但是，如果你们俩都在家，工作弹性大，在计划出了岔子的时候，可掩护彼此和照顾者，那么结果也会很不同。而有些幸运的家庭还有众多有爱心的人脉——住在附近的亲人，或者有宝宝的好友可解一时的燃眉之急。

你打算从事的这种工作也非常重要，其时间的重要性尤甚。如果你只工作半天，那么孩子的基本料理和抚养工作将完全在你的掌控中。假设他在照顾者身边安全而满足，那么在这些日子里，是否放松要求或过度迁就都不太重要。另一方面，如果你从事全职工作，尤其是那种无弹性甚或要加班或出差的工作，婴儿的多半时间将与照顾者度过。你们不仅分担宝宝的日常照顾，也共同养育他。他的自尊心、自制力和学习受你们的影响不相上下（虽然不是均等的），你得作出相应的选择。

育儿信箱

有哪些日间托儿服务？

日间托儿服务本身的质量取决于提供服务的人，这点我很清楚，但是日托服务的大致类别和利弊是什么呢？

有三大类儿童托管服务可满足父母外出工作或学习时的需求。

住家照顾者也许是确保孩子安全、父母自由的最佳形式，尤其是他们大多数会在你们晚上外出时照顾孩子。但应记住，你的家将成为他的家，他理所应当地在那里，当你希望他在的时候是这样，你不希望的时候也是如此。

一位有资质的保姆，其职责仅为照顾孩子，所以你可能要在下班后为他做晚餐，周末还要做家务。一位妈妈助手估计会一揽家务，做你在家会做的任何事情，但也许会觉得这项工作孤单、令人厌倦、报酬太低，和你有同感（而那毕竟是你的孩子）。交换生中有出色的，但是大多数不比你19岁时更爱家庭生活或以孩子为中心，而且不会说一口你希望孩子听到并学习的流利英语，几乎肯定待不过9个月。对你的孩子来说，那是很大的损失。

日常照顾者也许较容易相处，因为不论在你家还是他们家，你不必分享你的私人生活，或者划分令人尴尬的"值班"、"家庭"时间界线。不过他们可能和你一样不便外出工作，尤其是如果他们也有孩子的话。于是你得安排（并付费给）能晚间照顾孩子的人。

你也许能和另一家人共享一个日常保姆，但应事先确认成年人间关系融洽，孩子们易于管理。一个日常妈妈助手也许乐于配合你的时间做兼职工作，尤其是如果他在打工完成学业的话，但你应确认他有足够的兴趣和精力留给你的孩子。

在他们自己家里照顾孩子的人比比皆是，但质量千差万别。

在美国，有些类似的托儿服务未经注册和检查。在英国及大多数英联邦国家，有注册和检查的程序，对儿童的收容数量和年龄有严格的管理，还有日渐完善的各项措施用于培训（包括照顾特殊需求儿童的培训）以及支援和后备力量。

如果一位亲戚或朋友提出免费照顾你的孩子，在你欢呼之前应该想一想。如果他不必获取注册资格，那么你只有从你们的私人关系出发，假设婴儿可以安全地和他以及他请进家的人待在一起。而且，此类乐善好施的行为有时是出于一时冲动，而非事先考虑，于是会很快变质。

至于幼儿园或儿童托管中心（P218）的群体照顾，国家和地方的日托管理政策因地制宜。在有些国家，公共的儿童托管机构或慈善组织提供的托儿服务几乎对所有人开放，而且是以国家标准建立的。而有些国家缺少幼儿园，在籍幼儿多，或者只对特殊需求者提供日托服务。

高瞻远瞩的雇主们日渐把提供内部日托服务当作一种员工福利。这有明显的好处：只须在真正工作时离开孩子，可以不时地望一眼；如遇疾病或危险，你可即刻到场。但潜在的小问题包括面对上下班高峰，你的孩子远离居住地的社区环境。而更实际的考虑是，如果你休病假在家，他便不能去日托；如果你换了工作，他便失去他的地方。

连锁型及私人日托中心正日益扩张，以满足不断暴涨的需求，但是许多不接收两岁以下的婴儿，因为他们的照顾需要额外的投入。它们品质各异，价格也不同，但必须达到具备专业的通行做法（包括教育，而不仅仅是照顾孩子）的标准。如果条件不足，应进一步寻找可满足条件的日托中心。

第四章 学步童

1岁至2岁半

  学步童不再像婴儿一样觉得他自己就是你，也不再把你当作操控器和辅助器，当作了解自己和世界的镜子。但他还不像儿童一样能视你为独立的人，照顾自己，为自己的行为后果承担责任。他逐渐明白你和他是两个独立的人，但还不能完全接受这个事实。遇到问题时他有时表现出独立性，嚷嚷着"不！""给我！"，反抗你的控制和他自身对外界帮助的需求；有时却非常依赖你，一见你要离开房间就大声啼哭，伸出双臂要你抱抱，张开嘴巴等你喂饭。

  学步童这种过渡期表现让人捉摸不定，也让他自己十分痛苦。他必须变成一个依靠自身能力的人，而你在身边就会让他感觉更踏实；他必须逐渐摆脱你的全盘控制，而目前看来只有听从你的安排更轻松；他必须逐渐形成自己的喜好，守住原则，哪怕和你的原则发生冲突，但与你顶撞却让他感到特别危险。他深深地依赖着你，完全依靠你给予他情感上的支持。他必须独立起来，也要得到成人无尽的爱意，这两件事同等重要却常常互为矛盾。

  如果你期望学步童还像以前那样听话，他必将会和你产生正面冲突。他需要你的关爱和认可，但成长的决意不允许他以牺牲太多的独立性作为代价。如果你期望他转眼就变成一个有理性的儿童，他就会立即感到自己的能力不足，他需要你的帮助和安慰，否则无法应对周围的一切。你把他当作婴儿无微不至的照顾，他不高兴；你给点压力促进他的心智成长，他也会不愉快。

  到底该怎么办好呢？那就两者兼顾交替进行吧。允许他去猎奇探索，但要提前排除危险的障碍；鼓励他尝试，但要尽量减小失败对他的打击。比如让他在用软性材料保护的固定游戏栏内活动，以免挫伤他刚刚出现的自主意识。理解他在学步期不稳定表现的原理，不被表象困扰。很多时候，两岁孩子的外在表现要比思想成熟得多，走路、说话、游戏起来像个三岁的孩子，但他的理解力和经验都明显没有跟进这些发展。如果你还是像对待婴儿般去照顾他，就会阻碍他自身的发展，他必须自己去学习，并且是不断地从经验中学习；但如果你像对学前儿童般对待他，更会让他置身于无法承受的强压中。这时，必须培养他的理解力，并让他从经验中获得应对能力。

理解学步童的关键，是要理解他的思维能力的发展。只有思维能力发展成熟了，那些矛盾的情感和让人误解的看似成熟的能力才可以使学步童成为一个理性的人，即儿童。

举例来说，学步童的记忆力不及儿童，他记得人、地点、歌曲和味道，但对细节内容的记忆仍然十分短暂。婴儿期吃了睡，睡完了再吃的时候，记忆力不太重要，也没有明显的表现，现在他要尝试做比较成人化的事情时，记忆力的重要性就非常突显。厨房、客厅的台阶，他常常会绊倒在那里，常磕碰到脑袋，你又担心又焦急，而且十分生气，不知他何时才能长住记性。事实上，经验必须反复发生累积到一定的量，他才能"记住台阶"。面对婴儿，你的工作是防止他爬到台阶边；面对儿童，你的工作是提醒他那里有台阶。而此刻面对的是学步童，你的工作就是在那些经验还未形成记忆时，为他降低潜在的痛苦和危险，并促进他记忆能力的发展。所以，你需要用软性材料包裹好台阶，不断地提醒他注意台阶。

学步童对往事的记忆是有选择性的，现在他的预见能力也有这个特点。从你的拎包动作判断出你要离开家去工作，于是他哭起来，但他不能预见到自身行为的后果。对于那层台阶，每次看到就像第一次那么新鲜、想要爬，但他不会想到下台阶的问题。记忆力和预见力的双重不足，常常为他招来麻烦。为了玩电视机的按钮，他已经受到了一次又一次的训斥，可是今天再摸按钮时，那些训斥的过往记忆和对于未来的预料力都不足以使他停手——按钮们需要被按一下，这个想法如磁石般一直吸引着他。

因为，学步童不会去预想和忍耐，他想要的话那就是即刻、马上要，他甚至急不可待地嚷嚷着，要你为他喜欢吃的冰棒拆掉包装纸，他难以镇定地等待喜欢之物。所以，就算刻意去设置小障碍来考验他，也不可能促成你想要的、未来他会安静等待的结果。由于冰棒感觉黏糊而难受得哭起来时，他还会拒绝那块帮他清洁的舒适毛巾。大多数的时候，他仍然是"只重视现在的感受"。

学步童关于思考方面的类似不成熟表现，也会为他带来人际关系上的麻烦。他爱你，大家都说他爱你，他告诉你他爱你，当你得到那充满笑声的热情拥抱时，你知道他爱你。可是，他的行为也许并非我们成人所理解的"爱"，他不会换位思考或者从你的角度去看事情。面对你的哭泣，他会感到厌恶，但他厌恶的原因是由于眼泪影响了他的情绪，而不是眼泪所代表的你的感受。考虑他人的感受这还不是他的工作，他得首先考虑自身的感受。他咬你时，你回咬以示"让他体会被咬的感觉"，他会又疼又恼地号啕大哭，似乎咬人是一个全新的概念。他并没有把这两件事联系起来——他对你的行为和你对他的还击；你的感受和他自身的感受。

他对自身的感受甚至也经常捉摸不定。此刻感觉模糊，以往感觉已忘掉或未来感觉很茫然，将导致他决策困难。"你想和我在这儿，还是和爸爸去商场？"看似一个普通的简单选择题，但对学步童而言却既不简单也不普通。比较喜欢哪个选择？上次喜欢哪个选择？现在想做哪件事？会导致什么样的结果？他每一个选择都没有答案，在情绪上，他先是感到困惑和犹豫，而最后无论成人为他选择哪个答案，对他而言都是痛苦的。

他当然要学会自己决定，那是成长的必经过程。而在练习决定没有损失的事情的话，他将学得更快、更开心。例如有两块饼干，你问他："你要先吃哪一块？"这就是一个他可以轻松考虑的问题，两块都归他，没人拿走落选的那一块，他还可以随时改变主意换着吃。

学步童学会语言的年龄并不相同，最初的词语常会令他们困惑不解，因为它们总是另有深意。你的孩子学习新词并学会正确使用它们，但他一般只是说出那些词语，无法真正去理解。例如，他可能恰如其分地说"答应"这个词，但他还不明白它的普通含义。你让他多玩五分钟，他愉快地"答应"玩完后睡觉，但这个词对他而言只是随声附和，并没有其他意义。五分钟过后，他还想再玩个五分钟，他无法理解你此时批评的口吻："宝贝，但你答应过的……"

词语常会生出歧义。学步童也许在学会准确地表达意思之前，已能流利地提出和否认指控。"是小狗在厨房小便的"——他希望事实真的如此，于是便说了出来；和姐姐在争吵中不小心跌破了膝盖，他说"是姐姐推的"——其实并不是。对他而言，尽管姐姐没有碰伤他的膝盖，但伤害了他的感情，他在表达一种"感觉事实"，与成人"事实"的定义相背而驰。

你可以示范给他看，认真承诺和遵守承诺的价值和表现——（通常）说事实，（基本）不说谎。但此刻对他而言尚早了点，别用他无法理解的概念去困扰他。学步童在努力做到使人满意，但他毕竟还只是学步童而已。如果要让他达到儿童的标准才能取悦你，那么他注定会失败。

学步童的发展时钟会告诉他，此时应停止当婴儿，并前进成为独立的人。对于你仍旧像婴儿般的照顾，他将亦步亦趋地反抗你，最终赢得独立。他必须如此，虽然他会赢，但他也会失去人们原本对他像对婴儿一样的爱，付出的代价仍然惨重。

可是，发展时钟还没敲响"儿童期"呢？试图以管教儿童的方式训练他是没有成效的。你将面对的是一副看似拒绝服从的茫然表情，而你参与每一次斗争的结果必将是失去一些爱。不要绝对控制他，也不要用道德去判断他，学步童将"一帆风顺"，前提是，如果他想做的事情是你希望的，不想做的事情是你也不希望的。总之，灵活机动地处理问题，总体把握好生活的节奏，表明特殊要求，你们俩大多时候将会心想一处（多么美妙啊）。例如，学步童将积木散落一地，而你希望的是室内整洁，于是你命令他捡积木，很可能会遭到拒绝，他坚持自己的"原则"，眼见一场斗争即将开战，你的胜算极低。你可以冲他嚷嚷，惩罚他，让他痛哭流涕，却仍然无法驱使他让那些积木离开地板。那就试着换个角度吧，你说："我敢肯定，在我整理完这些书之前，你不可能把玩具全部放进玩具包里。"家务劳动即刻会变为游戏活动，命令也变成了一种挑战。现在，他想要完成的事情也是你所希望的，他没有"为妈妈"捡起（大部分的）积木，他也没有因为他是个"好孩子"才捡积木。他捡积木是因为你唤醒了他想要捡积木的主动性——那也是最有效

的办法。引领你的学步童度过每一天，预见到你会遇到挫折和拒绝的行为绕道而行，避免发出可能遭到当即否定的绝对命令，使他能主动作出如你所愿的表现，嗯！只因为他想要做相反的事情。

现在这样做的话，会让你们欢乐多多、争吵变少，但并不意味着这就是个通用的行为准则，这种做法更需要着眼于未来。现在，这个不知道对错界线而无法选择表现好坏的学步童正在一点点长大。转眼间，他将渐渐记住你的教导，预见自身行动所发生的后果，明白日常话语的含意，认识到你的感受和你的权利。当那一刻降临时，你的孩子会有意识地"乖巧"或"调皮"。他选择哪种表现，很大程度上取决于他对那些和自己亲密、对自己有控制权的成人的感受。继续向前发展时，他将了解和感受到你非常爱他、护他、认可他，并站在他的立场上，他想（大多数时候）取悦你，表现得如你所愿（虽然会伴随许多失误）。但在到达那个阶段之前，如果总感到你顽固不化、捉摸不定，又与他对立，也许他早已抛开费心讨好你的念头，因为你从未有满意的时候；更别提让他小心你会生气，因为你时常生气（没什么大不了的）；也别提让他去深爱你，因为你不一定会投桃报李。

如果偶尔你犹豫是否对学步童太温和、宽容，或者有人提醒你应当严格管教时，记得要把眼光放长远些。如果孩子到了三四岁，不再寻求你的认可，不想再配合协作，不肯定会有爱与被爱，那么，你已失去了能使整个童年期轻松、有效实施"管教"的基础。在这个不大不小的学步阶段，安逸即幸福，轻松即快乐。现在让孩子轻松安逸，将来才可能更容易培养他。

健康饮食不必无趣……

进食与发育

　　第二个年头之初，婴儿将会愿意尝试大多数家庭食物，适应家人的进餐时间，只要能给他间或补充些点心。

　　说起来，家庭烹饪的新鲜食物大多都适合幼儿进食；油炸食物也许过于油腻，但他的那份可以用不粘锅烤一烤或干煎；含酒、辣香料，或蒜味过重的酱料，可换成原汤或酸奶。此外，基本上只须把食物切末、剁碎或捣烂即可。

　　若是本就较少会烹饪的家庭，或者你一般喜欢食用含添加剂或调味料成分不可控的速冻即食食品、冷冻食品的话，也许能找到即食婴儿食品替代。例如，没有烹饪家庭早餐时，和一份婴儿食量的成人早餐麦片相比，一份婴儿麦片将给予学步童更多适当的营养。平时没有自制甜品习惯的家庭，"婴幼儿甜点"或"水果食品"这些即食婴儿食品可以代替为他炖煮半只苹果或烹饪一小份蛋奶甜羹的需求。

　　记住，应该小心使用成人方便食品。尽管大多数冷冻食物的营养价值约等同新鲜食物，但一般来说，罐装食品和脱水食品仍然营养奇缺。一碗罐装西红柿汤可以让孩子填饱肚子，但和一顿正餐相比，它不会提供很多卡路里或有效的营养。而脱水食物一般盐分很重，尽管宝宝处理盐分的能力在逐年提高，但太多盐分仍会造成肾脏的压力。再说，这些食物通常含有各种保鲜剂、色素和人工增味剂，比如无所不在的谷氨酸单钠盐（味精）。尽管大多数国家都在严格规定要控制食品化学成分的使用，但很多人认为最好是杜绝食用此类食品。虽然说我们没必要走极端——偶尔让他食用一小块浓缩汤料不会伤害他，但如果经常让他食用这些加工食品的话，可不是一个好主意。

　　同样，应小心使用成人软性饮料。仔细阅读果汁饮料瓶上的说明，多半会发现它含有大量甜味素、增味剂、色素，几乎不含真正的水果。偶尔喝一口不会有任何伤害，但对于需要经常饮用大量维生素C的孩子而言，应该为他选择稀释的新鲜果汁。学步童的零食最好是牛奶，而口渴时的最佳饮料当然是白开水了。

对于学步童进食的担心　　在搜集完对于如何对待哺乳期婴儿巨细靡遗的建议之后，父母在寻求喂食学步童的方法时，常会听到例如"一顿丰盛的混合餐"这种模糊不清的诀窍，感觉是一言以蔽之敷衍了事。而再进一步询问混合餐的内容时，父母听到的是"大量复合碳水化合物，比如全麦面包和意大利面；每天要有鱼有肉、熟鸡蛋、奶酪、牛奶和大量的新鲜蔬菜……"当父母由此去准备，结果发现学步童讨厌并拒食几乎上述任何一种食物后，他们便断定孩子无法正常进食，为此而焦虑不已。

一份"混合餐"，即是从广泛的食物种类中选择一些进行搭配组合，每样一点，每天换搭。"混合餐"的优点很明显，长期按此方式进食，一个人将能获得身体在各种环境下所需的各种元素。这个食物中缺少的营养，可在别的食物中却很丰富。早餐摄取不足的营养，午餐中继续补充。所以，当孩子真正吃到了丰盛的混合餐时，你甚至不必设法去弄清他需要什么，或者他到底摄入了哪些特定的营养？因为，假以时日这两种需求便会自动对应。

"混合餐"的优势明显，因为以算术方式去求取平衡非常复杂。对于完整食物的需求和客观营养的要求，不仅人各有异，即使是同一个人也会天天有所区别。比如，本来对你自身来说非常恰当的饮食，可能由于最近月经量增大而突然缺铁，需要进行额外的补充。而要做到对于你从特定食物中摄取的成分一清二楚，则更加复杂。比如，我们知道170克瘦羊肉中含多少蛋白质，但到底指的是多瘦的羊肉呢？我们知道115克现摘的新鲜小白菜含多少维生素，但又有多少可真正为人利用，而且，白菜在采摘、运输、储藏、烹饪和保温过程中，又有多少可被人吸收？一份混合餐则解决了所有这些棘手的问题。只要是以肉或鱼及豆类、坚果；奶酪、蛋或酸奶为食谱的人，将能获得非常充足的蛋白质（不论食材品质如何）。然后再加上各种蔬菜和水果，那么就算白菜煮沸导致流失维生素C也不会破坏他的饮食结构了（尽管这可能让他难以下咽），因为烤土豆或水果沙拉已富含了足够的维生素。

"丰盛的混合餐"品种丰富，小孩和成人都可安全而轻松地摄取以保证身体健康，可以以此为目标尽力而为，但不要依赖它，认为非它不可。他的饮食结构可以既丰盛又混搭，但不必包括所有传统认为"有益"的食物。任何一种食物的价值都在于让人体充分利用吸收，所以，不会存在本身营养非常神奇的食物，最多是累计总量时占了较大优势而已。再者，一种食物中的任何成分都可能会存在于其他食物中，所以，不存在"必须准备"的单个食物。例如，我们上一代人为了"牛奶为儿童必需品，每日必须几大杯"这类论题而争论不休，现在，牛奶已作为一种"有些儿童最好别喝"的食物，即使是牛奶，也是当成一种有益营养的随心饮品。牛奶中有益健康的蛋白质、矿物质和维生素，其他食物中也有，特别是许多以蛋白质为主要营养制作的食物。一杯牛奶的营养，在一杯酸奶中无一缺少；令孩子流口水的蛋

提供给学步童的食物范围
越广越好，点心如此，正
餐亦然。

奶薄饼，有可能和令他愁眉不展的幼儿园传统英式早餐一样好。

因此，通常只要孩子是真正摄取到了丰盛的混合餐，肯定会获得所需的一切营养元素，你不必对此多虑，甚至可以直接跳过本节。没有摄取到混合餐的话也不用担心，继续阅读下去你会发现，只要你提供各种各样的食物，他就能从喜欢的组合中获得所有重要的营养成分，无论他拒绝哪些单个的食物。不过，应稍稍警惕新生代的西方健康饮食概念（如单一的蔬菜、单一的肉类），这可能会导致你缩小食物的种类而限制了他的可选范围，这些健康饮食观念，对成人健康是否有益尚且值得怀疑，那应用于小孩子的话，毫无疑问是错误的。

卡路里 在卡路里摄入量意味着越少越好的社会观念里，"低卡"是一种宣传方式，事实上我们有必要知道，卡路里（严格说来，"千卡"或"千焦"）不是营养物质，如脂肪或蛋白质，而是身体从食物中获取的全部能量。良好的健康状态完全依靠充足的卡路里使身体功能持续运转，以此来支持体能运动，而儿童的身体需要是以今天的超量摄入来支持明天的生长发育。不过，在摄入量方面依旧人各有异，即便是同样的年龄、同样的身高体重、同样生长阶段的儿童。然而，为孩子提供大量的卡路里是绝对有必要的，但家长也应明白，无论他自愿进食多么少都足够了，只要他身体健康，精力旺盛，并持续生长。

食物都含有卡路里（当食品工业终于制造出可以吃的无卡路里产品时，与其说是食物，不如说是食品替代物），但高低有别。脂肪（包括油脂）的卡路里最高，所以，脂肪食物含卡路里最多。比如，一片面包抹上一层厚厚的黄油，为一个儿童提供的能量会超出两片面包所提供的；一个土豆炸成法式薯条，卡路里获取量相当于三个水煮土豆。一个看起来似乎食量很小但仍苗壮成长的儿童，可能是摄取了高卡路里的食物。

碳水化合物 糖是纯粹的碳水化合物，不是复合碳水化合物，前者会不小心让许多人过多进食，而后者则不太可能。大多数富含碳水化合物的食物都很大块，如来自谷物的有小麦、玉米和大米，来自植物根茎的有土豆、地瓜和木薯。这些餐桌上的主要食物遍布世界各地，人们从中获得大部分的能量，因为，尽管它们的卡路里低于脂肪，但摄取的总量比较多。

食物卡路里低、体积大的话，意味着人们可以填饱肚子，让消化系统得到大量纤维而持续工作，却无肥胖之忧。如果你的孩子不挑食，他的胃口将确保他从这些大块头食物中得到能量，尤其是如果提供的大多数食物都尽力在保持食材本性。在没有变成惯性期待早餐甜麦片粥和咸薯片前，他多半会喜欢玉米片和烤土豆。

　　然而，家长不要匆忙地为他减少精加工的碳水化合物食品。由于进食模式实际上是习惯成自然，一点点慢慢地加入全麦面包、糙米和各种"白色"食品，可促使学步童今后选择合理的饮食。但是，"高纤维"食物不适合这个年龄群体，孩子的胃仍然非常小，需要少吃多餐，可以选择体积较小但卡路里较高的食物。如全谷物，尤其是这种添加麦麸的流行做法，其实会导致他腹泻。

脂肪　　　　许多家庭控制总体脂肪的摄入量，动物或饱和脂肪（因其高卡路里）首当其冲，这可以理解，因为它们与胆固醇和心脏病有关。另外，学步童进食非明显的脂肪食物（如黄油或人造黄油），哪怕是基本无油炸食品，仍能从非明显脂肪包装食品中获取身体必需的微量"脂肪酸"。和家里的成人不同，学步童应饮用全脂而非脱脂牛奶，食用全脂奶制品，如奶酪和酸奶，其中的脂溶性维生素为他所需。即便复合维生素液的日常剂量含有这些维生素（这些是全素食断母乳儿童的必需品），但是，全脂食品的卡路里高、味道好，正合适他。接近一岁时，你也可为他选择半脱脂牛奶和家人惯常选择的其他奶制品。

蛋白质　　　在儿童的饮食中，蛋白质必不可少，它是身体可利用生长发育的建筑材料。然而，在西方发达国家，食品加工业过度强调儿童所需蛋白质浓度及总量的重要性，使蛋白质供应困难，价格也水涨船高。尽管"高蛋白"是一个宣传点，但只要能面对自己喜欢吃、随意吃的食物，一个孩子基本上不需要额外再去补充蛋白质。

不要总是拿走他最爱的食物，它们也许对他有益。

　　蛋白质由氨基酸构成。孩子必须吃些含有现成蛋白质的食物，因为他们的身体无法利用其他食物制造蛋白质。这些重要的氨基酸恰当地平衡于动物食物中，如肉、鱼、蛋、奶，奶酪及其他奶制品，被归为"一级"蛋白质。然而，从儿童发育的需求出发，这些蛋白质的氨基酸成分略有不平衡，这可以通过略微补充一点动物蛋白质即可修正。当然那不必是什么大鱼大肉，可以是牛奶或任何奶制品，如奶酪面包或牛奶麦片粥，让孩子轻松获得"一级"蛋白质，完全能替代令人喜忧参半又价格昂贵的肉类。

　　由此可见，大多数学步童的蛋白质补给充足。他们可能不喜欢吃鸡蛋，但他们会吃鸡蛋布丁和蛋糕；他们可能不吃肉和鱼，但他们吃汉堡和鸡肉、香肠和鱼柳。他们可能住在没有肉类食品的素食者家庭，平时吃各种坚果、鸡蛋、奶酪和其他奶制品，他们所获取的蛋白质浓度不及食肉者的食谱，但从植物蛋白质的总体平衡来看还是非常充足的。

如果孩子进食的食物种类不足以构成丰盛的植物蛋白混合餐，或者他喜欢的是动物蛋白含量低的食物，别忘了还有牛奶。只要每天给学步童1品脱牛奶，直接饮用或烹饪后食用的方式都可以，就不用担心他缺少蛋白质的问题了。

虽然说，奶素（可以喝牛奶的素食者），也许还有蛋奶素（可以吃鸡蛋喝牛奶的素食者），对发育中的儿童没有负面影响，但完全排除动物产品的无奶素食（不喝牛奶的严格素食者），则另当别论。豆奶配方奶不能完全替代母乳；维生素B_{12}只在动物产品中发现过。补钙离不开奶制品，蛋白质的充分摄取可能必须依靠豆腐和其他豆制品。除非你本身非常了解严格素食对发育中的儿童的影响，否则你需要一直听取此方面专业人士的意见。

钙及其他矿物质

孩子不必只喝牛奶才得到牛奶所提供的营养，奶制品同样有益。

孩子需要适时补钙，既是为了骨骼和牙齿的发育，也是为了肌肉和血液功能运行正常。从有效含量来看，面包、面粉和各种谷类均可，但从实际所需的更高含量来看，显而易见，牛奶是补钙最方便的途径。每天半升牛奶可确保学步童每日的钙摄入量，即便喝不到半升牛奶，你也可以将其"浪费"在普通烹饪中。30毫升的牛奶可用来炒蛋，摊蛋饼或调土豆泥；60毫升牛奶可冲调婴儿麦片，做蛋奶羹或奶汤；120毫升的牛奶还可制成酸奶，一份冰淇淋或一杯可可奶。

可以让学步童试试奶酪，这也是蛋白质的主要来源。要不失时机地创造条件，让许多幼儿对奶酪热情渐涨：奶酪块可以让他抓着吃，奶酪末可撒在蔬菜上、酱料里或用于抹面包。

孩子需要的其他矿物质，或普遍存在（如磷）可随时获取，或像铁这种矿物质，可为身体吸收再利用。所以，我们可以假设他在断奶后储备的矿物质是充分的，不必再用日常补充剂。

维生素

大多数维生素在食物中普遍存在，摄取大量食物的孩子也自动获得大量维生素。不过，每日应微量补充三种必需维生素，确保学步童可足量获取，就算是在他不饿的阶段或进食模式捉摸不定的时候。这三种必需维生素是：

■ 维生素A：主要来自动物肝脏，其次是牛奶、黄油或强化型人造黄油。胡萝卜的"胡萝卜素"，人体用来制造出自己的维生素A。你的孩子可能从这些食物中获取足量的维生素A，但吃一粒维生素A便可达到安全量。

■ 维生素D：唯一高含量的此类食物是蛋黄和多脂鱼类。另外，人的皮肤经阳光照射也可产生维生素D，但一粒维生素D是必需的，尤其是在冬天和对于非洲的黑人儿童而言。

■ 维生素C：普遍存在于水果和绿叶蔬菜中，但对于这不可或缺的维生素，人们却把握不准日常的摄取量，因为，它会遭受光和热的双重破坏。绿叶蔬菜切成块，再经水煮，等到进餐时，维生素C的含量已经流失大半；若是用快炒，即食，保持水分，使维生素溶解于汤或汤汁中，这样可减少维生素C的损失，但仍难以确定孩子摄取了多少有用成分。土豆皮的维生素很丰富，但连皮烹饪时，因加热而有所损失；而削皮烹煮则流失更多的维生素C。

水果是一种更好的维生素来源，可生吃，也可用于榨汁。柑橘属水果的一种，有天然的果皮抵御光照，通常生食它最合适。每天将一整个橘子生食或榨汁，可满足孩子对维生素C的需求。一份商店有售的添加维生素C的婴儿果汁也可满足同样的需求，以这种方式补充或以复合维生素补充维生素C的话，都没有危害。但是，尽量不要让学步童养成随时喝婴儿果汁的习惯。当他可以用话语来钦点果汁时，和婴儿相比可能更难控制其摄取量，家长一方面想控制他的甜食摄入量，一方面又允许他一杯接一杯地喝甜饮料，这明显是自相矛盾、不切实际的。

不要为了逼孩子吃含维生素多的绿叶蔬菜而争执不下，其实水果中含有更丰富的维生素。

进餐表现

当你倾尽所能地放松对待学步童的饮食，却依然忧心忡忡，其实令你更发愁的可能是他的进餐表现，而非实际的食物摄取。食物要花钱购买，准备食物要花费时间、关心和爱，当学步童拒绝食用时，很容易令人感到伤心。他把不想吃的食物弄得乱糟糟，完全违背成人的"进餐礼仪"概念，看起来似乎是恶意浪费，而且他没吃几口就急着到一边玩耍，使得正餐，也许还是家人难得的共进晚餐时间，失去了融洽的交流氛围。这些感受虽为人之常情，实际却和孩子的饮食问题无关，不应混为一谈。你在设法哺育他，让他健康生长，你也在设法培养他正常的行为规范，这是两个独立的任务，要各司其职，不可相提并论。

家长坚持要孩子吃些豆子或花椰菜，是为了让他摄取维生素C还是为了训练他的"规范"？事实上，有许多更合适的维生素C的食物来源，也有更合适他的训练项目。

你说他"应该"吃完盘子里的东西，是希望他吃饱还是"别浪费美食"？只有他才知道自己是否吃饱了，而且，与其强迫孩子皱着眉头吃下去，难道用来喂旁边的馋嘴猫不是更能减少浪费吗？你说必须让他吃完主餐才有布丁，是因为你确实认为主菜搭配齐全且营养丰富，还是因为你知道他更喜欢甜食，应为此努力咽下肉和蔬菜换取所爱？

当然，何时训练孩子的进餐习惯应由父母决定，但是，一边进餐一边训练可能会付出很高的代价。有的父母在进食斗争方面对孩子穷追不舍，以至于全家生活都遭受影响，且往往一次就延续好几个月。有的家庭禁止正餐时间闲聊，只可以说故事、念儿歌，以此分散学步童的注意力，趁机塞些食物给他。有的父母谢绝朋友的一切晚宴社交事宜，就是为了管教学步童在家乖乖吃饭。一位单身妈妈解雇了她拥有过的最好的保姆，因为保姆不愿意想方设法守着学步童，让他用两小时坐在桌前吃完午餐；而她的朋友选择了一位照顾者，主要是因为她会趁孩子午睡时，细心地把三明治点心切成动物的形状，让孩子乐于接受。

我们对学步童的进餐表现如此恼怒其实是有些非理性的，他们和大人一样会饿，身体告诉他们进餐，他们就会进餐。学步童"进食问题"较严重的却罕见有很瘦的，绝大多数孩子其实很胖。因此，问题来了，因为孩子不是你给什么就吃什么，不是你说吃就吃，也不是你说这样吃

家庭餐可以引导学步童喜欢上吃你们所吃的东西，也会像你们那样吃。

就会这样吃。你越对他强制实行进食规则和餐桌礼仪，学步童越认为他的高脚椅犹如神秘的战争多发地。孩子渐渐知道，他总是可以在进餐时得到你的关注（甚至是从父亲或姐姐身上转移开），激起你的担忧。对于孩子不断增强的力量感和独立感来说，这种结果实在是诱惑难挡。

在英国伦敦，有一家幼儿园调查研究的结果显示，为孩子们一日三次提供种类丰富、烹煮及大小合适的食物，在没有成人帮助、劝导或指导下，由他们自己选择。这样的饮食方式，单日看来营养极不平衡，但长期的结果却非常平均。像他们一样，你的孩子可能这两天喜欢面包，过两天喜欢吃肉，又有一两天只吃水果，对他自己来说是完全无害的。如果你能接受并且相信这个观点，他最了解自己想要吃什么和需要吃什么，那么在任何进餐的时间里，你提供食物让他来选择，就不可能会产生严重的进餐问题。

预防进餐问题　　　　家长当然要比你的学步童聪明得多，既然可预见到进餐时间会发生斗争，就要采取措施巧妙避开拒绝参与，保持领先优势。毕竟一厢情愿难起纷争，在这里，首先要解决家长自身的感受：

■ 相信在你提供充足食物的情况下，孩子绝不会挨饿。这并非漫不经心一概而论，而是所有孩子的真实情况，除了那些处于青春期或受生理缺陷影响的人，人体进食机制是不可挑战的。你的孩子难道属于前两者吗？没有自己进食的经验，就根本不会回应好那些机制，即便他在饥肠辘辘时面对的是自己最喜欢的食物。

■ 查看孩子的体重和发育的记录曲线。如果你不确定孩子的体重是否在正常增长，应询问医生。

■ 要真心认为你的工作就是提供丰富的食物，而不是强迫孩子吃。应想方设法让自己安心于此。

■ 共同育儿的人也要共同参与这个过程。如果父亲、保姆或托管者继续劝诱孩子进食，便会抵消你的工作效果。

其次，在所有你和孩子可能发生冲突的领域里，培养学步童的独立感，特别是在进餐方面：

■ 以易于掌控为原则，为学步童准备食物，除非他要求或表示需要帮助，否则不要主动帮他。

■ 孩子要求帮助时，不要直接舀一勺食物喂他。应为他填勺，由他抓住勺子送进自己嘴里，这才是在培养他自己进食。

■ 让孩子愿意主动参与进食，因为他自己想要食物；而不是让他感到被动接受喂食，因为你希望他吃。

- 允许孩子用任何方法或组合进食：手指、拳头、勺子。尊重他的想法，重点在于让他得到想要的食物，而不是以特定的方式获得食物。

- 允许孩子以任何顺序或组合进食。可以等他对奶酪、花椰菜没兴趣之后端出布丁或水果碗。不过，一旦他想起布丁向你索要时，那么，坚持让他吃完主餐才能有布丁的话，他会立即知道你在意主餐甚于点心。根据学步童的反启发思维规律，你的拒绝会立刻使布丁变得更诱人。同样地，禁止他采用培根沾麦片粥的做法，很可能使两种食物全部遭受放弃，如果这两种食物组合在一起令你不舒服，那你不看即可。

- 别花费太多精力构思食物。当你必须耗费几乎一上午的时间清理完地板，那肯定会为复杂的午餐准备感到厌烦。为学步童准备简单的餐食可使你心情愉悦，想想他可能要吃什么？还是"面包加黄油、黄瓜和火腿"这几样吗？给他，如果他吃的话当然很好，那这就是一顿很棒的午餐；如果他不吃呢？那你也不会浪费太多。

- 绝不要利用食物来奖励、惩罚、贿赂或威胁。记住你的目标，最好是把进食和进餐训练分开。如果他饿了，现成的食物想吃多少就吃多少，如果他不饿就不必吃。他吃冰淇淋，因为今天的甜点是冰淇淋，不是因为他表现好才给他吃。他不可以吃冰淇淋，是因为今天不供应，而不是因为他淘气才不给他吃的。

- 允许孩子自己感到吃饱时自行结束用餐。允许他自己决定吃什么、怎么吃，也允许他自己决定不再吃或完全不吃什么。尽量不要在最后一刻反悔，决心设法为他多塞几口。

- 尽量保持愉快的进餐气氛。孩子讨厌坐着不动，也依然难以加入家人的日常对话，那么，让他在桌边陪伴家人晚餐肯定会有矛盾。为了让他体验家庭成员聚集在餐桌边的晚餐气氛，应让他坐在你的腿上随意选择食物，吃完后下去玩耍。如果你不太可能允许他提前离开餐桌，应让他再独立进餐一年左右。

正餐和点心　　学步童无法以一日三餐的模式生活，必须在正餐之外有适当的加餐，因为他们需要摄取相比身体大小高得多的卡路里，可是胃又太小，一次装不下那么多食物。提供点心，不是出于溺爱，而是必须，你的孩子可能在醒来时需要补充点食物才能支撑到早餐时间。当然还需要上午和下午两次点心，如果一天中的最后一顿正餐距离睡觉至少还有一个小时，可能还需要给他准备睡前点心。

孩子被迫等待食物时，血糖可能会下降到令身体乏力、心情烦躁、无精打采的程度。学步童午觉醒来啼哭生气时，给他一点点牛奶就有神

正餐之间提供更简单的食物作为点心，可作为控制点心的办法。

奇的效果，所以，尽量确保家人不会从道德出发点对给孩子提供点心而严苛以待。食物就是食物，没有饮食法则规定一日必须三餐，不能两餐或六餐，这是一个涉及常识、方便性、社会习惯的综合问题。

务必确保提供给学步童的点心是食物：有安排、有营养的微型正餐。对于点心的主要争论是，孩子用它填饱肚子后"吃不下正餐"。不饿的时候吃没营养的点心，比如一袋巧克力饼干，他当然会拒绝之后那顿"丰盛的正餐"，他也确实该拒绝，否则就会有肥胖的危险。而他饥肠辘辘的时候吃一份营养点心，便不太可能在一小时后拒绝正餐。即便吃得少些，也不会有多大的损失，因为点心（例如奶酪和苹果）和正餐的营养基本相当。

随着学步童日渐长大，对待点心食物应稍加谨慎：在商店里和同龄人的手中，他将随时随处看见一堆堆包装诱人、宣传热烈的休闲食品。他需要早、午餐之间有点心，但如果所得到的东西比正餐更可口、更方便、更有趣，那么你将发现自己处境尴尬，点心不仅没有成为重要的营养来源，还抵消了原先摄入的营养（P439）。

胖的学步童

怀疑学步童肥胖时，应查看他的发育表或咨询医生。儿童的理想体重应与身高严格匹配，体重增长比身高快很多，那肯定会变胖。如果体重值在生长发育表上一直未超过生长发育表98号线，从医学上看他并没有超重。应记住，一旦学步童学会了走路就会很快变瘦，其实许多孩子在之前几周还较胖。

小学步童圆鼓鼓的身体不一定就是肥胖。其中有些孩子本身是大个子，他们曾是大个婴儿，现在是大个学步童，未来可能是高个子儿童，最终成为高个子成人。他们普遍并非特别大或特别重，只是看起来身体圆鼓鼓的，因为他们小脸圆润，看起来粉嘟嘟的模样；颈部或腰部还不太圆，只有肚子是鼓出来的。

学步童日渐发胖，多半是饮食中的碳水化合物比例高的缘故。他需要碳水化合物食物来满足食欲，补充能量；他也需要碳水化合物食物里各种有效的蛋白质、维生素和矿物质。所以，不要限制他进食高碳水化合物食物。相反，应审视他的糖分消耗量，其中饮料糖分首当其冲。

学步童频繁口渴时，一周喝很多瓶浓缩维生素C的果糖果汁的话，将获得超量的维生素C，但这不是问题，超多的糖分才值得担忧。暂且不提这对牙齿的潜在危害，那些饮料本身将形成大量且多余的卡路里，却不具备实际进食（哪怕是喝牛奶）的饱足感。单纯口渴时，给他喝白开水最合适，如果他还饿，适当补充些点心即可，例如酸奶和新鲜水果，或者牛奶和原味饼干。

　　学步童生长快速，为他减少哪怕一点点"无营养卡路里"食物并戒掉整天喝甜饮料的习惯，也许可以消除所有潜在的肥胖威胁。但是，一定要确保他有机会进行自己喜欢的一切练习，他是在家里醒来后便落地自由活动，还是大多时候坐在童车或在游戏栏里玩呢？有人带他去那些安全而自由游戏的地方吗？外出时，是让他坐汽车还是童车呢？如果是童车，他偶尔可以推着走，还是纯粹只坐在里面呢？

　　孩子渐渐从爬到走，继而攀爬和跑的过程中，其实他经常是处于活跃的状态。他锻炼得越多，越能促进健康、愉悦，学习经验以及培养体格。

生长发育

　　孩子一旦过了周岁，体重增幅可能降至每周30克～60克，尽管增幅快一点或慢一点，当然也可能完全适合你的学步童。正如我们此前所说，各个年龄段的"平均值"有着天壤之别。

　　除非他在第一年里生病或有重大的哺育困难，否则，体重不需要持续、严格、规律地增长。每周称重没有道理，磅秤不会精确到毫厘，而单纯的情绪变化也足以导致称重前后的假增长或假损失。而每隔三个月称一次是比较合理的，可以清楚地了解到孩子的体重和身高是否在同步增长。

双脚走一年，肚儿溜圆、腿儿弯弯、脚板平平的宝宝，将变成一个细细长长的学步童。

　　新生儿的身体比例显然不同于大婴儿，但这一年的变化甚至将更加剧烈。一个一岁左右的婴儿站起来时，父母往往是看在眼里急在心头，他的脑袋相比身体其余部分依然显得很大，似乎没有脖子；他的双肩和胸背瘦小，肚子鼓着，腿半蹲着，还没有脚弓。不过，一年之后这些都将转变，一岁的婴儿依然适合爬行生活；到两岁时，他的身体比例改变了，更适合行走生活；再过一年，也许身体已细细长长，已长成了活跃的学前儿童巧妙而灵活的细长腿。

牙齿与护齿

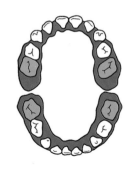

第一组磨牙在后方，尖尖的犬齿随后补缺，只剩第二组磨牙待长。

学步童几乎整个第二年可能都在"出牙"，也许比第一年更难受。最有可能引发不适的牙齿是第一组磨牙，大概在出生后12～15个月期间冒出来，第二组磨牙将于第二年年底出现。尖锐的犬牙通常在第二组磨牙之前长出来，不会引发太多苦恼。

磨牙又大又钝，冒出来很慢。出牙依然不会引发孩子生病，但第二年的出牙过程偶尔可能让他难受得又气又恼。一颗牙齿即将冒尖时，同侧面颊又热又红，而他所做的每一件安慰自己的事情（例如吮或咬）只会导致疼痛。一个习惯吮拇指或奶嘴的学步童，此时可能特别难以安定入睡，因为吮吸动作非但没有起到缓解作用，吮吸停止后还将隐隐作痛。吮吸母乳或奶瓶当然也可能使牙龈疼痛，进而挫伤他的感情。最好让他吮吸到感觉满意为止，并提供杯子让他饮水，这样，吮吸两三分钟疼痛缓解后，他还有得喝。

这种出牙的困扰，每一颗牙仅持续几天，对此并没有特效缓解措施，但一般来说，有些措施可能聊胜于无。

给长牙的学步童找一顶愿意戴的帽子，她的下巴和耳朵需要保暖。

■ 咀嚼冷的食物可能有缓解效果。出牙期胶质环可能不适合学步童的牙齿，而一根冰镇的生胡萝卜就很适合，小根胡萝卜特别容易让孩子放在关键点上。

■ 用你的手指摩擦牙龈难受的部位，偶尔管用，但如果你曾想过使用婴儿牙胶，那就现在用吧！

■ 冷风通常会加剧出牙期的"牙痛"。冬天时，应给他选择一顶能戴稳的头盔式大绒帽或风帽，或者留在室内（或者车内，或者用防风童车）度过敏感的出牙期。

出牙与疾病

孩子看似是真痛却又非吮吸或咀嚼所致时，家长一定要注意，出牙可能不是诱因或不是全部诱因。在这个年龄，耳朵疼是普遍现象，有时会被误以为是出牙疼痛。孩子发热时，可能是（也可能不是）出牙，但出牙肯定加剧了不适感。没有发热，但他总用一只手放在单侧面颊或耳朵旁，那么，只有医生能分清到底是耳朵还是牙齿，又或是两者同时困扰所造成的，所以一定要咨询医生。医生可能对出牙期的学步童束手无策，但他能使你放心地给孩子使用消炎止痛药。

强健牙齿的基础

一用十年的强健牙齿得靠饮食促成。婴儿的乳牙形成在母亲的妊娠期间就开始了，那时它们依靠的是母亲的饮食。对于后期牙齿的巩固和现有牙齿的呵护，你仍一直起到重要作用，确保孩子持续获得大量的钙和维生素D，这样使身体得以利用它们的生长骨骼和牙齿（P333）。断母乳或配方奶致使奶量锐减的话，应换用奶制品，例如酸奶和奶酪。

注意氟的摄取。这种矿物质强化牙釉质的效果的确强于其他任何物质，能保护牙齿抵御十年，但这种有益物质孩子可能会摄取太多。当地水源含氟量不足时，使用婴儿氟液的，此时也许应停止使用，换成婴儿含氟牙膏，给他豌豆粒大小，教会他吐出来、别咽下去。继续使用氟补充剂的话，可能最好使用无氟牙膏。这些具体的情况应咨询医生或牙医。

呵护牙齿

切勿在不知不觉中形成有损牙齿健康的习惯，比如抱着奶瓶入睡，或者晚上刷牙之后喝饮料（而不是水）。牙齿遭受长时间浸泡，即便原味奶的糖分也足以埋下牙齿隐患。确实必须给点东西吮吸时，使用普通奶嘴或者让他饮水即可。

养成有规律的刷牙习惯，特别是当牙齿表面凹凸不平、容易沾黏食物的磨牙长出来后。

让孩子看见自己的牙齿（用你的手电筒和镜子），将使他明白清洁牙齿的意义。

家长要帮助孩子清理所有牙齿表面和牙缝间的食物残余。为此，给他准备一支婴儿软毛牙刷，挤一小粒儿童含氟牙膏，教他一上一下地刷。不要让学步童在潜移默化中形成横刷的习惯，那既达不到清洁牙齿的效果，还可能伤害牙龈。每天至少刷两次，而最后一次应在晚餐后，免得食物残余停留在口腔一整夜。

彻底清洁牙齿非常重要，但说起来容易做起来难。学步童允许你迎着光线检查他的口腔时，那些经受住早餐后仔细刷牙仍残留下来的麦片颗粒，可能多得令你吃惊。不过，只要看得见这些，便有机会彻底刷掉。为此，尽一切可能引导孩子配合刷牙，这样就不必盲目地去刷了，他没兴趣模仿刷牙或配合刷牙时，用一面镜子给他照照看试试。他愿意照见自己的牙齿，你也有机会看见牙齿内部的情况。如果他愿意用一根手指指着牙齿数数，或是说说它们的名字，就有可能允许你用牙刷来指。

甜食

在孩子尝到甜食之前就应该先控制好。如果家里人本身不吃甜食，孩子也没有大朋友的情况下，也许可以确保两岁前不让他看到甜食，这值得一试。此外，饮食搭配合理时，仅仅这个阶段没有甜食，也可确保乳牙的良好开始。但无论多么谨慎，最终我们还是会遇到甜食的问题。商店里漂亮的甜食包装，电视里播放着诱人的食品广告，别的孩子边吃边分享，这时，你的孩子将会想要知道他们在吃什么，并且尝了一口还不过瘾。

甜食当然不利于孩子的牙齿健康，但只要精挑细选，甜食不一定比许多其他食物更糟，合理控制好甜食，不一定就会变成主要矛盾。高精制的糖会在口腔内形成牙釉质腐蚀酸，每一次入口，牙齿便受到一次威胁；每天次数越多，糖分停留口腔的时间就越久，最终会促使蛀牙的生长概率和看牙医的概率升高。这适用于所有精制糖食物，不仅局限于甜食，一直吃特别甜的食物肯定不好，但任由孩子喝果糖饮料同样有害；无糖的甜食会产生酸性物质，一小块蛋糕也同样会产生酸性物质腐蚀牙齿。因此，应该合理控制幼儿摄入甜食的量，而非杜绝甜食。

可快速吃完的甜食，影响力微乎其微，酸性物质得以渗入牙釉质之前已被清出口腔。而耐人咀嚼的蛋糕和糖果往往是最糟糕的，其残余物质往往倾向于粘着在齿缝间，必须等到下一次彻底刷牙（甚至还刷不到）才有可能清除。不幸的是，对甜食的这项控诉，涉及一般建议作为甜食替代品的许多"健康"食物，如葡萄干、大枣和其他干果（无论是松软的或者"夹心"的）一样会粘得顽固不化，以至于尽管它们非精制糖，也会造成严重损害。有些牙医甚至会反思以苹果作为餐后甜点的这项倡议，认为苹果皮卡在牙缝间的损害，不低于苹果本意想消除的甜食所带来的负面作用。

因此，当孩子要求吃甜食，如果不吃甜食似乎显得与其他孩子不合群时，应斟酌挑选甜食，引导他对待甜食的态度。选择可快速溶解的甜食，比如巧克力，每餐甜点分成若干小份，鼓励他吃完一份，你再给一份。这样，他可用十分钟吃完一餐四小份的甜点，而不是半小时吃一小份，结果慢慢吃上两小时。确保他吃完点心后能尽快喝水，接着彻底刷牙。

看牙医　　　现代牙科学日趋重视预防而非治疗，不要等到孩子牙痛必须接受治疗的地步。两岁之前，至少带孩子看一次牙医，平时尽量形成日常规律的护齿习惯。儿童医院里的牙医一般很擅长和幼儿相处，让最初的就诊经历能充满乐趣，使得后期的治疗更容易被接受。同时，他们也会传授你教会孩子自己看护牙齿既专业又权威的方法。

带幼儿看牙医可能令人非常紧张，即便是免费治疗，也很容易让人否定此类就诊的意义，因为乳牙反正是要脱落的。其实不必紧张，也不要这样想，大多数乳牙要面临将近十年的辛劳工作，而它们的健康和间距对恒牙而言至关重要。

日常护理

你知道孩子该洗脸了，但实际上他才是这张脸的主人。

照顾好学步童的身体属于你的职责，但那个身体是属于他自己的，他对这个事实日趋有所意识，这也是一项重要的成长标志，实际上这意味着日常护理需要有很好的耐心和策略。学步童通常不会注意到何时该擦鼻子或换掉湿袜子，此类事情大多数他自己也不会做，但他们极其讨厌像处理物体或财产般的照顾方式。关心体贴的成人需要时间和想象力，比如，正是在你赶时间的时候，替他擦鼻涕等快捷动作看似顺便而已，但这样其实是不对的；为学步童脱掉湿袜子的情况也是一样，你会意识到强制且毫无解释地为他脱袜子是非常无礼的。你可以把几乎所有你（认为）必须为孩子做的事情，变成此时你们俩一起做、未来他自己要去操作的事情。

为此，家长应该努力面对一切麻烦，将你的关爱内化为自我关爱，是孩子在学步期要重点发展的内容，这更有可能是一段非常反启发且拒绝服从的阶段。而毫无策略的处理方式，能顷刻间将日常护理问题变成脾气发作的导火索，不仅令你感到充满压力，同时又耗费了时间。

要知道，学步时期的孩童就是会弄得脏兮兮的。一天结束时，如果从头到尾都还是干干净净的模样，那他若不是刚刚游完泳，就意味着这是特别无聊的一天。要想看到孩子穿戴整齐、面容整洁、赏心悦目，一定别错过早晚两分钟，即早晨穿戴整洁时和晚上穿好睡衣后。作为一个学步童，"体力劳动"是繁重的，像任何其他劳动者一样，你的孩子可以穿戴整洁地开始和结束一天，而孩子在一天当中需要合理、舒适、易洗的服装和持续"工作"的自由。

穿脱衣服

让学步童参与自己穿衣服和脱衣服的过程，可为大人省去很多麻烦。因为，即便他还不太会穿脱衣服，但至少不会妨碍你操作。

脱衣服看似容易些；实际上，当孩子的鞋袜被蹬出童车，或他在午睡时以脱掉尿布为乐的时候，你也许希望脱衣服对他而言能变得困难些。如果你不得不时刻提醒他，别在错误的时间、错误的地点脱衣服，务必选择就寝的时间。你也要随时鼓励并祝贺他这样做，他甚至可以开始学习如何解扣，如纽扣和拉链。

至于轻松穿衣服，合作最关键——由孩子控制身体、成人控制衣服的方法，通常是最愉快和最有效率的。你撑着袖口或裤管，只要角度恰当，

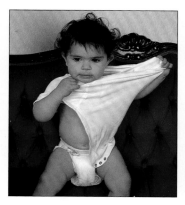

轻松穿脱衣服的关键在于合作……　　越是鼓励他尽量自己穿脱衣服……　　他越是愿意由你为他完成穿、脱衣服最困难的部分。

孩子一伸手或一蹬脚即可。之后，他还将学会套头，但也许从头套进衣服得用移动法进行。他自己不会做（大概也不喜欢由别人做），还可能东倒西歪咯咯笑，你在一旁劝说他，撑着T恤领口，趁机套上去（然后他自己感受如何动）。这时一定要选择有弹力的大领口，或者前扣式上衣，紧的领口会刮到鼻子或半途卡住，看不见又阻碍呼吸，有些孩子对此特别害怕。

尿布　　更衣垫即便仍在使用，但也十分有限了，学步童躺在垫子上时，很可能会翻个身、吮脚指头。分散注意力法也许有效：让他躺在尿布上，递给他一个确实有吸引力的玩具，他也许仍要花点时间检查玩具，你即可趁此机会擦啊绑啊……但对于带粪便的尿布，他可能不会给你很长的时间（到清洗干净），或允许你抬着他的脚。你大概会发现，让他半蹲着（如果需要的话）夹在你双膝之间，比较方便完整地操作。

衣服　　不要让挑选衣服成为你和孩子之间的烦恼。对于挑选衣服，他非常有感觉，应重点考虑是否舒适，不论男孩女孩，他们都特别在意外表的行为可能会令你十分惊讶。

衣服最重要的应该是保护皮肤，保暖吸湿，绝不应僵硬、沉重或限制活动，更不必非得让孩子或你"小心照顾"。

购买实惠的衣服比购买宽大的衣服更经济。大一号的外套穿起来不好看也不舒服，等到合身却又过时了。便宜的衣服穿不久，所幸孩子将在衣服损坏之前长大，最夸张的是（尽管你也许只是偶尔为了赏心悦目纵容一下），为各种特殊场合购买不同款式的衣服，很多可能穿不上一次就嫌小了。

不论男孩女孩，在地上爬行磕碰的时候，选择长裤或紧身长裤最适合，不仅束缚小，还具有保护效果。背带或连衣工装裤无束腰的话，上衣跑出裤腰又会灌风，当孩子可以独立使用小便盆时，会需要弹力腰带；连身衣或拉链衫太难处理。避免给孩子穿厚厚的毛衣，尤其是令皮肤感到刺痒的高翻领羊毛衫，天凉的时候可多穿几件轻柔的衣服。

鞋和袜

孩子需要的不是昂贵的鞋子，他需要的是真正合脚的鞋子和袜子。

除非是要带他出门行走，否则不要迫使孩子穿鞋子。光脚比较安全，孩子可使用脚趾辅助平衡；除非地面太凉，光脚也比较舒适。天凉时，应选择婴儿游戏鞋或"地板袜"，即脚底有防滑钉的厚羊毛袜，或者购买脚底有防滑图案的袜子。如果是在硬的地面上，尤其别光给孩子穿普通袜子而不穿鞋，否则会很危险地滑倒摔跤。

真正到需要穿鞋子时，应为孩子选择合脚的尺码，隔两三个月重新查看一次。他还不可能告诉你鞋子太挤或太窄：因为他的脚骨依然异常柔软，可被挤变形时却无痛感。选择适合的鞋店或儿童商场，一定要测量脚宽和脚长。记住，如果他的脚长大到需要比上次买的鞋再大一码时，那么其他鞋子也将嫌小，比如胶靴。

鞋子大小合适时，不必选择带"支撑力"的皮鞋，因为脚上有肌肉支持。运动鞋和帆布休闲鞋是可以穿的，前提是它们不挤压或摩擦脚，并且它们的系扣（鞋带或粘扣）使鞋子保持在恰当的位置，不会造成脚指头向前滑或蜷起来。

穿硬面鞋时要搭配着使用袜子，防止摩擦和吸汗。合脚是关键，太紧的袜子转眼间会使脚变形。另外，要注意棉质袜子的缩水程度。穿袜子站起来时，袜头距最长的脚趾应至少预留3毫米。对于三码一组的弹力袜，如果孩子已经需要该组最大码时，就不要买这个码的，而是应选择下一个尺码组。

购买比之前大一号的新袜子之后，务必淘汰抽屉里所有的旧袜子，将合脚的袜子和其他袜子放在一起可没好处。

洗澡

一场晚间沐浴可轻松洗去一天的劳顿。你不必对水里的孩子继续紧抓着不放，但也别松手或离开房间。一岁大的孩子可能扶着滑滑的浴缸边缘站起来（设法教他不要在浴缸里站起来）而摔倒。两岁的孩子可能会开热水龙头（设法教他不要碰水龙头）。两者都有可能在五厘米深的水中溺水。浴缸底很滑的话，应使用一块橡胶垫或者小毛巾；热水龙头烫手的，应该用毛巾包裹起来，或者用一只烤箱手套遮住以防万一。总而言之，要密切守候在孩子的身边。

既要保护孩子的安全，也应提供大量漂浮玩具和塑料杯子，让他边玩边洗干净。

大多数学步童爱洗澡，把洗澡看作是温泉嬉戏一般。而有的孩子却害怕洗澡，如果你的孩子是其中之一，那也不要设法强迫他，之前推荐的一些方法（P176）也许仍然适用，重新引导他喜欢洗澡，或者让他和父（母）亲、哥哥姐姐或朋友共同沐浴。虽然你想方设法要为他擦洗干净，但他肯定不会乖乖地躺着由你擦洗。

设法弄清令他害怕洗澡的原因。如果是大浴缸本身令他慌张，那他可能很乐意在厨房的水槽里洗澡（小心水龙头会碰撞到头的问题）。如果是水太多令他没着没落，他可能很高兴坐在几近空荡的浴缸里，由一条温度适中的毛巾给他擦洗。

| 洗头 |

许多小的（也不是太小的）孩子极其讨厌洗头，也许你在这里找不到答案，又或许这本来就没有一个彻底的解决方案。之前推荐给小婴儿的所有技巧（P253）可能仍然适用，但由于孩子长大些了，你还要考虑额外的因素。洗头（实际上还有刷洗和梳洗）确实令他苦恼，那么给他留短发会好些吗？短发可用海绵擦洗，方便打理，也促进厚实、健康的头发生长。

假设孩子喜欢留短发，游泳可使他习惯眼睛进水的感受。再者，热水淋浴擦洗快速，洗发液一定要冲洗干净。

孩子喜欢和你同去理发店时，也许可利用他的这个新热情进行"假装"游戏，在家里安排理发。带点创意，即可安排"躺洗"，为"先生"或"女士"提供一个塑料围脖，几种洗发水供选择，聊一聊发型和水温，他有可能允许你单手完成洗头工作。游戏进展顺利时，也该适时地利落结束。如果孩子曾在美发沙龙看见人们修指甲，此时顺其自然继续假装美甲；整件事情即成为一次愉快的周末"大扫除"。如果你的学步童和许多同龄人一样害怕吹风机，不要企图趁机坚持吹干头发，可以用干毛巾反复擦拭他的头发，带他坐在温暖的角落里讲个故事，头发一会儿就干了。

| 手和指甲 |

短的指甲非常有利于卫生保健。必须让孩子在餐前、在使用便盆或者"协助"你更换尿布之后洗手。另外，洗手还可防止他的感冒病菌传染给别人。

尽管你的孩子不可能真正动手剪指甲，但如果你让他选择剪指甲的顺序，规定每个指甲应该剪多长，也许可以激发他的兴趣，让他主动配合。不要将他的指甲剪短到不舒服的程度：长度恰到指缘，保留自然弧度。如果剪刀难操作的话，可换用指甲钳一试。你的学步童讨厌剪指甲，也许会喜欢指甲锉或指甲砂锉，你用一根，给他一根，那么，他将很快学会帮忙。

你的学步童可能喜欢洗手的感觉：你先擦肥皂，再抓着他的手清洗。他即刻会明白，用肥皂擦手可以制造泡泡洗手。此时你得帮助他，防止擦有肥皂的手靠近眼睛，但你的孩子在三岁时完全可以自己洗手，那时可以给他准备一个垫脚的箱子或板凳。但要注意热水龙头，你的学步童很可能有机会独自拧开它，也许应调整家里热水供应系统的整体温度，一般的温水不会烫伤他，但很热的水就有可能。

无论学步童的手摸到什么物体，转眼间就会被他塞进嘴里，要让洗手成为他的习惯和乐趣。

接种疫苗预防儿童期小毛病毫无意义。

我们的宝宝很小就接种了小儿麻痹症疫苗、B型流感嗜血杆菌（HIB）结合疫苗、百白破（DPT，即百日咳、白喉、破伤风）疫苗。接种疫苗的最大反应只是在HIB疫苗后隆起一个硬币大小的肿块。她现在一岁了，该接种另外三种疫苗，即预防麻疹、腮腺炎、风疹（MMR，麻腮风疫苗）。医生说接种一星期后可能出现轻度的麻疹症状，三个星期后可能出现轻度腮腺炎症状。医生还说严重的副作用有发热、痉挛，甚至脑损伤，虽然可能性很小但听上去让人非常担心。我们想知道，这些疾病既然很轻微的，为什么还要接种疫苗呢？如果她得了这种疾病，身体便具备了相应的免疫能力（不必在入学前再打一针），况且这些疾病如今已非常罕见，患病概率几近于零。

诚然，这些疾病通常比在小婴儿时接种预防的要轻微很多。实际上，德国麻疹（风疹）甚至腮腺炎的症状倾向非常轻微，其本身并不值得受疫苗保护。但是，那些疫苗注射不仅使儿童免于这些疾病，还使他们免于可致使病情恶化、甚至由此产生其他的并发症。例如，在儿童不接种腮腺炎疫苗的地区，类似失聪等并发症频频发生，而腮腺炎病原体是脑膜炎最普通的诱因。至于麻疹，未接种疫苗的患儿约有1／15遭受并发症，涉及胸腔感染、热性惊厥和脑损伤。在没有切实免疫规划的地方，每年麻疹致死的儿童数以千计。英国在广泛使用疫苗之前，每年此类死亡约九十人，麻疹死亡现已极其罕见。

偶尔因接种疫苗引发的"轻度"麻疹或腮腺炎，无并发症的危险，甚至比最轻度的自然感染症状更微不足道。MMR疫苗的严重副作用，后果同自然患病的最严重并发症一样不堪设想，但这是非常、非常的罕见。大约1／1000的孩子可能在初次注射后患热性惊厥，但多至1／100的麻疹孩子会因其引发热性惊厥。至于脑炎，大约1／1000000儿童可能在接种MMR疫苗后患脑炎，但却有1／5000的孩子可能在麻疹后患脑炎，其中约有1／3的孩子会造成永久性脑损伤。

在大多数孩子常规接种疫苗的国家里，许多疾病现已较罕见，但那不意味着这些国家的孩子没有机会接触到特殊病人，所以不需要接种疫苗。由于现在出国旅行的人数日益增多，也许孩子被带到感染型疾病仍十分流行的国家度假，甚至将疾病带入国内。通过尽可能多地（让尽量多的人）接种疫苗，感染这些疾病的人便越来越少，疾病便会越来越罕见，最终使有些疾病完全消失。反之，只要存在哪怕一小片特殊感染源，疫苗接种率稍有下降，肯定会使疾病发生概率上升，从而再次流行。从这个角度来看，接种疫苗保护了整个社会（尤其对因特殊健康问题无法接种疫苗的孩子们），也保护了你的孩子。

如厕能力

让孩子的玩具熊坐在便盆上，这是迈向他学会自己坐便盆的第一步。

婴儿到了一岁，有些已经形成了非常规律的排便时间，比如常在吃完饭后（偶尔在吃饭时）。而且，由于他们能自己稳稳地坐着，能听懂大多数人对他们说的话，所以，偶尔会有父母决定让他们使用婴儿便盆排便，适时把婴儿放在恰当的位置，等待肠蠕动的结果落在便盆里，以取代继续使用尿布。

即便像这样伺机行动和最终使其掌握如厕能力毫无关联，但看起来似乎也不坏。其实不然，他也许不会反对在他12个月时开始这样做：对他来说，婴儿便盆只不过是另一处随你放置的奇怪的地方。如此两个月后，他很可能讨厌这里，他不想傻坐在任何地方超过一分钟，在他看来，坐便盆是最没有意思的一种坐法。被你放进高脚椅上时，他能够得到食物；被你放进童车里时，他得以去别处转悠；被你放在便盆上时，他得到一场空，除了他努力挣脱的那一刻。因此，如果你愿意接受他的感受，将在短短几周内再度放弃之前采用的婴儿便盆；如果你坚持让他坐在那个便盆上，就会展开一场斗争。不过你要知道，当他生理上准备好时，他管理如厕需求的主动性将因此推迟。

在学步童生理上准备好之前就使用便盆，那是在命令他这样做，这样肯定充满压力；在他心理上准备好之前试图坚持让他配合使用便盆，就是在你不可能获胜的领域试图扭曲他的意愿。你不可以迫使孩子使用那个便盆，试图使他违背意志接受如厕训练的话，将为他创造直面抵抗的成功经验。

避免早期"训练如厕"还有其他原因。稍微计算一下即可明白，无论你伺机行动得多么准确，但这种做法不会为你节约任何时间和精力。研究表明，无论何时开始让宝宝坐便盆，一般来看，到宝宝三岁时，他在白天肯定能干净又干爽。在12个月时开始使用便盆，每天6趟：你将反复操作3285次才能达成目标——抛弃尿布。你不得不每次为他脱裤子后再穿裤子（3285次之外还有所有正常穿裤子的次数），在很多没抓住机会的情况下，你仍要处理有粪便的尿布。耐心地等一等，到孩子准备发展到真正掌握如厕能力的年龄——比如说24个月——你只须用1000次即可达成同样的目标。更换他使用过的尿布比拿掉未经使用的尿布（一般如此），省时省力得多，所以，从你和孩子的角度来看，耐心等待是有百利而无一害的。

帮助孩子掌握如厕能力

尽管"如厕训练"深入西方育儿的传统思想，但这种说法不妥。

掌握如厕能力的过程其实无关训练：不是训练孩子为你做事或服从你，而是引导他为自己做事。最终结果是，他不假思索地负责自己上厕所：意识到膀胱或直肠载货已满，旋即进行相关的正常社交行为——例如告诉一个成人，或自己去厕所，或寻找便盆。

在孩子三岁之前，无论你的"如厕训练"开始得多早，孩子都不可能百分之百有把握控制大小便（即便在白天）。在获得控制力方面，无论看起来多么晚才出现，他也总不会穿着尿布上小学，除非有神经生理方面或者情绪方面的问题妨碍其控制力的正常发展。

大多数学步童在15个月左右之前，并没有将要排便或排尿的意识，甚至做过了也不清楚。可经过观察，能了解孩子所到达的（这方面的）程度。例如当你拿开尿布或者他光屁股碰巧尿尿时，如果对自己制造的小水坑毫不在意，不知道这与自己有任何关系，说明还没准备好使用便盆。如果他饶有兴趣地看看那个小水坑，似乎为之一惊，说明他正在建立其中的重要关联，即小便或大便的感觉及其产生出来的外在形式。知道自己何时已经排解过大小便，哪怕还不会提前预知，虽然说明他尚未准备好使用便盆，但可能会愿意试试看。

哪种便盆？

学步童决定弃用尿布，选择固定地点排便及最终的排尿过程中，有的孩子选择使用你的"办公"地点：厕所。他们不想用地上的专用便盆做任何事；他们想要上厕所（在一个站脚凳的帮助下），像成人一样坐在那里（可选用一个不会让他们滑落到马桶里的婴儿马桶座）。然而此刻，厕所并非学步童的恰当选择，因为他必须由一个成人带去洗手间，帮助让他坐到马桶上。他需要从一个便盆开始，由此感到自己能负责并控制住整件如厕事情。

儿童便盆应可舒适落座，即便他坐上去扭动不停，也能确保安全万无一失。便盆必须不易翻倒，易于清洗。如果是男孩，最好给他准备一个前面有护罩的便盆。

家长可为孩子选一张"便盆椅"，方便孩子坐下和起身，还有靠背。真正的便盆可拎去清洗，甚至带着旅行，虽然不方便小学步童离开，但洒出的概率很小。袖珍马桶式便盆座也许值得选择，孩子使用起来感觉像成人一样如厕；其他大多数华而不实的便盆价值可疑，比如音乐便盆，孩子喜欢这段音乐，便会很快习惯响应玩具音乐声排便，但要是他讨厌排便时有音乐呢？

如果你想让孩子坐在便盆上，应确保便盆坐起来是稳定的，而且他可以轻松地离开。

如果你想让孩子坐在便盆上，应确保便盆坐起来是稳定的，而且他可以轻松地离开。

了解便盆 在这个阶段，你只想要确保孩子知道便盆的用途，明白自己有一天会使用它。你非常明确这两点，周围有哥哥、姐姐或在群体生活中，他可能对此也非常明白，但独生子可能就不得而知了。毕竟，成人都在使用马桶而不用便盆，这两件东西长得完全不同。

让孩子看看便盆，告诉他，当他长大到不再想穿尿布的时候，他所用的大小便就放在这里面。然后，把便盆放在他平常游戏区域的角落里（除非他反对），或者放在他日常看见你所使用的马桶旁边。不要真的鼓励他把便盆当帽子，除非那样做可以让他和便盆成为朋友。对便盆有点兴趣时，他可能会让玩具熊坐在上面（或里面），最终（也许是明天，也许6个月之后），他会想要自己坐上去试试。当他坐上去后，不要坚持脱掉他的尿布，也许他只想试试坐便盆的感觉，还没准备好使用它。

判断学步童何时准备好 促使孩子坐便盆的恰当时机，即在他逐渐形成马上要小便或大便的意识后不久，而不是仅在事后知情。通常首先意识到解大便，孩子可能站着不动，面色涨红，眼泪汪汪，正如前几个月每次排大便的模样，但这次他心里一惊，望着你，发出期待的声音。到今天为止，除了他，家里人都知道他何时排便，现在他也知道了，只要他愿意，即可在便盆里而非在尿布上排便。但应记住，我们谈论的只是排便训练，选择权属于、并将一直属于孩子。

帮助学步童控制排便 对小孩子来说，变"干净"比变"干爽"轻松得多。大多数孩子一天仅排便1~2次，其中许多会自然形成规律的时间。因此，关键问题很快就变成一天一次有规律的排便及其处理方式，若学步童想要使用便盆时，促成此事就很容易了。孩子排便的预兆，负责看护的成人看一眼便可知，而孩子从意识到排便和确实要排便之间，他有足够的时间告诉大人并坐上便盆。

尿布仍会为排尿所需，却令一个试图随时使用便盆的孩子感到厌烦。如果你知道孩子可能在早餐后或午睡醒来前排便，可以允许他光屁股一会儿。确保便盆的位置固定不变，这样一来，等他说出或表现出即将排便时，就可能立即蹲下排解。

孩子说"不"时（现在或者未来数月内），别试图勉强他坐便盆，甚至也别过分劝说。你正设法引导他自己掌控排便，那样做只会背离本意。当他看似喜欢这种方式，甚或看似不在乎任何一种方式时，即可提供便盆或提醒他便盆在哪里，并为他整理衣服。他请你陪伴时，他愿意坐多久都可以，对于他的任何进展，你只须气定神闲地在旁边说些祝贺鼓励的话。

这样看似不经意却不失时机地试用便盆的话，许多学步童两三周内便能完全停止在尿布上解大便的行为。如果你的孩子不是非常愿意采用这种方式，应三思而行，也应确保你的伴侣或照顾者对此谨慎而为：

■ 尽量别迫使孩子坐便盆，即便你可以看出他即将解大便。学步童极具反启发性，你越表明必须坐便盆，他越不可能想要坐在那儿；你越好奇他的排泄物，他越有可能产生强烈的拥有感，可能会被你急于冲马桶的行为吓住。

■ 尽量别看起来特别烦恼此事。别感觉特别烦恼，可能仍不失为上策。为学步童"成功"而欢呼，为他"失败"而沮丧时，不要体现在你的表情和声音中。总之，不要暗示使用便盆有关任何道德标准，不能因为使用了便盆而称他"好孩子"，没使用便盆而叫他"淘气包"。使用便盆替代尿布，这只是一种他正在学习的新技能。便盆里的粪便值得人默默欣喜，他多像个大孩子啊！在尿布或地面上的粪便同样需要默默同情，你不如这样想，也许他明天就会坐便盆解大便了。

■ 尽量别让学步童看见你们成人对粪便的憎恶之情。孩子刚刚明白粪便是来自他的身体，在他心里，粪便是属于他的一种有趣产物。若你跷着兰花指、皱着眉头为他擦屁股；急着清理便盆；又惊又气地发现他在检查或者触摸排泄物……这种种行为只会伤害他的感情。你不必假装与他同欢乐、同好奇，成人不喜欢玩粪便是正常的成长过程，但别使孩子感觉粪便又脏又恶心。假如你的孩子知道他的粪便令你恶心时，可能也会认为他的整个身体都令你恶心。

■ 绝对不要擅自调整自然的排便规律，除非迫不得已，但也要在医学指导下进行。哪怕通便剂让排便"更轻松"，或者栓剂引泻，都绝对不宜使用。这是孩子的身体，如果你迫使他去调整，他当然有理由认为你在设法控制他。

■ 引导学步童为自己而做，不是放任他自己做。第二年年底到达初级阶段时，他将能自己走去便盆，穿脱裤子，把握上下便盆的时间，这些只须你稍微帮助。当孩子提出排便要求时，陪同他前往便盆，以赞赏的表情坐在一旁，然后，经他同意为他擦屁股（记住：女孩得从前往后擦，粪便才不会途经尿道而引发尿道炎），倒便盆并进

应有策略地冲水。那些是孩子的产物，除非冲水使他恐惧，否则可让他自己冲。

行清理，孩子对整个事情的操控感越强烈越好。

通向干爽第一步　　　学步童对于膀胱膨胀和即将排便的意识，可能同期双双出现，但解决排便却远非他力所能及，可能出现得非常晚。

当学步童开始有尿急感觉之初，往往没有等待的时间就一泻而下，呼喊着"我就要……"的同时，他就已经在排尿了。如果你初次看见这种情况感到"天啊"，也应以充满同情的口吻说，因为这也是他第一次意识到此事。

但是，即便学步童愿意去便盆尿尿，首先应使他明白，尿尿可以排解在便盆里，也可以在尿布上，因为他常边排尿边排便。如果他能轻松地掌握排便控制力，只要生理能力足够，学步童也将自然产生排尿控制力。

产生尿意和实际排尿之间有空闲时间采取行动（憋尿）的话，方才说明他从生理上准备好保持干爽。他的最初表现为，能获得片刻憋尿能力，有的大孩子称此为"夹紧屁股"。孩子瞬间意识到尿液将要流出来了，于是，他夹紧尿道和肛门附近的肌肉阻止尿液流出。尽管"夹紧屁股"是一个重大突破，但本身成效不高，这些肌肉离大脑太远，无法有效控制；孩子的腹部已经鼓胀起来，迫切之极；他只能憋几秒钟，交叉腿站着，稍微往便盆方向挪动一步就会尿出来。也许还要过3个月，学步童才开始在较早的阶段学会控制排便，即感到尿急便收紧腹部肌肉，那时他可以延迟几分钟尿尿，可以在走路时不失禁，只要他愿意就可以坐便盆了。

帮助孩子控制排尿　　　即便孩子对尿意敏感，有时间走向便盆，但从综合考虑看，变"干爽"可能是一个长期而缓慢的过程，容易变成枯燥乏味的训练。孩子一天排尿许多次，每次都可能是在游戏中途，这可能意味着会让他疏于关注、衣服湿透。而且，即便孩子努力白天不尿裤子，但他仍然无法指望自己保持干爽，因为，他不会在夜里醒来自行去尿尿，所以，他每天早晨都会在湿尿布中醒来。除非所有照顾他的成人对此温和宽容，并有巧妙的策略，否则学步童很可能容易因此而泄气，甚至退出合作。

巧妙的策略表现在，对于他的目标自始至终设定在尽量多"成功"（而不是零失败）。一旦他产生尿意，在他实际排尿之间，你可不紧不慢地采取行动。选定一天留在家里，在他早晨从湿尿布中醒来时，推迟给他穿衣服。让他选择使用便盆，但如果他不想坐便盆或坐了一会儿没有动静，都不要置予评论。让他光着屁股，把便盆放在一边，告诉他感觉需要时就坐便盆。对于使用便盆尿尿（或尿急时冲向

舒服且便于操作，毛巾布训练裤可吸收尿液，但无法动摇便盆的重要性。

便盆）的行为，一定要温和祝贺。他在游戏中尿裤子甚至流到地上，你拖干净即可，不要去批评他。无论出现哪种情况，事情都已经结束了，还是该像往常一样穿衣服。天气暖和时，可以让他赤身在花园里玩，实际上，最好耐心地等到夏天或假期，这样，每次他感觉到尿意并看见自己留下的小水坑时，将为这种感觉及其反应建立紧密联系。

多次成功的话，数月之后与学步童"商量"，他可以试试在家里玩耍时不穿尿布，你将随时帮助他。不要小题大做，否则他可能觉得有辱使命，最终导致不论外出在家、白天黑夜都穿着尿布。恰当地向他表明，不穿尿布比较舒服，而且，需要尿尿时，便盆就在旁边。切记，这是一个容易尿裤子的阶段，一定要诚心地同情他意外频发的状况："哎呀，你走得晚了点儿，是吗？咱们把它拖干吧……"

一旦他大多时候在家里都使用便盆，应考虑训练裤了（训练裤不是纸尿裤，纸尿裤是一次性的，而训练裤用厚的毛巾布裤垫底吸收尿液，外面是一个小短裤；好处是能够让幼儿更敏感自己在排尿），这样，他就不必穿着尿布外出，家里地板的耗损也会减小。不过，选择一次性训练裤之前应仔细考虑，有些训练裤吸水能力超强，尿尿后也异常干爽，它们不仅不会促进"训练"，更谈不上是在训练。防渗透毛巾布训练裤吸收尿液不彻底，但穿着舒服，非常适合配合便盆和马桶使用；方便拉下穿上，而且吸水量恰好可以避免公共场合的尴尬。

同时，想在这个阶段让孩子了解马桶，也了解便盆，这是个好主意。他们可能喜欢模仿大人的行为，小男孩可能想要像爸爸那样使用马桶、站着尿，却发现还够不着，于是你要提醒他，大家都坐在马桶上排解大小便，他可能乐得再坐久一点。如果他坚持站着尿，也许比较喜欢用便盆解小便，马桶只用来解大便。男孩和女孩都需要一只垫脚箱或稳固的台阶以便上下马桶，还需要在马桶圈上安装一个婴儿或儿童坐便器，不用担心自己会掉进马桶里。不过，孩子使用马桶后，成人的冲马桶策略就显得很重要了，许多孩子讨厌冲水的声音，很害怕看着东西被水吸走空空如也。他们几乎没有物体大小的相对概念，于是（实际上）可能认为自己也会被冲走。因此，如果孩子喜欢，应让他自己操作冲水的把柄；如果不喜欢，就留着，等他走出洗手间再冲。

一旦孩子白天在家基本可以使用马桶或便盆时，即可让他在白天抛弃尿布，只在晚上穿尿布睡觉。不过，你仍需要频繁处理地上的尿液、帮他换尿布或一次性训练裤。虽然他仍穿着尿布，但是孩子不可能认为每次产生便意时理应奔向便盆或马桶。你无法指望他想到：

"我要在一分钟后尿尿，穿不穿尿布呢？"

对许多孩子来说，排尿训练自此将顺利起来。你所须处理的意外情况将日益减少，直至你突然发现很久没有在日常家务中加入"临时拖地"这一项了。不过，仍然存在些隐患。

■ 别喋喋不休地提醒孩子坐便盆。你想让他理解裤子比尿布更舒服，使用便盆比换尿布更便捷，但喋喋不休只会迫使他觉得穿尿布的日子安全又轻松，穿裤子把这一切都给毁了。不管怎样，反复提醒于事无补。你应该设法引导他认识到，他本身需要使用便盆或马桶为自己做些事情；如果反复提醒是在替他进行思考，这可能导致他完全而独立使用便盆的时间被推迟。

■ 别期望学步童在尿意产生前尿尿。他至少到三岁才会意识到必须排尿，而不是出于尿意紧迫，此前他不可能明白"刻意尿尿"。外出前送他去厕所并告诉他"这样待会儿就不需要上厕所了"毫无意义，而因为在超市里发生意外，对他发火："我们出来之前你该上个厕所的……"尤其不切实际。

■ 培养你的"发现厕所"能力。孩子想要保持干爽时，必须依靠你随时随处为他找到、且尽快找到尿尿的地点，对于常去的商场和街道，应留意相关设施位置。养成长时间外出时带便盆的习惯，而且，总是随身带干净的裤子。你希望孩子不再尿裤子，他也是这样希望的。一旦他停止尿裤子，却为周围环境所迫而最终失控时，他会非常难受。

表达如厕意思　　厕所以及其中为人利用的各项功能，在我们的语言中有种种对应的委婉表达。成人很容易改变"上厕所"的表达习惯，但小孩子并不如此。孩子会把从你口中学会的、平生第一个坐便盘的厕所用语使用多年，无论在何处如厕。所以，一定要稍加选择地使用如厕词汇。为解大便发明一个婴儿式的说法，也许完全适合两岁的孩子，但听到四岁的孩子仍然这样说，却使你浑身不舒服，再过一年还可能让老师也听得费解。若想从使用正确的医学专有名词开始，也许行得通，但如果你的孩子通报说"我要排尿"，这可能令他的同学费解，让老师和其他父母为之逗乐。

这个不足道来的问题并没有普遍适用的标准答案，因为，人们所采用的专有名词，随时间和地区各异而有万千变化。无论你居住何方，专业医学词汇和地方用语、普通表达和非常用语之间，都有一条明确的界线。也许你可以问一问有大孩子的父母，时下通行的表达方式。

睡眠

　　既然你的孩子不再是一个婴儿，你便无法期望他自己会打盹，或者抱着的时候能一直睡。至此，他的睡眠将是你安排的重点，也难免对你有自由限制。为了尽量避免，你须开始决定你的生活方式。

　　和孩子愉快相处的同时来去自由，或自由来去而没有他在身边，你觉得哪个更重要？就限制而言，任一种情况都可能存在，但两者都未必会发生。如果你想随时随地带着他，可以！你的孩子会乐意陪同你外出和朋友吃晚餐，乐意你带他去度周末，甚至陪你出差。如果你有信心让你的公司接纳你的孩子。不过，被带在身边外出睡不着的孩子，基本上不可能在常规时间愉快地独自睡着。你会发现，这周的大多数晚上他和你一起熬夜，而他白天的睡眠无从预测，因为这取决于他夜游所致的疲惫程度。此类现象不会伤害到他（直到他跨入上学阶段），但是当你看到所有朋友都能让孩子提前上床，然后去看八点场电影的时候，可能会让你心有不甘。

　　如果你想在晚上安心享受成人的宁静独处时光，你即可为孩子设定一套打盹和就寝的作息表，他将会慢慢"习惯"。但是要想有效的话，就必须一直坚持下去。这才能让你绕开他的打盹时间来安排一日的生活，绕开他的就寝时间安排自己晚间的外出活动。这意味着把他和临时照顾他的人留在家里，即便你所去的地方可以接纳他；尽可能保持这样的工作日作息时间表不变，即便在周末或者你们在度假的时候。

睡眠模式　　　大多数学步童晚上睡10～12个小时（遗憾的是，他们难得一夜连续睡眠）。那些睡眠时间与孩子总体睡眠需求之间的落差，将由白天的打盹时间来弥补，20分钟到3小时以上不等。

　　这个年龄阶段开始，基本上每个孩子都需要在白天打两次小盹，大多数都能睡得很香。如果孩子在早上6点前醒来（许多孩子都是如此），可能到上午9：30时就会有困意，然后需要先后两次小憩。

　　大约第二年年中，你的孩子可能会遇到一个尴尬阶段，即两次小盹太多，而一次又不够，他需要的是一次半的小盹。来年你还可能会遇到一个类似的困难，那时他可能需要半个小盹。

即便是习惯相同的双胞胎，仍可能有着不同的睡眠需求。

　　学步童表现得很明确，他不愿意上午开始的时候回去睡觉，但那不意味着他能撑过一上午。如果由他决定，他很可能撑到中午，然后会越来越疲惫、呜咽，终于在坐着吃午餐时沉沉睡着。上午11：30时被放到床上，因为即便他不睡觉，也疲惫得吃不动午餐了。但是同样的情况也会发生在下午，他吃完午餐后不想在下午回去睡觉，但却无法在合理的就寝时间来到之前一直舒服地清醒着。你可能发现自己在上午11：15给孩子供应午餐，或者在下午5：30把他放到床上睡觉。

　　到第二年年末，这种尴尬的情况一般会化解为一个单独的小盹，不是在他午餐之前就是之后。你需要考虑安排哪种模式适合你的育儿，或者适合你的其他孩子。但如果如果你的孩子在幼儿园，或者和照顾另一个同龄孩子的托管者在一起，那么群组游戏和群组外出时，他将必须跟随群组的午休习惯。

　　有些两岁的孩子对白天睡觉特别敏感，于是他们往往会影响到全家人的生活方式。如果你的孩子上午在幼儿园打过盹了，然后下午一直清醒着，他可能需要一回到家就被送上床，没有半点清醒的时间留给你。另一方面，有些学步童甚至睡10分钟就非常振奋，所以，如果他们得到允许在下午3点之后闭眼睛，那么他们的就寝时间将延迟到令父母无法忍受的地步。你想要请求他的照顾者让他醒着的话，在回家的路上就会挫败不已，因为疲惫的学步童将会在车里或童车里睡着。

小睡起床　　　　无论孩子是在家或是被托管，学步童一般都得从打盹中被唤醒，

在孩子午睡即将结束时，你应留出足够的时间唤醒他、哄哄他。

这样，大家才好继续安排日程。如果你的孩子在上午11：30睡觉，他可能一直睡到下午3点（可以偶尔由着他这样）。想带他参加晚间聚会的话可先给他安排一顿长长的午觉。但通常采用统筹规划比较好，即便是一对一的照顾者可能也不容易撑过没有午餐的一天。

从打盹中唤醒学步童，要有策略、有时间。他可能讨厌被弄醒，需要至少半小时平静的搂抱和谈话，他才准备好面对世界。如果你设法为他洗脸或者穿衣，他会啼哭；急着让他进餐，他不会吃；仓促间带他见另一个孩子，他会嘟囔呜咽，使你无法关注那个孩子。所以，当你有大把时间时，记得轻轻唤醒他，允许他从沉睡中慢慢醒来。

疲劳过度　　在这个年龄群，疲劳过度是一个普遍但被低估的问题，这是由于学步童极其努力地开动身体、情感和心智所引起的。那些反对者说小孩子"无事可做，只有玩"，可能他们从未实地观察过那些游戏。随着学步童学会走路和攀爬，他把自己推向身体力量的极限。因为他正在学习，所以他每天要经历许多次摔倒、磕碰、惊奇和受伤。在这个阶段，他的日常生活可类比于在学习滑水或者滑冰。

和成人一样，学步童疲惫的时候对身体的控制会越来越弱，身体协调能力变得不太有效。于是，他必须付出更多努力进行每件事情，这样更疲劳。如果你在公共游戏场观察一个学步童，可看到，他睡醒后来到这里，兴致勃勃神采奕奕，冲来跑去一切完美。他挖的沙子大多能进入沙桶里，可以爬上攀登架三级，乐呵呵地坐在秋千上任你推。一小时之后，他要用10分钟才能装满沙桶；所有沙堆都散了；每次他试图爬攀登架时都会手滑，帮他推秋千会让他啼哭。看来为了"尽兴"，是要付出情感代价的。

身体努力的同时，他也在努力协调身体，努力理解和管理这个世界。为什么秋千会荡起来？那些不待在筛网里的沙子是怎么回事？为什么其他孩子会离开跷跷板，而他想要坐呢？那个游乐场很嘈杂，有很多陌生的成人和儿童，也许会令他惊慌和，但是肯定不会令他放松。

身体疲劳，紧张兴奋，常交织着某些挫败感和焦虑，这些会累积到学步童不再知道疲惫的程度，他不知道怎样停止和休息。每个育儿工作者都清楚并担心这点。在临界点到来之前学步童需要被解救。不要认为，一个仍在冲来跑去的孩子还没有疲劳；观察他在做的事情，看看和半小时前相比他做这件事情是否更困难。如果是，就说明他需要休息一下。不要认为一个晚间入睡困难的孩子，白天就不会疲劳，也许正是由此所致的紧张感使他无法入睡。因此，可以不让他多睡，但应该让他多休息。

休息，不睡觉

当两次打盹太多、一次又不够的时候，你的孩子需要休息，而不一定是睡觉。

想方设法使你的学步童得到休息，但不是把他放到床上。他现在喜欢的安静"工作"，未来很多年都能适用。电视（或者即将成为最爱的录像DVD）显然不是解决方案（至少在这个年龄段之初），如果电视在他第15个月或者第18个月的时候能完全吸引住他，他肯定不会觉得放松。

不同家庭会选择各自的"休息工作"。试试你本身喜欢的那些，因为，既然有自尊的学步童并不愿独自坐着干任何事情超过5分钟，那么他们基本上完全依靠着你的带领。无论你是选择一起画画、拼图或者朗读，那些今天让疲惫的学步童能歇息10分钟的活动，即可成为将来他安静状态下忙碌的主要事情。毕竟，即便他长大了，他也不可能一直看着电视，而（对此能管束的）你可能却在旅行或者做别的事情，是不是？

睡眠问题

父母普遍认为，除了自己的孩子，其他的学步童每天晚上一到时间就能安静地上床自己睡着一直到天亮。有一种普遍的观念认为，如果你体贴入微但坚持原则，晚间吵闹这种事绝不会发生——这简直是神话！当研究工作者请父母们描述他们家实际情况的时候，显然，所有1~2岁的孩子至少有一半会因被放上床而大吵大闹。

晚间上床困难

实际情况是，学步童每晚由成人抱着摇摇、哄哄再去客厅，在父母床上喝奶准备入睡，然后喂奶，训斥完再喂奶。在现实生活中，许多父母愿意做任何事情以免就寝时吵闹，它破坏全家人的夜晚，尤其是工作了一整天后极度需要安静的父母。晚餐还没准备（也没吃），聊天还没开始，可能有大孩子正在殷切地等待关注，这让大多数父母愿意尽一切努力让那个学步童安静地入睡。他们知道，带孩子回客厅其实不是解决的办法，但今晚有用便行。

教会孩子自己睡

如果你总是哄他入睡，也许不必每晚喧闹，但你可能会发现，让他睡着的耗时越来越长。他能在你怀抱里刻意醒着；还能在你试图把他放进婴儿床的瞬间猛然清醒过来。你想教他自己睡着，即便这看似使你的夜间短期内非常糟糕（P257）。你安慰他的时间越长，越难教会他自己入睡。未来几个月内，若你设法在他清醒时离开，他会哭着乞求得到曾经的安慰："抱起来，妈妈！"还命令道，"再遛一圈。"再过一年或一年多，他将爬出婴儿床跟着你走。

如果你的学步童用奶瓶（喝奶），让他抱着它睡觉确实是个简单的方法。但要想到对牙齿的严重损害以及可能窒息的危害性，如果这些都不足以让你打消念头，那么想一想他夜里醒来会发生什么。无论何时醒来，他一般会再来一瓶。有些婴儿一夜需要三瓶奶，奶瓶不得不由成人去拿，也许还要温热。如果吮吸是唯一的办法，而他又没兴趣吮自己的拇指，那么给他一只奶嘴可能是较好的解决方法（P186）。

使你的孩子让你离开

教孩子自己镇定下来并渐渐入睡，是一回事；说服他这样做，是另一回事。即便他不需要你抱着摇或拍后背，他也喜欢有你陪伴。父母以往常听说，如果想让孩子平静下来，应离开房间，无论他哭得多大声，他也许第一天晚上哭两个小时，第二天晚上哭一小时，第三天晚上半小时，然后每天晚上就安宁了。尽管这种戒毒式的方法看似对某些家庭有效，但没人知道有多少父母能坚持到底，所以其成功率只是一种推测。而那些照着做的人，有些发现痛苦一周所换得的宁静仅持续到下一次冒新牙或者鼻塞；有些决心坚持，却从未真正从痛苦转入宁静过。你的学步童啼哭是因为此刻他不能忍受你离开，所以，不顾他号啕而离开，并不再回来，你由此向他传递什么信息呢？"哭也没用，因为我已经走远了；没人会听；不论你多么伤心我也不会回去……"那些信息没有一个会使他认为，明天就寝时能更安全；这肯定会促使他感到不安心，更不能放你走。

让孩子独自伤心，意味着将使全家人整晚都心情低落。应让他感觉到，让你离开（对你们而言）没有任何问题。

那些提倡这种方案的睡眠专家，大多已温和并合理地修改了他们的推荐方案。一个心意已决的学步童能刻意地保持清醒，啼哭更久，超出大多数父母（或者邻居）的承受范围。而且，如果你将不得不在两三个小时内去他身边（当他相信你已永远抛弃他的时候），最好的方法就是现在就去。

让你的孩子使你留下

与之相反的方法是满足学步童的需要，陪在他身边或者带他回客厅。相比让他独自哭泣，这个方法更体贴，然而却不是更明智的，如果你再想一想这将传递给他的信息。"你害怕独自留下，你是对的，独处是忧愁的，所以我会陪你……"这又是一条不可能使今后就寝更轻松的信息。孩子如何能相信独自睡着完全没问题（当你的暗示与此相反时）？而且，他每晚会有证据显示，啼哭可以延长就寝时间。

折中之道　　推荐给大婴儿的方法（P258）可当作一种妥协策略，化解你和孩子之间的利益矛盾，而非挑起权力斗争。毕竟，你不是真想赢得一场让你孩子陷入绝望孤独的战斗，当然你也不会想让他赢得拖延的时间。你所希望的是让他愉快地入睡。你所传递的信息是："没有必要哭。我们就在这里，而且一直会回来，如果你需要我们，但是现在一天结束了，到你该睡觉的时间了。"

让孩子愉快地入睡，再练习一遍你们平常的"晚安"仪式。自信地离开，如果他啼哭，等一会儿，看看是否只是一种抗议。如果不是，而且啼哭愈来愈强，那么回到屋内安慰他："一切都好，睡吧！"重复一声"晚安"后再次离开。

不断重复这个情景，直到学步童安定下来。他孤单地啼哭时，你们其中一人应每隔几分钟看看他。但是，无论他多么生气或哀婉地啼哭，每次坚持只简短地安慰，并重复道："晚安，我还在这里！"你也可以说，"但是今天就到这里了。"

不要每次在外面等超过3分钟，或停留在身边超过30秒，或生气，或（最重要的犯规）把孩子抱起来。

设法让学步童意识到你总是在附近，而不是每天一到此时，你就无影无踪。

有时足足需要一周，这种方法才见效。如果超过一周之久，可能是因为你软弱了；如果有天晚上你特别生气，决定任由孩子独自啼哭，那么，要使他再度相信让你离开是安全的，又得重来。同样地，如果你再也不能忍受，决定把孩子带回客厅，那么，要使他再度相信一旦就寝就只能待在那里的道理，你也得重来。

更轻松的选择　　既然第二次（或第七次）使他信服愈加困难，在开始这个方案之前，你们先要跟伴侣确定，无论发生什么都应坚持使用这个方案，这才是明智之举。如果你仍在迟疑，可以尝试一个让孩子更轻松，也能让你不太耗时间的方案，只要它有作用，就再也不必尝试其他办法了。

如果只要有你的陪伴，你的孩子就会平静的话，你可以连续一些晚上尝试坐在他旁边，再有策略地坐守窗边，继而逐步扩大距离，从整理他的卧室开始，逐步挪向浴室。一旦他开始放松，让他自行疲倦入睡，你只是逐步增加距离，那么距离平静的晚安也不远了。如果你能安抚他入睡一周，即可离开卧室，两周即可转而投入成人宁静生活。

夜里醒来　　　尽管你的孩子现已长大到足以刻意保持清醒，但他仍然不会（并且绝不可能会）刻意唤醒自己，夜里醒来并非一种"习惯"。对他醒来置若罔闻或者进行训斥，都不可能教会孩子别这样做。事实上，夜间醒来与训练毫不相关，而且，那些沾沾自喜、告诉你他们的孩子对此了解甚深的父母其实是在欺骗自己，不要受他们的蛊惑。

醒来不怕　　　所有孩子每晚历经几次浅睡期。如果没有事情吸引或干扰，他们直接再次进入沉睡，没人知道他们曾醒来过。如果你的孩子坚持让你知道他每一次的醒来，就查看一下以下因素：

■ 只要他哼一哼或动一动，你就起床去他的房间吗？你这有可能是在干扰他。学步童在爸爸的照顾下似乎睡眠沉稳很多，几乎总是因为爸爸睡得更沉。你的孩子已经不再是脆弱的小婴儿了：如果他需要你，就会让你知道。

■ 你的学步童入睡时穿着睡衣，然后在凌晨着凉了吗？如果是，则让他睡睡袋或者睡毯，或者在你就寝前，用另一条婴儿毯为他和他的玩具们盖上。

■ 学步童的房间很黑吗？如果是，留一盏15瓦的夜灯。这不会阻止他醒来，但可使他不必在醒来时就立刻呼唤你。

■ 他使用（或没看到）奶嘴了吗？如果是，当你去睡觉的时候，放两三个奶嘴在他枕边。他将能够找到一个，而不用哭着唤喊你或它。

■ 一直有外界声音干扰吗？家里有小孩的情况下，室内略加调整格局和隔音措施，这可能有帮助。

■ 你的学步童夜里饿了吗？有些学步童在就寝时非常疲惫，以至于无法进食所需的足量晚餐，离早餐又似乎还很遥远。在这几个月里，凌晨喝牛奶，就寝前吃点心，可能是他比较满足的模式。

■ 你的学步童渴了吗？甚至在这个早期年龄，有些父母亲已经认为，限制晚间饮水有助于减少尿布负担，其实不然。如果你所使用的品牌渗漏，那就换牌子。孩子必须喝足他需要的量，直到就寝前一刻。

醒来害怕　　　这是更常见的夜里醒来状况。调查人员研究后发现接近半数学步童有此遭遇。他们的惊醒应为某些噩梦所致，不过，我们当然无从得知孩子所梦、所想或所见到的图像。

有些孩子在短期内连续每夜惊醒数次，接着一连数月睡眠沉稳。而有些孩子，每周惊醒三四次，并持续数月。

即刻惊醒的情况下，你会发现，孩子在婴儿床里突然坐起，一副明显受到惊吓的表情。其他（惊醒）情况下，他似乎也显得哀伤，你发现他会躺着啼哭，好像发生了很糟糕的事情。

无论哪种情况，只要你能很快赶到，这戏剧性的场面通常不会超过30秒。瞥见你熟悉的身影，被轻柔地拍拍，孩子接着便睡着了，醒后他也毫无印象。可是，如果你不及时赶到，事情会愈发恶化。学步童变得愈发害怕，在寂静的深夜里他听见自己惊慌的啼哭声。当你终于到他身边时候，他战栗、紧张、啜泣，一瞥一拍根本安慰不了，他可能需要15分钟、甚至30分钟的搂抱或说话，才能再度安静入睡。

应对噩梦　　其实应对噩梦很简单，听到啼哭便马上赶去孩子身边即可。但是想防止它们则难上加难，而最难的是你一连八天必须在凌晨把自己拽下床。

一定要小心某些建议，例如让孩子白天耗尽精神，或者让他晚餐多吃些。一个疲劳过度的孩子，或者一个被鼓励吃不下硬塞的孩子，更有可能促使（而非减少）噩梦的发生。不过，这种更为普遍的处理方式偶尔似乎收效甚好。我们无法确知噩梦的原因，但我们知道，噩梦往往关系着焦虑和压力。如果某些时候你发现学步童显得十分有压力，可以为他消除部分压力，从而减少噩梦发生的频率。

新生儿出生了吗（或者即将出生）？你的工作和育儿安排最近发生了转变吗？他的父亲最近时常不在家吗？他喜欢的托儿所老师刚刚离职吗？学步童小世界里的任何激烈变化，肯定都会使他焦虑，无论他在白天是否有所表现。你也许不能为他消除压力的原因，但可以以无限关爱帮助他应对情况，也许还要对他说说到底发生了什么。即便一个还不会使用太多词语的孩子，也足以理解复杂的词句及声调，通过父母简单地承认，他们知道难过并理解为什么，即我们所说的"语言具有安慰作用"。

还有，学步童渴望培养独立和自主意识，而你决定用社交式的方法来养育他，最后你们投入到食物（或便盆），或者"不服从"的斗争中？无论他在清醒时有多么强烈地反抗你，但在这个年龄群，任何受到照顾的孩子都容易被斗争弄得忧心忡忡。他被激起的不满越多，越会认为自己处境很危险。如果，在施予他要求最激烈的时刻，你可以放松一小会儿，确信他可以应对你希望他做的一切事情，他可能会感到安全些。

你们刚刚度假回来？他刚出院，或者在家病了很长时间？那些暂时使他离开家，或者打断他日常作息的突发事情，有干扰作用。要以一种略严格于普通幼儿园作息安排的时间计划，小心地坚持几周，才能使他恢复有条不紊的安全感。

实际上，所有这些建议总括起来是一个概念：一个噩梦很多的学步童，能暂时被当作一个比现在还小的婴儿照顾的话，他便有可能从这种奖励型照顾中得到安抚。有些事情就是会使他感到担忧，他无法处理生活对他的要求时，可以把他当婴儿般去照顾，这样，他感觉可以轻松地被满足所有要求，噩梦也有可能逐渐消失。

夜游　　　　第二年后期，关于不要对学步童夜间独自啼哭置若罔闻的观点，会出现一个新的理由：如果你不愿意去他身边，他将学会走到你身边来。在夜里爬出婴儿床，这个行动本身就是危险的，因为对学步童来说，婴儿床的四边很高。而且这个行动会使他处于危险之中，如果他安全地爬下床而你没有听见，他便会自由、无监护地在家里游荡。然而，身体磕碰只是（害处）其一。如果你的孩子发现他可以爬出床去找你，而他还太小，不理解他不应该这样做，他有可能一晚接一晚地这样做。这足以令人烦恼万分——他一直出现在客厅；你无从知晓他何时会出现在你的卧室里（这更糟糕）。如果你的学步童打算和你一起睡，对大家来说，较妥善而较少压力的做法是，你应愉快地接受这个事实，并安排相关要作的准备。

防止夜游　　　防止孩子爬出婴儿床的捷径，即防止他产生此念头的可能性。一旦他想到试爬，学步童的执著精神和快速发育相结合，有可能使他一直努力到成功为止。应确保他没有强烈的动机，看不到轻松成功的可能性。

如果他知道，若他啼哭就会有人前来，那么他无论是在睡着之前或者夜间，便不会着急地拼命设法爬出去。他非常有可能设法去你身边的时候，就是你拒绝去他身边的时候。

如果他从未在晚间被带回客厅，或者在夜间进入你的卧室，那么他就不会向往夜间家庭幸福陪伴的诱人憧憬。正是那些（可以想象得到的）温馨的家人聚会，甚至更温馨的陪伴睡觉，学步童便要努力爬出床外。

这里有两种简单的育儿高招值得考虑。如果你的学步童穿着睡袋，而且打从记事起一直穿到现在，他就会知道他不能到处走，必须有人取下睡袋，所以，他会呼喊，而非试图行动。而且，如果是底部高度可调节的婴儿床，当他（到了年龄）能够把自己拉站起来时，你就调好档位，床里也没有大的玩具可以供他垫脚，那么对他来说，四周的边栏总是看起来高不可攀。

应对夜游　　如果夜游习惯已经形成，便很难去纠正，唯有用身体束缚的措施能使学步童待在床上。如果他们一心想逃跑，而身体束缚措施总让人觉得无法接受。卧室锁门，婴儿床顶拉网（甚或设计精美被称为一只"睡篷"），或者给孩子戴安全护具，统统存有潜在的危险，不论是情绪上的，还是生理上的。这些解决办法也显得目光短浅，就算使学步童被迫待在婴儿床里，结果有可能是，他把上床看作是被监禁。一旦至此，想要得到满意的就寝（过程）和宁静的夜晚（时光），希望渺茫。

　　可惜，想要教育这个年龄段的孩子不要爬出来，结果很难说。你也能成功，只要你绝对保证，他通过英勇行为（夜游）得不到的，通过呼喊（哭闹）也得不到。尽量确保你能听见他开始攀爬的动静（你可能需要一个婴儿监视器，并调大音量），那么在他到达卧室门之前，你就能赶到他身边。如果他总是被即刻送回床上，可能他就会放弃。

　　即便学步童没有如此迅速的反应，你也可以确保，他不会趁夜游之机去任何向往的地方。如果他出现在客厅里就把他赶回床上；不要给他哪怕两秒钟的时间耍可爱。如果他出现在你的卧室就把他直接抱回他的床上。允许他搂着你睡着，即代表着你的同意他的行为，代表着你们会每晚都是如此。

　　一方面婴儿床的边栏令他无法翻越，另一方面父母招之即来，这些是让他待在床上的基本条件，而此时还不是让他睡"大床"（P462）的理想时刻。如果有别的新生儿即将出生，应计划再买或再借一张婴儿床。

清晨醒来　　清晨就醒来，这在学步童中比在小婴儿中更加普遍，不过，一般前者会更容易相处。大多数学步童早晨的状态最好，第一件事情最欢乐。如果你在早晨6点起床，很有可能遇到的是他大声交谈或唱歌（而不是啼哭或咕哝）的场景。有些学步童纯粹是忙于自言自语，手舞足蹈得婴儿床咯吱咯吱响，并支使玩具熊。有些学步童欢迎任何早起的大孩子交换彼此的可爱并互相娱乐，直到成人世界的出现（被清洁、吃早餐）。如果你的学步童坚持让你去他身边，试试以下一些方法：

让学步童在早晨有事可做，也许意味着你能继续睡半个小时。

■　留些玩具和书在他床边，当你上床的时候。仅仅为（隔着护栏）拿到它们，也会让他忙好长时间。

■　确保光线适可。夏天日光难挡可用窗帘，冬天要留一盏低瓦数的夜灯。

■　教会学步童辨识一种暗号，表示这一刻是全家人所认可的早晨（开始）。如果他知道可以期待到你们其中一人，只要听见你们的闹铃声停止或者广播响起，他确有可能愿意等待到此时。

啼哭与安慰

学步童可以说是在依靠情绪跷跷板生活，一端是焦虑和眼泪，另一端是挫败和生气。他们在这个年纪的情感可说是此生中最强烈的时候，因为这些情感如此新鲜闻所未闻。如果你的学步童有时好像很容易显得烦恼或气愤，那么，你可以这样安慰自己，他毕竟还没来得及适应自己的感觉呢。他充满痛苦地敏感，是因为他还没来得及长出一层保护自己感觉的皮肤；他还没有足够的经验了解如何处理它们；他不会控制自己。

双胞胎

那些谈起"两个可怕孩子"的成人，通常会对这个年龄段典型的负面情绪暴力表现作出反应，而忽视了同样典型的积极情绪的美好表现。你的学步童也许忽而大笑也忽而啼哭；爱得浓烈也恨得强烈；因自己的意外成功而兴奋不已，也因自己的意外破坏而悲哀难过。如果人以自我为中心，可能在公共场合发脾气令你难堪，但他也可能极其深情、有趣。

如果你认为对付发脾气的学步童让人充满压力，试试让两人轮流引得彼此发笑的方法。

依靠情绪跷跷板　　大多数学步童的苦恼、眼泪和脾气，来自于他与成人世界之间的基本矛盾。想要独立，摆脱父母的绝对控制，这渴望重重地落在情绪跷跷板的一端。与此矛盾的是，继续做一个婴儿，可以绝对依赖来自成人世界的持续保护，这渴望重重地落在情绪跷跷板的另一端。一日复一日，一小时复一小时，甚至一分钟复一分钟，那只跷跷板上上下下起伏不定。这个时间，学步童要求自制，大声呼喊着"我要做"、"走开"，到了下一个时间，他又变回一个婴儿，啜泣不止，只因为你离开了房间。

那只跷跷板必须有第三者在中间维持平衡，调节这些瞬间改变的情绪需求并控制它们蔓延，才能让两端都不会触底。如果你用太多保护包围你的学步童，他不断增长的独立感无法得到成熟发展，便将在愤怒和挫败中爆发。如果你给他太多个人空间，他是会感到独立，但也会感到孤独，所以他想要被亲近和受保护的需求将在分离的焦虑中爆发。在两者之间保持大致的平衡，是父母这时的实质工作，你也应该让身边所有照顾你孩子的人引起注意。

焦虑与惊慌

焦虑与惊慌是人类的正常情绪，但是会令人很不舒服。我们在长大的过程中，逐渐学会处理大多数使我们焦虑的情况，避开令我们害怕的事情。但是，你的学步童几乎还没有开始那个过程。所以此刻，他缺少为自己运用防护策略的经验，以及强迫成人为自己做事的力量。

一个在夜里独自一人感到焦虑的学步童，有可能已经发展出安慰的习惯，帮助自己管理那些不舒服的情绪，例如吮吸他的玩具熊胳膊，或者摆弄他的心爱之物。但是，即便是那些简单的防护策略，也并非真正能受他控制。如果有人藏起那只玩具熊，或者心爱之物遗落在超市，他便无计可施——除了啼哭。

如果孩子感到担忧，当你白天离开房间没有带上他的时候，通过尾随你的这种方式，他一般可以控制焦虑的级别。但是如果你进入浴室锁上门，他便毫无力量。他可能从未信心满满地认为，你允许他感到安全。

然而，并不是所有外界的事情都会使你的学步童感到焦虑，他自己的情绪在失控的状态下，往往会比普通外因造成的结果更骇人。他因为你拿走了螺丝刀而恼火，但是，他打算用来吓你的这个愤怒在燃起时反而吓到了他。如果你愿意改变气氛，愤怒和焦虑就会消退，但是他无法使得你这样做，他无法阻止你以怒制怒，直到他被逼得惊慌失措。在管理自己的情绪方面，他需要成人帮助。

帮助孩子应对

给予孩子这种情绪支持的最初阶段，即形成了解、贴近观察和倾听的习惯，你才会注意到所有他能给出的、代表他情绪状态的暗示。要过很久以后他才能拉着你的手说："爸爸，我害怕那些狗可能对我们冲过来。"，或者"我一般不在意雷声，但这阵声势太近了。"与此同时，你必须在未通告的情况下留意到这些暗示。并非所有成人（甚至父母）总是注意到哪怕最明显的学步童的情绪暗示。下次你到海滩或者公共游乐场时，让自己变成一个观察者，数一数你所看见或听见的，被成人忽略掉的儿童的惊慌啼哭、嘶吼或尖叫的实际案例。你可能震惊地发现，你听见许多成人说类似的话："你不用害怕那个"；"你当然喜欢它，你知道……"，在他们偶尔强迫一个奋力拒绝的孩子下水，或者荡秋千的时候。当然，这些阶段只是"说话方式"的问题，成人实际的意思不是在暗示，他们比孩子自己更了解孩子的感觉。但是学步童不熟悉"说话方式"，对他们来说，似乎成人世界不仅拒绝强调他们的情绪，还没有能力理解单词"不"，无论自己多么大声地吼出来。

如果说忽略学步童的情绪不可取，那么激惹其情绪更是无理。可惜，那些最容易"上火"的人却被招惹得最多，和学步童相比，成人更容易一触即发。学步童发脾气前拼命跺脚的小舞蹈令人（私下）觉得颇为好笑，这是一回事；为自己愉悦而激惹这个情绪，完全是另一回事。可以玩假装追逐游戏，此时他貌似害怕地惊叫着，可是，一旦那种惊慌是真实的，那多玩一秒钟也是残忍的。而且，小打小闹逗乐发笑当然很有意义，但是绝不应忽略抗议或者歇斯底里。

焦虑与压力的行为表现

如果你的学步童觉得生活非常焦虑，有些压力，也许原因在于生长速度较快，而他觉得无法轻松应对，你可能看见以下某些迹象：

■ 他很可能比平常更黏人，决定和你走，而非自己待在房间里；决定抓着你的手，而非跑在前头；决定坐你腿上，而非椅子上或者地上。

■ 他也许看似比平常更"乖"——或者不太"淘气"。他感觉格外依赖你，所以，只要他想起这是你希望他做的事情，就会试图去做。他也不太想冒险，所以，他没有蠢蠢欲动去干恶作剧的冲动。

■ 焦虑很可能表现得很明显——当他在陌生的地方，和不太熟悉的人在一起的时候。如果他的老师在度假，他可能不想待在日托中心。如果你带他出去喝下午茶，他可能害羞得整个下午都埋首在你膝间。甚至连一个新公园也不会使他想要去探索，因为他一心想待在你身边以免跟丢。

如果你从孩子的身上注意到此类暗示，尽量让所有对他很重要的成人，用几天或几周的时间提供给他丰裕的关注和保护。如果你把握好时机，跷跷板可能会荡回到水平位置；如果它倾倒于焦虑的那一端，你很可能开始看见更明确的迹象：

■ 学步童可能在入睡方面有新的或额外的困难。他可能形成自己的就寝仪式；为婴儿床里的安慰家族添加新成员；为了能留一盏灯而哀泣，在你离开后无止境地呼喊你。

■ 他可能进入噩梦阶段（P363）。

■ 他可能看似对食物没有热情，喜欢比较"婴儿类"的东西，拒绝像以前一样自己独立地吃。

一旦学步童的普通焦虑高到影响睡眠和进食，他非常有可能出现对特定东西的突然惊慌。似乎原本憋在心里的所有普通焦虑，正在寻找一种方式表现自己。

处理特定场合的惊慌

当学步童产生父母认为"合理的"惊慌时，一般可被冷静处理。例如，我们大家害怕噩梦，所以，那些惊醒的孩子，一般会得到即时的同情和安慰。但是，许多学步童的惊慌在成人眼里似乎并不"合理"，非但没有予以同情，受到惊吓的学步童更可能仅仅被规劝说："别'犯傻'了。"

如果你的孩子表现出惊慌，那就教他接受那个惊慌。也许你看着似乎不合理，但是理由和惊慌有什么关系？你可能没有同感，但你不是那个正在感到惊慌的人。如果你发现自己忍不住嘲笑一番，仔细回想你自身的惊慌，问问自己这些感觉是否"合理"，而且，如果你被禁止避开这些惊慌因素的话，你会怎样认为。例如说，你喜欢大型的无毒蜘蛛吗？

告诉你的学步童何时不存在（真正意义上的）惊慌的事情，会有帮助；让他别恐惧，不会有帮助。如果你说："它不会伤害你，但是我能看出来它吓到你了，所以我们不再向前靠近。"孩子会认为你在支持他。如果你说："没什么好恐惧的，傻孩子！"这既非安慰，也非支持。

当你的孩子遇见一只新生物，可以介绍给他，但不要坚持让他们交朋友。

大多数学步童的惊慌源自于一种天生的自我保护意识，即害怕陌生东西。小孩子倾向害怕新东西，直到那些东西自己证明是无害的。由于周围大多数东西，或者提供了这项证明，或者被拿开了，所以惊慌一般来如闪电、去如疾风。但是有些恐惧不会轻易消失，尤其是如果没有予以策略的处理——非但没有拿走陌生东西，还使它成为熟悉世界的一部分、要被迫接受它，学步童会越看越惊慌，终而激化成严格意义上的恐惧症。

恐惧症

恐惧症在幼儿中非常普遍，但不一定暗示存在任何异常问题。对学步童而言，世界是一个令人恐慌之地，有太多事情他还不能理解或者解决，由此，普通惊慌偶尔变成焦点便不足为奇了。在第二和第三年期间，半数以上的孩子会产生至少一种恐惧症，而他们绝大多数害怕同样的东西。在西方国家，狗是位居榜首的；黑暗和各种奇形怪状的舞动怪物排名第二；昆虫和两栖动物，尤其是蛇，排名第三；此后是喧闹声，例如火警铃声和救护车的报警声。

恐惧症不同于普通惊慌。例如，一个只是害怕狗的孩子会显出惊慌，但只有当他遇见狗的时候才会如此，其他时候，狗在他的视野之外，即在记忆之外。此类惊慌一般自然消失——当（并且如果）孩子发现狗没有伤害性，要做到这点，你可以带他看宠物店展示窗里的小狗，或者邻居家牢牢拴着的狂怒的狮子狗。

狗恐惧症，是借助他的新想象力而产生恐惧，他不仅看见狗的时候害怕，而且看见远处的狗、看到狗的图片，甚或想到狗就害怕。他不仅设法避开去他所知道的有狗的地方，还设法避开去可能有狗的地方。如果恐惧症变得非常激烈，他也许不得不坐在童车里上街，以防有狗经过；站在公园外，因为狗可能在里面；放弃一本挚爱的图画书，因为第四页上有一只狗；把玩具猴扔出婴儿床，因为它在晚上让他联想到狗。

处理恐惧症　关于恐惧症，没有找到合理的解释，因为其问题根源不在"生活中的狗"，而是"记忆中的狗"。通过为他展示他所害怕的事情非常安全，并不能帮助孩子克服这种特定的惊慌。带他去看可爱的小狗或者狮子狗，结果恰恰相反，因为这样的远观行为，将使你的学步童感到惊慌得不知所措，以至于很可能强化他的恐惧症。对他而言，狗就是让人惊慌，因为狗使他感受到那些极其惊慌的感觉。

既然激起更多惊慌只会让事情更糟，那么，处理恐惧症最好只采用曲线救国的策略：设法让他的普通焦虑级别降至低点，即他内心不再有如此多的惊慌需要聚中宣泄于某事：

■　帮学步童避开充满惊慌的事情，但应注意，不要让你的行为使他认为，你也害怕此事。如果他想要爬进童车以防街上有狗，让他这样做，但一定要清楚，你让他坐车，只是因为你理解他对此害怕，不是因为你感觉存在任何实际危险。因为，惊慌是具有传染性的。

■　从他的生活中寻找出特定压力的起因（P363），看看可以做什么减少紧张。你也许能够帮助学步童应对他自己的情绪（P427）。

■　如果你没找到特定起因，暂且如婴儿般照顾学步童。实际情况很可能是，在生长发育和独立性方面，他突飞猛进得超出实际舒适的承受范围。跷跷板焦虑，惊慌那端砰然击地，你必须再次想方设法使他感到安全。

■ 如果恐惧症影响家庭生活，限制学步童的游戏活动，使得他不可能去曾经喜欢的地方，或者做曾经喜欢的事情，应当向儿童医生寻求帮助。

勇敢与无畏

偶尔，父母发现难以同情和体贴地对待自己孩子的焦虑、惊慌和恐惧症，因为他们不能认同，正常的学步童可以有此表现。有些父母确实为孩子感到汗颜，视其为"胆小鬼"、"小乌龟"，或者"爱哭鬼"，尤其在今天这个社会，如果那是个男孩子的话。

整理思路，想想看勇敢与无畏有哪些明显的区别，或许能对你有帮助。勇敢意味着做或面对令你害怕的事情，一个勇敢的孩子也是如此，从定义上看恐怕是这样。要求你的孩子勇敢地接受打针或雷声，完全合理，但如果你要这样做，一定只能是因为认识到他在害怕，然后明确表示，你看到并欣赏他所作出的努力。但如果是不允许他表现害怕，不会使你的孩子这次表现勇敢；不承认存在任何可怕之事，还要首先勇敢面对，不会使他下次表现勇敢。

孩子要独自进行冒险活动时，在安全的前提下尽量让他自由进行。

从定义上看，一个不知所畏的孩子没有害怕，所以，如果你想要的是一个无畏的孩子，别吓他。设法让一个孩子冒险而无畏，想强迫他做那些令他害怕的事情，结果会适得其反。如果你拎起孩子，一路惊叫着下游泳池或下海，因为你想让他不害怕水，你确实在要求他勇敢，而且是极其勇敢。你越要求学步童表现勇敢，如果你也要求他藏起惊慌，他越有可能惊慌不已，他将付出更多努力才能如你所愿地表现勇敢。

如果对他施加许多此类要求，你的学步童可能经受太多惊慌和焦虑，而与你所渴望的无畏小孩形象渐行渐远。持续的压力可能使他的情绪跷跷板越发倾向于特别依赖的那端，与你试图鼓励的独立性南辕北辙。情况可以激化到使他不可能成为你希望他成为的那个有冒险精神的人，因为，你的要求使他时刻忙于设法得到你的保护和支持。

独立与挫败

学步童正迅速发展一种强烈意识，即成为一个有个人权利、偏爱

和手段的身心独立的人。他不再觉得自己是部分的你，所以，他不再轻易接受你对他生活的全盘控制。他想要表达自己的意见，而且他理应如此。他的"任性"表明他在长大，他感到目前很安全，可以尝试为自己安排事情。

学步童喜欢和同伴聚在一起，但需要成人为他们避免针锋相对的伤害行为。

可是，对学步童来说，生活实在是太难安排了。他还不太理解事情，他常想要做成人世界不允许的事情，他仍然非常小，行动能力也不足。他的独立努力不可避免地导向挫败。虽然有的挫败在所难免，但挫败太多会损害他的自尊心，使得他在愤怒中浪费时间和精力，而这些时间和精力他本可以更好地用于学习。

成人导致的挫折

成人会轻易挫伤一个学步童刚产生的独立感，即关于他自己想要成为一个独立存在的人的各种感觉，以及他的尊严。每当他感觉受到缠扰和压迫时，便会坚持己见拒不让步，任何问题都可能引发一场争吵，可能是他的盆或者他的衣服、他的食物或者他的床。如果他感觉你很坚持，他也将不懈努力；但是，如果他感觉自己可以有所挑选，控制自己的生活，他将使用那只盆（也许），吃那餐食物（可能），待在床上（通常），随叫随到，得令即离开，而且喜爱这样。

无论成人多么尊重孩子的情感，仍有不计其数的情况下，你的孩子不得不被阻止做他想做的事，或是不得不做他不会自愿选择做的事情。他越能够在必要的强制手段下发展顺利，越能从中有所收获，所以，你不仅要培养显而易见的美德、乖巧、幽默和耐心，还要有演员般的才华。你要匆匆忙忙赶回家吗？把此时想要走路的学步童拎进童车，所有的痛苦将如箭离弦。然而，你若表现得好像拥有满世界的时间，只是为了乐趣，愿意当一匹马拉着他，那么，他会说服你跑，你还会尽快跑到家。

其他孩子导致的挫折

学步童（甚至婴儿）常对其他年龄段的孩子深深着迷，得到机

会时，许多孩子会建立真正而持久的友谊。但即便是学步童最要好的朋友们，也常使彼此感到挫败和伤痛，因为他们还不会从彼此的角度出发，理解彼此的情感。如果他们俩想要同一件玩具，情况可能是，两个人当中占有优势的那个孩子将得到它，另一个就会啼哭，成人将对两人略表不满。如果一个人要抱，另一个不想被抱，你可能左右为难，不知到底要抱谁。社交技能将在实践中提高。与此同时，不要期待学步童会自己整理关系，他们需要成人来维持和平，为他们向彼此解释——扯头发和互咬，毫无实际的学习意义。

物体导致的挫折　　学步童努力使用的物体常拒绝如他所愿的表现，因为他还没有非常强大，他的精细动作协调能力仍然不够精确。和物体较量，或者和令人挫败的玩具较量，一般是有教育意义的。学步童从中能了解东西愿意和不愿意做什么，这是他应了解的最基本信息。他可能为此挫败，因为他没办法把长方形积木硬塞到钉锤板玩具的圆孔里。然而，正方形配板不配合圆孔这个事实正是他必须学习的，对他隐瞒此类事实毫无意义。

他们还不会从彼此的角度出发，但是如果你为他们向彼此解释，他们可以重新开始。

有一点点这种挫败感，将使你的学步童继续尝试、继续学习，但很多时候，作用完全相背。如果他常独自面对不可能完成的任务，因而常遇到彻底失败，他就会放弃。随时准备介入提供帮助，当（仅在此时）你能看出并听出你的孩子正越来越受到挫败，因而越来越没有效率的时候，也应设法弄清楚他的问题是什么，提供会使他成功的最小帮助；仅仅替他做的话没有帮助意义。

小身体导致的挫折

当一个学步童明白如何操作物体，但因为他不够大或者不够强壮而无法操作的时候，他需要帮助。在此类情况下，对他而言只有伤心和放弃，没有高兴或学习。无论是为了快乐，还是为了他们的发展，儿童都不需要整屋高级玩具，但他们必须要有装备，装备必须适合他们的活动。学步童也许渴望推姐姐的洋娃娃婴儿车，但他太矮了，够不到把手；他也许渴望抛起哥哥的足球，但他太轻了，控制不了球的重量。如果他无法拥有一只幼儿卡车或者自己的婴儿车、充气沙滩球或者塑料"足球"，那么，他最好都别玩，直到他再长大些。如果他逐渐感到有可能够大、够强、够有能力安排他的世界，但那个世界大多数东西是难以控制的大物体时，至少他自己拥有的东西能够触手可及，这点非常重要。

有一天她将像大孩子们一样大，可是，今天，他们的游戏就是不适合她。

育儿体会

咬人或打人的学步童应受到回击。

那位母亲非常焦急担忧，她的孩子咬了我一岁的宝宝，尽管她赔礼了，但没有惩罚孩子，而且，当我这样建议时，她只是一味地提到孩子受到新弟弟的打扰觉得不快。设法理解孩子的感受以及他们何以有如此行为，这很好，如果这有助于防止他们做错事（我会予以些许同情，如果她让自己的小家伙咬点东西宣泄愤怒）。虽然我承认我希望看见那个孩子受到惩罚，因为他伤害了我的孩子，但我想：类似她这样的父母忘了管教的主要内容，以恰当的方式惩罚做了错事的孩子。比如我的小男孩因为说脏话，已经得到用肥皂水洗嘴的惩罚，而且，如果他咬任何人，我肯定会咬他一下，让他明白这是什么感觉。

咬人，是孩子学步期的侵略性行为，也是大多数父母最担心的。当然，用重物砸人甚至踢人，可能更危险。但是，咬人伤害情感和肉体，威胁受害者又激怒他们的父母。咬人的人，有的偶尔被日托所、游戏组或者幼儿园开除，他们的父母为此感觉像被社会所遗弃。对咬人行为予以惩罚，因而比其他过失行为的惩罚常见得多，你对幼儿的不良语言的回应方式不正常，但是"回咬他"的争论此起彼伏，情有可原。

当一个婴儿或幼儿咬人的时候，他必须即刻得到教训，明白咬人是不可接受的行为。牙齿（和"爪子"）是所有年幼哺乳动物的天生武器，所以，小孩子"本能地"不知道禁止咬人（掐人和拽头发）。你把婴儿抱开乳房，一声坚定的"不许咬"，或者把学步童从你腿上或另一个孩子身边抱开，同样一声坚定的"不许咬"，都是在传递这个信息。他不必理解为什么他不能咬人，只要知道他不能咬人即可。即便你不认为成人咬小孩的办法很野蛮，然而为了"让他明白这是什么感觉"咬他，和疼痛一样毫无意义，因为他没有了解到重点。一个孩子有可能站在其他孩子的角度，明白他们的所作所为及其后果之间，他们致使别人的感觉和他们对自己的感觉之间的任何联系，最早出现在三岁。

事实上，因为孩子大多数通过示范模仿来进行社交学习，想要用回咬的方式（或类似疼痛的处罚方式），使他们学会不要脾气暴躁，这是难上加难。如果他的父母这样做，孩子如何能明白咬人是不可容忍的行为？要成为果断自信而非逞强好胜的人，孩子必须知道，任何人都绝不允许（在家里、日托所或者教室里）故意伤人。小孩子之间不允许回击报复，而成人和孩子之间，我们称为惩罚性的报复行为也不允许。

如果受到暴力惩罚，会使孩子更有可能变得蛮横暴躁，被鼓励向一个专用垫子或者拳击沙包"出气"亦然，无恶意的暴力仍属于暴力。尽管这个活动让一个逞强好胜的孩子得到宣泄，今后生气或感到挫败时便会以身体回应。他需要成人明确否决一切暴力。

咬人肯定会停止，但是成人从孩子的角度来解决是降低和扭曲原则。成人阻止，他们就会停止逞强好胜的行为；关心受伤的孩子，体贴两派人士的情感。当孩子们开始说话时，帮助他们学会和彼此谈判，作为平等的两个人，而非攻击和受害者："我们不咬人（或打人，或抓人），我们彼此交谈……"

脾气发作

尽管学步童容易脾气发作人所共知，但是年幼如9个月大的婴儿也常脾气发作。有的父母承认，仍然会在超市满地滚，不讲理到跳脚的四岁孩子，实际更多。

不要把孩子的每一次生气或反抗表现归为脾气发作。学步童会非常执拗地甩开手、嘶吼，甚至跺脚或走开，以至于你无法把他们放入童车，但这却不是脾气发作。大发雷霆很特别，相当于感情跳闸，完全勃然大怒。一旦脾气发作起来，就不是成人可以打断，或者孩子可以要求停止的事情了。当学步童内心有很强的挫败感，常夹杂着惊慌或焦虑，累积成满怀紧张的时候，只有一场暴怒才能得以宣泄。偶尔累积过程缓慢，也许你在午后回想到午餐时他脾气蠢蠢欲动，而你幸运地渡过这一关，直到他入睡也没有发作。但是，偶尔他脾气爆发迅速，令人料想不及，确实犹如孩子的保险丝短路，因为有人按了错误的按钮。脾气发作的过程中，学步童被自己的内心愤怒淹没；失去对世界的联系，被自己无法控制的激烈情感吓住。无论学步童的脾气发作让你多么讨厌，但对他而言伤害更大。

孩子大发雷霆的行为表现千差万别，但是你的孩子很可能每次表现得相似：他可能在屋子里横冲直撞，无法无天，声嘶力竭。记住，他暂时失去了控制，所以，任何他途经的可移动东西都将飞落摔倒。如果你不保护他，他甚至会冲向水泥墙和厚重的家具。他可能把自己摔在地上，扭拽、踢踏和嘶吼，好像在和恶魔作战。任何接近他的人都被遭到踢打，所以一定要小心。如果你试图把他抱起来，他可能声嘶力竭地怒吼到声音沙哑、干呕，甚至呕吐。他还可能会嘶吼得面色铁青，因为他一直在呼气，此刻，他不能再吸气。脾气发作时，呼吸受阻最危险，父母应非常小心地去避免。孩子可能屏息太久，脸色发白，几乎失去知觉。他实际很可能以此伤害自己，在他产生任何危险之前，他身体的各种应激反应会强迫空气进入肺部促使呼吸急促。

应对脾气发作　　尽管脾气发作对于有的学步童来说如同家常便饭，但对于其他学步童而言，可能是偶尔或罕见的情形。无论你的孩子多么容易发脾气，许多时候可通过安排学步童的生活即可避免，于是，挫败感大多时候停留在他有限的承受范围内。避免脾气发作肯定是值得的，如果你能这样做却不用妥协自己的底线，因为它们对你也没有积极的影

孩子在真耍脾气时大发雷霆。你为之感到可怕，但孩子却感到糟糕之极。

当尖声啼哭逐渐平息到抽噎，先前狂暴的小怪善变成一个令人可怜的、需要哄一哄的小宝宝。

响。当你必须强迫孩子做他不喜欢的事情或者禁止他做喜欢的事情，尽量有策略地进行。当你能够看出他对某件事生气或者烦恼的时候，设法使这件事情变得容易些，变得为他所能接受。例如，他当然必须穿上外套，如果你确实这么认为，但是，也许他还不需要自己拉拉链？用绝对的"做"和"不做"挑战孩子、或者把他们逼到无路可退只有暴怒的行为，毫无仁慈和同情心，应为大家都留有余地。

如果你的学步童大发雷霆，记住，那愤怒令他惊慌得不知所措；要确保他不会自伤或伤人及其他。如果他从脾气发作完中清醒些，发现他碰伤了脑袋，抓破了你的脸或打破了花瓶，他认为这些破坏证明了自己可怕的力量，证明了在他失控的时候，你也没有力量控制他、使他安全。

如果你温和地抱住他坐在地上，也许最容易保护学步童安全无损。当他镇定时，他发现自己倚靠着你，惊喜的是，他发现暴风之后一切如常，他一点点放松地蜷缩在你的怀抱中。他从嘶吼到静静地抽泣，由狂怒的怪物变成一个可怜的婴儿。

有些学步童在脾气发作的时候，不能忍受被人抱住。身体的限制使他们的愤怒升级，使事态恶化。如果你的孩子有如此表现，不要坚持控制他，移开明显会被毁坏的东西，尽量挡住他可能迎面冲撞的物体。

■ 切勿试图和孩子争论或抗议。脾气发作不止，则无理取闹不休。

■ 切勿高声叫骂，如果你可能控制住。愤怒非常有传染性，你很可能发现，他每一次大嚷大叫都让你怒火中烧。但是，尽量不要加入（他）。否则，你有可能促进爆发，因为，学步童稍有冷静，即刻会想起你愤怒的声音，于是又重新爆发。

■ 切勿让孩子认为奖励或惩罚源于脾气发作。你想让他知道脾气发作的可怕，却没有为他带来任何改变。如果是因为你不允许他去后花园而发脾气，不要改变你的主意而允许他现在出去。同样地，如果你在他脾气发作前本来要带他出去散步的，应该在他恢复平静后带他出去。

■ 不要让脾气发作使你难为情得小心谨慎。许多父母害怕孩子在公共场合发脾气，但你不应让孩子感觉到这个担忧。如果你不愿意带他去隔壁商店，以免他为了要买糖果而发脾气，或者只要有客人在场，你就给他含糖精的甜食，以免普通的处理方式会刺激无理取闹，他将很快明白其中的原因。

一旦你的学步童意识到，他真的失控的脾气发作影响到你对他采取的行为举措，他肯定会学会利用它们，逐渐准备半蓄意地发脾气，

暂停真的有用，甚至对婴儿也是如此。

我不赞同打孩子，我也不认为像"不准看电视"这样的惩罚有好处，但是"暂停"真的有用。在我儿子两岁的时候，我们在门厅里放了一把暂停椅子，配一只烹饪计时器。现在他4岁，已完全理解这套体系。如果他看见我生气的样子，他会问："是暂停吗？"而且，因为他发现4分钟太久（长大1岁加1分钟），所以确实努力避免坐暂停椅。这效果非常好，我不想等太久才运用在第二个孩子身上。女儿现在快1岁了还不会坐椅子，但是有人建议使用"淘气床"代替椅子，于是把同样用途的旅行婴儿床借给了我。我把它放在客房，那里没有玩具或其他东西，当女儿淘气的时候，我会把她放在那里冷静一下。

暂停的本质是合理的，把孩子带出充满压力的无胜利希望的社交状况，让他（也许还有父母或照顾者）得以冷静，这样，他可以回来重新开始。成人常有类似的间歇情况，当他们自觉失去冷静的时候，例如在聚会上的政治讨论可能已跨越礼貌界线的时候，他们也许托词去洗手间。

在那些有意识地寻找替代踢打和掴掌等体罚方式的家庭中，暂停特别常用，而且往往很有效。在正式警告之后，一个还没停止令人痛苦的行为的孩子将自食其果，待在特殊椅子上或者在特定地方，没有玩具，也没有诱人的东西。他必须在那里固定待上几分钟，从他停止"夸张表演"开始计时。让这个孩子知道他错了什么，他本应做什么，以及他现在应该做什么补救（并为自己赢得解放）。而且，只要他配合，就不存在暴力或羞辱。不幸的是，许多孩子不愿配合，他们开始反抗，暂停性质即刻演变。如果你指挥孩子"去暂停区"，而他说"才不"，你要怎么办？强迫他去，也许他还会又踢又叫？如果把他放在房间里，他即刻冲出来，你要怎么办？抵着门？锁住门？瞬间，你仍在实行一种惩罚，尽管没有体罚疼痛，没有掴掌羞辱。

对于不愿配合的孩子来说，暂停不是个好办法。那么对于不会配合的孩子而言，因为他还没有长大或者理解力特别有限，这显然是个坏办法。被放进（依你所说）"淘气床"的婴儿实际上是在受到禁锢。即便他理解他在那里是因为他一直不停地扔食物，但他不会理解此次驱逐的时间有限，或者他的判决仅从他停止哭喊开始，至于这点，他可能根本无法按要求做。那么，你打算让他留在那儿，直到哭得筋疲力尽地睡着，或者只是等你冷静地做回一个成人？而且，除了感觉到一个人留在婴儿床里很害怕，这次经历能教他明白事理吗？

暂停可以是有用的，如果孩子能够配合，但是如果孩子配合，暂停不必具有惩罚意义。在花园里跑得满头冒汗，肯定比坐在角落里更有效。不过，对所有孩子来说，被成人及时控制和安慰比任何暂停方式可能更有效。其行为已经让人忍无可忍的学步童，不必向外推助，而应向内收回，他不必离开你独处，而应在你身边。如果，在年龄差距很大的游戏组里，他不能停止打人和顶其他孩子脑袋的行为，因为他微弱的自控力暂时消失，那么就需要你把他带离现场，把你的控制力借给他，直到他呼吸平顺、能够再次控制自己。

即教养不当的四岁孩子的典型特征。假设你的孩子不会发脾气，当令人不快却可相安无事的普通事件发生时，你似乎从未听过这些事情，继续给予奖励。事情看起来就这么简单，其实不然。有一位母亲，在她20个月的儿子要求她拿掉沙盘盖子时说："不是现在，你马上要洗澡了。"然后继续和朋友谈话。孩子拽了拽她的胳膊再次要求，但没有得到回应。然后他走去沙盘，徒劳地设法打开，但是他累得打不开，挫败得无法承受。他终于爆发了，当他脾气发作结束，妈妈安慰过之后，她说："我感觉自己太残忍了。那都是我的错；我竟没有意识到他那样渴望玩沙。"最终，她为儿子揭开了沙盖。

那位母亲的行为容易理解，但也是一个很具代表性的案例——如何不去处理脾气发作！当孩子第一次向她请求帮助的时候，她没有考虑这个请求便一口回绝。孩子揭开沙盖的动作，没有让她看出他是多么积极渴望在那里玩耍，因为她根本没有关注他。当然，她确实想通过最终让步，给学步童补偿，但此刻考虑已经太迟。尽管先前的决定草率，但她应该坚持原来的拒绝要求，因为，在脾气发作之后变成满足要求，那样就会使孩子认为，他的脾气爆发产生了他渴望的效果。如果，当学步童请求帮助的时候，她曾用点时间去倾听和思考，而不是当他哭喊的时候放弃，那么结果将使他们俩都比较受益。

从学步童的角度看，他在那些焦虑和愤怒情绪间翻腾不休，这很不容易。从学步童的父母或者照顾者的角度看，努力站在那个情绪跷跷板中心位置把握平衡，也不容易。但是，时间对每个人都是公平的。大量的情绪波动将随着时间而沉淀，那时他已变成一个小孩子。

他将长高长壮，更有能力、更会控制事情，那意味着他将在日常生活中较少遇到极度挫败。他也将有更多认识和理解，所以他的生活越来越少有令人惊慌的新奇事物。随着他变得越来越无畏，他将不再需要从你这里获得如此繁多的慰藉。逐渐地，他将学会畅谈他眼前所见到的事情，还有他思考和想象的事情。一旦他能这样交谈，他会偶尔接受你安慰的话语，不必拥抱安慰。在语言的帮助下，他还将学会辨别幻想和现实。如果他做到这点，他终将能够明白，大多数恐慌感的不真实性，和大多数你所施加的要求和约束的合理性。他将变成一个理智的、爱交流的人，只要你给他时间。

增进力量

学步童这个年龄段突出的活动能力是学习自己走路，这是一个真正的发展里程碑。最初孩子走起来摇摇晃晃的脚步，即是一个新的人正在演示，标志人类（这种动物）有别于其他动物最明显特征的进化过程——成为两足动物，只使用他的后腿直立行走，因而他的"前腿"能自由地做其他事情。不过，活动能力的意义不仅使得一个孩子能够走一段距离，穿过空间。四处活动还使得他理解距离和空间；协调亲眼所见和身体力行之事，精确那些自从他手眼协调之初（P199）一直努力的技能，例如判断距离，或认识三维物体的二维代表。

看着一个爬行的婴儿停下、站起来到走路，确实令人激动，灵巧的双手是人类最基本的遗传特征，也为直立行走姿势必不可少的。所以，如果你的孩子走路还需要辅助支持，应记住，他作为一个学步童仍在发展中，不然就不叫"学步童"了。他今天可以离开学步车练习独立走路，假如专项训练自始至终确保他的其余发展没有遭受扭曲。

第一次吃力地自己站起来到第一次穿越开放的空间，婴儿渡过了几个明显阶段。婴儿可能在他一岁生日时，已经企及这些阶段中的任何一个，每个孩子学会站和走的年龄有天壤之别，并且，绝不应试图着急跨入下个阶段。

面对无法一步跨越的距离，她尽力向中心移动……

学习走路的过程

以下每个阶段必须渐次发展，虽然一个孩子可能用几天完成所有过程，而另一个孩子也许会需要几个月。

第一阶段，对于已经可以拉着婴儿床护栏或重型家具站起来的孩子，让他学习"巡航"——双手摸着支撑物滑向一边，重心随之倾斜，接着，一脚前一脚后地跟进，直到重新站稳。他摇摇晃晃地把身体重心放在脚上，接受你伸手支援（P284）。

第二阶段，开创效率和信心倍增的"巡航"。婴儿离开支撑物一些，让所有重量落在脚上，而双手只用于平衡。当他想移动的时候，不再是双手同时滑向一侧，而是双手交替移动。这个阶段结束时，双手和双脚可有节奏地协调移动，所以，在交替的瞬间，他只依靠单脚单手支撑，身体其余部分在前进。

第三阶段，婴儿移动能力的范围扩大，因为他在学习跨越两个相邻支撑物间的空间。如果家具安置得当，他现在将能够在房间里绕一圈，沿着沙发后背移动，跨一步到窗台，再到椅子……他将跨过两臂距离内的间隔，但在他一只手抓住东西前，仍不会松开另一只手。

第四阶段，孩子第一次脱手迈步。现在，他将应对两个支撑物间一臂之遥的间隔。他会单手扶着第一个支撑物，两脚移至间隔中央，松开手猛地迈出一步，用另一只手抓住新的支撑物。一旦孩子能以此跨越短距离，也将能够独自站立，这一般在无意间发生。也许那一刻他手扶椅

然后，不顾一切地，向另一端守候着的安全新扶手迈出一步。

他一直前进，横冲直撞，但他今后是一个双足行走的人了。

背站着，你端着他的杯子正穿过房间，他没有思考过重力问题，正好松开椅子，举起手要杯子，他可能都不知道自己松开了支撑物。

一旦你的学步童可以脱开扶手走路，哪怕只是一步，转眼即可进入第五阶段。大多时候他仍扶着走路，但如果在自己和目标物之间没有方便扶手的家具，他也不会停下脚步，虽然困难，他仍会一摇一摆地两三步到达目的地。

第六阶段，他可完全独立行走了。他也许走不了太远就要扶一下或者在地上坐一会儿，但是，当他开始穿越一个房间的时候，便会直线前进，不管是否途中有扶手。

辅助孩子学会走路

别着急，别担忧！一旦孩子能够自己站起来（第一阶段），你即可安心，他终将会走路，无论表面进展似乎多么缓慢。他可能满足于爬行带来的行动能力，也可能正全神贯注于其他方面的发展，例如手工游戏，或者开始说话。让他慢慢来！

创造机会练习已经到达的阶段，而非强迫他尝试下一个。例如，当他到达第三阶段的时候，你可以偶尔调整家具，使他感到新鲜和有趣，于是，他发现自己可以绕着房间转，甚至从一个房间到毗邻的另一个房间。在第四阶段和第五阶段时，他可能会喜欢冲进你的怀抱，如果你跪在几步远的地方，张开双臂邀请他一摇一晃地走进你的怀抱。

保护孩子别摔倒。他习惯了从坐姿歪倒的碰撞，但从站姿跌倒会吓坏他。尤其，如果他磕碰到脑袋，这连续发生几次的话，会使他连续几周失去兴趣。

滑脚的地面让学步童难以独立行走，犹如我们行走在冰面上。光脚最安全，因为他可以感觉到地面，并使用脚指头平衡。普通袜子在硬的地面上非常危险，而在他自由的户外行走之前，他根本没有准备好穿鞋子（P345）。

有吵闹的大孩子在旁边玩耍时，对他来说，活动中心地带感觉非常危险。务必确保学步童在练习走路的时候，没有"人造火车"在身边撞倒他。

不要担心暂时的倒退现象。就算有几周或几个月里，你的孩子似乎丝毫没有走路的意思。因为他那时全神贯注于别的事情，或是专心解决短期紧张，还会有临时的行走能力看似倒退的时候。

短暂却突然的急性病症，比如中耳炎，可意味着几天高烧和最小量

育儿备忘

站起来，重新审视安全。

在孩子开始活动之初采取的家庭婴儿防护措施，一旦他站立起来就不适合了。回想当初看似不必要的安全小装置，现在迫在眉睫。例如，落地窗安全扣或护栏，所有大门、车库门、花园门的新锁，不能让突然长高又站起来的孩子够着。

除了小装置的安全问题，此时还应重新审视所有孩子曾使用的房间。以前他坐着够不到的，现在站起来踮脚可以够着的东西，还有以前当双手作用是稳定身体时做不了的，现在凭脚站立双手空闲时可能做到的事情，都有一定的危险，一定要仔细检查。他现在会拽高出头顶的电话线、熨斗线，或水壶线吗？要是你不降低底盘，他有可能跌出婴儿床外吗？他能踮脚时靠近灶台外边的盘子，或者够到咖啡桌正中间的热饮吗？

学习走路，也使得那些会翻倒的家具具有了一定的危险性，如果你的孩子试图拉着它站起来的话。重量轻的轻巧家具，比如衣帽架或雨伞架、普通落地灯和高脚凳，具备非常明显的危险性，但许多直立的普通厨房或餐厅的椅子也会翻倒砸在他身上。如果孩子抓的是椅背，而非座位，尤其，如果椅背上有一件厚夹克衫或包。翻倒的家具越重、边缘越锋利，婴儿受伤、受惊的可能性就越高。

孩子不可能学会摸着家具走却不用扶着家具站起来，所以，禁止拉靠家具不是办法，你

必须使得这件事情安全可为。尽量移走所有不稳定的小家具，至少等到你的孩子可以不用扶手自己站起和蹲下，选择长沙发和重的咖啡桌等低重心的家具。如果你不想移走落地灯，也可把它塞在重的沙发座下；如果感到高书柜不稳定，把它锚在墙上。

考虑为家具的拉起作用补充添置一辆学步小卡车。放在那些家具安置不便学步童摸着走的房间里，不仅可借助它站起，也可作为巡航助手，他还可以在公园使用，那里完全没有家具。显然，学步小卡车的设计很关键。一辆专为大孩子设计的推车或一个洋娃娃床不适合。因为，当你的孩子要拉着它站起来的时候，它会翻倒（于是他向后摔倒），而且当他尝试推着走路的时候，它会冲出去（于是他向前栽倒）。甚至有些宣传为学步车的，可能也有缺陷，比如一辆便宜的学步车，其稳定性取决于添加积木多少，而非本身重力和平衡中心点的话。一辆优质的学步车，不管带不带积木或者玩具熊，当孩子抓住手柄站起身的时候应不会翻倒，当孩子推车走路的时候也不会向前冲。学步小卡车可促进孩子安全，促使他发现初次冒险走路很有趣，并增加了行动能力。考虑到未来几年它可作为积木搬运车，第一个洋娃娃床或者独轮手推车使用，因此，最好在孩子一岁生日前找到一款合适的产品，这的确需要精心挑选。

从帮助孩子起身和到处走的用途上来说，一辆学步小卡车简直无敌了。

的食物或运动。在生命的这个阶段（这种实际结合情况）会大大减损肌肉紧实度、精力和勇气，以至于有几天倒退一两个阶段。如果他在生病前已自信地"巡航"，可能退回到爬和拉自己站起来的阶段。如果他已在支撑物间走两步，可能退回到"巡航"阶段。不必为此担心！他将重复所有的学习阶段，或许是几小时或几天，而非几周或几个月。

　　甚至一阵激烈的情绪或者高度紧张，也能导致婴儿放弃刚刚获得的行走能力。一次离开你，一次住院，或者新婴儿的到来，都有可能把他送回爬行阶段，甚至需要喝奶瓶。在他感到安全时，即刻再次前进。

　　当他到达第五、第六阶段，能够至少摇晃着走几步的时候，应记住，他仍然不能自己从坐到站。尽管孩子从这个阶段到达完全独立行走的过程基本无一例外地迅速，但是，你的孩子不能放弃爬行作为他通常四处活动的方式，因为他必须爬到实物边，借助它把自己拉起来，然后才能站起来。

初次行走　　　　一个刚会走路的孩子，没有刹车也没有方向盘。一旦他起动加速，便不会急停而不向前趔趄几步或精确地避开灯杆。在有限的室内空间里，他可能非常安全，因为他不可能加速到很快。但是户外开放空间，比如公园，虽然让他高兴，但是在川流不息的马路上或人头攒动的商店里练习走路，肯定非常危险。在大街上，最好让他坐在童车里由你推着走，把走路练习放在购物中心、大型超市的开放空间，或者回家途经的公园。

但是，如果孩子大多数的户外生活必须经过街道，或如果他不愿待在童车里，那么他得由大人抱着。牵手可能令你们俩都非常不舒服，因为你的胳膊没有长到让你的手能以舒服的角度牵着他的手，于是，他的肩膀一直向上拧着。而且这样扣在一起，他将不能按自己的爱好走走停停及向前冲。如果你使用缰绳，接下来几个月，你们俩会舒服得多，尽管缰绳往往遭受诽谤，说它们限制孩子的自由，实际上，缰绳为这个阶段的学步童扩大了自由的安全范围（P388）。

到两岁时，孩子的急停、转向和双腿控制力可能提高到一定程度，可以稳步走很长的距离，当然，孩子们在各个年龄段所愿意行走的距离长短有天壤之别。他也有可能完成站起来、走路、停，坐下等一系列动作，完全不需要大人的帮助。

边走路边做其他事

一旦他能站稳，可以拖着玩具走，而不是跟着玩具走时，非常有趣。

当孩子最初学会独自走几步的时候，依靠自己双脚移动的整个过程需要全神贯注，所以，他无法同时做别的事情。如果他想要玩具就得停止，坐下，拿起玩具，接着，经过一套动作，寻找可以拉自己站起来的东西，再次走起来。如果他想要听你说话，或看远一点的东西，他也会停止脚步，可能还会坐下来听或看。

然而，一旦孩子开始自由行走，假以时日，走路对他来说越发简单。到18个月左右，他将学会不用扶手自己站起来，而且变得非常平稳，可以同时关注其他事情。他将学会俯身捡起一个东西玩、抱着走，他将学会转头。于是，他可以边走边看，边听你说话。他也将学会回眸一瞥，而一旦他可以那样做，最常有用的就是提供一只可以拖拉的玩具。

学步童如何使用新的活动能力

大多数成人认为，走路是一种到达目的地的方式，大多数幼儿却不这么认为。不要期望你的孩子像大孩子一样走路，他不会，因为他不能。理解他行走能力的有限性和特殊性，即可免去你们很多的烦恼和摩擦。

对于一个学步童来说，走路不是一种前进活动，而是一个来来回回围绕成人身边的活动。你的孩子会在你不走动的时候走路最多；你走动的时候，他走路最少。任何日常照顾小孩子的人都同情这样的妈妈："他让我疯了！今天早晨我忙着收拾家务，他一直在旁边哼哼唧唧，当时我都要疯了。现在我闲下来可以和他玩了，他却横冲直撞到处'飞'，比蜜蜂还忙。"这就是有学步童的生活。孩子在早晨要紧随妈妈左右，因为他完全不知道妈妈接下来要去哪里。一旦她坐定不走，他即可去冒险，安心地来来去去。你的学步童也将这样做，当他确知你在哪里，知道他可以马上到你身边的时候，他最爱走路。

成人犹如本垒

如果你的位置固定，比如你坐在公园的长椅上，你的学步童一般会立刻离开你，朝任意方向对直走。除非附近有危险，否则，你不必起身跟着他。研究显示，刚会走路的孩子距离最远不超过60米。他确知你在哪里，他的向外行程到达个人距离极限时，他就会折返，重新再来，一般折返数次，但肯定行程越来越短。不过，在孩子投入你怀抱之前，回家行程可能已经结束。他可能走走停停，仔细检查一根小树枝或一片叶子，然后再出发，却根本不看你一眼，他会整个下午都那样做。

早期走路的问题

来来回回是学步童的天性使然，他有自己的逻辑，但可能与你的逻辑相互抵触，令人费解。你的逻辑是：如果你换个长椅或挪到树荫下，学步童仍然会走向你，并以此为新的基地。但是，你的移动总共四米，干扰了学步童的动线。尽管他能看见你所移去的地方，尽管他想要加入你，但他的内制运行轨道引领他回到你刚才的位置，而非现在的位置。所以，他站在原地一动不动，他甚至会哭。你可以呼喊，可以挥手，但无论你做什么，他都不会来。你必须回去，把他带到新基地，让他在新设置的轨道上重新出发。

三岁左右之前，学步童不会学习跟随或尾随一个行动中的成人，他会要求大人抱着走，每当你意欲停下脚步时。不幸的是，成人并非总能理解学步童这种稳稳地挡在面前、举起双臂要大人抱的行为，这不是因为懒惰或疲惫，而是出于本能的自我保护。如果你在动物园里观察过猩猩就会看见，母猩猩故意走开，它的宝宝立刻呆住，哭起来。偶尔，妈妈会生气地对宝宝呼喊，正如偶尔你对你的孩子呼喊一样，而她的宝宝只有等妈妈回来接住才会动弹，只有妈妈抱着才得以陪伴身边，你的孩子也是。

他高举双臂要大人抱，不是因为他不愿意跟着走，而是他不能。

许多次午后公园的愉快活动，都被学步童强烈拒绝走路回家而破坏告终。你知道，他并非累得走不动，他来来回回冲劲十足地进行了一个小时，看起来肯定可以继续冲回家。但是，试图迫使他这样做，就会导致悲伤难过。

如果你没带童车出门，也不想扛着学步童，也许可以牵着他的手，这使得他待在你身边，可以走一段较短的路途。但是牵手还不

在他学会跟随你之前，只有如
同救生索似的一抱才能使他待
在需要的地方——靠近你。

够，走路过程会很慢，可能会不时地一惊一乍，孩子走走停停，你要拉他回来。如此几分钟，对你们俩已经足够，学步童会挡在你身前，几乎把你绊倒；高举着手臂请求抱一程。你也许失去耐心，一手拽他向前，或决定松手，让他随意走。他不会，因为他不能。

你不管他，继续缓慢前行，学步童会落在后面，停下脚步，走到一旁，还可能坐下。他的行为看似故意戏弄人，而大多数人会这样认为并告诉你继续向前走，因为"他看见你是认真的，就会立马追上来"。但是，你的学步童不知道如何追随你。如果你真的大步向前走就会丢掉他；如果你慢慢走，就得不时地回头，找他回来，再走上正确路线；如

育儿信箱

哪种安全装置适合一个还没有方向感的学步童呢？

我18个月的女儿刚刚开始走路。我们住市区，所以，她的外出地点基本是在马路上和商店里，由我或者保姆带着。让她牵手走路不会总是那么容易，而让她自己走显然不安全，所以，我们需要使用些安全装置。缰绳和腕带，哪种更好呢？你推荐幼儿无线对讲机吗？

首先有必要确定你们要避免的危险，然后再确定哪种（如果有的话）安全装置有帮助。

你所说的这种外出非常危险在于两方面。危险之一是，孩子摇摇晃晃或跌跌撞撞地走上马路，或者钻进停车场的车肚下，或者商店前台。危险之二是，离开你或保姆并迷路，甚至遭到诱拐。无线对讲机意不在保障孩子免遭公路意外，对这么小年纪的孩子来说，可能也无法防止他在人群里丢失。如果要让这些电子安全装置对任何父母有实际意义，也许是对那些可以放心地在户外或公共空间玩耍的大孩子（比如五岁或五岁以上）的父母。

把学步童拴在陪伴他的成人手里，有助于同时避免这两个危险。尽管有的大孩子觉得腕带非常不体面，学步童穿上一套马具型走路缰绳当然更安全，也更安逸。如果一个小孩子在川流不息的地区，哪怕只离开你一步，连着你们俩的腕带便难以看见。如果有人从你们中间穿过，那个人会被绊倒，肯定会连带学步童一起跌倒。更有可能的情况是，以为腕带已被系牢，学步童从父亲手中滑下、落定地面，要跑到柱子另一边，却被脚上的腕带绊倒。穿一套马具缰绳，学步童就在成人身前，而不是旁边，成人可以看见孩子，大人和孩子之间没有能供路人穿过的空间。

再者，如果护具调整恰当，那些缰绳会很安全，不会造成摔倒。如果你的学步童失足，你可以收紧缰绳救他。如果他突然停下脚步，坐在危险的地方，你可以立刻抱起他到安全地带，护具会保证他垂直。

然而，即便他得到安全监护，也难免令人伤心，因为他的身高使他看到的只能是密密麻麻的成人膝盖和汽车排气管。这确实是学步童外出时遇到的基本状况。他也应能够以自己的节奏探索一个合理、干净、偶尔"自然"的环境，并来去自由（而非被迫）。实际上，即便他乞求允许一开始就走路，最好也让他坐进童车或背带里，带他去自由的儿童主题游乐场。

果一开始背起他，有可能帮助你节省时间；如果你总是带婴儿背巾、背带，或童车外出，并理所当然地认为，你随时想走，他随时可以坐上去，这更有可能帮助你节省时间、体力和愤怒。他不想离开你，他害怕失去你，而且会立刻惊慌失措——如果他认为失去了你。他只是请你帮助他，待在你们俩都希望他在的地方，那就是你的身边。

攀爬及其他力量探险活动

教会他下楼：在楼梯口停住，转身趴在地上，用脚一级级地向下爬。同样的技术也适用下沙发。

大约第二年年中，也许你的孩子对双脚站立非常熟练而确信，以至于你基本忘了6到9个月前他那些摇摇晃晃的步伐。转眼间，他将开始在各种走路方式中寻找乐趣，乐得咯咯傻笑，一圈又一圈地走，退两步进三步，最终跑起来，而不只是加快小碎步。一旦他可以跑，他即将会两脚同时离地跳跃，甚至能来一个踢球动作，但是，因为单腿平衡超过须臾仍非他力所能及，才有了这一记侧踢。

婴儿甚至在会走路之前，可能已经可以开始爬上椅子，或者临时未锁的楼梯，但是他现在能够走路，当然也就能攀爬。在15个月时，他会爬上楼梯，让他决定的话，可能还会试着爬下来。到18个月，他也许准备好尝试以手脚取代用手膝爬楼梯，一脚接一脚地往上爬。但是，如果超过三四层台阶，他恐怕会半路坐下来休息，小心后仰翻倒，所以，务必需要一直有成人跟在后面，但也有必要让他练习。此时，你也许可以开始教他爬下楼梯或台阶的安全方法，那将适用于他爬出床和沙发。在他快到任何准备往下爬的台阶边缘时，让他停下来，坐下，转身，于是，他趴着后退下楼。如果你像玩个游戏似的，把他转个身，趴在楼梯口，小心地在后面拉他的脚，如此反复几次，他可能就明白了。但他仍然需要帮助和监护，因为他一般会自己停止、转身趴下，却还是离楼梯口很远，他那时该怎么办呢？这时能倒退爬的学步童并不多。

学步童们对楼梯和自己攀爬能力的态度有天壤之别。有的会爬非常狭窄的楼梯，两岁不到就能一步一级台阶，不用扶手，假如有栏杆或大人搀扶，有的还会一步一个台阶下楼。对于三岁幼儿来说，学会爬楼之前必须具备全神贯注的练习，让自己安全地上下楼梯。

和大孩子不同，有些勇敢的学步童一定要爬楼梯，还有家具、建筑工人的梯子、大孩子的游戏器械，成人不可以认为他们知道自己的极限。如果一个四岁的孩子要爬到攀登架的顶部，当没有人奚落或取笑他的时候，他很有可能顺利地爬到顶端；但一个一岁的孩子这样做的时候，情况可能是，顶端高得令人不舒服，他不知、也不会或不能记得自己是如何开始的，只好一直牢牢地抓住。如果想要攀爬，他应学会选择自己的预定目标，提高自己的技术，所以，不要禁止他去爬一层梯子或台阶，教他选择安全的攀登物。然而，无论你多么谨慎地选择可供他玩耍的儿童安全地带，仍要时刻小心监护他，若未来两三年没有发生过丝毫麻烦，那简直幸运之极。也许你的工作只是保护他免受意外伤害。

找到跑跳的信心

学步童过两岁生日时，单纯走路可能不算是一项挑战了，但是跑步仍有存在刹车和方向的问题。他可能喜爱玩追跑游戏，但需要一个有同情心的成人，而不是一个有竞争心的哥哥陪玩，因为，他还要过几个月才能快速地起跑，回看追跑者，躲闪抓捕。他将很快能够玩突然起跑与停止的游戏，比如"祖母的脚步"和"木头人"，玩得极其投入。而且，他也许非常喜欢自己敏捷的"站起坐下"新技能，如果他能得知"音乐蹦跳"和"摘下一朵玫瑰花"等游戏，简直会顷刻沸腾。

有的孩子一出生即对音乐和节奏有反应，到他们两岁时，其中大多数的孩子每次看见姐姐和成人在跳舞，也会随之舞动。即便是你的文化或环境中，跳舞并非常态，也值得确保让小孩子跳舞的状态，既可独自跳舞，也可和父母或照顾者一起跳舞。一旦你的学步童开始有节奏地抖动双脚和膝，他将感觉到髋部、双肩和手臂一齐起舞；这令人欢乐，也锻炼了孩子的控制力和协调力。

当你的学步童度过了两岁生日，你会注意到，只要他试图用身体动起来，他的动作会逐渐变得更干净、更精确而可预期。他还将开始能够把几套复杂的动作组合起来，进而可以双脚离地跳跃（短暂的两三厘米），用脚尖走路。转眼间，他甚至能够骑小车玩具，用脚划地前进，对于一年前几乎还站不稳的人来说，这可真好！

练习说话

　　学习理解与使用口语，是学步童从婴儿期升级到儿童期的关键内容。在他能说话之前，许多人只把你的孩子当作婴儿看待，必须使用特殊手势，一两个词，大量身体接触来"对他说话"，还要以理解性的个人能力倾听他。他在呜咽是因为他需要什么？是累了吗？饿了吗？厌倦了？

　　口语的实用性在家里得到鲜活运用，当17个月大的婴儿坐在汽车座位上开始大惊小怪的时候。"亲爱的，这是什么？"妈妈尝试交谈地问道，以为他感到厌倦了，没有期待认真回应。"蜜蜂。"他大声回答。实际他的衣袖上没有蜜蜂，虽然不必有人证实蜜蜂真的存在，但谈话让他感到愉快。

　　一旦孩子能够真正理解并使用口语，你即可与他讨论眼前所见的事情，比如调皮狗追淘气猫上树；此刻不在但会出现的事情，比如即将下班回来的妈妈；从未"存在"于眼前的事情，比如雷、电，或欢乐。

　　言语不单是一个人说话，语言为人们交流所用。一些单独的词汇本身甚至没有实际意义，就像你在语言不通的国家使用一本词汇手册的感受。查手册、拼凑出重要问题很简单，例如，"请问厕所在哪里？"要是你无法理解回答，生搬硬套来的问题又有什么意义呢？此刻，对于你的学步童来说，理解语言比实际说话重要得多。一旦他真正理解，便会与你交流。如果你试图在他理解词语意思之前，教他模仿单词声音，那是把他当作鹦鹉对待，而不是一个人。

说话时间表

　　说话很重要，尽管如此，由于每位父母亲都明白这点，于是对于孩子"迟说话"的可能性不无担忧，尤其对所谓"迟"的界定几无争论。根据交流对象的不同，你也许期待孩子说第一个词语的年龄在7个月、10个月或15个月；期待他说50个词语的年龄在18个月、24个月或30个月，而听到词语组合的年龄在16个月、24个月或30个月。如果你参考最通行的综合发展测试——贝利婴儿发展量表（Bayley Scales of Infant Development），看看孩子说出两个单词的普遍时间，你会发现答案是"14个月"，但也会发现它能从10～23个月年龄群中获得。这个落差范围的原因有天生的，有养育的，还有真实的个体孩子。这三方面在双胞胎中表现得尤为明显。

双胞胎说话

　　早产，一般意味着较晚开始说话，最久也许不超过3岁。双胞胎常会早产。早期的说话能力很大程度上取决于婴儿得到有爱心的成人单独交流的时间长短。双胞胎便可能会时间减半。父母说话风格是开放式的，还是控制型的，也很重要。应对双胞胎（或者年龄相仿的兄弟姐妹）时，会产生一些复杂的交流模式，包括父母同时对两个孩子说话；对一个说话，让另一个听着，两个孩子立刻同时说话。总之，必须对非常失控的场面进行某种控制。年幼的双胞胎常像一个语言团队，各人回答一半成人的提问；竞相争取发表第一个评论，语速比大多数独生子女要快（但愿）。

说话迟　　　　假设你的孩子倾听人们交谈，听到说话内容，并且理解语言明显越来越多，那么尽量不要担忧他自己的词语出现缓慢这件事。强迫他模仿你的言语，或者只有说想要东西的名字他才能得到，将使得交流游戏失去乐趣，让他感到自身能力不足，于是更为减速。切记，一般男孩开始说话稍晚于女孩；双语家庭的孩子开始使用每种语言时，产生词汇会较少；而有年龄相仿的哥哥、姐姐的学步童，需要在普通时间之外有更多单独交谈的机会。应对各种情况时万变不离其宗，那就是让孩子和成人进行很多有趣的交谈。

　　　　如果你的学步童两岁半仍不说话，向社区内设有儿童发展测试的健康专业机构征询建议是明智之举。此时有必要作听力检查，因为，即便此前听力一直正常，但耳疾不断复发足可减损听力到推迟说话的程度。还有必要为自己进行心理建设，说话延迟不存在发育方面的原因，例如一种（极罕见的）被称为"特定语言障碍"（Specific Language Impairment）的情况（P504），必须接受专门的语言理疗师治疗。不过，情况仍很有可能是，现在还基本不说话的学步童转眼就变了，如爱因斯坦到3岁才开始说话，他的父母当然也会为此非常担忧。

帮助孩子获得语言　　　　像婴儿一样，学步童天生对人的声音感兴趣，自然会倾向聆听。你可以像早前那样，以此基础上培养能力：

　　　　■ 尽可能多、尽可能频繁地直接对孩子说话，并尽量使这些私人谈话仅限于你和他之间。如果你对着他和一个姐姐、哥哥说话或读书，在重复和解释方面，他得不到充分的可利用机会，也得不到独自聆听时提出那么多要求的机会。在你说话时，要看着他，让他看到你的脸和手势。

　　　　■ 让学步童明白你的意思，以说话配合行动的方式。"Off with your shirt."（"脱掉衬衫"）你边说边为他脱去衬衫；"Now your shoes."（"现在脱鞋子"）边说边为他脱掉鞋子。

　　　　■ 让学步童明白你的感受，以说话配合表情的方式。这个年龄不适合说风凉话，如果你热情地拥抱他说："谁是妈妈最头疼的小调皮啊？"

双胞胎一起工作、一起游戏，但不一定有太多交流。

倾听、交谈以及被理解，是破译语言的关键途径。

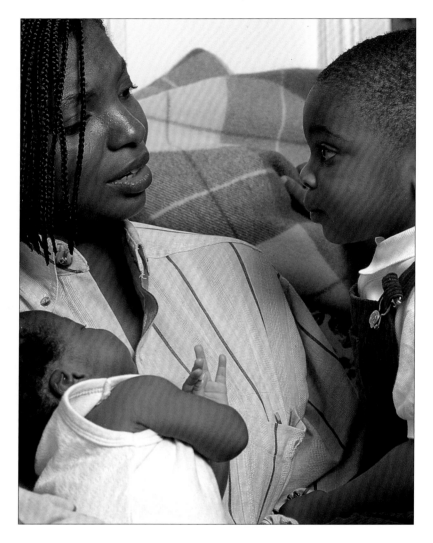

就会让他迷惑不解，你的表情明明是在说"谁是妈妈的小甜心"。

■ 让孩子认识到所有谈话都是交流。如果你自顾自地说话，却没有表现出想要等待一个回应或眼神；或者，如果你懒得予以回应他或其他家人，他肯定会认为，词语只是无意义的声音。

■ 不要把谈话当作背景。如果你喜欢整天开着广播，尽量收听音乐台，除非你确实在聆听（广播里的话）。如果你在听广播，让他看到，你正在从他看不见的声音中接收有意义的交流。

■ 做学步童的随身翻译。你会觉得，你比陌生人更容易理解他的语言；他会觉得，理解你和其他"亲密的"人比理解陌生人容易。

■ 让孩子理解你的整个谈话，是否理解你每一个词并不重要。如果你在烹饪，盘子放上桌后，伸手对他说："现在是午餐时间了。"

他会明白，午餐准备好了，就会去他的高脚椅。在没有那些系列暗示配合的情况下，他可能还不理解"午餐时间"的意思。

■ 分享热情、激情和重点。无论是代学步童发表一番爱意，或是惊叹一群稀有鸟类在空中飞翔都可，吸引并抓住他的注意力，刺激他试着理解你所说的意思，正是语言的特性。

为重要的东西标名

最初的词语几乎肯定是来自标名、人名、动物名，或与之息息相关的物品名称。在为一两个人、或许还有一只宠物标名之后，可能会增加一个最爱的食物或玩具名。这不会是一个由饥饿原因产生的食物总称，比如"晚餐"。饥饿会引发啼哭，不是说话。这会是一个特定的食物名称，一般与特定情绪息息相关。尽管由于发音困难，学步童常会缩短和简化他们理解并想要使用的词语，所以，甚至连父母和照顾者也只能通过当时情况或不断地尝试来确定孩子要表达的实际意思。一个小男孩使用"buh"指代"bottle"、"biscuit"、"banana"以及"book"（瓶子、饼干、香蕉和书）。在晚餐时，这个词犹如一个集合名词，因为能同时得到这几样东西，但在别的时候，一声"buh"各有其义。他的照顾者可能充满感激之情——当瓶子、饼干、香蕉有更明确的声音，留下"buh"代表（只代表）书的时候。

许多孩子在两岁半之前，语言能力最多发展至此。新词起初常出现得很慢，逐个增加，也许速度只有一个月一两个词。但是，孩子一直在累积语言理解力，往往两岁一过，终于说出一连串话。常见情况是，孩子在18个月仅说出10个词，半年后大大提高，比如说使用100个词。

新涌现的词语，几乎无一例外是关于他自己，或令他关心的事物。如果有成人帮助，他将学会自己身体部位的名称；看见梳子说"梳子"，推开毛巾说"毛巾"，离开婴儿床说"床"。当他的词语范围逐步扩展至自家房屋以外，仍将是于他有重要意义的事物。他可能学会那些自己喜欢喂食面包屑的鸟类词语。如果他常和成人一起天天接送姐姐上下学，就会谈论关于姐姐和学校的事情。

尽管这些单词都是孩子所见熟悉事物的简单标名，不过，随着他自己准备进入下个语言阶段，他使用这些单词的方式日益多样化。你可以通过关注他所说的词语以及说话的方式，一直从旁辅助。他可能为家庭宠物"dog"（狗）起个名字，你知道他指的是一只狗。但下次，当他看见狗穿过花园时，会用疑问的口气说"Dog?"（狗？）。回答这个问题：告诉他狗要去哪里。他甚至可能用一个词作道德判断。看到狗在扒

世界上每件东西都有名字。

你的花盆，他会以深深指责的语气说："Dog！"（狗！）。一定要态度明确，你理解他也赞同他，那只狗确实非常调皮。

每次使用一个单词以上 一旦他获得较多单个词语，学会以多样化的语调和意思使用它们，你的学步童不用任何刺激，便将进入两个单词阶段。不要把他的自制多音节单词混同于这种新的更高级的语言阶段："Up-you-get"和"give-me"连起来说的时候，分别表达一个独立完整的意思，不能拆开来看成三个或两个单词的词组。不过，有些学步童确实知道词组，从亲密的成人话语中学会并练习（以各种语调结束）那些经常重复的短语。一个两岁的孩子认真地赞美妈妈制作的可口薄饼，使用爸爸和爷爷那样的语句，但语气却不同："地道的口味就是这样，亲爱的。"

不要期待你的学步童初次自创的短语会符合语法。他必须决定如何增加一个词，他是为了用更完整或更确切的意思交流，不是为了说得更"正确"。他不会从"ball"（球）变成"the ball"（这个球或那个球），因为，"the"对于他想说的这个球而言没有实义，他不会说"John ball"（约翰球）或"more ball"（更多球）。不要试图纠正他，如果你这样做，将约束他与你交流的乐趣。要让他感觉到，在这个困难的交谈工作中的每一分努力都是值得的，这点很重要。当他说"ball？"（球？）时，他可能是指诸多东西中的一件，但当他说 "John ball？"（约翰球？）时，就很容易猜出他的意思——"这是约翰的球吗？"或者"约翰愿意玩球吗？"

两个单词的短语，能使得你更容易理解学步童的思考过程。例如，你有可能看到，他能够开始想到此刻看不见的东西。如果他走在房间里说"Ted？"，"Ted？"使你猜测他在想他的玩具熊，可是，一旦他边徘徊边说："Where Ted？"你知道他在寻找玩具熊。你也可能从他的表达中听得出他正逐渐形成早期概念（P402）。他称所有动物为"pussy"（猫），几周之后，他可能看见一只德国牧羊犬后以惊疑的语气说："Big pussy？"（大猫？）虽然他还没有获得专指狗或其他非猫科动物的名词，但确实已经具备了猫的概念，并意识到不适用于这只大狗。

句子和语法 一旦你的学步童开始制造并使用两字短语，他将很快再增加一到两个单字，从而组成句子。他说的话有些可能令你吃惊，因为，他不会拷贝从你那里听来的事情，而是严格按照交流和语法逻辑规则进行，但这个语法一般和你所使用的语言的"正确"语法完全不同。

不要试图纠正孩子的语法，这没有好处，因为他不会按你的指导调整自己的说话内容。反而有不良影响，因为你的否定将扑灭他的兴趣。他需要感到自己交流的任何信息本身就受到欢迎，所以，倾听他即可。

听孩子的语序。他基本上不会颠来倒去，如果他想对姐姐说她淘气，他会说："Naughty Jane."（淘气简）。但是，如果他想对你说姐姐淘气，他会说："Jane naughty."（简淘气）；如果他想告诉你，他刚才扮演一辆汽车，他会说："See bus."（看汽车）；但如果他想让你快来窗口、自己看汽车，他会说："Bus, see."（汽车，看。）。

育儿信箱

如何掌握婴儿式说话的尺度？

我们的女儿Lucy18个月了，很爱说话。最近，她13岁的姐姐指出，她爸爸和我都使用了大量"令人厌恶的婴儿式说话"。两个姐妹交谈时，犹如两个成人对话。实际上，她看似使用能想到的最长句子，我也必须承认，Lucy依赖每一个人。她成功地使我们有所意识（我确定这是她的意图），但她是正确的吗？如果我们不再说婴儿式的词语，普通说话对Lucy是否更好呢？

Lucy在家里有如此多样的谈话机会，真幸运，特别是还有一个少年的姐姐和她玩，而且，很长的多音节词促使她谈兴浓郁。

婴儿式说话在父母中是普遍现象，没有语言限制。婴儿一般单调较高，带很多疑问号，重复和强调。一般而言，婴儿喜欢这样。他们的注意力更容易被"育儿语"吸引和抓住，而非普通话语。之后，父母对学步童说话倾向用简单的语法结构，非常慢的说短句子，这似乎是明智的做法；毕竟，在我们努力学习另一种语言时，那种谈话方式最容易理解。而且，大多数语言学家认为，重复关键词，把孩子式的电报文扩展成完整句子，其实更促进孩子的语言技能。孩子："Cat up it."爸爸："That cat went up? Did the cat go up? What did the cat go up? Did the cat go up the tree?"孩子："Cat up it tree."（译注：孩子："猫走。"爸爸："猫走掉了？猫走掉了吗？猫为什

么走掉？猫爬上树了吗？"孩子："猫上树。"）

不过，"令人厌恶的婴儿式说话"可能指那种没有实际意义的普通谈话：使用"简化的"或不正确的词语替换正确词语。实际上，让一个孩子学说"doggie"并不比"dog"简单多少，而"duck"、"train"显然比"quack-quack"、"choo-choo"简单得多（而如今还有谁听见火车"choo-choo"的前进声呢？）。在家里谈话中使用一个学步童的"自制词语"（或错误发音词语），可能是友好的，令孩子自信的方式（而且一般也不会令人厌恶），但是如果人人都吃"yoggit"，讨论请一个"礼仪官"，也许Lucy到4岁时，在更正她和你之前，在公正场合很难为情。

最后，切勿因为你在试图简化一切而错误地教导她。鲸鱼不是鱼，不要因为它出现在有大海的图片里、具备很多她知道的鱼的特点，而叫它鱼。她可以应对这个事实，即鲸鱼是生活在水里的哺乳动物。而且，不要给黑猩猩（chimpanzees）或大猩猩（orangutans）错误地标名为猴子，如果你想用一个广义的归纳，应教她"猿"（apes），但为何回避那些正确名称呢？学步童欣然接受新词语，越有趣越好。所以，你自己教她认大猩猩，使你的大女儿不再批评你和Lucy的谈话，而教她所有已知的恐龙名称。梁龙（Diplodocus）、雷龙（Apatosaurus），他们一听就乐。

听孩子使用过去时的方式。大多数英语动词过去式在后面加"d"音。由于他超范围应用这条规则，所以学步童说："He goed."，"I comed."（应该是He went. / I came；他走了/我来了）偶尔，过犹不及，把"d"音加在不规则动词过去式后面，于是他说，他"wented"或"beened"。

听孩子使用复数的方法。大多数英语名词复数在后面有个"s"或"z"音。你的学步童应用这条逻辑规则到所有单词，于是他会谈起"sheeps"、"mans"、"mouses"。（应该是sheep、men、mice；绵羊、男人、老鼠。）

听孩子反复使用知道意思的短语。当他要把这些短语结合其他词的时候，他不会把第一对拆开以求语法正确。他已经一遍又一遍听到"pick up"、"put on"、"give me"（捡起来、穿上、给我）。现在他会说"Pick up it"、"Put on them"、"Give me it"。

听出那些孩子创造出来表达自己意思的美妙词语："Bellvan"是冰淇淋车；"Mummygo"是公文包。

一个学步童的早期句子就是他个人原创的电报文，这些句子源于他渴望交流感兴趣的、激动的事情，而不是模仿教学的成人。一个小男孩第一次去现场看足球比赛，一进场激动不已，抓着祖父的手说："See lots mans!"（看好多人！），成人会说"See what a lot of men."。他绝无可能拷贝那句短短此生最长的一句话，因为他造的句子和成人的句子毫无共性，激动之下，他自己编了个句子。

你的孩子会说他的语言，倾听你说你的语言。你即时而理解的回应他所说的事情，使得他一直喜欢和你交流，而你的正确言语始终对他有榜样作用，从而逐渐吸收为自己所用。当他冲进厨房说"Baba cry, quick!"（宝宝哭，快！），你知道他的意思是：小妹妹在哭，你得马上去小妹妹身边。你表示理解他的语言，但用自己的语言回答："Is Jane crying? I'd better come and see what's the matter."（简在哭吗？那我最好去看看出什么事了。）如果你坚持纠正学步童的电报文，让他"正确地"说事情，就会使他厌倦，耽搁语言发展。他没有兴趣更正确地说同一句话；他想要说新的话，让他以自己的方式说话，不要假装不理解他说的话。

如果你仅用他"婴儿式说话"回应，也会耽搁他的语言发展，因为你没有为他提供新的语料。所以，除了允许他有自己的说话方式，也要确保你有你的方式说话。允许他请求一块"biccit"，如果他那样说饼干；允许他告诉你，他已经"eated it"（吃完）。但是，你应回敬他一块"biscuit"，问他是否已经"eaten it"。只要你们俩彼此理解，只要你们俩彼此大量地交谈，一切都会美满起来。

游戏与思考

今天的游戏是明天的公务。

从幼儿的角度出发，游戏和学习没有分别，"为了好玩"才做的事和"有教育意义"的事没有分别。玩具和其他玩物很有趣，否则，孩子不会愿意使用它们，学习也无从谈起，但也是发现世界、获得成长技能的工具。在任何社会环境下，孩子都喜欢玩物，从中有所启发，但工业生产的玩具已成为西方社会主流。尽管我们为孩子购买的以及孩子希望我们买的玩具中，肯定存在竞争性消费观念，但不只是纯粹（更别提过度）溺爱。我们的孩子特别需要借助玩具，以游戏形式了解部分真实世界及其运行方式，而这些生活在现代西方都市环境中不可多得。

在其他地方（和时间）里，学步童和幼儿理解日常家庭活动的意义，并开始获得相关技能。牛、羊出奶，于是大家都有牛奶、羊奶喝；乐器可以弹奏，于是大家可以翩翩起舞。孩子们可以看见，并很快理解成人关心的问题，因气候异常导致庄稼歉收或屋顶漏雨，"使用"大多数成人的工具，从铲子到洗衣盆。相比而言，都市学步童接触不到大多数有意义的基本生活。生产工作在一处叫作"办公室"的神秘地方，离家很远，甚至在更隐秘的"市郊"。除了明显有用的生产产品，比如牛奶，还制造叫作钱的东西，也许是难以理解的纸，也许是看不见的电力。成人活动也很神秘，如开会或者喝特别的饮料，而成人的担忧更是费解：裁员或升迁的可能性；税率或按揭利率的变动。甚至，学步童想要参与的家庭活动，常还有太危险或太精巧的小装置，他们不能掌控。对学步童来说，洗手和晾衣可能很有趣，但对你来说，大多数洗衣的工作最好交给洗衣机，别让他碰。而且，即便他已经知道你的电脑，但他肯定知道禁止玩电视遥控器或录像机按钮。

你无法使城市高风险变成适合新人类的理想环境，但是，各种玩物肯定可以确保你的学步童理解隐藏在钢筋水泥背后的某些自然世界，以及隐藏在所有机械装置背后的某些事物的运作原理。商场里有千百种玩具，而开动一点想象力即可随处发现多不胜数的玩物。为你的孩子作出适当选择，取决于理解他的思考能力发展途径及其走向，也取决于把现有的可利用物品考虑进去。

1岁孩子的世界

1岁孩子的世界，即此时此地的现实生活。他还没有想象的困扰；他目不暇接地忙着理解事物，准备好接受事物原貌。他不可能应对过去或未来，甚至记不住昨天或计划明天。他的工作就是，认识来到眼前的真人真事。

关于五官所感知的现实世界，他已经了解得非常多。他可以认出熟悉的物体，比如他的奶瓶，甚至在视野没有阻挡时，从特别的角度看见它们。他可以认出熟悉的声音，即便没看到爸爸，也知道是他的声音。他可以识别许多事情的感觉，单凭寻摸就能找到自己的心爱物，如果你在烤蛋糕，香味会让他警觉到有好吃的东西，味觉将区别出他最喜欢的巧克力口味和其他口味。

但是，你的学步童对世界的解释并不总是那么精确，他仍有可能因为人和事没有按预期方式出现而认不出来。例如，他对你的体貌有清晰的期待，如果你换个发型回来，或者从游泳池的更衣室戴一顶泳帽出来，便与那些期待发生矛盾，他可能会不认识你，他甚至可能对你陌生又熟悉的样子产生警觉。同样地，如果他期待父亲每天从那个街角走回来，而父亲从朋友的车里出来，直接站在家门口，孩子可能继续望着路边等他。甚至当父亲冲他打招呼时，他可能疑惑地看看父亲，又看看他期待父亲出现的街角处。世界是一个不可预期的地方，只有此时，他才准备开始应对变化无常。

成为一个探索者

当学步童拥有探索的自由时，他基本不会感到厌倦。

在第二年上半年期间，学步童的所有新能力汇集在一起，使他学习变得容易起来。他是活动的，他可以去发现事物并锁定事物，都是你以前不可能递给他的东西。他已经看了那张桌子无数次，但现在，他可以从桌底下看它。他的伸手、抓握和放手能力都已经很娴熟了。他可以牢牢地抓着想要研究的东西翻来看去。他的发声非常喜人。他可以提问和声明，甚至不用词语，人们会回答他，为他讲解事情，演示并帮助他。很快，他自己将使用真正的词语，与前者结合，将共同促进他的理解，也促使他记住所发现的事情。他的睡眠需求略有减少，真正有东西吸引他的时候，他可以刻意醒着。于是，他有更多时间发现、学习，在探索中学习。当你让他自由地待在一间有趣的房间里时，他会从东跑到西，看看、摸摸、尝尝、闻闻、听听，他没有既定的观看主题。他像登山者登山似的检查一件物品：因为它在那儿，但是他可能一小时内检查一百样东西。

对他而言，几乎每件东西都是新的，所以他不容易感到厌倦，除非他被困在一张高脚椅或游戏栏中。如果那个房间在昨天和今天上午是有趣的，稍作改变，将使他在今天下午重新开始探索一通。餐桌刚才用于进餐，但现在空着；咖啡桌上有一堆纸，但被他清空的废纸篓已经藏起来。至于他自己的东西，曾乱七八糟散落着的积木已经整理好，他需要很久才能认出他的卡车，因为它已经四轮朝天了。

探索者变成实验科学家

一个学步童无法拥有超多的探索时间或超多样的探索物。他为了拿起东西而拿起东西，丢下是因为丢下有趣，放进嘴里以便理解，他在玩也在学习。

基本探索满足了，继而开始实验。他依旧拿起东西放进嘴里，但现在他目标明确；他在试图理解他能怎样操作，它们的味道如何？他抓、摸、扔、拧这个东西，看看会发生什么。他在反复进行基础实验。

那些实验逐渐教给你的学步童，在我们这个世界里控制物体行为的规则，称他为"科学家"并不为过。因为这些规则大多为真正的科学家，在几

她的橡皮泥在你的压蒜器里面会发生什么呢？

代人之前已发现、检验和解释。学步童不理解它们，但他们自己发现了。

他发现，他一松手，东西就坠落，总是向下，从不向上。他不理解地心引力的概念，但他发现这个永恒不变的现象。他发现，他一推球或苹果，它就总是滚动；但是推一块积木，积木却从不不滚。他毫无立体几何概念，但他正在学习接受它的规则。

水杯拿歪时，弄得一身湿；沙杯拿歪就不会这样。水会渗进衣料，但他一站起来，沙子就滑落地面。他不可能向你解释液体和沙子的不同特性，但他照样发现了它们。

发现群体特性　　当他明白物体表现各异时，学步童开始注意到，在他可以如何操作物体以及物体外观如何方面，都存在共性和特性。他有各种颜色和形状的积木，尽管它们看似不同，但他发现，他可以用任何或者所有积木搭建；那些积木彼此比较相似，但不同于任何其他东西。逐渐地，他将由此发现越来越多的群体类别：食物、动物、花朵。他刚会爬的时候，把家狗和猫当作玩具一样，错愕地看着它们跑开。现在他知道，那些宠物不是玩具，必须以新的方式对待它们。

形成思考概念　　一旦学步童认识到共性和特性，在心里使用它们分类物体，说明他正处于关键的智力发展阶段：形成概念。

成人归纳自己对复杂世界的理解，使用同样的分类方法但更复杂而精确。我们分类、比较、区分和归类无数物体、事实、人群、感觉和概念，"整理"我们所知的世界，并将此信息形成复杂概念。那些概念允许我们将新的信息与已知信息相互融合，在共享知识的基础上彼此间自由交谈。例如，我提到"昆虫"，你即刻知道我所谈及的范畴。我不必用前几分钟向你解释，昆虫是一种生物，不是人造的，比一头象要小。类似的，如果你说"妒忌"，我就知道，我们在讨论令人不舒服的羡慕和得失感觉，你不必向我解释妒忌的概念，因为我们都有此体会。

我们用语言为我们的概念标名，所以很难明白学步童的概念形成过程，直到或除非他们使用语言，而且，直到他们拥有不止一个单词前也不容易。如果你的学步童同时在分类并学习标名，你会听见他喊家庭宠物"狗"，然后，好奇他是否知道狗的概念。不一定，他起初使用单词"狗"，只是一种特定事物，单个动物的简单标名。要形成狗类的概念，他必须在心里把所有的狗，你家的、在公园里看见的、

她知道羊不同于猪和牛，她开始把这些动物归于农场家族动物。

绘本书上的狗、玩具狗都归为一类，为整个群体使用"狗"标名。当他认识到，尽管想象群体中的各个成员长相不同，但和任何其他东西相比，它们彼此更接近的时候才会归类、标名。你会猜想他已经到达了这个阶段，当他看到家狗，转而指向图画书有各种狗的图片的那一页。如果他最终说出类似："Dog, bow-wow! Horse go neieieigh!"（狗，汪汪！马，嘶嘶！）即可确定，因为他认出声音是区别狗和马的特点之一，以此类推每一群体所有成员（所有狗吠叫、所有马嘶鸣），并对比两个群体（狗不嘶鸣、马不吠叫）。

一旦他的思考力到达这个阶段，你的学步童将花大量时间在游戏中整理和分类，但他的概念形成还有很长的路要走。学步童式概念仍然与所见的世界息息相关。如果你给孩子看一张各种盒子装着各种玩具的图片，他将（或至少他碰巧喜欢时有可能）为你指出所有的狗或所有的汽车，但是他不会为你指出所有"漂亮的"、"重的"或"圆形的"物体。那些抽象概念出现得很迟。

形成抽象概念在第三年

抽象概念使我们得以指明并讨论缺席或想象的人和物，演绎并讨论概念而无需实物。两岁的孩子基本上还不可能做到，你的孩子大致理解"马上"等抽象概念，但他可能还需要具体线索，如"你吃完午餐，睡过午觉"，以便理解"今天下午"，而你所说的无一可以实际促进他理解长距离的时间跨度，比如"下周"。

但是，他正逐渐形成自己的抽象概念，思考和游戏方式越来越远离手中或眼前的实物。他开始能够想到熟悉的物体；他会记住这些物体，为它们的未来作打算。视野之外即记忆之外，不再绝对成立。呼唤他进屋吃午餐，他就能离开花园，吃午餐，之后完全接得上游戏。尽管那听起来似乎并不高明，但却表明他在思考力方面的显著进步。他在想象中有一幅自己的游戏画面，他在午餐中一直惦记着，盘算未来接着游戏并自己想出方案，无须成人提示。

变成一个发明家在第三年

一旦可以如此思考，想象力游戏即将开始。最初在游戏中表现的原创概念是极其重要的发展标志，但是，除非你警觉于此，它们会悄无声息地掠过。例如，把平底锅当帽子，对你来说并不新奇，因为你常看见孩子把平底锅扣在头顶上。但是，孩子却从未看过这件东西。他自己动脑筋，为自己的脑袋发明了那顶帽子。

早期想象力游戏，看似和数月以来的模仿游戏差不多，但是如果你仔细观察，就会发现这是想象力游戏。他在18个月左右时，喜爱由你分配一条毛巾，让他帮忙擦车。现在，一年之后，你看见他从衣帽架拖下一件T恤，沾一沾狗的水盆，用它擦洗自己的脚踏车。他不是在模仿一个擦车的父母，他在假装父母，他还发明了一条毛巾和水桶，假装玩具车是真的，想象自己是一个成人。

帮助孩子游戏和思考

如果成人提供游戏空间、装备、时间和陪伴，幼儿可以自己处理思考能力发展。你的孩子是一个科学家和发明家，太多的教导则剥夺了他的角色，你的工作只是确保他有各种实验室、研究工具和一个及时的助理。在安全和可接受的行为基础上，他实际用游戏材料做什么，也是他的事情。当然不能允许他在墙上乱涂乱画，或用积木砸朋友，但那不意味着应该让他在纸上画画，或用积木"正确地搭建"。他需要真正的科学家的独立性进行连续思考，准备好之前不分享。

尽管你有责任确保孩子有丰富的游戏设备，但不必在家里提供他所需的一切，或成为他游戏生活的主要成人玩伴。如果，在工作日期间，他整天在幼儿园，他会想要在家里时和你进行亲密的互动活动，而周末也许是主要的外出时间。如果他平常在家里，但身边有一个专门负责照顾他的保姆，他可能喜欢游戏屋，而不必待在你身边游戏。

无论平常是谁照顾他，无论你的确切安排怎样，在他的游戏可能性方面，尽量从全局把握平衡。例如，如果他一天没有在户外活动，"下

不要把孩子的时间安排得太紧，以至于不能安静地享受惊人发现。

班后"转一趟公园和游乐场，以及周末郊游很有必要，但是如果他这一天在满是幼儿设备的公园里度过很久，那么就需要你提供书和谈话。如果托管在一个群体中，那么没有竞争的安静时间会有好处，但是如果他平常在家，并且没有兄弟姐妹，其他孩子的陪伴将不可或缺。

确保学步童拥有的游戏主场靠近你或任何照顾他的人，位于客厅一个适当的可社交的角落，仍然胜过一个预期他独立玩耍的特殊房间。

如果你或其他孩子与他共享空间，务必确保他可以自由玩耍而不会陷入危险，或使自己不受欢迎。5岁的姐姐的许多玩物对他，和他对玩物都是危害，例如，聚会气球会被他捏炸，也会引导窒息。而姐弟关系将被严重破坏，如果他随时抢她的玩具，如果放到下一个游戏栏，即可保护大孩子（在里面）防止游荡的学步童（在外面），你和你的笔记本电脑或缝纫机也可融洽地放心在那里。如果空间很局促，或者你没有游戏栏，可以调整沙发或者移开衣帽架，给学步童创造一个安全的角落。

整理游戏材料 你的学步童无法尽兴玩耍，如果有人必须为他寻找想要的东西，然后找到发现一半没了。他的东西需要整理有序，像厨房或真正的实验室一样有条不紊。玩具收纳盒可以让客人看不见乱七八糟的景象，但也会使孩子找不到自己的物品。许多父母亲抱怨，他们的孩子有无数碰也没碰过的玩具。一般来说，这是因为玩具不完整、破损或只是被遗忘。尽量在他的游戏主场安放玩具架，为有条不紊而骄傲。大件玩具放底层，可以拖出来时不伤到脚趾；其他玩具可以直接放在架子上，看起来非常吸引人。必备的小物品集，如汽车、石头、计算器、农场动物，这些可收纳进纸箱、塑料冰淇淋罐或盆栽托盘，放置地点便于你掌控那些晚餐前两分钟被倒出来的，或者被更小的孩子抓着的东西。如果你把每一件玩具放在盒子外面，学步童将能够一目了然。

玩具的吸引力会很久，因为孩子不可能随时看见所有玩具。你的学步童会认为他有无尽的玩具，如果他的某些东西一直放在用过的地方。在厨房里，为他的"烹饪"工具设定一个专用抽屉，于是他不用打开你的抽屉。浴缸边放一篮子沐浴玩具，而户外玩具理所当然地放在阳台上或车棚里。尤其，漂亮的书、多块的拼图和音乐卡带可能欣赏效果最佳，如果放在客厅里，在成人的关注中使用，于是将他喜欢在床上玩的东西可以留在他的房间里。

在这个阶段，学步童仅仅开始在如何操作玩物或怎样结合起来玩更有趣方面，拥有自己的新主意。你可以为他示范，农场动物可以骑着玩具卡车，用积木搭牛棚。设定一只"针线盒"，由成人向里面有条不紊的玩具，促进全神贯注的创造性游戏，包括独自的和相互的。

存放有趣的包装材料，布头、纸管、塑料罐等等。要是运气好，这个盒子总是有多余的空间放一只新麦片盒，为玩厌倦了的汽车做一个车库，或者为失去新鲜感的洋娃娃做一件新衣服。

户外活动

以家为基地的学步童需要经常变换场景，尤其当天气或疾病等原因使他们整天待在室内。利用厨房或浴室进行涂鸦游戏，并且把冗长的时间分割成段，带他离开游戏主场地，或在起居室里听音乐，或在你的大床上翻滚。

户外活动非常重要，以至于可以去花园或院子的幼儿生活，和完全没有户外活动的孩子相比，有天壤之别。如果没有后花园，可利用任何室外空间。打造安全的阳台不容易，但一般可以从吊杆到膨胀螺

5分钟的户外活动可能需要10分钟时间准备出门，但为了内外变化，仍然值得。

钉挂钩拉一张结实的尼龙网。如果这张网可以承受你的体重，肯定可以兜住他的重量，即便他在设法往上爬。

户外活动是学步童较重要的生活内容。如果你的学步童托管在幼儿园，可能极少被带出外场，所以，他将需要和你在一起时外出活动。如果他和一个保姆在家，或者和一个托管者在家，你应多鼓励他外出活动，甚至最平淡无奇的外出也会变得有趣。他所处的年龄和阶段，正是把熟悉的路途和一天天发生的微小变化相结合的理想时机。他不会厌倦于接送姐姐上下学或者到本地商店去采购，即便是你已经厌倦了。昨天他看见了一辆国内汽车、一只狗、琼斯太太和一个流浪者；今天他看见一辆国内摩托车、两只猫、琼斯先生和一个送奶工。让他投入这个瞬息万变的世界，比如和琼斯先生打招呼，把衣服投进自助洗衣机，给鸽子喂饼干屑。如此，普通的小散步和精心安排的动物园游玩，他都将喜欢并从中有所认识。

公园和牧场的体验完全不同于室内或大街上。他需要了解风、雨、阳光、小草、泥土和树枝，有水坑可踩，有树枝可攀以及广袤的空间带点令人心慌的自由。世界上有许多地区的天气寒冷稀松平常，他需要切身体会它。为他准备防水套装和靴子，为保护他的成人准备足够的衣服和勇气，可使呼啸的风、雨、雪变成历险体验。

一个学步童俱乐部或5岁以下的儿童游乐场，可能是孩子最喜欢的地方，不过，带他去普通大孩子游乐场之前，你应谨慎考虑。不仅设备太大而激烈，而且幼儿园之外的拥挤人群和喧哗声可能会超过他的承受范围，他将发现没有宁静的时空适合他的小体验。他才刚刚发现如何用沙子做"饼"，结果一捧起沙饼便遭别人毁坏，从中没有任何有益的启发。

本地配套设施加上些想象力，即可产生很多户外活动，尽管它们并不都是免费的。许多设施，例如游泳池，非常适合日常上幼儿园的学步童，还有各种可以给予他们新奇经验的不可思议的公共场地，对于不想再来一场雨天行的照顾者来说也不算无聊。超市或大型商店，在学步童的眼里有如仙境，尤其，不用赶着完成任务实际购买而只是为了乐趣的情况下。那里四季如春，明亮，处处有人，有迷人的物品，而乘着手扶上、观光电梯下即可完成这次探奇。博物馆和画廊一般周末客流稀少，在主要城市周边，有些还是免费的，它们可以给你的孩子半英里的温暖地毯空间，他的照顾者也有机会观看展览。甚至你会惊讶地发现，你的孩子他也很想看。

谁踩在谁的脚印里？

你的学步童希望靠近一位值得信任的成人进行游戏，一般欢迎帮助和参与，但他不需要或想要直接得知该怎么做。他的游戏就是探索、发现和实践。如果成人坚持为他展示特定玩具的"作用"，演示"正确"的操作方法，为他还没有形成的问题给出答案，这是在破坏整个游戏。务必确保所有日常照顾孩子的成人理解，参与学步童游戏的艺术，在于让他扮演游戏领导者。假如成人的尊严允许当配角，那么，成人的陪伴可极大地提升他的游戏乐趣：

■ 助他一臂之力。他仍然非常小且能力不足。一般来看，他在心里有一个计划，但因为身体能力不足以负担而挫败。把你的协调力量、高度和重量借给他，但应确保，在他的问题解决时即刻停止。他想要你把花洒拎到沙盘，但他请你浇沙子了吗？

■ 即时搭档。有的游戏需要一个搭档，而这个搭档通常不是另一个学步童。他不会玩"追逐"，如果没人在他身后（慢）跑，他也不会练习翻滚和接球，如果没有更会玩的人。尽量，偶尔对此类游戏不限时。许多学步童必须纠缠不休地叨唠，才能使一个成人勉强同意游戏，然后在彼此矛盾的期待中玩不过10分钟就听到可怕的那句话"好了，就玩到这里"。你无法整天和他游戏，但是，即便有人负责陪他玩耍，也一定要尽量，偶尔他看起来愿意、甚至渴望表现自己，让他有富裕的时间游戏到自愿停止，他在持续的重复中学习。如果今天安排滚球，他需要一次滚一只球玩20分钟。

■ 不经意的演示和建议。他会采用任何演示和建议，假如不是命令的口吻，或者时机不巧。如果他在玩乒乓球，而你碰巧用一张纸卷成管状，那么，捡起球，为他演示一件有趣的事情，例如，让球从管子里滚出去。他自由选择采用这个建议与否，仅凭他乐意。如果他在玩蜡笔和纸，为他演示你怎样画点，而非乱涂乱画。他可能想尝试或可能不想尝试。但是，不要在他很投入地玩玩具熊的时候，在一旁忙

学步童画画，在于发现蜡笔做什么，如何让它们画起来。

着演示乒乓球或者粉笔。如果你这样做，即是在粗鲁地暗示，他正在做的事情毫不重要，你是在打扰他。

■ 帮助学步童全神贯注。他可能发现，对任何他认为特别困难的事情，如果还要端坐着的话，每次难以持续几分钟以上。那意味着，他将不能从最高级的新活动中，比如拼图或配对玩具，获得满足感。如果你坐在他身边，交谈、支持并鼓励他，他将能够持续较长时间，也许足以完成他所坚持的任务，从中获得极大的满足感。

■ 帮助孩子与不太熟悉的孩子相处。创造大量机会，大婴儿和小学步童可以培养彼此真正而持久的友谊，但相识的人可能是不易相处的玩伴。你的孩子将在和其他孩子一起游戏中感到非常愉快（及许多新主意），但除非他们彼此熟识，你应随时准备为他们俩指挥阵营。他们俩还太小，不会解决"为自己而战"或"公平游戏"，"轮流"或"礼貌待客"。他们需要彼此分开，这样既不会伤到身体，也不必看着"朋友"摧毁神秘的筹码组合或精心搭建的沙堡。给他们相同的材料，让每个人按自己的意愿操作，尽量少干预，两个人可能会玩玩停停，看看彼此，欢喜于彼此的存在。如果他们最终开始对彼此说话，而不是通过你让他们交谈，一段真正的友谊指日可待。

大孩子可以是学步童的极佳陪伴，假如成人没有期待他们时刻在一起游戏，迁就较小年龄水平的孩子进行游戏，大孩子也可以玩得很开心。严格按年龄分组，甚至逐年分组，为西方社会所特有，本身价值可疑，尤其现在兄弟姐妹一大家人各个年龄都有的情况已很罕见。

所有孩子都能从领导者和追随者的体验机会中获益，无论是婴儿或大孩子。当一群年龄不同的孩子在一起玩，而且没有了来自任何班级同龄人压力的时候，应鼓励团队游戏，但是每个人了解如何进行游戏后应从旁监护。一个从未和学步童一起游戏的8岁孩子，在抓人游戏中会主动让自己被"抓"3次，但在第4次，他渴望获胜的天性将战胜他对这个一摇一摆的小小孩刚产生的保护意识，游戏将在眼睛中结束。你可以有策略地（并祝贺地）提示，牵着最小孩子的手，让他们可以追上大孩子；带着最小的孩子轮流当观众，这样，其他孩子可以没有阻碍地进行游戏，最终，为全组找到一个游戏，每个人得到适合的角色，以自身所在的水平参与游戏。在沙滩上，踩浪花适合每一个人，从踩小浪花的婴儿（牵着你的手）到跳大浪的孩子。在家里，任何形式的"妈妈爸爸"或"医院"游戏，提供了各种角色，不过，别以为学步童会主动当婴儿或病人，他可能给一个7年来第一次主动抓住机会当婴儿的大孩子喂奶瓶。

不要期待学步童学会"谦让游戏"，他们需要成人代管友谊。

玩具与玩物

无论得到什么，学步童都会玩起来。他们需要原材料探索、实验，但（还）不在乎它是否来自玩具店，传自朋友，或取自废材料。逐一归纳你孩子应该拥有的千万件玩具是不可能的，因为这要看他已经拥有什么，以及愿意花时间玩什么。不过，这个年龄段的孩子喜欢并从中有所认识的玩物，各式各样，且形式可变。

自然材料

泥巴的脏兮兮，正是它的部分意义所在。

世界充满了隐藏着的小生物。

如果你的孩子将要了解世界及其运行规则，他需要了解哪些是天然材料，它们来自哪里。如果你住市内公寓、没有花园，你的孩子便没有机会自动获得那些知识。你有义务确保让他认识到，水泥是人造的，并非所有水或奶出自龙头、奶瓶或罐子。而且，重要的是，给他不同材料进行探索，忍受凌乱的游戏，使他得以发现它们是如何表现的。

水。玩白水、泡泡水、彩色水、热水或冷水，可让他明白水可倒、可溅、可流动、可渗透，而且最后变冷，即便开始是温的。他一吹，水就起泡泡。他放进水里的东西，有的浮着，有的沉了，有的化了。水可盛在没有洞的东西里，却从筛子和手指间漏空，渗透各种面料。孩子会就你所提供的水量规模进行游戏，所以，虽然一个可划桨的水塘美妙之极，一只浴缸司空见惯，但是一个洗碗盆放在一叠报纸上，配些小的可填满、倒空的容器，再加上类似的冰块、食物色素或一个打蛋器，也同样有趣。

大地和泥巴。这些天然材料非常不整洁，所以孩子们一般会得到游戏泥。然而，泥巴的部分天然价值在于其脏兮兮的样子。你的孩子需要发现，并能够没有阻碍地喜欢，光荣地将泥捏在手里软塌塌样，却可以被搓揉、拍打、塑形。很快，他将认识到，水多使它变黏，水少使它变硬难以处理，水没了就变成泥土。

游戏泥。在商店购买或自制的游戏泥都是极好的游戏材料，但孩子实际上既需要有游戏泥，也需要（而非取代）泥巴。

沙。"白沙"或者"银沙"（不是建筑沙）和水、泥巴或游戏泥有关联，因为湿沙子的表现非常像游戏泥，但是有不同的乐趣，而干沙子表现得像水，却又不相同。一个泥块却非硬软，一种水样物质却非水。而且又是规模的重要性甚于分量。海滩犹如天堂，一个沙坑（带防猫盖）是后花园的极佳投资，不过，在车库、甚至在厨房里放一个装有两三公斤沙的沙盘，可让一个寒冷的日子充满喜悦。沙漏，一公斤米粒，都是偶尔值得一买的礼物。提供适应的勺子和容器，鼓励他"玩烹饪"，这是他对真实事物感兴趣的第一步。

石头和树叶。玩石头和树叶不会明白地质学或植物学，你的学步童还没为此准备好。但他愿意观察那耀眼的石头干了后变得暗淡，绿色的弯弯枝条忽然折断，世界充满神奇的形状、材质和生物。

积木此时可分类，转眼可变成建筑物。

"邮箱"证明，开头和角度是关键。

那就是缘何建筑拆也难。

对上洞眼还不够，得穿过去。

你的孩子必须了解事情如何运行、如何使它们运行；发现看似对我们一目了然的原理，锤炼我们甚至不假思索的精确操控动作。

装满与清空。用杯子装水或沙，用纸袋装橘子，或者用你的手拎包装小玩具，然后全部倒空的游戏，是最初级的复杂操作。除了实际动手技能，你的孩子认识到，多少水会填满或溢出那个杯子；多少积木可塞进那只盒子，容器倒置的时候会发生什么。他需要大量有趣的物体、各种各样的容器以及成人的耐心。

分拣与归类。注意两种事物间的共性和特性，学会在心里为它们分类，这是学步童最重要的思考任务之一。亲手分类事物，促进他在心里进行分类。你仔细观察可发现，孩子开始识别所有汽车玩具与其他玩具的明显特征。之后，你将看见橘子和土豆被分开。再之后，你也许看见他思考大家都很为难的问题，例如，是苹果和球同类，因为都是圆的；还是苹果和饼干同类，因为都可以吃。你的孩子将对所有眼前的事物进行整理和分类，不过，要是有一大堆区别不明显的自然物会更有趣，比如石头或贝壳。

可操作材料。当你的孩子培养上述技能并学习操控事物的时候，玩具确实开始发挥作用了。不过，它们必须制作精良，一旦他发现如何把两个物体合体，就真能合上。

积木。搭积木将成为他未来几年的主要游戏，至少需要60块。各种颜色很漂亮，但各种开头更重要。积木必须有比例，最小块是1／4，小块是1／2。把它们倒出来，七零八落地；头尾相连成一线，也许是一列火车、一个篱笆或一种图案；把它们堆起来，最小块在下面就会倒，从最大块开始往上搭就能稳住。

配对玩具和堆叠玩具。此类玩具类型各异，促使他发现并证实，那只圆球不可能进入方洞；大件不可能插入小件；复杂形状在角度正确时才合体。制作和购买玩具，这里有个界限。在你的孩子会操作玩具店里最简单的配对玩具之前的几周，可使用第一个自制"邮箱"，即，在纸箱上切割"积木和球形"洞。可堆叠或可摞垛的塑料大口杯，还可用在沐浴时，非常便宜，是许多堆叠玩具的初级版。汽车玩具搭配的"游戏人"以及游乐场设备，有着漫长而多样的游戏生命力。

游戏模板与拼图玩具。你可以自创第一套"游戏模板"，即在面饼上切出各种形状，让孩子放回适当的洞眼里。很快，他将愿意处理几个大块组成的标准拼图。

钓鱼与穿线玩具。任何钩环均可组合起来，两只钩子也可，但两只环不行。为什么？学步童可以用你的雨伞吊起一只塑料游戏环，或者用简单的挂钩尝试钩起一辆小火车。密封圈可以套在任何长而细的东西上。用一根细杆穿过圆环是有趣的；发现穿线顺序，形成一个金字塔形，同样有趣。最终，他将喜欢把窗帘环或棉线圈套在一根绒线或鞋带上。

一个专门蹦跳的地方，对大家都有好处。

越过顶端的紧张一刻。

脚力先于蹬踏力量。

学步童必须跑、爬、跳、摇、滚、推、拉，只有充分地使用身体才能使幼儿学会身体控制和协调。尽管每天都应充满体能活动，但专用设施和器械有助保护你的家具和孩子！

打闹。学步童常摔倒且往往很疼。大多数幼儿喜欢被一个掌握安全打闹技巧的成人摔来摔去。而且，无痛地摔自己，比如在充气游戏器械上、你的大床上、体操垫或巨大的地毯上的乐趣，激发体能信心和历险精神，比如前滚翻。

攀爬。爬攀登架，大多数孩子非常高兴且意义非凡，不同年龄玩法各异。一个可折叠的木制立方体，1.2平方米的可在室内（如果你家有空间），也可在户外使用，一对立方体既是一间游戏屋，最适合此刻。作为长期在后花园使用并为未来考虑，应在经济范围内购买最大的攀登架（木制或者金属材料），置放在草坪上才安全，通过额外配件可使其具有多年吸收力，例如，盖一张帆布当帐篷、爬网、爬绳。

秋千。秋千使孩子感到力量和自由的美妙，他们天生的节奏感喜欢如此，也从中了解一些关于重量、平衡和重力的知识。你的学步童需要一个带有安全座位的小秋千。不过，之后，一个普通的花园秋千并非唯一、或总是最佳选择。它的乐趣有限，因为这必须依靠别人推动，还有可能成为意外的危险，当几个孩子一起在花园里、双脚飞在半空的时候。适

合的树杈或大型攀登架的中间通道可作为替代，旧轮胎拴在麻绳上，或者更优雅的选择就是购买宠物秋千。

跑乐。令都市孩子（甚至一个有后花园或通往公园路的孩子）心驰神往的是，有足够安全而开阔的奔跑空间，想跑多远就跑多远，没人追着提醒注意安全。大孩子或成人陪跑会使他更勇敢，甚至会开始了解"捉人"游戏等。

抛、接和踢。学步童几乎不会接球，但都喜欢并需要大而轻的球进行扔、踢、接等动作。充气沙滩球几乎和他一样大，玩法多变，可让学步童趴在上面，和球一起翻个身。沙包方便自制，塞入米或扁豆，即刻产生有趣的变化，因为沙包不会滚也不会浮水。

推拉玩具。可推拉的大型玩具属于"必备"。学步卡车仍值得购买，室内室外均可使用，拉洋娃娃、运沙子或者一个朋友。洋娃娃婴儿车、除草机以及可坐或推的动物玩具很有趣，但也许必须等孩子走路足够稳定，可同时应对有可能翻倒或跑开的玩具的时候。

骑行玩具。你的学步童可能喜欢坐在动物车上，被人推着走，但在这个阶段，值得挑选一件带旋转轮子的低重心玩具，比如他的第一辆小汽车，他可以坐在上面用脚蹬着走。这属于准备工作，为了第一辆三轮车、脚踏汽车或拖拉机，许多孩子在两岁半时，将开始能够掌握它们，并将在适当的时候驾驭真正的自行车。

想象力游戏

微型世界使得一切尽在掌握中。

一件使用真工具的真工作，满足想象力。

一顶帽子、一条围巾，她成了另一个人。

学步童在学习整理和分类物体，理解它们的行为并动手操控它们的同时，他也逐渐能够想象物体，并假装它们的行为。尽管大量想象力游戏将出现在孩子身上，但作为主角，有可能是医生或妈妈，他们所在的世界，他也有必要扮演一下上帝。

微型世界。如果你的学步童有微型汽车、动物园或农场动物，还有些买的或自制的车库或谷仓，或洋娃娃屋大小的人以及配套环境，他将首先为它们分类，但接着开始创编并演绎它们的故事和灾难。

家务游戏。日常家务也许令你厌烦，但它们属于能为学步童轻松理解和分享或模仿的为数不多的成人活动一类。最初，你的孩子将只想要得到一条毛巾，像你一样擦拭东西。之后，他将假装是一个有家务责任的成人，烹饪、清洁、照顾孩子。在任何游戏组或日托中心里，"家庭角色"一般最受欢迎。尽管你的学步童喜欢借用你的家务工具，但它们大多对他来说超级大，他需要可掌控的玩具式装备。寻找真正家务工具的微缩复制品，而非有音乐声的铁家伙，或者迪士尼人物开头的厨具。

洋娃娃和毛绒玩具。不要排斥毛绒玩具，因为太婴儿气，也不要反对洋娃娃，因为不适合任何年龄或性别。除了夜晚守卫着婴儿床的熟悉面孔，一个大家族完全可使用很长时间，洋娃娃的衣服和配件也是如此。从茶会到骑"椅子火车"，人们进行想象力游戏的玩具接收并消除不愉快的情感，当你的孩子咬、捏伤害它们的时候，他在学习不要转嫁给真人。不要惊讶，如果你的孩子对它们进行严格训练，比你更生气地咆哮，甚至在你从未打罚的情况下拍打它们。孩子试验育儿令人恼怒的一面和温馨的一面，演绎幻想的事件和真实的事件，当他们想到自己和成人关系的时候。

穿衣。最重要的想象力游戏之一，假装成别人，即角色扮演。孩子将体验他观察到的每个人，正如他试验你的家务角色一样。穿衣服促进此类游戏的发展，但是你的学步童既不想要，也不需要以实际消防员服或护士服"全副武装"。相反，他需要"道具"，至少对他来说，识别角色即可。帽子常是重要道具，一系列塑料头盔、宽边帽、棒球帽和头饰，作为幼儿园的补给，值得购买。否则，学步童需要使用你的（现用的或弃用的）手提包、公文包、购物篮或运动包；你的领带、遮阳镜或跑步鞋，还有一系列可接受的废物。一件夹克衫，甚至不再适合园艺了，却神奇地使穿上它的人变成一个成年男子。一只手提包标志着一个成年女子，而只用一件旧礼服，即可使她变成伴娘或女王。

看与听

成人的关注使孩子专注地坐着。

大量图书促进孩子的发展。

让孩子摸一摸、敲一敲。

尽管你的学步童看似整天在忙碌，但对他未来教育很有意义的是，他开始知道喜欢动用脑力甚于体力的游戏，喜欢专注地看和听。成人的参与可促进学步童理解和全神贯注。

书籍。 这些必不可少的教育，应让孩子和它们结交朋友，学会它们的价值，确实很重要。

绘本。 他需要书中有可识别人和物，画面清晰而细致，从而学习标名和指认。

布书与纸板书。 书籍有其特殊价值，他可以独自翻阅，尤其在白天打盹或清晨在婴儿床上之时。

故事书。 每个孩子都需要配有大幅精致插图的故事，成人为他念故事。你应学会更换困难的词语，删节枯燥的内容，边讲边予以解释。仔细讲述每一幅图，鼓励你的孩子在其中发现人物和事情。必须从"念"图片开始，进而念文字。突出发音有趣的单词、儿歌和笑话，你的孩子不必理解每个单词才会发现它们超级可笑。因此，苏斯博士的成功举世无双。

参考书。 他开始提问关于这个世界，便需要知道书中有答案。

你的书。 看见你喜欢阅读使他明白，阅读不只是孩子的游戏。

卡带"书"。 他所听到的书越多越好。他可以得到延伸阅读的时间，也许在车里听歌谣，以及未来的"翻到下一页"。

音乐。 每个孩子似乎天生就有节奏感，但是乐感还可以后天学习。和你的学步童一起听你喜欢的任何音乐，也听儿歌和童谣。鼓励跳舞，或行军步，或拍手。培养幼儿听出曲调抑扬，通过身体感受乐曲的意思。当他开始唱出可识别的歌曲时，他即可接受其他乐器。两只平底锅盖或一只铃鼓，可当作一个乐器，但是你的孩子也将需要特别悦耳的乐器。敲钢琴很有趣，如果你有一架钢琴，而一只适合的扬琴（购自音乐商店）更容易让他弹奏，电子键盘始终比较轻松。

电视与录像。 大多数电视让学步童没有兴致，因为理解不了。非但没有等他理解（如同你为孩子念书那样），还继续前进，使他不知所云。那些似乎离不开电视屏幕的学步童一般根本不看，但几乎都陶醉在声音、色彩和画面中。有些适合3～5岁的电视节目，你的孩子也许已能从中获得新的概念、词语和歌曲，尤其是当你或照顾他的人也在观看。有的儿童录像犹如学步童最爱的故事书，要一遍遍观看，一点点理解。

现场剧场。 如果本地公园或图书馆提供儿童剧，带有木偶或最简单的滑稽魔术，你的学步童会喜欢它们，尤其是他和兄弟姐妹或朋友结伴去，欢呼参与感，使他体会到一点观众的魔力。如果你有机会带他去看适合他年龄的真正戏剧，一定要抓住。5岁以下的剧场特别少见，如果有演出，一般都是热忱而出色的演职员。

绘画、图画与拼贴画

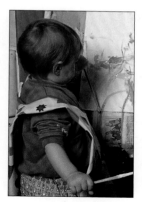

当它变成灌木丛，越乱越好。

手指和海绵之后，试试木塞或土豆印章。

重点不是他做了什么，而是他如何做出来。

对于这些听起来成人化的游戏，第二年不算太早，假设你没有期待你的学步童立刻使用画刷、铅笔和剪刀。

绘画。这个阶段的绘画意义在于把颜料放到纸上。不要期待你的孩子画出任何东西，这"就是一张画"。

手指绘画。除非满手沾颜料使你的孩子紧张，初次绘画最好用手指进行。这使得他不必努力控制画笔，也意味着那些厚重的丰富色彩和螺纹材质和他自己之间没有阻碍。穿（或不穿）护衣，由你决定是否在地上或桌上铺盖遮挡，就像玩水或泥巴游戏一样。每种颜色（黑色常最受欢迎）挤一点在调色盘或盘子里，放在一张大纸上，鼓励他擦擦点点，混合颜料，看看它们如何变化。

海绵绘画。当他不想用手指绘画时，海绵绘画简单又有趣，还可以用各种形状和材质的物体印章。手印常是最有趣的，手印图案可制成精美"卡片"送给亲朋好友。

使用画刷。如果你的孩子将要使用画刷，在画架上绘画要比在桌上轻松。学步童绝不可能在颜色间刷洗画刷，所以，你将需要为每只颜料罐配一个画刷。即便这样，罐里的和纸上的颜料最终也有可能变得灰溜溜。

画画。当你的孩子开始画画时，即迈出了通向书写的第一步，但即便那第一步，也是令大多数学步童挫败的困难。通过为他画画启发孩子的兴趣，"变出"一只猫或他要求的任何东西。你不必擅长画画，他可以用拳头握粗蜡笔，即可提供，以及一大张纸（至少A3或者对开新闻纸大小），电脑打印文件的干净面最合适。让他发现，他可以画出点来，进而涂鸦。

毡头笔。如果你的学步童喜欢绘画，但仍然发现难以掌握；又如果他渴望画画却仍不能使劲按，在纸上画出颜色。那么，儿童专用毡头笔粗大而无毒，介于绘画和画画之间；鲜亮的色彩堪比颜料；线条的质感堪比铅笔。可惜它们会干掉，如果笔头没有盖，它们不一定可擦洗干净。

无纸表面。用彩色粉笔在黑板上画画，或者用毡头笔在塑料"白板"上画画，可产生一种有趣的改变。最好不要在墙上挂板，或者允许在室外水泥上用粉笔画。否则，你的学步童如何拒绝其他墙面或地面呢？

拼贴画（或剪和贴）。你的学步童还不可能使用剪刀或粘贴小零碎到纸上，从而制作真正的图画。对他来说，愉快地使用纸和一只可擦洗胶头笔，欣喜地体验各种材质，此时不算太早。如果你给他剪好的彩色纸、一点衬纸、彩带和细绳，他会欢乐地用很多胶水把它们粘起来。如果你为他演示如何撒纸、搓团，他将继续改造它们。而且，如果你给他一点扁豆或生面条，为他演示如何把它们撒到胶水上面，艺术与创意烹饪几乎无法区分。

迈向儿童早期

你的学步童不再是婴儿了，但仍然是婴儿，似乎可以站稳，并允许偶有退步现象，促使学步童处理有关逐渐长大的矛盾心情，大多时候向前进。所以，即便孩子比你期望中更加依恋而较少独立性，尽量不要施压。"独立的学步童"本身就是一个矛盾的表达。

如今对2岁和3岁孩子的诸多期待，已比你二三岁时多得多。它们基本可以接受，但有些容易产生较多压力，无法轻松承受。现代的工作模式和时间，加上对早期教育的重视，意味着他们到2岁时，有些学步童在日托中心或幼儿园的时间，比10岁孩子在校的时间还长，为了迎合以往人们认为适合3岁孩子进行半天的上课和社交需求。当然许多孩子在家，至少部分时候，但即便他们缺少空间，兄弟姐妹和安全的邻里关系也许意味着大量输入需要从外界获得，而大多为"有教育意义的"。无论你的学步童多么喜欢游泳课、音乐课，或体操课，不要忽略了这个事实，即，他不仅寄予期望获得特定技能，还要和老师形成一种学习关系。他也许能应对，也许不能。在这个年龄，他有很多疑问。如果你在家带两个不足3岁的孩子，或是你的托管者，每周课程是社交集中时间之一，那么可能很难接受，不积极参与或者需要别人关注的孩子，表现不佳或受到关注过多。也许有一种"照顾者和孩子"组，可能对他不太困难，同样也欢迎你。

许多2岁的孩子在幼儿园里，比10岁孩子在学校里的时间更久。

你可以对孩子怀有他渴望、一般也能够达到的很高期望。实际上，顺利通向儿童期的最有效方法之一，认为你的孩子聪明且敏锐，合作且友善，对意外事件感到惊讶且同情。然而，有竞争心的高期望是另一回事。注意那根深蒂固的假设，今天跑得快、明天跑得远，因为通向儿童期的路上，只有赢家和输家。玩具厂家说，"有教育意义的玩具"、"适合12～24个月婴儿"，但那不意味着一个不理睬它的2岁孩子是失败。他也许专注在别的事情上，他也许不感兴趣，因为它是一个无趣、设计有缺陷的玩具。"我们期望所有3岁的孩子都知道颜色和一周七天。"市里最好的幼儿园主管说。真是最好的吗？不要让孩子学习童谣或及时（几乎总是）上便盆的愉悦和骄傲，因为他不会说出红T恤和黄T恤的区别而失色。

儿童发展是一个过程，不是赛跑。跑最快或最先到达没有奖励，你对此越深信，通向儿童期的道路越平坦，你和你的学步童都将受益。你对你的孩子有极大的影响力，但你不负责使他忙碌地从无助的婴儿长成有能力的人，发展过程将以适合他的速度带动他前进。所以，不要耗尽你的育儿时间和精力用于操控和回应。分配些时间和精力当温暖的旁观者，祝贺你的学步童努力为自己做越来越多曾经你为他做的事情，如他游戏的体贴陪伴，他自身成长的永恒支持者和推动者。

早期学习

你的孩子自从出生那一刻起，一直和你共同学习，也从你这里学习，他还将继续如此，无论你是否有意识地教导他。但是，由于他出现了学步期的性格危机，还因为他的语言快速发展，使你得以窥探到他不断复杂的思考力，于是，你可能发现自己在考虑让他接受更正式的教育。"良好的教育"当然影响未来的幸福，不过，尽管正规测试和评价日益突显其重要性，但尽量不要在你孩子生命的这个阶段把教育等同于学校，或在任何阶段把教育成果与测试成败相联系。

一旦学校以教育为目标，而非一种最终的教育手段，很容易片面强调其正式学习内容。例如，阅读、写作和算数，你可以并应该为孩子创造一个领先的开始："我孩子上学后，将学习阅读和写作。如果他在幼儿园学过阅读和写作，将从一开始便处于领先位置，但是如果他将要在幼儿园学习阅读和写作，他最好先去幼儿游戏组，即可在幼儿园获得优先开始。也许我可以说服幼儿游戏组在两岁时接收他，如果他们能够看到他准备好了。但他将会准备好吗？我们最好现在找一个学步期游戏组，开始练习幼儿游戏组技能……"你的孩子以及任何共同照顾他的成人，将有更放松、更有信心，如果你让每个阶段由他自身的教育机制发挥作用。学步童游戏组不必教孩子"幼儿游戏组技能"，或者任何实际的特定技能。他们倾向提供看护的成人，把分享游戏欢乐和社交学习作为一种补益。幼儿游戏组也不必为孩子们上幼儿园作准备，尽管冠名不同的组之间的区别，偶尔几乎无可察觉，幼儿游戏组和幼儿园在满意3～5岁教育需求上，方法全然相异。单论通过早期学习获得学校起跑优势本身：法定义务的上学年龄是固定的，因为教育学家认为，那是具有普适性的最早开始正式学术学习的合理时间。

如果你让孩子决定，你不可能教会他太多，因为他年纪太小。但是如果你节奏太快，揠苗助长，很可能让他彻底失去学习兴趣。"我在家里该教给孩子多少呢？"答案很简单——"以孩子愿意接受为标准"。

你的两岁孩子不可能邀请你带着闪卡坐下、教他念，但是他很可能感兴趣邮递员送来了什么，讨厌大家消失在周末报背后，好奇你沉浸在一本没有图片的书里。让他探索阅读的秘密，让他决定是否接受通过成人阅读接收信息，或者自己看图体会意思。如果阅读活动被广告牌、电视广告和路标打断，当然可以和他利用机会。许多孩子早在任何人教它们念字前，已能识别"出口"、"停"和"厕所"。一旦你的孩子理解，那些线条有其意义，它们在成人生活中构成一个实用且寓教于乐的密码系统，他也许设法用手指着你所阅读以及希望他阅读的从门上到T恤上的文字内容。他也许能，但也许不能，但这都不重要。他的兴趣所在、理解所及、阅读的意义和过程才是关键，而不是他的技能水平。

如果你的孩子确实使你进入教他理论技巧的阶段，一定要尽量让他处于为自己发现有趣事情的状态，而不是以机械的学习方式锻炼他慢慢提高记忆力。比如"1、2、3、4、5……"并非数数，除非他知道那些单词事物顺序的名称，可以理解它们所代表的组别间的差异，在此之前都是枯燥而无实际意义的声音。如果你的孩子准备数数，让他从标名物体开始，而非标名数字。如果他能为你找到并挑出一把勺子，一把勺子给我、一把勺子给爸爸，假以时日，他将发现单词"3"的实际意义，进而发现3之后是4，因为他需要再拿一把勺子，因为姐姐就在今天来。一旦你的孩子对数字非常有兴趣，他将不仅数数，还能进行加减，进行分配。

孩子越大，他们可从广阔世界中利用的输入信息越多，但他们不可能对从未见过的东西产生兴趣，或者以他们从未想到过的方式进行活动，所以，你有义务为孩子介绍周围的事物。无论你亲自进行或者请代理人，通过保姆或托管者，为你的学步童创造机会，无论机会大小，都是令他轻松走向儿童期的关键、且特别愉快的部分。不过，你应切记，虽然由成人决定提供物品，解释甚至演示，但接着，由孩子决定接受或拒绝。如果你给他买一个他没有要求过的玩具，由于他不曾得知这个玩具，你可能得让他理解操作指南，也可能得演示玩法，但在此之后，由孩子决定按他的理解去操作玩具。同理可用于带孩子认识图书馆，了解他可以有很多新书看和听的概念。你希望他会喜欢

每天外出考察一番，可以扩展孩子的资源，而不会让你逐渐匮乏。

书，你可能试图把它们融入愉快的常规中，比如就寝时间，但是，你不应勉强他在情愿做其他事情的时候听故事，或者心猿意马地一直坐到念完书。让他了解许多不同的技能是很重要的，但让他自己决定是否掌握它们更为关键。他不可能突发奇想，用满满一池冷水把自己淹没，但是如果你带他去并示范，游戏可能变成他最喜欢的活动和一项早期技能——或者令他害怕到拒绝泳衣。你能够提供的想法，活动和技能越多，你的孩子便有更多选择的机会，只要你一心保持开放的态度。一个广为流传但令人置疑的故事中，爸爸在沙滩上冲自己的学步童大叫："我带你到这儿来踩踩水，但现在……踩水。"生动再现了无意间对孩子施加的压力，从耗费太多（金钱、精力或时间）而必须让他以知足回报你。无论是你的实际情况，性格和心情指引你为孩子提供大量或一点乐事，一定要注意，牺牲太多你才会强制他。如果整个下午在动物园里让你筋疲力尽，你可能会恼火，如果他只观看鸽子和人，没看孔雀和企鹅，所以，应带他去本地公园。

和其他孩子玩　　　　婴儿喜欢其他孩子的陪伴，而学步童越发需要，但是，为你的孩子安排得当可能很难。如果他全天在儿童托管中心，他参加群组活动的反应可能比你设想得多。如果他是双胞胎之后的第三个孩子，他可能一再被冷落。如果他是第一个孩子，在家里接受照顾，可能平常看不见其他孩子，仍然不知友谊的欢乐和群组游戏的可能性。一般的小家庭，父母都要工作，一系列的育儿安排和非儿童友善环境，意味着，如果那些还不足够上幼儿园年龄的孩子们，将越发需要同龄人的陪伴，成人通常得安排好这件事。厨房日历上为两岁孩子标出的活动记号，比父母亲的总和还要多。

照顾者与学步童游戏组　照顾者与学步童游戏组，各地叫法不一，但都是专为成人和孩子服务的。它们的宗旨是，为父母亲和其他照顾者提供一个舒适的地方见面交流，为儿童提供可以（希望如此）使他们全身心地忙碌起来，而使成人有可能放松些的游戏活动。有的城镇和大多数城市里，还有成人带小孩聚会的其他地方，例如1点钟俱乐部，5岁以下临时托管中心和年轻家庭中心。有些将专用设施提供给（并接纳）有特殊需求的孩子。不过，这些规定在描述中听起来更体贴。一个小地区可能集中很多游戏组，而另一个地方只有一家，在偏远的地区则完全没有。

如果你能找到或许发起一个非正式游戏组，甚至一周只见一两次，肯定会让你的孩子了解社交生活，同时也促进你自己的社交范围。但是，无论游戏安排得多么体贴（有些学步童游戏组，尤其那些幼儿园旗下的幼儿游戏组，设施完备），这样一个游戏组没有和学前游戏组相似的教育目标，且实际不必如此。

一个明显区别在于，你的孩子时刻有照顾者陪伴。无论其他成人多么友善，或者一个完善的游戏组可能雇用的早期工作者多么有技巧，你的孩子可以依靠自己的成人而不用其他人处理情绪问题，比如中止打架，或嘴磕到膝盖，或为了占据实验室，或在饮水时间。

尽管此类游戏组一般声称自己为游戏组，但它们极少那样运作。由于没有会员制或注册费，父母亲倾向在合适的时候带孩子去参加活动。如果一个游戏组是该地唯一的一家，一周开放一次，实际上，其会员可能非常有毅力，但是一个临时加入的游戏组，一周全部开放，可能每次由不同孩子结伴成组。你的孩子将可能总是在下午找到游戏伙伴，但是，除非单个家庭私下约定何时去，他也许没有机会了解真正的个人友谊；在一个较大的游戏组里当一个小兄弟，或者应对他认为难相处孩子的方法。

但是，照顾者和学步童游戏组与学前游戏组，如游乐场，"游戏学校"或幼儿园之间最重要的区别，即两者各自可以提供的学习体验方式的本质区别。学步童游戏组也许有和游乐场一样的玩具和活动，而你的孩子也许非常喜欢使用那些他在家里没有的设备，但是，学步童游戏组肯定没有训练有素的老师使一个良好的学前游戏组除了"纯粹游戏"之外，具有更多意义（P542）。

一个照顾者和学步童游戏组所提供的陪伴，为孩子日渐需要，为你日渐惦念。

孕育新宝宝

尽管你的学步童不再是婴儿了，成为婴儿仍然于他意义重大。在进入儿童早期的路上，被新弟弟或妹妹赶走位置非常普遍，但总是非常疼痛。尽管如此，那不意味着这样对他不公平。你作为成人，有权再次怀孕，如果你想要并已经怀孕。从孩子的角度看，没有理解的年龄间隔。无论你的孩子是1岁或4岁时新宝宝来了（8岁或12岁有点区别），他不会喜欢，但他会应对，而且期望某天，甚至会高兴你这样做合情合理。

那些爱着一个孩子，期待下一个孩子的父母亲往往发现，大孩子对此感到憎恶和嫉妒的想法简直不能忍受。尽管希望学步童分享家人幸福的待产气氛是人之常情，但是，假装他也期待并将爱这个新宝宝，不会使他更可能这样做。事情有可能非常顺利，如果你能面对事实。你在要求你的孩子忍受被取代，无论你如何美化事实，他就是会介意。

纯粹开个玩笑，设想一个丈夫突然告诉妻子，他将要带第二个女人一起生活、住一个屋檐下。如果他以告诉小孩子关于新宝宝的表达方式，他的妻子将如何感受？

父母对孩子	丈夫对妻子
"亲爱的，我们将要有一个新宝宝，因为我们认为有一个小弟弟或小妹妹陪你玩是件好事。"	"亲爱的，我将要娶第二位妻子，因为我认为有人陪你，帮你做家务是件好事。"
"我们非常爱你，我们实在想要一个和你一样出色的男孩或女孩。"	"我非常爱你，我实在想要一个和你一样出色的妻子。"
"这将是我们的宝宝，将属于我们三个人，我们将一起照顾他。"	"这将是我们的妻子。她属于我们俩，我们将一起照顾她。"
"我现在确实需要我懂事的儿子或女儿帮我照顾这个小小的新宝宝。"	"我现在确实需要我忠诚的原配妻子帮我照顾这位年轻的新妻子。"
"我爱你绝对不会减少一丝一毫，我们彼此相爱。"	"我爱你绝对不会减少一丝一毫，我们彼此相爱。"

不会有好结果的，不是吗？

我们的爱人，希望即是他们的全部。他们想要另一个人的事实，使我们感到妒忌，遭受排斥。所以，假设你的孩子将会感到嫉妒，而且，不应试图介绍，因为他无法理解，根本不会期望的幸福待产，而应专注于培养他的应对能力。那意味着和兴奋的家庭成员间所有关系，应尽可能确保安全而幸福；培养他生活中多少可以独立的方面，尽你所能步行控制你对他的要求，从使用便盆，到接受一位新托管者。由此，早在婴儿出生之前，他将感觉充满能力，他所期待的一切事情尽在掌握。

对学步童说说即将出生的婴儿

如果宝宝出生时，你的大孩子仍未满18个月，他自己其实也是一个快会说话的婴儿，无从帮助他作好心理准备。他无疑将很惊奇，可能很愤怒，当你离开他、又带着你关心的别人回来时。另一方面，因为他太小，他将转眼忘记他曾是家里唯一的孩子。至少，他还没有长大到可以谈谈婴儿的事实，意味着他将不会联想到，他现在回家了！如果他即刻变成一个非常爱发脾气的学步童，你以及大多数心理医师也会想知道，是否新宝宝使他发生转变？但是，由于大家都不曾了解，他在生命的那个阶段会如何表现，如果婴儿很久之后才出生，所以，对此担忧毫无意义。

如果两个孩子间隔两岁或以上，假设你的学步童至少理解你和他交谈的大部分内容，他的语言将在未来几个月突飞猛进地发展。对他谈谈婴儿，即便他对你的话一知半解，那一半远胜于没有交流，无限胜过不尝试。

但是，不要急于一时。学步童的时间感可能无法跨越数月。即便可以，为何非得想方设法解释费解的事情，让你绝望的是，如果妊娠出差错了呢？利用早孕期对他谈谈家庭；指出他朋友的哥哥和姐姐，尽量找到小婴儿让他看看，尤其是还在哺乳的。如果你能够让他接受大多数家庭不止一个孩子，否则在他看来，第二个孩子犹如一种惩罚（或背叛），他被赶走了。

在其他人放出消息前，最好亲自告诉孩子。大约6个月左右最适合，但应该告诉他，如果你想念朋友会泄露蛛丝马迹，或者在他面前评论你的体型。换成他自己，他可能毫无察觉，直到你大腹便便看不见大腿，而他一坐就往下滑。

新成员的新空间

那些使你的学步童感到非常有压力的事情，应尽量未雨绸缪，为新生儿的到来提前安排学步童的地方。例如，如果他常睡在你的床上，要不你安于和两个孩子一起睡（你需要一张更大的床？），要不早在婴儿出生前开始培养大孩子自己睡婴儿床。如果他睡在自己的婴儿床里，在为他"晋升"床位、把婴儿床留在婴儿之前，应谨慎考虑。如果你决定不再买或不再借一张婴儿床，当然最好提前几个月让学步童搬出来，而且希望他不会对此有归属感。但是，如果没有兄弟姐妹时，他已不愿意睡大床，那么，因为现在有了，他有可能更不愿意。如果你将要有两个不足两岁的孩子，为何不用两张婴儿床？

如果你在哺乳期，应尽快逐渐减少至停止，即便你的奶水似乎不受妊娠影响，也没人催你断奶。如果你的学步童不仅记得乳房（他当然会），还不时地思念它，那么，看见你给新宝宝哺乳将使他又伤心又生气。

任何生活方式变化应及早进行，如果它们直接影响他。如果拥有两个孩子将意味着，你家里第一次请帮工，或者你辞退托管者，在漫长的产假期，在家抚养两个孩子，一定要及早进行，即便这意味着为没有实际需要的几周支付薪水。如果你的孩子必须习惯周围平添了一个陌生人，同时正在习惯婴儿，这将使他压力极大，你肯定不希望他认为，你待在家里是因为婴儿，而你不在家就是因为他。

尽你一切可能让孩子的分离生活如常进行。如果计划送他上幼儿园，而婴儿出生时他将到3岁，应考虑提前些送他上幼儿园，努力建立一个他喜欢在一起玩耍的朋友圈，以及他喜欢去的人家。他将需要有事情可思考，但不是你和那个婴儿，有地方可逃避，以及显示自己与新来者的不同方式。

预计分娩前后周。他现在有时间习惯任何必须接受的安排，在压力之下。如果你在医院分娩，他将和奶奶度过一两个晚上，应安排两三次预备经验当作奖励对待。如果他的爸爸照顾他，平常较少参与他的常规照料，务必确保他明确地知道，如果把培根烹饪"恰到好处"，哪个毛绒玩具是谁。小细节将无限放大，当孩子思念你的时候。

无论你在哪里分娩新宝宝，一两周内，必须由别人主要负责照顾大孩子。一对父母亲和两个孩子是理想的，但是如果你的伴侣第一次全职育儿，应提前让他热身。最令人情绪低落的事情莫过于一个孩子哭泣说："我要妈妈！"无论何时，他的爸爸提供帮助时，这也不利于你的奶水供应。

预产期将近　　告诉孩子胎儿在哪里（再次），让他感觉胎动。一旦他接受（或强迫接受）即将有一个新宝宝的事实，胎儿的实际存在感将促使他面对现实，对整件事情感兴趣。

通过讨论名字和猜测性别，尽量让他感到婴儿的真实存在，但别这样

能够感觉到胎儿，对幼儿来说，他变得真实而有趣。

说："弟弟或妹妹陪你玩。"至少大半年不可能那样。这是你的婴儿，他必须知道。以同情的口吻讨论，他将多么无力，会怎样哭，又怎样尿湿尿布。告诉他，他小时候也这样；给他看他自己婴儿时候的照片，构想些他婴儿时调皮、有趣的故事，比如那时他尿湿了奶奶的裙子，在大巴车上呕吐，或咬了医生。目的在于培养一种忍耐和自嘲的态度。

保密分娩安排，直到你确定预产期还有两三周时。即便那时，也应小心不要轻易承诺。如果你承诺在家分娩，你离开去医院的行为将被看作是一种背叛。如果你保证只住院24小时，剖宫产后的几天将看似有一生那么漫长。

如果你计划在家分娩，应仔细考虑大孩子的参与范围。你当然希望他感到在这次家庭事件现场，但这可能对你们俩都好，如果他不在实际分娩现场——或第二产程；或引产；或持续最久的、哀号的第一产程……实际情况是，除非你特别幸运，你将得全神贯注（并让你的伴侣全神贯注）于生产过程，一旦全部结束，考虑到应该设法保护你孩子的感受，毕竟，那场生产和分娩可不是旁观者运动。大多数成人很难直接面对血液、汗水和眼泪（记得你或者你的伴侣观看第一次生产录像的感觉吗）；想象这个场景可能对一个3岁孩子造成的震撼，尤其这是妈妈。他需要家人有策略的陪伴。

如果你在医院分娩，一定要说"再见"才离开，甚至必须唤醒孩子道别。无论，对于那晚照顾他的任何人来说都是难眠之夜，但是，深夜两点面对你离开和早晨七点醒来却感觉被抛弃，前者比较能接受。

不要承诺他可以去医院看望你，即便医院允许孩子探访。如果你必须离开他超过24小时，来看你可以有些作用，但只有在你恢复状态时。如果你必须挂点滴，或是很多伤口缝合导致你无法移动却不尖叫，那么最好让他等一等。

回家　　当你回家的时候，记住，孩子想要的是你，不是婴儿。他将得接受婴儿的存在和你对他的照顾，但是，首先让他注意到你回来了，亲自进屋问候他，把新生儿丢给别人抱几分钟。

除非你的大孩子特别习惯婴儿哺乳，视若理所应当，试着告诉他新宝宝如何在母乳出来前接受哺乳。如果你的乳房胀奶酸痛，新生儿难以含住乳头，将令你无暇顾及其他。如果你的大孩子也曾哺乳，告诉他。他可能喜欢看自己的哺乳照片。之后，当他实际真正地看见奶水渗出来的时候，可能会要求尝一尝。他可能不要求吮吸，而你当然不必允许，如果你不喜欢这个做法，但是用手指沾一点给他尝尝，他可由此明白自己没有错失"花蜜"。

尽管你对大孩子做的事情肯定和以前一样多，但一定也有许多次遗漏，至少是有点，这显然是由婴儿出现的矛盾。在那些情况下，一般最好即刻开诚布公地说出，理解孩子的切身感受："我知道你正在等待着，很抱歉，让你感到生气，但是我必须先喂婴儿。我知道那看起来肯定不公平，但小婴儿就是不能等待食物，所以我必须现在喂他。不过，他一吃饱就会睡觉，那时我们再玩。"

向你的孩子清楚地说明，你有义务照顾婴儿，你绝不会忽略他，这点很重要。无论他看似多么渴望你先考虑他，可如果你这样做，有可能实际令他感到惊慌。毕竟，如果你不顾婴儿的啼哭和他玩游戏，他如何会感觉你不会因其他事情而不顾他的悲伤呢？

接受大孩子的任何帮助，但不要常说"你是我懂事的孩子"。他可能根本没有感觉懂事。事实上，他可能认为懂事是他的全部烦恼。如果他很小，你就不会一直想要那个讨厌的婴儿，或者至少他会得到和他一样多的关注。为了得到你的赞许，才不得不帮忙的。

为孩子创造机会，像婴儿似的表现，明确表示他完全不必扮"成人"获得你的认同，你自愿爱他，即便他决定比新生儿更婴儿。你可以

有婴儿在身边时，偶尔婴儿式地对待大孩子，将帮助他渡过难关。

给他机会在婴儿浴盆里，像婴儿似的为他擦脸。你可以哄哄他，拍拍他的背，对他唱歌。这也许听起来很荒谬，但从孩子的角度看却不然。你希望他感到，虽然婴儿得到许多他平时没有的东西，也不会得到他无法拥有的东西，但这些东西都是他淘汰的和用旧的，并不是"你都不允许我喝他的牛奶"，而是"我已经长大，可以喝苹果汁了"。

设法减少孩子的嫉妒感和由此产生的内疚感。例如，别要求他爱婴儿。他不会，如果你要求他，他可能假装爱婴儿，但在心里，他将担心你会恨他，如果你知道他的实际感受。你最好接受甚至表明，此刻婴儿令他感到非常讨厌，同时让他放心，有一个弟弟或妹妹这很平常，有一天，他们两个会成为朋友和陪伴。保护他，也保护婴儿，使他没有机会可以伤害他。如果他伤害了婴儿，也会极度内疚，无论你多么体贴宽容，或是假装是场意外。小心观察他故意接近婴儿的时候，当（如果）他可以抱住婴儿，使用一只捕猫网（他可能认为这是对付猫的）扑球，打捞不小心被扔进篮子或婴儿床里的积木时，应建立并坚持明确原则。

设法找出成为"长子"的实际优势，以平衡不可避免的不利条件。此时也许需要些新的特权，针对他的年龄、阶段和特定渴望量身定做的。也许是晚些就寝，或者和爸爸周六外出考察，但没有带婴儿。如果爸爸愿意且能够完全照顾并陪伴两个孩子，即可影响大孩子对新宝宝的反应。当一对父母照顾两个孩子的时候，他们之间的需求矛盾不明显也不激烈，因为，爸爸可以对付婴儿，由你解决大孩子的问题，在他身边，当（难免）婴儿在错误时机想要哺乳的时候。甚至那些一直和长子很亲密的父亲也发现，这段家庭过渡期增进了亲情。孩子受到压力，但因为妈妈带着新宝宝令他感到失望，继而转身投入他的父亲。

让孩子和你自己恢复
平静

无论你的学步童因新宝宝的到来多么愤怒，他终将接受他，其至（尽管概率小，但可能当下看似）为家庭新人添加某物。要想缩短那段时间，应设法使孩子认为，婴儿喜欢他。我们都发现，很容易喜欢那些喜欢我们的人，而学步童更可能想要关爱他的弟弟，如果初期似乎他占优势。幸运的是，这是简单的育儿技巧，因为，你知道（而孩子不知道）婴儿会对冲着他的脸笑并发出声音的任何人（尤其小孩）微笑。所以，只要你可以让学步童微笑，婴儿也将微笑；而一旦他微笑，你可以适度夸大其词。"玛丽是他真正喜欢的人"，你可以对羡慕的客人们说。当你的大孩子承认了亲密关系，认为"他会为我停止啼哭"，你将知道最痛苦的阶段过去了。

育儿信箱

独生子女一定孤独？

我们只有一个孩子，他26个月大，我们非常爱他，我的伴侣和我都不想再生了。原因实际上挺自私的——我们喜欢目前的生活方式，明白再生一个可能负担不起。但我们不希望自私地对待儿子的开销。难道正如我们亲朋好友所认为的，他会因为自己是独生子而难过吗？独生子女必然孤独吗？

"独"生子女不是个幸福的概念，而不幸福，甚至这个概念，是无法理解的。没有证据表明，孩子受缺少兄弟姐妹之苦。事实上，有一些研究倾向表明，第一个孩子在许多方面比弟弟、妹妹更"成功"。所有第一个孩子都是独生子女，至少在一段时期内，而大多数独生子女可以变成第一个孩子。

对分娩顺序影响的研究便受此定义困扰。你的儿子将只能算作独生子，如果他从没有兄弟姐妹，但如果在他10或12岁时，你有了另一个婴儿，那不会改变他成长过程没有兄弟姐妹的经历。把一个新生儿的青春期姐姐算作两个孩子中的大孩子，在从心理学上（与统计相反）毫无意义，同样，你的独生子将成为两人中的大孩子，如果你明年有一个新宝宝。

如果总认为独生子女不幸福，而对兄弟或姐妹概念存有温馨闪亮的感觉，尤其，认为大家庭（3个孩子？4个？更多？）其乐无穷。对家庭生活的态度，人们往往受儿童时代的文学作品影响甚深，在以前的时代大家庭很普遍，哥哥、姐姐要照顾弟弟、妹妹，家以外的世界可安全探索，孩子们可自由地骑车或遛狗。有些兄弟姐妹欺凌和制约彼此，在城市公寓内5个孩子共用一台电脑，很可能没有战争期间或和平年代农场里5个孩子骑两匹小马驹那么有趣，这个事实早已被遗忘。实际上，有一个兄弟姐妹（或更多）的人难以想象没有的生活，所以，他们倾向认为每个独生子女几乎如同失去亲人的孩子。在现实生活中，一个独生子女没有被剥夺亲爱的兄弟姐妹，但只是没有机会得到。而且，他有非常优势的平衡条件，例如，从不必经历被取代的痛苦，从不必分享他的父母。

决定生一个孩子而非两个或五个，由你掌握。从自身原因作出选择并非自私，因为，父母全心全意的照顾，给予婴儿最可能的良好开端。再者，单从你儿子的角度出发作决定，毫无意义，因为，无从得知你从众多选择中确定的那一条，对他会有怎样的影响。与其担忧你的决定是否正确，不如尽量确保这不是个错误决定，为此，应注意模式化观念，比如"宠坏的独生子女"，当你考虑他的抚育问题时，并且，通过结交表兄弟、名誉兄弟，或朋友的孩子，确保他不会感到孤独。定期拜访其他家庭，形成你们家庭的庆祝仪式和节假日礼节，将使你的儿子的童年具有"家庭"基础。和其他孩子一样，他将依靠来自日托中心，学校和邻里间的朋友为日常陪伴。不过，在周末假日和宗教节日，所有家庭倾向家庭聚会，那正是独生子女最有可能感到孤单，需要同龄人，同时被成人浓烈的关注聚集得不自在。

双胞胎是彼此最强的竞争对手，但如果双胞胎表示喜欢哥哥，哥哥也会喜欢他们。

要是幸运的话，两三个月有策略的处理方式和你们俩大量充满感情的关注，将帮助孩子渡过难关，进而他可以对婴儿产生愉快的自命不凡。务必尽力让他处于那种状态，在他得以活动前，当他任由人放在哪儿便躺在哪儿时，只是妨碍了他的情感，可一旦他能够爬进游戏，抢夺蜡笔，饼干和准确性，他也将成为一个实际的小讨厌。如果你的孩子会说"哦，他可真蠢"或者"他在模仿我"时，他们的关系将得以良性的发展。如果他纯粹讨厌他，你们都将陷入困难的两三年。

即便最初的嫉妒爆发了出来，而你的大孩子几乎忘了独生子的生活，你仍将需要考虑平衡他们的需求。如果他开始上学的同时，他开始上幼儿游戏组，两人都将需要你情感上的全力支持，你也将得共享或透支自身情感。因他们年龄和阶段的差异，在适合的点心、外出考察和假期方面会存在问题；照顾生病的孩子也顾及另一个，可爱的得偿所愿、欺凌的得不偿失，从而解决公平问题。只要他们都在情感上依赖你，两边都将存在嫉妒。年幼孩子的嫉妒（甚或双胞胎之一）可以同样心痛，所以，不要过分警惕大孩子的嫉妒心。

尽量不要认为你的孩子们彼此相爱，即便他们逐渐长大。父母亲常理所当然地看待这种爱，于是坚持认为孩子们"其实非常亲密"，甚至纷争不断、痛苦抱怨的情形表明实则相反。即便总是非常亲近的双胞胎，可能是必须使然，也可能是主动选择。双方都需要有机会分开，而且，如果一个希望分开而另一个不愿意，两个人需要帮助应对伤害和被伤害。

两个或以上孩子在一个家庭里，包括再婚家庭，必须忍受彼此且宽容得体。成人可以且应该坚持这点。但是，那些孩子不一定要爱彼此；共享你难免产生妒忌，他们不会、你肯定不能制造妒忌。别使他们装腔作势；别勉强他们成为彼此的陪伴。如果你让他们解决问题，他们可能最终以相互关爱和忠诚令你（和彼此）惊讶不已。

随着学步童进入儿童早期，他们会发现彼此间宽容得体比较容易相处。

第五章　儿童早期

2岁半至5岁

　　学步期到儿童早期的转变不是简单按年龄划分，孩子行为表现趋于稳定，任性和倔强减少，变成至少60%时间里比较合作，渴望且容易满足时，即为一个儿童。

　　儿童渐渐转变、成长。他们不是一夜间改头换面，在我们眼前化蛹为蝶，无论此刻两岁半或4岁，从学步童到儿童的特殊变化确实有突发性，像魔术般神奇而美妙。从实际情况看，孩子在第三年内的发展有可能不如第二年明显，却有天壤之别，能力的提升让他变得更容易照顾、惹人喜爱。一切似乎发生在顺利度过婴儿期和学步童期之后，几乎可以神秘地说，你的孩子已经"到了"。

　　他到了哪儿呢？人们常称为"学前阶段"，但这个称谓不仅把一段神秘的时期归结得平淡无奇，也是一个误称。3~5岁不是为了等待上幼儿园，乃至准备上幼儿园，正确的称呼是"童年早期"，有其自身发展任务，和上幼儿园并不相关。在正式上学年龄较晚或根本没有学校的社会里，这点表现得非常明显。

　　大量的神奇表现在他的语言上。成人的典型特征是，做得少说得多。我们使用语言代替行动，以内疚和斥责而不是用拽头发和踢打的方式严厉责备自己和他人。我们谈论棘手问题，而不是为了困顿感号啕大哭。我们用电话而不是去喊人，我们列购物单，而不是一趟趟每次买几样。我们所行、所感、所思的一切，终将归于语言。与此恰恰相反，学步童说得少做得多。他们以行动为表达，要求我们以行动回应。对于学步童，你不能单凭语言沟通，还必须演示。你不能仅传递信息，还必须接收信息。你不能仅用语言保护他的安全，还必须使用你的身体。从学步期迈向儿童早期的过程中，你们之间开始出现重要差别。尽管学前儿童依旧以强烈的肢体动作回应自身感受和周围环境，依旧随时可以有眼泪和脾气，但他们所理解的语言和思想足可使用语言加入我们。最终，你将得以和孩子交谈，你的谈话被倾听、理解和接受，得到合理的回应，甚至普通的玩笑话也引来一阵大笑。除了你们之间独一无二的情感联系，我们在友情和爱情方面的交谈界线正逐渐开放。正是这点让孩子看起来像一个"真正的人"。

这个小人儿至今已经积累了很多实践经验和成就，开始倾向注意成人的各种需求，而且更接近友情。他可以自己洗脸（如果你这么说），穿靴子（如果你把靴子成对摆好），自己取水喝（如果他可以够到水龙头），坐进和离开椅子、汽车，招惹和摆脱麻烦。当他益发感到能够掌握自己的世界和其中的自己时，你即可逐渐投入更多的时间和精力，专注于带他了解更广阔的世界及其概念这件令人兴奋的事情。

他使用已知的万花筒似的零碎信息，在大脑中摇晃它们以形成并重新形成各种思考方式，于是，他开始记住一天又一天。他把昨日所学应用于今日，并期待着明天。他会期待了，便也会等待一会儿。如果提议等你手头事情结束玩一个游戏，不一定会激起他一阵狂怒，因为他立刻想要玩。他会喜欢简单的选择，回想自己上次喜欢什么，猜想此刻感觉喜欢什么。他会开始理解（尽管不一定信守）承诺，辨认（尽管不完全明辨）事实，承认（尽管不总是尊重）他人的权力。

他有些安全感了，开始认可你的权力，视你为一个有独立人格的人。他不再认为你和他同一个身体连体，把你当作仆人，无限渴望且忘我地一边照顾他一边做其他事情。他可能不理解为什么你应该和成人朋友说话，但是他看见你这样做，看见你们热切的交谈，就像他和他的朋友专注地做游戏一样，看见你的情况的合理性。所以，这是个协商交易的年龄，成人关系在现实和情感之间微妙的平衡。"如果我这样做，你会那样做吗？"直接唤醒他精确平衡的正义感，并轻松平息几乎每一个潜在冲突。

视你为一个真正的完整的人，进而对你和其他亲密的人生出爱意，与成人的爱的概念愈加接近。他能够体验真正的同情和无私的关心，可以提供些什么，因为他认为你想要，不是因为他无故地想要给予。如果他看见你哭泣，他将不单纯是对被你的眼泪所唤起的各种情绪感到害怕和生气，他将为你惋惜，为了那些眼泪所表明的你正经历着的情绪。他愿意帮助你，愿意拿出些东西使你感觉舒服些。如果他前来拥抱你，这也许不一定是试图让你的注意力离开此刻的烦心事，而是用自己的注意力安慰你。学步童，甚至婴儿，获取爱，也给予爱，可一旦他们成长到儿童期，一眼就能看出两者间的区别。

幼儿一边观察你和照顾他或理解他的其他成人，一边努力理解你们的各种角色和彼此间的行为表现。大多数社交学习通过识别进行，他将"成为"各种人，从他自己的妹妹到汽车司机。总之，他将试着"成为"你，挑出并效仿你特有的表情和动作，也许让你大吃一惊。例如，尽管你付出全部努力以身作则公平对待，但是，女孩和男孩一般会以令人吃惊的性别直视角度对待家庭生活，似乎居家游戏离不开"妈妈"，或者机械问题需要"爸爸"。孩子的精确的观察力，也许偶尔让人感到不舒服。当他望着他的爸爸时，你可能偶尔看见自己的影子，一般看来私人而亲密的表情出现在他脸上。当他照顾他的玩具娃娃时，你可能听见熟悉的措辞和表达，却是你最不想承认你也有的。

通过与普通人和特别亲密的人——你——在情感上的共鸣，幼儿开始将此前来自外人的指令和要求记在心里，内化为他自己的一部分。现在，他开始为连你都没发现的粗心大意而责备自己（以及任何地位低于他的人，比如婴儿或猫）。他提醒自己别做那些你不知他曾思考过的事情，尽力按他认为你希望的方式操作一切。因为他年幼无知，偶尔行为表现得似乎极端的专横跋扈又自鸣得意。时而，你真希望他多点婴儿般的乖巧、少点，甚或想要挤对他，当他又问道"爸爸，就是那样，对吧？""我不是表现很好吗？"时。

育儿体会

没有条件的爱没有意义

谁提出了这样一个荒谬的观点，认为父母偏爱孩子乖巧的样子，或偏爱表现好的孩子，是错误的行为？我有一个儿子4岁，两个女儿分别3岁和1岁。男孩总是让人操心（在两个乖巧的女儿依次出生前，我并未感到如此操心），现在，他上幼儿园遇到麻烦了。班主任说，他除了游戏之外，对一切事情的拒绝在4岁孩子正常表现范围内，却竟然提出，我不应再对他"施压"，再拿他和妹妹对比，让他感到，如果他学到知识，我就会更爱他。父母当然都希望拥有一个优秀的而非落后的孩子。我对我儿子施加压力，是因为他没倾尽全力，我认为那样做是对的。如果大家都说："没关系，无论你做什么，我们都爱你。"孩子如何学会工作和进步呢？

孩子做什么和他们是谁，是两件完全不同的事情，各具其意。与此相应，对行为的许可和对个人的爱，也是各具其意，天壤有别。没有人会主观地认为，父母应该允许孩子随手扔芝士意面，在游乐场发脾气或磨磨蹭蹭上床睡觉。孩子们必须明白，那类行为表现不为大家所接受，基本上，他们还必须明白，家务、善意和努力自控为大家所欣赏。否定（还有认同）他们做的事情，实际有助于教会孩子行为举止依循常规，这是父母的作用之一。另外，否定他们的人格，于事无补。

孩子们的发展——身体的，心智的，情感的——彼此间大相径庭，独一无二，不是一场竞赛。父母不应揠苗助长，匆忙越过或完成一个阶段进入下一个发展阶段，因为，假如成人创造恰当的机会体验，发展过程本身足可按照适合孩子的速度进行。强迫孩子学习字母发音，或歌曲，或握笔能力，毫无意义，因为，在他准备好之前，他不会、不能也不应把精力投放在此类活动中。

那些过度控制型和干预型父母，使得孩子们没有幸福感。更重要的在于，他们常自食其果，导致本来设法回避的种种"失败"，没有发挥孩子对于他们最需要的作用：榜样，关心陪伴，永恒的支持者，以及他们作为个人整体发展的推动者。这种全面的支持，即为无条件的爱，也是孩子自我发展的基石。从最初的婴儿期开始，婴儿通过父母的表情看见自己而了解他们是谁，充分发展潜能所需的自尊心（self-esteem）和自尊（self-respect），逆境适应能力以及尊敬和尊重他人的能力，依靠关爱、尊重，甚至赞美他们此刻的人格，而不是他们的所为或未来的憧憬。

无条件地爱孩子，意味着不论他做什么（无论他今天早晨的行为多么令人不满意）都爱他，并且一定要让他知道这点。除此以外，还意味着确保他可以在额外的知识储备方面（以及将来在课业方面），放心地将自己与妹妹进行比较，虽然额外成就本身很好，却不会为他带来更多的爱，虽然失败令人惋惜，但也不存在失去他所拥有的爱的危险。你说"没人爱失败者"，但是，没有比担心失去爱更能迅速培养失败者的了。

假装乖巧的行为偶尔令人恼火（尤其在兄弟姐妹间），但这对孩子的发展——不论女孩或男孩——意义重大，也在考验你们的关系。这意味着，你的孩子不再是一个在意成人许可的学步童，而是希望你对他感到满意，要努力证明给你看。一直以来，你知道他需要爱与许可，但是，大约一年前，他常看似不在乎是否得到爱与许可，看似从不知道如何获得爱与许可。现在，你的孩子其实在要求你告诉他，什么行为能够获得许可，什么行为不能，所以，他愿意学习任何你将传授给他的人类的社交礼貌。既然那是你全部目标所在，那么，他想要取悦于人的明显渴望，在耐心和宽容之下，会比较容易实现。他知道他想要你的爱，还懂得了如何索取爱。现在，尽力爱他。

进食与发育

到三四岁时，那些没有把食物和进食混同于关爱和训练（P334）的孩子，一般非常热爱食物。他们每天耗尽巨大能量，尔后进食补充体力。假如食物充足，这样的孩子必将摄取足量的卡路里，饥饿感自会处理。食物所含蛋白质、维生素和矿物质恰当，供应巧妙的情况下，他还可选择平衡膳食满足需求。你的孩子仍有可能拒绝特定的有营养价值的食物，例如肉或绿叶蔬菜，但如果他能从喜欢的食物中，比如奶酪和水果中获得同等营养，那也无妨。

培养孩子的进食礼仪

你的孩子喜欢集体进餐的更多独立性……

如果孩子热爱食物，是因为没有人曾破坏他对饥饿感和享受食物的自然反应，那么，现在，他将愿意开始适应进餐的社交作用。哪怕他即将开始上全托幼儿园，也要慢慢来。你不必为了确保他适应其他环境，而在家里严格训练。那些热爱在家进餐，喜欢日托所或幼儿园其他方面的孩子，一般也喜欢集体午餐。只要你的孩子发现有自己喜欢的食物，没有被迫吃不喜欢的食物，你将可能发现，他模仿其他孩子，和他们在一起吃，比和你在一起吃得更多更干净。知道他能做到这点，你当然可以提高对他在家里进餐礼仪的期望值，但一定要循序渐进。因为他在幼儿园里吃了番茄意面，而在家里突然要求他必须吃，或者忽然变更餐桌礼仪，你仍有可能令孩子失去进食兴趣，自食苦果。

一起吃同样的食物。

■ 以亲身示范而非劝导方式，培养餐桌礼仪。总体来说，你的孩子将形成和家人相同的行为表现，所以，如果你讨厌他用手抓食，胳膊肘抵在桌上，应确保你们其余人都没有这样做。

■ 让孩子拥有和你一样的餐位。如果他坐在一张普通餐椅（或者幼儿专用的小而高的椅子）上，而非高脚椅，并且拥有和大家一样的位置，他将更愿意模仿成人。如果只给他使用塑料餐具，他便无从学会小心使用瓷器和玻璃制品，不会使用餐叉、勺子，以及最终的餐刀。

■ 培养他习惯新口味。当学前幼儿从痛苦的经验中明白，他必须吃掉盘子里的食物时，他将可能拒绝尝试新食物，以回避不喜欢的风险。如果你允许他在餐前尝一尝，或者用茶匙吃一点，再由他决定是否上这道菜，他将有更多的冒险精神。

■ 培养孩子习惯那些令你轻松操作的食物——使他更有家庭成员，较少家庭宝贝的感觉。一般来说，一个平时热爱食物的孩子，当

把饮食当作乐趣，对发育中的孩子来说很有益。

他看见你愉快地吃新食物时，也会接受它们。让他习惯一切露营、野餐或本地饭馆里的食物，最重要的是尽量让他习惯吃奶酪。奶酪面包或饼干，加上一个西红柿或苹果，营养非常平衡，只须30秒准备、30秒清理即可。它便于携带，任何西方国家街边咖啡店都会供应，传统上，适合一天的任何时间段。如果你的孩子喜欢这个组合，你就不必为了设计一餐而打断日常活动。

家庭餐

今天鲜有家庭每餐聚集一桌，大家各有所忙，时间不同。但如果每餐都仓促烹饪，一锅土豆泥一个人先吃，第二个人回来还是温的，第三个人三小时后回来已经凉了，用微波炉加热，真是令人同情的场景。如果连土豆泥也没有，家庭烹饪完全让位于速食和外卖食品，则更是令人心酸。准备和烹饪食物是人类生存与关爱的基本能力，分享食物对亲情和友谊至关重要。学前幼儿成长过程中没有任何家庭烹饪食物时，他将失去传统意义上重要的家庭交流和团聚感。再者，如果他从未体验到食物超越补给能量的作用，他将没有机会获得一种相对比较正式的进餐感觉，那么，在真正重要的聚会上，他注定会"让你失望"。

无论家务多么繁忙，确保一顿足够有趣的周末正餐，是个好主意。你的学前幼儿可以参与烹饪，至少知道土豆泥成形前，外面有泥巴，必须水煮和去皮。他可以准备餐桌——用采摘的鲜花装饰餐桌或者准备折叠纸巾——他可以为正餐换身干净、清爽的衣服。成人有一杯餐前酒时，可以为他准备一份餐前饮料，增添乐趣。进餐时，食物装盘，大家自助也帮助彼此，包括孩子。特别美味的食物以及少许交谈的情况，显然将非常吸引他。

在这种氛围里，当你告诉他一种握餐叉或吃豆子的更传统的方法时，孩子不会嫌你叨唠。他将感到荣幸之至，因为你允许他进入成人世界。实际也是如此。当他一个人坐在电视机前吃晚餐时，为何不能用手抓着吃呢？当形势所迫时，要求他表现随和，又有何意义呢？

挑食的孩子

当然，不是所有幼儿进餐都令人满意，但此刻切实的进食问题，基本都源自学步期，处理方式类似（P336）。

可是，许多学前幼儿被冠以"挑食"或"吃饭难"的标签，而他们只是在尝试训练成人早已习以为常的个人味觉和食欲。在营养充足的西方社会里，大多数人宁可饿肚子，也不吃他们确实讨厌的食物。此外，成人极少面对选择。他们购买或准备自己喜欢的食物。只有幼儿才被迫面对食物选择，由他人准备食物，在期盼下"吃面前的食物"。所以，应敏锐地对待孩子对食物萌发的各种味觉。毕竟，那些味觉与你相似，你会毫无疑问地接受；正是当孩子的味觉与众不同时，往往才被称为"挑食"。

虽然每个家庭都有其对待个人味觉的态度，但是，在有效避免进餐时间的麻烦方面，有一条理性的中间策略供大家参考：

从孩子的角度	从你的角度
烹饪一顿或一道你明知孩子不喜欢的菜，见他剩下你生气，这没道理。烹饪他通常吃的食物，即便它意味着以一个鸡蛋或奶酪代替家庭正餐。	没必要迎合一时兴起的需求。当今日菜谱是他平时喜欢的猪肝和火腿时，他无权要求换成鸡蛋和火腿。如果他今天不想吃猪肝，那就只好吃火腿了。
试图强迫他吃一种特定食物，没道理。你不但不会成功，还可能让他终生不喜欢那种食物。	没必要因为他喜欢而增加供应。他不必吃沙拉中的绿叶蔬菜，但他不可以吃光大家的西红柿。
坚持要孩子吃完你放在他面前的食物，这没道理。让他说他想吃多少，或者自助，他可能一会儿回来吃得更多。	没必要允许他糟蹋食物。他当然可以不吃马芬蛋糕，只吃蛋糕上点缀的樱桃——但不可以索要其他马芬蛋糕上的樱桃。
当他说他不饿时，试图坚持要他吃完，没道理。	当他说他饿了时，没必要拒绝给他吃东西。

点心　　尽管幼儿可以消化的食物体积和数量大于学步童，但大多数进餐频率仍比成人多得多。从消耗同等能量看，你需要从早餐到午餐，从午餐到晚餐。儿童在其他时间饿了，需要补给食物能量。必须有一份正式的晨间和午后点心，无论在家、幼儿园或日托所里，基本上，肯定也是常规内容。

由于无法分清饥饿和贪食，问题出现了。一般来说，源于家庭和照顾者一念间的突发奇想。孩子说他饿了，成人给他一块巧克力饼干。下次，他不说他饿了，他说他想要一块巧克力饼干，是肚子饿还是贪食？

由于无法分清争论点在于幼儿是否应该在正餐之间加餐，和他们应该吃什么，问题激化了。过去10年中，休闲食品市场迅速增长。类似甜点类、休闲食品广告密集，包装新颖，大量吸引孩子眼球，结果，孩子们确实想要它们，而许多家庭又特别讨厌它们。

人们认为，点心类食品"都是垃圾，毫无营养"。但是具体是哪些食物呢？甜食和食品，至少像家庭自制乳酪蛋糕一样对你的孩子有益即可，比如，有信誉的工厂生产的纯奶冰激凌就很有营养。为人瞧不起的原味土豆片，经脱水、植物油炸，只要原料是土豆也可。此类食物含有丰富的植物蛋白质，只是其中添加的盐分使其低于一份法式薯条。

人们认为，点心食物"使人发胖"。由于所有食物都含有卡路里，儿童超量进食时，所有食物都会使人发胖。一个进餐恰当、点心很多的孩子，肯定发胖，而一个以点心补充正餐不足的孩子，就不会发胖。从卡路里交换角度看，没有比提供一种点心食物更容易导致孩子发胖的了。

人们认为，点心食物妨碍孩子进食正餐，果然如此，是因为我们使手里的食物比盘里的食物更诱人。点心食物几乎总是因为孩子饿了买现成的，由他挑选，他想吃就吃，没人在乎进食方式，比在桌边吃得愉快。毫无疑问，许多孩子宁愿选择一袋"海鲜脆"也不要午餐，即便两种食物同样提供。解决之道，即，对待点心食物要像对待正常食物一样（它们确实也是），而非奖赏（这会引来麻烦）。一个孩子不应因为他表现好而得

常规点心时间，可以成为孩子日常重要的社交插曲。

到薯片，同样，你也不应以此为由给他卷心菜。至于甜食，如果你采取这种方式控制情感偏见，关于点心的一切问题都将迎刃而解。

技巧在于，明确你是否准备好提供它们，把孩子最喜欢的食物作为正餐的偶尔内容，而在他确实饥饿的时候，只提供非常简单的食物，自由取食。与其等他在你们购物时，缠着要买巧克力饼干，不如作为午餐甜点，提供一块饼干、一个苹果。与其以说教态度对待薯片请求，不如偶尔放一点在口感单调的土豆泥中。

你的孩子仍将需要点心，而一旦点心不再是他获得最爱食物的唯一途径，就不会比主餐更惦记点心。一顿餐后点心，可以是一杯饮料、一片黄油面包。他饿了便会吃黄油面包，他饿了便会吃一份合理的点心。他不会因为贪食而吃黄油面包，他所渴望的冰镇汽水、卡通图案饼干，将出现在晚餐桌上，吃或不吃由他决定。整个过程无情绪冲突。

允许孩子自己取食，可缓解点心矛盾。

到四五岁时，或者你认为孩子够懂事时，也许想给他些点心控制权，那么，应有一种固定食物，全家人都可以随时取食。例如，有一罐原味饼干和薄脆饼干，一果盘苹果和香蕉。同样地，冰箱里也许总是有一份奶酪块、生食蔬菜和葡萄干。每个家庭都将根据自身味觉偏好和预算规划找到适合的食物，但原则是相同的。这些是"我饿了"的食物。任何等不及正餐的人都可以吃一点。

甜食　　　正如点心问题源于我们把饥饿与贪食混淆了，甜食难以控制，也是因为我们把甜食视为爱的化身。小心提供所有甜食非常重要（P341），但无法长期回避甜食问题，除非你还控制自身对甜食的情感，以及孩子所接收到的关于甜食欲言又止的信息。

几乎所有人都爱甜的东西。研究表明，婴儿从一出生就能辨别出白水和甜水，当实验性地由他们选择时，大多数婴儿吮吸甜水瓶更久。可惜，西方社会大量低廉的精制糖源，使得购买和食用真糖成为令人感到荣幸的大事，而非平静地看待甜食之乐。在许多家庭中，袋装巧克力是外出必备，也是节日必购物品。甜食作为馈赠礼物，送出"感谢"，隐藏惊喜，让膝盖受伤的孩子得到安慰，或者让失望的情绪得到缓解。甜食用于传统或代表爱意，而正是这点为孩子所渴望、让他们啼哭和纠缠不休。

当人把甜食作为奖励和安慰时，除了喜欢这个口味，孩子肯定会为之添加情感意义。一只擦伤的胳膊肘为他得到一块巧克力糖和你的拥抱时，那块巧克力糖看似才是真正的安慰。他将在痛苦或受伤时，想要甜

如果甜食不代表爱，孩子也许喜欢水果的本色。

当孩子想花自己的钱时，糖果并非唯一可买之物。

食。当你特别满意他而给他买甜食时，他肯定视那些甜食为你的爱意，希望你买甜食，以表明你爱他，甚至当你没有这样做时，感到你不爱他。你为不愉快的事情买一份甜食，比如打针前，他肯定认为，只要有不顺心的事情发生，他理应得到甜食。每次你让他做他不喜欢的事情，他将想要甜食作为回报。然而，如果你可以不带感情地对待甜食，平静而自然地供应，就像你对待其他特别美味的食物一样，比如水果，这些麻烦都将不必产生。许多孩子都非常喜欢草莓，在当地草莓上市的短暂季节里，尽可能多吃。不过，那些孩子中有多少会为了吃草莓啼哭、纠缠、耍脾气，甚或在超市里偏要买全年可见的味道寡淡的进口草莓呢？

如果你能采用一种冷静的方式处理，甜食将绝不可能成为你家里的主要问题。但是偶尔，随着孩子们逐渐长大，接触其他家庭的孩子时间越来越多，他们开始比较彼此手中的食物，而感到若有所失。那时，你对待"特别美味的食物"的整体态度，将有重要意义。你希望孩子认为，生活充满美好事物，食物是一部分，甜食只是又一件锦上添花的美事，所以，你应偶尔鼓励他为自己买一种不同的食物消闲。真正的购物，意义只有一半。许多幼儿只有在糖果店为自己购物的机会，其实，在果蔬店选购漂亮的红苹果，或在面包房挑选现烤出炉的金灿灿的面包圈更有趣。

也许因为你的孩子由几个成人照顾，需要对甜食达成共识，为此你必须制定一套甜食"政策"，应记住，那些正义凛然的父母亲往往麻烦最多。例如，严格安排甜食，往往使孩子更关注被禁止的食物。

一般来说，家里不放甜食这个简单策略，似乎非常有效。没有甜食，孩子要甜食，即可平静而诚实地告之没有。没人需要面对可能令人痛苦的问题，例如："如果有，你会给我点吗？"

主动定期（例如，周六购物回家路上）给孩子买一小包危害最小的甜食，也可以避免许多枝节。当孩子知道（并且在照顾者提醒之下）他将在那时获得甜食，更有可能接受此刻对购买的否决。通过禁止所有最具破坏力的甜食（例如奶糖和棒棒糖），鼓励他随意吃到饱才离开，即可减少甜食伤害牙齿的概率。毕竟，你不希望他带着吃了一半的蛋糕去卧室，放边上等会儿吃。

尽管不打算在家里放甜食，或者不允许孩子一次吃很长时间，但也不要让它们变成像钻石似的稀缺之物，因而变得令人垂涎三尺。应偶尔把甜食作为主餐内容，让他感到甜食美味但很普通，例如，甜点上撒些巧克力碎，或者用果冻糖装点蛋糕。

肥胖症　　自然发育模式倾向于使学步童变得苗条，所以，进幼儿园之前的一年左右，胖嘟嘟的体形并不常见，而肥胖儿童显得更加突出。真正意义上肥胖的5岁或6岁儿童，常成为别人的笑柄，还可能陷入恶性循环，因为胖而比大多数儿童运动得少，因为不运动而比大多数儿童胖得多。所以，如果你的孩子确实超重，在上幼儿园之前，也许应该采取些行动。

当你怀疑孩子太胖时，看看他的上臂和大腿。如果那些区域脂肪堆积，适龄衣服穿的裤子和腿管嫌小，他可能就是太胖了。

然而，为孩子实施减重计划，不能掉以轻心，因为，这不仅关系到他此刻的幸福，还会影响他未来对待饮食和自身体形的态度。采取行动之前，最好带着孩子和他的发育表询问医生。医生会为你检查清楚孩子体重的增长情况，是否超过身高增长速度、超过多少，以及他目前的肥胖，是近期出现的，还是长期形成的。

如果你和医生确实认为孩子太胖，那么，你的目标不应是使他减重，而是使他体重增长的速度减缓，于是，随着他继续长高，他的体形渐渐苗条。在接下来的18个月左右，你的孩子将长高约13cm。在此期间，如果你能保证他的体重增长在1～1.5公斤（2～3磅），他将变成一个非常匀称的孩子。

首先关注孩子的脂肪摄取量。如果你取消正餐油脂食物和油炸食物，即可使他在不知不觉中减少卡路里摄入量。一片28g面包大约70大卡，涂一层黄油陡增70大卡，除了点维生素A，没有额外的营养价值，而他服用的幼儿复合维生素片中已有维生素A。食用低卡面包酱，尝试他可能认为好吃的新品种，比如茅屋芝士。

你应知道，平时用黄油或菜油煎炸的食物，使用不粘锅操作时，基本上都可以无油干煎。干煎烹饪法对人人都有益。你还应知道，孩子喜欢的松脆食物，许多都可以在烤箱里干烤。烤土豆热量比水煮高一倍，但是，放在不粘锅里送入预热好的烤箱就不会了。用这种方法做肉脯，确实可消除其中大部分脂肪。

现在，孩子也许还没大量饮用牛奶，但是，给他喝半脱脂牛奶是明智之选。想想他喝的其他饮料，如气泡饮料高卡路里，也有损牙齿。正餐饮用白水，也作为解渴饮料。如果气泡饮料的作用在于安慰，应兑入低卡果汁，或者用白苏打水兑鲜果汁。冰块常可为简单的饮料增添乐趣。

显然，你要设法不让已经肥胖的孩子吃大量甜食和高热量点心。

迷你甜食，例如这些糖纸里的迷你马芬蛋糕，小身材大乐趣。

用新鲜水果（不包括香蕉）代替水果干和水果糖，用果冻代替冰激凌，用原味面包干或水饼干代替甜面包或甜饼干，用面包代替蛋糕或餐包。这些听来简单，但要减少这些甜食而享受美食，同时不让孩子感到痛苦，需要有策略地进行。有一条非常实用的技巧是，购买、制作或供应迷你食物。对孩子来说，同样重量的10小份甜点，似乎比3大份多很多。3根手指饼干，和一根完整的手指饼干卡路里相同，但看来非常多。你甚至可以用甜点纸杯自制蛋糕，或者把一袋113g甜点分8份，分别装入容量14g的透明袋。对他来说，一整包甜点似乎非常奢侈，当它们都"消失"时，他会愿意认为自己已经饱了。

除了确实要少摄取卡路里，在积极活动中耗尽热量，也有助于孩子的体重保持现阶段的稳定，减少未来肥胖的概率。当成人允许自由活动时，学步童一般非常活跃，然而，幼儿可能已经不再喜欢跑步运动——变得沉迷于看电视。所以，如果你非常担心孩子的体重，应关注他的生活方式以及他的照顾者的体力。每个孩子，尤其是那些超重的孩子，不仅需要其他孩子，也需要成人带跑、追跑及超越他们。他需要人们教他踢腿、扔球，也许还有获得传统游玩技巧，例如滚铁环或跳绳。总之，他需要成人照顾者作为参考，从而成为富有想象力、精力充沛的人，而不是沙发电视迷。

生长发育

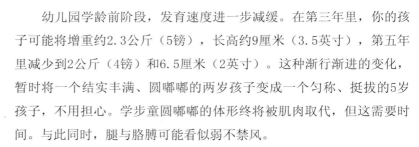

幼儿园学龄前阶段，发育速度进一步减缓。在第三年里，你的孩子可能将增重约2.3公斤（5镑），长高约9厘米（3.5英寸），第五年里减少到2公斤（4镑）和6.5厘米（2英寸）。这种渐行渐进的变化，暂时将一个结实丰满、圆嘟嘟的两岁孩子变成一个匀称、挺拔的5岁孩子，不用担心。学步童圆嘟嘟的体形终将被肌肉取代，但这需要时间。与此同时，腿与胳膊可能看似弱不禁风。

现在，没必要频繁地称重、量身高。一年两次比较合理。体重和身体齐头并进时，即可得知发育正常。体重增长速度超过身高增幅很多时，即可知道孩子在发胖。身体在半年内几乎没有增长时，应在3个月后再次测量。如果那时仍无增长，应带上孩子和生长表咨询医生。确实有极少数儿童缺乏一种发育必需的特定激素。在儿童医院接受注射后，即可刺激正常，但这不能够弥补孩子已经丧失的长高机

记录孩子身高是件趣事，但不精确。

促使孩子相信自己的身体，乐于
使用它。

会。所以，应把握时机尽快咨询医生。

精确测量孩子的身高是困难的。不要使用卷尺测量，应让孩子背靠墙或门站着，脚掌贴地，脚跟靠墙，头伸直，眼睛平视前方。接着，把一本书放头顶上可压平头发。在墙上做个记号，用卷尺从墙根竖直向上量到记号处。如果你一直用同一面墙或一扇门为孩子量身高，可以为记号们标上姓名和日期，多年后，你便会得到一份永恒的记录，几岁时谁测量的。

育儿信箱

让孩子保持苗条错了吗？

我的女儿4岁了，长得很像我。她很有时尚感。我们俩都爱母女装，她有点像模特，也确实在进行她喜欢的模特训练。遗憾的是，她和我一样属于易胖体质。我一辈子都挣扎于此，但有一点很明确，我不希望她也面对同样的心路历程。我们家里没有脂肪型食物。她已经知道哪些属于"危险"食物，当她在超市想买巧克力或冰激凌等食物时，我会告诉她并购买那些"无热量"食物。但她外出时，其他人会试图破坏我们的努力成果，还有那些出于善意给她"好处"的人。她幼儿园的一位老师坚持让她吃普通点心。这位老师认为，让幼儿具有节食意识是错的，我的行为会导致进食紊乱综合征，例如厌食症。我所努力的一切意义，就是让一个漂亮的小女生避免陷入肥胖的痛苦。这样做错了吗？

除了我们之外，婴儿和幼儿也都是一个完整身体—心智—情感的合体。对于你的女儿来说，她的身体是她自己的，她的自我形象取决于能够以理所当然的态度对待美貌和恰当的行为举止。虽然这不是你的本意，但你时刻关注她的饮食，控制她的食谱，肯定会让你女儿意识到，她不能相信自己的身体。于是，稍有松懈，身体便有可能背叛她。

更重要的是，如果她感到你不认可她的身体，或者只在她"控制体形"甚或"让体形更娇美"（也就是说，更瘦，不"贪食"）的情况下爱她的身体，那么，她可能认为，你对她不满意，或者你只在她配合你的瘦身计划的情况下才爱她。以儿童初期的个人努力成效进行预测，从没有准确过，但是，你的女儿显然接收到一些潜在的有害信息，即，饥饿必须加以控制，才不会变成贪食；食物应该由别人配给，而不是听从食欲安排，肥胖丑陋且不健康，而瘦薄型又漂亮又非常有益。

这听起来似乎是你个人的经验教训，曾认为体重是自身问题根源的一个不幸孩子。你为了不让女儿重蹈覆辙的焦虑可以理解，但你采取的方式却很不幸。你有把她当作微缩版自己对待的趋势，现在，你对自己感到惭愧，未来还会感到挫败。我相信，你仔细思考这件事就会明白，你女儿的职责不是成为你，或像你一样，或成为梦想的你。她的职责是成为自己，一个完全独立成长的个人，而你的职责是爱这个人，无论她长相如何，支持她，无论她变成什么样的人。如果你有外援推助你学会爱自己，那么，你可能觉得履行那项职责更容易。

牙齿护理

第三年内，孩子将拥有一套20颗的完整乳牙。

大约两岁半时，你的孩子将拥有一套完整的乳牙，上下牙床各10颗：左右各有两颗磨牙（双根牙），左右各有一颗犬齿，前排四颗门牙。

最后长出来的是第二对磨牙，即，牙床最后端的双根牙。和大约一年前（P340）长出来的第一对磨牙一样，会使得孩子下颌痛、牙龈发炎疼痛。

成套牙齿出现后，牙齿清洁的意义更加重要。现在，每颗牙都有另一颗挨靠左右一侧或两侧，食物碎粒很容易塞进牙缝间。一只小头牙刷，上下运动着从牙龈边缘刷到牙冠，基本上可以清除干净，但这需要一个细心、动作非常协调的成人和一个积极配合的孩子，确保后排牙齿和牙齿背面能够像前排牙齿一样清洁！任何能够使你孩子热爱牙齿清洁的事情，都将有助你更彻底地清洁。

照顾牙齿

在理想世界中，我们都会在进餐后清洁牙齿。在现实世界中，我们大多数人一天刷两次牙——或者让孩子们刷两次。务必确保，在晚上最后一顿饭结束后，让孩子的牙齿得到清洁，这样，他不会带着牙缝的食物度过一整夜。也要养成早餐后刷牙的习惯。接着，尽量在餐后让他喝一杯水，至少漱一漱口。应记住，甜的食物长时间停留在口腔里最容易破坏牙齿，所以，尽量杜绝奶糖等黏性糖果和棒棒糖等耐吃的糖果，当他吃糖果时，鼓励他随意吃、整颗吃，而非一点点地啃很长时间。

氟具有强化牙釉质的作用，甚至，当牙齿完全成形长出来时，可有效防止酸性物质侵入和细菌滋生。当你居住的区域水源中几乎不含氟，也没有口服氟补充剂时，一定要咨询医生、健康医院或牙医。健康专家普遍认为，从经年累积的经验看，日常使用含氟牙膏足矣。这些牙膏直接作用于牙齿，而且刷牙时难免吞吐下一点，已可降低儿童牙齿腐坏概率。实际上，研究表明，有的孩子吞食的牙膏，日积月累，将导致氟量摄入过度。所以，挤牙膏时应谨慎。如果孩子的牙龈似乎非常脆弱，牙医会选择一种直接抹在他牙齿上的氟产品。

看牙医

在第二年期间，你们已经认识了这位牙医（P342），到了两岁半，孩子应开始定期检查牙齿，至少半年一次。

乳牙至关重要。恒牙必须到6岁左右才出现，也就是说，这些乳牙必须使用好几年。更重要的是，乳牙为恒牙保留恰当的空间，促使牙床定型。所以，不要对早期牙科门诊掉以轻心。总之，切勿等到孩子牙疼时才预约牙医。疼痛意味着你错过了牙龈表面受损，只需简单且无痛修补即可的阶段，牙髓遭受破坏，牙洞扩大很多。设法找到一个喜欢和幼儿一起工作的牙医。如果你的幼儿可以在初次需要治疗前，与他的牙医建立感情，他有可能信任地接受任何后期治疗。

治疗牙齿　　近年来，牙科医学技术已发展到几乎无痛程度。对于幼儿特别重要的意义在于，曾经必须钻孔填补以免扩大的表面蛀洞，现在可以用氟化物治疗和控制。不过，如果你的孩子必须接受蛀洞钻孔治疗，他肯定不开心，无论他多么喜欢他的牙医。牙龈表面蛀洞接受钻孔可能不难受，但深入牙髓时则不然。现在注射先麻醉牙龈，相对无痛，但你的孩子无从比较对它们产生好感。即便是无痛的，水枪钻接触牙齿的打磨感觉，孩子也难以忍受，上牙床尤甚。和你的牙医配合，介绍水钻作用，让孩子从镜子里照见牙洞。钻孔时感觉洞口巨大，实际看到如此细小会令他感到安慰。事先应有所安排，当孩子示意（也许通

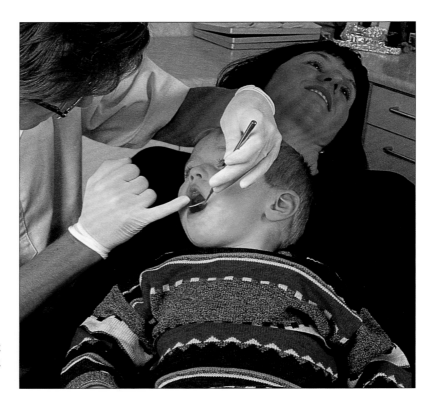

好牙医将使儿童愉快地就诊，即便那还意味着让他躺在椅子上。

过举手）他需要休息一下时，牙医即刻停止钻孔，可使他感到自己对此有所控制权。这点非常重要。如果他感到无奈地受折磨，现在或下次，坐上那张椅子就会惊慌。

在专业的巧妙处理下，大多数幼儿将可忍受任何必需的牙齿治疗，但有些尤其是那些在最初四年里产生多处蛀牙的可怜孩子，根本无法配合治疗。应私下里和牙医探讨问题和解决方案。一位过于富有同情心的家长，尤其是一位恐惧牙医挂线的人，并非帮助孩子的最佳人选。在另一位家长陪伴下，他可能处理得更好。偶尔，两个孩子一起——甚至实际上坐同一张椅子里，轮流治疗——可以互相支持。偶尔，一位专门医治幼儿的牙医，当他和幼儿单独相处，没有幼儿亲属一旁参与时，可促使孩子接受必需的治疗。

牙医不可能强行为孩子治疗，所以，如果其余一切办法都失败了，你们俩必须决定是否让蛀牙保留几个月，期望孩子的勇气增加，或者决定是否治疗迫在眉睫，因而必须采用轻度麻醉，甚或由麻醉师给予轻度全身麻醉。

牙齿意外伤害　　牙根并非直接长到儿童颌骨上，而是落在具有缓冲作用的、高弹性组织构成的韧垫上。只有非常撞击，才会使一颗牙完全脱落。

偶尔，一次撞击导致某颗乳牙缩进牙床。你也许能够看见或摸到牙尖，就像刚出牙一样。大多数情况下，这颗牙齿会再次长出来。如果牙神经被破坏，这颗牙就会"死亡"，也就是说，会发黄变暗。让牙医看一看，不要过虑，即便一颗"死"牙，通常也能安全地工作到恒牙长出来。

一颗横断或竖断的牙齿更严重。锋利的边缘，在他吃东西时会划破舌头，甚或再次跌倒时划破嘴唇。应带他去看牙医。牙医将把锋利的边缘锉钝，也可能选择为它"戴帽"。

如果牙齿被完全磕掉，或者错位，应带上孩子和牙齿立即看牙医，或者去最近的牙科医院。恒牙一般可再植、再次自行生根。乳牙通常无法复原。你的牙医必须决定是否让孩子缺颗牙，等到恒牙生长期时补牙，或者是否为他装一颗假牙。

日常护理

学会照顾自己是成长的重要任务。

这几年里，孩子对自身个性逐渐强烈的意识，明显表现在身体自尊感和渴望隐私的萌芽。3岁或4岁孩子实际可能非常在乎他的外表，但如果他在意自己的形象，这将是为自己，而不是为你，由你像宠物般梳洗打扮带出去让人欣赏，男孩和女孩都对此感到不满。

当然，孩子的整体清洁、健康和幸福仍然是成人的主要责任，不过，你促使他掌握日常生活的细枝末节越多，越不可能冒犯那珍贵的自我感。实际上，这也将于你有益。孩子为自己做一件事情，即为你减少一件事情或安排。自理能力是为上幼儿园作准备，因为那里没有专人负责他日常卫生。现在培养的习惯将使未来受益匪浅。

具备独立性

不要期望一教就会，许多自理的琐事单调且重复，但可以逐渐进步。如果孩子2岁愿意用小毛巾擦脸，3岁愿意有你陪在身后自己洗脸，那么，4岁时他愿意（通常）在成人提醒下洗脸，5岁时（偶尔）因为脸脏而去洗脸。

方便自理　　当孩子试图独立做事时，你必须创造可能的条件。屋内昏暗时，孩子有可能不愿自己拿东西。敞亮的厅堂、走道或楼梯道，便使得一切成为可行。当孩子准备掌握上厕所技能时，门把手和冲水手柄，应可以够到、可以轻松操控，否则，不应够到。在家里巡视一圈，要考虑到孩子的个头和安全性。水温热到会烫伤吗？他的抽屉沉得拉不动，或者可能拉出来砸到脚吗？他可以够到自己的牙刷，但不会摸到剃须刀或药片吗？可以够到水杯，但不会碰到你最爱的酒杯吗？儿童不会做不可能的事情，当他们的努力总伴随着唠叨的"小心"时，甚至都不会去尝试，所以说，创造条件促成独立性，关键在成人。如果没有挂衣钩能让他们够着，你如何期望他们自己挂外套呢？

学会选择　　作决定是成长的内容。孩子必须学会考虑他应该做什么，而不是纯粹按你说的做（或者不做）。你不可以把选择完全交给孩子，因为，在这些最初的日子里，他一般会作出有害健康的决定（比如"决定"每周只刷一次牙齿），或者让你无法忍受的决定（比如"选择"穿盛装去幼儿园）。在可行范围内练习作决定的最佳途径，通常是安

方便操作的衣服，意味着他有更多独立性，你有较少的工作量。

排生活，给孩子两个精选选项，完全让他自由决定。他可以现在刷牙，或者听完故事刷牙，他可以从你提供的两盘晚餐中挑选一份。

挑选衣服

三四岁的孩子对穿着的强烈态度，常令父母们非常惊讶。这不仅仅是一个舒适，甚或发展服装搭配感的问题，还关系到形成自我感觉。衣服属于自我形象，也属于投向外界的自我形象。你的孩子今天想变成谁，或者想被别人认为是谁？当他周围有一群孩子时，他想以什么形象示人？

你的孩子还没长大到可以选购新衣服，甚或还不能挑选衣服搭配，但他完全可以发表意见。毕竟，这是他的身体。为何他得以别人的穿着品味示人？尽量按场合和你的接受度，为他提供两三件外套或者两三套衣服，让他从中随意挑选。如果他们和衣服相安无事，你何必因为他打算以红色上衣配橙黄长裤，而反对他选红色上衣呢？

关心服装搭配，以谈论衣着开始一天。临睡前，让孩子为第二天早晨选择衣服，他可能比较喜欢。如果他看似对有限的选择感到不满，你可以试着把特殊场合的着装及换季衣服统统收起来，让他可以从其余衣服中挑选。不过，偶尔不需要选择，你的孩子可能很乐意在工作日穿私人"制服"，两条长裤（或衬衫和紧身裤）和两件长袖运动衣轮换穿。无论你如何安排服装选择，务必确保便于孩子穿着。选择他可以独自解决的纽扣或索扣，而非难操作的隐形拉链。只选择松紧腰带的长裤、短裤和衬衫，尽可能购买魔术扣鞋子，除非他恳求有拉链的。为了方便穿戴手套和帽子，应把手、帽子和衣服缝在一起，这样就不会丢失了。

谁说两种蓝色不能搭配紫色和亮红色？

应对日常护理琐事

大多数幼儿依然讨厌洗头甚或梳通发丝，剪手指甲和脚趾甲令他们不耐烦，刷牙一般也敷衍了事。每周一次"大扫除"，在常规的、达成共识的晚上，不要和最喜欢的电视节目冲突，创造愉悦的喜庆氛围，一般会令你们双方都感到非常轻松。也许你可以同时为自己进行个人护理。安排充裕的时间，匆忙行事会使孩子不服从、不高兴。你必须允许他尝试一切，孩子必须感到他得到大量放松的关注才会报以配合。

孩子依然不会自己剪指甲，但他可以在你剪完后，使用美甲锉磨甲缘，一定要平剪脚趾甲。曲线式修剪（像手指甲那样）更容易使脚趾甲内陷。

教孩子自己有效的刷牙，一定会发生矛盾，但对他何尝不是如此。作为"大扫除"之夜的收尾工作，设计一个活动"我们这周为你清洁牙齿有多么干净呢？"让他使用以亮粉色显示牙斑的牙菌斑显示剂。刷掉每个粉色斑确实是一项挑战，当全部清除时，你即可知道，此时牙齿确实干净了。

　　头发必须洗，但如果洗头引发问题，那么，让孩子决定使用最轻松的方式。他可能选择推荐为婴儿洗头的方法，允许选择，从而体会控制力，这是关键所在。使用你的洗发水或护发素也会有激励作用。一旦洗发水上头，让孩子自己揉洗，设计"泡沫"发型，照照镜子。当可怕的冲洗结束时，教他检查洗发水冲洗干净的方法，即，用手指搓一搓头发。别忘了最后丝般顺滑冲洗一次，教会他自己梳通头发越早越好，因为这样你就不必动手了。

以这种有趣的方式，几乎可以进行一切必行之事。

如厕自理能力

孩子掌握如厕能力的年龄大相径庭。有的（女孩比男孩多）3岁即可完全抛弃尿布，更常见的是白天完全可以使用厕所或便盆，但晚上仍需要尿布。能够控制排便的孩子中，普遍仍在使用尿布或纸尿裤，因为他们憋尿时间太短，来不及走到便盆尿尿。

保持干爽的问题

如果你的孩子已经可以使用便盆、马桶或实际自己尿尿，应确保他明白你的心意：

■ 向孩子表明，你有把握他将很快能够自己尿尿，而且你期待他像你（以及一串他喜欢并崇拜的人）一样使用便盆或马桶。这听来容易，但有可能因为你重视避免如厕训练的压力而被忽视。

■ 确保孩子实际亲眼看见那些人——成人和同龄人，使用马桶。有模学样非常有效。

■ 让他注意到尿裤子的感觉。一次性尿布吸水功能超强，孩子感觉干爽又舒服，于是，使他无法知晓控制排尿。一旦他开始在便盆或马桶里尿尿，当他在家醒着时，尽量别给他套尿布。防露型毛巾训练裤，多少可保护地毯。

■ 如果你使用超吸收尿布，一定只能使用于非常情况。这些超干净、有效的尿布，使得3岁或4岁孩子"尿过"无痕，降低如厕主动性，或者至少令他忘记上厕所这件事。

仍然没有主动排尿迹象的孩子，也许只是在这方面发展较晚。当你回顾学步期时，你将可能明白，他（或为数不多的她）在以正常发展顺序获得控制力，即便这次成功出现较晚，或进展更慢。

有些证据显示，较晚获得排便控制力有遗传因素。如果你可以请你的母亲回忆你小时候的经历，答案会令你释怀。但如果你们俩的母亲都说，你们在2岁前（或1岁）"训练"而成，也别失望。至少你们其中一人可能唤起儿时的记忆。还有些证据显示，和大多数女孩相比，男孩掌握如厕能力更难，所需时间更久。当你把一个早干爽的女孩，和一个似乎可能停止尿裤子的男孩进行对比时，停住。他们不具可比性，他也不会停止。除了患有严重心智障碍或身体残障，或患非常罕见的神经系统疾病的孩子，所有孩子终将学会保持干爽，而且这并非遥不可及。你看过几个孩子垫尿布上幼儿园的呢？

暂时的生理问题更使如厕技能的掌握雪上加霜。孩子的括约肌应该不是紧闭，就是完全打开。一直有点湿漉漉的，不是偶尔湿透的情况，可能属于失控遗尿，更常见的为尿道感染，女孩常为膀胱炎，导致排尿异常频繁、紧急和疼痛。在那些情况下，保持干爽有时让成人伤透脑筋，认为幼儿没有希望。如果你的孩子属于接连发作炎症的众多幼儿之一，在医院检查和明确治疗彻底成功前，别担心，也别让他担心不能掌握如厕技能。

培养早期如厕技能

当孩子白天肯定不用尿布排便和排尿时，也只有此时，你才可以开始促进他全面成功。在几乎任何情况下，逐渐能够独立控制全部排泄事情，将给予他自信心，感到自己是一个能干的人、一个主导者。

习惯普通马桶

你的孩子也许已经使用马桶好几个月了，但是如果他一直更喜欢便盆，此时即可开始从容摆脱了。一旦他可以使用厕所，无论去哪里，他将不必让你或任何照顾他的人随时携带一只便盆。

摆脱便盆第一步，是赋予那只熟悉的便盆靠在厕所旁边的永久权，从而使孩子习惯于每次去那里尿尿。当他对此释怀，不再期待在居室找便盆时，购买一只儿童马桶圈，安装在成人马桶上，再找（或买）一只高度适中的站脚凳（或牢固的木盒），便于他独自上下马桶，坐马桶时踏脚用。如果你买一只专用台阶，他将能够自己移动，于是，还可以站上去够到洗手池。鼓励孩子使用这个新装备，但在他主动放弃前，不要移动便盆。一旦他开始自己去洗手间——他第一次这样做，也许是朋友来玩，两人一起上厕所时确保他的小座位总是固定不变。把儿童马桶圈掀起上厕所的成人，结束时应摆回原样。

孩子乐于在家使用厕所时，即可鼓励他对各处厕所的好奇心。让他看看朋友家里的洗手间，带他去商店或游泳池更衣室。他甚至可看一看较不精致的公共厕所设施，当看见火车或路边车库又脏又臭的厕所时，他不会感到惊讶和紧张。除非他曾见过缺少隐私与卫生的厕所，有的学校厕所可能非常糟糕。

大多数3岁和4岁的孩子会喜欢有一位家长陪伴去陌生的厕所，也应该有一位成人陪伴使用公共厕所。尽管男女幼儿均可由母亲或女性照顾者带去厕所，但是，带着小女孩外出的父母仍会遇到为难的情况。偶尔有不分性别的厕所，特别是在欧洲大陆内。连锁型家庭旅馆和连锁购物中心，日渐提供"亲子盥洗间"而非"母子盥洗间"。如引导孩子习惯使用不同环境中的不同厕所。

果上述都没有，偶尔，有专为男性和女性特殊需求使用的厕所，因而男女均可使用。

尿尿姿势　　　　大多数小男孩最初使用便盆时，都坐着尿尿，而现在开始激励他们模仿父亲、哥哥和朋友站着尿尿，是个好主意。幼儿园里一群4岁的孩子，充满了男性意识，确实可能会取笑坐下尿尿的男同学。如果你表明，站着尿尿意味着孩子不必脱裤子，他可能会放松些，接受较快。在同龄人的穿着风格使他渴望使用拉链之前，就一直让他穿松紧腰的长裤和短裤。松紧带既方便又安全。他习惯了站着尿尿时，随即开始教他在尿尿前掀开马桶盖，如果他能够到。有成年模仿时，他有可能较快明白怎样使用蹲马桶。否则，你必须让他注意这件事，把一片漂浮的卫生纸当作耙心练习，偶尔有效。务必确保地面易于清洁。精致的地毯上，可能需要铺一张可机洗的垫子。他的尿准常不精确。

小女孩看见小男孩站着尿尿，可能也会想试试。当实践证明会弄湿裤子又平添烦恼时，她会退而求其次坐回马桶上尿尿。切勿小题大做，她将很快明白，站着尿尿不适合她，普通坐姿最好。接受这件事情，即接受了她是女性，而女性身体不同于男性。

尿尿姿势 无论孩子多么值得信赖，在这个阶段，他的等待排尿时间仍不长。如果不想家庭野餐或远途行驶心情被破坏，每个孩子都必须学习如何在户外排尿。男孩通常没有困难。他们可以模仿爸爸，对着树，甚或必要时背对汽车尿尿。女孩不平等的劣势，从一个3岁女孩与堂兄外出归来的抗议可见一斑："为什么没有给我带那样一个方便的东西野餐去？"

非常年幼的女孩发现比较容易尿尿，如果她们由一位家长蹲着托起"把尿"。稍微大些的女孩不希望被把尿时，可能愿意褪下内裤尿。她们一般有提裤子困难的困扰。寻找一个合适的地点：在荆棘或蚂蚁丛中，所有人都将尿不出来。

外出尿尿 许多孩子确实不必每天排便，而是规律地两天，甚或三天一次。其他孩子基本上一天两次，甚或三次。理想中，孩子的排便模式各有规律，不应成为你的顾虑。

如果你的孩子似乎喜欢早餐后排便，从生理角度看，非常有益。漫长沉睡一夜醒来，进食常引发一阵放松的肠蠕动。之后，这还可能具有社交意义。许多孩子不喜欢使用幼儿园的任何盥洗设备，只在那里解小便，所以，可在家排便。但如果这不是孩子的自然模式，也别勉强。更不应规定孩子"努力"10分钟。应让孩子觉得需要时才去，正如他们需要时才去尿尿。

排便规律 在家里，当孩子完全可以独自使用厕所时，更有安全感和独立感。在这个阶段，大多数孩子仍喜欢由一位家长为他们擦屁股。对小女孩来说，由家长擦屁股很重要，并且应教会她们自己擦屁股，从前往后，绝不要从后往前。向前擦，使排泄物接触阴道和尿道，会引发尿道炎。孩子们学会控制排便，乃至自己擦屁股，越早越好。你的

你的孩子可能偏爱洗手间的安静，即便她仍需要你陪伴和随时的帮助。

孩子也许会和一个新照顾者相处甚欢，但却对接受他还不熟悉或不爱的人为他做如此私人的事情，感到不安。在幼儿园，甚至都没有人这样帮他，所以，不会自己解决的孩子，可能发生不幸的意外。尽管如此，切勿试图催促他。实际上，大多数3岁孩子都不会自己擦屁股，原因很简单，他们的手臂不够长。

即便孩子完全可以自己去厕所解决大小便，也常常屁股擦不干净，常有一点粘在内裤上。许多孩子特别难以在幼儿园尽兴排便，也许是缺少充足的时间或安静，而且，和家里平常使用的厕纸相比，幼儿园的较硬，吸水性较差。

具备控制排便能力后，重大意外变得少见，虽然不比人们普遍想象的那么罕见（P460）。最常见的原因是一阵腹泻，便意突如其来无法控制，和孩子刚刚习惯的排便信号不同。幼儿腹泻时休息在家，比较体贴，哪怕他没有其他不适。重新戴上尿布，非常没面子，而一个必须为他清理却毫不掩饰嫌恶情绪的老师，其表现令人唾弃。

尿裤子　　　　许多三四岁的孩子经常尿裤子，甚至五六岁孩子的尿裤子频率，也足以为之在幼儿园放一套备用衣服。孩子具备基本如厕能力后，尿裤子使他难为情的程度比你多得多。他们还非常不舒服。他当然不是故意尿裤子，因此一定要同情他。

和大多数成人一样，孩子最常在紧张和兴奋时尿尿，当在最不该尿尿时——比如生日派对或周末外出时尿裤子，千万别惊讶。当他们玩得入迷时，许多孩子也不顾排便信号。巧妙的提醒可挽救一场"洪涝"。极其偶然的是，一个孩子会在情绪压力之下，憋尿很长时间，以至于膀胱膨胀过度而无法清空。这偶尔会发生，例如，一个尚未具备控制排便能力的孩子，置身陌生人中，决定妈妈不在就不上厕所。对此，解决办法，就是水。水龙头快速的流水声可引发尿意。如果不能，让孩子泡热水澡，那里很容易尿尿。

夜间干爽

许多孩子在3岁后仍需要在夜里使用尿布。但过早取消最容易让孩子变成"尿床者"。当孩子依然白天两三个小时尿一次，早晨总是垫着湿尿布醒来时，显而易见，如果你让他晚上不垫尿布睡觉，第二天就会在湿床单中醒来。他只是还没准备好保持干爽，而且，排尿发生在不受他意识控制的沉睡期，任谁也无力改变。你不可能教会他的膀胱集中精神憋尿到早晨，也不可能教会他从尿意中醒来，唯有发育成熟才能使他得以做成其中一件或两件。

夜间干爽过渡期

在他偶尔整夜干爽，偶尔白天三四个小时不用排尿、偶尔清晨被尿憋醒，此时不必考虑取消尿布。甚至，当你看见这些成长迹象部分或全部出现时，也不要执意取消尿布，如果他想垫着尿布。否则会使他对夜间排尿紧张不安，你将要处理湿床单，更可能引发问题。当你和他共同决定放弃尿布时，应在床垫上铺一层合适的塑料防水垫。小垫子非常易皱，不舒服，通常只能防护部分区域。让孩子看看铺了防水垫的床，向他说明，因为有防水垫在，如果他睡觉时尿尿，一点儿都没关系。

如果你刚买了新睡衣或床单，应随意地强调它们可以机洗，不要形容它们是"可爱的床送给长大、干爽的男孩"。如果他认为尿床将破坏这些美好的新事物，他将因紧张而尿床，因尿床而心碎。

引导孩子保持干爽

许多幼儿整晚干爽毫无问题，极少尿床，但普遍在5岁前不稳定，甚至5岁之后，偶尔尿床也稀松平常。当你的孩子控制夜间排尿困难时，你也许应提醒自己，试图保持儿童床干爽和帮助他自己保持干爽是两回事。夜里和清晨把孩子"拎起来"尿尿，有时可避免湿床单，但这对于孩子掌握技能于事无补。实际恰恰相反，你拎起他，他醒了，就会注意到，不是他，而是你在负责他的夜间排尿。你拎起他，他没醒，但几乎在沉睡中由你托着排尿，你实际在促使你所一直努力避免的事情发生：在睡眠中尿尿。也许最好不要拎起幼儿。至于一个努力保持自己干爽的5岁或6岁孩子，你应确保唤醒他，使他能为自己意识到尿意并解决。

绝不要限制晚间饮水。有必要取消气泡饮料（甚至苏打水），因为它们到达膀胱特别快，还要取消含咖啡因的饮品，咖啡因会刺激孩子排尿。只让他喝水、牛奶或果汁，让他想喝就喝，想喝多少就喝多少。有人认为，喝水较少的孩子，可能尿床较少。有些健康专业人士还建议，睡前4小时不要喝水——这听起来似乎有道理，实际尿床将更严重。因为液体减少，膀胱随之调整，于是，和储量较多的时候相

你的孩子应随时渴了就喝水，就寝时间也不例外。

育儿信箱

如何让儿子保持内裤干净呢?

我们4岁的儿子此前如厕训练困难,因为他只愿意用便盆小便,不大便。他将大便结在裤子里或者地上,有一年之久。停止后,我们以为斗争结束了。然而,他现在似乎患了慢性腹泻。他的内裤总是有一点点便结,尽管孩子在幼儿园不总能得到关注,但是,我们想到当他上全日制小学将会发生什么时,就非常担心。我们尝试了抗腹泻药物,每隔两小时带他去一次厕所,但似乎都不见效。这真令人难以启齿,以至于我们没有咨询健康顾问,可是,我们还能怎么做呢?

在类似烦恼的家庭中,掌握肠蠕动能力的问题,其实比他们想象中普遍得多。对眼前实际情况缄默不语,使得你们驻足不前,没有咨询当地健康专业人士,无从受益,更糟糕的是,孩子在幼儿园里还要忍受自身的臭味。

虽然成人认为排泄物恶心,学步童却好奇于从自己身体里出来的排泄物,感觉似乎是他的财产,于是,问题出现了。即刻冲厕所,会伤害孩子的感情,所以,如果他想寻找机会与控制他的成人争夺权力,他可能选择便盆,发现排泄物赋予他控制权。他可以无意间排便,但却在积极抵抗,他同样也可以在无意间憋住,进行消极抵抗。成人对此非常在意。

如果,除了便盆或马桶,除了有人试图劝说,孩子几乎可以随时随处排便,正如你的儿子一样,通常因为劝导太久太多。也许你忘了帮助孩子自己了解排泄的意义所在,如果一开始就进行劝导(这是一个很重要的"如果"),此类孩子一般可再次前进。否则,他可能从积极抵抗转向消极抵抗"训练",正如你的独生子的表现一样。

为了不在便盆或马桶里排便,孩子必须在离开前一直憋住。长此以往,他可能非常喜欢憋便的感觉,非常擅长此道,于是,他可以停止在"错误"的地方排便,只保存在身体里,受自己控制。

如果你儿子的行为表现确实如此,那么,你眼中的慢性腹泻,可能是慢性便秘。如果孩子忽略便意,持续数天一直憋便,排泄物集中于结肠内,随着循环利用其水分而变硬,进而逐渐到达直肠排便反应点,产生使他感到"需要排便"的信号。这种情况下,孩子不可能想排便,就能正常排出。因为,尽管他一直在进食、消化、产生废物,但是,水性排泄物在持续形成,终而穿过硬便流出。对于你所描述的长期便结情况,生理学解释通常如此。

便结并非故意的。为之而战的权力斗争,处于无意识层面上。对孩子生气,既不公平,也无实效(尽管偶尔难免想生气)。从这点上看,停止服用不恰当的抗腹泻药,为你的独生子消除使用马桶的压力,可能远远不够。请咨询你的医生,或者由他介绍的儿科医生。要打破这个僵局,你的孩子需要粪便软化药物治疗,当然还需要详细地解释他身上发生了什么,以及为什么。总之,他需要一个家庭以外的权威人士向他保证,这不是他的错。

每天为排便斗争,持续数月,孩子的自尊心必然一点点丧失。虽然他可能毫不知情,但他肯定能意识到自身的异味,他和其他孩子以及你们(特别是你的)反应的"异样"。如果他"不在乎"自己的脏裤子和其他孩子的嘲笑,这很有可能是因为他感到了脏、臭和异样,所以,当别人也表现出同样的糟糕态度时,他毫不惊讶。

比，现在感到尿意时的储量减小。长期限制晚间饮水，实际可能削弱孩子的膀胱能力。

被尿意唤醒，表示控制力正在形成。一定要在他房间里摆一只便盆，有足够让怪物趴在床下的亮光。尽管如此，他也许仍需要陪伴。许多幼儿害怕独自下床。不允许他喊你，他也许不下床，坐等后悔莫及。可是，无论你怎么做，他肯定有时尿床，有时不尿床。对这两种情况，都不要予以评论。祝贺干床单而沉默地收拾湿床单，和责备他尿床不相上下。当他干爽时，你说他是"好孩子"，当他尿床时，他会觉得自己"调皮"——或至少是"不好"。既不要褒奖也不要责备，现实说明人的膀胱随身体长大，他终将能够控尿一整夜。

处理湿床单　　　5岁前，夜间尿床非常普遍，7岁时也不罕见——特别是男孩。切勿就此认为孩子有问题。尽管许多家长不禁会担心一个四五岁的孩子尿床，但最好保持镇定，如果你可以，也让已经成熟的孩子保持镇定。但是，当镇定感不复存在时，应咨询医生或去医院就诊。

有时，孩子们自身将变得担心尿床——通常是听了过夜客人或主人毫无不避讳的评论时。他们可能很难接受你安慰说，转眼长大就不再尿床了，而更信任比较权威的医生给出的相同信息。如果你和医生事先交流，说明担心的人是你的孩子，不是你，医生可以集中精力于再度确认安慰，承诺今后随时提供后续帮助。如果你的孩子可以无后顾之忧——意味着你控制你的过激反应，并保护他不受客人羞辱——到7岁时，他将可能自然变得干爽。否则，那时看泌尿科也为时不晚。

当孩子连续几个月干爽，又突然开始尿床时，也许是日常生活压力所致。家里的一个新生儿，可使孩子无意间希望再度成为一个婴儿，即便他本身希望长大、保持干爽。与你分离，或者你离开家、住院，失去挚爱的祖父母或者其他重大剧变，都会动摇孩子的信心。任何动摇他信心的事情，也会使他暂时不能掌握近期出现的成人般的能力。伴随尿床的重现，你还会看到其他退化迹象，如此前的入睡困难再次出现，例如，要求一只奶嘴甚或一瓶奶。如果造成孩子压力的原因显而易见，也许可以通过类似谈论和婴儿般地照顾他，为他释放压力。如果孩子紧张不安，但你不清楚原因，也许一位他信任的照顾者或老师知道有可能困扰他的事情，建议你如何帮助他解决困扰。但是这两种方式都并非是在许诺你能根治尿床。放松和夜间控制力都会逐渐形成，慢慢来。

睡眠

　　虽然几乎所有学步童都倾向磨磨蹭蹭地上床睡觉，但三四岁幼儿的倾向则分为两个极端，势均力敌，即，乖巧顺利型和变本加厉型。如果你的孩子属于前者，你真幸运。以目前的方式继续进行，希望它一直有效吧。但如果你的孩子属于后者，那么，正确看待整个就寝过程也许对你有所助益。

　　从这个年龄群看，许多孩子在床上度过大量休闲时间超过睡眠时长。他们是被放进床的，因为他们的父母想要晚上安静些，而不是因为他们必须去睡觉。如果你可以坦然接受，在就寝一事上，至少你和孩子期待睡觉就是因为想睡觉，那么，油然而生的判断力和自我乐趣将促使你整理床铺，去那里时心情和孩子一样愉悦。

床和卧室是私人区域

　　与此前相比，把床铺和卧室整理得确实为孩子喜爱，可使这个年龄的幼儿更顺利地入睡。学步童倾向于拒绝床，因为上床（或睡觉）意味着离开父母亲。幼儿园的学龄前幼儿，普遍可以接受在家里自处一室，实际上，他们中的许多正逐渐形成领地意识、出现独处需求，喜欢有一片自己做主的空间。无论是一间单独的卧室或只是一个睡觉区，尽量让孩子感到那是他的专属区域，与他商量如何布置和整理，让全家人都清楚地知道，这个地方现在属于他。哥哥姐姐不允许无故闯进来，应由这个孩子决定带客人来观察，当而且只有当他愿意时。

　　应记住，孩子将在此度过一半时光（即便睡觉占多数），这里应像家里的公共区域一样，保持明亮整洁赏心悦目。无论他多么喜爱这里，不要期待你的孩子现在会自己整理房间。除非成人为他整理，否则，房间转眼就会变得非常凌乱不堪入目。

　　儿童床应为核心区，并且此时可能是让他从婴儿床进级到"大床"的关键期。这张床的尺寸当然不必一步到位，但是一张普通成人单人床（带有可拆卸安全护栏，减少过渡冲击）价格实惠，使用长久。应谨慎购买新颖的儿童床。3岁时，他喜欢睡在天鹅船里，但是，当他7岁爱上小马或足球床时，会对此作何感想？当两个孩子睡一间卧室时，尽量不要使用双人上下铺，因为他们彼此肯定会觉得另一方的床铺位置更好，当他们睡在另一个人的上铺时，很难有清静感，并且，在上铺照顾孩子根本不可能实现，所以，每次孩子生病都

把儿童床整理成她喜欢待的地方，既让你感到放松，也让她得到休息。

得换床铺。如果其中一个孩子仅部分时间和你一起生活——也许周末和爸爸住，应考虑抽拉式双胞胎组合床，即可在需要时把底层拉出来。否则，最好选择两张单人床，即便这会使房间变得拥挤。

尽量使床铺充满吸引力。切勿认为，孩子尚在尿床期，不值得购买漂亮床褥和可爱的睡衣，新床单和旧床单都要洗的。买了新床单，借此介绍一个著名的故事或人物，简单又实际。既然你的孩子度过了睡觉时闷热有危险的时期，你可用能拆洗的薄被取代婴儿毯。羽绒被贴身拥抱可满足幼儿需求，使大床看起来更像暖巢，也使床铺整理得更轻松。无论一夜醒来或小睡醒来，每次孩子起床后，务必整理好床铺。他不会比你更愿意回到乱糟糟的床上。

床沿边放置些精心挑选的物品，将给予孩子一种完整的"迷你之家"的归属感，使这里成为他（希望如此）每天晚上都愿意去、每天早晨愿意醒来待会儿的地方。虽然众口难调，但是，对许多孩子来说，有些事情可使睡觉的乐趣增加。

■ 一盏灯。安全地安装在墙上，孩子能够得着。这盏15瓦的灯可以整夜开着，或是有调暗开关，孩子能够自己操作。

■ 图片。在墙上，用磁性板或者钉板挂些图画，他可以安全地自己重新摆放画画。风铃等摇摆物件，悬挂于床头上，以及临窗风口处。

■ 床边桌或边架，放他自己的书。图画书意味着幼儿安静地翻看，连环漫画手册意味着大些的儿童津津有味地翻看，因为一个不识字的读者能够看懂图画故事。

■ 床上专属玩具通常分为两类：绒毛玩具，是友情与安慰；拼图和配对玩具，睡前玩比白天玩效果更好。

■ 音乐盒或儿童磁带播放机。可以在晚上独自入睡和早晨独立醒来时，打开这友善的声音。

■ 一种与你沟通的方式。这也许仅仅意味着一扇虚掩的门，或者，在大屋里也许意味着一只婴儿呼叫器或对讲机。

使用床和卧室　　一旦你将这里整理得使孩子愿意在此放松、游戏和睡觉，一定要保持这种愉快的氛围。若在这里实施处罚，就会破坏其愉快的氛围，所以，不要让孩子去卧室反省，或者因调皮而让他上床安静。甚至不要用言语表示可能性："你一定是太累了，否则你不会这么没头脑。我想你最好早点上床。"相反，尽量在他卧室里创造些美妙的事物。

如果他在幼儿园时，寄来了一封给他的信或明信片，就为他放在床头，让他回家后自己去找。如果你为他买了一件新毛衣，就展开在床上，让他试穿。有杂志图片供他选挂墙上，或者偶尔写个便条给他，放在床头，让他临睡时看。如果他要求玩平时不允许的你的物品，比如你的整套象棋或整盒扑克，告诉他，他可以借去上床玩。

当你把上述一切考虑在内，把儿童床布置成一个美妙的地方时，显然，你肯定也希望使这里充满愉悦的享受。务必确保在就寝前，孩子有大量的可关注物。一套明确的晚间常规和仪式通常最有效，然而，无论你的家庭固定作息模式为何，都不要指望孩子中断游戏或电视节目即刻上床。

为孩子讲或念最后一个睡前故事，应切实发生在他床上。如果在客厅讲故事，这只是睡前又一件美事而已。去卧室念故事，就是一件可期待在床上发生的美事了。

留些时间培养信心，讲笑话或只是闲聊。孩子越认为他的床是一个可以和你说话、对你说事或提问的地方，就越不会认为上床是一种离开成人陪伴的驱逐。

你留下孩子一人在床上，最好明确承诺随时回来。你也许会

如果你希望在友好的氛围中结束一天，睡前说几个故事再好不过了。

说："现在我要去吃晚饭了。吃完以后，我就会回来看看你是否睡着了。"孩子就会明白，如果他没有睡着，你很快就会回来。结果，他很可能在预计时间内沉沉睡去。

一旦孩子上床，应该不会再爬出来，或者说，最好别考虑这个问题。但是如果他上了床就必须待在那里，对此习以为常，你得准备待命于他。如果他不太可能爬出床告诉你有趣的事情，他能拿到自己的水吗？

一旦卧室熄灯，这个年龄的孩子普遍情非得已不会独自下床，打败床下的黑熊和角落里的怪兽，所以，知道他们呼唤就肯定有人前来，是室内独处感觉安全的重要内容。如果你的孩子近期夜间不用尿布，务必注意他万一尿床而引发的担忧，或需要夜间去洗手间的可能性。试着点亮一盏夜灯，放一只便盆在床边，允许他在需要使用时，随时呼唤成人陪伴，并且，在床上铺防水垫，从而放松地对待"意外"。

睡眠问题

无论你可以使上床睡觉这件事多么有趣，在这个年龄段，总会出现一些常见的夜间问题，如果从未出现在你孩子身上，你将异常幸运。

"恶念" 这是许多孩子在迷迷瞪瞪半睡半醒间的噩梦。孩子本身不知道自己是醒是睡。卧室沉寂很久之后（你可能因此认为他已经熟睡），孩子要么开始啼哭，要么呼喊你，说他无法入睡。

有时可问问孩子有什么事情在困扰他。他也许会告诉你怪兽在围攻他，谈谈此事会让他平静些。但是，你的安慰应非常简洁明了。如果问题是"有个坏人进来了……"就告诉他，家人之外，没有人可以进入这里：门是锁着的，用钥匙才能打开，窗台非常高，架上梯子也够不着……

和噩梦不同（见"噩梦"一节），"恶念"通常直接源于孩子听到的故事情节或看到的电视画面。犹如头脑为他重现这个故事，然后，随着他的控制力放松入睡，交由强大的想象力接管，并对故事情节进行渲染。控制睡前观看内容、挑选睡前故事，使他每天带着满脑袋与日常生活相关的愉悦情绪而不是迷惑和悲伤入睡，会对他有所帮助。有的孩子容易产生且害怕这些"恶念"，一定要咨询求助，审查他们一天结束时所观看的内容，排除某些他们白天特别喜欢的故事，取消阅读特定的插画故事。

对实际生活片断似的截听、理解，也会导致"恶念"。一通关于梅阿姨手术的电话交谈，一阵隐约的父母亲的争执，或是妈妈哭泣的声音，都会影响孩子，于是，随着睡眠到来，他充满了焦虑。谈论并解释也许会有所帮助，但撒谎绝对无效。如果他听见了一阵争执或哭泣，最好平静地承认，告诉他比较合适的争执或悲伤的内容。如果你提醒他，他偶尔也会和朋友，或兄弟姐妹争执，而且成人也会哭泣，他就会明白争执和伤心不必害怕，这并非意味着你们彼此不再相爱。

噩梦　　　　睡眠在深度"正规"睡眠和浅睡间循环交替。"游离"期也做梦，令人害怕的、烦恼的梦，即噩梦，通常也是更容易为人注意和记忆的梦。梦是内心活动的反射。如果它们似乎与孩子日常生活中的事件和故事等等相关，因为那些真实事件犹如一种幻语，你无法通过禁止看恐怖的电视画面阻止噩梦；噩梦素材来自孩子内心，必须从整体上降低焦虑感，才能使它有所减少。

　　　　几乎每个孩子都会时而做噩梦；偶尔，你的孩子可能几乎每晚都有一小段噩梦。除非他醒着时也表现得压力重重，否则，不用担心。他啼哭时，尽快去他身边。你的形象、声音或抚摸，将立即使他安然入睡。只有当他有时间完全清醒，被自己的恐惧感吓到时，或者当前来安慰的临时照顾者是一个陌生人时，噩梦可能演变成记忆，使他害怕入睡。

梦魇　　　　梦魇与噩梦是两件事，好在更为罕见。梦魇发生在"正规"睡眠期，而不是"游离"期，它们源于幻想，而不是内心情感的冲击——害怕或惊慌。大多数孩子从未发生梦魇，极少数阶段性地出现不止一次。偶尔，由痛苦事件引发，例如外科手术、被迫离开父母，或交通意外。

　　　　当你肾上腺素飙升、心跳加速地赶去回应预示着梦魇的尖叫声，一般将发现孩子坐起，睁开眼睛，"凝望"室内不存在的"东西"。他看起来不只是害怕，还有惊恐。如果此中带有愤怒，就会是憎恶；如果此中带有悲伤，就会是凄凉。他看似醒了，其实没有意识。不但没有因你的到来即刻得到安慰（正如噩梦中醒来一样），他既不会注意到你和你的安慰努力，实际上，还会把你视为害怕的内容。他可能惊恐地尖叫"走开，走开"，使你变成敌人，或者，啼哭着"看，看……"使你变成难友。偶尔，他会凄厉地呼唤你："妈妈，妈妈，我要我妈妈。"尽管你在搂着他、拍拍他，设法让他意识到你的存在。

　　　　此类极度的惊慌感具有传染性，看起来醒着实际在梦游的样子确实怪异。你可能为此紧张不安，但必须保持清醒，以免受孩子情绪感染而手慌脚乱。开灯，这可以稳定你的情绪，还可使得房间亮得足以驱散孩子所见情景。即便现在亮光对他无效，但是，在意外结束、他全然清醒时，对他将有安慰作用。

不要和孩子争执。他没有醒来，听不进客观解释怪兽是想象的，或者房间里没有老狼。一直低声絮语安慰"没关系亲爱的"即可。如果他意识到你的声音，也只是听见你的语调。忽略孩子可能说的任何伤心话。他此时没有意识，对自己说的任何话都没有责任。如果他大叫说讨厌你、杀死你，请对此置若罔闻。他不是指你，他指的是你所代表的他梦魇中的任何事物。

不要特意叫醒孩子。惊恐有可能自行消失，让他在毫不知情中，直接回到正常睡眠。你可能要平静一会儿，但他可能完全没有伤害。如果他在惊恐中跳下床，跑开，或者开始摔倒自己或踢飞东西，你就必须干预。试试看，你能否把他抱起，但不让他恐慌加剧。如果他允许你抱、轻摇，那么，他就会在温暖而安慰的气氛中醒来，而不是撞破头才清醒。但如果他抗拒你，别勉强抓住他。最好跟在他身后，随手开灯，当他逐渐镇定或醒来时，把他抱起来。

当你的孩子从梦魇中醒来，特别是在另一个房间醒来时，他有可能非常惊讶。对于他回归"正常"的释然之情可以理解，但不要夸张地表现出来。只要告诉他，他刚才做了一个梦，问问他是否要喝点水或去厕所。他现在可能非常清醒了，你必须像在就寝时间那样，再次送他入睡。第二天，如果他记得自己的奇怪经历，就据实告诉他："你做了一个噩梦……"

对于为何有的孩子有梦魇，而有的不这样，或者为何噩梦结束，而梦魇开始，我们不得而知。那些确有梦魇的孩子，似乎在高烧神志不清时最容易发生，以及当他们在任何原因下服用镇静药时，或者，当他们身体或情绪受到严重冲击时，比如遇撞车事故。梦魇，需要镇定且有经验的成人处理——即便他们不愿意看见此事，否则处理不容易。如果此前类似情况使你有理由认为，他今晚可能梦魇，就不应把孩子丢给青少年照顾，更别提陌生人了。

梦话　　　　孩子普遍会在梦中喃喃自语。有些说得非常清楚，你听得字字分明。偶尔，孩子还会咯咯笑，或用类似嘲笑的语气说梦话。这听起来很怪异，其实不足为奇，除非孩子显然在做噩梦或开始梦魇。

平静地说梦话的孩子，不必唤醒，也不必倾听。最好第二天别告诉他们梦话中的好玩故事，因为大多数孩子认为，无意识状态下的谈话非常恐怖。说梦话的孩子也许会吵醒且吓醒卧室里的哥哥或姐姐，于是，你必须调整睡眠安排，因为，孩子开始说梦话后，往往在整个童年期它会时常出现。

夜间醒来

偶尔，孩子睡了几个小时后会醒来，而你和他都不知原因为何。他还没做梦——就他所知——他不害怕，也不需要任何东西。他就是完全清醒了，非常惊奇地发现自己置身寂静的屋里，必须呼唤你，确认并非四下无人。

如果你的孩子在夜间醒来，她有可能需要父母安慰她，重新平静下来。

令他安慰的探望，以及答应他看书到再次睡着，将是他的全部需求，但如果这常常发生，你就需要告诉他，大多数人喜欢一觉睡到天亮，吵醒他们太遗憾了，除非他确实需要什么。他的房间可以按清晨活动需要进行安排，从而促使他照顾自己。

然而，3～5岁期间，孩子无法承受孤独。他可能必须看见周围有他人陪伴。那么，和哥哥或姐姐（甚至是小婴儿）睡一个房间，也许有神奇的作用。告诉他不要叫醒哥哥或姐姐，于是，他会非常安静地待着，但他可以看见哥哥或姐姐睡觉，听见呼吸声，他知道自己不孤单。

家里没有哥哥或姐姐时，还会有其他有效的"陪伴"形式。以下物品在各个家庭都非常有效：一玻璃缸金鱼，一只冬眠的乌龟，一个表面可爱、带有指针的时钟，一只忽闪着星星的特殊灯罩（低瓦数夜灯专用），以及一张全家照。

早醒

如果你的孩子喜欢自己的床和床里床外各种东西，现在来看，清晨应该不是问题。他不可能为了取悦你而躺着——讨厌他醒来于事无补，但是，他可以不打搅你安静地玩。3岁之后，他也许能够理解，在听到闹铃，或广播，或你起床声音之前，不得吵醒你，除非有特殊原因。

他当然会无意间吵醒你，因为你听见了他和哥哥或姐姐、洋娃娃或玩具熊的交谈声。这种情况意义不同。你不能期待他完全寂静无声地待着。你只得用枕头遮住脑袋，继续赖床半小时。如果他必须叫醒你，也许是因为尿床了，急须上厕所，饿了或渴了。

如果因尿床而呼唤你，不理睬或责备他都是不客观的。你应该让他认为，保持干爽比尿湿舒服得多，当他在湿睡衣和床单上游戏时，就会变得非常冷。你必须走到他身边，但不必大动干戈地更换床单，应稍后再做。给他一身干净睡衣让他自己穿，你用一张旧床单或毛巾遮挡住尿湿的地方。

如果问题是饥饿或口渴，试试在他床边放只鸭嘴水杯和两三片面包干或饼干。他自己吃得有趣，也满足了需求。

有时，家以外的世界似乎
纷杂得无法掌控。

啼哭与处理方式

向儿童早期过渡，通常意味着抛开某些学步期特有的强烈的情感压力。当然，你的孩子还没有改变个性。他向来紧张的，可能还趋向于紧张。他两岁时非常倔强，3岁不可能使他变得可爱听话。但整体而言，处理日常压力的能力将有所提高。这点可从他的分离反应中看出来。几个月前，他非常依赖你，受分离焦虑之苦。现在，和以前一样非常依赖，但不再那么焦虑。他可以让自己度过普通分离。

语言促使他应对。你离开房间时说："我下楼去收衣服。"他能理解你；看见晾衣绳，看见你走向晾衣绳，记在心里。萌生的时间感也有促进作用。照顾者提醒他，你将在午餐后来接他，虽然他没有时间的数字概念，但他知道时间会过去的。与此同时，和其他成人接触的经验，使他更有安全感。现在他知道，即便在没有你的世界里，也会有其他美好、热心的人。老师会念书和解决纠纷，祖父母会包扎受伤的膝盖或修复摔坏的玩具，保姆会带一瓶水，大孩子会牵着去荡秋千。

孩子自身不断增长的能力也令他安慰。他知道，他可以为自己处理许多事情，日常不再有需求依靠成人。如果有孩子陪伴，他甚至根本不要成人。当他和伙伴一起玩耍时，他认为你只是一个背景人物。

不过，也许时间和重复的经验，最能促进他提高应对能力。你一次次地离开他（1分钟、1小时甚或1天），又一次次地安然回来。他长期以来作为你的孩子，足以令他建立起对你的信任感。只要他放心你的来去，认为无论你在不在身边，都有你关爱，那么，他就会把注意力从你身上移开，关注外部世界。

面对新的社交挑战

你的孩子必须感到，在你的保护之下，户外探险安全，短途飞行令人兴奋而不是焦虑，这点非常重要。两三年后，他将进入正规教育体系。无论他此前在哪里托管，即便他早已习惯日托中心的"教室"，喜爱那里的照顾者，但是，真正的学校和老师主要负责他的教育而非护理，将需要新级别的有信心的自制力。

和其他孩子相处

对你的孩子来说，此刻直到成年，和同龄其他孩子的关系变得越来越重要。尽管婴儿通常喜欢所有孩子不分年龄，学步童喜欢彼此一起玩耍，发展真实而持久的友谊，这第三年，尤其标志着孩子们之间个人关系的开始。此时可以开展真正的合作游戏了，共同构想游戏、贡献技能，增加游戏乐趣。如果你的孩子习惯和一群熟悉的孩子相处，假如还有一位托管者，那么，在照顾者甚至你不知情时，可能从观察者变为游戏参与者。他在那种情境下学会的社交技能，将在某种程度上运用到游乐场、生日聚会和度假海滩，最终运用到幼儿园和小学。但是如果你的孩子此前几乎没有和其他孩子相处过，现在，当他要参与时，可能会遇到问题，因为，他想要玩游戏，却不知如何加入游戏。无论这种情况发生在幼儿园、游乐场，还是定期私下游戏约会，此时，他必须知道轮流、分享和放弃的意义。只有当他发现许多游戏小组玩得更有趣，在自我要求任务上，双人一般会成功，而单人会失败时，才会认为艰难的课程值得付出努力，也才会乐于这样做。

看大孩子游戏，可使你的孩子明白如何加入游戏。

和同龄人的矛盾　　这些课程确实困难重重。对大多数幼儿来说，从容、合作、社交行为要付出极大努力，而那些努力成功的孩子，倾向于严格对待尚未能掌握这些技能的孩子。如果一组孩子已经知道，如何不破坏彼此成就，共同完成一个沙子堆起来的小村庄，就会把去踩新加入的小朋友的沙丘作品。所以，不要期待其他幼儿"友善"地对待你的孩子（即便他年纪最小）。如果出现问题，不要把精力浪费在因他们"欺侮他"而受伤、生气上。

有些孩子把家里承受的所有压力向其他人发泄。如果你的三四岁孩子咬、打、踢，袭击更小的幼儿，顺走其他人的玩具，总体来说，让任何人都不想和他玩，应审视他的其他生活方面。他打其他的孩子，因为他一直想打你的新宝宝但不敢？或者由于现在家里有了新宝宝，所以，托管中心让他认为受到排挤？他偷其他孩子的玩具，因为他觉得自己玩具不够，或者他认为，他们的玩具意味着他们得到关爱，而他不确定自己有没有？他破坏其他孩子的游戏，试图欺负他们，因为他想以此平衡你对他的过度控制？

有些孩子受到其他孩子的压力发泄之苦。即便年幼如此，在儿童的生活中，欺凌确有发生，攻击性儿童倾向欺侮安静、有点自尊但还没自信的人。偶尔，欺凌表现为歧视，专门欺侮那些外表或行为上，明显"不同的"无自信的孩子，或者那些被较多人排挤的少数儿童。对歧视行为例如嘲讽，起外号，或排挤孩子任何特性，包括性别——应予以和身体攻击同等重视，这非常重要。如果你的孩子会遭遇或显示出冷落和起外号行为，不要掩耳盗铃地认为"他们还小，不懂事"。他们太小，无法理解，但在学习理解方面，他们不小。一个小组能够容纳差异，是小组本身的精神内核，防止偏见根植于孩子的信仰之中。

如果希望孩子们既不欺凌也不被欺凌，他们就必须学会树立信心，学会表达自己的需求和感受，捍卫自己的权力，同时尊重他人的权力和感受。当他的玩具被另一个孩子夺走时，他哭着跑开，是鼓励了他的进攻行为，也没有从中让自己更有安全感。成人挺身而出（"杰克，把东西还回来……"）了结此事，对预防这种事未来的发生于事无补。两个孩子都需要受害者停止成为一个受害者，并坚持自己说："我还没有结束"（或者是"还给我！"），应该有一个成人支持他，以免杰克不归还。偶尔，父母为了消停，偏向了错误一方。也许父母会告诉杰克"礼貌地提出要求"，接着，当他含糊地说了一句"请……"时，便劝说玩具拥有者"给他玩一会儿"。但是如果他还要使用这个玩具，无论另一个孩子多么礼貌地要求玩这个玩具，他都没有义务放弃，而应尊重他的游戏权利。孩子们必须知道，他们有权说"不"或者"等我结束"。

当你的孩子遇到和其他孩子的相处问题，不会解决而烦恼时，一定要尽量平静且以平常心与老师交流。如果他只是要加入一个小组，作为一个新加入的小朋友很可能受到那组孩子的排斥。如果，对于在家受到精心保护的孩子，小组游戏几乎都是陌生的，他会发现最普通的小组生活也非常激烈。如果你向来让你的3岁孩子玩"开抢"游戏，获得最大颗草莓，让他认为自己比爸爸还强，他就不太可能和那些期待公平和现实的其他孩子融洽地游戏。"但我想要第一个走。"此类新来者大声疾呼，对于别人也应声明权利这点，确实感到震惊。之后，他会要求另一个孩子："趴下，继续，按我说的做。"当他坚决站着不动时，他推倒他，他很生气，他明显非常惊讶，说："不许推人！"老师来了，责备了他。

<table>
<tr><td>学会社交能力</td><td>童年早期的社交能力为所有孩子必学技能，尽管部分孩子认为比较容易。在社交场合，当你的孩子受到其他孩子，或老师，或照顾者欺侮时，你当然不能置若罔闻，但是，他和其他孩子之间的相处困难，仅意味着他技巧不够。如果你观察他和其他孩子的行为，就有可能看见，那些使他不受欢迎的他所做或没做的行为，并教他如何更好地处理。他可</td></tr>
</table>

在成人帮助下学会"一个一个来"，意味着大家安全，都有机会。

以和轻松学会餐桌礼仪或新词汇那样，轻松学会恰当的小组行为。

"做你应该做的"基本原则，教得容易，学得有趣，因为一切从你的孩子和他的感受开始，只有如此，才会运用到别的孩子身上。如果你能使他明白，每个孩子都愿意第一个滑滑梯，但只有一个人可以；每个人都愿意得到他等待（也许是期待）的那份最大的蛋糕，但只有一个人可以；没人比他更喜欢游戏"出局"，但他至少可以看见如何友好的游戏，即便他不总是玩得那么顺利。对你来说，踢人显然是错的，但你的孩子此时却不明白。

当成人鼓励他有强烈的竞争心时，你的孩子将更难以"友好的游戏"和克制住不直接或间接地排挤人。毕竟，每个赢家背后，是一个或更多输家。越渴望赢，却越可能一败涂地。无论你多么喜爱竞技类活动，例如大孩子的体育运动，儿童首先需要一切机会使他意识到，他人的普遍感受往往和自己相同，永远值得同等尊重。例如，当他抱怨说，有一个小男孩总是跑在成人身后，认为那个孩子有点害羞，不太合群时，应提醒他，他自己也有类似感到害羞、坐在你腿上的时候（也许竟是前两天的事情）。当他破坏了某人的图画而挨揍时，亲亲鼓起的包，然后指出，每个人都喜欢自己保留或销毁画作。

帮助孩子交朋友　　成人不应期待这个年龄的孩子结伴玩耍，不用监护。他们的社交控制力还不够，脾气仍时而发作，萌生的预见能力一气之下就会消失。如果一个孩子用球棒打破另一个孩子的脑袋，尽管只有一个人流血，但两个人都将遭受痛苦。保护每一个孩子不受自己和他人进攻行为的伤害，绝对是成人的责任。

安全并非唯一标准，但是，当成人监护敏锐，把握促进和干预的巧妙分寸时，更有可能促成良好的游戏。也许你的孩子想去某些人家，但必须由家长之一负责监护，而不是一个像警察监视似的坐在孩子身旁的留学生照顾者。当你的孩子丢下你给他设计的安排，而和另一个孩子游戏时，你（和他）都应知道这些游戏内容。所以，不要羞于询问，或者当你被重复问及相同问题时，不要厌烦。

巧妙的监护，通常意味着在孩子附近找到成人的工作，于是，你可以一边忙你的，一边随时介入，以免失控。如果你有5个孩子，分别从18个月到4岁不等，各自佩带一把塑料剑，战斗在即，劝告他们"小心点"毫无作用，即便你边说边抱走学步童，离开危险。4个佩带武器的孩子做游戏，其实3个已经超多，应该把剑拿开，建议玩点别的。

　　有时，保障孩子的安全需要那种非常即时而有针对性的监护。当孩子在玩危险物时，例如滑梯，你不能指望他们轮流玩、不推挤。毕竟，引发意外只需一个孩子轻轻一推而已。应该上前接管道："你们必须表现得当，才能玩滑梯；每次一个人爬上滑梯，一个人滑下来。现在，谁先来？"

　　无论你的孩子是和一群孩子还是和一个孩子玩，他们之间不可能总是相安无事。当他们只有3岁时，即便"最好的朋友"也不一定是融洽的玩伴。发生矛盾时，应关注于使他们再次玩起来。谁先动手，不重要，唯一关键的是，打架破坏了大家的游戏，必须停止。巧妙的监护，现在变成以一种新活动或点心进行干预。

　　即便你的孩子在托儿所度过一天，如果有三个亲兄弟姐妹或是双胞胎，和周围的孩子相处融洽非常重要。毕竟，他们周末要在一起玩。如果你待在家里，他们中的一些甚至可能整个童年期都待在一起。

　　尽管如此，邻里的孩子发现彼此并不总那么容易。现代的都市环境，极少考虑到儿童外出活动安全，即便有供他们玩耍的步行空间。实际上，年轻家庭生活的主要压力之一，就是外界环境真实可见的危害，迫使儿童困于室内，恐怕只有司机与卫队保护，才能让父母过度紧绷的神经有所缓和。如果附近有些小孩子，你的孩子不认识，因为他们都是全家出动，此外几乎看不见，那么，安排一场生日聚会，或者邀请邻居母子来喝下午茶，也许对你们都有帮助。他发现伙伴，而你发现邻居可共同拼车和游玩。

典型的恐惧

　　每个孩子（以及相应成人）都有特殊的恐惧和担忧。然而，有些焦虑为这个特定年龄和阶段的普遍特性，你的孩子很可能遇到其中一些。

担心天灾　　　你的孩子正处于对自己所做的每件事最有想象力的时期。这使得他对一切都有"假如……"的恐惧。学步童必须确实发现好像迷路了，才会担心起来，而幼儿看着自己置身大公园里，就会猜想迷路会怎么样。他也会担心小概率事件的可能性，比如房子着火，父母双亡，或狗儿狂叫。你不可以告诉他这些事不会发生，但你可以用烟雾报警和大家非常健康的具体事实，强调它们的不可能性。如果他继续问"要是……"你务必确保对他的真实忧虑，你有一个简洁的安慰回答，且会发生在他身上："奶奶（或任何他熟悉的父母替代者）会来照顾你。"

担心受伤

作为一个完整的内心独立的人，自我意识会使你的孩子非常担心受到伤害。在这个短暂的异常恐慌时期，性别差异甚至会造成微小的伤害。现在，男孩和女孩都已经注意到自身性别，以及有没有阴茎。对小男孩来说，他的阴茎无限珍贵，但他倾向于担心失去它，尽管有人解释，但他坚信这一定发生在女孩身上。小女孩倾向认为，她缺少阴茎，基本看不见的阴道似乎毫无共性。尽管有人解释，但她往往担忧她的身体已经遭受阴茎移除的损害。所以，对男孩和女孩来说，受伤似乎始于对永远损坏、失去自我可贵的一部分的可怕想象。

轻度撞伤或擦伤时，孩子需要急救，也需要慰藉。

血液常是恐惧的重点。3～5岁孩子最常贴创可贴，不是因为他们自伤最多，而是因为他们必须完全看不见血，才能继续生活。但是疼痛也是重点。常规注射，一年前仅引发一阵啼哭，现在则可能令他非常惧怕、讨厌，记恨于心。也许需要你策略的技巧，把那个碎片从手指中取出。

担心破损

许多孩子害怕自己受伤，也非常害怕其他任何东西受伤。当他打破一只杯子时，你的孩子也许异常担忧。当他碰见一只无头洋娃娃时，他的反应也许像你看见死老鼠时一样。有些儿童甚至无法玩拼图，因为他们非常讨厌不完整的"破"图。

担心成人话语

尽管孩子的语言能力促使他说出恐惧内容，但他的语言理解力也会导致一些恐惧。他零碎地听闻成人的交流声，理解的语言不在情境中，没有经过成人演绎和缩减。如果他听见你以"生不如死"回应"你好吗？"他不会认为这是你的自嘲的玩笑，他会惊慌。同样情形，也适用于零星收听部分理解的电视或广播节目。受真实或虚构恐慌之苦的可怜的受害儿童，认为世界充满危险。

担心陌生地方

孩子和你在一起时的安全感，部分源于你所分享和熟悉的情境。当你们在熟悉的环境里做熟悉的事情时，他对你随时参与非常有信心，而在陌生情境里，情感与身体双管齐下，可能也不足以令他感到安慰。当他哭闹着要从原本欢欣鼓舞的度假地赶回家时，不要惊讶。在沙滩上晒成古铜色的4岁孩子大叫"我不喜欢这里，因为妈妈不在

搬家时，让孩子自己掌管他的大多数宝物。

这里烹饪"时，其实言外之意更多。当搬家后的情形离你期待的差很远时，不要沮丧。家庭生活条件的日益改善也许最终绝对值得付出，但那不会阻止刚开始时的恐慌感。

让他把带宝贝的东西带在身边，可以帮助孩子降低新环境的不适感。不要提前打包他的玩具、衣服和书，更不要让搬家公司代劳。让他"帮"你提前一天打包（这样他知道每件物品在哪里，并能随时看到这个包），把那包东西放在你车上，或者手提箱里。抵达新家时，尽力按旧家的模样布置新居——包括一个看似熟悉的游戏角——设法节省时间和精力，通过烹饪、正常晚餐、为他刷牙，投入到他所期待的情境中。在度假酒店里，尽量保持家庭常规生活，同时体验悠闲自在的感觉。在新家里，记住，你必须为他重建情境，如果你一边自己熟悉环境，一边确实鼓励他跟随你，要尽快缩短这个过程。不要像以前那样，夜里只要他一出声就去。他还不熟悉房间布局，没去过你的卧室。只要他不能看到你，就不知道你的位置。另一方面，如果他第一晚特别想家，别让他一个人睡。即便他从婴儿起就没有和你同睡，但在这时邀请他一起和你睡，可以使你们俩减轻压力："就这一次，我们都会习惯的……"

帮助孩子应对

让他自然地走向独立，最能够帮助孩子克服恐惧和焦虑。不过，你还可以继续坚定，甚至过度地控制他和他的生活，明确表示，你不期望他负责自身安全来达到目的，那仍是你的工作。如果他要求做某事，例如在朋友家过夜，你可以看见，他对于一口否决不太开心。他将极其释怀地发现，你认为他还没准备好新的体验。

当他害怕时，想方设法给他安慰。绝不要取笑他，或者让任何人嘲笑他的惊慌感。否则，他可能学会隐藏惊慌感，或者用傲慢伪装自己，但其实惊慌还在内心翻腾。

儿童早期的惊慌感，将随着时间和孩子能够恰当应对一切事情而消失。他将逐渐发现，擦伤的皮肤会愈合，从三轮车上摔落不会粉身碎骨，你绝不会失去他、忘记他，或悄无声息地离开他，坏东西不会在夜里闯进家门，大人让他待的地方都非常安全，全盘在握。无论是在你或他控制下的不安全体验，肯定会耽误他达到自信的幸福状态。不管怎样，让他处处为难毫无意义。

不要把孩子推向独立竞赛。培养一个两岁孩子愿意和任何人去

有一个黏人的孩子，并不丢人，实际上，认为4岁孩子该"独立"才是荒唐的想法。

任何地方，没有意义（还会有危险）。有一个羞涩、黏人的三四岁孩子，并非说明你是一个过度控制型的家长，而一个接近新情境和人很慢的5岁孩子，最终也会接受任何人，而且超出普通水平。

应对家庭问题

当你的家庭遇到现实的不幸，比如丧亲、离婚时，千万不要为了孩子而忍辱负重压抑痛苦。当你承受如此巨大的压力，行为表现荒腔走板时，你不可能是孩子期待中的你，而佯装原来的你，对他没有帮助。如果他能够理解话语，一般来说，大致描述不幸的事实，可让他减少惊慌。而如果他必须面对看似陌生、难以亲近的你，最好让他离开熟悉的家庭环境。如果你不能承受独守空屋，也许请朋友或亲人搬来陪你，比带着孩子搬去和他们住更好。

经历丧亲或离婚后，你也许不希望——也许是不能够继续带着孩子生活。然而，在让他面对支离破碎的家庭之前，应尽量给他时间接受失去亲人的事实。如果一切变化太突然，他将茫然不知所措。

当他是维系家人的唯一因素时，对孩子来说，居家一点也不好玩。

单亲家庭   失去父亲的打击，只可能被失去母亲或双亲替代或超越。尽管丧亲与离婚导致的分离痛苦不可等量齐观，但在幼儿看来，却同等悲伤。和难以置信身边没有父母相比，他更在乎父母的突然消失和家庭的分崩离析。因而，需要了解更多方式以避免婚姻破裂的家庭对幼儿的伤害。

不应让孩子充当婚姻黏合剂，孩子既是婚姻的稳固者，也是矛盾发端者。"为了孩子"在一起，几乎于事无补或无益，除非糟糕的关系有机会得以复原。另外，你决定了离婚，就不应期待孩子——任何年龄的孩子赞同，甚或理解你的决定。所有案例均表明，离婚让孩子极其不幸福，即便他们和离开的那位家长——尽管并非总是，但通常是父亲——关系向来疏远。

让孩子相信   不要期待幼儿明白"分离"的意义。你自己紧张不安地告诉他，又因他受你感染紧张不安而悲从中来，很容易认为你已经"受够了"。但是，第二天，你发现他似乎无动于衷的样子，第二周，当他突然问起"爸爸呢？"你肯定会冲他生气。他不相信爸爸真的走了，因为他不希望事实如此。当然，3岁，一般是5岁，他仍相信自己有些法力，可以用意愿改变世界。你将必须继续告诉他这个不受欢迎的消息。

识别孩子的内疚感   必须相信，儿童式内疚在所难免。一旦孩子相信父亲确实离开了，他有可能认为是他导致的。幼儿自我中心式的生活观念，使他需要经年后才会知道，他们不是父母的全部核心。许多3岁幼儿，甚至不相信在他们睡着后，妈妈还存在，吃晚饭、看电视、洗澡。所以，孩子会立即认为，他的家庭的任何破裂，都是他直接造成的。他有可能内疚于此前听到的父母争吵内容：他的噪音、他的脾气、他的"放肆"，也许还有一种潜在的儿童式内疚。在正常早期发育过程中，幼儿从性别层面注意到人们，希望和异性家长成为伙伴，取代同性家长地位。希望取代父亲地位，据母亲为己有的小男孩，当父亲离开时，他就会认为是自己意愿使然。希望父亲只关注她的小女孩，显然认为，她的爱物消失，是因为他不能爱一个想要取代自己母亲的坏孩子。

尽管有些人难以把幼儿与性意识联系起来，但绝不应忽略这些观念，假装不存在。在刚刚破碎的家庭中，正是这种内疚感，点燃了孩子的焦虑之苦。如果他们的坏念头赶走了一个家长，他们能指望另一个家长留在身边吗？如果留守的家长确实明白他们的感受，会继续爱他们还是恨他们？而这样的坏孩子应该得到关爱和照顾吗？孩子期待与你如影相随，时刻紧盯着你，如果他的内心疏离感导致他表现得似乎你们彼此不相爱，先顺其自然。孩子需要几个月才能放松下来，不再紧盯着你。只有当他不再盯守你，甚至愿意让你离开一个下午或一天时，他才会开始相信，你不会抛弃他。

与父母双方保持亲密联系

不要鼓励孩子"忘了这一切"。在心理层面上，父亲和母亲均不可或缺，即便他们身不在此。一个单亲孩子必须和父亲交谈；尽量别掩饰他的痛苦，你可能发现，这类似朋友对你聊表安慰欲盖弥彰的行为。

离异家庭的孩子，在数月内失去父亲联系的超过半数。在大多数家庭中，这不是因为父亲不愿意接受打扰，而是因为父母一方或双方认为，看望会让孩子非常难受。然而，千万别让孩子失去联系。无论定期的频繁看望会多么困难——特别是对小幼儿，为了孩子余生的幸福，值得这样做。孩子必须由成人向他们以行动证明，父亲和母亲不再相爱，而父子或母子间会永远相爱，并且，家庭的破碎不会中断他们的关系。这可能需要双方父母付出极大的努力，对于受成人行为影响不知所措压力重重的孩子来说，这是当务之急。

幼儿无法通过单独和某人每月去一次动物园，就能保持亲密关系。他至少需要每周看见父亲一次，父子需要一处可以交谈、游戏和拥抱的安逸之所，而不仅仅在雨天跑去吃很多甜食。一个两三岁的幼儿甚至有可能不想跟随父亲离开家，尤其，当他认为看不见妈妈不安全时。如果在家中看望确实无法忍受，那么，也许可借助孩子的朋友家。当父亲拥有自己的"家庭"时，无论家里有没有情人，孩子都应熟悉那里，因为，只有如此，他才不会担心他的父亲。在他看来，禁止进入家门，犹如可怕的放逐。他也许表示同情地回应类似这样的问题："可谁为爸爸做晚饭呢？"但他其实非常关心那些问题。只有当他能看见，从而相信你们俩"正常如初"，可自由联系时，他才能够彻底幸福起来。

尽管父母和孩子不在一起生活，但仍必须常常在一起。

体力、脑力与情感

学步期生活的主要任务是使身体掌握恰当平衡，儿童早期则是让身体发挥平衡能力。在这个生命阶段，儿童意即身体，无论健康或疾病。擦伤的膝盖，吹响第一声口哨的嘴唇，或者需要上夹板的双腿，不只属于孩子，它们意即孩子。

幼儿用身体感受活动，所以和成人习惯不同，他们不会在思考活动和感觉活动之外，单独进行身体活动。动手做促进思考，思考促使动手做。动手做促进他们理解自身感受，展现感受的勇气，所以，感受也促使他们动手做。这就是为何试图修正孩子的行为表现（例如，他天生左撇子，却被迫在各项活动中使用右手），常导致严重的困惑和沮丧情绪。然而，在没有外界压力时，有身体缺陷、重病或重伤的幼儿，常比痛苦的成人更镇定，更有勇气进行康复训练和物理治疗。他们本身渴望提高行动能力，没有预期一切该多么轻松或困难。

体力和极限　　由于幼儿认为身体就是"自己"，身体力量和效率对男孩和女孩来说都非常重要。他们创造机会挑战自己，努力达到目标，不断测试自身极限。你的孩子知道他可以走路，但需要明白有多远；他知道他可以跑，但需要弄清楚是否能和姐姐跑得一样快，或超过他的朋友。他知道他可以攀爬，但他必须弄清楚那棵树是否会战胜他。当他用这些自我设定的标准衡量自己时，他学会了关于掌握身体自我的重要意义。他知道身体主要力量的所在位置。举个简单的例子，他发现用手腕力量推床，床不动，而从肩头发力，床会动一点。而当他躺在地上用脚蹬床时，不仅要屈膝，还要从髋部发力，双腿蹬直，这样可随意移床。

他学会怎样照顾自己的身体，以便最好地利用它。如果单手拎重物，会肌肉疲劳，换手拎，精神饱满的肌肉效率更高。再换回来，第一只胳膊肌肉已经充分休息，更有力量。他还发现自己力量最弱的地方。他学会了摔倒时双臂护头，让膝盖首当其冲，而不是直接跌趴在地。在痛苦的经验中，他以及特别是他的哥哥发现，攀爬家具或攀登架时，应小心尊重私人部位。

他将逐渐发现更多使用身体能做和不能做的事情。双腿并拢，可以阻挡滚来的球；双腿分开，球从中间穿过。双手成杯形，足可捧起湿沙，但是捧干沙不太有效，更别提水了。地心引力常让他无意间失败，让他冲下

挑战自身力量，从而知道自己能做什么，这对你的孩子非常重要。

山坡（和楼梯），却让他感到上行吃力。他一直在实践平衡，或者正如他所说："怎样不摔倒。"他可以展开双臂保持围着公园长椅走路，但如果把一只手拇指放进嘴巴里，就会失去平衡。到目前为止，他还可倚靠着篱笆伸手够物，但是，他再多靠些时就会失去重心、跌倒。到3岁时，他可以单脚站立，但只是一小会儿，不能同时做另一件事。

孩子的身体与感受　　幼儿必须全身心地投入，才能理解世界及其经验。看电视时，4岁孩子对坏人坏事表示不屑，为英雄欢呼，在室内"骑马"。他不能也不必安静地坐着。当他无法投入体力和脑力时，如果不关电视，他就会关闭大脑。他同样受到自身情绪的影响。他必须用叫喊和跺脚发泄愤怒，把自己夸张地摔倒在地板上，吼出痛苦，或者欢呼雀跃地表示喜悦，以免情绪强烈到爆炸。

　　可惜，这种情绪表现让许多成人感到惊讶和尴尬。经年来，他们已经学会自控力，用语言代替行动，把情感内化。现在，作为父母亲，他们也试图培养孩子把身体与情感分离，而这个阶段的孩子无法单独运用其中一种能力。培养三四岁的孩子具备这种自控力，简直如天方夜谭，哪怕试图这样做也会彻底破坏他的发展。如果他不可以吼出欢乐，看见小丑进场手舞足蹈，他就不会觉得这些有趣，还会造成更难以承受的情感。如果突然的失落感让他痛苦啼哭，你说："哦，别哭了。"他就认为，你所苦恼的实际是他的眼泪，而不是他的失落感。你要进一步让他明白他的确实感受，并学会处理，不要试图扭转他情感的外部表现形式，应接受甚至鼓励他表现出来。与其命令失望的孩子别哭，你不如说："这让你伤心了，对吗？来，和我坐一会儿，直到你不想再哭为止。当你觉得舒服些了，我们可以做其他事情……"你向孩子表明，你理解那种失落的痛苦；眼泪是一种完全恰当的反应，你会支持他度过痛苦期，而且你相信，眼泪停止时，便不再伤心。在比较愉快的情况下，你甚至可以玩假装与他同感的游戏。他是一个天生的演员，会把自己投入到"变成一个很疲惫的老妪，变成一个很生气的男人，变成一个失去小狗的小孩……"的游戏中。他将乐于收紧并扭曲他的表情和身体，努力完成你描述的情景。他这样做时，就是在通过身体学习理解情感，熟悉情感，感觉安全。

　　这种全然身心交融的状态，使得幼儿特别容易受到来自成人的身、心伤害。基本上，所有父母听到性虐待都会吓一跳，无论有没有血缘关系，然而，确实有些虐待程度不严重、不明显，却会造成伤害。例如，受到体罚、胁迫或禁闭，伤及孩子新生的自我感的核心。他还不会说（就像有些无辜的犯人所说）："随你怎么处置，你无法触及我的心灵。"对身体的处罚，即是对心灵的处罚。诚然，任何孩子偶尔都得受到限制或强制，以免他伤及自己或他人，但是，禁止他做某事的防御行动，和使他注意到自己所作所为的引导行动，两者略有区别。

正如体罚令孩子伤身又伤心，情感上的忽视也会令孩子身心俱伤，即便他得到良好的护理。而且，被迫做热爱状，基本上和体罚或不闻不问一样糟糕。让孩子亲吻他不喜欢的玛丽阿姨，就是在命令他用身体背叛自己，用身体来表达他并未真正感到的情绪。甚至一位为孩子深爱的家长，也会要求太多亲吻和拥抱。坐在爸爸膝头的小女孩，愿意才会想要（也才应该）这样做。如果爸爸随时随地把她抱起来亲吻，她会认为，他在为自己寻找乐趣，而不是爱的回应。别要求或勉强亲密接触。如果你确实渴望一个拥抱，问问他。被拒绝，就优雅地接受。对有些两三岁的幼儿来说，不予拥抱具有重要的自制意义，也是一个非常有趣的玩笑。

孩子有权做主是否给予或接受拥抱与亲吻。

孩子的身体，以及由此产生的情感，都属于他个人，该怎么做，应由他做主。孩子有权自慰，几乎肯定也会这样做，无论你有没有注意到。你可以温和地引导他，从良好行为习惯的角度看，应私下里保持这份愉悦，但如果你为行为本身而责备或羞辱他，就是在干涉身体和孩子。如果说孩子有权自慰，是因为身体和感受属于他们自己，同样道理，应赋予他们权力，拒绝成人性侵扰或教唆自慰。从最初期开始，对自己的身体意义和隐私权双重性有所认识的孩子，将具备关键的自我保护意识，防止未来的不良接触。

你的身体和感情

儿童早期非常在意身体及行动表现，所以，儿童解决成人身体语言的能力惊人。学步童需要从你的表情判断你的悲喜，而3岁幼儿一般可从你无精打采的背景知道你正头疼。

孩子极少误会你的自然情感，却常误判你刻意希望他知道的情感。当你试图隐瞒他争吵、疾病，或工作问题时，他会知道，你身处痛苦之中。你灿烂而勉强的笑容，不会蒙骗他，但会使他迷惑。他知道你在伤心，而你在假装开心。你使他怀疑自身感觉的凭证。和试图不露马脚隐瞒事实相比，简单地描述事实，更让他安心。"妈妈伤心，因为爸爸病了"，"妈妈有些不舒服……"前者可大大减轻幼儿的担忧，而后者甚至可能让幼儿认为"妈妈伤心了，我肯定做错事了……"从你的肢体语言解读出伤心情绪的孩子，将使用他自身前来安慰你。他所知最佳的安慰方式，就是在他痛苦时想得到的安慰：一个真诚的拥抱。你陷在问题中不能自拔时，可能难以从拥抱中获得安慰。如果你频繁地拒绝他的努力，他就会停止努力。尽量愉悦地接受他的赠予。忘了踢伤的脚指头，"真心亲吻"，就是育儿的意义。

身体安全

这个年龄段的身体发育要求行动探险，而行动探险意味着有可能遭受外伤。在照顾幼儿方面，许多父母认为最矛盾处在于，一边必须监护孩子的安全，一边要减少看护的干扰。当你总是对孩子惊呼"从那里下来"或"小心"时，就是在干预他和他的身体。你妨碍他发现自己能和不能做什么，而且，在妨碍他学习的过程中，你甚至可能引起原本努力避免的意外。

偶尔，提醒你自己，你根本不可能阻止所有意外的发生，会对你有所帮助。即便你伴随孩子左右，整天盯着他，你们俩仍有可能气恼，难免发生意外。尽量接受这个事实，对幼儿来说，日常生活中难免磕磕碰碰。你应关注防止严重意外发生的可能性，但不要让自己神经质地想着千分之一，甚或万分之一的小概率事件发生的可能性。

■ 相信独自玩耍的孩子。他将几乎肯定会待在自己能力范围内。他必须能爬三层台阶，才会爬第四层。让他按自己的节奏进行。记住，肌肉到达疲惫点时，才会增加力量；练习促进平衡；成功的经验促进心理稳定。

■ 注意其他孩子的欺负。大多数敏感的孩子不愿被嘲笑为"宝贝"，而可能逞一时之勇。他需要你提醒他以及和他一起玩耍的孩子，勇敢与冲动的界线。

■ 谨慎对待让大孩子照顾你的孩子这件事。他会渴望效仿他们的英勇行为，而他们会认为，为他在家附近找一件安全的事情、陪着他，不如带他去河边更方便。

■ 注意机械。在他非常清楚自己身体的动作之前，你不可以期待他知道机械的动作原理，而机械部件常性能不一。脚踏小汽车令他惊

如果她认为她可以做到，她就有可能成功做到。

在川流不息的大街上保护孩子安全，需要成人时刻保持警惕。

奇的是，高速停车比低速停车难得多。他不会记住手指不能伸进三轮车辐条，或者脚指头不能放在轮胎下。割草机和电动篱笆修整器等工具，特别对他非常危险，因为他不容易理解，更别说允许接触电闸和接近飞轮。

■ 最重要的是，注意交通。无论他看似多么小心地"过马路"，他都还未到能够运用自由的年纪，因为他无法准确评估时速，或机动车行驶方向。再者，无论他看似多么听从你的指令，走在人行道上，在类似看见街对面一位朋友的情况下，那些指令就会被抛到九霄云外。

远离陌生人的安全　　　　当你开始思考怎样教会孩子安全远离陌生人时，不要像独家报道似的描述极其恐怖的诱拐、强奸和谋杀事件。这些不幸确实发生，但极其罕见，比其他方式的性虐待还罕见，对此也防不胜防。与其担忧头条新闻惨案，你不如考虑日常安全。

　　传统教法是"不要和陌生人说话"，但是，当你从孩子的角度思考这句话时，你会发现，这既不便实际操作，对他的安全也无济于事。哪种陌生人？你希望孩子对从未谋面的护士和店主礼貌说话，你希望他能向巴士司机索要车票，或者向警察寻求帮助，所以，这条规则无法适用于所有陌生人。退一步说，纯粹交谈，不会使孩子置身危险境地，它出现在交谈之后——比如握手或上车后才有问题。再退一步说，当孩子有危险时，来自完全陌生人的可能性极低。一个我们都必须面对的最重要却非常难以接受的事实是，性虐待发生在孩子自己家里——受父母、亲哥哥姐姐、其他亲人或"朋友"欺侮的概率多得多。当孩子在外面受到欺侮时，欺人者非常有可能是家庭熟客或邻居，而非完全的陌生人。

更切实的教法是，杜绝"陌生人"和他们是谁的概念，避免交谈有危险的概念，避免使信任、爱社交的小脑袋产生不必要的惊慌和怀疑。你必须教会你3～4岁孩子的绝技就是，没有告诉照顾他的成人情况下，绝不能和任何人（甚至他熟悉的人，甚至亲人）去任何地方。

这个年龄的孩子很容易理解这条信息，因为它普遍适合，又切合实际。幼儿总是希望知道父母或照顾者在哪里，即便他们必须离开家去实验室，所以，对他们来说，按照道理，你也应该这样做。

这个经验容易记住，因为孩子每天都在练习它，而不仅仅在异常和戏剧化的情况下。当你坐在长凳上，而他和朋友荡秋千时，在他去玩沙子之前，必须先来告诉你。当你知道他在隔壁邻居家时，在邻居孩子的父亲带大家去买冰激凌之前，他必须来告诉你。当他在托管者家门口前等你，跟你回家之前，他必须进去告诉托管老师。

如果你的孩子从未擅自离开他的活动或路线，就没人能够骗他上车，带他去看小狗，或者用糖果拐骗他。他不必判断他是否该去，判断应交由最擅长的人：当他前来讲述自己的打算时，成人照顾者会给予肯定或否定。他从不必茫然面对谁是安全的人，谁是"陌生人"（如"我认为这没问题，因为这是爸爸的朋友……"），因为他必须来告诉照顾者。

之后，早在你的孩子有机会不受成人监护一个人在家时，哪怕只有半个小时，你可能希望他有这样一个概念，不是所有成人都值得信任，以及应告诉他当他和其他孩子外出时，保持安全的方法。但是，未来两三年，足以使他明白，你们之间建立的"规则"牢不可破；其他家庭成员和亲友也应共同认为，孩子应该"打招呼再走"，所以，试图引导他别操心的任何人，一定不值得信任，不要理睬。

安全置身陌生地方

许多在家里相当安全的幼儿，在旅行、度假，或在新家第一周期间，会发生不幸。陌生环境存在新危险。孩子从未遇见此情此景，因而无法参与其中，甚至不必认识它们。成人必须为他做这两件事。如果他此前住平房，那么，许多同龄孩子可上下自如的楼梯，可能对他来说有危险。在海边，当地孩子习以为常的潮水和沙丘，你的孩子却未曾知晓。他不明白涨潮的危险，潮水淹没双腿，或中空的沙丘沉陷。

当你带孩子去度假时，也许渴望让他自由奔跑，但如果自由行为意味着无法监护，你确实需要谨慎选择地点。乡间茅草屋旁也许有一只公牛在田野里，屋后背阴处有毒的小浆果，花园里的一口井，或者有只干草叉的草堆。当你搬入新居时，成人可能都忙得无暇照顾他，在各种DIY工作间隙安排关注，尽量优先考虑对孩子的基本影响。

无论暂时移居或定居，站在孩子的角度考虑问题非常重要。想想看新环境，以及其中他未曾见过的一切事物。尽管预计这些使他挣扎的程度。为此提前巡察。假想你的孩子在室内跑动的情景，尽量发现潜在的路障。当他熟悉环境时，他所需要的就是无条件愿意陪伴他爬假山或下泳池，下海或穿越农场，去商场或公园。如果你们都在度假，很可以由你来负责。如果你们在设法适应新工作和新环境，也许应暂时送他入儿童日托中心。

容易发生意外的孩子

在疲劳或生病时，几乎所有幼儿（我们大多数人也是）都更容易发生意外。这个阶段，孩子的日常生活包括身心双方面发挥最大努力。越疲惫，就越难付出努力，于是，他变得越有可能失败和沮丧。整个下午努力学习骑车，晚餐表现就可能比较糟糕，而使他生气。"我来，我能行"他嚷嚷着，重来一次。任其失败、再试，他就越发着急、失败，越发气急败坏。如果你不想他如此悲伤，必须有技巧地阻止他，充分休息后再让他尝试。

有的孩子看似总是特别容易发生意外。意外和医院急诊室也许都知道他们的名字了，所以，他们常常有皮肉伤，绑石膏，或者摔破脑袋在医院住一晚。

在这群孩子中，有些或许因为担忧或焦虑，或许因为长期没有幸福感，没有自身安全意识，不会掌控身体。如果你怀疑孩子频繁发生意外的原因是紧张、没有幸福感，就必须把他当作小于实际年龄的幼儿照顾，给予额外保护，同时尽量发现并弄清楚问题所在。

儿童的身体协调能力千差万别，特别在儿童早期，此时，有的孩子可能行走距离比其他孩子远两倍。如果你的孩子身体控制力不及许多孩子，他就会在平常游戏时感到难过。尽量在他喜欢做的合理事情上，提供实际帮助，而不是予以禁止。例如，为他示范爬楼梯的安全方式，于是，当他使用滑梯或爬攀登架时，就不大会摔倒。教会他等待到身体能够平衡时，再尝试在矮墙头上行走，感觉摇晃就坐下。和他玩一个游戏，小型自行车障碍赛游戏，增强他的方向感。

孩子四五岁时看似仍然不太灵活，特别是受到其他孩子嘲笑的影响时，有针对性地正式培养其肌肉控制力，也许有效。你也许应让他参加"音乐律动"，上舞蹈、体操，甚或柔道课程。

有的孩子看似既非沉闷也非迟钝，但却异常无畏。他们不仅傻头傻脑地爬上树，还跳下来，摔断腿。他们不怕飞速骑车，所以，他们总是赢得自行车赛，而付出皮肉之苦。他们热爱尝试任何运动，从骑马到冲浪，但是，他们信心满满根本不理会别人传授技能。

这种孩子肯定会自食其果，但你会希望他尽量少走弯路。对于冲动的行为，即便他安全过关，让你安心地松了一口气、想要为他欢呼时，也绝不应祝贺他。除了别为他的成功鱼跃而鼓掌，还应指明，他的成功纯粹是幸运而已，那是愚蠢的尝试。如果你能使他认为，你确实关心他的安危，他就能够注意安全，认为自己的冲动行为又傻又不成熟。

生气与身体攻击　　　　儿童有权使用身体表达自己的情感，但他们无权使用身体伤害任何人。几乎所有父母，都坚决反对生气之下的踢打行为。

许多成人认为，故意伤人的孩子，应该得到反击（P375）。这种观念的意思是，如果他确实不理解击打伤人，让他体会吃一掌的滋味，即可让他停止这种行为。如果这不管用，他继续打人，明知故犯，这次他应该得到疼痛的惩罚，以起到震慑作用。

马丁·路德·金曾指出的，"以眼还眼"令人目盲。尽管就事论事听起来简单得犹如既成事实，但从孩子的角度看，这毫无逻辑可言。如果孩子打你，你再打他，这种惩罚并非告诉他，他的自身行为有错，结果恰恰相反，因为你、一个总是正确的成人做同样的事情，他更有可能觉得自己行为正当。他如何知道你打他一巴掌却表示"我决不允许你打人"呢？

不许打人这条原则，在家里没人曾出击或故意击打任何人的情况下，效果明显得多。当孩子挥拳打你时，你握住他的手说："不能打

要想让孩子学会使用语言而非挥拳，他们需要身边有一个耐心聆听的成人。

人。我知道你生气了，但我们不打人。打人疼，而且令人讨厌……" 你比孩子高大又强壮，那意味着，你根本不必忍受他的攻击行为，也不必使用疼痛的方式让他停止，因为，万不得已时，你可以抱住他不放，这样他就能平静下来。

当你的孩子好斗时，明确表示出你所反对的，不是他的愤怒，而是他表达愤怒的方式，这点很重要。你不应对他说别生气，更不应让他不要表现生气的样子，你应让他借助愤怒有所建树：积极进取，而非挑衅滋事（P473）。

客观的性别差异

独生子女看他自己的身体外形习以为常，倾向于认为所有孩子都如此。有段时期，妈妈和爸爸通常也对自己的身体习以为常视作理所当然。孩子会看见他们大而多毛的身体，和自己光滑的小身体毫无关联，异性之间更无相同之处。

初次问及性别，通常在孩子看见一个异性孩子的裸体时。"那是什么？"她问。她只想知道那个名称——阴茎以及可能她与之相应的部位名称——阴道。如果你平静地专注于给出精确信息，确切地回答特殊问题，那么，这个话题没道理令人尴尬。你不必详以原委地"彻底介绍"。让孩子注意到她所不明白的片断式信息而后提问，这样好得多。也许六七岁时，她才会提出令人齿冷的问题："爸爸如何把种子放进妈妈的阴……你称它什么的？"在那时到来之前，你有好几年可以练习给出简洁的特定答案，并自然的对待"让他把阴茎放进去"。如果，每当孩子的提问触及性范围，你都让气氛"特别"严肃，你就会显得非常滑稽。例如一个孩子冲进厨房说："妈妈，快点告诉我，我从哪里来。莎拉正在等我回答。"深呼吸放松后，她的妈妈开始长篇大论早已准备好的演讲内容，她的女儿奇怪地看着她，终于打断道："妈妈，我只是问，我从哪里来？和萨拉一样来自科尔切斯特（英国古镇）吗？"

有些父母认为，应该让幼儿看见他们的裸体，这样，孩子有机会了解成年女性和男性的区别。而有些父母的观点完全相反。在性和幼儿的话题上，也许最好不要对此赋予任何意义。实际上，只要裸体感觉放松而自在，无引诱，那么，你的孩子看见你们裸体与否，并不重要。

试图向孩子表明他们和自己同性别的家长一样，这种刻意展示的行为，常常不得其要。在孩子眼中，一个小小的光溜溜的女孩和一个丰满圆润的女人，或者一个有小阴茎而几乎不见阴囊的小男孩和一个成熟的男人，他们之间毫无共性。观看一位同性别的家长，孩子不仅看不到相似，还会为表示他力不能及的差异而担忧。观看一位异性家长，也会让孩子想到要和那样一个人生宝宝而焦虑。3～5岁的孩子可能对此流露出担忧之情，例如说起"我长大"要和爸爸结婚时，语调显得喜忧参半。她可能使用双向安慰。首先，她可能想要和父亲结婚，甚至幻想取代你，但她认为那些幻想非常可怕，因为，事实上你就是她的妈妈，不是她的竞争对手，而她不能没有你。你应提醒她，爸爸已经和妈妈结婚了，有一天，她会从同龄人中找到自己的丈夫。其次，指明这一点会令人安慰，即，孩子们都是一个整体，他们身体的所有部位都会以恰当的速度相应长大。孩子现在的尺寸和体形，就是她本应具有的，她的身体将随她长大而变化，于是，当她长大时，也会有恰当的尺寸和体形。

然而，在孩子没有询问的情况下，尽量不要主动提及性内容。他需要，才会提问。应特别注意，不要促使孩子惦记自己确实有性别。关于家长如何对待性的内容，现在众说纷纭，未来生宝宝很重要也合理，但是，在诸多只有成年后才能知道的特定话题中，性交是其中之一。这就是为什么应首先避免从性角度，嘲笑、影射、笑谈"男朋友"和"女朋友"。

交谈

偶尔，当她对更小的孩子说话时，小朋友就是不会说话。

在上学之前一两年内，儿童忙于弄清楚事情如何运作，弄清楚他们自己能做什么，并想象自己处于他人位置。语言促进思考，而思考依赖语言，语言和思想彼此紧密交织。于是，语言能力强的幼儿比其他孩子更有可能发挥智力潜能。

儿童早期语言能力强，并不仅仅源于学步期同样良好的发展。作为一个学步童，你的孩子学会绝大多数单词，是为了给亲眼所见或曾频繁且希望尽快再见到的喜爱之物命名、评论。当然，你的孩子将学会更多的成百上千的标签式单词。他还将不断使用语言达到人类特有的目的，即，谈论所见所闻，也谈论见闻之外的事。你将听见孩子谈论现场不存在的，但可以回忆或想象或计划的事情，也谈论不曾"存在"，但可以口口相传的抽象概念和情感。幸运时，你还将听见他纯粹为愉悦自己和别人，逗笑、说儿歌、说故事而使用语言。

充实孩子的语言

你对孩子说话越多越好，不过，虽然大家都知道数量很重要，但质量常被忽略。要想成人的交谈对幼儿真正有实际帮助，必须是成人的说话内容可证实孩子的说话内容，并使他正面地认识自己。嘲讽和批评无助于孩子语言能力（也可是任何其他事情）的发展。

和成人的有效交谈，还必须是真诚的双向交流。如果你思考其他事情时，听任孩子冲你咿咿呀呀地唠叨，一直搪塞以"啊哈"和"真的啊？"，这不是真正的交谈。他将意识到，你实际未在认真听。他甚至可能因你一脸厌倦的表情，而感到自己能力不足。成人长篇累牍的独白，也没有实际作用。如果没有间歇让孩子插话，或者没人聆听并回应，成人的说话无疑和无人问津的广播一样，只是嗡鸣的背景音。孩子将很快意识到，你不在意他说的话，不在乎他是否听清或理解你说的话。

和一位全神贯注的成人一问一答，可为孩子恰逢其时地提供他想知道的物体或概念的名称、标语和描述。那是促进他语言能力的最有效的方式。

假设他正吃力地把一袋新沙拖到他的沙坑，他显然需要外力支援，但与此同时，你可以通过为他标明问题，创造语言学习的机会。如果你只是说："我来帮你。"他就没有新收获；如果你说："我来帮你抬那袋沙子，对你来说这太沉了。"即向他输出了一些新的语言概念。也许此前他不知道，沙子在一个袋子里，就叫"一袋沙子"。他现在也许能够把那个词语和相应的熟悉情景联系起来，例如"一杯茶"或"一瓶果汁"。更重要的是，孩子可能并没意识到他自己挪不动那袋沙子，因为它"太沉"。你刚刚教了一个他能理解但不会表达的概念（重量）。

如此，你可以向他输出所有概念。你为他够某物，因为你"更高"；你从他盘子里刮走一点番茄酱，因为他盘子里"太多"；你打碎了一只碗，因为它"太烫"；你不再给他那件毛衣，因为它已经"太小"。

如此，你可以向他输出关于颜色、开关和数字的词汇。当一位朋友从他糖果袋里取出几颗给他挑选，他选了一颗粉色糖果时，如果你说："你要吃那颗，是吗？"温和地闲聊，却不见得有帮助。如果你说："你要吃那颗粉红色的，是吗？"就为他提供了一个他显然喜欢，但可能不知道被称为"粉色"的颜色词汇。他选两颗糖果时，可详细说明："两颗糖！一颗糖给这只手，一颗糖给那只手。两颗糖给两只手。"

他的想象力游戏，也使你有机会提供词语。戴上一副小小的手套，拿上一把大伞，他说："爸爸！爸爸。"显然，他在想象爸爸出门的游戏，但他知道爸爸所去的地名吗？问一问："爸爸去办公室还是去散散步？"就是为他提供了两个地点标名。你帮助他细化了思考内容，充实了游戏的可能性。

这种详细描述的方式，可应用于每次孩子对你说话时。实际上，当你确实认真倾听孩子的说话内容、他想要交流的内容时，你会发现自己做来得心应手。这和"啊哈"的搪塞法，有天壤之别。他说"看！大狗！"时，显然是注意到了狗身上的特别之处。你应为他细化思考内容和所说的词汇，于是，你说："嗯，它是一只大狗，不是吗？看看它的奔跑速度就知道了……"

让孩子与各种人交谈   大多数学步童难与陌生人沟通，必须由熟人作为两边的翻译。然而，在儿童早期，如果陌生人试图引他说话，而他没有害羞地跑进你怀里，那么，你的孩子将开始理解陌生人对他说话的内容。他越有信心理解和被理解，就越能较好地处理与同龄人和成人的社交关系，以及适应未来进入学校的生活。

假设一个情景，你的孩子因为耳朵疼去看医生。你的目标就是，让他能够为自己与他人沟通，所以，不要为他代言，应该促使他自己说。医生将直接和孩子说话（希望如此），但除了你以外，医生不会真的期待从任何人口中得到敏感问题的回答。不要撇开孩子，和医生当你们俩共同外出遇见一个有趣的陌生人时，站在孩子身后，让孩子自己说话。

凌空进行成人密谋式交谈谈论关于他的痛苦。相反，应引导他倾听（如有必要，可为他复述医生的话："琼斯医生问你，耳朵还疼不疼了……"），就理解的部分给予回答。当医生不理解他说的内容时，鼓励他再说一遍。你向孩子传达的信息是，"你说得很清楚"。如果他相信你，就会喜欢让你帮助他说得越来越多。当父亲回来问"你今天做了什么？"时，他可能需要化以反问句，而没有你的帮助，孩子不会回答，因为这个问题太笼统。你可以这样帮他："你要告诉爸爸在公园里看见的那只松鼠吗？"笼统的陈述性问题，肯定让孩子感到不安和能力不足，但你可以用细化技巧为他展开问题：

"松鼠来了。害怕……我说'哦'。"

"对，你说'哦'的不是吗？然后发生了什么？松鼠跑回到……"

"树上！"孩子高兴地补充。

偶尔，人们甚至你不明白孩子所指何意。不要冒险猜测，因为，你猜错时，他会特别困惑（"为什么当我告诉她有人敲门时，她给了我一块饼干？"）。实事求是，承认你没有明白他的意思，说你很抱歉。因为你希望他相信，你为没有明白他试图表达的意思而感到遗憾。这次你所传达的信息是，"你说的内容很有趣"。

学习使用代词　　　　　　　随着此类对话持续进行，孩子快速增加词汇量，有标名物体的名词，描述物体的形容词，以及你描述他们行为的动词。但他可能仍然觉得有些词特别混乱，例如"我"、"你"、"他"（me, you, him），因为它们的意思取决于说话人，而你的细化技术帮不上忙。我在写这本书给你看。但如果你对别人谈及此事，你会说："我在读她写的书。"我就表示我，你就表示你。但我已经变成"她"，而你也变成了"我"！

　　　　因为这种转换特别令他们不解，孩子通常继续使用专有名词（自己的名字和其他事物的名称），完全不理会代词："约翰要拿泰迪熊"，而不是"我要拿他"。你说："宝贝说，'我要拿泰迪熊'。"孩子会奇怪地看看你，重复他第一次说的话："约翰要拿泰迪熊。"他的意思是，要拿熊的人不是你，是他。

　　　　这种混乱使事情更难沟通，所以，在他自然使用代词之前，最好不要想方设法让他使用代词。那个阶段也许离现在并不遥远。如果所有照顾他的成人不怕麻烦，首先应正确使用代词，说："要我帮你吗？"而不是"要妈妈帮肖尼吗？"他将为自己逐渐理清思路。

问"那是什么？"　　　　　　3岁或3岁左右时，你的孩子知道他需要更多词语，并通过不断提问"那是什么？"来获得词汇。他在要求予以告之、提醒名称，所以，不要混同于细化回答的陈述性问题，"那是为什么？"当他指着洗衣机时，最好回答"那是洗衣机"，而非"那是我用来洗衣服的特殊机器"。

　　　　但也不必避开大词和难词，许多幼儿爱它们。如果你会说梁龙（Diplodocus），他也可以。而翼指龙（Pterodactyl），在于拼写奇特，而非发音滑稽。

转眼无数"为什么？"　　　　每天数百个"为什么？"问题，包括普遍的"为什么我不可以？"常有的"为什么爸爸出门了？"时而还有各种"为什么天热/星期天/早晨？"可问到令人疲惫，也可令人精神为之一振（或两者兼有）。应记住，孩子在提问，因为他必须知道。他在增加知识储备和提高理解力，他在用最可能有效的方法——说话达到目的。"为什么"是一种明确的成长信号。

　　　　有些"为什么"无从回答，也许因为孩子无意间触及了人类知识边界，或是触及了你的知识边界！

　　　　"为什么打雷/下雨/刮风？"

你的孩子将惊喜地发现，有些问题的答案在书里。

"为什么爸爸是男人/高大的/棕色皮肤？"

"为什么那个女人出现在我的电视上？"

尽量应对说"因为它就该这样"。如果问题可以回答，应简洁明了。但不要一股脑儿地道出你所知的电视机的工作原理，变成一场演讲。他的提问是随意的，电视中的特殊画面吸引了他。"因为这档节目就在谈这位女士"，可能就是他需要的答案。如果问题无从回答，而非你不愿回答，别害怕直接表明。这样做百利而无一害，告诉孩子："那是一个有趣的问题，但我不知道，咱们去问问妈妈/咱们去查一查书……"3岁可以开始看百科全书了。这不是为了让你的孩子阅读。这是为了确保，对于他可能涉及的各种主题，你有后备的图解信息。

不过，有些"为什么"确实会让你产生类似"爱丽丝漫游仙境"的感觉：

"为什么我叫瑞克？"

"因为当你出生时，我们认为我们喜欢那个名字，于是就这样叫你了。"

"为什么？"

"因为这个名字听起来像一个超级男孩。"

"为什么？"

这些"为什么"也许纯粹是为了吸引你的关注，让交谈持续，否则，孩子可能早已停止问"为什么"，而认真地说"还有呢"。你可以这样打破话题："要我说些关于你小时候的事情吗？"

有时他问"为什么？"你却无从答起，因为这个"为什么？"并非恰当的提问。他误用了这句话"为什么是公牛？"这自然毫无意义。但是尽量不要搪塞他，应思考他想要表达的意思。"公牛指什么？公牛会做什么？公牛可怕吗？你怕公牛吗？我得躲开公牛吗？"总体而言："我不太确定你想要知道什么内容，但我们可以谈一谈、看一看公牛。你知道一头公牛指什么？是一头男性牛。"这个回答可使他继续进行他实际需要的具体交谈。

使用言语控制自我

经过这几年由成人控制和安排他们的行为之后，儿童开始自我接管（P498）。你将可能注意到这种新的自我训练表现，最初出现在一边游戏一边自言自语的内容中。他把从家里或幼儿园里听到的命令句，用于命令他的玩具或幻想伙伴："小心！""上来"，"别碰……"他是个严格的监工。

之后，孩子开始以同样的方式命令自己，当然，起初他的警告总是

育儿信箱

我的女儿为何总是自言自语？

我的女儿向来话多。我习惯了早晨躺在床上听她睡在婴儿床上和自己"交谈"。之后，她习惯在假装游戏中，自己"念书"和对玩具们说话。然而近几个月来，我发现她自言自语的方式变了，类似命令自己该做什么。当我听见她一边穿鞋子一边像我说话似的，说："这是左脚，艾丽，找到正确的那只。"我很感动。但这种情况太频繁，以至于我开始担心，尤其，她不久将去的幼儿园特别喜欢训练孩子专注和安静地活动与劳作。为何艾丽会频繁的自言自语呢？这表示发育缓慢，还是缺少专注力，甚或多动症？这有不良影响吗？

孩子自言自语利大于弊：有积极的促进作用。

一代人以前，在皮亚杰影响之下，儿童的独白曾被称为"自我中心"，属于未成熟的表现。人们曾认为，孩子自言自语，因为他们不可能从另一个人的角度思考，进行真正的双向交谈。自言自语还被认为是孩子社交互动方面的一种退步。

不过，自从20世纪70年代以来，受到苏联心理学家维果斯基英文著作的影响，研究表明，儿童的自言自语（尽管有的自言自语较多，时期较长），直接源于社交互动影响，对早期自我指导学习非常关键。

维果斯基指出，任何孩子在任何特定时期，都有各种任务并掌握各种技能，其范围既超越她本身，也处于在成人帮助下即可完成的界限内（称为"最接近发展区"）。

当一位父母或老师帮助一个孩子处理此类挑战型任务时，对于必须理解和操作的事情，首先给予口头指导，然后建议操作策略。孩子的自言自语包含哪些对话，于是，当她试图自己完成同样的任务时，可以自己给予指导、建议和提醒。当一个孩子处理一项任务，比如初次自己穿鞋时，父母会听见一模一样的指令："不穿上鞋子不能出去艾丽……我们来为你找双鞋吧。"由于孩子越来越有信心，她可以亲自完成这项工作，对于充满困难和挑战的部分，自言自语的内容从完整句缩短为关键词。和许多孩子一样，艾丽穿鞋主要困难在于左右脚穿对鞋子，所以，右和左是她自言自语的内容。最终，孩子开始能够默想言语但不脱口而出。如果他们开始阅读流畅，就能逐渐默念。同样，自言自语变成安静的、听不清的唠叨声，继而变成悄无声息的默念。然而，自言自语的意义绝不会就此消失。大孩子，乃至成人，面对挑战型活动或看似理解困难的书面材料时，都倾向于自言自语的激励，预演步骤，或努力理解。

艾丽的自言自语是积极的，唯一可担心的可能是她的幼儿园生活。仍然有些上年纪的老师认为孩子自言自语不合社交规范，甚至是行为缺陷。务必明确这家幼儿园所称"安静工作"的实际意义。禁止5岁孩子彼此交谈尚存争议，杜绝他们交谈，乃至数手指或画画时自言自语，可能影响他们的发展。

事后。例如他把球踢进花盆，批评自己说："不要踢到花上，哈利。"再之后，他提前警告自己。摆好姿势准备踢球时，他说："不，哈利，别踢到花上。"好像有人对他说话一样，他转身朝另一个方向踢球。

这充分说明，他实际正在吸取来自外界的指令和规则，并化为己有。但如果你常听见他狠狠地命令自己，却又违背了命令，一边拽狗尾巴一边说"不能伤害那只狗，约翰"，应引起重视。你，或照顾他的某个人，也许在源源不断地给予指令时，没有明确原因，或者没有确保一项指令完成后，再给予下一个指令。此刻思考，或探讨如何能够最有效地帮助孩子，学习如何正当行动这件大事（P523），也许正当其时。

使用语言控制他人　　　　幼儿正处于接收很多控制型交谈信息末期，于是，他们几乎难免得亲自尝试使用此类语言。特别是4岁的孩子，语气确实常常充满命令。你的孩子也许冲着受到惊吓的婴儿大叫"立刻停止"，他命令那只无人问津的狗"马上过来"。他在尝试寻找级别低于自己的人，于是，他可以被命令，也可以发布命令。他也在尝试了解，他的言语是否能像你命令他一样影响别人。所以，务必设法忍受这段令人厌倦的时期。他本意不是惹人生气。如果他的专横跋扈确实让你烦恼，教他使用"请"和"谢谢"，让命令和劝说变得温和些，并注意观察成人对他说话的方式。

使用语言满足自尊　　　　4岁孩子另一个典型特征是自吹自擂，对此不必太较真。两个孩子在一起自吹自擂的架势，几近一场口头网球赛——双方都认为是一场游戏：

"我家比你家大。"

"我家更大。"

"我家大得像宫殿。"

"我家大得像公园。"

"我家大得像，像，什么都有！"

尽管旁听的大人对两个孩子的真实情况了如指掌，其实他们一个人的家比较小，父亲收入比较少，但是，两个孩子把这种自吹自擂的行为看作一场口头游戏。互相诋毁则恰恰相反。其中一个孩子可能非常伤心，而且这本身就非常无礼。告诉他们这个道理，制止互相诋毁的行为。

如果孩子浮夸过度，开始以此激怒对方，你可能猜想，他需要使自己听起来气派、高大和富有，是否因为他实际感到自己非常卑微、渺小和贫穷。爱和赞赏，而非批语和否定，是正确的解决之道。

使用言语征求同意

不要羞于谈论死亡。

4岁孩子常假装乖巧，也假装专横。"奈特是个好男孩。"他沾沾自喜地说。你不要否定他，说："嗯，我可不知道。"这会令他伤心、困惑。这是他未来行为的一个好预兆，说明他希望你认为他"好"。这也是语言发展的好预兆，表明他希望使用语言谈论想法。

偶尔，这种谈话预示孩子想要确认你爱他，即便你不爱他的行为。他仍然停留在语言表面的意义上，所以，这些区分行为于他很重要。如果他和姐姐在旁边打闹嬉戏，直到你受不了噪音，应尽量避免说："你们俩都给我到花园去，快把我耳朵吵炸了。"应把他们（你爱的）与他们的噪音（你不爱的）分开，说："如果你们继续玩这个游戏，就到花园去玩。这个声音快把我耳朵吵炸了。"

谈论抽象概念

如果孩子可以自由地表达思想，理解他人的话语，就会体会到言语的实际作用，对语言表达越有自信，越早开始语言交流。并非所有孩子都会在四五岁问及上帝，或者在五六岁时告诉你听一段音乐的感受。再过几年，你和孩子之间才会进行此类交谈，这不是问题。但是，如果他尝试，发现自己忍俊不禁，到处对家人说（"从那里面出来的东西"），或者被你一脸的尴尬表情阻碍，这才是问题。因为，此类反应有可能让他止语。也许你偶尔非常希望他闭一会儿嘴，然而，说话、倾听、思考，再说话，对他的教育本身来说，极其重要。

用如此有限的经验和理解力与人分享思想和情感，不总是件容易事，尤其，如果你不是一个常常与成人有情感对话的人。你无意间很容易打压小孩，正如这位母亲所说："那是个冬天，她4岁。我发现她看着窗外，泪流满面。我问她究竟怎么了，认为她一定是不想上床睡觉之类的，但她说的却是：'哦，妈妈，我不知道怎样想月亮。'这太出乎意外了，我几乎笑出声说'别傻了'。我很高兴当时没有这样说。她可不傻，这跟傻毫无关系。我们谈论了一些宏大或遥不可及到无法理解的事情，谈论了为何月光会有令人忧伤的美……我也不知道怎样想月亮。但重要的是，她希望分享。"

除了经验的"生活真相"谈话（P491），有困难的交谈通常来自以下三方面，各有其实用的解决技巧。

当你的孩子问及复杂的真理问题时，你不必假装对一切了如指掌。作为强大的成人技能的一部分，你知道如何弄清楚自己还不明白的事情。而你对孩子的部分价值在于，你兴致盎然的想方设法。所以，当他发现了初冬的候鸟，不满足于它们将飞到温暖的地方，追问它们要飞向哪里时，你会查看书，或者询问比你更懂鸟类知识的朋友。一般来说，孩子所提问之事，你其实理解但想不出怎样向他解释（毕竟，幼儿园老师专门训练过）。"为什么飞机不从天上掉下来？""为什么植物放桌上没放在窗台上就变黄？"以及"为什么这颗牙松了？"都属于会让你思索的问题。你需要专为幼儿编写的参考书，可在图书馆查找，也许要请儿童图书馆管理员帮忙，这些为将来孩子完成学校的任务打下了基础，有趣而切实。

谈论信仰   信仰问题可能更难作答。你可能被问及信仰态度，但无法翻书找答案。换个角度看，你得以以此机会让孩子了解，使你成为自己，成为他珍爱的父母的力量之源。这些问题以各种方式呈现。无论你的家人是否信奉任何宗教，你的孩子终将发现，其他家庭有类似或不同的表现。朋友们会在不同日子去不同"教堂"。他最好的朋友也许不能星期五和他过夜。一个大朋友甚至告诉他："我们没有上帝，傻瓜，我们有安拉。"

  如果你有明确的信仰，应告诉孩子，但要表明，这是一种信仰，而不是一套真理。那将使你能够尊敬地对待不同人所持有的不同信仰。这还有可能保护你们俩，避免和那些思想非常具象化、相信亲眼所见亲身经历的人陷入宗教论战。如果处理得疏忽大意，你就会发现孩子接受了字面意义，认为地狱之火的可怕情景和天堂的明信片景象，都掌管在一位祖父模样的、穿着蓝袍端坐云霄上的男人手里。

  如果你本身并不持有宗教信仰，应想方设法让孩子了解这个事实，但尽量别让他在周日午餐时冒犯祖母，比如说"上帝真傻。我爸爸说的"。

谈论死亡   被问及忌讳的话题，通常最难回答。两三代人以前，普遍最忌讳的话题是"生活真相"，现在则是死亡真相。西方文化特别不擅长从简单的角度认识死亡，即，死亡是万物不可避免的终结。许多人生活中缺少独立思考，靠感觉行事，感觉会发生的可怕事情、他们自身的死亡和所爱之人的死亡。恐惧感使我们不善言辞，所以，惯性的恐惧感和各种传统忌讳只有父母才能突破。

  你无法为孩子改变死亡的事实，你也无法不让他想到死亡，因为他将会发现死亡存在——为植物、昆虫、路边被碾死的动物而好奇的

不要羞于谈论死亡。

询问。而你可以巧妙地避开他的提问，当他初次问起时，允许他感受难以言喻的死亡。但暗自思忖，将让他更加焦虑，剥夺他初次面对死亡——无论是宠物或人的思考机会，而这与他本身息息相关。

起点最难把握。一旦你承认万物皆会死亡，你的孩子肯定会问——如果他认为他可以——"我会死吗？"或"你会死吗？"如果你能应对这个问题，就能够允许他按自己的节奏追问，于是，当他提问时，可以得到更多信息。应记住，对这些初级问题，幼儿不可能产生悲伤的共情或同情。他实际不明白"死亡"的意思——这正是他力图探索的问题，所以，虽然这个词让你有切肤之痛，对他却不尽然。你必须给他真实的答案，还可以提供事实促使他产生情感共鸣。他将非常喜欢了解万物的生命长度——从蝴蝶短暂的孕育期、破茧而出数小时的生命旅程，到小哺乳动物的寿命（如他的宠物鼠），到人类或大象的寿命。从那层事实意义上看，你可以诚实地告诉他，父母的生命长度，通常不仅伴随他的未来整个童年期，还会伴随到孩子们成为父母时。

自然死亡必须涉及衰老。幼儿也观察物体、动物和人逐渐衰老，听见成人提及"转送他最好的"一切，从车到狗到邻居。所以，当你被问及："爷爷很快会死吗？"尽量收住将使你至今所说的话毁于一旦的震惊表情，你可以说些使人安慰又实事求是的话："大多数人活到70岁，有些活到100岁，所以我们不必担心……"

儿童式（并非孩子气的）对死亡的焦虑，通常关注于死亡方式和死后发生的事情。就目前来看，幼儿拥有的所有死亡概念，通常来自电视屏幕的暴力死亡画面。他必须知道，自然死亡通常是一种安详地进入无意识状态，一种自然放弃，而非杀戮。他会看见一只蝴蝶永远停在了一朵花上，他会发现一只金鱼漂浮在水面上，或者喂他的豚鼠时，发现它还趴在窝里睡觉。那也许使他伤心欲绝，但你可以帮助他认识到，对豚鼠来说，这完全不可怕。无论你希望告诉孩子死后是什么样，最终都必须让他理解昆虫、动物或人的客观死亡；死亡绝无重生，或任何意识或感觉。鬼故事只是故事，葬礼是给活人的，而不是死者。

如果说帮助孩子接受生命结束自然死亡的不可逆性，这点很重要，那么，他们不应认为平常电视剧的屠杀场景，马路上的死亡和世界战争地带的屠杀新闻理所当然，这点更加关键。如果你的孩子询问死亡，你可以用他能理解的方式和他谈论对生命的崇敬，人们照顾自己、他人和万物的重要意义。而如果此类谈话偶尔让你陷入你认为尴尴的问题，比如"为什么可以拍死黄蜂？"也许寻找答案的过程将使你自己理清思路！

语言问题——"微言大义"

语言发展迟缓最常见的原因仍是听障，而幼儿的语言不仅会受今时听障的影响，也可能受早期中耳炎的影响。婴儿的听力应接受定期检查，而任何到两岁还不说话的孩子都应再次检查听力，请医生或去医院检查作发展评估。医生也许会为你引荐一个专门的语言诊所。如果没人发现任何差错（他们可能也找不出），就会建议你再给他6个月时间，如果那时他还不说话，再带去复诊。如果这属于语言问题，两岁半寻求专业建议比较合理，但必须注意，许多开口说话晚的孩子，在3岁左右会有所突破。

迟于语言发展均线　　如果你的孩子理解的词语显然比使用的词语多，基本不必担心。幼儿语言发展速度快慢不一，正如学步童学习单词一样。如果你的3岁孩子学习语言迟于许多同龄朋友，也许属于以下原因之一（或许只是他个人发展特性使然）。

■ 他的注意力和精力用于获得其他技能。他无法同时进行所有事情。走路稳当了，他会说更多话。

■ 他是个双胞胎，或者有一个年龄相仿的兄弟姐妹。那就不是"个人语言"问题了，而是缺少成人的特定关注。

■ 他是个男孩，不是女孩。男孩的发展过程略有不同，所以，兄弟姐妹间的差异更大，如果用他和女孩对比。

■ 他有几个哥哥和姐姐。大孩子可能理解快速且表达流畅，使他没有说话的需要或时间。他们也许一刻不停地说话，于是他没有机会与你单独交谈。

■ 他在一群幼儿间，而成人相应太少。他也许缺少和一位熟悉的照顾者单独说话的机会，而且/或者不愉快。

■ 他的照顾者，也许是一位不说他的母语的保姆或交换生。双方也许都认为手势比语言更方便。他需要一位母语流利的成人榜样。

■ 他的家也许是双语并行。同时学习两种语言比一种语言要花更长的时间。

特定语言障碍　　有些孩子——可能有千分之一多确实存在语言问题，如果理解力差。只有尽早识别问题，才能获得语言矫正师最及时、有效的帮助。

特定语言障碍（SLI）——你也可能听说过"儿童失语症"——特指非听力障碍原因引起的语言发展迟缓或异常，属于神经系统问题，患有儿童期自闭症或低智商。也可以说，是一个未渐次度过正常语言学习重要阶段的正常儿童。特定语言障碍本身有许多不同形式：有的孩子表现为理解力和语言输出特别迟，有些则获得了语言，但习得语法十分困难，有些学习词汇和句子接近普通速度，但特别难以记住事物名称，或学习交谈规则。

口吃与结巴　　幼儿的想法比他们的词汇丰富。他们常发现很难顺利地表达思想，特别是寻找恰当词语的迫切需求，阻碍了他们想要说的话。当他们兴奋或沮丧时，他们想要宣泄一通，却受词语羁绊如鲠在喉。几乎每个幼儿都会偶尔出现断续不连贯的说话（我们大多数人也会遇上）的情况，但只有极少数会变成整天口吃，持续很久。

从早期开始即说话不连贯的儿童，许多到了上幼儿园年龄时，说话流利，尤其是，如果他们没有被要求注意自己说话。许多儿科医师建议口吃幼儿的父母，至少等到5～6岁时再寻求必须引导自我意识的专业治疗，原因即在此。然而，目前口吃专家越发倾向于，推荐父母在孩子开始口吃的几周内，咨询语言专家。

如果你不知一位三四岁的幼儿近期出现的口吃现象是否确实存在问题，在寻找必须引导自我意识的语言治疗之前，你可以从这几点考虑：他是否主动控制面部、口唇肌肉，于是，结结巴巴说话时总像在做鬼脸？如果是，表明他略微意识到了说话困难。独自一人时，他能够流利地自言自语吗？如果是，表明他对别人说话时结巴，基本属于压力太多的焦虑所致。

为他全方位减少生活压力，提供更多温馨而有趣的陪伴，假以时日，可促使他说话恢复轻松流畅。否则，请你的医生为孩子引荐一位语言治疗师，及时纠正和改善，以免此处信心受损影响其他能力的发展。无论你是否马上咨询语言治疗师，最重要的是，你对孩子口吃表现的反应。尽量保持镇定（即便你们父母之一儿时曾口吃而警惕有此可能性），接受孩子的说话方式，从而好奇他的说话内容。关键在于，明确表现出你喜欢听他说话。如果他认为在你面前能力不足，就会变得对此有自我意识。

尽量倾听孩子的说话内容，而非内容的呈现方式。当他结结巴巴地说出一个句子时，不要催促他或明显表现得不耐烦或心不在焉。别为他接话，别让他说慢点。对口吃表现的任何（非常自然的）反应，都会让你的孩子感到尴尬、有压力，实际上，也将使他更结巴。说话属于意识反应，而发出说话声音的过程却不然。如果你使他刻意想如何发出一个单词，就会导致他说这个单词时结巴，正如你试图为自己数呼吸速度或控制胸部起伏时，就会屏息一样。务必创造轻松的氛围，与他进行口头交流。如果他总是必须声音盖过他的姐妹，重复6次才能让你听见，那非常可能使他变得说话重复、不利索。

婴儿式交谈　　有些儿童继续使用婴儿式交谈很久。这看起来似乎是，他们在特定范围内，拒绝接受成人式表达，坚持继续使用他们最初使用的"单词"。例如"饼干宝宝"的要求，4岁幼儿完全可以说出"我想要一块饼干"。

一般来说，这样的孩子早已发现，成人欣赏他"可爱"的婴儿式说话。也许当他这样说话时，你的表情温柔些。也许你也以婴儿式说话回应他。也许他听见你总是乐于在不明就里的客人面前使用婴儿式说话，似乎你"懂得他说的每个字"。但是突然，你发现大多数人无法理解他，意识到这将妨碍他上幼儿园或小学。也许有一天，你看他穿着新牛仔裤和衬衫，意识到他的说话方式与年龄不相称。如果你旋即一改常态，否定向来鼓励的说话方式，显然会令孩子伤心不已，所以，不要进行任何剧烈的转变。你应发誓绝不再模仿或沉迷婴儿式说话，把他的说话内容翻译成正常英语表达，由此，你重新演绎他的版本，当他使用成人式词语和句法结构——越详细越好时，向他表示祝贺。数月之后，婴儿式说话将自动消失。

不过，有些婴儿式表达非常有切实意义。当孩子不知道他想提及的事物的单词时，他一般将创造一个高度概括性的词语。早在听见麦片广告说"咔嚓，噼啪，噗"之前，幼儿已用相同概念，一"噗"以代。此类词汇表明，孩子确实在思考词汇，并取为己用。这些词汇常来自家人的说话内容，而且，缘何不是呢？这些词汇在孩子的语言和成人的语言之间，架起沟通的桥梁，而他人使用这些词汇也向他表明，他可以创造自己的表情达意的词语。当大家喜闻乐见他的词语时，告诉他"恰当"的名词，这很容易。

话匣子　　大多数三四岁幼儿整天滔滔不绝。在大约500词汇量的情况下，他一天大约说到20 000个单词，这是个非常惊人的重复率。有些父母和照顾者对此感到非常厌倦。

然而，你的孩子必须说话，因为他必须制造确切的发音，他必须尝试以各种抑扬顿挫的语调说话，他必须尝试以各种组合方式练习这些语调。

他将练习使用他想到的逐一对应的每个单词。爸爸离开家上班去时，他会说"爸爸没了"。接着，他开始在房间拼命寻找可以使用"没了"的其他词语："早餐没了"，"水没了"，"狗没了"。当他使用完眼前一切没了的东西时，便想象更多"没了"的东西："树没了，杰克没了，床没了，房子没了，我没了……"这当然没有意义，因为他所说的不是真事，但也同样具有意义，因为他在体会使用词语。

利用这个能力玩游戏。他其实没有想到树没了，毕竟，他要对着那棵树说出这句话。他在玩文字游戏，你也可以一起玩，看着他说，"裤子没了"，或者你半隐在窗帘后说"妈妈没了"，他有可能哈哈大笑，为这个游戏锦上添花。

无意义与淘气的无意义

词语是有力量的。能够使用言语，使幼儿感到愈加能够控制世界。如果他发现有些词语肯定对他人有特殊影响力，他肯定会重复使用。"尿尿"，他喊道。如果他得到满意的回应，他还将增加新词表达尿急程度。问题在于，他的惊叫和生气的表达越不寻常，越有可能使一个爆笑，另一个震怒。

置之不理，场面可能也不会失控。训斥他，你就会陷入困境。你为什么训斥他？一个单词？一个单词就让人无礼了？当然不会。如果你开始尝试解释，这个特殊单词不礼貌，只有"适当"情景下才可使用，那么，最好的解决办法是，用孩子的话代替你不分伯仲的荒唐而不太"淘气"的无意义内容。

所有幼儿都爱无意义的歌谣和无意义的单词。他们唱道"Niddle, naddle, noddle, nee"，喜欢这个节奏和声音，同时练习了难发的辅音和重音。如果这个歌谣让你听得耳朵生茧，可以推荐一只新歌谣，比如"Double, double, toil and trouble"。喜欢无意义歌谣的孩子，也已准备好学习声韵歌谣，即便他不理解所有词语。你可以用正常节律和可爱的声音，为他念些"海华沙"的诗歌，这可促使他倾听、思考和欣赏词语。

埋怨和生气

我们要设法教会学步童和幼儿说出生气的事情而非任性地发脾气。但问题是，孩子学会表达之后，一般父母也很不喜欢他们生气的说话。孩子有攻击力的言语和气愤地大叫"我恨你"，让你心都碎了，他们也为此惹火上身。这样说话的孩子，通常内心是恐慌的。他被自身力量所恫吓，依然不确定他的力量强大程度。他不知道，他要对你造成伤害简直是天方夜谭。他渴望你继续在他失控的时候，接管他。如果你受他的话语影响而发怒，冲他嚷嚷，就是让他雪上加霜。你没有切实的生气原因。他把强大的自我控制力用于叫喊，而不是踢打。所以，尽量保持镇定，做一个他迫切需要的成人。让他明白，你知道他不是真心恨你，所以你不会因此生气，但是，你注意到他此刻内心异常气愤，你很同情他。

如果你记得那个小小孩曾叫你"老笨牛"，咒怨的话语一般可变成笑话，从而减少发生。你确实不必像对待成人的咒怨话语一样回应孩子。"如果我是一头老笨牛，你就是一头生气的小牛犊"常可扭转局面，使他破涕为笑。

在此类问题上，最好别采用简单训练原则，因为，不要让孩子感觉词语本身有好坏之分，这点非常重要。你希望他使用词语，喜欢词语，喜欢他自己和别人的用词。你不希望他害怕词语，或视其为武器。所以，尽量运用这条格言"棍棒和石头会令人伤筋动骨，但言语绝不会损伤身体"，并使其他照顾你孩子，且可能被你的孩子冒犯的人也记住这条。当然，这不是绝对真理，但对这个年龄的孩子有实际意义。

气恼的谈话看起来具有攻击性，但也表明孩子正在练习极其重要的自我控制。

为孩子拓宽视野范围，是一项育儿责任，也是一种乐趣。

游戏与思考力

　　和学步期相比，孩子在整个儿童早期经历的游戏和思考发展阶段，外部表现不很明显。那时，作为一个发现自己小世界的探索者，作为一个实验其发现结果和行为的科学家，他了解到不计其数的独立的客观事实和事物侧面，开始发展思考它们的能力。现在，迅疾扩张的思考力、想象力、创造力以及"在想象中游戏"主导着他的游戏学习力。这非常像是学步期一直在把单独的零星片断收集到万花筒里，终于，这几年能够把这些片断放入万花筒似的大脑中，随心所欲摇晃成新的不同图案。

　　当然，这不仅仅是孩子的思考力在日益成熟。他的身体，特别是手部灵活度，也在日益成熟。逐渐地，他将能想到做到。当他明白如何让跳舞或玩具小汽车开动时，他将很有可能确实操作起来；如果他想到一种颜色，就能画到纸上。他不仅可以把自己想象成妈妈或邮递员，老师或琼斯先生，还会利用"道具"促进游戏。

扩展孩子的世界

　　孩子的游戏需求尚未改头换面。他依旧需要适当的游戏空间，不会指指点点的陪伴，自愿参加的伙伴和形形色色的装备，这点和学步期一样。但是，最适合彼时的，将不够满足此时。他的小小世界，从陌生危险到透彻熟悉的厌倦，他需要更广阔的空间，以家及其中熟悉的、深爱的人与物为安心的栖息之所，他需要新体验、新人、新物满足其想象力。

　　你积极创造机会时，必须考虑孩子由谁照顾，以及你们的周遭环境和生活方式。如果是邻里关系融洽的乡村或郊区小镇，你可能不必设计太多，因为，孩子们彼此相伴长大时，你的孩子的世界自然随之扩展。但如果他的日常生活范围人烟稀少（甚至田园般宁静），他将需要接触都市生活，而且，和大多数孩子一样，当你的孩子居住在没有亲密的邻里往来，或没有安全环境可以让他独立探索的城市里时，你必须想方设法为他丰富生活，在他的幼儿园或学前游戏小组之外，提供或安排适当机会和挑战。只在家里活动的孩子和有小组活动经验的孩子，两者的需求大相径庭。他需要你发挥与外界互补的作用。他在日托中心小组活动，于是，当他在家时，他需要安静，甚至独处。他在白天进行身体运动和探险活动，于是，晚上需要交谈和书籍，或者他可以在幼儿园里整天坐着游戏，于是，需要在家里能够上气不接下气地欢腾跳跃。

　　逐渐地扩展孩子的视野，要求你们上升到新的交流境界。通过倾听他、思考他的问题（P493），即可了解他的思想过程。通过和他交谈，即可补充信息和思路，让他直接参与到你的所做所见之中。当你警觉到他的潜在思路，留心他的评论时，甚至可以把最平凡的经历变得令人着迷。一辆救护车呼啸而过，他问你："为什么它发出那种声音？"你可趁机把急送病人去医院的情景展开描述。你可以告诉他，救护车优先于其他机动车，并为他指明（路上的真实场景或游戏屋内的玩具场景）其意。如果他明显表示对整个话题兴致盎然，接着或另选一天，你可以带他参观最近的医院，近距离看看救护车、穿着制服的护士和其他人。

你也可以让他参与常规事情。超市向来是最受欢迎的地方，但他现在可以为你寻找特定物品，在适当范围内拿取东西，推车而不是坐车里，甚至挑选你会购买的特定果汁品种。

无论你去哪里，利用他迅速增长的词汇量促进他思考你们所见到的人。对于一个学步童来说，邮递员是一个有可爱的小货车、一项帽子和许多信的人。对于你4岁的他来说，邮递员还是必须清早起床，提着大包，阅读人们的字迹并应对各种家狗的人。在孩子生活中频繁出现并使孩子习以为常的成人，也可以成为他的"真人"。引导他把你也当作普通人来思考。他看见你每天喜欢做哪些事情？你期待着什么事情？你在被称为"工作"的神秘地方做什么？通过看见、感受和理解新事物，他的兴趣和想象力得到满足后，你将发现他的游戏变化。而且，在他游戏时，如果你恰如其分地从旁仔细观察和倾听，将看见他准备利用帮助和思路的新领域。

戏剧化游戏　　3～5岁幼儿一般会变成其他人。他尝试每一项他见到的成人活动，不是纯粹亦步亦趋的模仿（学步童会这样），而是试图把自己放在成人位置上、成为他们。当他是一名建筑工人时，他不仅想到沙子和砖头，还有汗水和语言。他也许爱打扮，但他不需要繁琐的化妆品。他在想象中改变性格，"道具"比衣服更有实际意义。一名侦探需要一个放大镜，店主配钱柜，骑士配剑。

偶尔，他将用戏剧化的游戏重新演绎那些于他有情感意义的事件。通过练习，你可看见这些表现。例如，在医院度过一夜之后，注定意味着一连串医院游戏，需要一套医生或护士装备。你将听见他这样安慰他的玩具熊："这是我用来听的东西；别动，不会太疼。"

不要坚持参与戏剧化游戏。只有一个席位给一位创作者，而这位创作者就是孩子。当他玩医院游戏时，他不希望你当医生，而他扮演病人。这是他的剧本，他是医生。他的病人将是一个没有经验的非

他们小妹妹的出生，她肯定在洋娃娃身上进行无数次重新演绎。

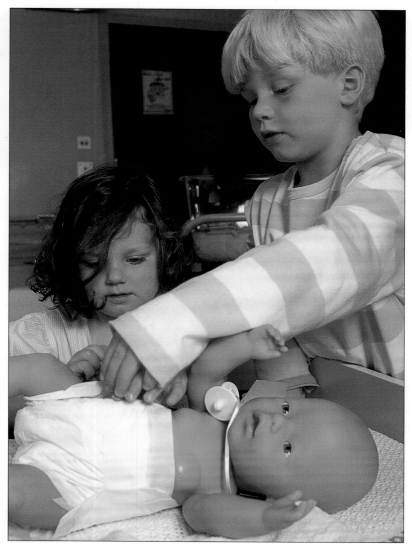

具体人物，一只洋娃娃或毛绒玩具，甚或头脑里想象的人。如果你得到一个角色，可能是一个穿衣服的人，或者提供"粉红药"的人。否则，不应擅自打扰。这是他的私人世界，他正利用你向他展示的真实世界的原材料进行再加工。

美术和手工　　　　　手工制作和创作东西，对幼儿意义重大。作为一个学步童，你的孩子想要发现剪刀和毡头笔如何工作。现在，他逐渐发现了如何让它们为他工作。孩子主动剪纸时，最初几次不要问他剪了什么。答案显而易见，对于一张剪了几刀的纸，通过询问一个具象，你实则暗示他成果不够好，"应该"有形。媒介资讯宣传至上，所以，应谨慎对待那些让3岁孩子静坐着制作复活节篮子或自豪地展示他们故事插图的教育型活动。

色彩的意义无所不在。当他了解颜色名称和关系，发现粉色和红色有关时，你的孩子将主动探索它们。他可能一周内画57道彩虹。为他提供材料，袖手旁观。当他征询建议时，以你所看见的纸画为限，就事论事。"我喜欢那些颜色"可以说（如果他也不喜欢，就不会用它们），但不要说"那是爸爸吗？"这个问题要不让他认为你难以形容的愚蠢（他还没有具象写实概念，为什么这会是爸爸呢？），要不让他认为自己能力不足："应该画爸爸吗？"

幼儿画画纯属天性，无须任何人引导。3岁时，他发现画竖线和圆圈比横线轻松得多。他的画因而不是上下线条，就是一圈圈涂鸦。转眼，他将在线条中看出隐约的人形。当他画出一个圆形时，他将再画几条线作为四肢，也许还点上眼睛。接着，他将宣称这是自己第一幅具象画："一个人。"

到4岁时，他可能确实开始有意识地画一个人，而不是为随意的涂鸦取个名字。他画的人物像会有一个大脑袋、眼睛，可能还有鼻子和嘴巴，脑袋紧接着就是腿，还没有身体，可能也没有胳膊。5岁时，人物画像将越来越有人样。他画的你可能有脑袋和身体，有腿有脚，有胳膊有手，甚至衣服上还有纽扣和腰带。

一旦孩子们画出可识别的人形，他们转眼将具备足够的铅笔控制力，开始书写。

乱糟糟的游戏

这是乱糟糟的游戏情景，但也是真实的实验科学。

用水、油泥、稀泥、面团或沙子游戏，常贯穿于戏剧化和创造力游戏中，既可单独玩，也可兼而有之。从某种程度上看，孩子只须使用自身想象力，即可自行扩展这些活动。他可能整个下午都在沙坑里，但他现在不仅用沙子进行实验，他还搅和"水泥"，用来填补石子路上的缝隙。然而，当他运用所知天然材料习性的经验时，他需要成人帮助，从而获得更多了解。当他把倒水作为戏水游戏的一环时，他不需要增进对水量的了解：漫水正是游戏的意义。他需要发现，同样道理，如果他没有及时停止倒牛奶，牛奶就会漫出杯口。

不要假设他知道何时停止。这时你3岁幼儿一吸口杯果汁，他的其余吸口杯空着，而你的一只玻璃杯又高又瘦。把果汁从一只吸口杯倒入另一只，孩子将毫不迟疑地认为他还有等量果汁。他可能主动说出，这是完全相同的果汁，他的果汁。不过，把那完全相同的果汁亲眼看着倒入又高又瘦的容器中，他将毫不迟疑地认为果汁变多了。他认为有更多果汁。甚至，亲手把果汁再倒回来，也不会改变他的想法。这个把他和你的现实剥离开的"守恒原理"，仍需要使用各种材料在游戏中进化和实践。用确实有效也"纯粹"有趣的方法，促进他使用游戏技能。他一直以来用游戏泥到处玩，现在该用真正的面团了；他一直以来用水搅拌沙子，现在可以换成杯子蛋糕，以及解释关于为什么它们在烤箱里"膨胀起来"的无尽问题。

建筑、配对和数数游戏

这类游戏最容易被成人视为"有教育意义"，因此占据购买玩具的大部分比重。但这也是一旦孩子掌握了学步期基础的建筑玩具后，许多孩子就会对此失去兴趣的游戏。只要有二手玩具的地方，大多会是建筑、拼图以及配对玩具。在投入更多金钱和空间于更多此类玩具前，应三思而后行。

你的孩子不必使用"有教育意义"的玩具来教育自己。他将会用这些玩具材料旨在鼓励，并促使他们发挥想象力和多项使用的意图，进行所有智力活动。他可能已经拥有丰富储备，比如各种建筑积木。

扩展此类游戏，可能意味着促进孩子掌握并喜欢越来越复杂的建筑项目。而另一方面，可能还意味着在有意思的情境中，引导他运用现有知识和技能，而非不断更新。拨算盘数数是一个游戏。为晚餐数调羹，或者在超市采购几罐猫粮，显然具有切实意义。他不必使用一套建筑装备进行建筑活动。他可以用积木搭建，把干净的枕巾叠整齐，一层层码放在亚麻布收纳柜中，或者用收纳盒搭一座城堡。仔细观察精确配对的玩具，仍让他感到困难，所以，在有一只简单玩具的情况下，他绝不会费心于此。不过，对于把餐刀放入厨房抽屉相应的空格，或者用你的钥匙学习如何开门，他愿意付出更多努力。

促使他使用仿成人器具，以及最终的真实工具，越多越好。他使用你的专用品而产生的优越感，将增进他使用的愉悦感。他将尽目前能力所及地小心使用，这可同时增强他的专注力和手部精细动作能力。再者，学习安全地使用具有潜在危险的物品，将使他未来产生疏忽意外的概率大大减少。即使在3岁，你的孩子也可以为了他的蛋饼，用手工打蛋器打鸡蛋，学习操控餐刀和圆头剪刀，开始使用轻的园艺工具。

活动

轮流进行且有规则（以及成人）的游戏活动，可以从另一方面拓展此类游戏。掷骰子，搬动小物件但不拖地，需要切实的手部精细动作能力。即便最简单的棋盘游戏，至少也需要基本的数数和排序能力，以及遵守规则的意愿。家中年龄偏小的孩子尤其大家族里最年幼的孩子，通常比其他孩子较早学会棋盘游戏。部分因为兄弟姐妹确保了更多游戏活动经验，部分因为和哥哥姐姐玩游戏的经历，让他们直面失败的残酷现实。成人陪伴游戏的家庭，小心翼翼地养育第一个孩子，为了避免失败的，父母往往实施弹性规则和过度保护，这种做法却无益于孩子未来增长技能。如果你不坚持规则，如果他尚未准备好学习规则和理解规则的意义，那么，和孩子玩棋盘游戏将毫无意义。如果你不确定孩子是否到达这个阶段，可用类似经典最爱的"蛇梯棋"游戏一探究竟。如果他能接受因为那是游戏，所以骰子遇蛇下行、遇梯上行，他有可能准备好游戏了。否则，如果告诉他骰子遇蛇必须下行，他的反应是"为什么我要这样做？"就是有可能没到时间。

每项活动本身有其特定规则，但所有活动都存在轮流和耐心的社交规则。

运动游戏

幼儿仍然全身心投入到所做（或所感、或所思）的每件事情之中，因此，身体活动正如学步期一样，几乎时刻无休，而运动游戏的首要目标是，确保安全和创造乐趣。你的孩子将持续探索运动极限，所以，应当让他在攀登架或蹦蹦床上接受挑战，而非围栏或长沙发旁努力挣扎，这让人人受益。那些身体活动被规定为一次数小时（就像待在日托所班级里），或者被迫端坐着至少一次半小时（就像在合唱团或教堂礼拜）的儿童，自由的肌肉运动确实让他们感到释放。如果

现在所学运动技能会伴随孩子一生……

你不能忍受小朋友风也似的在家里乱窜，带他们去公园吧。

换个角度，假设你的孩子确实有大量的自由活动，甚至此类游戏还有机会得以扩展和细化，引导他明白，有些对他和同龄人非常重要的运动技能，在成人真实而严肃的世界中也有与其共同之处。如果他可以爬一级台阶，就能够独立使用凳子，从高高的架子上为你取需要的东西。如果他可以快跑，就能够成为第一个接听电话的人。如果他可以跳跃，就能踩着石头过河，不用成人背，他还能用他骄傲的微小力量为你提购物袋。

7岁前获得的运动技能基本会伴随一生，偶尔练习引导和控制部分身体能量会很令人兴奋。举例来说，你的三四岁的孩子肯定可以学习游泳——越早越好。在成人的耐心指导下，他能学会骑两轮自行车，还能学会基本的游乐场活动——比如跳房子、跳绳以及有限的球类活动，这将使他进入小学时感到得心应手。而且，如果他需要更多的特定运动技能，你可以让他从现在开始：只要有机会，他就能学会滑雪、滑冰、骑马……

然而，不要急于让孩子参加团体运动。在有些地区，这些运动属于幼儿园孩子的常规生活，甚至每周末还可能有"小型联赛"。到5岁时，你的孩子可能很擅长掌握团队活动基本技能，但是，掌握控球能力，拥有"运动精神"以及运动勇气，对幼儿来说都困难之极，不要学习此道正确无疑，应在家和父母、兄弟姐妹或朋友，在无处罚中游戏，而不是偏向在挑战性氛围中练习。进一步看，他还要经过多年，才会积极利用运动竞争压力。当幼儿较量运动力时，这是也应该是和自身较量最佳表现，不是和别人较量。

……因此，应让她尝试任何符合她能力和兴趣的新活动。

音乐

人人都有节奏感，毕竟，这是一切生命的本质，从四季到我们的心跳。不过，虽然每个有正常听力的孩子都能注意到音乐中的各种声音，但近年研究才发现，引导可促进他学会理解音乐，从音乐层面倾听，尔后用他的声音重现音乐。异国文化的音乐，并不倾向于为我们所欣赏，因为我们没有学过欣赏它。对于你的孩子来说，听音乐越多，音乐对他越有意义。不着调或唱歌跑调的大孩子，可能并非因为天生能力不足，而是小时候未受到训练。

你可以创造大量机会让孩子变得有乐感，不过，你可能无法促使产生（却仍有积极的支持意义）那种神秘的"音乐天赋"。和你共同聆听各种音乐，唱幼儿园教的歌谣、儿童行动歌曲，直到歌剧、黑人音乐或民歌具有部分意义，但也只有部分意义。你的孩子还会有使用更周密的音乐的经验。从音乐商店而不是玩具商店购买的一把音色悠扬的木琴，就是一件好乐器；钢琴同样可增进幼儿的指力，虽然一只电子键盘更方便制造更多有趣的声音。有了这些乐器，无论有没有你的帮助，孩子将制造并聆听高低、强弱的声音变化。他将为自己发现，相隔一个八度的两个音合而不同，但相隔一个七度则彻底不同。给予类似机会和鼓励，三四岁的幼儿会发现，声音和颜色或形状一样有趣。

书籍

学步童基本上都喜欢看图画书，听（编写的简短的）故事朗读。但儿童早期的这几年，最适合让孩子接触各种类型书籍，培养对书籍的热爱之情。涉及书籍时，他比平时玩其他游戏活动更需要你的直接帮助，因为，他对其他孩子的朗读作品，对电视广告中附送玩具的书籍，都无法产生愉悦的共鸣。你的孩子不知道书的种类或内容，他无法想象书能够给予他的欢乐，他无法用自己的脑袋"发明"它们。

幼儿需要至少三类书籍获得愉悦，并作为正式教育的基础。顺序很重要，在这个阶段，教育的价值完全依托于愉悦感。

绘本仍有重要意义。通过"读"图，你的孩子自动预备未来阅读文字。毕竟，两者都是符号，文字只是比图画更抽象。和他一起看图，帮助他从每幅插图的细枝末节中汲取营养。那棵树上有几只鸟？远处小男孩在做什么？尽量为他找插图细致的大开本书，而非刻板传统型"A is for Antelope"（A代表羚羊）（究竟有多少孩子曾见过羚羊呢？）。

插图丰富的故事书现在开始发挥作用了。如果你选择得当，孩子将能根据图片页理解你阅读的每行文字，甚或为了研究重点情节而打断你。你曾经朗读过关于孩子准备参加聚会的故事，现在，他可以研究这一页内容，找出孩子们的穿戴和茶点……

成人书籍也很重要。书籍对成人也对儿童，以及未来学校里的成人价值无穷，应让他具有这个概念。如果你本着愉悦之情朗读，这将自然发生。否则，应尽量时常为他的一个问题查找书中的答案，或者为他寻找一本他感兴趣的图画书，引导他把书籍视为实用而有趣的信息之源（首先是你的，其次才会是他的）。

电视、录像、光盘和
电脑游戏

和大孩子一样，幼儿围绕屏幕活动的时间越来越多。电视既可成为问题（P520），也可成为福音。仍然不愿意静坐着看自然历史书的

孩子应知道书籍不只有儿童的。

哪些玩具适合学前幼儿?

我们4岁的女儿在学步期时囤积了很多玩具,许多现在仍在使用。她好像还没准备好使用成熟些的玩具,类似洋娃娃屋之类的,但是继续买相似的玩具好像也很令人沮丧。我们缺乏想象特别适合这个年龄的玩具或玩具类别的能力吗?

找到四五岁的孩子确实喜欢,成人看来也特别有趣的玩具,一般很难办到。这个年龄阶段,孩子的许多想法超越手部的精细活动能力,所以,他们想做的事情难得有趣,而容易做的事情又迅疾厌倦。洋娃娃屋是一个经典例子:幼儿园娃娃家没有给你女儿留下足够的想象空间,而你认为一两年后玩真正的洋娃娃屋,非常合理。此刻,她安排微型家具的尝试将失败,因为周围无一稳定。

再多相同玩具不必然令人沮丧。拥有很多玩具汽车、毛绒玩具或洋娃娃的孩子,也许真心想再多添一个。

收集她现有物品会成为非常棒的礼物,因为,你可以根据孩子的品味、兴趣和现有活动相应添加。此类玩具接受二手赠予比直接购买要困难得多,但有可能非常经济实用。

你可以用真正的文具组成邮局,收集优待券当作邮票、银行和商务往来单当作办公表格。一个印台和印章,也许还有一只漂亮的钱箱,一组贴画和胶带,令大多数孩子无法抗拒。

再来一点额外存货,邮局即可变成普通商店。你可以使用从玩具店买来的仿制食品,但用家里真正的一锅和一罐米饭及糖、面条和面粉,以及迷你果酱和蜂蜜、糖和盐,番茄酱和蛋黄酱,会更加有趣。孩子还有机会用彩色橡皮泥捏水果和蔬菜。加一杆秤,一只放钱的抽屉,一点游戏币放在箱子里,交易与收银兼可。

如果你的孩子渴望制作东西,但从未达到自己满意的程度,你可以收集些比购买的更简单且较符合她此刻兴趣的物品。例如,洋娃娃屋的替代物,意味着在模型板上刻出基本形状,为站脚钻孔等,然后粘上布条,用砂纸打磨平滑。洋娃娃的衣服需要基本衣裤,用弹性布料和尼龙搭扣制作,适合很多洋娃娃使用,再饰以漂亮的纽扣、花边和编织的装饰带、缎带和蕾丝。孩子可以按自己的意愿完成具体的复杂操作,或者只是使用它们。类似的准备和演示,让幼儿得以制作许多其他东西,如简单的软体玩具,以及穿衣道具,如面具、皇冠和帽子。

最后,如果你的孩子是"纸笔型"人,别忘了同时把一切勾勒、涂色、裁剪、粘贴、拼接成新画的欢乐体验。如果你发现有一两件物品她未曾用过,比如金色和银色笔、彩色的星星贴纸、黑色卡片和描红纸,那么,为她购买她向往已久的新彩色笔,然后统统放入一只盒子里或自制画夹中。这就是她最爱使用、记忆最久的礼物。

孩子，会看野生生命节目并浮想联翩。爱听成人朗读但还不能专心听广播的孩子，也许能够听白天最棒的讲故事人朗读引人入胜的儿童小说。城市孩子可了解到瓶装牛奶的来源，乡村孩子可了解到熙熙攘攘的城市和街头景象。每个孩子都会发现，在更广阔而复杂的世界里，还有其他人和生活方式。

对于幼儿和学步童来说，电视媒介的头等问题是，画面迅速闪过，不会重复。想象中，至少儿童录像可提供答案。你的孩子可频繁观看他最喜欢的录像，直到倒背如流。和你不一样的是，画面重现绝不会说："别再看那一段了，我不能放点别的吗？"

光盘技术、电视及电脑游戏对幼儿的潜在好处，仍然属于推测阶段。理论上，光盘可为孩子提供各种交谈信息，以他的级别和节奏，以他喜欢的频率重复，而且，画质超越你心情好的时候提供的儿童百科书。例如，点击动物图标，就能知道各种动物发出的声音，或者小动物名称，而且，当他学会辩论并点击下一步图标时，还会获得非常非常多的信息。

对3～5岁的孩子来说，大多数电脑游戏画面闪动迅速又复杂，具备玩电脑游戏能力是有些小妹妹和小弟弟获得兄弟姐妹陪伴的唯一通行证，因而操作熟练得惊人。虽然市面上"教育"软件越来越多，但只有少部分非常出色。不过你不必相信孩子的教育取决于你的个人电脑，从而认为越早熟练使用键盘对他越有实际意义。

每个孩子都将需要熟练运用电脑技能，这是日常生活的一部分。

游戏引发的问题

孩子的游戏世界属于他个人所有。假如他没有用言语或身体伤害到任何人与物,应尽量确保孩子所处的世界完全由他自己管理。不过,孩子的游戏难免受外界影响以及影响周围,由此产生一些问题。

枪、战争和暴力

在所有文化环境的游戏中,假装战争和血海深仇堪称经典,男孩尤其如此。无论你投入多少精力宣传非暴力,都不可能阻止一个小男孩拿一块积木当枪杆,或者把相安无事的游戏命名为第三次世界大战。人类历史,进而所有文化都有其充满血腥和战争意味的神话传说和民间英雄。即便你的孩子只听《圣经》,也能从中发现大量战争活动。

"真"(仿真)枪截然不同。研究结果非常支持常情观察现象,即,枪支和武器比孩子把手指食物想象成武器的游戏,更刺激孩子,使游戏更具攻击性。仅枪支出现在孩子的游戏环境中,就足以导致攻击性游戏数量和程度上升。假设性的解释是,虽然枪只是手指或积木能够变成的许多东西中的一种,但是枪支只有一个作用,所以,每次孩子见到枪,便会自动开启"砰砰模式"。

如果你准备把武器从孩子的玩具柜中清除,务必也要检查其他格斗玩具,比如超级英雄。对比两组孩子在游戏中的侵略表现,玩战场游戏的孩子比玩农场动物或玩具汽车的孩子更具攻击性。更重要的是,在接下来的自由游戏时间里,玩战争游戏的孩子明显比其他孩子更有侵略性。听一段侵略主题的故事——即便是民间故事,比如《三只坏脾气的小山羊》(The Three Billy Goats Gruff),它们代表着极度的鲁莽行为——也有类似影响,特别是如果孩子被鼓励表演此类故事。同样现象还表现于在电脑上玩格斗和暴力游戏的大孩子身上,此类游戏中,玩家杀人越多越恐怖得分越高。

格斗游戏和暴力主题游戏可能普遍存在,但是,械斗、杀戮、英勇类游戏,后果显然极其严重。所以,如果你希望孩子的游戏尽量没有暴力,也许最好冷静地接受他的想象游戏,应认识到这个阶段"呼——叭,你死了",只不过意味着"我无聊",而不要把这种游戏推向你不期望的境地。切记,将儿童游戏导向暴力化的,不是你对儿童玩具的处理与否,而是你对自身行为的取舍。暴力滋生暴力,而家庭内真正的暴力,无论孩子经受过或只是看见过,其后果比游戏严重得多(P375)。

性别

帮助孩子探索整个世界，而不仅限于"男性"或"女性"。

儿童首先是人类，男性或女性其次。当你可以把性别看作人的附加属性时，即可促使你确保，在你孩子的生活中，性别不是一个限定因素。尽量不要有"男孩玩具"和"女孩玩具"之分，而应根据你认为此刻孩子可能喜欢的玩物或游戏主意，满足其需求。实际并非听起来这般简单。几乎所有父母亲都乐于把女儿打扮成国王似的逛街，却不会想把儿子打扮成皇后似的外出……有些爸爸乐于推婴儿车，却仍不愿意看见小男孩推洋娃娃车。偶尔，这些成人对儿童行为谨小慎微，甚或掩耳盗铃式的顾虑，引得他人发笑，孩子戏弄。但是，孩子的最终性别倾向不会因童年期角色扮演而扭曲，这点必须承认。如果你非要一个男孩表现得"恰如其性"，无论你的理由多么充分，都剥夺了他探索另外半个世界的机会，而如果你乐于让一个女孩换角色但不能是男孩，难免传递了仍然使我们大家苦恼的男女不平等。

那些男女不平等的表现无处不在，特别是在媒体和广告中，以至于逃无可逃。2～5岁儿童，正在寻找成为男性或女性为何意，非常希望与同样性别榜样产生共鸣。男孩心中的榜样，是那些具有无上体力和攻击性的英雄人物——而想要的玩具和拥有的事物可反映出那种视角。女孩心中的榜样，常是美丽的受害者，被那些孔武有力的男性拯救。他们自身力大无穷，通常有魔力，总是有漂亮的外形。小女孩玩美人游戏。

积极反对性别意识很重要，但不要期待由此产生无性别游戏或无性别意识儿童。你可以使孩子共享游戏区，但你不能使男孩和女孩在他们想分头游戏时在一起玩耍。同样，你不可以也不应试图通过取消和添置一件玩具，勉强一个小女孩放弃洋娃娃和毛绒小马、玩火车和汽车模型。你最好保持整个世界开放透明，让她得以有机会，随时探索玩具车，也探索动物，和男孩玩，也和女孩玩。也许她（和她的兄弟）会结合起来，玩玩具马车或者有车或房子的洋娃娃家庭，但即便她从未这样做，也应该一直让她知道她可以。

你的影响力不仅限于玩具和游戏。正如孩子的暴力倾向，取决于他们所见的现实世界和在家庭里的经历，他们的性取向也是如此。如果你希望孩子长大相信，人类仅限于个人性体验的唯一区域，和特定生殖功能相关，务必确保，那是他们所见周围人们的真实状况，并且在情况不同时有所谈论。

电视和录像 人们很容易对儿童看电视进行道德评价。声和光、动画与色彩的结合，使电视成为魅力无穷的休闲媒介，不需要阅读或听广播那样专心，无须身体积极活动，也无须和真人或物品在游戏中纠缠。儿童越喜欢电视，父母越可能把电视机看作一个吸引人但浪费时间的盒子，以小时平方速度耗尽孩子原本用于书籍或音乐的时间，乃至今天积极游戏、明天家庭作业的时间。尽管这个问题不常提及："如果他不看电视，你的孩子会做什么？"但是，如果据实回答为，"姐妹俩争吵不休"，或者"无所事事地等我下班回家"，那么，很难理解看电视缘何浪费时间，或者避免认为这让你省时省力。大多数父母认为，至少偶尔难以抵挡电视和录像带产生的宁静时光。而且，如果"把荧屏当作保姆"是不值得称赞的育儿方式，但肯定胜过让压力和恼火积累到让孩子沮丧或冲他叫嚷。

电视将对幼儿生活产生威胁和负面影响，但也可以有积极作用。使它具有诱人魅力的特性，从广义上看，也使它成为一个出色的教育媒介。当然，在看电视和其余活动中，观看的天性与品质之间取得平衡，才是关键。实际证据表明，用一种"职业社交"（做温柔、合作的好公民）的道德标准看节目，影响孩子有益的趋向，反之亦然。尽管如此，仍有许多节目可使孩子接触到明显有诸多负面影响的电视暴力场景。并非所有孩子都受到同样或同等的影响。男孩和女孩各有电视偶像，主流和非主流道德群体也不尽相同。关键是，电视上反面人物常常或暴力，或受害。更关键的是，使用轮椅的孩子，或者依靠视力或听力辅助器的孩子，根本没有榜样形象，所以，对他们来说，看电视犹如照镜子，却什么也看不见。如果阻止不了，通过成人从旁指导辨识俗套荒唐之处，明确现实、小说和幻想（包括卡通）的区别，可消解多数负面作用。然而，研究人员已经指出的所有负面的主流影响——上升的攻击性，分不清现实生活的暴力，害怕成为受害者和需要更重口味暴力的画面无疑最需要控制幼儿观看。

3岁左右时，许多孩子开始有自己最喜欢的节目，同时还可观看儿童影片，并迅疾形成观看习惯。如果你只提供你真心允许的个别短片，你和另一个成人一般也将陪同观看，你的孩子会接受有限的、高度挑战的观看内容。如果他从未体验过电视机是一个持续播放、轻松的娱乐来源，他不会一次次激怒你，至少在他长大到可以看懂节目导视，和其他孩子在学校操场演绎肥皂剧之前。而且到那时，希望他的生活充满各色人与活动，无暇顾及电视。

可惜，精选和频繁陪伴观看越来越难以控制，因为频道增多，包括24小时卡通频道和名不副实的"儿童"频道，更方便人们观看，许多成人空闲也少了。如果你为孩子打开电视（或者让他自己打开电视），从而让自己得以有半小时宁静安逸，允许其他照顾者使用电视"娱乐"他，同时也为自己节奏精力，或者一直开着电视机当背景音和一台轮值陪伴机，他将看到（或扫视）大量电视，多为暴力场景。许多幼儿完成一项活动，还没想想其他活动，就跑去看电视。有些几乎不能专心游戏，因为，电视里闪过的阵阵声音或画面使他们分心。受那些半懂不懂的画面和吸引人的叮当声诱惑，一边吮吸拇指一边睡，孩子会发现越来越难以专注于任何事情，听你说话、离开电视、继续生活。

如果你知道精选和陪伴观赏电视，在你们家是一个不可企及的理想，也许最好不要让你的孩子看（及重看）为他精挑细选的影片，更不要看未经选择的电视节目。他可能花太多时间观看，整体游戏活动时间偏少，但是，至少应确保他观看的内容是无害甚至有积极意义的。你可能需要训练自己，重新教育大孩子，并劝说照顾孩子的人。只需要一个白天的肥皂剧或频繁换台经历，即可使你的孩子形成依赖电视的习惯。

育儿备忘

项链误伤

当缠绕在幼儿脖子上的线，其弹力足以应对他的体重时，意外将一触即发。孩子戴着你的珠宝首饰时，应紧密地监护。你鼓励或允许他戴一根"项链"（无论这是一串代表信仰的金链，还是他自己串的珠链）时，务必确保长短刚好贴着脖子，这样在他不小心按了电动车窗按钮时，不会卡住项链，或者从儿童自行车上摔倒时，不会套住龙头上。双重保险起见，尽量让项链或珠链绳子一拉即断。一根棉线不会勒死他，鞋带会。

自动窗帘拉杆、结绳以及百叶窗拉绳都非常危险：挂低时，孩子会借此荡秋千；或高时，可当吊环，足可套入脑袋，且非常强韧。如果你无法拆除它们，至少应收短到让孩子够不着。教育幼儿不要把绳索、套扣、狗项圈或鞋带缠绕自己或别人的脖子，也不要用塑料袋套头。

你无法指望一个幼儿警惕自己的玩物，所以，这是你的责任。他能够把头穿过绳梯（然后滑一跤）吗？如果他被牵绊在玩具吊床上或移动工具上，容易解套吗？

那根套住漂亮木马的真皮缰绳，连接处安全地松动着，可以让孩子骑上马，但在他摔下来时，可轻松脱落。

行为举止

　　成人与儿童朝夕相处困难重重。实际上，大家如此热衷于儿童早期管教，不是因为幼儿表现非常糟糕，而是因为成人认为他们太累人。儿童吵闹，脏乱，没记性，粗心大意，丢三落四，需求无度而且永驻此刻。和停留最久的客人不同，他们永远不会离开。当你特别繁忙时，他们不会像对待困难的爱好一样避开几周，当你周日睡懒觉时，他们甚至不会像宠物一样被忽略，因为他们一贯拥有让你内疚的能力。对孩子怀有负疚感，比底朝天的麦片碗，咬朋友或用口红在墙上涂画后果更严重。爱孩子（几乎每位父母都是如此），既夸大了他们的痛苦，也放大了他们的愉悦。爱孩子，甚至让你难以承认他们偶尔是一种痛。

　　然而，能够承认这点有重要意义，至少向你自己，或向你的伴侣或其中一位父母承认更好。我们都有听见自己喋喋不休的声音说"别"、"停下"、"不准那样做"的时候，听见雷霆大发间隙默默回荡嗡鸣声的时候，我们都有以不必要的强制手段，把孩子抱开或把物品拿走的时刻，用我们从童年起发誓会避免的方式对待孩子的时刻，讨厌那些令我们成为众矢之的孩子的时刻。这对孩子有促进作用，因为，如果他们不能在两岁或4岁时表现孩子气，他们什么时候可以呢？这对你也有促进作用，免得你认为你的孩子特别违抗命令，自制力差，被惯坏了，从而责怪自己是个不称职的父母——这是最糟糕的负疚感。这提醒任何与你的孩子有接触的人，不要执著于轻易为孩子贴上问题标签，而一语成谶。告诉孩子你认为他淘气又邋遢，他将不辜负你的看法，可能他自己也这样认为，并确保老师们有此共识。然而，就实际情况而论，他非常年幼、家庭生活困难重重，你并非也不应期待自己完美无缺，事态将有所改善。你可以放心这点，因为，有一件确凿无疑的事情是，你的孩子将越长越大。

把握恰当时机　　存在于亲子之间，并使婴儿过渡向（小）幼儿的交际能力，集中表现在掌控神经和身体冲动的能力，由此产生在家庭或托儿所的熟悉环境里，以及与挚爱的家人和照顾者之间形成自我管理能力。当儿童具备足够的自制力，准备从学步期进入儿童期时，他们已准备好走出那个有限的小环境。从现在开始，你的孩子将需要以家为基地，从更广阔的世界中汲取越来越多的内容，因而，正是此刻，他必须开始以家庭之外的人能接受的方式表现自己。每个社会都对人们的言行有无穷期待，因地制宜，因人而异，没人会期待一个3岁孩子时时刻刻符合一切期待。然而，童年早期这几年非常适合为未来的期待作准备，练习社交的轻重缓急也非常理想。

幼儿将学会几乎任何成人设法传授的内容，因为他们想要了解一切。他们尤其想知道如何表现，因为他们非常希望成为像你一样的人，取悦你。为了你和孩子考虑，尽量不要让沉重的"管教"一词牵扯类似"违抗命令"和"不诚实"等概念，搅乱本应总是有趣、常令人惊喜的过程。

如果你喜欢你的孩子、爱他，迄今为止满意自己的育儿工作成果，可能不用考虑"管教"即可使他顺利度过儿童期。如果可以，就这样做。在你家里缺少规则和争吵，并不意味着你不够严格。你的孩子有情绪，你也是。他和你一样会犯错，偶尔可以和所有人一样随心所欲而非循规蹈矩。当你们共同生活，以正常人类对待彼此时，也许一切就是这样，即可跳过本节内容。本节特别献给需要依序梳理、使孩子不再"失控"，或者认为已经出现管教问题的数百万父母。

管教与自制力　　　按字典释义，"管教"的意思是"通过持续的重复和操练，教会行为规则与方式……"而一个训练有素的人"无条件地服从训练……"那并非当今大多数父母的管教定义。你可能坚持言听计从和循规蹈矩，从而保证让你的孩子按你说的做，害怕你生气的样子。然而，当你没有从旁提醒他做事时，那无疑可促使他继续乖巧、安全或诚实。你不会永远在他身边。好父母使自己受益于育儿工作——使自己慢条斯理。

尽管每位父母都会有一念间希望孩子对自己"言听计从"并习以为常，一句"坐下，安静"就能让孩子静止、沉默，但是，真正有价值的管教方式仅此一种，即自我训练，使他在无人指挥或提醒对错的情况下，按部就班地行事和表现。除了必须贴身保护安全之外，告诉孩子他必须做和不得做的事情，只是一种达到安全的方式。你无穷无尽的告诫和指令，只是原材料，必须由孩子内化为己所有，使自己提出的这些指令成为他的意识内容，它们才呈现出自身价值。

学习自我训练过程漫长，即便学习基础内容所花时间，也远远长于整个童年早期。有些儿童没有及时获得足够的自我训练，导致整个青春期无法把持自我稳定。有些个体的自控力在基础阶段停滞不前，乃至成为成人时，他们从未真正相信自己的价值判断能力或冲动自控能力。当你的孩子还是个婴儿时，你必须在他无法亲力亲为、无法考虑自己时，想方设法扮演他，为他代劳，替他思考。当他成为学步童时，你必须陪伴在他左右，确保为他把关安全、安全感和社交融入能力，同时还要允许他开始自己掌控。现在他是一个幼儿，准备开始学习如何确保自身安全、安全感和社交融入能力。未来两三年内，你将为他演示，在形形色色的情景和情况下如何表现，引导他看见所有那些差异，个人行为无关紧要的细枝末节，可说明一些本质的重要原则，比如诚实或善良。随着他的理解力增长，你要一点一点收回你的控制，相信他自己会运用这些原则，因为，这样做不再是为了顺从你，而是忠诚于自己。

为孩子示范如何表现

"示范"是关键词，因为你的孩子将根据你的榜样效仿行事，绝对不是根据你的指示行动。实际上，如果你言行明显不一，他将效仿你的行为，而忽略你的话语，因此，应谨慎对待传统的管教方式，比如"回咬"咬人的孩子。"如何做"也是一个重要概念，因为儿童发现这非常容易理解，而且，记住正面指令优于负面指令：他们应该做什么，而不是教他们不应做什么，更倾向于积极行动，不喜欢坐以待毙。尽量以"这样做"代替"别那样做"，而且，说"好"、"去拿吧"至少要和"不"、"停下来"一样多。

虽然不同父母希望孩子具有的行为表现方式不一，但有些实际经验看似可满足所有价值体系。

有新宝宝时，为孩子示范如何表现，可促使他变得乐于助人又细心。

■ "做你该做的。"孩子对成人的礼貌、体贴和配合程度不可能超出你的行为标准，实际上他会具备和你一样的语言习惯（有好的也有坏的）和大多数思维模式。这里没有成人和孩子的双重标准。如果你总是忙得没空帮他拼图，当他绊倒在你脚旁时，你呵斥他，他将不可能认为应当帮助你准备晚餐，或者当梳子卡住他的头发时，很快原谅你。

■ 确保恰当的行为得到鼓励，而没有不当行为。这听起来简单，实则不易。如果你的孩子可以在超市收银台得到糖果，他得到糖果，是因为他哭了，尴尬的不知所措中，你用来让他安静，还是因为他乐于配合和提供帮助，作为一种鼓励谢谢他呢？

■ 记住，成人的关注具有奖励作用，幼儿常宁可拥有生气的关注，也聊胜于无。尽量在家庭生活中使用"多一事不如少一事"的态度。如果在孩子安静地专注工作时，你置之不理，而在迫于无奈之下关注他，那么，你就是在奖励他痛苦，惩罚他愉快。

■ 务必给予明确而积极的回应。如果指令不明确，即便积极指令也没有效果。"好好表现"听起来似乎是积极指令，但是对这个年龄的孩子毫无意义。其实你的意思是"别做我不喜欢的事情"，这是不可能完成的命令，因为他不知道你不喜欢什么事情！

■ 除了紧急情况之外，必须等待事后说明时，应该总是告诉你的孩子，为什么他必须（或不应）以特殊方式表现。对于每一个小要求，你不必详细解释，更不用争论，但是，如果你坚持"因为我这样说"就是他所需要的一切理由，他将不能把这条特殊指令融入他内心逐渐形成的"如何表现"的普通模式。你生气地说"把铲子放回去"。为什么？因为这很危险？脏了？会断？因为你希望确定下次还能找到它。如果你告诉他，这属于不希望别人移动自己物品的建筑工人的，他可以把那个思路运用到其他场合。但如果你说"按我说的做"，就什么也没教给他。

■ 尽量把"不要"用于严肃规则。命令你的孩子不要做，只有当你想要从今往后消除一个特殊行动时才有效。如果你只想要现在禁止一种表现，此刻以及在这些特定情况下，你最好转变措辞，采用肯定的短语。想想那个熟悉的话语："在我说话时，别插话。"幼儿对此置若罔闻确实正常，因为有许多次成人确实希望幼儿插话——说土豆煮烂了，婴儿哭了，或者他们需要去洗手间。"请等一分钟，让我们结束谈话"，你有可能得到较好的回应。特定的"不要"成为规则。只要你尽量少说，孩子就有可能轻松地接受它们，尤其，如果你解释原因。对你

给孩子演示如何安全操作困难的事情，将比明令禁止更能有效地保护他。

的孩子说："绝不要爬那棵树，不安全。"而且，假如你的伴侣支持你，不让他冒险"试一次"，那棵树将被归为禁止物。"没有成人陪伴，不要过马路"是另一条切实的规则，只要你不派他过街去转角商店买报纸，因为这只是一条小马路，三四岁幼儿将立马接受这条规则。

在保护幼儿安全方面（当他的安全岌岌可危时，他的自制力还不足以确保他没有监护时依然遵守规则），规则有切实意义，但在培养他如何表现方面，却没有真正的作用，因为这些规则非常死板和教条，不太能应用到日常生活中。尽量把规则套用到此时此刻的确切问题上，不要演变成影响一生的原则问题。

如果你自己不确定人们应该如何表现，显然就无法为你的孩子示范如何表现，所以，始终如一地坚持原则非常重要。不过，其他方面自始至终坚守不二，并不总是重要。你的孩子不是马戏团动物，被训练用特定把戏回应特定信号。他是人类，人类没有一致性。他必须学会尽力回应各种信号，包括了解因地制宜。鼓励一个两岁幼儿在卧室墙面挂的白板上画画会使他更有可能在客厅墙壁上画画，到4岁时，假如有人花时间向他解释并讨论此事，他将理解哪里可以、哪里不可以画画。而且，圣诞节无限量提供糖果不会致使他期待节日过后还有糖果，允许在奶奶的床上蹦跳不会致使他忘记你的床禁止蹦跳。

信任与值得信赖

相信你的孩子本意是好的，即便当他没有做好时。如果他认为，总是有一个成人站在身后，随时纠正或指挥他，他就不会费心思想他应该或不应该做什么事情。在他的年龄和阶段有限范围内，把你对他的控制，变为尽量多地交由他自己承担行为责任，从而使他觉得受到信任地处理事情。

得到信任，使家务游戏的乐趣变成真正的工作满足感。

举例来说，当他准备去朋友家时，别用焦虑不安的叨唠指挥，比如"记得说谢谢你允许我来玩"，"别忘了擦脚"。如果你完全愿意让他去，就必须允许他照顾自己。你的劝告不会促使他表现得体，只会导致他外出紧张。

如果你错了尤其当你发现你的处理方式不公平时——就承认。不要让错误的成人尊严妨碍你向他演示正确的行为表现。他会在某种程度上以你为榜样，所以，当你做错时向他道歉，正如你希望他向你道歉一样，这很重要。假设你责备他打坏了玻璃杯，不相信他的辩解，后来你发现是你的伴侣摔坏的，从你设法教给孩子的各种标准看，你欠他一个真诚的道歉。你错了，还不公平。如果你请求他原谅你，他对你的尊敬只会增加，而非减少。

行为问题

如果你真心认为"管教"就是为孩子示范如何表现，你将发现大多数"行为问题"属于成熟问题，而非道德问题，而大多数关于自制力的争议话题即可迎刃而解。例如，某种程度的"寻找关注"行为，是幼儿回应成人忙碌而关注有限的正常方式。如果有限的愉快关注可以增加，他将不必吵嚷着导致你训斥他。

违抗命令　　即刻、无条件的顺从，可以使维多利亚式大家族的父母保持宁静的生活，但却不可能产生为自己思考，进而从早期开始就能得到信任照顾自己的孩子。举个简单的例子，3个小女孩在幼儿园外遭汽车劫持，其表现差异可见一斑。一个4岁孩子跑回家，迅速按响警铃，于是，汽车被拦截下来，孩子们一小时内都回到了家。一个心急如焚的爸爸问："为什么你跟车上的人走？我们一直告诉你，不要跟陌生人走。"他的女儿睁大眼睛反对道："但他说'你爸爸说你得马上跟我走。他派我来接你'，所以我跟他走了。你一直让我'你必须按我说的做'，你一直是那样说的。"报警的孩子接受警察询问："是什么使你跑回家，没有和朋友一起上车？"他回答："我爸爸和妈妈总是要我'想一想！'所以我想，如果爸爸真的想要接我们，他会先来；那个人只说一个爸爸，而我们有三个爸爸，我是说我们大家。后来我想，我要问问我妈妈。所以我跑了。"

抛开"听话"和"违抗命令"，想一想如何得到孩子的配合，可消除许多问题。偶尔他愿意按你的期待行事，因为他想要做不同的事情。他不愿意上床，因为他想要完成游戏。问题不是由他的违抗命令导致，而只是一种兴趣冲突。类似"再多五分钟"的折中方案，比严厉地命令"马上按我说的做"有效得多。偶尔他不愿意按你的期待行事，是因为他不理解你期待什么事情。命令他坐在桌边等午餐结束，他可能餐盘一空就离座了。他不明白你的意思是，他应该坐等大家都结束再离开。他并非违抗命令，他是不理解。偶尔他不愿意按你的期待行事，是因为他就是要激怒你。他感到不高兴。你告诉他别碰你的新书，而他直接去拿。以上举例中，只有这是真正的违抗命令。这是主动挑衅滋事，而其成功率多半取决于所造成的杀伤力。新书封套被撕烂了，你会生他的气。那是现实情况。如果你破坏了他的东西，他会生气，他已经产生了一种人类共有的反应。但是，杀伤力来自暴怒，而非"违抗命令"。如果没有产生实际伤害，你即可拒绝中计发火缓和整个事态："一计不成，还做了我叫你别做的事情，你一定心情失落吧。"他刚才期待的争论哪儿去了？

撒谎　　　幼儿生活在一个令他们难以掌控的世界中，他们常遭受指责损坏这样或那样。因而，否认做错事，是他们最常见的撒谎形式，也最常为他们招来麻烦。如果你的孩子不小心弄坏了姐姐的洋娃娃，而面对证物，他全盘否认，与其说你气他破坏洋娃娃，不如说你更气他撒谎。

如果你坚定地认为，孩子做错事时，必须诚实相告，一定要创造轻松的气氛。"这个洋娃娃坏了。我想知道发生了什么？"更有可能促使他说出"我弄坏的，非常抱歉"，而不应说"你弄坏了这只洋娃娃，对不对？你这个调皮又粗心的孩子"。但是，如果你的孩子主动或迫于压力承认错误，务必确保你没有以愤怒和惩罚的手段惊吓他。你不可以双管齐下。如果你想要他告诉你何时做错事的，你也不可以对他暴躁如雷。否则，他下次会欺骗你，不是吗？

无稽之谈也为有些孩子惹来麻烦。在儿童早期，许多孩子仍然分不清现实与幻想、他们希望发生的事情与现实发生的事情。毕竟，他们可以一边抱着自己的毛绒兔子，一边愉快地接受复活节邦尼兔的故事，他们看不出两者之间的矛盾。

如果你继续为孩子阅读故事，引导他欣赏本国文化中的儿童神话故事，例如圣诞老人，当他散步时编出一个有头有尾的故事时，没理由为撒谎而生他的气。他实际上当然没有遇见空间战士，他多半都没想过这个情景。然而，如果大孩子强迫一个4岁孩子从圣诞老人的奇幻故事中找碴儿（"我们连烟囱都没有，傻瓜"）令人伤心，那么，他想象故事被揭穿则令人惋惜。欣赏故事吧，从道德角度看，不真实不代表撒谎。

父母偶尔担忧，因为他们的孩子似乎根本无视事实。父母可能听见孩子提到妈妈的新衣服，而妈妈并没有，或者声称他们昨晚病了，而他们并没有，乃至对朋友说他们将要出去喝茶，而他们并没有。引发日常非精确交谈的原因有很多，重要的一点是，他们听见成人这样说。成人为了得体、善意，想要避免伤害他人情感，或节约自身时间，说的非事实情况数不胜数。儿童听见这样，你的孩子听见你赞同史密斯夫人的观点，抱怨天气太热了，而你刚才对他说，你多么喜欢热浪；听见你在电话里借口推辞，因为你身旁有隐形的客人。除非向他解释这些无伤大雅的"白色"谎言的原因，否则，他无法明白，为什么他绝不能夸张或篡改事实而你可以。

当你的孩子编很多故事，添加很多细枝末节描述日常生活，你确实无法从中分离事实与虚构时，此时也许该明确地告诉他，事实何以如此重要。不要归结为"调皮"说谎，相反，尝试为他讲故事"狼来了"。这是一个经典故事，他会喜欢的。说完故事后，可以和他讨论一番，指明你和所有帮忙照顾他的人，确实必须能够辨别出事实和虚构内容，同样还要明确知道，他何时发生了重要情况，或者何时确实生病或害怕了。

注意整个交谈的措辞，让他感到你关心他说实话，因为你关心他，想要确定你照顾得当，有的放矢的交流，而非"好好表现"。

偷窃

产权概念很复杂。让孩子确切地了解他可以和不可以保留的东西。

许多幼儿，尤其是那些没有哥哥和姐姐坚持说"那是我的！"的孩子们，对产权和真相的概念模糊不清。在家里，有许多大家共用的东西，有些属于特定个人物品但可以自由借用，而有些"私人物品"只为物主所用。家庭之外，还有各种复杂情况。你在公园的草丛中发现一只小球，完全可以带回家，但钱包不行。从幼儿园带走你的画可以，但是油泥不行。人们可以取走商店的宣传手册（当然不是整箱），但是肥皂不行（一块也不行）。在幼儿理解自己集物的行为之前，搜集自己喜欢之物的行为本身，不存在道德问题。尽管如此，你也不能完全泰然处之，即便是三四岁的孩子，别人也会称此为偷窃行为，小题大做。

你会发现，独立对待原则问题与日常行为的复杂性，有切实意义。首先讨论，其次建立引导规则，例如：未经征询，不能从别人家带走任何东西；如果你要保留发现的物品，应询问大人；不要拿商店里的任何东西，除非成人说可以。尽量不要特别对金钱持有道德感。当孩子从你的手包里取钱时，停下来问问自己，假设他取的是唇膏，你会怎么说，然后以同理对待金钱。对幼儿来说，两者都一样。他们当然知道金钱珍贵，因为他们听见你谈论钱财，看见你用金钱交换漂亮的东西。可是，对于儿童，金钱犹如你放进自动售货机里的代币券，他们没有真正的钱财概念。

像一只喜鹊似的搜集一抽屉从未试图使用的钱币，乃至实际并不想要的他人物品的小孩，也许有情感问题。他也许在传达一种信号，表明他认为缺失某物，这多半是爱或认可。除了生气、沮丧、使他感到羞愧之外，你能高度满足他的需求吗？如果不能，如果偷窃行为继续，你多半需要在孩子上幼儿园之前，寻求专业帮助。对于小孩子，获得类似"小偷"的冠名比摘除标签容易得多。

当被要求做他们不想做的事情时，所有孩子都含糊其辞。和一个假装没听见你说话，或者答应"好的"但没有实际行动的孩子交谈，会令人非常气恼。当一个孩子实际每逢建议、要求或指令必争高下时，更令人恼火。生命短暂，不足以这里5分钟劝说一位4岁的幼儿，他需要穿鞋子出门，那里5分钟劝说他去前门……但有必要换一个角度看，处于家庭底层的他，几乎周围任何成人都可以打断他从事的事情，对他提出命令，这对幼儿来说肯定也非常气恼。按你所说的行事之下，一点点相互给予和获取，将有很大的促进作用，而非叫喊。了解到许多幼儿很难从一个活动转换到另一个活动，这也有促进作用。他们需要大量提醒，吃饭、外出或即将睡觉，以及大量行动准备时间。

有些孩子，特别是非常聪明的孩子会很快明白，当你想要他们做意愿之外的事情时，他们可以商讨。相比默默无声地上楼换干净衬衫，你的儿子会说："如果我为你换了干净衣服，你会为我把自行车拿出来吗？"可惜，父母常常认为，这甚至比争论更有点"厚脸皮"。他们有权告诉孩子该做什么事情，他们肯定也不想要把同样的权力分给孩子。"按你妈妈说的做，不要争辩！"爸爸怒吼道。我们实际倾向于使他"言听计从"。

商讨可成为人类交往非常有效的形式，诚如每个成人社会纵观历史所见。你肯定讨厌每提醒他做一件事情，尤其这是他的而非你的任务时，你的孩子都提出明确的交换条件，你为何要付出呢？仅限在特殊要求或孩子感到异常厌倦时，提供商讨机会和你们其中一人，偶尔而非总是等待他提出要求。

处理问题

对于幼儿的行为，有一点很讽刺：你越担心它，越努力改变它，结果就越糟糕。

因为，当成人积极应对他们的行为，认为他们本意良好时，儿童最容易相处；确保他们理解因地制宜的要求，以及奖励良好的，行为，促进更多良性循环。那些认为孩子表现特别糟糕，或者亲戚和照顾者这样描述的父母，很有可能陷入消极处理的危险之中。消极的管教，关注不良行为，期待它，留意它，惩罚它，与其说促进改变，实则激发更多——越来越多类似的行为。

惩罚　　　　正规惩罚和"管教"结合，相比和"学习如何表现"结合更融洽。知道自己该如何表现，但不是总想要如此表现的大孩子，偶尔自食其果——上课说话被留校，或者违规泊车被拖走。然而，此类深谋远虑并不总是于我们有用，对幼儿则绝对无效，因为他们还不能权衡未来的惩罚与当下的冲动。唯一真正有效的惩罚4岁，乃至5岁孩子的方法，就是他人的否定。无论你把盛怒之下实施的惩罚称为什么，实则是你的愤怒在实施惩罚。如果那句话逗你哈哈大笑，因为你的孩子表情无辜之极，由此设想一下，如果你换种方式，他会如何回应正式惩罚（"晚餐没有冰激凌"）。欢乐地告诉他"晚餐没有冰激凌"，他可能毫不在意。（他一般晚饭都吃冰激凌吗？他在晚餐特别想吃冰激凌吗？他将吃什么晚餐？）但是，生气地告诉他："这么定了。就为此，晚餐时你将得不到冰激凌"，他多半会啼哭或生气。他也许

你实施惩罚，因为你在生气，实际上，你的愤怒才是真正的惩罚。

有，也许没有期盼，乃至想要冰激凌，但他肯定不希望你生他的气。

你大概（就在）此刻说了关于冰激凌的气话，意图表明你的情绪。由此推及那些感受的任何其他表达，比如"你太傻了，我现在不想散步了，我们回家"。"取消冰激凌"的问题在于，待到晚餐时间，整个事件多半过去很久了，被忘得精光。为了继续使用你的正规"武器"，你必须重复提起整个事件，结果，第二次惩罚孩子。如果他此后特别可爱又乐于助人，此时多尴尬啊……

你的否定，或者生气，是最有效的惩戒。如果这导致你即刻条件反射式的"惩罚"，那么，孩子将明显看出他的行为是直接导火索，惩罚可以强化你的意思。当他表现得非常糟糕时，你不愿意继续排队买冰激凌，于是，他此刻得不到冰激凌。他自食其果，而不是为自己的行为接受"惩罚"。你无法任由他一直从超市架上取袋装食品，于是你把他抱进手推车里。他滥用了他的自由，因而失去了自由。那些行动是"惩罚"吗？如果它们是冷酷的、设计的，也作为冷酷而预谋的惩罚予以实施，多半无效。尽管，作为当下愤怒的回应，它们却是孩子自身非建议行动的直接后果，那就是唯一有效的一种惩罚。

一怒之下实施的最常见惩戒——掴掌和打屁股，怒吼和责骂——并非孩子行动直接所致，没有作用，尽管它们看似当时有效。如果你的孩子确实做了令人恼火的事情（比如摆弄电视机、狗或婴儿），而你已经设法叫他停止，抱走他，分散他注意力，但他就是直接回去再次做，冲他怒吼或打手心可阻止他（也许使你情绪缓解），那看似比其他任何方式都管用。伤害他的情感和手阻止他采取行动，因为伤心和伤痛使他啼哭，但这无法使他明白不要摆弄，也无法防止他再次这样做。

每次他做错事就打手心可让他明白别做，听起来有理有节。但是，别做什么事情？在儿童早期"淘气"，是一件复杂的事情。这可能意味着作出伤害自己的事情（比如冲向马路），或者作出任何（预计或只是今天）让成人生气、尴尬或失望的事情。打手心也许让孩子明白，他做错了，乃至让他明白这次做错了，却没有告诉他怎样做是正确的，也肯定不会促使他更努力地取悦你。打孩子手心，不可能让他们明白应如何表现，而事实表明，一旦孩子开始受到那样的惩罚，将会持续整个童年。实际上，体罚收效极微，往往还会导致暴力升级。孩子的错误行为大多是冲动和忘性使然。你今天用一下午告诉他，别踩踏花圃。你冲他叫嚷，喊他出来，却因为他跑得欢畅淋漓，他冲你大笑。最后，你打他手心，他哭着走进室内，明天又兴高采烈地跑出来，做同样的事情。以"一致性"为名，你必须再次打他手心——再狠点。一旦你们进入那个特殊的恶性循环，今年的打手心极易变成明年的打屁股。

研究表明，受到体罚的孩子，记得打手心远远多于打手心的意义，因为他们一般生气到听不进解释，或者使劲啼哭到听不见解释。问一个三四岁的孩子为什么被打手心了，他们一般会说"你刚才生气了"。所以，不要依赖体罚使孩子懂得良好表现。你不可能仅凭你的体力优势，获得你需要的合作。

也要留意你如何使用情绪力量优势。使孩子感到愚蠢或没有尊严的惩罚，和体罚一样，毫无效果，伤害情感。如果你拎着儿童鞋子，因为他跑开了，或者强迫他戴婴儿围脖，因为他会滴漏食物到衣服上，那么，你在让他感到无奈、无用，并且没有能力学会你试图教他的成人技能。如果进餐不整洁造成实际洗衣问题，他需要更方便的整洁进餐。他现在不坐婴儿椅了，需要在普通椅子上放一只垫子吗？他可以用勺子吃，也用手抓吗？

如果你确实试图为孩子示范如何表现（不是惩罚错误行为），一般来说，无须正规惩罚，你即可做得更好，尤其在早期这几年，因为惩罚措施将导致他不愿意而非更渴望倾听你的说话内容，设法取悦你。相比惩罚做错事的孩子，让他们自我感到糟糕，不如换一种更有效的方法，奖励做正确事情的孩子，让他们自我感觉良好。你的孩子将从你们俩彼此生气大爆发中明白些道理，他做错事你生气，他知道不应该那么做，鼓励他做你认为正确的事情，然后表扬他、祝贺他更有积极作用。

奖励、奖赏与贿赂　　任何惩罚的本意表明成人否定，而任何奖励的本意表明成人首肯。一次奖励让孩子明白，"我爱你/认可你/欣赏你/喜欢和你在一起"。糖果或其他甜食等实物可以传递那些信息，微笑、表扬和拥抱也可以。和惩罚一样，对一个孩子的奖励常常是他的自身行为使你心情愉快的直接结果："我们这么快通过收银区，因为我在装包时，你在为我递货，所以我们有时间去喝杯咖啡……"

偶尔，物质贿赂或奖金非常有用，尽管你认为这听起来伤风败俗。幼儿有一种明确而简单的正义感，并可以敏锐地觉察到他人的善意。如果你必须让孩子做他很讨厌的事情，提供一点奖金会有双重效果，既让这件事看起来值得他用一点时间合作，也让他明白你支持他。举个简单的例子。假设这是一个炎热的午后，他正在自己的嬉水池里玩耍。你必须为明天采购食物，但不能把他丢在家里，因为家里没有其他人。一个真心诚意的简单贿赂有什么错呢？"我知道你宁可我们待在家里，但我们必须去办这件事。回来时去商店绕一圈，看看有没你的新故事磁带如何？那样可以吗？"这是一次贿赂，但也是一次恰当的理性商讨。

对于忍受很痛苦的经验的孩子，比如脑袋缝针，一次实际奖赏偶尔可扭转局面。物品不限（只要不是他想扔掉的就行），关键在于必须是闪亮的。但是，不要把这种奖赏用于良好的表现。一次"如果你不大呼小叫"的奖赏，会给你的孩子带去极大的压力。他可能必须大呼小叫，他肯定也会感觉到，无论他表现如何，你都支持他。

溺爱　　众所周知，宠坏的孩子对他们自己和大家都是痛苦的，大多数人认为，他们反映出他们的父母敏锐。然而，几乎大家时刻思考着孩子被认为"惯坏"的原因，或者父母错在哪里。结果，"惯坏"成了父母心头类似的梦魇，害怕听到这个词用于他们的孩子身上，或者他们的育儿方式上。有些说孩子"惯坏"的，实际意思只是他们爱并溺爱他。以至于有些人抛弃甜食，提供正常的可口食物，特别是不会任由孩子随心所欲，因为"我们不希望他被惯坏……"

那是令人遗憾的误解。惯坏不是指溺爱和娱乐，而是关于威胁和勒索。许多谈话、游戏和欢笑不可能惯坏你的孩子；许多微笑和拥抱，乃至许多礼物，只要是你自愿给他们，也不会惯坏孩子。你的孩子不会因为你在超市买糖果或者5岁生日礼物，而被惯坏。但他会被宠坏，如果他明白他可以在公共场合发脾气勒索你改变"无糖"决定，或者只要他继续胡搅蛮缠，就能从你这里得到任何他想要的东西……你认识的最被"惯坏"的孩子，得到的东西不会多于甚或少于大多数孩子，但他所得一切均来自威胁父母、改变他们良好的判断力。惯坏，是家庭权力失衡的结果。

底线，以及坚守底线的成人　　儿童需要有勇气坚定信念、为他们设定界线或约束力的成人，他们知道自己在安心置身其间——表现优良。底线，不仅成人灌输给孩子，我们都必须注意使我们与他人——偶尔兼具实际和比喻意义不同的底线。儿童需要父母和照顾者额外设置界线，保护他们安全的同时，他们得以学会保持自身的安全；控制他们的同时，他们得以发展自控力，并且，确保他们不会失去专属空间或侵占他人空间的同时，他们得以学习社交化生活，比如"己所不欲，勿施于人"。

如果孩子不能打破它们，界线就是界线，如果他们明白不能打破它们，界线只会带给儿童安全的行动自由。认为他们的孩子不愿意遵守界线的父母，通常不清楚服从——这确实依赖于孩子的配合和界线（约束）的区别。设定了一条界线，就应确保孩子不会越界。例如，以前门花园为他的游戏空间边界，不要等他打开前门，然后训斥和惩罚他。从开始起，就在门闩上缠绕一圈绳子。

如果你没有打算设法坚守底线，最好一开始先别设定条条框框。时而父母口中的无法坚守底线，其实是说坚守底线要付出很多努力。儿童每周看电视时间远远超出预期的情况可能是，父母想规定孩子在固定时间看固定节目，但无力面对拔掉电源开关时儿童的哭闹。如果你不知道是否值得花时间建立一条规则，放弃吧——即便长辈认为你应该有原则。如果他可以看两个小时，而非原先只能看一个小时、后来耍赖拖时间看了两个小时，那对孩子的行为表现（以及你的脾气）当然有积极作用。

有些孩子确实阶段性地表现出试图越界的行为，严重考验父母关注动态和保持冷静的能力。如果确保孩子，或一个特定孩子遵守你的界限特别困难，就尽量减少界限。确保一条界线界定一个你实际关注的问题，然后，坚守这条底线，心无旁骛地操作必行之事。

逐渐放权

幼儿把自己看作芸芸众生中的一人时，便开始关心他们可以掌控他人和自己的范围。所以在这个年龄段权力游戏非常普遍。你的孩子会测试他的影响范围，设法增进影响力，正如他测试并练习肌肉力量一样。

你的孩子应该发现，他对人有点影响力，并实际练习使用它——毫无权力和独立感，他就不可能成长。然而，不能允许他横行霸道凌驾于你的权力之上，或者无尽地抱怨消磨你的意志。他必须学会以正常方式的实施权力，或者以自己的方式影响事物。

尽量积极地回应理由和可爱，而非眼泪和脾气。尽管他的自控力依旧非常有限，但你希望孩子开始注意到，你更有可能接受说服，而不是威胁之下答应要求。

鼓励孩子参与和他息息相关的决策过程。他应该得以自由表达，甚至在他不会表达的时候，这非常重要。他逐渐长大，将发现其他同龄孩子允许做的事情，看见新颖的电视节目，从总体上寻找新特权。

孩子应明白"友善地提问"常常很有用。

因为这些问题层出不穷，你将没有现成答案。不要为了驱散烦恼而压力重重。与你的伴侣和孩子，也与其他照顾者或家庭成员就此进行讨论，如果那看起来恰如其分。无论结果是赞成他或反对他，你的孩子都将明白，在他的世界里，成人达成一致意见，他也有机会说话。

让孩子看到你努力平衡他和你的权力，正如平衡他和姐姐之间的权力，或者你和伴侣之间的权力。你们大家生活在一起，而关爱陪伴的另一面，就是你们都必须给予彼此空间，乃至偶尔走开，给某人暂时的额外空间。你的孩子不可能总是如你所愿行事，你不必总是如他所愿行事。冲突必须在你们俩之间解决。当你想要看书，而他想要散步时，问题来了。真心诚意地讨论一下。如果你只是不喜欢散步这个主意，就这样说。与其像烈士一样不情愿地慢慢走，妨碍他享受散步，拒绝他更好。但是，如果你认为应该给他散步的权利，正如你有看书的权利，就可以接受半小时散步，同时，认为他也有权利进行商讨。

帮助孩子理解他人的感受。你越能够让他有兴趣了解你和别人的感受，以及别人与他的相近感受，他将越能够敏锐的觉察。理解他人感受，是消除自私的基础，因而也是被宠坏的对立面。机会降临时，要把握住。当隔壁女孩的自行车被大孩子偷走时，和他谈论小女孩的感受。如果他平静地说，她可以再买一辆，应向他指出，父母一般都希望为自己的孩子买东西，但不可能总是负担得起。当你制订家庭计划时，允许他参与安排短期休假和度假的困难选择，于是，所有参与发表不同意见的人自得其乐。你甚至可以让他明白，如果你这周每天晚上烹饪他讨厌的包菜，对他不公平，同样道理，如果你从未烹饪爸爸最喜欢的蔬菜，对爸爸不公平。

在这个阶段，你的孩子渴望和成人交谈，渴望各种信息。只要你进行此类教导时，没有变成长篇累牍的演讲，暗示他自己行为不当，那么，他将非常喜欢交谈。你应荣幸地与他讨论感受和事情，你在培养他与年龄相符的体谅他人的任务。你在引导他关注到他自己不曾留意的各种经验。你越能够这样做，他就能越早、越清楚的理解，他是一个非常重要、得到很多关爱的人，生活在与其他人同等重要的世界里。

早期教育

　　这一章没有称为学前教育，因为，3～5岁不是幼儿园等待期，或者准备期。尽管人们提及"5岁以下"，犹如他们是一个显然不同于5岁和6岁的独立群体，实际上，从任何发展角度看，这是一个意义属性的阶段。孩子逐渐走出学步期，进入一个被恰当称为"儿童早期"的新时期，持续到5～7岁进入"儿童中期"为止。相比5岁，7岁才是有意义的年龄界定，8岁以下就是明显小学儿童的分界。

　　儿童早期有其特定发育进程，和幼儿园不相关，在"开始幼儿园"非常晚或根本没有的社会里，具有相似表现。儿童早期教育和儿童整体教育以及小学、中学或未来教育的长期成就感同等重要，但是，它们彼此存在差异性之外，儿童早期教育更有独特之处。早期教育关注认知发展，也同样关注情绪和情感，以及其表达和处理方式。

早期教育充满惊奇……

重视社交技能多于学业技能。虽然一般较早开始学习阅读和书写等技能，当然可以让孩子进入义务教育之初超越大多数同龄人，但这些能力本身不会让他保持领先。研究显示，"学前教育"的长远价值，不是因为它赋予孩子学业起跑的优势，而是使人生高起点。

"学前教育"一词刚出现时，学步期结束到学业教育开始之间的间隔期普遍比今天长，认为这个发展阶段本身必需各种游戏且基本为社交游戏促进发展。正是因为小家庭和市区家庭难以提供游戏，在两代人之前由此创建了最初的幼儿园前游戏组，在7岁进入儿童中期、上小学或一年级之前，上游戏英美幼儿园是件重要的事情。

然而，对于现代人来说，早期教育意义有所不同。全世界的父母都知道，他们在一个高度竞争全球市场化的环境中抚养孩子，而孩子的未来依靠教育实现。他们希望孩子接受的教育多于自己、早于自己，而且，尽管教育方式因地制宜大相径庭，但是，更多和更早已蔚

……神秘如这些消失的恐龙。

然成风。在许多西欧国家，人们认为三年儿童早期教育可使得六七岁小学教育拥有优势，作为每个孩子的权利，应融入家庭所需的任何日托服务中。举例来说，在意大利北部，最优质的服务机构提供照料、教育，以及各种周边服务，比如大孩子放学后活动中心、综合性儿童中心。

然而，在接受启发性"教育"游戏的初始年龄方面，英国和北美地区存在两种平行观点，大多数认为应从三四岁到婴幼儿期之间开始，少数人认为从进入小学开始。英美法律还指出，儿童必须过了5岁、达到6岁之后才开始上学，但是，无论本地义务教育起始年龄早晚，越来越多的孩子早在4岁时就被送入学校——并非幼儿园，偶尔还学习本意为大两岁（他们生命的一半时间）的孩子设计的课程。

从客观情况看，竞争环境压力使父母焦虑，从而使得孩子越来越早地接受越来越多的教育，还迫使他们需要越来越长的日托照顾。无论孩子5个月或5岁，照料和教育不应齐头并进；实际上，照顾必须有启发性，才可能是优质的，而教育没有呵护，不可能成为优质教育。"保教结合"的讨论通常认为，儿童托管中心必须额外关注教育类活动，或者把哺育期间的呵护，融入游戏组或幼儿园。但是，该增加多少、补充什么呢？知道家长有从众心理，有的儿童托管中心宣称为客户乃至婴儿，提供越来越多听似专门的学业课程。为1岁孩子提供生物和物理课程听起来就是荒唐，但是家长何以确定，这只是意味着有机会在花园里埋种子和浇水玩呢？有些机构宣传承诺内容越多，家长越倾向于认为不能失去机会，否则孩子可能发展不足。

当然，"保教结合"完全不必来自机构。你的孩子可能已经在父母、照顾者或亲属、保姆乃至类似助手的照顾下，同时接受输入所有必需教育。如果你能够看出你的3岁孩子好奇、精力充沛而又忙碌投入，可见得他的日常生活充满各种有趣的经历，而你看见他喜欢书籍、玩具和各个年龄的朋友时，便没有理由进行任何改变——尚且。

不过，对早期教育的期待和对你自己孩子评价的需求，脱离他个人或智力的发展，而牵扯上他生活的社会环境的问题时，变得更加复杂。假如有大量刺激和陪伴，幼儿可以留在家里单独照顾。但如果，他3岁以后的生活环境中，大多数同龄伙伴整天在幼儿托管中心，或者至少半天在学前教育机构，比如幼儿园、游戏组也许只有周末才空荡荡的，甚至儿童图书馆也只在下午3点开放。你的孩子也许现在感到孤单，稍后会认为他的生活方式很奇怪。

另外，在有些社区，许多幼儿仍然待在家里，那里有良好的本地游戏课程，偶尔还有幼儿专用运动室，以及最重要的临时游戏组。此类配套建设不仅为你的孩子和他的成人照顾者创造机会交朋友，还提供陪伴（很贵），而且，在湿冷的冬天做点不同的事情，可以让孩子了解，公园里有许多孩子可以自由交往。

但是，即便当周围有许多孩子，你不必送他去日托中心，也没有感到他需要，或准备好加入任何教育游戏组时，也不要掉以轻心，让他的生活无限持续在当前模式中。他终将有一天进入小学。当那一天到来时，他将必须离开，无论他愿意与否，而且一般来看，他将必须从周一到周五每天离开一整天，从开始起便自己管理。和你或照顾者外出活动，无疑可使他准备好成为一个普通的班级成员，在成人微乎其微的关注下自己管理。当你第一天进入学校教室时，也是一个孩子第一天离开家、妈妈和一群孩子。如今这种情况已很罕见，因为老师和助手无所不在，其他孩子也没有此类惊慌失措，有太多"第一次"足以让任何小孩子从容应对。无论他此刻生活方式多么悠然自在，到4岁时，他确实可以从比较正式的早期教育和游戏组中有所获益。

早期教育　　你对早期教育的期待，很容易混同于对未来学校教育的期待。即便你在为上儿童托管中心的孩子寻找一个比较明确的学习组，或者"纯粹游戏"的普通游戏组，切勿被此外一排排小桌椅吸引。幼儿通过游戏学习，因而，理想的学习意味着鼓励游戏：自己决定游戏内容、时间和时长，有触摸、操作和实践，也有看和听，有身体和情感的活动，也有思维活动，而且总是有交谈。试图对3～5岁孩子直接教学，让他们坐端正，保持安静，被动地看和听，或者让他们记住尚未产生行动意义的事情，都是误导行为，即便4岁儿童由此知道所有字母。事实上，试图通过刻意使他们做任何事训练他们的想法，都属于错误判断。如果你希望孩子发挥最大的学习潜能，就必须促使他主动希望学习。幼儿不知道游戏和学习的区别，但他们一般能分清游戏和课程。可以让孩子知道区别，但如果他判定课程乏味、游戏很有趣，则令人遗憾。

向一个仍在儿童早期的孩子传授他不感兴趣的事情，或者让他所从事或制作的事物，为成人喜闻乐见，而成人的判断标准于孩子却毫无意义时，从乐观的角度看，这无疑是浪费大家的时间，失去学习兴趣就更

在她学习弹奏之前，你的孩子需要学会"玩"琴。

糟糕了。如果你的3岁孩子欢乐地敲击钢琴，实际可能是，他在想象中，而非键盘上演奏乐曲；他现在变身某人——爸爸，或者刚从电视上看到的艺人——而他所制造的声音和所扮演的角色没有关联。尽管如此，当他的父亲为他演示如何弹出熟悉的旋律时，他可能很高兴，并以他的弹奏及其愉快的感觉，让他也高兴。可是，如果被逗乐的爸爸现在为他安排钢琴课，告诉他每天练习10分钟就能"越弹越好"，会发生什么情况呢？得不偿失。孩子失去弹钢琴的兴趣，而如果强迫他上钢琴课或练琴，他将会反抗。他的日程表里没有弹"好"钢琴。他想要在玩的时候按一按琴键，而不是学习弹奏，也不是在难以想象的未来演奏出色。

然而，游戏不总是意味着没有指导的"自由游戏"。一位称职的早期教育老师的特点，就是能够从他的游戏活动中解读幼儿日程表，运用自身知识和经验促进他进行启发教育。许多成人——父母、照顾者、家人可以为孩子提供游戏，如前几章所示，但是一位训练有素的早期教育老师拥有特殊的技能。最重要的是，唯独他擅长解读孩子所进入的任何特定领域。他明白他目前可以做并准备好尝试的事情，明白他的潜力所在，并提供敏锐、适时、节奏恰当的帮助与支持，为"最近发展区"架起桥梁。

寻找合适的早期教育

国内外早期教育组和学校一样，都存在良莠不齐的情况，如果你足够幸运，可在经济实力范围内选择教育组，你将需要当地的建议。

早期教育课程，受课程设置和时长影响。你可能无法完全以看似教育效果最佳为选择标准，因为，增加了送学地点和时间的统筹安排，将非常影响你的日常生活。当你需要儿童全天托管时，尽管儿童托管中心的教育课程与幼儿园或托儿班的课程相比，重点或影响各有侧重，却可能不得不首先考虑。

换个角度，如果你乐于让孩子托管半天，这可能使你们有机会去一家大众机构。在许多社区，如果你自愿安排孩子参加下午课程，而不是大多数家庭偏爱的上午课程，你们的参与机会还要大幅上升。可惜，幼儿园或托儿班很少会允许你的孩子灵活调整上学时间（一个稳定的小组和持续的课程，毕竟对孩子来说非常重要），不过，有的机构确实提供每周两三个全天和五个半天作为选择，这也许更适合你的工作或者儿童托管安排，或者节省一些路途时间。

虽然这很重要，但是尽量别让兼职性的教育给生活增添许多复杂内容。如果你的孩子已经在日托中心，也许还有一位保姆，习惯一周有两个上午参加游戏组，此时，增加五个下午幼儿课程，就会超出负荷。一天轮换两三个照顾者，甚至一连五个下午同样课程却是五个不同的照顾者，对他可能是极大的生活压力，对你则可能是很难跟进。

不属于学校或儿童托管中心但独立运行的早期教育机构，通常是幼儿园，尽管也称为"学前班"。这些机构往往比较小而温馨，尤其受资深老师的强烈影响。如果你为孩子签约一家有口皆碑的幼儿园一年或以上，在此期间人员变动完全可能彻底改变你最中意的部分。签约之前，应再次检查，就像你刚刚听说它一样。

当你寻找教育组时，应警惕主动拘泥于特定要求，例如某种特定宗教信仰。从那个特定角度看来契合你希望的幼儿园，可能根本没有你希望从大多数其他幼儿园获得的内容。同样，不要迷恋教育组的理念阐述。例如，"蒙台梭利"，在当今世界，可能意味着孩子的活动严格受控于他所得（甚至批准得到）的材料。然而，它可能意味着唯一的蒙台梭利特色是，那些出色的材料和许多普通材料一起，供孩子自由使用，或者员工培训水平非常高。

教师培训，是优质早期教育的关键。一定要看清教师所持资质。记住，托管老师或游戏老师的资质，尽管为日托中心工作者极度渴望拥有，但和早期教学资质完全不同。一家教育机构不仅要有一位训练有素的老师把握全局，还应有各种老师。适合你孩子的优质教育，通常取决于为了教学者的教学方式。

家长参与，家庭和学校间交流价值观和密切合作，也很重要。甚至不需家长自愿者的教育组，也会希望认识家长。

选择合适的小组　　　一家幼儿园，或者一家儿童托管中心的学前教育机构，无论多么受人欢迎或报名火热，也不要认为你必须顾及面子而接受它。即便它名副其实当之无愧，也可能不是一个适合你孩子的地方。预约在开放时间里参观（第一次别带孩子去）。设法面见负责人，但如果孩子分成几个小组或教室，务必也面见将要直接负责教学、安慰以及训练你孩子的人。你喜欢她吗？她看起来喜欢孩子，同情地提起他们，没准备和你开玩笑似的嘲笑他们，或者以"哪个年龄的孩子都一样"驱散他们吗？她问起你的孩子时，感觉她在设法了解一个人而非一类人吗？

征求允许观看小组活动。孩子们愉快而忙碌吗？他们对彼此、对自己以及对成人能够自由交谈吗？男孩和女孩被鼓励参与所有活动，一起游戏，或至少尊重彼此游戏吗？能看出那里有些活动安排和选择，于是，一个不想和大家一起唱歌的孩子能够游戏，而不是羞愧地坐在角落里吗？"自由游戏"期间，有恰当又策略的监护，还是频繁发生打架、摔跤，常有孩子受伤难过呢？在击打和回击，保护你自己和寻求一位成人帮助等等问题上，原则非常明确，以至于你可以从孩子行为举止中看出究竟？

考虑整体环境。一幢建筑外表看来没有"孩子气"，和学校好不好或课程关闭之间没有必然联系：教育者和教育方式比楼房外表重要。但是如果这种沉闷无法由鲜艳的涂料、窗帘和儿童作品所改善，你也许怀疑工作人员是否已尽力因地制宜想方设法发挥创造力，从而显示出热忱与热情。你还可能怀疑，父母亲不太热心于此。同样，有些设备如此重要，以至于缺少确实会让一个小组运行困难。比如，干净、温暖、友好的厕所，安全、有趣的户外游戏空间，以及一些舒适的"猫儿洞"，一个人可以离开小组在这里休息一会儿。

考虑机构规模以及更加重要的其中小组规模。一个小幼儿园可能对你的孩子来说不小，如果全园30人作为一个小组生活。大多数三四岁孩子感到，在不超过10～15人的小组里更舒服。当班级保持小模式时，大型或小型机构都有其优势。一家大型机构可能使你较容易得到专家的服务，比如音乐老师或语言治疗师，使你的孩子接触到各种其他孩子，结交朋友（也许包括特别小的孩子和大孩子），以及年长"晋级"的可能性。一家小型机构可能使你与孩子的老师更多、更紧

设计让所有孩子参与并着迷的小组活动，需要一位有经验的教师。

密地互动，以及发生问题时，来自一位对所有孩子确实了如指掌的负责老师更快、更直接的行动。从孩子的角度看，小机构可能意味着安全和温馨，大机构可能意味着刺激和挑战，无论他现在感觉如何，在适应环境并长大的过程中，他会有另一番感受。

准备上学前班 　你的孩子加入一个学前教育组的安逸感，取决于他来自哪里，以及他将去向哪里。虽然影响最严重的，当然是从未参加一个小组、脱离自身照顾者的孩子，但是，即便一个对日托中心生活有些印象、正四处寻找教育游戏组的孩子，也不可能泰然处之。他已经知道很多关于小组的生活的故事，她习惯离开家和家人，但是，地点和常规的变化总是令人充满压力，而且，这种变化虽然不涉及离开你或家，但却涉及离开朋友和熟悉的——可能是挚爱的照顾者。

如果你怀孕了，早在生产之前，或者直到7个月之后，安排她开始小组生活，成为一个大哥哥（姐姐），是任何孩子都不得不应对的重要变化。

时机最关键，如果这将是他初次体验小组生活，或在家以外任何地方接受照顾。如果你在新宝宝进入他家时，把他送入一间教室，他肯定感到被抛弃和被排斥。如果你在产后旋即设法安排他上幼儿园，在最初几周内，你将没有时间或精力恰当地支持他。

然而，如果他此刻在儿童全天托管中心，而且，在你漫长的产假期间，那将取代幼儿园和与你在家的时间，务必设法至少用产前两三周让他开始习惯。一些额外时间与你单独相处，将成为他进入哥哥（姐姐）角色的绝佳起点，这两种选择——他去托管中心一整天，你和婴儿在家，或者，你待在家里一整天，让他习惯于和同龄人生活——都不适合。

去留 　只要一位家长或者挚爱的照顾者在那里，大多数幼儿估计都能处理几乎任何事情。只要学校或班级鼓励成人陪伴孩子直到他们愿意被留下，最初的日子应该很轻松，尤其，如果你的孩子和熟识的几个孩子同时开始。

诚实地告诉孩子你的行动去向，确保他的父亲，或者任何照顾他这些最初日子的人，也同意实事求是。如果在他乐于被留下之前，你肯定会待一整个上午，天天如此，那么，告诉他并做到这点。千万不要在中途突然决定溜走，因为他看起来非常开心。过几天，如果你必须独自外出半小时，也要告诉他，并且在离开时说"再见"。如果他总是担心地看看你是否消失，就不可能全神贯注于小组活动。

你送孩子去并且留下很重要，你以正确的态度留下也很重要。不要认为教育组是亲子共同参加的事情，就像学步童游戏组或音乐课。你只是临时在那儿支持你的孩子，而他认识那些人——成人和孩子是班级固定成员。如果你和你的孩子玩，为他拿东西，带他去厕所，你将成为他和其他成人之间、他和其他孩子之间的一道障碍。他可能只在第一天需要你这样，但是之后，你必须促使他仿佛你不在那里一样表现，准备好你不在的日子。度过最初的日子之后，设法渐渐隐形。如果他一直跑来给你看东西，尽量说："这很可爱，为什么不给阿德拉看一看呢？"如果他告诉你他需要去厕所，你就说："我确信阿德拉会带你去，就像他带其他孩子去一样。"总而言之，尽量不要插手干预你的孩子和其他孩子。老师们会保护他，如果他需要保护，或者控制他，如果他们认为他太粗野或蛮横。

当你和老师判断认为，他准备好第一次让你离开，那么，以一种自信而祝贺的方式告诉他，逐一说出他现在认识的所有人的名字和喜欢做的所有事情，向他指明，只有新孩子才有成人陪伴，而他已不再是新人了，不必见外。

亲自带孩子去小组，把他留给最熟悉的成人，然后说你将在那里、在同样位置放学接他回家。他必须确信无疑地由你的照顾无缝对接老师的照顾，只有担心可能在你们俩之外落空、无人照顾，最有可能使他焦虑不安。

如果你的孩子进入一个新的小组，选择"亲子组"比较好。

准时（或提前）接孩子，
晚接确实有麻烦。

麻烦？

老师有很多办法帮助一个
想要挣脱约束的孩子适应
新环境。

最初两三天早点接。他当然不知道确切时间，但是，确保你在当天最后一个活动之前，即在他有时间开始寻找你之前到达，这个想法棒极了。

至少在最初几周，准时接他应是真正的当务之急。一个孩子看着其他孩子逐个离开回家，独自等待，感觉就像被抛弃。留守负责人（可能不是孩子自己的老师）可以理解的不耐烦，让他有所明白而感觉受到排斥，无论他多么善意地隐藏。对于有些孩子，晚接足以使他们认为，留下来最不安全。

离开一个不希望你离开他的孩子，使他满怀仇恨地开始他的一天，也是你的一天，恨上幼儿园，也恨上小学。无论他3岁或5岁，如果分离眼泪是孩子不高兴的唯一表现，尽量不要较真。许多孩子喜欢并得益于幼儿园生活，发现分离时刻很困难，而许多父母也有同感。一位好老师将诚实地告诉你，在你转身走开后，孩子是否欢欣鼓舞地加入大家。如果，尽管有他的证实，但你仍然感到离开他难受，找到一个他看不见你的地方看他——从花园墙头或者大门围栏上。他的老师可能会告诉你有利的观察点，此前已被无数有此同感的家长所用。如果你的孩子悲伤地望着大门吮拇指，你必须再看一眼（尽可能等一会儿；如果今天无法留下，那么明天），以免你碰巧看到的是伤心一刻。如果你看到类似的伤心表现，告诉老师，让他得以用一两天时间观察孩子，与其他老师交换意见，然后开会研究问题在哪里，如何纠正。

尽管你最初的观察多半表明，你的孩子乐于和其他孩子做同样的事情。如果只是"再见"引发麻烦，告诉他，你为让他难过而感到抱歉，但是，不要让他认为他的眼泪令你生气，否则他可能推论出，让你走真的很危险。相反，和他谈一谈分离会有多么困难，为他想些缓解的办法。偶尔从家到送入幼儿园的过程，可能令他感到安心，起到桥梁作用，和婴儿期妈妈做完饭回到床边抱起宝宝时，一个拥抱就会让婴儿幸福的安静下来一样。如果老师倾向孩子不从家里带玩具，以免丢失、占用或引发争吵，他可以从你的手提包里拿一张餐巾纸放在口袋里，或者从家里的水果碗中带一个苹果在点心时间吃。

假如他喜欢他的老师（如果他不喜欢，多半他也不会参加那个课程太久），征求你的孩子允许后，和她谈论再见麻烦，寻求她的帮助。一声主动问候、一个牵手以及她一分钟的全神贯注，将促使孩子从你走向她。如果老师委托他一项常规任务，例如混合颜料，他即刻

育儿信箱

5岁多动症患儿真该服药吗？

一年前，在被美国两个日托中心和一个幼儿园拒绝后，我们5岁的儿子被诊断为注意障碍多动症（ADHD）。他最终被同意去学前幼儿园，条件是服用利他林（Ritalin），后来他表现很好。现在，我们将在英国生活3年，令我震惊的是，医生拒绝为我的儿子卡洛斯开处方药，学校不愿支持我们的劝说行动。他们认为，孩子有些行为问题，但他们对此无能为力。这些专业人士可以这样做吗？他们难道不认为，这是在惩罚卡洛斯继续生活在问题中，而他的家人要设法和一个无法控制自己的孩子朝夕相处、对其呵护备至吗？

注意障碍多动症可诊断，用刺激性药物如利他林治疗，南美比欧洲的使用率高很多。从欧洲任何标准看，美国5%的儿童患者比例相当高，但是，每个国家自标准不一，差别很大。当专家意见各异时，孩子和家长往往很迷惑，但是，对于你的问题"专业人士可以这样做吗？"答案必须是，他们可以（且确实必须）按自己认为最专业的方式做。

有些心理学家和医生犹豫确诊"病症"，一个数种特性的结合——多动，涣散，在特定情境中，所有孩子多少都有类似表现。他们非常清楚，一个孩子在学校会打搅他的班级，可能因为作业乏味，他的父母离异，他的学习方式和他老师的教学方式失调，他感到郁闷，反

感他最爱的气泡饮料中的添加剂或者欺凌。那不意味着他们不"相信"ADHD，或者毫不顾及多动症患儿父母的切实遭遇。但这不意味着在认为大脑过滤系统出错并开出相应处方药之前，他们想对儿童的行为和障碍从社会、情绪和环境中寻找原因。

极少有医生或心理学家完全反对ADHD药物——利他林有很多成功案例，许多人关心使用精神类药物控制行为的伦理问题，特别是较广泛使用且轻松获取的药物治疗方法，更可能妨碍家长和孩子取得其他形式的帮助，以及社会的、心理的和教育的支持。因此，他们更倾向把药物作为最后手段，而非一种轻松的选择。虽然他们承受重重压力，老师一般也是同样思路，为自己能够科学化控制几乎任何孩子的兴趣和精力而骄傲，特别是一个不满7岁的孩子，足够教育他。让此类幼儿离开学校或托管中心，是最近出现的最不受欢迎的现象。

对儿子停止利他林的焦虑，完全可以理解，但是，另一个国家、另一套专业态度，也有可能证明没必要担忧。毕竟，卡洛斯并未在这个学校里不断惹麻烦。也许这个比上一个更适合他，也许这里的特别之处，使他得以转变。何况他在家里也并非不可掌控的。也许他没有多动症，也许取消药物将是一次有利的机会，让你发现他现在可以掌控和被掌控。如果学校愿意，难道不值得一试吗？

忙碌投入可解决整个问题。如果无一可行，也许你可以找到另一位家长和孩子，共同送孩子上幼儿园，于是，两个孩子可以一起进出。或者，也许他比较容易离开父亲，让你留在属于你的（从他的角度看）家里。如果这始于也终于保姆的家，由保姆送他上幼儿园，也在午餐时接他回来，这更有可能顺利实现。

上"大学校"

"大学校"的开始，即孩子新生活的开始，无论这始于4岁、5岁或6岁，来自幼儿园、儿童托管中心或学校附属学前班。未来12年或更久，学校将主宰他做的一切事情，而他的出勤率和学校生活、寒暑假将多半主宰你的生活。良好的开端会影响他未来多年对学校（以及你的周日夜晚和周一早晨）的态度，有许多办法可以让你确保这点。不过，你应该及早开始。你可以在他上学前，给孩子配学生装和书包，但是信心和能力要慢慢培养。为此，你可能必须和他的保姆，或者任何你不在家时照顾他的人，以及学前小组密切合作。

你可能还需要和学校提前配合工作。当你的孩子有特殊需要，并将进入主流学校时，他将也应该注意到，他所面对的特定挑战，以及任何专为他设置的特定安排。如果他是双胞胎之一，要决定是否两人应该进入同样班级或在同一个小组，他们应该有权参与任何讨论（P550）。

你知道，你的孩子将需要各种方面、各种程度的独立性，帮助他获得。感觉能够处理所有预期之事，是自信心的一部分，对我们大家任何时候都有重要意义。你的小孩子无从得知，人们期待他在学校里什么，所以，必须由你为他了解，确保当他进入小学时，一切看似尽可掌握。例如，你知道，当他去厕所时，人们期待他整理自己的衣服。当然，那里会有一个成人可请求帮助，但是，和日托中心乃至游戏组都不一样，那里没有专人主动提供帮助。请求帮助将使你的孩子感到自己的能力不及新同学，所以，为他准备容易整理的松紧腰带的长裤或裤子，而不要拉链或工装裤。

如果请求帮助会让你的孩子感到无奈，自己吃力地整理衣服可能使他感到迟钝、困惑或紧张，应选择魔术搭扣鞋子取代系鞋带，让自己穿脱衣服这件事，成为他认为理所当然的每日常规，检查他非常骄傲的新物品，比如他的午餐盒和书包容易打开。还有必要找机会练习

使你的孩子对自己的能力有信心，对自己的新的角色感到骄傲。

任何学校技能，比如从饮水口喝水，或者找到标有他名字的风衣。一个孩子自信地处理这些日常琐事时，可为老师节省时间、减少麻烦，但他为自己省去的东西却更有意义：焦虑。

上学意味着遇见许多成人。你的孩子越可以轻松表达，他将越发现别人理解自己，所以，在开始上学前的几个月里，寻找各种途径

育儿信箱

双胞胎该不该在一个班级？

我们的双胞胎男孩转眼将开始上学。他们自然总是非常亲密，他们其实也极少分开，所以，当全家人参观学校，校长提出他们有可能被分到不同班级时，我们很惊讶。我讨厌让他们失去整体感，甚至想要立即驳回这个建议，要不是她直接询问男孩们，而其中一个说，两个不同班级会很有趣。在我们稍后问他，为什么那样说的时候，他说他更"喜欢成为我"。但是，他的兄弟说，他绝不要去学校，除非他们俩可以坐在一起。我真希望老师和我们私下谈论，因为，我的双胞胎太小，不会为自己作出那样的决定。不管怎样，把这么小的双胞胎分开合适吗？

如果双胞胎父母有任何要担忧的，不会是孩子们可以失去整体感，而是他们可能没有产生独立感。虽然两个孩子对上学之初就在同样班级生活各执一词，这当然令人遗憾，但即便只有其中一人感觉准备好脱离双胞胎关系、变得更独立，也是件好事。拒绝他"成为我"，因为他的兄弟还依赖成为"我们"，这肯定大错特错。

尽管这让你大吃一惊，但是，老师为你们家庭做了件好事，向事件关键人物——孩子自己提出这个问题。他们的意见促使你理解，此前没有注意到的双胞胎动态。现在你知道，他们的亲近感不应视为理所当然，对这个是安

全的事，那个会反对，你可以关注于满足两个不同孩子的不同需求。认为他从未"成为我自己"的那个双胞胎，必须在家和在学校、和兄弟在一起以及不在一起时，都能够成为他，如果你向来让他们穿类似的衣服，认为他们想要同样的食物和同样的睡眠长度，认为他们理所当然地共同睡觉、洗澡，看相同的电视节目和故事，此刻特别适合停止。尽量淡化他们是双胞胎这个事实（没人会忘记，尤其是他们），突出他们是可以对一切表达不同意见但没有威胁的兄弟，他们彼此相爱这个事实。

如果你可以成功做到，还将满足另一个儿子，他只有一半安全感，而他的未来在于成为一个完全独立的个体。如果他能够学会，当他的兄弟选择穿一件不同的外衣时，没有感到不舒服，那么，他将逐渐能够选择自己的外衣，而不盲目跟从他的兄弟。如果他可以接受，他的兄弟和其他孩子的友谊不会危险到兄弟之情，那么，他将逐步建立自己的个人友谊。如果他在上学前能够做到上述所有事情，他会对双胞胎分班泰然处之。如果他发现适应学校生活困难，切勿归咎于分班。许多孩子发现学校生活初期充满压力。在大多数孩子看来，不可能牵到双胞胎的手。你的孩子可以和其他孩子一样，在帮助之下，适应学校生活。当他适应时，就将作为班级许多孩子中间的一个独立成员，而不是作为一对双胞胎班中的一个。

对许多孩子来说，人多和嘈杂是幼儿园最糟糕的一面。

促使他练习，并确保其他成人也这样做。你可以强调让他问候客人，或者带客人参观他的房间或者他的小豚鼠。购物是理想的练习机会，无论是为他自己买点心还是为你买全麦面包，他可以有机会向医生、司机和图书馆管理员介绍自己。他所需的练习，不仅在于克服他的害羞、努力面对陌生人，还有实际意义。帮助他了解，他需要说话多大声才能让人听清和理解，如果他仍然使用婴儿似的语言提到人物、身体部位或功能，应确保他也知道普遍词语。告诉他，人们第一遍没听清他的话时，应重复一遍（而不是把头掩埋在成人的衣服里）。提醒他倾听成人的回答并"解读"它，即便其声音或语调不熟悉。

在日托中心3年，或者在学前班一两年之后，许多幼儿仍然讨厌人多，尤其人多嘈杂的时候。当你习惯15个朋友时，25个（或以上）陌生孩子在一个教室里，肯定看起来像鸭子塘。但是，当一个新生确实在挣扎于最终失败的自我控制力时，这通常是更大、更吵闹的小组在集会、午餐或者在游乐场。尽量创造机会，让你的孩子体会到人多的有趣场合，坚持让他们练习，即便与他的"拥有乐趣"意义相背。如果你的孩子能够从容应对周六上午的游泳池和咖啡馆，参加吵闹的木偶剧、马戏表演或童话剧，那么，当他第一次坐在学校午餐室吃饭时，他将不太可能惊慌失措。

家有学生　　　　5～7岁过渡儿童中期是一个转折点，表现在学习、认识和每种文化特有的文化发展方面。当他穿越期间时，你的孩子将逐渐意识到家庭之外更加广阔的社区，成为一个能够学习、想要学习其历史、知识的技能的人。孩子特别热爱社交活动，所以，他也将学习并了解周围儿童和成人的价值观。他完全没有机会不从失败中学习正解，但这纯粹可能是向错误的人学习的结果。进入童年中期，不会消除孩子效仿你和其他挚爱的成人的渴望，你不会失去强大的影响力。不过，他对于与同龄为伍、顺应他们的品味和行为的新的强烈渴望，会产生些竞争意识。如果你想要影响孩子成为你期待的模样，学校教育初期这几年，会为你创造后无来者的最佳机会。

然而，不是所有父母都会利用那些机会，有些似乎不知道自身对5～7岁的幼儿的重要意义，采取了随它去的态度，而儿童中期本身确实是一个"轻松阶段"：是父母在照顾婴儿和小幼儿疲惫不堪之后，监护青少年压力重重之前，一段暂时的休息。似乎一旦孩子安全进入小学，父母就觉得能够放松些，因为学校承担了焦虑，而孩子的生活又围绕它展开。

学校是一种教育工具，而且是非常实用的一种，我们所拥有的最理想方式，使那些已经到达5～7岁转型期的孩子接受良好的教育。学业或任何正规教育涉及习得更广泛的知识和技能，是任何亲自通过游戏观察和动手调查的学步童所无法了解的。再者，大部分知识必须得到发展，许多技能必须得以精确，这些通过大多数儿童不可能总是喜欢的更多重复和练习实现。最优秀的老师也无法确保每个孩子都喜欢学校里的每一节课，或者总是愿意在家里写家庭作业。但是，老师的特定技能、同龄组内部练习、学校机构化安排支持，使得儿童较容易投入时间和精力习得技能，例如书写能力，虽然此刻不是愉悦的游戏，但是稍后将成为他们幸福的关键所在。

虽然学校作为学术学习主要资源和儿童智力发展的基石，重要性不可忽视，但是学校不是、不能也不应成为儿童生活各个方面的焦点。学校是机构，因此不能干涉儿童生活的家庭或社区，也不能为了儿童而尽量孤立地看待家庭。学校和家庭、老师和家长共享令孩子沉浸其间的文化。如果街头暴力横行，把孩子送入学校不可能确保他们安全，因为暴力将出现在他们之中；如果家庭有时尚、体育和色情杂志却没有书籍，即便最有奉献精神的英语老师，也将无法促使许多儿童阅读他们可能非常喜爱的文学作品。而且，没有老师会有足够时间和儿童讨论填补家庭损失，如果这些家庭总是开着电视机，三心二意地交谈，或者因为父母缺席或太忙而零交谈。家庭失败，一个学校也无法成功。更有可能的是，学校失败，而家庭成功。但是，如果一个优秀学校和一个优秀家庭相互配合，师生间的成功，将在亲子间成功经历的伴随下，相得益彰，继而没人会失败，更不用说所有孩子了。

所以，不要允许你自己认为，一旦孩子把学校生活融入他的世界，你就会失去他，或者可以任由他发展，因为你绝不可能再次了解和控制他日常生活的每一个细节。你不会失去他，你将送他进入下一个发展阶段，走向你们共同的成人世界。

不过，在没有你的新世界中感到如家似归之前，你的孩子还有漫漫长路要走。作为起点，他需要感觉到，你支持他上学，你自信地和老师交换位置。最初，你会切实这样做：牵他的手送进教室，交给老师牵他的手。然后，你会象征性地这样做：至多送他到衣帽间，脱去外套，接着，你站在过道上向他挥手再见，交给他的老师。乃至在此之后，你还将需要用精神、用语言这样做，于是，家庭和学校仍然是一个完整的意义，他确信他可以安全地离开你，因为他绝不会失去你。

你的孩子长大后必须离开你，但要让他知道他不会失去你。